中国农业标准经典收藏系列

中国农业行业标准汇编

(2018)

综合分册

农业标准出版分社　编

中国农业出版社

主　　编：刘　伟

副 主 编：诸复祈　冀　刚

编写人员（按姓氏笔画排序）**：**

刘　伟　杨晓改　诸复祈

廖　宁　冀　刚

出　版　说　明

近年来，农业标准出版分社陆续出版了《中国农业标准经典收藏系列·最新中国农业行业标准》，将 2004—2015 年由我社出版的 3 600 多项标准汇编成册，共出版了十二辑，得到了广大读者的一致好评。无论从阅读方式还是从参考使用上，都给读者带来了很大方便。为了加大农业标准的宣贯力度，扩大标准汇编本的影响，满足和方便读者的需要，我们在总结以往出版经验的基础上策划了《中国农业行业标准汇编（2018）》。

本次汇编对 2016 年发布的 496 项农业标准进行了专业细分与组合，根据专业不同分为种植业、畜牧兽医、植保、农机、综合和水产 6 个分册。

本书收录了绿色食品、转基因、沼气、生物质能源、设施建设、土壤肥料、农产品加工、数据库规范及鉴定技术导则方面的国家标准和农业行业标准 79 项。并在书后附有 2016 年发布的 8 个标准公告供参考。

特别声明：

1. 汇编本着尊重原著的原则，除明显差错外，对标准中所涉及的有关量、符号、单位和编写体例均未做统一改动。

2. 从印制工艺的角度考虑，原标准中的彩色部分在此只给出黑白图片。

3. 本辑所收录的个别标准，由于专业交叉特性，故同时归于不同分册当中。

本书可供农业生产人员、标准管理干部和科研人员使用，也可供有关农业院校师生参考。

农业标准出版分社

2017 年 11 月

目　录

第三部分 沼气、生物质能源及设施建设标准

第四部分 土壤肥料标准

第五部分 农产品加工标准

第六部分 数据库规范及鉴定技术导则标准

附录

第一部分

绿色食品标准

ICS 67.180.10
X 30

中华人民共和国农业行业标准

NY/T 422—2016
代替 NY/T 422—2006

绿色食品 食用糖

Green food—Edible sugar

2016-10-26 发布 2017-04-01 实施

中华人民共和国农业部 发布

前　言

本标准按照GB/T 1.1—2009给出的规则起草。

本标准代替NY/T 422—2006《绿色食品　食用糖》。与NY/T 422—2006相比，除编辑性修改外，主要技术变化如下：

——适用范围中增加了原糖、精幼砂糖、赤砂糖、红糖、冰片糖、黄砂糖、液体糖和糖霜等食用糖；

——增加了术语和定义；

——修改了感官要求；

——增加了浑浊度和不溶于水杂质等理化指标项目及其指标值；

——删除了卫生要求中铜指标及其限量值。

本标准由农业部农产品质量安全监管局提出。

本标准由中国绿色食品发展中心归口。

本标准起草单位：农业部食品质量监督检验测试中心（湛江）、中国绿色食品发展中心、南宁糖业股份有限公司。

本标准主要起草人：林玲、李涛、肖凌、杨春亮、王明月、张志华、陈倩、杨建荣、郭宏斌、刘丽丽、潘晓威。

本标准的历次版本发布情况为：

——NY/T 422—2000、NY/T 422—2006。

绿色食品　食用糖

1 范围

本标准规定了绿色食品食用糖的术语和定义、要求、检验规则、标签、包装、运输和储存。

本标准适用于以甘蔗或甜菜为直接或间接原料生产的绿色食品原糖、白砂糖、绵白糖、单晶体冰糖、多晶体冰糖、方糖、精幼砂糖、赤砂糖、红糖、冰片糖、黄砂糖、液体糖和糖霜等食用糖。

2 规范性引用文件

下列文件对于本文件的应用是必不可少的。凡是注日期的引用文件，仅注日期的版本适用于本文件。凡是不注日期的引用文件，其最新版本(包括所有的修改单)适用于本文件。

GB/T 191　包装储运图示标志

GB 317　白砂糖

GB 1445　绵白糖

GB 4789.2　食品安全国家标准　食品微生物学检验　菌落总数测定

GB 4789.3　食品安全国家标准　食品微生物学检验　大肠菌群计数

GB 4789.4　食品安全国家标准　食品微生物学检验　沙门氏菌检验

GB 4789.5　食品安全国家标准　食品微生物学检验　志贺氏菌检验

GB 4789.10　食品安全国家标准　食品微生物学检验　金黄色葡萄球菌检验

GB 4789.11　食品安全国家标准　食品微生物学检验　β型溶血性链球菌检验

GB 4789.15　食品安全国家标准　食品微生物学检验　霉菌和酵母计数

GB 5009.9　食品安全国家标准　食品中淀粉的测定

GB/T 5009.11　食品中总砷及无机砷的测定

GB 5009.12　食品安全国家标准　食品中铅的测定

GB 5009.34　食品安全国家标准　食品中二氧化硫的测定

GB 7718　食品安全国家标准　预包装食品标签通则

GB/T 9289　制糖工业术语

GB 13104—2014　食品安全国家标准　食糖

GB 14881　食品安全国家标准　食品生产通用卫生规范

GB 15108　原糖

GB/T 18932.22　蜂蜜中果糖、葡萄糖、蔗糖、麦芽糖含量的测定方法　液相色谱示差折光检测法

HG 2791—1996　食品添加剂　二氧化硅

JJF 1070　定量包装商品净含量计量检验规则

NY/T 391　绿色食品　产地环境质量

NY/T 392　食品添加剂使用准则

NY/T 393　绿色食品　农药使用准则

NY/T 394　绿色食品　肥料使用准则

NY/T 658　绿色食品　包装通用准则

NY/T 1055　绿色食品　产品检验规则

NY/T 1056　绿色食品　贮藏运输准则

QB/T 4093—2010　液体糖

国家质量监督检验检疫总局令 2005 年第 75 号　定量包装商品计量监督管理办法

3　术语和定义

GB 13104—2014、GB/T 9289 界定的以及下列术语和定义适用于本文件。

3.1

液体糖　liquid sugar

以白砂糖、绵白糖、精制的糖蜜或中间制品为原料，经加工或转化工艺制炼而成的食用液体糖。液体糖分为全蔗糖糖浆和转化糖浆两类。全蔗糖糖浆以蔗糖为主，转化糖浆是蔗糖经部分转化为还原糖(葡萄糖+果糖)后的产品。

4　要求

4.1　产地环境

应符合 NY/T 391 的规定。

4.2　原料要求

应符合相应的绿色食品要求，加工用水应符合 NY/T 391 的规定。

4.3　生产过程

原料生产过程中农药和化肥的使用应分别符合 NY/T 393 和 NY/T 394 的规定。加工生产应符合 GB 14881 规定。

4.4　食品添加剂

食品添加剂的使用应符合 NY/T 392 的规定。

4.5　感官

应符合表 1 的规定。

表 1　感官要求

项　目	要　　求	检验方法
色　泽	具有产品应有的色泽	取适量试样于白色瓷盘中，在自然光下观察其色泽和状态。闻其气味，用温开水漱口，品其滋味
滋味和气味	味甜，无异味，无异臭	
状态	具有产品应有的形态，无正常视力可见的外来异物	

4.6　理化指标

白砂糖、绵白糖、冰糖、方糖、精幼砂糖、红糖的理化指标应符合表 2 的规定，赤砂糖、原糖、冰片糖、黄砂糖、液体糖、糖霜的理化指标应符合表 3 的规定。

表 2　白砂糖、绵白糖、冰糖、方糖、精幼砂糖、红糖的理化指标

项　目	指　标								检验方法
	白砂糖	绵白糖	单晶体冰糖	多晶体冰糖		方糖	精幼砂糖	红糖	
				白冰糖	黄冰糖				
蔗糖分，%	≥99.6	—	≥99.7	≥98.3	≥97.5	≥99.5	≥99.6	—	GB 317
总糖分[a]，%	—	≥97.92	—	—	—	—	—	≥90.0	GB 1445
还原糖分[b]，%	≤0.10	1.5～2.5	≤0.08	≤0.5	≤0.85	≤0.1	≤0.04	—	GB 317
电导灰分，%	≤0.10	≤0.05	≤0.06	≤0.1	≤0.15	≤0.08	≤0.03	—	GB 317
干燥失重，%	≤0.07	0.8～2.0	≤0.12	≤1.0	≤1.1	≤0.30	≤0.05	≤4.0	GB 317

表 2 （续）

项目	指标								检验方法
	白砂糖	绵白糖	单晶体冰糖	多晶体冰糖		方糖	精幼砂糖	红糖	
				白冰糖	黄冰糖				
色值,IU	≤150	≤80	≤80	≤150	≤270	≤130	≤45	—	GB 317
浑浊度,MAU	≤160	≤7	—	—	—	—	≤30	—	GB 317
不溶于水杂质,mg/kg	≤40	≤50	—	—	—	—	≤10	≤150	GB 317

[a] 红糖的总糖分以总糖分(蔗糖分+还原糖分)表示,其蔗糖分和还原糖的检验方法按 GB 317 规定的方法测定。

[b] 绵白糖中还原糖分的检验方法按 GB 1445 规定的方法测定。

表 3 赤砂糖、原糖、冰糖、黄砂糖、液体糖、糖霜的理化指标

项目	指标							检验方法
	赤砂糖	原糖	冰片糖	黄砂糖	液体糖		糖霜	
					全蔗糖糖浆	转化糖浆		
糖度,%	—	≥97.5	—	—	—	—	—	GB 15108
干物质(固形物)含量,%	—	—	—	—	≥65	≥70	—	B.1
蔗糖分,%	—	—	—	≥98.5	—	—	≥94.5	GB 317
总糖分[a],%	≥92.0	—	≥92.5	—	≥99.5(干物质中总糖分)		—	GB 1445
还原糖分[a],%	—	—	7.0～12.0	≤0.1	—	≥60	≤0.04	GB 317
电导灰分,%	—	—	≤0.15	≤0.15	—	—	≤0.04	GB 317
干燥失重,%	≤3.5	—	≤5.5	≤0.15	—	—	≤0.6	GB 317
色值,IU	—	—	—	≤800	≤100	≤1 000	≤60	GB 317
浑浊度,MAU	—	—	—	—	—	—	—	GB 317
不溶于水杂质,mg/kg	≤120	≤350	≤80	≤40	—	—	—	GB 317
灰分,%	—	≤0.5	—	—	≤0.16	≤0.2	—	GB 15108
葡聚糖,mg/kg	—	≤400	—	—	—	—	—	GB 15108
安全系数,SF	—	≤0.3	—	—	—	—	—	GB 15108
淀粉[b],%	—	—	—	—	—	—	≤5.0	GB 5009.9
pH	—	—	—	—	5.0～6.5	4.5～5.5	—	B.2
抗结剂(二氧化硅)[c],%	—	—	—	—	—	—	≤1.5	B.3

[a] 液体糖的总糖分以干物质中的总糖分(蔗糖分+还原糖分)表示,其中,转化糖浆干物质中蔗糖分和还原糖分的检验方法按 GB/T 18932.22 规定的方法测定,全蔗糖糖浆干物质中蔗糖分和还原糖分的检验方法按 GB 317 规定的方法测定。赤砂糖的总糖分以总糖分(蔗糖分+还原糖分)表示,其蔗糖分和还原糖分的检验方法按 GB 317 规定的方法测定。

[b] 添加食用淀粉的糖霜,淀粉指标为≤5.0%;而添加了抗结剂的糖霜,淀粉指标为不得检出。

[c] 添加食用淀粉的糖霜,抗结剂指标为不得检出;而添加了抗结剂的糖霜,抗结剂指标为≤1.5%。

4.7 食品添加剂限量

食品添加剂限量除应符合食品安全国家标准及相关规定外，同时应符合表 4 或表 5 的规定。

表 4 白砂糖、绵白糖、冰糖、方糖、精幼砂糖、红糖食品添加剂限量

项目	指标							检验方法
	白砂糖	绵白糖	单晶体冰糖	多晶体冰糖	方糖	精幼砂糖	红糖	
二氧化硫残留量（以 SO_2 计），mg/kg	≤30	≤15	≤20	≤20	≤20	≤6	≤20	GB 5009.34

表 5 赤砂糖、原糖、冰片糖、黄砂糖、液体糖、糖霜食品添加剂限量

项目	指标						检验方法
	赤砂糖	原糖	冰片糖	黄砂糖	液体糖	糖霜	
二氧化硫（以 SO_2 计），mg/kg	≤30	≤50	≤30	≤10	≤30	≤30	GB 5009.34

4.8 微生物限量

应符合表 6 或表 7 的规定。

表 6 白砂糖、绵白糖、冰糖、方糖、精幼砂糖、红糖微生物限量

项目	指标							检验方法
	白砂糖	绵白糖	单晶体冰糖	多晶体冰糖	方糖	精幼砂糖	红糖	
菌落总数，CFU/g	≤100	≤100	≤100	≤100	≤100	≤100	≤400	GB 4789.2
大肠菌群，MPN/g	≤3.0							GB 4789.3
霉菌及酵母，CFU/g	≤35							GB 4789.15
致病菌（沙门氏菌、志贺氏菌、金黄色葡萄球菌、溶血性链球菌）	不得检出							GB 4789.4 GB 4789.5 GB 4789.10 GB 4789.11
螨（在 250g 糖中）	不得检出							GB13104 2014 附录 A

表 7 赤砂糖、原糖、冰片糖、黄砂糖、液体糖、糖霜微生物限量

项目	指标						检验方法
	赤砂糖	原糖	冰片糖	黄砂糖	液体糖	糖霜	
菌落总数，CFU/g	≤400	—	≤400	≤100	≤100	≤100	GB 4789.2
大肠菌群，MPN/g	≤3.0	—	≤3.0	≤3.0	≤3.0	≤3.0	GB 4789.3
霉菌及酵母，CFU/g	≤35	—	≤35	≤35	≤35	≤35	GB 4789.15
致病菌（沙门氏菌、志贺氏菌、金黄色葡萄球菌、溶血性链球菌）	不得检出	—	不得检出	不得检出	不得检出	不得检出	GB 4789.4 GB 4789.5 GB 4789.10 GB 4789.11
螨（在 250 g 糖中）	不得检出						GB 13104— 2014 附录 A

4.9 净含量

应符合国家质量监督检验检疫总局令 2005 年第 75 号的规定,检验方法按 JJF 1070 的规定执行。

5 检验规则

申报绿色食品的产品应按照 4.5～4.9 以及附录 A 所确定的项目进行检验。每批产品交收(出厂)前,都应进行交收(出厂)检验。交收(出厂)检验内容包括包装、标签、净含量、感官、干燥失重、浑浊度、色值。其他要求按 NY/T 1055 的规定执行。

6 标签

按 GB 7718 的规定执行。

7 包装、运输和储存

7.1 包装

按 NY/T 658 的规定执行。包装储运图示标志按 GB/T 191 的规定执行。

7.2 运输和储存

按 NY/T 1056 的规定执行。

附　录　A
（规范性附录）
绿色食品食用糖产品申报检验项目

表 A.1 规定了除 4.5～4.9 所列项目外，依据食品安全国家标准和绿色食品生产实际情况，绿色食品申报检验还应检验的项目。

表 A.1　污染物项目

序号	检验项目	指　标	检验方法
1	总砷（以 As 计），mg/kg	≤0.5	GB/T 5009.11
2	铅（以 Pb 计），mg/kg	≤0.5	GB 5009.12

附 录 B
(规范性附录)
干物质、pH、抗结剂的测定方法

B.1 干物质(固形物)的测定

B.1.1 仪器

阿贝折光仪:精度为0.000 1单位折光率。

B.1.2 仪器校正

在20℃时,以蒸馏水校正折光仪的折光率为1.333 0,相当于干物质(固形物)含量为零。

B.1.3 测定

将折光仪放置在光线充足的位置,与恒温水浴连接,将折光仪棱镜的温度调节至20℃,分开两面棱镜,用玻璃棒加少量样品(1滴~3滴)于固定的棱镜面上,立即闭合棱镜。停留几分钟,使样品达到棱镜的温度。调节棱镜的螺旋至视场分为明暗两部分,转动补偿器旋钮,消除虹彩并使明暗分界线清晰,继续调节螺旋使明暗分界线对准在十字线上。从标尺上读取折光率(精确至0.000 1)和干物质百分浓度(精确至0.01),再立即重读一次,每个试样至少读取两个读数,取其算术平均值。清洗并完全擦干两个棱镜,将上述样品进行第二次测定。取两次测定平均值,即为本样品的干物质含量(若温度不是20℃,则应按QB/T 4093—2010中附录A进行温度校正)。

B.2 pH的测定

称取样品20.0 g于50 mL烧杯中,加水20 mL溶解,测量样液温度。调节酸度计的温度补偿,然后测定样液的pH。

B.3 抗结剂(二氧化硅)的测定

称取100 g样品用水溶解后,用滤纸过滤,过滤完毕后用蒸馏水冲洗滤纸三次,对不溶物连带滤纸按HG 2791—1996中的方法进行测定。

ICS 67.080.10
B 31

中华人民共和国农业行业标准

NY/T 427—2016
代替 NY/T 427—2007

绿色食品　西甜瓜

Green food—Watermelon and muskmelon

2016-10-26 发布　　2017-04-01 实施

中华人民共和国农业部　发布

前　言

本标准按照GB/T 1.1—2009给出的规则起草。

本标准代替NY/T 427—2007《绿色食品　西甜瓜》。与NY/T 427—2007相比，除编辑性修改外，主要技术变化如下：

——修改了标准的英文名称；

——修改了标准的适用范围；

——修改了西甜瓜的感官指标；

——修改了西甜瓜的理化指标：删除了哈密瓜的理化指标；

——修改了西甜瓜的卫生指标：删除了无机砷、总汞、氟、亚硝酸盐、乙酰甲胺磷、马拉硫磷、辛硫磷、乐果、敌敌畏、溴氰菊酯、氰戊菊酯、氯氰菊酯、百菌清、三唑酮项目和指标；增加了啶虫脒、甲霜灵、腈苯唑、霜霉威、戊唑醇、烯酰吗啉、啶酰菌胺、醚菌酯、氯氟氰菊酯、噻虫嗪、嘧菌酯、吡唑醚菌酯项目和指标；修改了毒死蜱、多菌灵的指标；

——删除了净含量；

——增加了附录A(规范性附录)。

本标准由农业部农产品质量安全监管局提出。

本标准由中国绿色食品发展中心归口。

本标准起草单位：河南省农业科学院农业质量标准与检测技术研究所、农业部农产品质量监督检验测试中心(郑州)、中国绿色食品发展中心、河南省绿色食品发展中心、河南省农业科学院园艺研究所、洛阳市新大农业科技有限公司。

本标准主要起草人：汪红、王铁良、司敬沛、魏亮亮、王会锋、赵光华、陈倩、陈丛梅、张志华、钟红舰、尚兵、许超、赵卫星、常高正、刘勇。

本标准的历次版本发布情况为：

——NY/T 427—2000、NY/T 427—2007。

绿色食品　西甜瓜

1　范围

本标准规定了绿色食品西甜瓜的术语和定义、要求、检验规则、标签、包装、运输和储存。

本标准适用于绿色食品西瓜和甜瓜(包括薄皮甜瓜和厚皮甜瓜)。

2　规范性引用文件

下列文件对于本文件的应用是必不可少的。凡是注日期的引用文件,仅注日期的版本适用于本文件。凡是不注日期的引用文件,其最新版本(包括所有的修改单)适用于本文件。

GB/T 191　包装储运图示标志

GB 5009.12　食品安全国家标准　食品中铅的测定

GB 5009.15　食品安全国家标准　食品中镉的测定

GB/T 5009.146　植物性食品中有机氯和拟除虫菊酯类农药多种残留量的测定

GB 7718　食品安全国家标准　预包装食品标签通则

GB/T 12456　食品中总酸的测定

GB/T 20769　水果和蔬菜中450种农药及相关化学品残留量的测定　液相色谱—串联质谱法

NY/T 391　绿色食品　产地环境质量

NY/T 393　绿色食品　农药使用准则

NY/T 394　绿色食品　肥料使用准则

NY/T 658　绿色食品　包装通用准则

NY/T 1055　绿色食品　产品检验规则

NY/T 1056　绿色食品　贮藏运输准则

NY/T 1453　蔬菜及水果中多菌灵等16种农药残留测定　液相色谱—质谱—质谱联用法

NY/T 2637　水果和蔬菜可溶性固形物含量的测定　折射仪法

3　术语和定义

下列术语和定义适用于本文件。

3.1

薄皮甜瓜　oriental melon

果肉厚度一般不大于2.5 cm的甜瓜。

3.2

厚皮甜瓜　muskmelon

果肉厚度一般大于2.5 cm的甜瓜。

4　要求

4.1　产地环境

应符合NY/T 391的规定。

4.2　生产过程

生产过程中农药使用应符合NY/T 393的规定,肥料使用应符合NY/T 394的规定。

4.3 感官

应符合表1的规定。

表1 感官要求

项 目	要 求			检测方法
	西瓜	薄皮甜瓜	厚皮甜瓜	
果实外观	果实完整,新鲜清洁,果形端正,具有本品种应有的形状和特征			用目测法进行果实外观、成熟度、雹伤、日灼、病虫斑及机械伤等感官项目的检测,滋味和气味采用口尝和鼻嗅的方法进行检测
滋味、气味	具有本品种应有的滋味	具有本品种应有的滋味和气味,无异味		
果面缺陷	无明显果面缺陷(缺陷包括雹伤、日灼、病虫斑及机械伤等)			
成熟度	发育充分,成熟适度,具有适于市场或储存要求的成熟度			

4.4 理化指标

应符合表2的规定。

表2 理化指标

项 目	指 标			检测方法
	西瓜	薄皮甜瓜	厚皮甜瓜	
可溶性固形物,%	≥10.5	≥9.0	≥11.0	NY/T 2637
总酸(以柠檬酸计),g/kg	≤2.0			GB/T 12456

4.5 农药残留限量

农药残留限量应符合相关食品安全国家标准及规定,同时应符合表3的规定。

表3 农药残留限量

单位为毫克每千克

序号	项 目	指 标		检测方法
		西瓜	甜瓜	
1	毒死蜱	≤0.015		GB/T 20769
2	啶虫脒	—	≤0.01	GB/T 20769
3	甲霜灵	—	≤0.01	GB/T 20769
4	腈苯唑	≤0.2	≤0.01	GB/T 20769
5	霜霉威	—	≤0.01	GB/T 20769
6	戊唑醇	≤0.15	≤0.01	GB/T 20769
7	烯酰吗啉	≤0.01	—	GB/T 20769
8	啶酰菌胺	≤0.01	—	GB/T 20769
9	醚菌酯	≤1	—	GB/T 20769
10	氯氟氰菊酯	—	≤0.01	GB/T 5009.146
11	噻虫嗪	—	≤0.01	GB/T 20769
12	多菌灵	—	≤0.01	GB/T 20769
13	嘧菌酯	—	≤0.01	NY/T 1453

5 检验规则

申请绿色食品的西甜瓜产品应按照4.3～4.5以及附录A所确定的项目进行检验,其他要求应符合NY/T 1055的规定。本标准规定的农药残留量检测方法,如有其他国家标准、行业标准以及部文公告的检测方法,且其检出限和定量限能满足限量值要求时,在检测时可采用。

6 标签

应符合GB 7718的规定。

7 包装、运输和储存

7.1 包装按 NY/T 658 的规定执行，包装储运图示标志按 GB/T 191 的规定执行。

7.2 运输和储存按 NY/T 1056 的规定执行。

附 录 A
(规范性附录)
绿色食品西甜瓜产品申报检验项目

表 A.1 规定了除 4.3～4.5 所列项目外，按食品安全国家标准和绿色食品生产实际情况，绿色食品西甜瓜申报检验还应检验的项目。

表 A.1 污染物、农药残留项目

单位为毫克每千克

序号	项 目	指 标		检测方法
		西瓜	甜瓜	
1	铅(以 Pb 计)	≤0.1		GB 5009.12
2	镉(以 Cd 计)	≤0.05		GB 5009.15
3	氯氟氰菊酯	≤0.05	—	GB/T 5009.146
4	啶虫脒	≤2	—	GB/T 20769
5	甲霜灵	≤0.2	—	GB/T 20769
6	霜霉威	≤5	—	GB/T 20769
7	烯酰吗啉	—	≤0.5	GB/T 20769
8	啶酰菌胺	—	≤3	GB/T 20769
9	醚菌酯	—	≤1	GB/T 20769
10	吡唑醚菌酯	≤0.5		GB/T 20769
11	噻虫嗪	≤0.2	—	GB/T 20769
12	多菌灵	≤0.5	—	GB/T 20769
13	嘧菌酯	≤1	—	NY/T 1453

ICS 67.080.01
X 24

中华人民共和国农业行业标准

NY/T 434—2016
代替 NY/T 434—2007

绿色食品　果蔬汁饮料

Green food—Fruit and vegetable drinks

2016-10-26 发布　　　　2017-04-01 实施

中华人民共和国农业部　发布

前　言

本标准按照GB/T 1.1—2009给出的规则起草。

本标准代替NY/T 434—2007《绿色食品　果蔬汁饮料》。与NY/T 434—2007相比,除编辑性修改外,主要技术变化如下:

——增加了果蔬汁饮料的分类;

——增加了展青霉素项目及其指标值;

——增加了赭曲霉毒素A项目及其指标值;

——增加了化学合成色素新红及其铝色淀、赤藓红及其铝色淀项目及其指标值;

——增加了食品添加剂阿力甜项目及其指标值;

——增加了农药残留项目吡虫啉、啶虫脒、联苯菊酯、氯氰菊酯、灭蝇胺、噻螨酮、腐霉利、甲基硫菌灵、嘧霉胺、异菌脲、2,4-滴项目及其指标值;

——修改了锡的指标值;

——删除了总汞、总砷指标;

——删除了铜、锌、铁、铜锌铁总和指标;

——删除了志贺氏菌、溶血性链球菌指标。

本标准由农业部农产品质量安全监管局提出。

本标准由中国绿色食品发展中心归口。

本标准起草单位:农业部乳品质量监督检验测试中心、山东沾化浩华果汁有限公司、中国绿色食品发展中心。

本标准主要起草人:张进、何清毅、高文瑞、孙亚范、刘亚兵、梁胜国、张志华、陈倩、李卓、程艳宇、朱青、苏希果。

本标准的历次版本发布情况为:

——NY/T 434—2000、NY/T 434—2007。

绿色食品　果蔬汁饮料

1　范围

本标准规定了绿色食品果蔬汁饮料的术语和定义、要求、检验规则、标签、包装、运输和储存。

本标准适用于绿色食品果蔬汁饮料，不适用于发酵果蔬汁饮料(包括果醋饮料)。

2　规范性引用文件

下列文件对于本文件的应用是必不可少的。凡是注日期的引用文件，仅注日期的版本适用于本文件。凡是不注日期的引用文件，其最新版本(包括所有的修改单)适用于本文件。

GB/T 191　包装储运图示标志
GB 4789.2　食品安全国家标准　食品微生物学检验　菌落总数测定
GB 4789.3　食品安全国家标准　食品微生物学检验　大肠菌群计数
GB 4789.4　食品安全国家标准　食品微生物学检验　沙门氏菌检验
GB 4789.10　食品安全国家标准　食品微生物学检验　金黄色葡萄球菌检验
GB 4789.15　食品安全国家标准　食品微生物学检验　霉菌和酵母计数
GB 4789.26　食品安全国家标准　食品微生物学检验　商业无菌检验
GB 5009.12　食品安全国家标准　食品中铅的测定
GB 5009.16　食品安全国家标准　食品中锡的测定
GB 5009.28　食品安全国家标准　食品中苯甲酸、山梨酸和糖精钠的测定
GB 5009.34　食品安全国家标准　食品中二氧化硫的测定
GB 5009.35　食品安全国家标准　食品中合成着色剂的测定
GB 5009.97　食品安全国家标准　食品中环己基氨基磺酸钠的测定
GB 5009.263　食品安全国家标准　食品中阿斯巴甜和阿力甜的测定
GB 7718　食品安全国家标准　预包装食品标签通则
GB/T 12143　饮料通用分析方法
GB/T 12456　食品中总酸的测定
GB 12695　饮料企业良好生产规范
GB/T 23379　水果、蔬菜及茶叶中吡虫啉残留的测定　高效液相色谱法
GB/T 23502　食品中赭曲霉毒素A的测定　免疫亲和层析净化高效液相色谱法
GB/T 31121　果蔬汁类及其饮料
JJF 1070　定量包装商品净含量计量检验规则
NY/T 391　绿色食品　产地环境质量
NY/T 392　绿色食品　食品添加剂使用准则
NY/T 422　绿色食品　食用糖
NY/T 658　绿色食品　包装通用准则
NY/T 761　蔬菜和水果中有机磷、有机氯、拟除虫菊酯和氨基甲酸酯类农药多残留的测定
NY/T 1055　绿色食品　产品检验规则
NY/T 1056　绿色食品　贮藏运输准则
NY/T 1650　苹果和山楂制品中展青霉素的测定　高效液相色谱法
NY/T 1680　蔬菜水果中多菌灵等4种苯并咪唑类农药残留量的测定　高效液相色谱法

国家质量监督检验检疫总局令2005年第75号 定量包装商品计量监督管理办法

3 术语和定义

GB/T 31121界定的术语和定义适用于本文件。

4 要求

4.1 原料要求

4.1.1 水果和蔬菜原料符合绿色食品要求。

4.1.2 食用糖应符合NY/T 422的要求。

4.1.3 其他辅料应符合相应绿色食品标准的要求。

4.1.4 食品添加剂应符合NY/T 392的要求。

4.1.5 加工用水应符合NY/T 391的要求。

4.2 生产过程

应符合GB 12695的规定。

4.3 感官

应符合表1的规定。

表1 感官要求

项目	要求	检验方法
色泽	具有所标示的该种(或几种)水果、蔬菜制成的汁液(浆)相符的色泽,或具有与添加成分相符的色泽	取50 g混合均匀的样品于100 mL洁净的无色透明烧杯中,置于明亮处目测其色泽、杂质,嗅其气味,品尝其滋味
滋味和气味	具有所标示的该种(或几种)水果、蔬菜制成的汁液(浆)应有的滋味和气味,或具有与添加成分相符的滋味和气味;无异味	
杂质	无肉眼可见的外来杂质	

4.4 理化指标

应符合表2的规定。

表2 理化指标

单位为克每百克

项目	指标											检验方法
	果蔬汁(浆)						果蔬汁(浆)类饮料					
	原榨果汁	果汁	蔬菜汁	果(蔬菜)浆	复合果蔬汁(浆)	浓缩果蔬汁(浆)	果蔬汁饮料	果肉(浆)饮料	复合果蔬汁饮料	果蔬汁饮料浓浆	水果饮料	
可溶性固形物	≥8.0	≥8.0	≥4.0	≥8.0(果浆) ≥4.0(蔬菜浆)	≥4.0	≥12.0[浓缩果汁(浆)] ≥6.0[浓缩蔬菜汁(浆)]	≥4.0	≥4.5	≥4.0	≥4.0	≥4.5	GB/T 12143

表 2 (续)

项　目	指　标											检验方法
	果蔬汁(浆)					浓缩果蔬汁(浆)	果蔬汁(浆)类饮料					
	原榨果汁	果汁	蔬菜汁	果(蔬菜)浆	复合果蔬汁(浆)		果蔬汁饮料	果肉(浆)饮料	复合果蔬汁饮料	果蔬汁饮料浓浆	水果饮料	
总酸(以柠檬酸计)	≥0.1	≥0.1	—	≥0.1(果浆)	—	≥0.2[浓缩果汁(浆)]	—	≥0.1	—	—	≥0.1	GB/T 12456
主原料包括水果和蔬菜的产品,项目的指标值按蔬菜原料的相应产品执行。												

4.5 **污染物限量、农药残留限量、食品添加剂限量和真菌毒素限量**

污染物限量农药残留限量、食品添加剂限量和真菌毒素限量应符合食品安全国家标准及相关规定,同时应符合表 3 的规定。

表 3　污染物、农药残留、食品添加剂和真菌毒素限量

项　目	指　标	检验方法
吡虫啉,mg/kg	≤0.1	GB/T 23379
联苯菊酯,mg/kg	≤0.05	NY/T 761
氯氰菊酯,mg/kg	≤0.01	
腐霉利,mg/kg	≤0.2	
异菌脲,mg/kg	≤0.2	
甲基硫菌灵,mg/kg	≤0.5	NY/T 1680
苯甲酸及其钠盐(以苯甲酸计),mg/kg	不得检出(<5)	GB 5009.28
糖精钠,mg/kg	不得检出(<5)	
环己基氨基磺酸钠和环己基氨基磺酸钙(以环己基氨基磺酸钠计),mg/kg	不得检出(<10)	GB 5009.97
锡(以 Sn 计)[a],mg/kg	≤100	GB 5009.16
新红及其铝色淀(以新红计)[b],mg/kg	不得检出(<0.5)	GB 5009.35
赤藓红及其铝色淀(以赤藓红计)[b],mg/kg	不得检出(<0.2)	
阿力甜,mg/kg	不得检出(<2.5)	GB 5009.263
赭曲霉毒素 A[c],μg/kg	≤20	GB/T 23502

[a] 仅适用于镀锡薄板容器包装产品。
[b] 仅适用于红色的产品。
[c] 仅适用于葡萄汁产品。

4.6 **净含量**

应符合国家质量监督检验检疫总局令 2005 年第 75 号的要求,检验方法按 JJF 1070 的规定执行。

5 检验规则

申报绿色食品的产品应按照 4.3~4.6 以及附录 A 所确定的项目进行检验。每批产品交收(出厂)前,都应进行交收(出厂)检验,交收(出厂)检验内容包括包装、标志、标签、净含量、感官、可溶性固形物、总酸、微生物。其他要求按 NY/T 1055 的规定执行。

6 标签

按 GB 7718 的规定执行。

7 包装、运输和储存

7.1 包装

按 NY/T 658 的规定执行。包装储运图示标志按 GB/T 191 的规定执行。

7.2 运输和储存

按 NY/T 1056 的规定执行。

附 录 A
(规范性附录)
绿色食品果蔬汁饮料产品申报检验项目

表A.1和表A.2规定了除4.3～4.6所列项目外，依据食品安全国家标准和绿色食品生产实际情况，绿色食品申报检验还应检验的项目。

表A.1 污染物和食品添加剂项目

序号	检验项目	指 标	检验方法
1	铅(以Pb计)，mg/kg	≤0.05(果蔬汁类) ≤0.5[浓缩果蔬汁(浆)]	GB 5009.12
2	二氧化硫残留量(以 SO_2 计)，mg/kg	≤10	GB 5009.34
3	苋菜红及其铝色淀(以苋菜红计)[a]，mg/kg	≤50	GB 5009.35
4	胭脂红及其铝色淀(以胭脂红计)[a]，mg/kg	≤50	
5	日落黄及其铝色淀(以日落黄计)[b]，mg/kg	≤100	
6	柠檬黄及其铝色淀(以柠檬黄计)[b]，mg/kg	≤100	
7	山梨酸及其钾盐(以山梨酸计)，mg/kg	≤500	GB 5009.28
8	展青霉素[c]，μg/kg	≤50	NY/T 1650

[a] 仅适用于红色的产品。
[b] 仅适用于黄色的产品。
[c] 仅适用于苹果汁、山楂汁产品。

表A.2 微生物项目

序号	检验项目	采样方案及限量(若非指定，均以/25 g或/25 mL表示)				检验方法
		n	c	m	M	
1	菌落总数，CFU/g	≤100				GB 4789.2
2	大肠菌群，MPN/g	<3				GB 4789.3
3	霉菌和酵母[b]，CFU/g	≤20				GB 4789.15
4	沙门氏菌	5	0	0	—	GB 4789.4
5	金黄色葡萄球菌	5	1	100 CFU/g(mL)	1 000 CFU/g(mL)	GB 4789.10

罐头包装产品的微生物要求仅为商业无菌，检验方法按GB 4789.26的规定执行。

注：n 为同一批次产品应采集的样品件数；c 为最大可允许超出 m 值的样品数；m 为致病菌指标可接受水平的限量值；M 为致病菌指标的最高安全限量值。

ICS 65.020.30
B 43

中华人民共和国农业行业标准

NY/T 473—2016
代替 NY/T 473—2001,NY/T 1892—2010

绿色食品　畜禽卫生防疫准则

Green food—Guideline for health and disease prevention of livestock and poultry

2016-10-26 发布　　2017-04-01 实施

中华人民共和国农业部　发布

前　言

本标准按照GB/T 1.1—2009给出的规则起草。

本标准代替NY/T 473—2001《绿色食品　动物卫生准则》和NY/T 1892—2010《畜禽饲养防疫准则》。与NY/T 473—2001和NY/T 1892—2010相比，除编辑性修改外主要技术变化如下：

——增加了畜禽饲养场、屠宰场应配备满足生产需要的兽医场所，并具备常规的化验检验条件；

——增加了畜禽饲养场免疫程序的制定应由执业兽医认可；

——增加了畜禽饲养场应制定畜禽疾病定期监测及早期疫情预报预警制度，并定期对其进行监测；

——增加了畜禽饲养场应具有1名以上执业兽医提供稳定的兽医技术服务；

——增加了猪不应患病种类——高致病性猪繁殖与呼吸综合征；

——增加了对有绿色食品畜禽饲养基地和无绿色食品畜禽饲养基地2种类别的畜禽屠宰场的卫生防疫要求。

本标准由农业部农产品质量安全监管局提出。

本标准由中国绿色食品发展中心归口。

本标准起草单位：农业部动物及动物产品卫生质量监督检验测试中心、中国绿色食品发展中心、天津农学院、青岛农业大学、黑龙江五方种猪场。

本标准主要起草人：赵思俊、王玉东、宋建德、张志华、张启迪、李雪莲、曹旭敏、陈倩、王恒强、曲志娜、王娟、李存、洪军、王君玮。

本标准的历次版本发布情况为：

——NY/T 473—2001；

——NY/T 1892—2010。

绿色食品　畜禽卫生防疫准则

1　范围

本标准规定了绿色食品畜禽饲养场、屠宰场的动物卫生防疫要求。

本标准适用于绿色食品畜禽饲养、屠宰。

2　规范性引用文件

下列文件对于本文件的应用是必不可少的。凡是注日期的引用文件，仅注日期的版本适用于本文件。凡是不注日期的引用文件，其最新版本（包括所有的修改单）适用于本文件。

GB 16548　病害动物和病害动物产品生物安全处理规程
GB 16549　畜禽产地检疫规范
GB 18596　畜禽养殖业污染物排放标准
GB/T 22569　生猪人道屠宰技术规范
NY/T 388　畜禽场环境质量标准
NY/T 391　绿色食品 产地环境质量
NY 467　畜禽屠宰卫生检疫规范
NY/T 471　绿色食品　畜禽饲料及饲料添加剂使用准则
NY/T 472　绿色食品　兽药使用准则
NY/T 1167　畜禽场环境质量及卫生控制规范
NY/T 1168　畜禽粪便无害化处理技术规范
NY/T 1169　畜禽场环境污染控制技术规范
NY/T 1340　家禽屠宰质量管理规范
NY/T 1341　家畜屠宰质量管理规范
NY/T 1569　畜禽养殖场质量管理体系建设通则
NY/T 2076　生猪屠宰加工场（厂）动物卫生条件
NY/T 2661　标准化养殖场 生猪
NY/T 2662　标准化养殖场 奶牛
NY/T 2663　标准化养殖场 肉牛
NY/T 2664　标准化养殖场 蛋鸡
NY/T 2665　标准化养殖场 肉羊
NY/T 2666　标准化养殖场 肉鸡

3　术语和定义

下列术语和定义适用于本文件。

3.1

动物卫生　animal health

为确保动物的卫生、健康以及人对动物产品消费的安全，在动物生产、屠宰中应采取的条件和措施。

3.2

动物防疫　animal disease prevention

动物疫病的预防、控制、扑灭，以及动物及动物产品的检疫。

3.3

执业兽医 licensed veterinarian

具备兽医相关技能，取得国家执业兽医统一考试或授权具有兽医执业资格，依法从事动物诊疗和动物保健等经营活动的人员，包括执业兽医师、执业助理兽医师和乡村兽医。

4 畜禽饲养场卫生防疫要求

4.1 场址选择、建设条件、规划布局要求

4.1.1 家畜饲养场场址选择、建设条件、规划布局要求应符合 NY/T 2661、NY/T 2662、NY/T 2663、NY/T 2665 的要求；蛋用、肉用家禽的建设条件、规划布局要求应分别符合 NY/T 2664 和 NY/T 2666 的要求。

4.1.2 饲养场周围应具备就地存放粪污的足够场地和排污条件，且应设立无害化处理设施设备。

4.1.3 场区入口应设置能够满足运输工具消毒的设施，人员入口设消毒池，并设置紫外消毒间、喷淋室和淋浴更衣间等。

4.1.4 饲养人员、畜禽和其他生产资料的运转应分别采取不交叉的单一流向，减少污染和动物疫病传播。

4.1.5 畜禽饲养场所环境质量及卫生控制应符合 NY/T 1167 的相关要求。

4.1.6 绿色食品畜禽饲养场还应满足以下要求：

a) 应选择水源充足、无污染和生态条件良好的地区，且应距离交通要道、城镇、居民区、医疗机构、公共场所、工矿企业 2 km 以上，距离垃圾处理场、垃圾填埋场、风景旅游区、点污染源 5 km 以上，污染场所或地区应处于场址常年主导风向的下风向；

b) 应有足够畜禽自由活动的场所、设施设备，以充分保障动物福利；

c) 生态、大气环境和畜禽饮用水水质应符合 NY/T 391 的要求；

d) 应配备满足生产需要的兽医场所，并具备常规的化验检验条件。

4.2 畜禽饲养场饲养管理、防疫要求

4.2.1 畜禽饲养场卫生防疫，宜加强畜禽饲养管理，提高畜禽机体的抗病能力，减少动物应激反应；控制和杜绝传染病的发生、传播和蔓延，建立"预防为主"的策略，不用或少用防疫用兽药。

4.2.2 畜禽养殖场应建立质量管理体系，并按照 NY/T 1569 的规定执行；建立畜禽饲养场卫生防疫管理制度。

4.2.3 同一饲养场所内不应混养不同种类的畜禽。畜禽的饲养密度、通风设施、采光等条件宜满足动物福利的要求。不同畜禽饲养密度应符合表 1 的规定。

表 1 不同畜禽饲养密度要求

畜禽种类	饲养密度	
蛋禽	后备家禽	10 只/m² ～20 只/m²
	产蛋家禽	10 只/m² ～20 只/m²（平养）
		10 只/m² ～15 只/m²（笼养）
肉禽	商品肉禽舍	20 kg/m² ～30 kg/m²
猪	育肥猪	0.7 m²/头～0.9 m²/头（≤50 kg）
		1 m²/头～1.2 m²/头（>50 kg，≤85 kg）
		1.3 m²/头～1.5 m²/头（>85 kg）
	仔猪（40 日龄或≤30 kg）	0.5 m²/头～0.8 m²/头
牛	奶牛	4 m²/头～7 m²/头（拴系式）
		3 m²/头～5 m²/头（散栏式）

表 1 （续）

畜禽种类	饲养密度	
牛	肉牛	1.2 m^2/头～1.6 m^2/头(≤100 kg)
		2.3 m^2/头～2.7 m^2/头(>100 kg，≤200 kg)
		3.8 m^2/头～4.2 m^2/头(>200 kg，≤350 kg)
		5.0 m^2/头～5.5 m^2/头(>350 kg)
	公牛	7 m^2/头～10 m^2/头
羊	绵羊、山羊	1 m^2/头～1.5 m^2/头
	羔羊	0.3 m^2/头～0.5 m^2/头

4.2.4 畜禽饲养场应建立健全整体防疫体系，各项防疫措施应完整、配套、实用。畜禽疫病监测和控制方案应遵照《中华人民共和国动物防疫法》及其配套法规的规定执行。

4.2.5 应制定合理的饲养管理、防疫消毒、兽药和饲料使用技术规程；免疫程序的制定应由执业兽医认可，国家强制免疫的动物疫病应按照国家的相关制度执行。

4.2.6 病死畜禽尸体的无害化处理和处置应符合 GB 16548 的要求；畜禽饲养场粪便、污水、污物及固体废弃物的处理应符合 NY/T 1168 及国家环保的要求，处理后饲养场污物排放标准应符合 GB 18596 的要求；环境卫生质量应达到 NY/T 388、NY/T 1169 的要求。

4.2.7 绿色食品畜禽饲养场的饲养管理和防疫还应满足以下要求：

a） 宜建立无规定疫病区或生物安全隔离区；

b） 畜禽圈舍中空气质量应定期进行监测，并符合 NY/T 388 的要求；

c） 饲料、饲料添加剂的使用应符合 NY/T 471 的要求；

d） 应制定畜禽圈舍、运动场所清洗消毒规程，粪便及废弃物的清理、消毒规程和畜禽体外消毒规程，以提高畜禽饲养场卫生条件水平；消毒剂的使用应符合 NY/T 472 的要求；

e） 加强畜禽饲养管理水平，并确保畜禽不应患有附录 A 所列的各种疾病；

f） 应制定畜禽疾病定期监测及早期疫情预报预警制度，并定期对其进行监测；在产品申报绿色食品或绿色食品年度抽检时，应提供对附录 A 所列疾病的病原学检测报告；

g） 当发生国家规定无须扑杀的动物疫病或其他非传染性疾病时，要开展积极的治疗；必须用药时，应按照 NY/T 472 的规定使用治疗性药物；

h） 应具有 1 名以上执业兽医提供稳定的兽医技术服务。

4.3 畜禽繁育或引进的要求

4.3.1 宜"自繁自养"，自养的种畜禽应定期检验检疫。

4.3.2 引进畜禽应来自具有种畜禽生产经营许可证的种畜禽场，按照 GB 16549 的要求实施产地检疫，并取得动物检疫合格证明或无特定动物疫病的证明。对新引进的畜禽，应进行隔离饲养观察，确认健康方可进场饲养。

4.4 记录

畜禽饲养场应对畜禽饲养、清污、消毒、免疫接种、疫病诊断、治疗等做好详细记录；对饲料、兽药等投入品的购买、使用、存储等做好详细记录；对畜禽疾病、尤其是附录 A 所列疾病的监测情况应做好记录并妥善保管。相关记录至少应在清群后保存 3 年以上。

5 畜禽屠宰场卫生防疫要求

5.1 畜禽屠宰场场址选择、建设条件要求

5.1.1 畜禽屠宰场的场址选择、卫生条件、屠宰设施设备应符合 NY/T 2076、NY/T 1340、NY/T 1341 的要求。

5.1.2 绿色食品畜禽屠宰场还应满足以下要求：

a) 应选择水源充足、无污染和生态条件良好的地区，距离垃圾处理场、垃圾填埋场、点污染源等污染场所 5 km 以上；污染场所或地区应处于场址常年主导风向的下风向；

b) 畜禽待宰圈（区）、可疑病畜观察圈（区）应有充足的活动场所及相关的设施设备，以充分保障动物福利。

5.2 屠宰过程中的卫生防疫要求

5.2.1 对有绿色食品畜禽饲养基地的屠宰场，应对待宰畜禽进行查验并进行检验检疫。

5.2.2 对实施代宰的畜禽屠宰场，应与绿色食品畜禽饲养场签订委托屠宰或购销合同，并应对绿色食品畜禽饲养场进行定期评估和监控，对来自绿色食品畜禽饲养场的畜禽在出栏前进行随机抽样检验，检验不合格批次的畜禽不能进场接收。

5.2.3 只有出具准宰通知书的畜禽才可进入屠宰线。

5.2.4 畜禽屠宰应按照 GB/T 22569 的要求实施人道屠宰，宜满足动物福利要求。

5.3 畜禽屠宰场检验检疫要求

5.3.1 宰前检验

待宰畜禽应来自非疫区，健康状况良好。待宰畜禽入场前应进行相关资料查验。查验内容包括：相关检疫证明；饲料添加剂类型；兽药类型、施用期和休药期；疫苗种类和接种日期。生猪、肉牛、肉羊等进入屠宰场前，还应进行 β-受体激动剂自检；检测合格的方可进场。

5.3.2 宰前检疫

宰前检疫发现可疑病畜禽，应隔离观察，并按照 GB 16549 的规定进行详细的个体临床检查，必要时进行实验室检查。健康畜禽在留养待宰期间应随时进行临床观察，送宰前再进行一次群体检疫，剔除患病畜禽。

5.3.3 宰前检疫后的处理

5.3.3.1 发现疑似附录 A 所列疫病时，应按照 NY 467 的规定执行。畜禽待宰圈（区）、可疑病畜观察圈（区）、屠宰场所应严格消毒，采取防疫措施，并立即向当地兽医行政管理部门报告疫情，并按照国家相关规定进行处置。

5.3.3.2 发现疑似狂犬病、炭疽、布鲁氏菌病、弓形虫病、结核病、日本血吸虫病、囊尾蚴病、马鼻疽、兔黏液瘤病等疫病时，应实施生物安全处置，按照 GB 16548 的规定执行。畜禽待宰圈（区）、可疑病畜观察圈（区）、屠宰场所应严格消毒，采取防疫措施，并立即向当地兽医行政管理部门报告疫情。

5.3.3.3 发现除上述所列疫病外，患有其他疫病的畜禽，实行急宰，将病变部分剔除并销毁，其余部分按照 GB 16548 的规定进行生物安全处理。

5.3.3.4 对判为健康的畜禽，送宰前应由宰前检疫人员出具准宰通知书。

5.3.4 宰后检验检疫

5.3.4.1 畜禽屠宰后应立即进行宰后检验检疫，宰后检疫应在适宜的光照条件下进行。

5.3.4.2 头、蹄爪、内脏、胴体应按照 NY 467 的规定实施同步检疫，综合判定。必要时进行实验室检验。

5.3.5 宰后检验检疫后的处理

5.3.5.1 通过对内脏、胴体的检疫，做出综合判断和处理意见；检疫合格的畜禽产品，按照 NY 467 的规定进行分割和储存。

5.3.5.2 检疫不合格的胴体和肉品，应按照 GB 16548 的规定进行生物安全处理。

5.3.5.3 检疫合格的胴体和肉品，应加盖统一的检疫合格印章，签发检疫合格证。

5.4 记录

所有畜禽屠宰场的生产、销售和相应的检验检疫、处理记录，应保存 3 年以上。

附　录　A
（规范性附录）
畜禽不应患病种类名录

A.1　人畜共患病

口蹄疫、结核病、布鲁氏菌病、炭疽、狂犬病、钩端螺旋体病。

A.2　不同种属畜禽不应患病种类

A.2.1　猪：猪瘟、猪水泡病、高致病性猪繁殖与呼吸综合征、非洲猪瘟、猪丹毒、猪囊尾蚴病、旋毛虫病。

A.2.2　牛：牛瘟、牛传染性胸膜肺炎、牛海绵状脑病、日本血吸虫病。

A.2.3　羊：绵羊痘和山羊痘、小反刍兽疫、痒病、蓝舌病。

A.2.4　马属动物：非洲马瘟、马传染性贫血、马鼻疽、马流行性淋巴管炎。

A.2.5　兔：兔出血病、野兔热、兔黏液瘤病。

A.2.6　禽：高致病性禽流感、鸡新城疫、鸭瘟、小鹅瘟、禽衣原体病。

ICS 67.120
B 45

中华人民共和国农业行业标准

NY/T 898—2016
代替 NY/T 898—2004

绿色食品　含乳饮料

Green food—Milk beverage

2016-10-26 发布　　　　2017-04-01 实施

中华人民共和国农业部　发布

前　　言

本标准按照GB/T 1.1—2009 给出的规则起草。

本标准代替NY/T 898—2004《绿色食品　含乳饮料》。与NY/T 898—2004相比,除编辑性修改外,主要技术变化如下:

——增加了分类中乳酸菌饮料;

——删除了理化指标中酸度;

——增加了农药残留项目氯氰菊酯、氯菊酯、丙溴磷、醚菌酯、咯菌腈;

——删除了污染物项目中砷、汞,增加了锡;

——增加了食品添加剂项目中阿力甜、新红及其铝色淀、赤藓红及其铝色淀,删除了乙酰磺胺酸钾;

——增加了兽药残留项目四环素、阿维菌素、伊维菌素、奥芬达唑;

——增加了真菌毒素项目黄曲霉毒素 M_1;

——删除了微生物项目志贺氏菌、溶血性链球菌,增加了乳酸菌和商业无菌。

本标准由农业部农产品质量安全监管局提出。

本标准由中国绿色食品发展中心归口。

本标准起草单位:农业部乳品质量监督检验测试中心、中国绿色食品发展中心、天津海河乳业有限公司。

本标准主要起草人:张志华、陈倩、张宗城、武文起、何清毅、刘正、马文宏、张凤娇、王莹、张进、高文瑞、郑维君、薛刚、李卓、王春天。

本标准的历次版本发布情况为:

——NY/T 898—2004。

绿色食品　含乳饮料

1　范围

本标准规定了绿色食品含乳饮料的术语和定义、分类、要求、检验规则、标签、包装、运输和储存。

本标准适用于绿色食品含乳饮料。

2　规范性引用文件

下列文件对于本文件的应用是必不可少的。凡是注日期的引用文件，仅注日期的版本适用于本文件。凡是不注日期的引用文件，其最新版本(包括所有的修改单)适用于本文件。

GB/T 191　包装储运图示标志

GB 4789.2　食品安全国家标准　食品微生物学检验　菌落总数测定

GB 4789.3　食品安全国家标准　食品微生物学检验　大肠菌群计数

GB 4789.4　食品安全国家标准　食品微生物学检验　沙门氏菌检验

GB 4789.10　食品安全国家标准　食品微生物学检验　金黄色葡萄球菌检验

GB 4789.15　食品安全国家标准　食品微生物学检验　霉菌和酵母计数

GB 4789.26　食品安全国家标准　食品微生物学检验　商业无菌检验

GB/T 4789.27　食品卫生微生物学检验　鲜乳中抗生素残留量检验

GB 4789.35　食品安全国家标准　食品微生物学检验　乳酸菌检验

GB 5009.5　食品安全国家标准　食品中蛋白质的测定

GB/T 5009.6　食品中脂肪的测定

GB 5009.12　食品安全国家标准 食品中铅的测定

GB 5009.16　食品安全国家标准　食品中锡的测定

GB 5009.28　食品安全国家标准　食品中苯甲酸、山梨酸和糖精钠的测定

GB 5009.35　食品安全国家标准　食品中合成着色剂的测定

GB 5009.97　食品安全国家标准　食品中环己基氨基磺酸钠的测定

GB 5009.263　食品安全国家标准　食品中阿斯巴甜和阿力甜的测定

GB 5413.37　食品安全国家标准　乳和乳制品中黄曲霉毒素 M_1 的测定

GB 7718　食品安全国家标准　预包装食品标签通则

GB 12695　饮料企业良好生产规范

GB/T 22968　牛奶和奶粉中伊维菌素、阿维菌素、多拉菌素和乙酰氨基阿维菌素残留量的测定　液相色谱—串联质谱法

GB/T 22972　牛奶和奶粉中噻苯达唑、阿苯达唑、芬苯达唑、奥芬达唑、苯硫氨酯残留量的测定　液相色谱—串联质谱法

GB/T 22990　牛奶和奶粉中土霉素、四环素、金霉素、强力霉素残留量的测定　液相色谱—紫外检测法

GB/T 23210　牛奶和奶粉中511种农药及相关化学品残留量的测定　气相色谱—质谱法

JJF 1070　定量包装商品净含量计量检验规则

NY/T 391　绿色食品　产地环境质量

NY/T 392　绿色食品　食品添加剂使用准则

NY/T 422　绿色食品　食用糖

NY/T 658　绿色食品　包装通用准则

NY/T 1055　绿色食品　产品检验规则

NY/T 1056　绿色食品　贮藏运输准则

国家质量监督检验检疫总局令2005年第75号　定量包装商品计量监督管理办法

3　术语和定义

下列术语和定义适用于本文件。

3.1

含乳饮料　milk beverage

乳(奶)饮料

乳(奶)饮品

以乳或乳制品为原料,加入水及适量辅料,经配制或发酵而成的饮料制品。

4　分类

4.1　配制型含乳饮料

以乳或乳制品为原料,加入水、食用糖和(或)甜味剂、酸味剂、果汁、茶、咖啡、植物提取液等的一种或几种调制而成的饮料。

4.2　发酵型含乳饮料

4.2.1　以乳或乳制品为原料,经乳酸菌等有益菌培养发酵制得的乳液中加入水、食用糖和(或)甜味剂、酸味剂、果汁、茶、咖啡、植物提取液等的一种或几种调制而成的饮料。

4.2.2　发酵型含乳饮料还可称为酸乳(奶)饮料、酸乳(奶)饮品。

4.2.3　发酵型含乳饮料按其发酵后是否经过杀菌处理而区分为杀菌(非活菌)型和未杀菌(活菌)型。

4.3　乳酸菌饮料

4.3.1　以乳或乳制品为原料,经乳酸菌发酵制得的乳液中加入水、食用糖和(或)甜味剂、酸味剂、果汁、茶、咖啡、植物提取液等的一种或几种调制而成的饮料。

4.3.2　乳酸菌饮料按其发酵后是否经过杀菌处理而区分为杀菌(非活菌)型和未杀菌(活菌)型。

5　要求

5.1　原料要求

5.1.1　乳或乳制品原料应符合绿色食品标准的要求。

5.1.2　食用糖应符合NY/T 422的要求。

5.1.3　其他辅料应符合相应绿色食品标准的要求。

5.1.4　食品添加剂应符合NY/T 392的要求。

5.1.5　加工用水应符合NY/T 391的要求。

5.2　生产过程

应符合GB 12695的规定。

5.3　感官

应符合表1的规定。

表 1　感官要求

项　目	要　　求	检验方法
滋味和气味	具有本品特有的乳香滋味和气味或具有与添加辅料相符的滋味和气味;发酵产品具有特有的发酵芳香滋味和气味;无异味	取约 50 mL 混合均匀的样品于无色透明容器中,置于明亮处,迎光观其色泽、组织状态,并在室温下嗅其气味,品尝其滋味
色泽	均匀乳白色、乳黄色或带有添加辅料的相应色泽	
组织状态	均匀细腻的乳浊液,无分层现象,允许有少量沉淀,正常视力下无肉眼可见杂质	

5.4　理化指标

应符合表 2 的规定。

表 2　理化指标

单位为克每百克

项　目	指　　标			检验方法
	配制型含乳饮料	发酵型含乳饮料	乳酸菌饮料	
蛋白质	≥1.0	≥1.0	≥0.7	GB 5009.5
脂肪	≥1.0	—	—	GB/T 5009.6

5.5　污染物限量、农药残留限量、兽药残留限量、食品添加剂限量和真菌毒素限量

污染物限量、农药残留限量、兽药残留限量、食品添加剂限量和真菌毒素限量应符合食品安全国家标准及相关规定,同时应符合表 3 规定。

表 3　污染物限量、农药残留限量、兽药残留限量、食品添加剂限量和真菌毒素限量

项　　目	指　　标	检验方法
铅(以 Pb 计),mg/kg	≤0.02	GB 5009.12
氯氰菊酯,mg/kg	≤0.02	GB/T 23210
氯菊酯,mg/kg	≤0.04	GB/T 23210
丙溴磷,mg/kg	不得检出(<0.025 0)	GB/T 23210
醚菌酯,mg/kg	不得检出(<0.004 2)	GB/T 23210
咯菌腈,mg/kg	不得检出(<0.004 2)	GB/T 23210
抗生素(青霉素、链霉素、庆大霉素、卡那霉素)	阴性	用 1 mol/L NaOH 调至样品 pH 6.6～7.0 后,按照 GB/T 4789.27 的规定执行
环己基氨基磺酸钠和环己基氨基磺酸钙(以环己基氨基磺酸钠计),mg/kg	不得检出(<10)	GB 5009.97
阿力甜,mg/kg	不得检出(<1)	GB 5009.263
苯甲酸及其钠盐(以苯甲酸计),mg/kg	≤10	GB 5009.28
新红及其铝色淀(以新红计)[a],mg/kg	不得检出(<0.5)	GB 5009.35
赤藓红及其铝色淀(以赤藓红计)[a],mg/kg	不得检出(<0.2)	GB 5009.35
黄曲霉毒素 M_1,μg/kg	≤0.050	GB 5413.37

[a] 适用于红色的产品。

5.6 微生物限量

应符合表4规定。

表4 微生物限量

项　目	指　标	检验方法
乳酸菌[a],CFU/g	出厂期:≥1×10^6 销售期:按产品标签标注的乳酸菌活菌数执行	GB 4789.35
[a] 适用于发酵型含乳饮料和乳酸菌饮料中的未杀菌(活菌)产品。		

5.7 净含量

应符合国家质量监督检验检疫总局令2005年第75号的要求,检验方法按照JJF 1070的规定执行。

6 检验规则

申报绿色食品的产品应按5.3～5.7以及附录A所确定的项目进行检验。每批产品交收(出厂)前,都应进行交收(出厂)检验,交收(出厂)检验内容包括包装、标志、标签、净含量、感官、蛋白质、脂肪、乳酸菌、菌落总数。其他要求按照NY/T 1055的规定执行。

7 标签

按照GB 7718的规定执行。

8 包装、运输和储存

8.1 包装

按照NY/T 658的规定执行。包装储运图示标志按照GB/T 191的规定执行。以复原乳为原料的产品应在包装标签上按照有关国家规定说明。

8.2 运输和储存

按照NY/T 1056的规定执行。

附　录　A
（规范性附录）
绿色食品含乳饮料产品申报检验项目

表A.1和表A.2规定了除5.3～5.7所列项目外，依据食品安全国家标准和绿色食品生产实际情况，绿色食品申报检验还应检验的项目。

表A.1　污染物、兽药残留和食品添加剂项目

检验项目	指　　标	检验方法
锡(以Sn计)[a]，mg/kg	≤150	GB 5009.16
四环素，μg/kg	不得检出(<5)	GB/T 22990
伊维菌素，μg/kg	不得检出(<5)	GB/T 22968
阿维菌素，μg/kg	不得检出(<5)	GB/T 22968
奥芬达唑，mg/kg	不得检出(<0.01)	GB/T 22972
糖精钠，mg/kg	不得检出(<5)	GB 5009.28
山梨酸及其钾盐(以山梨酸计)，g/kg	≤0.5(配制型含乳饮料) ≤1.0(发酵型含乳饮料、乳酸菌饮料)	GB 5009.28
[a] 仅适用于镀锡薄板容器包装产品。		

表A.2　微生物项目

检验项目	采样方案及限量(若非指定，均以/25 g表示)				检验方法
	n	*c*	*m*	*M*	
菌落总数[a]，cfu/g	≤100				GB 4789.2
大肠菌群，MPN/g	<3.0				GB 4789.3
霉菌和酵母，cfu/g	≤10				GB 4789.15
沙门氏菌	5	0	0	—	GB 4789.4
金黄色葡萄球菌	5	1	100 cfu/g	1 000 cfu/g	GB 4789.10
罐头包装产品的微生物限量仅为商业无菌，检验方法按照GB 4789.26的规定执行。 注：*n*为同一批次产品应采集的样品件数；*c*为最大可允许超出*m*值的样品数；*m*为致病菌指标可接受水平的限量值；*M*为致病菌指标的最高安全限量值。					
[a] 适用于配制型含乳饮料，以及发酵型含乳饮料和乳酸菌饮料中的杀菌(非活菌)产品。					

ICS 67.100.01
X 53

中华人民共和国农业行业标准

NY/T 899—2016
代替 NY/T 899—2004

绿色食品　冷冻饮品

Green food—Freezing drink

2016-10-26 发布　　2017-04-01 实施

中华人民共和国农业部　发布

前　　言

本标准按照GB/T 1.1—2009给出的规则起草。

本标准代替NY/T 899—2004《绿色食品　冷冻饮品》。与NY/T 899—2004相比，除编辑性修改外，主要技术变化如下：

——修改了产品分类及相应理化指标；

——增加了铬、铜限量值；

——增加了阿力甜限量值及检验方法，修改了糖精钠检验方法，修改了部分着色剂限量值，删除了聚氧乙烯山梨醇酐酯类、山梨醇酐酯类及附录B、附录C；

——修改了菌落总数的部分分类，修改了大肠菌群的部分分类和限量值，增加了霉菌和酵母限量值及检验方法，修改了致病菌类别、采样方案和限量值。

本标准由农业部农产品质量安全监管局提出。

本标准由中国绿色食品发展中心归口。

本标准起草单位：中国科学院沈阳应用生态研究所、中国绿色食品发展中心、北京艾莱发喜食品有限公司。

本标准主要起草人：王莹、张志华、王颜红、陈倩、王瑜、吴红、周京生、李德敏、郭璇、贾垚、高铭锾。

本标准的历次版本发布情况为：

——NY/T 899—2004。

绿色食品　冷冻饮品

1　范围

本标准规定了绿色食品冷冻饮品的术语和定义、分类、要求、检验规则、标签、包装、运输和储存。

本标准适用于绿色食品冷冻饮品。

2　规范性引用文件

下列文件对于本文件的应用是必不可少的。凡是注日期的引用文件，仅注日期的版本适用于本文件。凡是不注日期的引用文件，其最新版本(包括所有的修改单)适用于本文件。

GB/T 191　包装储运图示标志

GB 4789.2　食品安全国家标准　食品微生物学检验　菌落总数测定

GB 4789.3—2016　食品安全国家标准　食品微生物学检验　大肠菌群计数

GB 4789.4　食品安全国家标准　食品微生物学检验　沙门氏菌检验

GB 4789.5　食品安全国家标准　食品微生物学检验　志贺氏菌检验

GB 4789.10—2016　食品安全国家标准　食品微生物学检验　金黄色葡萄球菌检验

GB 4789.15　食品安全国家标准　食品微生物学检验　霉菌和酵母计数

GB 5009.11　食品安全国家标准　食品中总砷及无机砷的测定

GB 5009.12　食品安全国家标准　食品中铅的测定

GB 5009.28　食品安全国家标准　食品中苯甲酸、山梨酸和糖精钠的测定

GB 5009.35　食品安全国家标准　食品中合成着色剂的测定

GB 5009.97　食品安全国家标准　食品中环己基氨基磺酸钠的测定

GB 5009.123　食品安全国家标准　食品中铬的测定

GB 5009.263　食品安全国家标准　食品中阿斯巴甜和阿力甜的测定

GB 5749　生活饮用水卫生标准

GB 7718　食品安全国家标准　预包装食品标签通则

GB 14880　食品安全国家标准　食品营养强化剂使用标准

GB 14881　食品安全国家标准　食品生产通用卫生规范

GB/T 20705　可可液块及可可饼块

GB/T 20706　可可粉

GB/T 20707　可可脂

JJF 1070　定量包装商品净含量计量检验规则

NY/T 392　绿色食品　食品添加剂使用准则

NY/T 422　绿色食品　食用糖

NY/T 657　绿色食品　乳制品

NY/T 658　绿色食品　包装通用准则

NY/T 751　绿色食品　食用植物油

NY/T 754　绿色食品　蛋与蛋制品

NY/T 1052　绿色食品　豆制品

NY/T 1055　绿色食品　产品检验规则

NY/T 1056　绿色食品　贮藏运输准则

SB/T 10009　冷冻饮品检验方法
SB/T 10013　冷冻饮品　冰淇淋
SB/T 10014　冷冻饮品　雪泥
SB/T 10015　冷冻饮品　雪糕
SB/T 10016　冷冻饮品　冰棍
SB/T 10017　冷冻饮品　食用冰
SB/T 10327　冷冻饮品　甜味冰
国家质量监督检验检疫总局令 2005 年第 75 号　定量包装商品计量监督管理办法

3　术语和定义

下列术语和定义适用于本文件。

3.1

冷冻饮品　freezing drink

以饮用水、乳和(或)乳制品、蛋制品、果蔬制品、粮谷制品、豆制品、食糖、可可制品、食用植物油等的一种或多种为主要原辅料,添加或不添加食品添加剂等,经混合、灭菌、凝冻或冻结等工艺制成的固态或半固态的制品。

3.2

冰淇淋　ice cream

以饮用水、乳和(或)乳制品、蛋制品、水果制品、豆制品、食糖、食用植物油等的一种或多种为原辅料,添加或不添加食品添加剂和(或)食品营养强化剂,经混合、灭菌、均质、冷却、老化、冻结、硬化等工艺制成的体积膨胀的冷冻饮品。

3.3

雪泥　ice frost

以饮用水、食糖、果汁等为主要原料,配以相关辅料,含或不含食品添加剂和食品营养强化剂,经混合、灭菌、凝冻或低温炒制等工艺制成的松软的冰雪状冷冻饮品。

3.4

雪糕　ice cream bar

以饮用水、乳和(或)乳制品、蛋制品、果蔬制品、粮谷制品、豆制品、食糖、食用植物油等的一种或多种为原辅料,添加或不添加食品添加剂和(或)食品营养强化剂,经混合、灭菌、均质、冷却、成型、冻结等工艺制成的冷冻饮品。

3.5

冰棍　ice lolly

以饮用水、食糖和(或)甜味剂等为主要原料,配以豆类或果品等相关辅料(含或不含食品添加剂和食品营养强化剂),经混合、灭菌、冷却、注模、插或不插杆、冻结、脱模等工艺制成的带或不带棒的冷冻饮品。

3.6

甜味冰　sweet ice

以饮用水、食糖等为主要原料,添加或不添加食品添加剂,经混合、灭菌、罐装、硬化等工艺制成的冷冻饮品。

3.7

食用冰　edible ice

以饮用水为原料,经灭菌、注模、冻结、脱模或不脱模等工艺制成的冷冻饮品。

4 分类

4.1 冰淇淋

4.1.1 全脂乳冰淇淋

4.1.1.1 清型全脂乳冰淇淋

4.1.1.2 组合型全脂乳冰淇淋

4.1.2 半乳脂冰淇淋

4.1.2.1 清型半脂乳冰淇淋

4.1.2.2 组合型半脂乳冰淇淋

4.2 雪泥

4.2.1 清型雪泥

4.2.2 组合型雪泥

4.3 雪糕

4.3.1 清型雪糕

4.3.2 组合型雪糕

4.4 冰棍

4.4.1 清型冰棍

4.4.2 组合型冰棍

4.5 甜味冰

4.6 食用冰

4.7 其他类

5 要求

5.1 原料

5.1.1 饮用水

应符合 GB 5749 的规定。

5.1.2 乳制品

应符合 NY/T 657 的规定。

5.1.3 蛋制品

应符合 NY/T 754 的规定。

5.1.4 果蔬制品

应符合绿色食品相关产品的规定

5.1.5 豆制品

应符合 NY/T 1052 的规定。

5.1.6 食用糖

应符合 NY/T 422 的规定。

5.1.7 可可制品

应符合 GB/T 20705、GB/T 20706、GB/T 20707 的规定。

5.1.8 食用植物油

应符合 NY/T 751 的规定。

5.1.9 **食品添加剂和食品营养强化剂**

应符合 NY/T 392 和 GB 14880 的规定。

5.2 生产过程

应符合 GB 14881 的规定。

5.3 感官

5.3.1 **冰淇淋**

应符合 SB/T 10013 的规定。

5.3.2 **雪泥**

应符合 SB/T 10014 的规定。

5.3.3 **雪糕**

应符合 SB/T 10015 的规定。

5.3.4 **冰棍**

应符合 SB/T 10016 的规定。

5.3.5 **甜味冰**

应符合 SB/T 10327 的规定。

5.3.6 **食用冰**

应符合 SB/T 10017 的规定。

5.4 理化指标

应符合表 1 的规定。

表 1 理化指标

项 目	指 标					检验方法
	总固形物 g/100 g	总糖(以蔗糖计) g/100 g	脂肪 g/100 g	蛋白质 g/100 g	膨胀率 %	
清型全乳脂冰淇淋	≥30.0	—	≥8.0	≥2.5	10～140	SB/T 10009
组合型[a]全乳脂冰淇淋				≥2.2		
清型半乳脂冰淇淋			≥6.0	≥2.5		
组合型[a]半乳脂冰淇淋			≥5.0	≥2.2		
雪泥	≥16.0	≥13.0	—	—	—	
清型雪糕	≥20.0	≥10.0	≥2.0	≥0.8	—	
组合型[a]雪糕			≥1.0	≥0.4		
冰棍	≥11.0	≥7.0	—	—	—	

[a] 组合型的各项指标均指产品主体部分。

5.5 污染物限量和食品添加剂限量

污染物和食品添加剂限量应符合食品安全国家标准及相关规定,同时应符合表 2 的规定。

表 2 污染物和食品添加剂限量

项 目	指标	检验方法
总砷(以 As 计),mg/kg	≤0.2	GB 5009.11
铬,mg/kg	≤1	GB 5009.123
糖精钠,g/kg	不得检出(<0.005)	GB 5009.28
环己基氨基磺酸钠及环己基氨基磺酸钙(以环己基氨基磺酸钠计),g/kg	不得检出(<0.01)	GB 5009.97
阿力甜,mg/kg	不得检出(<1.0)	GB 5009.263
赤藓红及其铝色淀(以赤藓红计)[a],mg/kg	不得检出(<0.2)	GB 5009.35
新红及其铝色淀(以新红计)[a],mg/kg	不得检出(<0.5)	

[a] 适用于红色、橙色、紫色产品。

5.6 微生物限量

微生物限量应符合表 3 的规定。

表 3 微生物限量

项 目	指标	检验方法
霉菌和酵母,CFU/g 或 CFU/mL	≤100	GB 4789.15
志贺氏菌,/25 g 或/25 mL	0	GB 4789.5

5.7 净含量

应符合国家质量监督检验检疫总局令 2005 年第 75 号的规定,检验方法应按 JJF 1070 的规定执行。

6 检验规则

申报检验的食品应按照 5.3～5.7 以及附录 A 所确定的项目进行检验。出厂检验项目包括感官、理化指标和微生物项目。其他要求应符合 NY/T 1055 的规定。

7 标签

应符合 GB 7718 的规定。

8 包装、运输和储存

8.1 包装

应符合 GB/T 191 和 NY/T 658 的规定。

8.2 运输

应符合 NY/T 1056 的规定,运输车辆应符合卫生要求。短途运输可以使用冷藏车或有保温设施的车辆,长途运输应使用机械制冷运输车。不应与有毒、有污染的物品混装、混运,运输时防止挤压、曝晒、雨淋。装卸时轻拿轻放。

8.3 储存

应符合 NY/T 1056 的规定。冰淇淋、雪糕产品应储存在低于－22℃的专用冷库内,雪泥、冰棍、甜味冰产品应储存在低于－18℃的专用冷库内,食品冰应储存在低于－12℃的专用冷库内。冷库应定期清扫、消毒。产品应使用垛垫堆码,离墙不应少于 20 cm,堆码高度不宜超过 2 m。

附 录 A
(规范性附录)
绿色食品冷冻饮品产品申报检验项目

表 A.1、表 A.2 规定了除 5.3～5.7 所列项目外，按食品安全国家标准和绿色食品生产实际情况，绿色食品冷冻饮品申报检验还应检验的项目。

表 A.1 污染物、食品添加剂项目

序号	项 目	指标	检验方法
1	铅，mg/kg	≤0.3	GB 5009.12
2	苋菜红及其铝色淀(以苋菜红计)[a]，g/kg	≤0.025	GB 5009.35
3	胭脂红及其铝色淀(以胭脂红计)[a]，g/kg	≤0.05	
4	柠檬黄及其铝色淀(以柠檬黄计)[b]，g/kg	≤0.05	
5	日落黄及其铝色淀(以日落黄计)[b]，g/kg	≤0.09	
6	亮蓝及其铝色淀(以亮蓝计)[c]，g/kg	≤0.025	

[a] 适用于红色、橙色、紫色产品。
[b] 适用于绿色、橙色、黄色产品。
[c] 适用于绿色、蓝色、紫色产品。

表 A.2 致病菌项目

项目	采样方案及限量				检验方法
	n	c	m	M	
菌落总数[a]，CFU/g 或 CFU/mL	5	2(0)	2.5×10^4 (10^2)	10^5(—)	GB 4789.2
大肠菌群，CFU/g 或 CFU/mL	5	2(0)	10(10)	10^2(—)	GB 4789.3—2016 平板计数法
沙门氏菌[b]，/25 g 或/25 mL	5	0	0	—	GB 4789.4
金黄色葡萄球菌[b]，CFU/g 或 CFU/mL	5	1	10^2	10^3	GB 4789.10—2016 平板计数法

注 1：n 为同一批次产品应采集的样品件数；c 为最大可允许超出 m 值的样品数；m 为致病菌指标可接受水平的限量值；M 为致病菌指标的最高安全限量值。

注 2：括号内数值仅适用于食用冰。

[a] 不适用于终产品含有活性菌种(好氧和兼性厌氧益生菌)的产品。
[b] 适用于冰淇淋类、雪糕类、雪泥类、食用冰、冰棍类。

ICS 67.220
X 66

中华人民共和国农业行业标准

NY/T 900—2016
代替 NY/T 900—2007

绿色食品　发酵调味品

Green food—Fermented condiment

2016-10-26 发布　　2017-04-01 实施

中华人民共和国农业部　发布

前　　言

本标准按照 GB/T 1.1—2009 给出的规则起草。

本标准代替 NY/T 900—2007《绿色食品　发酵调味品》。与 NY/T 900—2007 相比，除编辑性修改外，主要技术变化如下：

——修改了适用范围，增加了纳豆及其制品；

——修改酱类为酿造酱，增加了豆酱分类，修改了酿造酱的部分理化指标；

——删除了酱油总酸指标；

——增加了豆豉的分类及相关指标；

——增加了纳豆及纳豆粉的感官、理化要求；

——增加了酱油乙酰丙酸指标；

——增加了对羟基苯甲酸酯类及其钠盐、糖精钠、乙酰磺胺酸钾、环己基氨基磺酸钠、脱氢乙酸及其钠盐、合成着色剂指标；

——删除了志贺氏菌和溶血性葡萄球菌指标。

本标准由农业部农产品质量安全监管局提出。

本标准由中国绿色食品发展中心归口。

本标准起草单位：山东省农业科学院农业质量标准与检测技术研究所、中国绿色食品发展中心、山东省标准化研究院、山东标准检测技术有限公司。

本标准主要起草人：滕葳、李倩、陈倩、张志华、柳琪、张树秋、王磊、甄爱华、徐薇。

本标准的历次版本发布情况为：

——NY/T 900—2004、NY/T 900—2007。

绿色食品　发酵调味品

1　范围

本标准规定了绿色食品发酵调味品的分类、要求、检验规则、标签、包装、运输和储存。

本标准适用于采用发酵方法生产的绿色食品酱油、食醋、酿造酱、腐乳、豆豉、纳豆及其制品。

2　规范性引用文件

下列文件对于本文件的应用是必不可少的。凡是注日期的引用文件，仅注日期的版本适用于本文件。凡是不注日期的引用文件，其最新版本（包括所有的修改单）适用于本文件。

GB/T 191　包装储运图示标志
GB 4789.1　食品安全国家标准　食品微生物学检验　总则
GB 4789.2　食品安全国家标准　食品微生物学检验　菌落总数测定
GB 4789.3—2016　食品安全国家标准　食品微生物学检验　大肠菌群计数
GB 4789.4　食品安全国家标准　食品微生物学检验　沙门氏菌检验
GB 4789.10—2016　食品安全国家标准　食品微生物学检验　金黄色葡萄球菌检验
GB 5009.3　食品安全国家标准　食品中水分的测定
GB 5009.5　食品安全国家标准　食品中蛋白质的测定
GB 5009.7　食品安全国家标准　食品中还原糖的测定
GB 5009.11　食品安全国家标准　食品中总砷及无机砷的测定
GB 5009.12　食品安全国家标准　食品中铅的测定
GB 5009.22　食品安全国家标准　食品中黄曲霉毒素B族和G族的测定
GB 5009.28　食品安全国家标准　食品中苯甲酸、山梨酸和糖精钠的测定
GB 5009.31　食品安全国家标准　食品中对羟基苯甲酸酯类的测定
GB 5009.35　食品安全国家标准　食品中合成着色剂的测定
GB/T 5009.39　酱油卫生标准的分析方法
GB/T 5009.40　酱卫生标准的分析方法
GB/T 5009.41　食醋卫生标准的分析方法
GB/T 5009.52　发酵性豆制品卫生标准的分析方法
GB 5009.97　食品安全国家标准　食品中环己基氨基磺酸钠的测定
GB 5009.121　食品安全国家标准　食品中脱氢乙酸的测定
GB/T 5009.140　饮料中乙酰磺胺酸钾的测定
GB 5009.141　食品安全国家标准　食品中诱惑红的测定
GB 5009.191—2016　食品安全国家标准　食品中氯丙醇及其脂肪酸酯含量的测定
GB 5009.233　食品安全国家标准　食品中游离矿酸的测定
GB 5009.234　食品安全国家标准　食品中铵盐的测定
GB 5009.235　食品安全国家标准　食品中氨基酸态氮的测定
GB 5009.252　食品安全国家标准　食品中乙酰丙酸的测定
GB 7718　食品安全国家标准　预包装食品标签通则
GB 8953　酱油厂卫生规范
GB 8954　食醋厂卫生规范

GB 14881　食品安全国家标准　食品生产通用卫生规范
GB 18186—2000　酿造酱油
GB 18187—2000　酿造食醋
JJF 1070　定量包装商品净含量计量检验规则
NY/T 391　绿色食品　产地环境质量
NY/T 392　绿色食品　食品添加剂使用准则
NY/T 658　绿色食品　包装通用准则
NY/T 1055　绿色食品　产品检验规则
NY/T 1056　绿色食品　贮藏运输准则
SB/T 10170—2007　腐乳
SB/T 10417　酱油中乙酰丙酸的测定方法
国家质量监督检验检疫总局令 2005 年第 75 号　定量包装商品计量监督管理办法

3　分类

3.1　酱油

3.1.1　高盐稀态发酵酱油(含固稀发酵酱油)

3.1.2　低盐固态发酵酱油

3.2　食醋

3.2.1　固态发酵食醋

3.2.2　液态发酵食醋

3.3　酿造酱

3.3.1　豆酱

3.3.1.1　非油制型

3.3.1.2　油制型

3.3.2　面酱

3.4　腐乳

3.4.1　红腐乳

3.4.2　白腐乳

3.4.3　青腐乳

3.4.4　酱腐乳

3.5　豆豉

3.5.1　干豆豉

3.5.2　豆豉

3.5.3　水豆豉

3.6　纳豆及纳豆粉

4　要求

4.1　原料

主料和辅料应符合绿色食品要求，加工用水应符合 NY/T 391 的规定，食品添加剂应符合 NY/T 392 的规定。

4.2　生产过程

应符合 GB 8953、GB 8954 和 GB 14881 的规定。

4.3 感官

应符合表 1 的规定。

表 1 感官要求

产品	要　　求	检验方法
酱油	具有酱油固有的色泽,酱香气浓郁,滋味鲜美、醇厚、适口,体态澄清	GB/T 5009.39
食醋	具有食醋固有的色泽和特有的香气、酸味柔和,体态澄清	GB/T 5009.41
酿造酱	应具有酱香和脂香气,味鲜、醇厚、适口,黏稠适度,无杂质	GB/T 5009.40
腐乳	红腐乳表面呈鲜红色或枣红色,断面呈杏黄色或酱红色;白腐乳呈乳黄色或黄褐色,表里色泽基本一致;青腐乳成豆青色,表里色泽基本一致;酱腐乳呈黄褐色或棕褐色,表里色泽基本一致;应具有腐乳产品应有的气味,滋味,咸淡适口,块形整齐,厚薄均匀,质地细腻,无外来可见杂质	GB/T 5009.52
豆豉	豆豉制品褐色或淡黄色,滋味鲜美,咸淡适口,具有豆豉特有的香气,无异味,无肉眼可见外来杂质	GB/T 5009.52
纳豆及纳豆粉	纳豆及纳豆粉应具有纳豆特有的滋味、香气,无异味;纳豆:组织形态黏性强、拉丝状态好、豆粒软硬适当、无异物;纳豆粉:粉状或微粒状,无结块,无硬粒;无肉眼可见外来杂质	在自然光下,目测外观,以鼻嗅、口尝的方法检验气味和滋味

4.4 理化指标

应符合表 2～表 7 的规定。

表 2 酱油理化指标

单位为克每百毫升

序号	项　　目	指　　标		检验方法
		高盐稀态发酵酱油(含固稀发酵酱油)	低盐固态发酵酱油	
1	可溶性无盐固形物	≥13.00	≥18.00	GB 18186—2000 中 6.2
2	全氮(以 N 计)	≥1.30	≥1.40	GB 18186—2000 中 6.3
3	氨基酸态氮(以 N 计)	≥0.70		GB 5009.235
4	铵盐(以 N 计)	不应超过氨基酸态氮含量的 30%		GB 5009.234
5	乙酰丙酸	不得检出(<0.001 0)		GB 5009.252

表 3 食醋理化指标

单位为克每百毫升

序号	项　目	指　　标		检验方法
		固态发酵食醋	液态发酵食醋	
1	总酸(以乙酸计)	≥4.00		GB/T 5009.41
2	不挥发酸(以乳酸计)	≥1.00	—	GB 18187—2000 中 6.3
3	可溶性无盐固形物	≥2.00	≥0.80	GB 18187—2000 中 6.4

表 4 酿造酱理化指标

单位为克每百克

序号	项　　目	指　　标			检验方法
		豆　酱		面酱	
		非油制型[a]	油制型[b]		
1	水分	≤65.0	≤55.0	≤55.0	GB 5009.3
2	食盐(以 NaCl 计)	≥10.0	≥7.0	≥7.0	GB/T 5009.40
3	氨基酸态氮(以 N 计)	≥0.50		≥0.40	GB 5009.235
4	总酸(以乳酸计)	≤2.00			GB/T 5009.40
5	还原糖(以葡萄糖计)	—		≥20.0	GB 5009.7

[a] 生产中无植物油作为原料使用的豆酱。
[b] 生产中有植物油作为原料使用的豆酱。

表 5 腐乳理化指标

单位为克每百克

序号	项 目	指 标				检验方法
		红腐乳	白腐乳	青腐乳	酱腐乳	
1	水分	≤72.0	≤75.0		≤67.0	SB/T 10170—2007 中 6.1
2	食盐(以 NaCl 计)	≥6.5				SB/T 10170—2007 中 6.3
3	氨基酸态氮(以 N 计)	≥0.42	≥0.35	≥0.60	≥0.50	SB/T 10170—2007 中 6.2
4	总酸(以乳酸计)	≤1.30			≤2.50	SB/T 10170—2007 中 6.5
5	水溶性蛋白质	≥3.20		≥4.50	≥5.00	SB/T 10170—2007 中 6.4

表 6 豆豉理化指标

单位为克每百克

序号	项 目	指 标			检验方法
		干豆豉	豆豉	水豆豉	
1	水分	≤35.00	≤45.00	≤70.00	GB 5009.3
2	总酸(以乳酸计)	≤4.00	≤2.80	≤2.50	SB/T 10170—2007 中 6.5
3	氨基酸态氮(以 N 计)	≥1.00	≥0.40	≥0.20	GB 5009.235
4	食盐(以 NaCl 计)	≤15.00	≤12.00	≤15.00	GB/T 5009.40
5	蛋白质	≥20.00	≥18.00	≥7.00	GB 5009.5

表 7 纳豆及纳豆粉理化指标

单位为克每百克

序号	项 目	指 标		检验方法
		纳豆	纳豆粉	
1	水分	≤65	≤7	GB 5009.3
2	蛋白质	—	≥35	GB 5009.5
3	氨基酸态氮(以 N 计)	≥0.30	—	GB 5009.235

4.5 污染物限量和食品添加剂限量

污染物和食品添加剂限量应符合食品安全国家标准及相关规定,同时应符合表 8、表 9 的规定。

表 8 酱油和食醋污染物和食品添加剂限量

序号	项 目	指 标		检验方法
		酱油	食醋	
1	总砷(以 As 计),mg/L	≤0.4		GB 5009.11
2	铅(以 Pb 计),mg/L	≤0.8		GB 5009.12
3	山梨酸及其钾盐(以山梨酸计),g/L	≤0.8		GB 5009.28
4	苯甲酸及其钠盐(以苯甲酸计),g/L	不得检出(<0.005)		GB 5009.28
5	游离矿酸	—	不得检出	GB 5009.233
6	氯丙二醇,μg/L	不得检出(<5)	—	GB 5009.191—2016 第一法

表 9 酿造酱、腐乳、豆豉、纳豆及纳豆粉污染物和食品添加剂限量

序号	项 目	指 标		检验方法
		酿造酱	腐乳、豆豉、纳豆及纳豆粉	
1	总砷(以 As 计),mg/kg	≤0.4		GB 5009.11
2	铅(以 Pb 计),mg/kg	≤0.8		GB 5009.12
3	山梨酸及其钾盐(以山梨酸计),g/kg	≤0.5	不得检出(<0.005)	GB 5009.28
4	苯甲酸及其钠盐(以苯甲酸计),g/L	不得检出(<0.005)		GB 5009.28

4.6 净含量

应符合国家质量监督检验检疫总局令2005年第75号的规定,检验方法按JJF 1070的规定执行。

5 检验规则

申报绿色食品应按4.2～4.6以及附录A所确定的项目进行检验。每批产品出厂前,都应进行出厂检验,出厂检验内容包括包装、标签、净含量、感官、氨基酸态氮、菌落总数、大肠菌群。其他要求按NY/T 1055的规定执行。

6 标签

应符合GB 7718的规定。

7 包装、运输和储存

7.1 包装

应符合NY/T 658的规定。包装储运图示标志按GB/T 191的规定执行。

7.2 运输和储存

应符合NY/T 1056的规定。

附　录　A
（规范性附录）
绿色食品发酵调味品产品申报检验项目

除4.2～4.6所列项目外，依据食品安全国家标准和绿色食品生产实际情况，绿色食品发酵调味品申报检验还应检验表A.1～表A.5规定的项目。

表A.1　酱油、食醋食品添加剂和真菌毒素限量

序号	项　目	指　标	检测方法
1	对羟基苯甲酸酯类及其钠盐（以对羟基苯甲酸计），g/L	≤0.25	GB 5009.31
2	黄曲霉毒素 B_1，μg/L	≤5.0	GB 5009.22

表A.2　酿造酱、腐乳、豆豉、纳豆及纳豆粉食品添加剂和真菌毒素限量

序号	项　目	指　标				检验方法
		酿造酱	腐乳	豆豉	纳豆及纳豆粉	
1	糖精钠（以糖精计），mg/kg	不得检出（<5）			—	GB 5009.28
2	环己基氨基磺酸钠及环己基氨基磺酸钙（以环己基氨基磺酸钠计），mg/kg	不得检出（<10）			—	GB 5009.97
3	乙酰磺胺酸钾，g/kg	≤0.5	—		—	GB/T 5009.140
4	对羟基苯甲酸酯类及其钠盐（以对羟基苯甲酸计），g/kg	≤0.25	—		—	GB 5009.31
5	脱氢乙酸及其钠盐（以脱氢乙酸计），mg/kg	—	不得检出（<1）		—	GB 5009.121
6	合成着色剂，mg/kg	—	不得检出[a]		—	GB 5009.35 和 GB 5009.141
7	黄曲霉毒素 B_1，μg/L	≤5.0				GB 5009.22
[a] 合成着色剂的种类依产品色泽而定，检出限分别为：新红0.5 mg/kg；苋菜红0.5 mg/kg；胭脂红0.5 mg/kg；赤藓红0.5 mg/kg；诱惑红25 mg/kg。						

表A.3　酱油、食醋微生物限量

序号	项目	指　标								检验方法
		酱油				食醋				
		采样方案[a]及限量（若非指定，均以CFU/mL表示）								
		n	c	m	M	n	c	m	M	
1	菌落总数	5	2	5 000	50 000	5	2	1 000	10 000	GB 4789.2
2	大肠菌群	5	2	10	100	5	2	10	100	GB 4789.3—2016 平板计数法
注：n 为同一批次产品应采集的样品件数；c 为最大可允许超出 m 值的样品数；m 为致病菌指标可接受水平的限量值；M 为致病菌指标的最高安全限量值。										
[a] 样品的采样及处理按GB 4789.1的规定执行。										

表 A.4　酿造酱、腐乳、豆豉、纳豆及纳豆粉微生物限量

序号	项目	指标								检验方法
		酿造酱				腐乳、豆豉、纳豆及纳豆粉				
		采样方案[a]及限量(若非指定,均以 CFU/g 表示)								
		n	*c*	*m*	*M*	*n*	*c*	*m*	*M*	
1	大肠菌群	5	2	10	100	5	2	100	1 000	GB 4789.3—2016 平板计数法

注:*n* 为同一批次产品应采集的样品件数;*c* 为最大可允许超出 *m* 值的样品数;*m* 为致病菌指标可接受水平的限量值;*M* 为致病菌指标的最高安全限量值。

[a] 样品的采样及处理按 GB 4789.1 的规定执行。

表 A.5　发酵调味品致病菌限量

序号	项　目	采样方案[a]及限量(若非指定,均以/25 g 或/25 mL 表示)				检验方法
		n	*c*	*m*	*M*	
1	沙门氏菌	5	0	0	—	GB 4789.4
2	金黄色葡萄球菌	5	1	100 CFU/g	1 000 CFU/g	GB 4789.10—2016 第二法

注:*n* 为同一批次产品应采集的样品件数;*c* 为最大可允许超出 *m* 值的样品数;*m* 为致病菌指标可接受水平的限量值;*M* 为致病菌指标的最高安全限量值。

[a] 样品的采样及处理按 GB 4789.1 的规定执行。

ICS 67.040
X 83

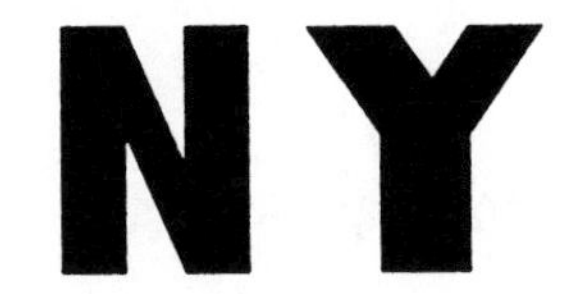

中华人民共和国农业行业标准

NY/T 1043—2016
代替 NY/T 1043—2006

绿色食品　人参和西洋参

Green food—Ginseng and american ginseng

2016-10-26 发布　　2017-04-01 实施

中华人民共和国农业部　发布

前　言

本标准按照 GB/T 1.1—2009 给出的规则起草。

本标准代替 NY/T 1043—2006《绿色食品　人参和西洋参》。与 NY/T 1043—2006 相比，除编辑性修改外，主要技术变化如下：

——修改了适用范围；

——修改、增加和删除了部分规范性引用文件；

——修改、增加了术语和定义；

——增加了原料要求；

——增加了生产过程的要求；

——修改了感官指标，删除了山参、人参根产品、人身地上部分产品的感官指标要求，增加了保鲜参、活性参、生晒参、红参、人参蜜片的感官指标要求；

——修改了理化指标，删除了山参、人参根产品、人参地上部分产品的理化指标要求，增加了保鲜参、活性参、生晒参、红参、人参蜜片的理化指标；西洋参的水分指标由"≤8%"修订为"≤13.0%"，灰分指标由"≤3.5%"修订为"≤5.0%"；

——修改了农药残留限量指标，删除了滴滴涕的残留限量，增加了醚菌酯、噻虫嗪、丙环唑、异菌脲、代森锰锌、苯醚甲环唑的限量要求；六六六、五氯硝基苯的残留限量由"不得检出"修订为"≤0.01 mg/kg"；

——删除了微生物限量；

——修改了净含量的相关要求；

——删除了试验方法，将检测方法与指标列表合并；

——修改了检验规则；

——修改了标签的要求；

——修改了运输和储存的要求。

——增加了附录 A。

本标准由农业部农产品质量安全监管局提出。

本标准由中国绿色食品发展中心归口。

本标准起草单位：中国农业科学院特产研究所、吉林农业大学（农业部参茸产品质量监督检验测试中心）。

本标准主要起草人：张亚玉、张迪迪、李月茹、陈丹、赵景辉、孙海、刘宁、赵丹、王艳梅、王秋霞、汪树理、刘政波、王艳红、孔令瑶、徐成路。

本标准的历次版本发布情况为：

——NY/T 1043—2006。

绿色食品　人参和西洋参

1　范围

本标准规定了绿色食品人参和西洋参的术语和定义、要求、检验规则、标签、包装、运输和储存。

本标准适用于绿色食品保鲜参、活性参、生晒参、红参、人参蜜片和西洋参，西洋参应符合国家关于保健食品的相关规定。

2　规范性引用文件

下列文件对于本文件的应用是必不可少的。凡是注日期的引用文件，仅注日期的版本适用于本文件。凡是不注日期的引用文件，其最新版本(包括所有的修改单)适用于本文件。

GB 5009.3　食品安全国家标准　食品中水分的测定

GB 5009.4　食品安全国家标准　食品中灰分的测定

GB 5009.11　食品安全国家标准　食品中总砷及无机砷的测定

GB 5009.12　食品安全国家标准　食品中铅的测定

GB 5009.15　食品安全国家标准　食品中镉的测定

GB 5009.17　食品安全国家标准　食品中总汞及有机汞的测定

GB/T 5009.19　食品中有机氯农药多组分残留量的测定

GB/T 5009.218　水果和蔬菜中多种农药残留量的测定

GB 7718　食品安全国家标准　预包装食品标签通则

GB/T 19506—2009　地理标志产品　吉林长白山人参

GB/T 19648　水果和蔬菜中 500 种农药及相关化学品残留量的测定　气相色谱—质谱法

JJF 1070　定量包装商品净含量计量检验规则

NY/T 391　绿色食品　产地环境质量

NY/T 393　绿色食品　农药使用准则

NY/T 394　绿色食品　肥料使用准则

NY/T 658　绿色食品　包装通用准则

NY/T 752　绿色食品　蜂产品

NY/T 1055　绿色食品　产品检验规则

NY/T 1056　绿色食品　贮藏运输准则

SN/T 0711　出口茶叶中二硫代氨基甲酸酯(盐)类农药残留量的检测方法　液相色谱—质谱/质谱法

SN/T 0794　进出口西洋参检验规程

国家质量监督检验检疫总局令 2005 年第 75 号　定量包装商品计量监督管理办法

3　术语和定义

GB/T 19506—2009 界定的以及下列术语和定义适用于本文件。为了便于使用，以下重复列出了 GB/T 19506—2009 中的部分术语和定义。

3.1

保鲜参　fresh-keeping ginseng

以鲜人参为原料，洗刷后经过保鲜处理，能够较长时间储藏的人参产品。

[GB/T 19506—2009,3.12.9]

3.2

活性参(冻干参) freezing and dried ginseng

以鲜边条人参为原料,刮去表皮,采用真空低温冷冻(−25℃)干燥技术加工而成的产品。

[GB/T 19506—2009,3.12.8]

3.3

生晒参 dried ginseng

以鲜人参为原料,刷洗除须后,晒干或烘干而成的人参产品。

[GB/T 19506—2009,3.12.5]

3.4

红参 red ginseng

以鲜人参为原料,经过刷洗,蒸制、干燥的人参产品。

[GB/T 19506—2009,3.12.4]

3.5

人参蜜片 slices of honeyed fresh ginseng

鲜人参洗刷后,将主根切成薄片,采用热水轻烫或短时间蒸制,浸蜜,干燥加工制成的人参产品。

[GB/T 19506—2009,3.12.11]

3.6

西洋参 american ginseng

鲜西洋参(*Panax quinquefolium* L.)的根及根茎经洗净烘干、冷冻干燥或其他方法干燥制成的产品。

3.7

芦头 rhizome

人参主根上部的根茎。

[GB/T 19506—2009,3.3]

3.8

生心 raw hard part inside red ginseng

红参内部具有的白色或黄色硬心。

[GB/T 19506—2009,3.12.4.13]

3.9

空心 hollow in the centre

人参内部具有的空隙。

[GB/T 19506—2009,3.22]

3.10

水锈 rusty substance in the cuticle

人参表皮呈现铁锈颜色的现象。

[GB/T 19506—2009,3.17]

3.11

抽沟 shrinking groove

人参因跑浆,导致干货表面不平整的现象。

[GB/T 19506—2009,3.25]

3.12

黄皮　yellow cuticle

红参表面出现的黄色表皮。

[GB/T 19506—2009,3.12.4.15]

3.13

病疤　scar

人参根因病、虫、鼠害及机械损伤或人为损伤等原因留下的伤疤。

[GB/T 19506—2009,3.19]

3.14

虫蛀　damage from pest

人参遭虫蛀的现象。

[GB/T 19506—2009,3.23]

3.15

霉变　mould generation

人参变软发霉的现象。

[GB/T 19506—2009,3.24]

4　要求

4.1　产地环境

应符合 NY/T 391 的规定。

4.2　原料要求

人参和西洋参制品加工原料应符合绿色食品质量安全要求。蜂蜜应符合 NY/T 752 的要求。

4.3　生产过程

农药的使用应符合 NY/T 393 的规定,肥料的使用应符合 NY/T 394 的规定。

4.4　感官

应符合表 1 的规定。

表 1　感官指标

项　目	要　求						检验方法
	保鲜参	活性参	生晒参	红参	人参蜜片	西洋参	
芦头	有完整的芦头、芦头上不得有残茎	芦头完整	芦头完整	芦头完整	—	芦头完整	人参产品采用 GB/T 19506;西洋参产品采用 SN/T 0794
根	主根呈圆柱形、支根齐全	主根呈圆柱形、支根无断裂、须根完整	主根呈圆柱形	主根呈圆柱形、无生心、空心	—	主根呈圆柱形、须根齐全	
表面	黄白色、无熏硫、无水锈	白色或淡黄白色、无抽沟	白色或黄白色、无水锈、无熏硫、无抽沟	棕红色或淡棕色、无抽沟、无黄皮	表面没有积蜜	黄白色或淡黄褐色	
病疤、破损	无						
虫蛀、霉变	无						
杂质	无						

4.5　理化指标

应符合表 2 的规定。

表 2 理化指标

项 目	指 标						检验方法
	保鲜参	活性参	生晒参	红参	西洋参	人参蜜片	
水分,%	—	≤12.0	≤12.0(粉末状产品除外) ≤8.0(粉末状产品)		≤13.0	20.0~35.0	GB 5009.3
总灰分,%	≤5.0					≤2.0	GB 5009.4
总皂苷,%	≥2.5				≥6.0	≥0.8	GB/T 19506

4.6 污染物限量、农药残留限量

应符合食品安全国家标准及相关规定,同时符合表 3 的规定。

表 3 污染物限量、农药残留限量

项 目	指 标	检验方法
砷,mg/kg	≤0.5	GB 5009.11
镉,mg/kg	≤0.2	GB 5009.15
汞,mg/kg	≤0.06	GB 5009.17
醚菌酯,mg/kg	≤0.1	GB/T 19648
噻虫嗪,mg/kg	≤0.1	GB/T 19648
丙环唑,mg/kg	≤0.1	GB/T 19648
异菌脲,mg/kg	≤0.1	GB/T 19648
代森锰锌,mg/kg	≤0.1	SN/T 0711
苯醚甲环唑,mg/kg	≤0.01	GB/T 5009.218
六六六,mg/kg	≤0.01	GB/T 5009.19
五氯硝基苯,mg/kg	≤0.01	GB/T 5009.19

4.7 净含量

应符合国家质量监督检验检疫总局令 2005 年第 75 号的规定,检验方法按照 JJF 1070 的规定执行。

5 检验规则

申报绿色食品的人参和西洋参及相关制品应按照 4.4~4.7 以及附录 A 所确定的项目进行检验。其他要求应符合 NY/T 1055 的规定。本标准规定的农药残留限量检测方法,如有其他国家标准、行业标准以及部文公告的检测方法,且其检出限和定量限能满足限量值要求,在检测时可采用。

6 标签

6.1 标签

除了应符合 GB 7718 规定的内容外,用于食品还应标注:

人参食用量≤3 g/d,孕妇、哺乳期妇女及 14 周岁以下儿童不宜食用。

7 包装、运输和储存

7.1 包装

应符合 NY/T 658 的规定。

7.2 运输和储存

应符合 NY/T 1056 的规定。

附　录　A
（规范性附录）
绿色食品人参和西洋参产品申报检验项目

表A.1规定了除4.4～4.7所列项目外，依据食品安全国家标准和绿色食品生产实际情况，绿色食品人参和西洋参申报检验还应检验的项目。

表A.1　污染物项目

项　目	指　标	检验方法
铅,mg/kg	≤0.5	GB 5009.12

ICS 67.060
X 28

中华人民共和国农业行业标准

NY/T 1046—2016
代替 NY/T 1046—2006

绿色食品　焙烤食品

Green food—Baked food

2016-10-26 发布　　2017-04-01 实施

中华人民共和国农业部　发布

前　言

本标准按照 GB/T 1.1—2009 给出的规则起草。

本标准代替 NY/T 1046—2006《绿色食品　焙烤食品》。与 NY/T 1046—2006 相比，除编辑性修改外，主要技术变化如下：

——修改了分类；

——修改了理化指标，补充了面包、饼干、烘烤类月饼和烘烤类糕点的限量要求；

——删除了酸价、过氧化值、西维因、溴氰菊酯、氰戊菊酯和氯氰菊酯的限量要求，增加了新红及其铝色淀、赤藓红及其铝色淀的限量要求；

——修改了微生物项目。

本标准由农业部农产品质量安全监管局提出。

本标准由中国绿色食品发展中心归口。

本标准起草单位：湖南省食品测试分析中心、中国绿色食品发展中心、东莞市华美食品有限公司。

本标准主要起草人：李绮丽、李高阳、张菊华、张志华、陈倩、张继红、袁旭培、尚雪波、胡冠华、梁曾恩妮、黄绿红、李志坚、谭欢、潘兆平、何双、肖轲。

本标准的历次版本发布情况为：

——NY/T 1046—2006。

绿色食品 焙烤食品

1 范围

本标准规定了绿色食品焙烤食品的术语和定义、分类、要求、检验规则、标签、包装、运输和储存。

本标准适用于预包装的绿色食品焙烤食品(面包、饼干、烘烤类月饼和烘烤类糕点)。

2 规范性引用文件

下列文件对于本文件的应用是必不可少的。凡是注日期的引用文件,仅注日期的版本适用于本文件。凡是不注日期的引用文件,其最新版本(包括所有的修改单)适用于本文件。

GB/T 191 包装储运图示标志
GB 4789.2 食品安全国家标准 食品微生物学检验 菌落总数测定
GB 4789.3 食品安全国家标准 食品微生物学检验 大肠菌群计数
GB 4789.4 食品安全国家标准 食品微生物学检验 沙门氏菌检验
GB 4789.10—2016 食品安全国家标准 食品微生物学检验 金黄色葡萄球菌检验
GB 4789.15 食品安全国家标准 食品微生物学检验 霉菌和酵母计数
GB 5009.11 食品安全国家标准 食品中总砷及无机砷的测定
GB 5009.12 食品安全国家标准 食品中铅的测定
GB 5009.15 食品安全国家标准 食品中镉的测定
GB 5009.17 食品安全国家标准 食品中总汞及有机汞的测定
GB 5009.28 食品安全国家标准 食品中苯甲酸、山梨酸和糖精钠的测定
GB 5009.35 食品安全国家标准 食品中合成着色剂的测定
GB 5009.97 食品安全国家标准 食品中环己基氨基磺酸钠的测定
GB 7099 食品安全国家标准 糕点、面包
GB 7100 食品安全国家标准 饼干
GB 7718 食品安全国家标准 预包装食品标签通则
GB 8957 糕点厂卫生规范
GB 14881 食品安全国家标准 食品生产通用卫生规范
GB/T 18979 食品中黄曲霉毒素的测定 免疫亲和层析净化高效液相色谱法和荧光光度法
GB/T 19855 月饼
GB/T 20977 糕点通则
GB/T 20980 饼干
GB/T 20981 面包
GB/T 23374 食品中铝的测定 电感耦合等离子体质谱法
JJF 1070 定量包装商品净含量计量检验规则
NY/T 391 绿色食品 产地环境质量
NY/T 392 绿色食品 食品添加剂使用准则
NY/T 421 绿色食品 小麦及小麦粉
NY/T 422 绿色食品 食用糖
NY/T 657 绿色食品 乳制品
NY/T 658 绿色食品 包装通用准则

NY/T 751　绿色食品　食用植物油
NY/T 754　绿色食品　蛋与蛋制品
NY/T 1055　绿色食品　产品检验规则
NY/T 1056　绿色食品　贮藏运输准则
NY/T 1512　绿色食品　生面食、米粉制品
国家质量监督检验检疫总局令 2005 年第 75 号　定量包装商品计量监督管理办法

3　术语和定义

下列术语和定义适用于本文件。

3.1

焙烤食品　baked food

以粮、油、糖、蛋、乳等为主料，添加适量辅料，并经调制、成型、焙烤、包装等工序制成的食品。

4　分类

4.1　面包

4.2　饼干

4.3　烘烤类月饼

4.4　烘烤类糕点

5　要求

5.1　原料和辅料

5.1.1　小麦粉应符合 NY/T 421 的规定。

5.1.2　米粉、糯米粉应符合 NY/T 1512 的规定。

5.1.3　食用糖应符合 NY/T 422 的规定。

5.1.4　食用植物油应符合 NY/T 751 的规定。

5.1.5　蛋应符合 NY/T 754 的规定。

5.1.6　乳制品应符合 NY/T 657 的规定。

5.1.7　加工用水应符合 NY/T 391 的规定。

5.1.8　食品添加剂应符合 NY/T 392 的规定。

5.2　生产过程

应符合 GB 8957 和 GB 14881 的规定。

5.3　感官

应符合表 1 的规定。

表 1　感官要求

项　目	指　标				检验方法
	饼干	面包	烘烤类月饼	烘烤类糕点	
组织形态	外形完整，大小、厚薄基本均匀，无裂痕，有该品种应有的形态，特殊加工品种表面允许有可食颗粒存在	完整，丰满，无黑泡或明显焦斑，有弹性，纹理清晰，形状应与品种造型相符	外形整齐，花纹清晰，无破裂、露馅、凹缩、塌斜现象，有该品种应有的形态	外形整齐，底部平整，无霉变，无变形，具有该品种应有的形态特征	随机抽取 100 g～200 g 样品，平铺于清洁的白瓷盘中，在自然光线下用目测法检验其组织状态、色泽；嗅其气味；然后，将样品碾碎，在白瓷盘中观察其杂质；品尝其滋味

表 1（续）

项　目	指　　标				检验方法
	饼干	面包	烘烤类月饼	烘烤类糕点	
色泽	具有该品种应有的色泽且颜色均匀，无杂色				
滋味和气味	具有该品种应有的风味，无异味				
杂质	正常视力下无可见外来杂质				

5.4 理化指标

5.4.1 面包

按照 GB/T 20981 和 GB 7099 中理化指标的相关规定执行。

5.4.2 饼干

按照 GB/T 20980 和 GB 7100 中理化指标的相关规定执行。

5.4.3 烘烤类月饼

按照 GB/T 19855 中理化指标的相关规定执行。

5.4.4 烘烤类糕点

按照 GB/T 20977 和 GB 7099 中理化指标的相关规定执行。

5.5 污染物限量、食品添加剂限量和真菌毒素限量

污染物、食品添加剂和真菌毒素限量应符合相关食品安全国家标准及相关规定，同时应符合表 2 的规定。

表 2　污染物、食品添加剂和真菌毒素限量

项　　目	指　　标	检验方法
总砷(以 As 计)，mg/kg	≤0.4	GB 5009.11
铅(以 Pb 计)，mg/kg	≤0.2	GB 5009.12
总汞(以 Hg 计)，mg/kg	≤0.01	GB 5009.17
镉(以 Cd 计)，mg/kg	≤0.1	GB 5009.15
铝(以 Al 计)，mg/kg	<25	GB/T 23374
环己基氨基磺酸钠和环己基氨基磺酸钙(以环己基氨基磺酸钠计)，mg/kg	不得检出　(<10)	GB 5009.97
新红及其铝色淀(以新红计)[a]，mg/kg	不得检出(<0.5)	GB 5009.35
赤藓红及其铝色淀(以赤藓红计)[a]，mg/kg	不得检出(<0.2)	GB 5009.35
黄曲霉毒素 B_1，μg/kg	≤5.0	GB/T 18979
[a] 适用于红色的产品。		

5.6 净含量

应符合国家质量监督检验检疫总局令 2005 年第 75 号的规定，检验方法应符合 JJF 1070 的规定。

6 检验规则

申报绿色食品应按照 5.3～5.6 以及附录 A 所确定的项目进行检验。每批产品交收(出厂)前，都应进行交收(出厂)检验，交收(出厂)检验内容包括包装、标签、净含量、感官、酸价和过氧化值。其他要求应符合 NY/T 1055 的规定。

7 标签

应符合 GB 7718 的规定。

8 包装、运输和储存

8.1 包装

包装应符合 NY/T 658 的规定,包装储运图示标志应符合 GB/T 191 的规定。

8.2 运输和储存

运输和储存应符合 NY/T 1056 的规定。

附 录 A
(规范性附录)
绿色食品焙烤食品产品申报检验项目

表A.1～表A.2规定了除5.3～5.6所列项目外,依据食品安全国家标准和绿色食品生产实际情况,绿色食品申报检验还应检验的项目。

表 A.1 食品添加剂项目

项 目	指 标		检验方法
	饼干	面包、烘烤类月饼和烘烤类糕点	
苯甲酸及其钠盐(以苯甲酸计),mg/kg	不得检出(<5)		GB 5009.28
山梨酸及其钾盐(以山梨酸计),g/kg	不得检出(<0.005)	≤1.0	
糖精钠,mg/kg	不得检出 (<5)		

表 A.2 微生物项目

项 目		采样方案及限量(均以CFU/g表示)				检验方法
		n	c	m	M	
菌落总数		5	2	10^4	10^5	GB 4789.2
大肠菌群		5	2	10	10^2	GB 4789.3
金黄色葡萄球菌		5	1	100	1 000	GB 4789.10—2016 第二法
沙门氏菌		5	0	0	—	GB 4789.4
霉菌	饼干	≤50				GB 4789.15
	面包、烘烤类月饼和烘烤类糕点	≤150				
注:n为同一批次产品应采集的样品件数;c为最大可允许超出m值的样品数;m为致病菌指标可接受水平的限量值;M为致病菌指标的最高安全限量值。						

ICS 67.080.20
B 31

中华人民共和国农业行业标准

NY/T 1507—2016
代替 NY/T 1507—2007

绿色食品　山野菜

Green food—Edible wild herb

2016-10-26 发布　　2017-04-01 实施

中华人民共和国农业部 发布

前　言

本标准按照 GB/T 1.1—2009 给出的规则起草。

本标准代替 NY/T 1507—2007《绿色食品　山野菜》。与 NY/T 1507—2007 相比，除编辑性修改外，主要技术变化如下：

——修改了适用范围，删除了山野菜制品；

——修改了感官要求，删除了干制山野菜、保鲜山野菜和腌制山野菜；

——删除了固形物、总酸、氯化钠和水分等理化指标；

——删除了卫生指标铬、锡、铜、氟、亚硝酸盐、二氧化硫、苯甲酸、山梨酸等卫生指标，增加了氧乐果、克百威、敌敌畏、百菌清、毒死蜱、氯氰菊酯、吡虫啉、多菌灵、三唑酮、腐霉利、甲拌磷、辛硫磷等农药残留指标；

——删除了大肠菌群、霉菌和酵母、致病菌、微生物等微生物学指标；

——增加了附录 A 和附录 B。

本标准由农业部农产品质量安全监管局提出。

本标准由中国绿色食品发展中心归口。

本标准起草单位：广东省农业科学院农产品公共监测中心、中国绿色食品发展中心、农业部蔬菜水果质量监督检验测试中心(广州)、湖北凡华农业科技发展有限公司。

本标准主要起草人：杨慧、张志华、王富华、陈岩、耿安静、赵晓丽、李丽、朱娜。

本标准的历次版本发布情况为：

——NY/T 1507—2007。

绿色食品　山野菜

1　范围

本标准规定了绿色食品山野菜的要求、检验规则、标签、包装、运输和储存。

本标准适用于各类野生或人工种植的、可供食用的绿色食品山野菜(常见山野菜学名、俗名参见附录A)。

2　规范性引用文件

下列文件对于本文件的应用是必不可少的。凡是注日期的引用文件，仅注日期的版本适用于本文件。凡是不注日期的引用文件，其最新版本(包括所有的修改单)适用于本文件。

GB 5009.11　食品安全国家标准　食品中总砷及无机砷的测定

GB 5009.12　食品安全国家标准　食品中铅的测定

GB 5009.15　食品安全国家标准　食品中镉的测定

GB 5009.17　食品安全国家标准　食品中总汞及有机汞的测定

GB 7718　食品安全国家标准　预包装食品标签通则

GB/T 20769　水果和蔬菜中450种农药及相关化学品残留量的测定　液相色谱—串联质谱法

GB 23200.8　食品安全国家标准　水果和蔬菜中500种农药及相关化学品残留量的测定　气相色谱—质谱法

NY/T 391　绿色食品　产地环境质量

NY/T 393　绿色食品　农药使用准则

NY/T 394　绿色食品　肥料使用准则

NY/T 658　绿色食品　包装通用准则

NY/T 761　蔬菜和水果中有机磷、有机氯、拟除虫菊酯和氨基甲酸酯类农药多残留的测定

NY/T 1055　绿色食品　产品检验规则

NY/T 1056　绿色食品　贮藏运输准则

NY/T 1275　蔬菜、水果中吡虫啉残留量的测定

NY/T 1379　蔬菜中334种农药多残留的测定　气相色谱质谱法和液相色谱质谱法

NY/T 1453　蔬菜及水果中多菌灵等16种农药残留测定　液相色谱—质谱—质谱联用法

3　要求

3.1　产地环境

应符合NY/T 391的规定。

3.2　生产过程

生产过程中农药和肥料使用应分别符合NY/T 393和NY/T 394的规定。

3.3　感官要求

应符合表1的规定。

表 1　感官要求

品　质	检验方法
同一品种或相似品种;具有该品种固有的外形和颜色特征,成熟度适宜,外观新鲜。以茎叶供食用的山野菜应无老叶、黄叶和残叶,茎秆鲜嫩,整齐均匀,无腐烂,无异味,无病虫害及机械伤;以根供食用的山野菜应保持根形完整,无腐烂,无异味,无病虫害及明显机械伤;清洁,无肉眼可见杂质	品种特性、成熟度、色泽、新鲜度、清洁、腐烂、病虫害及机械伤害等外观特征,用目测法鉴定;气味用嗅的方法鉴定

3.4　农药残留限量

农药残留限量应符合食品安全国家标准及相关规定,同时应符合表 2 的规定。

表 2　农药残留限量

单位为毫克每千克

项目	指标	检验方法
氧乐果	≤0.01	NY/T 1379
甲拌磷	≤0.01	GB 23200.8
克百威	≤0.01	NY/T 761
敌敌畏	≤0.01	NY/T 761
百菌清	≤0.01	NY/T 761
毒死蜱	≤0.01	NY/T 761
三唑酮	≤0.05	NY/T 761
辛硫磷	≤0.05	GB/T 20769
多菌灵	≤0.1	NY/T 1453
吡虫啉	≤0.2	NY/T 1275
腐霉利	≤0.2	NY/T 761

4　检验规则

申报绿色食品的产品应按照 3.3、3.4 以及附录 B 所确定的项目进行检验。其他要求应符合 NY/T 1055 的规定。本标准规定的农药残留量检测方法,如有其他国家标准、行业标准以及部文公告的检测方法,且其检出限和定量限能满足限量值要求时,在检测时可采用。

5　标签

应符合 GB 7718 的规定。

6　包装、运输和储存

6.1　包装

应符合 NY/T 658 的规定。

6.2　运输和储存

应符合 NY/T 1056 的规定。

附　录　A
（资料性附录）
常见山野菜学名、俗名对照表

常见山野菜学名、俗名对照表见表 A.1。

表 A.1　常见山野菜学名、俗名对照表

序号	中文名	拉丁学名	俗名、别名
1	薇菜	*Osmunda cinnamomea* L. var. *asiatica* Ferald	大巢菜、野豌豆、牛毛广、紫萁
2	荠菜	*Capsella bursa-pastoris*(L.)Medic.	花花菜、菱角草、地米菜
3	蜂斗菜	*Petasites tatewakianus* Kitam	掌叶菜、蛇头草
4	马齿苋	*Portulaca oleracea* L.	长命菜、五行草、瓜子菜、马齿菜
5	蔊菜	*Rorippa indica*(L.)Hiern	辣米菜、野油菜、塘葛菜
6	蒌蒿	*Artemisia selengensis* Turcz. ex Bess	芦蒿、水蒿、水艾、蒌茼蒿
7	沙芥	*Pugionium cornutum*(L.)Gaertn.	山萝卜、沙萝卜、沙芥菜
8	马兰	*Kalimeris indica*(Linn.)Sch.	马兰头、鸡儿肠
9	蕺菜	*Houttuynia cordata* Thunb	鱼腥草、鱼鳞草、蕺儿菜
10	苦苣菜	*Sonchus oleraceus* L.	苦菜、苦苣
11	多齿蹄盖蕨	*Athyrium multidentatum*(Doll.)Ching	猴腿蹄盖蕨
12	荚果蕨	*Matteuccia struthiopteris*(L.)Todaro	黄瓜香
13	展枝唐松草	*Thalictrum squarrosum* Steph. ex Willd	猫爪菜
14	珍珠菜	*Lysimachia clethroides* Duby	红根菜、珍珠花菜、扯根菜
15	紫花地丁	*Viola yedoensis* Makino	野堇菜
16	鹅肠菜	*Malachium aquaticum*(L.)Fries	五爪龙、鹅儿肠
17	龙芽楤木	*Aralia elata*(Miq.)Seem.	辽东楤木、刺嫩芽、刺龙牙
18	香椿	*Toona sinensis*(A. Juss)Roem	香椿子、香椿芽
19	守宫木	*Sauropus androgyuns*(L.)Merr.	树仔菜、五指山野菜、越南菜
20	蒲公英	*Taraxacum mongolicum* Hand.-Mazz.	孛孛丁、蒲公草
21	东风菜	*Doellingeria scaber*(Thunb.)Ness	山白菜、草三七、大耳毛
22	野茼蒿	*Crassocephalum crepidioides*(Benth.)S. Moore	革命菜、野塘蒿、安南菜
23	山莴苣	*Lagedium sibiricum*(L.)Sojak	山苦菜、北山莴苣
24	菊花脑	*Dendranthema indicum*(L.)Des Moul.	
25	歪头菜	*Vicia unijuga* A. Br.	野豌豆、歪头草、歪脖菜
26	锦鸡儿	*Caragana sinica*(Buc'hoz)Rehd	黄雀花、阳雀花、酱瓣子
27	山韭菜	*Allium senescens* L.	野韭菜
28	薤白	*Allium macrostemon* Bunge	小根蒜、山蒜、小根菜、野蒜、野葱
29	野葱	*Allium ledebouriaum* Schult	沙葱、麦葱、山葱
30	雉隐天冬	*Asparagus schoberioisdes* Kunth.	龙须菜
31	茖葱	*Allium victorialis* L.	寒葱、茖葱
32	黄精	*Polygonatum sibiricum* Delar. ex Red	鸡格、兔竹、鹿竹
33	紫萼	*Hosta ventricosa*(Salisb.)Stearn	河白菜、东北玉簪、剑叶玉簪

表 A.1（续）

序号	中文名	拉丁学名	俗名、别名
34	野蔷薇	*Rosa multiflora* Thunb	刺花、多花蔷薇
35	小叶芹	*Aegopodium alpestre* Ledeb	东北羊角芹
36	野芝麻	*Lamium album* L.	白花菜、野藿香、地蚤
37	香茶菜	*Rabdosia amethystoides*(Benth.)Hara	野苏子、龟叶草、铁菱角
38	败酱	*Patrinia scabiosaefolia* Fisch. ex Trevir.	黄花龙牙、黄花苦菜、山芝麻
39	桔梗	*Platycodon grandiflorum*(Jacq.)DC	铃铛花
40	海州常山	*Clerodendrum trichotomum* Thumb.	斑鸠菜
41	苦刺花	*Sophora davidii*(Franch.)Skeels	白刺花、狼牙刺

附 录 B
(规范性附录)
绿色食品山野菜产品申报检验项目

表 B.1 规定了除 3.3、3.4 所列项目外，依据食品安全国家标准和绿色食品生产实际情况，绿色食品山野菜产品申报检验还应检验的项目。

表 B.1 污染物、农药残留项目

单位为毫克每千克

项　　目	指　　标	检验方法
氯氰菊酯	≤1(野葱、薤白、山韭菜除外)	NY/T 761
	≤0.01(野葱、薤白、山韭菜)	
铅(以 Pb 计)	≤0.3(叶类山野菜)	GB 5009.12
	≤0.1(其他山野菜)	
镉(以 Cd 计)	≤0.2(叶类山野菜)	GB 5009.15
	≤0.05(其他山野菜)	
总汞(以 Hg 计)	≤0.01	GB 5009.17
总砷(以 As 计)	≤0.5	GB 5009.11

ICS 67.060
B 20

中华人民共和国农业行业标准

NY/T 1510—2016
代替 NY/T 1510—2007

绿色食品 麦类制品

Green food—Processed wheat and baerley

2016-10-26 发布 2017-04-01 实施

中华人民共和国农业部 发布

前　　言

本标准按照 GB/T 1.1—2009 给出的规则起草。

本标准代替 NY/T 1510—2007《绿色食品　麦类制品》。与 NY/T 1510—2007 相比，除编辑性修改外，主要技术变化如下：

——删除了焙烤麦类制品、麦茶、麦芽糊精的理化指标、卫生指标和微生物学指标的要求；

——删减了卫生指标中的氟、发芽麦类制品的微生物指标；

——修改了山梨酸的限量；

——增加了氧乐果、毒死蜱、敌敌畏、多菌灵、阿力甜、脱氧雪腐镰刀菌烯醇、赭曲霉毒素 A 的限量。

本标准由农业部农产品质量安全监管局提出。

本标准由中国绿色食品发展中心归口。

本标准起草单位：黑龙江省农业科学院农产品质量安全研究所、中国绿色食品发展中心、农业部谷物及制品质量监督检验测试中心(哈尔滨)。

本标准主要起草人：程爱华、廖辉、陈国峰、李宛、孙丽容、单宏、刘晓庆、金海涛、张志华、陈倩、陈国友、王剑平、王乐凯。

本标准的历次版本发布情况为：

——NY/T 1510—2007。

绿色食品　麦类制品

1　范围

本标准规定了绿色食品麦类制品的术语和定义、要求、检验规则、标签、包装、运输和储存。

本标准适用于以绿色食品大麦(含米大麦)、燕麦(含莜麦)、小麦、荞麦等为主要原料的即食麦类制品和发芽麦类制品,不适用于麦茶和焙烤类麦类制品。

2　规范性引用文件

下列文件对于本文件的应用是必不可少的。凡是注日期的引用文件,仅注日期的版本适用于本文件。凡是不注日期的引用文件,其最新版本(包括所有的修改单)适用于本文件。

GB/T 191　包装储运图示标志

GB 4789.2　食品安全国家标准　食品微生物学检验　菌落总数测定

GB 4789.3—2016　食品安全国家标准　食品微生物学检验　大肠菌群计数

GB 4789.4　食品安全国家标准　食品微生物学检验　沙门氏菌检验

GB 4789.10—2016　食品安全国家标准　食品微生物学检验　金黄色葡萄球菌检验

GB 4789.15　食品安全国家标准　食品微生物学检验　霉菌和酵母计数

GB 5009.3　食品安全国家标准　食品中水分的测定

GB 5009.4　食品安全国家标准　食品中灰分的测定

GB 5009.11　食品安全国家标准　食品中总砷及无机砷的测定

GB 5009.12　食品安全国家标准　食品中铅的测定

GB 5009.15　食品安全国家标准　食品中镉的测定

GB 5009.17　食品安全国家标准　食品中总汞及有机汞的测定

GB 5009.22　食品安全国家标准　食品中黄曲霉毒素B族和G族的测定

GB 5009.28　食品安全国家标准　食品中苯甲酸、山梨酸和糖精钠的测定

GB 5009.96　食品安全国家标准　食品中赭曲霉毒素A的测定

GB 5009.97　食品安全国家标准　食品中环己基氨基磺酸钠的测定

GB 5009.111　食品安全国家标准　食品中脱氧雪腐镰刀菌烯醇及其乙酰化衍生物的测定

GB 5009.123　食品安全国家标准　食品中铬的测定

GB/T 5009.145　植物性食品中有机磷和氨基甲酸酯类农药多种残留的测定

GB 5009.263　食品安全国家标准　食品中阿斯巴甜和阿力甜的测定

GB/T 5510　粮油检验　粮食、油料脂肪酸值测定

GB 7718　食品安全国家标准　预包装食品标签通则

GB 14880　食品安全国家标准　食品营养强化剂使用标准

GB 14881　食品安全国家标准　食品生产通用卫生规范

GB/T 20770　粮谷中486种农药及相关化学品残留量的测定　液相色谱—串联质谱法

JJF 1070　定量包装商品净含量计量检验规则

NY/T 392　绿色食品　食品添加剂使用准则

NY/T 658　绿色食品　包装通用准则

NY/T 1055　绿色食品　产品检验规则

NY/T 1056　绿色食品　贮藏运输准则

QB/T 1686　啤酒麦芽

国家质量监督检验检疫总局令2005年第75号　定量包装商品计量监督管理办法

3　术语和定义

下列术语和定义适用于本文件。

3.1

麦类制品　processed wheat and barley

以麦类为主要原料，经加工制成的制品。

3.2

即食麦类制品　instant processed wheat and barley

以麦类为主要原料，经加工制成的冲泡后即可食用的食品，包括麦片和麦糊等。

3.3

发芽麦类制品　germinated processed wheat and barley

经发芽处理的大麦[含米大麦(青稞)]、燕麦(含莜麦)、小麦、荞麦(含苦荞麦)或以其为主要原料生产的制品，包括大麦麦芽、小麦麦芽、发芽麦粒等。

3.4

啤酒麦芽　barley malt

以小麦及二棱、多棱大麦为原料，经浸麦、发芽、烘干、焙焦所制成的啤酒酿造用麦芽。

3.5

破损粒　broken kernel

表面不完整达1/3的颗粒。

4　要求

4.1　原料和辅料

原料和辅料应符合相关绿色食品要求。食品添加剂应符合NY/T 392的规定。营养强化剂应符合GB 14880的规定。

4.2　加工过程

加工过程应符合GB 14881的要求。

4.3　感官要求

应符合表1的规定。

表1　感官要求

项　目	要　求	检验方法
形状	具有该产品固有形状	取20 g～50 g样品散放于洁净的白瓷盘中，在自然光线下，目测观察形状、色泽和杂质，品尝其滋味，嗅其气味
色泽	具有该产品应有的色泽，且均匀一致	
滋味与气味	具有该产品应有的滋味与气味，无异味	
杂质	正常视力下无可见外来杂质	

4.4　理化指标

应符合表2的规定。

表 2 理化指标

项　目	指　标			检验方法
	即食麦类制品		发芽麦类制品	
	麦片	麦糊	麦芽和麦粒[a]	
破损率,g/100 g	—	—	≤2.0	称取试样 200 g,精确至 0.1 g,拣出破损粒,称其质量,计算所占百分率
水分,g/100 g	≤10.0	≤8.0	≤12.0	GB 5009.3
灰分,g/100 g	—	—	≤3.0	GB 5009.4
脂肪酸值,mg KOH/100 g	—	≤80	—	GB/T 5510
[a] 啤酒麦芽的理化指标应符合 QB/T 1686 中一级品的规定。				

4.5 污染物限量、农药残留限量和真菌毒素限量

污染物、农药残留和真菌毒素限量应符合相关食品安全国家标准及相关规定,同时符合表 3 的规定。

表 3 污染物、农药残留和真菌毒素限量

序号	项　目	指　标		检验方法
		即食麦类制品	发芽麦类制品	
1	无机砷(以 As 计),mg/kg	≤0.2		GB 5009.11
2	铅(以 Pb 计),mg/kg	≤0.2		GB 5009.12
3	总汞(以 Hg 计),mg/kg	≤0.02		GB 5009.17
4	镉(以 Cd 计),mg/kg	≤0.1		GB 5009.15
5	氧乐果,mg/kg	≤0.01		GB/T 20770
6	毒死蜱,mg/kg	≤0.1		GB/T 5009.145
7	敌敌畏,mg/kg	≤0.01		GB/T 5009.145
8	多菌灵,mg/kg	≤0.01		GB/T 20770
9	黄曲霉毒素 B_1,μg/kg	≤5.0		GB 5009.22
10	脱氧雪腐镰刀菌烯醇,μg/kg	≤1 000		GB 5009.111

4.6 净含量

应符合国家质量监督检验检疫总局令 2005 年第 75 号的规定,检验方法按 JJF 1070 的规定执行。

5 检验规则

申报绿色食品的产品应按照 4.3～4.6 以及附录 A 所确定的项目进行检验。每批产品交收(出厂)前,都应进行交收(出厂)检验,交收(出厂)检验内容包括包装、标签、净含量、感官、水分,即食麦类制品还应包括菌落总数、大肠菌群、霉菌和酵母。其他要求应符合 NY/T 1055 的规定。

6 标签

应符合 GB 7718 的规定。

7 包装、运输和储存

7.1 包装

应符合 GB/T 191 和 NY/T 658 的规定。

7.2 运输和储存

应符合 NY/T 1056 的规定。

附 录 A
(规范性附录)
绿色食品麦类制品产品申报检验项目

表 A.1、表 A.2 和表 A.3 规定了除 4.3～4.6 所列项目外，依据食品安全国家标准和绿色食品生产实际情况，绿色食品麦类制品产品申报检验还应检验的项目。

表 A.1 污染物和真菌毒素项目

项 目	指 标		检验方法
	即食麦类制品	发芽麦类制品	
铬(以 Cr 计)，mg/kg	≤1.0		GB 5009.123
赭曲霉毒素 A，μg/kg	≤5.0		GB 5009.96

表 A.2 即食麦类制品的食品添加剂项目

单位为毫克每千克

项 目	指标	检验方法
苯甲酸及其钠盐(以苯甲酸计)	不得检出(<5)	GB 5009.28
山梨酸及其钾盐(以山梨酸计)	不得检出(<5)	GB 5009.28
糖精钠	不得检出(<5)	GB 5009.28
环己基氨基磺酸钠和环己基氨基磺酸钙(以环己基氨基磺酸钠计)	不得检出(<10)	GB 5009.97
阿力甜	不得检出(<5)	GB 5009.263

表 A.3 即食麦类制品的微生物项目

项 目	采样方案及限量(以/25 g 表示)				检验方法
	n	c	m	M	
沙门氏菌	5	0	0	—	GB 4789.4
金黄色葡萄球菌，CFU/g	5	1	100	1 000	GB 4789.10—2010 第二法
菌落总数，CFU/g	5	2	10^4	10^5	GB 4789.2
大肠菌群，CFU/g	5	2	10	10^2	GB 4789.3—2016 第二法
霉菌，CFU/g	5	2	50	10^2	GB 4789.15

注：n 为同一批次产品应采集的样品件数；c 为最大可允许超出 m 值的样品数；m 为致病菌指标可接受水平的限量值；M 为致病菌指标的最高安全限量值。

ICS 67.040
X 10

中华人民共和国农业行业标准

NY/T 2973—2016

绿色食品　啤酒花及其制品

Green food—Hops and hops products

2016-10-26 发布　　2017-04-01 实施

中华人民共和国农业部　发布

前　　言

本标准按照GB/T 1.1—2009给出的规则起草。

本标准由农业部农产品质量安全监管局提出。

本标准由中国绿色食品发展中心归口。

本标准起草单位:新疆农业科学院农业质量标准与检测技术研究所、中国绿色食品发展中心、农业部农产品质量监督检验测试中心(乌鲁木齐)、新疆维吾尔自治区绿色食品发展中心、甘肃亚盛绿鑫啤酒原料集团有限责任公司、华润雪花啤酒(中国)有限公司、新疆三宝乐农业科技开发有限公司、新疆玖玖农业生产有限公司、青岛市食品药品检验研究院。

本标准主要起草人:王成、张志华、郑伟华、陈倩、冯婷、曹双瑜、孙涛、王富兰、安冉、王贤、赵泽、杨莲、焦学红、钟俊辉、王健、迟志岚、武千钧。

绿色食品　啤酒花及其制品

1　范围

本标准规定了绿色食品啤酒花及其制品的术语和定义、要求、检验规则、标签、包装、运输与储存。

本标准适用于绿色食品啤酒花及其制品，包括压缩啤酒花、颗粒啤酒花和二氧化碳啤酒花浸膏。

2　规范性引用文件

下列文件对于本文件的应用是必不可少的。凡是注日期的引用文件，仅注日期的版本适用于本文件。凡是不注日期的引用文件，其最新版本(包括所有的修改单)适用于本文件。

GB/T 191　包装储运图示标志

GB 5009.12　食品安全国家标准　食品中铅的测定

GB 5009.15　食品安全国家标准　食品中镉的测定

GB 5009.22　食品安全国家标准　食品中黄曲霉毒素B族和G族的测定

GB 7718　食品安全国家标准　预包装食品标签通则

GB 10621　食品添加剂　液体二氧化碳

GB 14881　食品安全国家标准　食品生产通用卫生规范

GB/T 20369　啤酒花制品

GB/T 20769　水果和蔬菜中450种农药及相关化学品残留量的测定　液相色谱—串联质谱法

GB/T 20770　粮谷中486种农药及相关化学品残留量的测定　液相色谱—串联质谱法

JJF 1070　定量包装商品净含量计量检验规则

NY/T 391　绿色食品　产地环境质量

NY/T 393　绿色食品　农药使用准则

NY/T 394　绿色食品　肥料使用准则

NY/T 658　绿色食品　包装通用准则

NY/T 702　啤酒花

NY/T 761　蔬菜和水果中有机磷、有机氯、拟除虫菊酯和氨基甲酸酯类农药多残留的测定

NY/T 1055　绿色食品　产品检验规则

NY/T 1056　绿色食品　贮存运输准则

国家质量监督检验检疫总局令2005年第75号　定量包装商品计量监督管理办法

3　术语和定义

GB/T 20369界定的以及下列术语和定义适用于本文件。

3.1

压缩啤酒花　compressed hop cone

将采摘的新鲜酒花球果经烘烤、回潮，垫以包装材料，打包成型制得的产品。

3.2

颗粒啤酒花(90型)　type 90 hop pellet

压缩啤酒花经粉碎、筛分、混合、压粒、包装后制得的颗粒产品。

3.3

颗粒啤酒花(45 型)　type 45 hop pellet

压缩啤酒花经粉碎、深冷、筛分、混合、压粒、包装后制得的浓缩型颗粒产品。

3.4

二氧化碳啤酒花浸膏　CO_2 hop extract

压缩啤酒花或颗粒啤酒花经二氧化碳萃取酒花中有效成分后制得的浸膏产品。

3.5

褐色花片　brownish bract

浅棕色至褐色部分超过花片面积 1/3 的花片。

3.6

崩解时间　dissolved time

颗粒啤酒花在沸水中完全松散时所需的时间。

3.7

散碎颗粒(匀整度)　incomplete pellet

散碎及长度小于正常颗粒直径 1/2 的颗粒。

3.8

储藏指数　hop storage index, HSI

啤酒花的碱性甲醇浸出液在波长 275 nm 和 325 nm 下吸光度之比。

3.9

夹杂物　impurity

压缩啤酒花中含有的非酒花球果的植株部分。如啤酒花中的茎、叶、花梗等。

4 要求

4.1 产地环境

啤酒花栽培的产地环境应符合 NY/T 391的规定

4.2 生产过程

啤酒花生产过程中农药使用应符合 NY/T 393 的规定，肥料使用应符合 NY/T 394 的规定。

4.3 加工过程

加工用水应符合 NY/T 391 的规定；二氧化碳应符合 GB 10621 的规定；啤酒花及其制品加工过程应符合 GB 14881 的规定。

4.4 感官

4.4.1 压缩啤酒花

应符合表 1 的规定。

表 1　压缩啤酒花感官要求

项　目	要　求	检验方法
色泽	浅黄绿色，有光泽	GB/T 20369
香气	有明显的、新鲜正常的酒花香气，无异杂气味	GB/T 20369
花体状态	有少量破碎花片	GB/T 20369

4.4.2 颗粒啤酒花

应符合表 2 的规定。

表 2 颗粒啤酒花感官要求

项　目	要　求		检验方法
	90 型	45 型	
色泽	黄绿色或绿色		GB/T 20369
香气	具有明显的、新鲜正常的酒花香气，无异杂气味		GB/T 20369

4.4.3 二氧化碳酒花浸膏

应符合表 3 的规定。

表 3 二氧化碳酒花浸膏感官要求

项　目	要　求	检验方法
色泽	具有本产品固有的色泽，并均匀一致	目测法
组织形态	黏稠状液体	目测法

4.5 理化指标

4.5.1 压缩啤酒花

应符合表 4 的规定。

表 4 压缩啤酒花理化要求

项　目	指　标	检验方法
夹杂物[a]，%	≤1.0	GB/T 20369
褐色花片，%	≤5.0	GB/T 20369
水分，%	7.0～9.0	GB/T 20369
α-酸（干态计）[b]，%	≥6.5	GB/T 20369
β-酸（干态计）[b]，%	≥3.0	GB/T 20369
储藏指数（HSI）[b]	≤0.40	GB/T 20369
[a] 不允许有植株以外的任何金属、沙石、泥土等有害物质。 [b] 已正式定名的芳香型、高 α-酸型酒花品种，其 α-酸、β-酸、储藏指数不受此要求限制。		

4.5.2 颗粒啤酒花

应符合表 5 的规定。

表 5 颗粒啤酒花理化要求

项　目	指　标		检验方法
	90 型	45 型	
散碎颗粒（匀整度），%	≤4.0		GB/T 20369
崩解时间，s	≤15		GB/T 20369
水分，%	6.5～8.5		GB/T 20369
α-酸（干态计）[a]，%	≥6.2	≥11.0	GB/T 20369
β-酸（干态计）[a]，%	≥3.0	≥5.0	GB/T 20369
储藏指数（HSI）[a]	≤0.45	≤0.45	GB/T 20369
[a] 已正式定名的芳香型、高 α-酸型酒花品种，其 α-酸、β-酸、储藏指数不受此要求限制。			

4.5.3 二氧化碳酒花浸膏

应符合表 6 的规定。

表 6 二氧化碳酒花浸膏理化要求

项　目	指　标	检验方法
α-酸（干态计），%	≥30	GB/T 20369
水分，%	≤5.0	GB/T 20369

4.6 污染物、农药残留限量

应符合相关食品安全国家标准及相关规定，同时应符合表7的规定。

表7 污染物、农药残留限量

项 目	指 标	检验方法
铅(以Pb计)，mg/kg	≤5.0	GB 5009.12
镉(以Cd计)，mg/kg	≤0.2	GB 5009.15
二嗪磷，mg/kg	≤0.01	NY/T 761
黄曲霉毒素 B_1，μg/kg	≤20	GB 5009.22

4.7 净含量

应符合国家质量监督检验检疫总局令2005年第75号的规定，检验方法按JJF 1070的规定执行。

5 检验规则

申报绿色食品应按照4.4～4.7以及附录A所确定的项目进行检验。其他要求应符合NY/T 1055的规定。各农药项目除采用表中所列检测方法外，如有其他国家标准、行业标准及部文公告的检测方法，且其检出限或定量限能满足限量要求时，在检测时可采用。

6 标签

应符合GB 7718、GB/T 20369和NY/T 702的规定。

7 包装、运输和储存

7.1 包装

应符合GB 7718、GB/T 20369、NY/T 658和NY/T 702的规定，储运图示应符合GB/T 191的规定。

7.2 运输和储存

应符合NY/T 1056的规定。

附　录　A
（规范性附录）
绿色食品啤酒花及其制品申报检验项目

表 A.1 规定了除本标准 4.4～4.7 所列项目外，依据食品安全国家标准和绿色食品生产实际情况，绿色食品啤酒花及其制品申报检验还应检验的项目。

表 A.1　农药残留项目

单位为毫克每千克

序号	项目	指标	检验方法
1	甲霜灵	≤10	GB/T 20770
2	腈菌唑	≤2	GB/T 20769
3	吡虫啉	≤5	GB/T 20769
4	噻螨酮	≤3	GB/T 20769
5	啶虫脒	≤1	GB/T 20769
6	毒死蜱	≤0.01	NY/T 761
7	唑螨酯	≤0.3	GB/T 20769
8	多菌灵	≤5	GB/T 20769
9	辛硫磷	≤0.1	GB/T 20769

ICS 67.060
X 11

中华人民共和国农业行业标准

NY/T 2974—2016

绿色食品　杂粮米

Green food—Multigrain rice

2016-10-26 发布　　2017-04-01 实施

中华人民共和国农业部 发布

前　言

本标准按照GB/T 1.1—2009给出的规则起草。

本标准由农业部农产品质量安全监管局提出。

本标准由中国绿色食品发展中心归口。

本标准起草单位：新疆农业科学院农业质量标准与检测技术研究所、农业部农产品质量监督检验测试中心（乌鲁木齐）、中国绿色食品发展中心、新疆维吾尔自治区农产品质量安全中心、内蒙古蒙清农业科技开发有限责任公司、内蒙古谷道粮原农产品有限责任公司。

本标准主要起草人：王成、张志华、冯婷、陈倩、郑伟华、曹双瑜、张红艳、刘河疆、赵子刚、王帅、玛依拉·赛吾尔丁、黄福星、鲁利春、杨莲。

绿色食品　杂粮米

1　范围

本标准规定了绿色食品杂粮米的术语和定义、要求、检验规则、标签、包装、运输和储存。

本标准适用于以各类绿色食品杂粮为原料，直接掺混后形成的杂粮米及以杂粮米为原料粉碎再加工后制成的杂粮米制品。

2　规范性引用文件

下列文件对于本文件的应用是必不可少的。凡是注日期的引用文件，仅注日期的版本适用于本文件。凡是不注日期的引用文件，其最新版本(包括所有的修改单)适用于本文件。

GB/T 191　包装储运图示标志

GB 5009.3　食品安全国家标准　食品中水分的测定

GB 5009.11　食品安全国家标准　食品中总砷及无机砷的测定

GB 5009.12　食品安全国家标准　食品中铅的测定

GB 5009.15　食品安全国家标准　食品中镉的测定

GB 5009.22　食品安全国家标准　食品中黄曲霉素 B 族和 G 族的测定

GB 5009.96　食品安全国家标准　食品中赭曲霉素 A 的测定

GB/T 5009.110　植物性食品中氯氰菊酯、氰戊菊酯和溴氰菊酯残留量的测定

GB/T 5009.165　粮食中 2,4-滴丁酯残留量的测定

GB/T 5494　粮油检验　粮食、油料的杂质、不完善粒检验

GB/T 5509　粮油检验　粉类磁性金属物测定

GB 5749　生活饮用水卫生标准

GB 7718　食品安全国家标准　预包装食品标签通则

GB 14553　粮食、水果和蔬菜中有机磷农药测定的气相色谱法

GB 14881　食品安全国家标准　食品生产通用卫生规范

GB/T 20770　粮谷中 486 种农药及相关化学品残留量的测定　液相色谱—串联质谱法

GB 23200.9　食品安全国家标准　粮谷中 475 种农药及相关化学品残留量的测定　气相色谱—质谱法

GB 23200.49　食品安全国家标准　食品中苯醚甲环唑残留量的测定　气相色谱—质谱法

GB/T 26631　粮油名词术语理化特性和质量

JJF 1070　定量包装商品净含量计量检验规则

NY/T 391　绿色食品　产地环境质量

NY/T 392　绿色食品　食品添加剂使用准则

NY/T 393　绿色食品　农药使用准则

NY/T 394　绿色食品　肥料使用准则

NY/T 658　绿色食品　包装通用准则

NY/T 1055　绿色食品　产品检验规则

NY/T 1056　绿色食品　贮存运输准则

NY/T 1294　禾谷类杂粮作物分类及术语

NY/T 1961　粮食作物名词术语

SN/T 2320 进出口食品中百菌清、苯氟磺胺、甲抑菌灵、克菌丹、敌菌丹和四溴菊酯残留量检测方法 气相色谱—质谱法

国家质量监督检验检疫总局令 2005 年第 75 号 定量包装商品计量监督管理办法

3 术语和定义

GB/T 26631、NY/T 1294、NY/T 1961 界定的以及下列术语和定义适用于本文件。

3.1

杂粮米 multigrain rice

通过碾磨、脱壳将各种谷类、麦类、豆类、薯类等杂粮直接掺混的产品。

3.2

杂粮米制品 product of multigrain rice

碾磨、脱壳、磨粉后将各种谷类、麦类、豆类、薯类等杂粮按照一定的营养配比,混合加工制得的产品。

4 要求

4.1 产地环境

杂粮栽培的产地环境应符合 NY/T 391 的规定。

4.2 生产过程

杂粮生产过程中农药使用应符合 NY/T 393 的规定,肥料使用应符合 NY/T 394 的规定。

4.3 原料

原料应符合绿色食品标准要求;加工用水应符合 GB 5749、NY/T 391 的规定。

4.4 加工过程

食品添加剂使用应符合 NY/T 392 的规定;复合米加工过程应符合 GB 14881 的规定。

4.5 感官

应符合表 1 的规定。

表 1 感官要求

指 标	杂粮米	杂粮米制品	检测方法
外观	形态均匀,具有该产品固有的色泽、光泽,无病斑粒	米粒状,具有该产品固有的色泽、光泽	在自然光线下,目视检查产品的外观,闻气味
气味	具有该产品固有气味,无霉味和其他异味	具有该产品固有气味,无霉味和其他异味	

4.6 理化指标

应符合表 2 的规定。

表 2 理化指标

项目	杂粮米	杂粮米制品	检测方法
杂质,%	无肉眼可见的外来杂质	—	在自然光线下,目视检查
	—	≤0.5	GB/T 5494
水分,%	≤14.0	≤13.0	GB 5009.3
磁性金属物,%	—	≤0.003	GB/T 5509

4.7 污染物、农药残留限量

杂粮米和杂粮米制品污染物和农药残留限量应符合食品安全国家标准及相关规定,同时应符合表

3 的规定。

表 3 污染物和农药残留限量

序号	项目	指标	检验方法
1	无机砷(以 As 计),mg/kg	≤0.2	GB 5009.11
2	铅(以 Pb 计),mg/kg	≤0.2	GB 5009.12
3	镉(以 Cd 计),mg/kg	≤0.1	GB 5009.15
4	百菌清,mg/kg	≤0.01	SN/T 2320
5	苯醚甲环唑,mg/kg	≤0.01	GB 23200.49
6	甲拌磷,mg/kg	≤0.01	GB/T 14553
7	乐果,mg/kg	≤0.01	GB/T 20770
8	敌敌畏,mg/kg	≤0.01	GB/T 20770
9	马拉硫磷,mg/kg	≤0.01	GB/T 20770
10	氰戊菊酯,mg/kg	≤0.01	GB/T 5009.110
11	氧乐果,mg/kg	≤0.01	GB/T 20770
12	溴氰菊酯,mg/kg	≤0.01	GB/T 5009.110
13	克百威,mg/kg	≤0.01	GB/T 20770
14	毒死蜱,mg/kg	≤0.1	GB/T 20770
15	多菌灵,mg/kg	≤0.05	GB/T 20770
16	辛硫磷,mg/kg	≤0.05	GB/T 20770
17	抗蚜威,mg/kg	≤0.05	GB/T 20770
18	氯氰菊酯,mg/kg	≤0.05	GB/T 5009.110
19	三唑酮,mg/kg	≤0.2	GB/T 20770
20	吡虫啉,mg/kg	≤0.05	GB/T 20770
21	2,4-滴丁酯,mg/kg	≤0.05	GB/T 5009.165
22	二甲戊灵,mg/kg	≤0.1	GB 23200.9
23	黄曲霉毒素 B_1,μg/kg	≤5.0	GB 5009.22
24	赭曲霉毒素 A,μg/kg	≤5.0	GB 5009.96

4.8 净含量

应符合国家质量监督检验检疫总局令 2005 年第 75 号的规定,检验方法按 JJF 1070 的规定执行。

5 检验规则

申报绿色食品应按照 4.5～4.8 所确定的项目进行检验。其他要求应符合 NY/T 1055 的规定。本标准规定的农药残留限量检测方法,如有其他国家标准、行业标准以及部文公告的检测方法,且其检出限和定量限能满足限量值要求时,在检测时可采用。

6 标签

应符合 GB 7718 的规定。

7 包装、运输和储存

7.1 包装

应符合 NY/T 658 的规定,储运图示应符合 GB/T 191 的规定。

7.2 运输和储存

应符合 NY/T 1056 的规定。

ICS 67.120.30
X 20

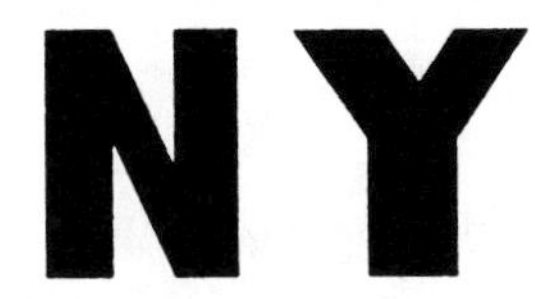

中华人民共和国农业行业标准

NY/T 2975—2016

绿色食品　头足类水产品

Green food—Aquatic product of cephalopoda

2016-10-26 发布　　2017-04-01 实施

中华人民共和国农业部　发布

前　言

本标准按照 GB/T 1.1—2009 给出的规则起草。

本标准由农业部农产品质量安全监管局提出。

本标准由中国绿色食品发展中心归口。

本标准起草单位:农业部乳品质量监督检验测试中心、唐山市畜牧水产品质量监测中心、中国绿色食品发展中心、荣成市鑫发水产食品有限公司。

本标准主要起草人:张志华、张宗城、韩学军、陈倩、李爱军、姚彦波、刘正、董李学、张鑫、连利鑫、马文宏、张凤娇、王莹、张进、郑维君、薛刚。

绿色食品　头足类水产品

1　范围

本标准规定了绿色食品头足类水产品的术语和定义、要求、检验规则、标签、包装、运输和储存。

本标准适用于海洋捕捞的乌贼目（sepioidea）所属的各种乌贼（又称墨鱼，如乌贼、金乌贼、微鳍乌贼、曼氏无针乌贼等）；枪乌贼目（teuthoidea）所属的各种鱿鱼（又称枪乌贼、柔鱼、笔管等）；八腕目（octopoda）所属的各种章鱼及蛸（如船蛸、长蛸、短蛸、真蛸等）的鲜活品、冻品和解冻品。

2　规范性引用文件

下列文件对于本文件的应用是必不可少的。凡是注日期的引用文件，仅注日期的版本适用于本文件。凡是不注日期的引用文件，其最新版本（包括所有的修改单）适用于本文件。

GB/T 191　包装储运图示标志
GB 5009.11　食品安全国家标准　食品中总砷及无机砷的测定
GB 5009.12　食品安全国家标准　食品中铅的测定
GB 5009.15　食品安全国家标准　食品中镉的测定
GB 5009.17　食品安全国家标准　食品中总汞及有机汞的测定
GB/T 5009.45　水产品卫生标准的分析方法
GB 5009.123　食品安全国家标准　食品中铬的测定
GB 5009.190　食品安全国家标准　食品中指示性多氯联苯含量的测定
GB 7718　食品安全国家标准　预包装食品标签通则
JJF 1070　定量包装商品净含量计量检验规则
NY/T 391　绿色食品　产地环境质量
NY/T 392　绿色食品　食品添加剂使用准则
NY/T 658　绿色食品　包装通用准则
NY/T 1055　绿色食品　产品检验规则
NY/T 1056　绿色食品　贮藏运输准则
NY/T 1891　绿色食品　海洋捕捞水产品生产管理规范
SC/T 3012—2002　水产品加工术语
SC/T 3025　水产品中甲醛的测定
国家质量监督检验检疫总局令 2005 年第 75 号　定量包装商品计量监督管理办法

3　术语和定义

下列术语和定义适用于本文件。

3.1

单冻　individual quick freezing(IQF)

个体快速冻结

水产品个体在互相不黏结的情况下快速冻结的方法。

[SC/T 3012—2002，定义 5.7]

3.2

块冻　block quick freezing(BQF)

水产品个体在互相黏结的情况下快速冻结的方法。

3.3

干耗 moisture loss

冻结水产品在冻藏过程中的失水现象。

[SC/T 3012—2002,定义 5.30]

4 要求

4.1 产地环境

应符合 NY/T 391 的规定。

4.2 生产过程

海洋捕捞后的头足类水产品不应在阳光下直晒、风干或接触有害物质,海洋捕捞的其他要求应符合 NY/T 1891 的规定,食品添加剂的使用应符合 NY/T 392 的规定。

4.3 感官

4.3.1 鲜活品

应符合表 1 的规定。

表 1 鲜活品感官要求

项目	要 求	检验方法
外观	体态匀称,具正常体色和光泽,表皮完整,背部及腹部呈青白色或微红色,鱿鱼可有紫色点;乌贼表皮的墨汁易擦去	在光线充足、无异味的环境中,将样品置于白色搪瓷盘或不锈钢工作台上,目测外观和杂质,鼻闻气味,手测组织。若依此不能判定气味和组织时,可做蒸煮试验,即容器中加入约 500 mL 饮用水,煮沸,将清水洗净,且切成约 3 cm×3 cm 大小的样品投入,加盖蒸煮 3 min 后,开盖,闻气味,品尝肉质
气味	具固有气味,无异味	
组织	肌肉紧密,有弹性	
杂质	无外来杂质	

4.3.2 冻品

应符合表 2 的规定。

表 2 冻品感官要求

项 目		要 求	检验方法
单冻	条状(整只)	冰衣完整,晶莹透明,厚薄均匀,坚硬,内脏去除干净,无损伤,个体间易分离。形体完整、胴体大小均匀,排列整齐,无干耗、软化和可见杂质	在光线充足、无异味的环境中,将样品置于白色搪瓷盘或不锈钢工作台上,目测冰衣、冰被、外观和杂质,手测组织
	块状(切块)	冰衣完整,晶莹透明,厚薄均匀,表面清洁、坚硬,个体间易分离。块状大小均匀,部位搭配合理,无干耗、软化和可见杂质	
块冻	条状(整只)	冻块平整、坚实、无缺损,表面清洁,冰被良好,冰衣完整,晶莹透明。形体完整,排列整齐,无干耗、软化和可见杂质	
	块状(切块)	冻块平整、坚实、无缺损,表面清洁,冰被良好,冰衣完整,晶莹透明。块状大小均匀,部位搭配合理,无干耗、软化和可见杂质	

4.3.3 解冻品

应符合表 3 的规定。

表 3　解冻品感官要求

<table>
<tr><th colspan="2">项目</th><th>要　　求</th><th>检验方法</th></tr>
<tr><td rowspan="2">外观</td><td>条状(整只)</td><td>形体完整,肌肉坚硬、有弹性,具有自身固有色泽,无变色和干耗</td><td rowspan="5">在光线充足、无异味的环境中,将样品置于白色搪瓷盘或不锈钢工作台上,目测外观和杂质,鼻闻气味,手测组织。蒸煮试验时容器中加入约 500 mL 饮用水,煮沸,将清水洗净,且切成约 3 cm×3 cm 大小的样品投入,加盖蒸煮 3 min 后,开盖,闻气味,品尝肉质</td></tr>
<tr><td>块状(切块)</td><td>肌肉组织紧密有弹性,切面有光泽</td></tr>
<tr><td colspan="2">气味</td><td>具固有气味</td></tr>
<tr><td colspan="2">杂质</td><td>无外来杂质</td></tr>
<tr><td colspan="2">蒸煮试验</td><td>具固有香味,肌肉组织紧密有弹性,滋味鲜美</td></tr>
</table>

4.4　理化指标

应符合表 4 的规定。

表 4　理化指标

项　目	指　　标	检验方法
挥发性盐基氮,mg/100 g	≤18	GB/T 5009.45

4.5　污染物限量和食品添加剂限量

污染物限量和食品添加剂限量应符合食品安全国家标准及相关规定,同时应符合表 5 规定。

表 5　污染物限量

项　　目	指　　标	检验方法
镉,mg/kg	≤1.0	GB 5009.15
甲醛,mg/kg	≤10	SC/T 3025

4.6　净含量

定量包装产品应符合国家质量监督检验检疫总局令 2005 年第 75 号的规定,检验方法按 JJF 1070 的规定执行。

5　检验规则

申报绿色食品应按照 4.3～4.6 以及附录 A 所确定的项目进行检验。每批产品交收(出厂)前,都应进行交收(出厂)检验,交收(出厂)检验内容包括包装、标志、标签、净含量、感官和挥发性盐基氮。其他要求应符合 NY/T 1055 的规定。

6　标签

应符合 GB 7718 的规定。

7　包装、运输和储存

7.1　包装

应符合 GB/T 191 和 NY/T 658 的规定。

7.2　运输和储存

7.2.1　鲜活品和解冻品的运输和储存应符合 NY/T 1056 的规定。应使用卫生并具有防雨、防晒、防尘设施的专用冷藏车船运输,温度为 0℃～4℃;储存于 0℃～4℃的冷藏库内。

7.2.2　冻品的运输和储存应符合 NY/T 1056 的规定。应使用卫生并具有防雨、防晒、防尘设施的专用冷冻车船运输,温度为－18℃以下;储存于－18℃以下的冷冻库内。

附　录　A
（规范性附录）
绿色食品头足类水产品申报检验项目

表A.1规定了除4.3～4.6所列项目外，依据食品安全国家标准和绿色食品生产实际情况，绿色食品申报检验还应检验的项目。

表A.1　污染物项目

单位为毫克每千克

序号	检验项目	指标	检验方法
1	甲基汞（以Hg计）	≤0.5	GB 5009.17
2	无机砷（以As计）	≤0.5	GB 5009.11
3	铅（以Pb计）	≤1.0	GB 5009.12
4	铬（以Cr计）	≤2.0	GB 5009.123
5	多氯联苯总量[a]	≤0.5	GB 5009.190
[a] 以PCB28、PCB52、PCB101、PCB118、PCB138、PCB153、PCB180总和计。			

ICS 67.120.30
X 20

中华人民共和国农业行业标准

NY/T 2976—2016

绿色食品　冷藏、速冻调制水产品

Green food—Chilled or quick frozen prepared aquatic product

2016-10-26 发布　　2017-04-01 实施

中华人民共和国农业部 发布

前　言

本标准按照GB/T 1.1—2009给出的规则起草。

本标准由农业部农产品质量安全监管局提出。

本标准由中国绿色食品发展中心归口。

本标准起草单位：农业部乳品质量监督检验测试中心、唐山市畜牧水产品质量监测中心、中国绿色食品发展中心、象山南方水产品食品有限公司。

本标准主要起草人：张志华、张宗城、韩学军、陈倩、李爱军、姚彦波、刘正、叶维灯、董李学、张鑫、马文宏、张凤娇、王莹、郑维君、张进、薛刚。

绿色食品　冷藏、速冻调制水产品

1　范围

本标准规定了绿色食品冷藏、速冻调制水产品的术语和定义、分类、要求、检验规则、标签、包装、运输和储存。

本标准适用于冷藏或速冻条件下的绿色食品调制水产品。不适用于绿色食品鱼糜制品、海参制品、海蜇制品、蛙类制品、藻类制品、干制水产品、水产调味品、软体动物休闲食品、水产品罐头；也不适用于生食调制水产品，包括生食的酒渍水产品（如醉虾、醉蟹）和生食的腌制水产品（如生食的腌制虾、蟹、贝和泥螺）。

2　规范性引用文件

下列文件对于本文件的应用是必不可少的。凡是注日期的引用文件，仅注日期的版本适用于本文件。凡是不注日期的引用文件，其最新版本（包括所有的修改单）适用于本文件。

GB/T 191　包装储运图示标志
GB 4789.2　食品安全国家标准　食品微生物学检验　菌落总数测定
GB 4789.3　食品安全国家标准　食品微生物学检验　大肠菌群计数
GB 4789.4　食品安全国家标准　食品微生物学检验　沙门氏菌检验
GB 4789.7　食品安全国家标准　食品微生物学检验　副溶血性弧菌检验
GB 4789.10　食品安全国家标准　食品微生物学检验　金黄色葡萄球菌检验
GB 4789.30　食品安全国家标准　食品微生物学检验　单核细胞增生李斯特氏菌检验
GB 5009.11　食品安全国家标准　食品中总砷及无机砷的测定
GB 5009.12　食品安全国家标准　食品中铅的测定
GB 5009.15　食品安全国家标准　食品中镉的测定
GB 5009.17　食品安全国家标准　食品中总汞及有机汞的测定
GB 5009.22　食品安全国家标准　食品中黄曲霉毒素 B 族和 G 族的测定
GB 5009.26　食品安全国家标准　食品中 N-亚硝胺类化合物的测定
GB 5009.27　食品安全国家标准　食用中苯并(a)芘的测定
GB 5009.28　食品安全国家标准　食品中苯甲酸、山梨酸和糖精钠的测定
GB/T 5009.45　水产品卫生标准的分析方法
GB 5009.123　食品安全国家标准　食品中铬的测定
GB/T 5009.162—2008　动物性食品中有机氯农药和拟除虫菊酯农药多组分残留量的测定
GB 5009.190　食品安全国家标准　食品中指示性多氯联苯含量的测定
GB 5009.227　食品安全国家标准　食品中过氧化值的测定
GB 5009.228　食品安全国家标准　食品中挥发性盐基氮的测定
GB 7718　食品安全国家标准　预包装食品标签通则
GB/T 18517—2001　制冷术语
GB/T 19650　动物肌肉中 478 种农药及相关化学品残留量的测定　气相色谱-质谱法
GB/T 19857　水产品中孔雀石绿和结晶紫残留量的测定
GB 20941　食品安全国家标准　水产制品生产卫生规范
GB/T 27304　食品安全管理体系　水产品加工企业要求

农业部783号公告—3—2006　水产品中敌百虫残留量的测定　气相色谱法

农业部1077号公告—1—2008　水产品中17种磺胺类和15种喹诺酮类药物残留量的测定　液相色谱—串联质谱法

农业部1077号公告—2—2008　水产品中硝基呋喃类代谢物残留量的测定　高效液相色谱法

农业部1077号公告—5—2008　水产品中喹乙醇代谢物残留量的测定　高效液相色谱法

JJF 1070　定量包装商品净含量计量检验规则

NY/T 391　绿色食品　产地环境质量

NY/T 392　绿色食品　食品添加剂使用准则

NY/T 658　绿色食品　包装通用准则

NY/T 842　绿色食品　鱼

NY/T 1040　绿色食品　食用盐

NY/T 1055　绿色食品　产品检验规则

NY/T 1056　绿色食品　贮藏运输准则

SC/T 3015　水产品中四环素、土霉素、金霉素残留量的测定

SC/T 3025　水产品中甲醛的测定

国家质量监督检验检疫总局令2005年第75号　定量包装商品计量监督管理办法

3　术语和定义

下列术语和定义适用于本文件。

3.1

冷藏　refrigerated storage

在低于常温，不低于食品冰点温度条件下储存食品的过程。

[GB/T 18517—2001，定义8.4]

3.2

冷却　chilling

将产品冷却到高于其冻结点某一指定温度的过程。

[GB/T 18517—2001，定义8.8]

3.3

快速冷却　quick chilling

比常用冷却方法温度更低，空气流速更高的一种冷却方法。

[GB/T 18517—2001，定义8.8.10]

3.4

速冻　quick freezing

使产品迅速通过其最大冰结晶区域，当平均温度达到－18℃时，冻结加工方告完成的冻结方法。

[GB/T 18517—2001，定义8.9.9]

3.5

冷藏调制水产品　chilled prepared aquatic product

以水产品为主料，配以调味料等辅料，经调制加工后，用快速冷却工艺使产品中心温度降至冰结点以上，7℃以下，并在0℃～4℃条件下储存、运输和销售的生制或熟制预包装食品。

3.6

速冻调制水产品　quick frozen prepared aquatic product

以水产品为主料，配以调味料等辅料，经调制加工后，用速冻工艺使产品中心温度降至－18℃以下，

并在≤－18℃条件下储存、运输和销售的生制或熟制预包装食品。

4 分类

4.1 裹面调制水产品

以水产品为主料，配以辅料调味加工，成型后覆以裹面材料（面粉、淀粉、脱脂奶粉或蛋等加水混合调制的裹面浆或面包屑），经油炸或不经油炸，冷藏或速冻储存、运输和销售的预包装食品，如裹面鱼、裹面虾。

4.2 腌制调制水产品

以水产品为主料，配以辅料调味，经过盐、酒等腌制，冷藏或冷冻储存、运输和销售的预包装食品，如腌制翘嘴红鲌鱼等。

4.3 菜肴调制水产品

以水产品为主料，配以辅料调味加工，经烹调、冷藏或速冻储存、运输和销售的预包装食品，如香辣凤尾鱼等。

4.4 烧烤(烟熏)调制水产品

以水产品为主料，配以辅料调味，经修割整形、腌渍、定型、油炸或不经油炸等加工处理，进行烧烤或蒸煮（烟熏），冷藏或速冻储存、运输和销售的预包装食品，如烤鳗等。

5 要求

5.1 原料要求

5.1.1 水产品应符合相应绿色食品标准的规定。

5.1.2 食用盐应符合 NY/T 1040 的规定。其他辅料应符合相应绿色食品标准的规定。

5.1.3 食品添加剂应符合 NY/T 392 的规定。

5.1.4 加工用水应符合 NY/T 391 的规定。

5.1.5 烟熏工艺中产生熏烟或冷却烟所用木材或植物应不含天然污染物、环境污染物或用化学药物、涂料、浸泡液处理所致的毒性成分。

5.2 生产过程

应符合 GB/T 27304 和 GB 20941 的规定。

5.3 感官

应符合表 1 的规定。

表 1 感官要求

项　目	要　求	检验方法
形态	具有本品应有的形态，形态良好，无变形，无松散；无残缺、破损、残漏及表层脱落；裹面制品的裹浆均匀，无涂层缺陷	在光线充足、无异味的环境中，将样品置于白色搪瓷盘或不锈钢工作台上，目测形态、色泽、组织状态和杂质，鼻闻气味，品尝滋味
色泽	具有本品应有的色泽，色泽良好，不欠色，不变色	
滋味和气味	具有本品应有的香味及滋味，无异味	
组织状态	具有本品应有的组织状态	
杂质	无肉眼可见外来杂质	

5.4 理化指标

应符合表 2 的规定。

表 2　理化指标

项　目	指　标	检验方法
挥发性盐基氮[a],mg/100 g	主原料 淡水鱼　≤10 淡水虾和海水鱼　≤15 海水虾　≤20 头足类动物水产品和其他　≤18	GB 5009.228
组胺[b],mg/100 g	≤30	GB 5009.227
过氧化值(以脂肪计)[c],g/100 g	≤0.25	GB 5009.37

[a] 仅适用于裹面调制水产品和腌制调制水产品,指标依据主原料组成而不同。
[b] 只适应于主原料为鱼的产品。
[c] 仅适用于油炸型裹面调制水产品、油炸型菜肴调制水产品和烧烤(烟熏)调制水产品。

5.5　渔药残留限量、食品添加剂限量和真菌毒素限量

渔药残留、食品添加剂和真菌毒素限量应符合食品安全国家标准及相关规定,同时应符合表 3 规定。

表 3　渔药残留、食品添加剂和真菌毒素限量

项　目	指　标				检验方法
	裹面调制水产品	腌制调制水产品	菜肴调制水产品	烧烤(烟熏)调制水产品	
喹诺酮类药物(以总量计),μg/kg	不得检出(＜1.0)				农业部 1077 号公告—1—2008
磺胺类药物(以总量计),μg/kg	不得检出(＜1.0)				农业部 1077 号公告—1—2008
喹乙醇代谢物,μg/kg	不得检出(＜4)				农业部 1077 号公告—5—2008
溴氰菊酯,μg/kg	不得检出(＜2.50)				GB/T 5009.162—2008 第二法
甲醛,mg/kg	≤10.0				SC/T 3025
四环素族总量(土霉素、四环素、金霉素),mg/kg	不得检出(＜0.20)				SC/T 3015
敌百虫,mg/kg	不得检出(＜0.04)		—	—	农业部 783 号公告—3—2006
苯甲酸及其钠盐(以苯甲酸计),mg/kg	—	—	不得检出(＜5)	—	GB 5009.28
黄曲霉毒素 B_1,μg/kg	不得检出(＜0.03)	—	—	—	GB 5009.22
以上渔药残留项目不适用于海洋捕捞水产品为主原料的调制水产品。					

5.6　生物学要求

应符合表 4 规定。

表 4　生物学要求

项　目	指　标				检验方法
	裹面调制水产品	腌制调制水产品	菜肴调制水产品	烧烤(烟熏)调制水产品	
单核细胞增生李斯特氏菌[a]	—			0/25 g	GB 4789.30

表 4 （续）

项　目	指　标				检验方法
	裹面调制水产品	腌制调制水产品	菜肴调制水产品	烧烤（烟熏）调制水产品	
菌落总数，CFU/g	≤50 000		≤3 000		GB 4789.2
大肠菌群，MPN/g	≤43		<3.0		GB 4789.3
寄生虫[b]，个/cm^2	不得检出		—		NY/T 842

[a] 仅适用于烟熏调制水产品。

[b] 仅适用于鱼为主原料的产品。

5.7 净含量

应符合国家质量监督检验检疫总局令 2005 年第 75 号的规定，检验方法应符合 JJF 1070 的规定。

6 检验规则

申报绿色食品的产品应按 5.3～5.7 以及附录 A 所确定的项目进行检验。每批产品交收（出厂）前，都应进行交收（出厂）检验，交收（出厂）检验内容包括包装、标志、标签、净含量、感官、挥发性盐基氮、菌落总数和大肠菌群。其他要求应符合 NY/T 1055 的规定。

7 标签

应符合 GB 7718 的规定。

8 包装、运输和储存

8.1 包装

应符合 GB/T 191 和 NY/T 658 的规定。

8.2 运输和储存

8.2.1 冷藏调制水产品的运输和储存应符合 NY/T 1056 规定。应使用卫生并具有防雨、防晒、防尘设施的专用冷藏车船运输，温度为 0℃～4℃；储存于 0℃～4℃的冷藏库内。

8.2.2 速冻调制水产品的运输和储存应符合 NY/T 1056 规定。应使用卫生并具有防雨、防晒、防尘设施的专用速冻车船运输，温度为－18℃以下；储存于－18℃以下的速冻库内。

附 录 A
(规范性附录)
绿色食品冷藏、速冻调制水产品申报检验项目

表A.1～表A.3规定了除5.3～5.7所列项目外，依据食品安全国家标准和绿色食品生产实际情况，绿色食品申报检验还应检验的项目。

表A.1 污染物、渔药残留和食品添加剂项目

序号	项 目	指 标	检验方法
1	铅(以Pb计),mg/kg	≤1.0	GB 5009.12
2	镉(以Cd计),mg/kg	≤0.1(主料为凤尾鱼及旗鱼≤0.3)	GB 5009.15
3	甲基汞(以Hg计),mg/kg	≤0.5(主料为肉食性鱼类≤1.0)	GB 5009.17
4	无机砷(以As计),mg/kg	≤0.5(主料为鱼类≤0.1)	GB 5009.11
5	铬(以Cr计),mg/kg	≤2.0	GB 5009.123
6	苯并(a)芘[a],μg/kg	≤5.0	GB 5009.27
7	N-二甲基亚硝胺,μg/kg	≤4.0	GB 5009.26
8	多氯联苯总量[b],mg/kg	≤0.5	GB 5009.190
9	硝基呋喃类代谢物,μg/kg	不得检出(<0.5)	农业部1077号公告—2—2008
10	双甲脒,mg/kg	不得检出(<0.037 5)	GB/T 19650
11	孔雀石绿,μg/kg	不得检出(<2.0)	GB/T 19857
12	山梨酸及其钾盐(以山梨酸计),mg/kg	≤75(裹面调制水产品和腌制调制水产品) ≤200[菜肴调制水产品和烧烤(烟熏)调制水产品]	GB 5009.28

注：以上渔药残留项目不适用于以海洋捕捞水产品为主原料的调制水产品。

[a] 仅适用于烧烤(烟熏)调制水产品。

[b] 以PCB28、PCB52、PCB101、PCB118、PCB138、PCB153、PCB180总和计。

表A.2 裹面调制水产品和腌制调制水产品微生物限量

项目	采样方案及限量(若非指定,均以CFU/g表示)				检验方法
	n	c	m	M	
金黄色葡萄球菌	5	1	1 000	10 000	GB 4789.10
沙门氏菌	5	0	0/25 g	—	GB 4789.4

注：n为同一批次产品应采集的样品件数；c为最大可允许超出m值的样品数；m为致病菌指标可接受水平的限量值；M为致病菌指标的最高安全限量值。

表 A.3 菜肴调制水产品和烧烤(烟熏)调制水产品微生物限量

项目	采样方案及限量(若非指定,均以 CFU/g 表示)				检验方法
	n	*c*	*m*	*M*	
金黄色葡萄球菌	5	1	100	1 000	GB 4789.10
沙门氏菌	5	0	0/25 g	—	GB 4789.4
副溶血性弧菌	5	1	100 MPN/g	1 000 MPN/g	GB 4789.7

注:*n* 为同一批次产品应采集的样品件数;*c* 为最大可允许超出 *m* 值的样品数;*m* 为致病菌指标可接受水平的限量值;*M* 为致病菌指标的最高安全限量值。

ICS 67.060
X 11

中华人民共和国农业行业标准

NY/T 2977—2016

绿色食品　薏仁及薏仁粉

Green food—Job's tears and Job's tears flour

2016-10-26 发布　　　　2017-04-01 实施

中华人民共和国农业部　发布

前　　言

本标准按照GB/T 1.1—2009给出的规则起草。

本标准由农业部农产品质量安全监管局提出。

本标准由中国绿色食品发展中心归口。

本标准起草单位:农业部稻米及制品质量监督检验测试中心、浙江省农产品质量安全中心、中国绿色食品发展中心、贵州省绿色食品发展中心、浙江省缙云县康莱特米仁发展有限公司、贵州薏仁集团。

本标准主要起草人:闵捷、陈倩、朱海平、张志华、孙成效、梁潇、张卫星、章林平、徐余兔、尤新、牟仁祥、邵雅芳、朱智伟。

绿色食品　薏仁及薏仁粉

1　范围

本标准规定了绿色食品薏仁及薏仁粉的术语和定义、要求、检验规则、标签、包装、运输和储存。

本标准适用于绿色食品薏仁，包括带皮薏仁及纯薏仁粉。不适用于即食薏仁粉。

2　规范性引用文件

下列文件对于本文件的应用是必不可少的。凡是注日期的引用文件，仅注日期的版本适用于本文件。凡是不注日期的引用文件，其最新版本（包括所有的修改单）适用于本文件。

GB/T 191　包装储运图示标志
GB 5009.3　食品安全国家标准　食品中水分的测定
GB 5009.4　食品安全国家标准　食品中灰分的测定
GB 5009.15　食品安全国家标准　食品中镉的测定
GB 5009.22　食品安全国家标准　食品中黄曲霉毒素B族和G族的测定
GB/T 5492　粮油检验　粮食、油料的色泽、气味、口味鉴定
GB/T 5494　粮油检验　粮食、油料的杂质、不完善粒检验
GB/T 5503　粮油检验　碎米检验法
GB 7718　食品安全国家标准　预包装食品标签通则
GB 14881　食品安全国家标准　食品生产通用卫生规范
GB/T 20770　粮谷中486种农药及相关化学品残留量的测定　液相色谱—串联质谱法
JJF 1070　定量包装商品净含量计量检验规则
NY/T 391　绿色食品　产地环境质量
NY/T 393　绿色食品　农药使用准则
NY/T 394　绿色食品　肥料使用准则
NY/T 658　绿色食品　包装通用准则
NY/T 1055　绿色食品　产品检验规则
NY/T 1056　绿色食品　贮藏运输准则
国家质量监督检验检疫总局令2005年第75号　定量包装商品计量监督管理办法

3　术语和定义

下列术语和定义适用于本文件。

3.1

薏仁　polished Job's tears

薏谷经干燥、脱壳、研磨去皮而成的精白种仁。

3.2

带皮薏仁　Job's tears

薏谷经脱壳后，保留种皮的薏仁。

3.3

薏仁粉　Job's tears flour

经薏仁或带皮薏仁研磨而成的粉状物。

4 要求

4.1 产地环境、加工环境

产地环境和加工环境应分别符合 NY/T 391 和 GB 14881 的规定。

4.2 生产过程

生产过程中农药和肥料的使用应分别符合 NY/T 393 和 NY/T 394 的规定。

4.3 感官要求

应符合表 1 的规定。

表 1 薏仁、带皮薏仁及薏仁粉的感官要求

项 目	要 求			检测方法
	薏仁	带皮薏仁	薏仁粉	
外观	宽卵形或椭圆形，背面圆凸，腹面微凹处有条纵沟，颗粒均匀	宽卵形或椭圆形，带皮，光滑，背面圆凸，腹面有条纵沟，颗粒均匀	粉状，松散，无结块现象	取适量放入洁净的白磁盘中，在自然光下目测
色泽	胚乳乳白色或半透明色，腹面微凹处有棕色种皮	表面有棕红色或棕黄色种皮，断面胚乳为乳白色或半透明色	具有本产品固有的色泽，并均匀一致	GB/T 5492
气味	具有本产品固有的气味			GB/T 5492
不完善粒，%	≤3.0		—	GB/T 5494
杂质，%	≤0.5		无肉眼可见外来杂质	GB/T 5494
薏谷粒，粒/kg	—	≤10	—	GB/T 5494
碎仁总量，%	≤5.0 通过 4.0 mm 筛孔	—	—	GB/T 5503

4.4 理化指标

应符合表 2 的规定。

表 2 薏仁、带皮薏仁及薏仁粉的理化指标

项 目	指 标			检测方法
	薏仁	带皮薏仁	薏仁粉	
水分，%	≤13.0		≤12.0	GB 5009.3
灰分，%	≤2.0			GB 5009.4

4.5 农药残留限量

农药残留限量应符合相关食品安全国家标准及规定，同时应符合表 3 的规定。

表 3 农药残留限量

单位为毫克每千克

序号	项 目	指 标	检测方法
1	敌敌畏	≤0.01	GB/T 20770
2	马拉硫磷	≤0.01	GB/T 20770
3	杀螟硫磷	≤0.01	GB/T 20770
4	克百威	≤0.01	GB/T 20770

4.6 净含量

应符合国家质量监督检验检疫总局令 2005 年第 75 号的规定，检验方法按 JJF 1070 的规定执行。

5 检验规则

申报绿色食品的薏仁产品应按照4.3～4.6以及附录A所确定的项目进行检验，其他要求应符合NY/T 1055的规定。本标准规定的农药残留限量检测方法，如有其他国家标准、行业标准以及部文公告的检测方法，且其检出限和定量限能满足限量值要求时，在检测时可采用。

6 标签

应符合GB 7718的规定。

7 包装、运输和储存

7.1 包装

应符合NY/T 658的规定。包装储运图示标志应符合GB/T 191的规定。

7.2 运输和储存

应符合NY/T 1056的规定。

附 录 A
(规范性附录)
绿色食品薏仁、带皮薏仁及薏仁粉产品申报检验项目

表A.1规定了除4.3～4.6所列项目外，依据食品安全国家标准和绿色食品生产实际情况，绿色食品申报检验还应检验的项目。

表A.1 污染物、真菌毒素项目

序号	项 目	指 标	检测方法
1	镉(以Cd计)，mg/kg	≤0.1	GB 5009.15
2	黄曲霉毒素 B_1，μg/kg	≤5.0	GB 5009.22

ICS 67.060
B 20

中华人民共和国农业行业标准

NY/T 2978—2016

绿色食品　稻谷

Green food—Paddy

2016-10-26 发布　　2017-04-01 实施

中华人民共和国农业部　发布

前　言

本标准按照 GB/T 1.1—2009 给出的规则起草。

本标准由农业部农产品质量安全监管局提出。

本标准由中国绿色食品发展中心归口。

本标准起草单位：中国水稻研究所、农业部稻米及制品质量监督检验测试中心、浙江省农产品质量安全中心、中国绿色食品发展中心、仙居县农业局、仙居县新合股份合作农场。

本标准主要起草人：章林平、张志华、方丽槐、陈倩、周奶弟、牟仁祥、闵捷、张卫星、支建梁、俞荣火、朱智伟。

绿色食品　稻谷

1　范围

本标准规定了绿色食品稻谷的要求、检验规则、标签、包装、运输和储存。

本标准适用于作为绿色食品稻米原料的稻谷。

2　规范性引用文件

下列文件对于本文件的应用是必不可少的。凡是注日期的引用文件，仅注日期的版本适用于本文件。凡是不注日期的引用文件，其最新版本(包括所有的修改单)适用于本文件。

GB 5009.3　食品安全国家标准　食品中水分的测定

GB 5009.11　食品安全国家标准　食品中总砷及无机砷的测定

GB 5009.12　食品安全国家标准　食品中铅的测定

GB 5009.15　食品安全国家标准　食品中镉的测定

GB 5009.17　食品安全国家标准　食品中总汞及有机汞的测定

GB/T 5009.20　食品中有机磷农药残留量的测定

GB 5009.22　食品安全国家标准　食品中黄曲霉毒素 B 族和 G 族的测定

GB/T 5492　粮油检验　粮食、油料的色泽、气味、口味鉴定法

GB/T 5493　粮油检验　类型及互混检验

GB/T 5494　粮油检验　粮食、油料的杂质、不完善粒检验法

GB/T 5495　粮油检验　稻谷出糙率检验

GB/T 5496　粮食、油料检验　黄粒米及裂纹粒检验法

GB 7718　食品安全国家标准　预包装食品标签通则

GB/T 15683　大米　直链淀粉含量的测定

GB/T 20770　粮谷中 486 种农药及相关化学品残留量的测定　液相色谱—串联质谱法

GB/T 21719　稻谷整精米率检验法

GB 23200.9　食品安全国家标准　粮谷中 475 种农药及相关化学品残留量的测定　气相色谱—质谱法

GB 23200.49　食品安全国家标准　食品中苯醚甲环唑残留量的测定　气相色谱—质谱法

NY/T 83　米质测定方法

NY/T 391　绿色食品　产地环境质量

NY/T 393　绿色食品　农药使用准则

NY/T 394　绿色食品　肥料使用准则

NY/T 658　绿色食品　包装通用准则

NY/T 1055　绿色食品　产品检验规则

NY/T 1056　绿色食品　贮藏运输准则

SN/T 1982　进出口食品中氟虫腈残留量的检测方法　气相色谱—质谱法

3　要求

3.1　产地环境

产地环境应符合 NY/T 391 的规定。

3.2 生产过程

生产过程中农药使用应符合 NY/T 393 的规定；肥料使用应符合 NY/T 394 的规定。

3.3 品质要求

应符合表 1 的规定。

表 1 籼、粳稻谷的品质要求

项 目	品 种		检测方法
	籼稻谷	粳稻谷	
杂质，%	≤1.0		GB/T 5494
水分，%	≤13.5	≤14.5	GB 5009.3
黄粒米，%	≤1.0		GB/T 5496
谷外糙米，%	≤2.0		GB/T 5494
互混率，%	≤5.0		GB/T 5493
色泽、气味	正常		GB/T 5492
糙米率，%	≥77.0	≥79.0	GB/T 5495
整精米率，%	≥52.0	≥63.0	GB/T 21719
垩白度，%	≤5		NY/T 83
直链淀粉(干基)，%	13.0～22.0	13.0～20.0	GB/T 15683
	≤2.0(籼糯、粳糯)		
注：籼糯、粳糯不检测垩白度；黑米、红米等有色米不检测整精米率、垩白度和直链淀粉。			

3.4 农药最大残留限量

农药残留量应符合相关食品安全国家标准及规定，同时应符合表 2 的规定。

表 2 农药最大残留限量

单位为毫克每千克

序号	项 目	指 标	检测方法
1	甲胺磷	≤0.01	GB/T 20770
2	氧乐果	≤0.01	GB/T 20770
3	水胺硫磷	≤0.01	GB/T 5009.20
4	克百威	≤0.01	GB/T 20770
5	氰虫腈	≤0.01	SN/T 1982
6	乙酰甲胺磷	≤0.01	GB/T 20770
7	乐果	≤0.01	GB/T 20770
8	三唑磷	≤0.01	GB/T 20770
9	杀螟硫磷	≤0.01	GB/T 20770
10	敌敌畏	≤0.01	GB/T 20770
11	马拉硫磷	≤0.01	GB/T 20770
12	三环唑	≤0.01	GB/T 20770
13	稻瘟灵	≤0.01	GB/T 20770
14	苯醚甲环唑	≤0.01	GB 23200.49
15	丁草胺	≤0.01	GB/T 20770
16	毒死蜱	≤0.1	GB 23200.9
注：以上项目均以糙米检测。			

4 检验规则

申请绿色食品的稻谷产品应按照 3.3～3.4 以及附录 A 所确定的项目进行检验，其他要求应符合 NY/T 1055 的规定。本标准规定的农药残留量检测方法，如有其他国家标准、行业标准以及部文公告的检测方法，且其检出限和定量限能满足限量值要求时，在检测时可采用。

5 标签

应符合 GB 7718 的规定。

6 包装、运输和储存

6.1 包装按 NY/T 658 的规定执行。

6.2 运输和储存按 NY/T 1056 的规定执行。

附 录 A
(规范性附录)
绿色食品稻谷申报检验项目

表A.1规定了除3.3～3.4所列项目外，按食品安全国家标准和绿色食品稻谷生产实际情况，绿色食品稻谷申报检验还应检验的项目。

表A.1 污染物、真菌毒素、农药残留项目

序号	项 目	指 标	检测方法
1	铅(以Pb计)，mg/kg	≤0.2	GB 5009.12
2	镉(以Cd计)，mg/kg	≤0.2	GB 5009.15
3	无机砷(以As计)，mg/kg	≤0.2	GB 5009.11
4	总汞(以Hg计)，mg/kg	≤0.02	GB 5009.17
5	黄曲霉毒素B_1，μg/kg	≤5.0	GB 5009.22
6	噻嗪酮，mg/kg	≤0.3	GB/T 20770
7	吡虫啉，mg/kg	≤0.05	GB/T 20770
8	啶虫脒，mg/kg	≤0.5	GB/T 20770
9	丙环唑，mg/kg	≤0.1	GB/T 20770
10	多菌灵，mg/kg	≤2	GB/T 20770
注：以上项目均以糙米检测。			

ICS 13.060.20
X 51

中华人民共和国农业行业标准

NY/T 2979—2016

绿色食品　天然矿泉水

Green food—Natural mineral water

2016-10-26 发布　　2017-04-01 实施

中华人民共和国农业部 发布

前　言

本标准按照 GB/T 1.1—2009 给出的规则起草。

本标准由农业部农产品质量安全监管局提出。

本标准由中国绿色食品发展中心归口。

本标准起草单位:甘肃省分析测试中心、谱尼测试科技股份有限公司、中国绿色食品发展中心、甘肃省绿色食品办公室、天津和士美饮品科技有限公司、四川蓝剑蓥华山天然矿泉水有限公司。

本标准主要起草人:刘兰、范宁云、唐伟、刘宁、张志华、满润、罗炜、张会妮、李琪、王续程、顾敏、刘妤、金丽琼、汪文琦、张凤娇。

绿色食品　天然矿泉水

1　范围

本标准规定了绿色食品天然矿泉水的术语和定义、产品分类、要求、检验规则、标签、包装、运输和储存。

本标准适用于绿色食品天然矿泉水，不适用于包装饮用水。

2　规范性引用文件

下列文件对于本文件的应用是必不可少的。凡是注日期的引用文件，仅注日期的版本适用于本文件。凡是不注日期的引用文件，其最新版本(包括所有的修改单)适用于本文件。

GB/T 191　包装储运图示标志
GB/T 5750.12　生活饮用水标准检验方法　微生物指标
GB 7718　食品安全国家标准　预包装食品标签通则
GB 8537　饮用天然矿泉水
GB/T 8538　饮用天然矿泉水检验方法
GB/T 13727　天然矿泉水地质勘探规范
GB 16330　饮用天然矿泉水厂卫生规范
HJ　715　水质　多氯联苯的测定　气相色谱—质谱法
JJF 1070　定量包装商品净含量计量检验规则
NY/T 658　绿色食品　包装通用准则
NY/T 1055　绿色食品　产品检验规则
NY/T 1056　绿色食品　贮藏运输准则
国家质量监督检验检疫总局令 2005 年第 75 号　定量包装商品计量监督管理办法

3　术语和定义

GB 8537 界定的术语和定义适用于本文件。

4　产品分类

GB 8537 界定的产品分类适用于本文件。

5　要求

5.1　水源要求

水源地勘查评价、水源防护、水源地的监测按 GB/T 13727 的规定执行。

5.2　生产过程

5.2.1　应在保证天然矿泉水水源水卫生安全和符合 GB 16330 规定的条件下进行开采、加工与灌装。

5.2.2　在不改变天然矿泉水水源水基本特性和主要成分含量的前提下，允许通过曝气、倾析、过滤等方法去除不稳定组分；允许回收和填充同源二氧化碳；允许加入食品添加剂二氧化碳，或者除去水中的二氧化碳。

5.3　水质要求

5.3.1 感官要求

应符合表 1 的规定。

表 1 感官要求

项　目	指　标	检验方法
色度,度	≤5(不得呈现其他异色)	GB/T 8538
浑浊度,NTU	≤1	GB/T 8538
臭和味	具有矿泉水特征性口味,不得有异臭、异味	GB/T 8538
可见物	允许有极少量的天然矿物盐沉淀,但不得含其他异物	GB/T 8538

5.3.2 理化要求

5.3.2.1 界限指标

应有一项(或一项以上)指标符合表 2 的规定。

表 2 界限指标

单位为毫克每升

序号	项　目	指　标	检验方法
1	锂	≥0.20	GB/T 8538
2	锶	≥0.20(含量在 0.20 mg/L～0.40 mg/L 时,水源水水温应在 25℃以上)	GB/T 8538
3	锌	≥0.20	GB/T 8538
4	碘化物	≥0.20	GB/T 8538
5	偏硅酸	≥25.0(含量在 25.0 mg/L～30.0 mg/L 时,水源水水温应在 25℃以上)	GB/T 8538
6	硒	≥0.01	GB/T 8538
7	游离二氧化碳	≥250	GB/T 8538
8	溶解性总固体	≥1 000	GB/T 8538

5.3.2.2 限量和污染物指标

限量和污染物指标应符合表 3 的规定。

表 3 限量和污染物指标

单位为毫克每升

项　目	指　标	检验方法
铁	<0.3	GB/T 8538
锌	<1.0	GB/T 8538
氯化物	<250	GB/T 8538
氰化物 (以 CN^- 计)	<0.002	GB/T 8538
阴离子合成洗涤剂	<0.050	GB/T 8538
多氯联苯(总量)	<0.000 5	HJ 715

5.3.3 微生物指标

应符合表 4 的规定。

表 4 微生物指标

项　目	指　标	检验方法
菌落总数,CFU/mL	<100	GB/T 5750.12
大肠菌群,MPN/100 mL	0	GB/T 8538
粪链球菌,CFU/250 mL	0	GB/T 8538
铜绿假单胞菌,CFU/250 mL	0	GB/T 8538
产气荚膜梭菌,CFU/50 mL	0	GB/T 8538

5.4 净含量

应符合国家质量监督检验检疫总局令 2005 年第 75 号的规定，检验方法应符合 JJF 1070 的规定。

6 检验规则

申报绿色食品应按照 5.3～5.4 以及附录 A 所确定的项目进行检验。每批产品交收(出厂)前，都应进行交收(出厂)检验，交收(出厂)检验内容包括包装、标志、标签、净含量、感官、大肠菌群、铜绿假单胞菌和菌落总数。其他要求应符合 NY/T 1055 的规定。

7 标签

预包装产品标签除应符合 GB 7718 的有关规定外，还应符合下列要求：

——标示天然矿泉水水源点名称；

——标示产品达标的界限指标、溶解性总固体含量以及主要阳离子(K^{+}、Na^{+}、Ca^{2+}、Mg^{2+})的含量范围；

——当氟含量大于 1.0 mg/L 时，应标注“含氟”字样；

——标示产品类型，可直接用定语形式加在产品名称之前，如：“含气天然矿泉水”；或者标示产品名称“天然矿泉水”，在下面标注其产品类型：含气型或充气型；对于“无气”和“脱气”型天然矿泉水可免于标示产品类型。

8 包装、运输和储存

8.1 包装

包装应符合 NY/T 658 的规定，包装储运图示标志应符合 GB/T 191 的规定。

8.2 运输和储存

运输和储存应符合 NY/T 1056 的规定。

附　录　A
（规范性附录）
绿色食品天然矿泉水产品申报检验项目

表A.1规定了除5.3～5.4所列项目外，依据食品安全国家标准和绿色食品生产实际情况，绿色食品申报检验还应检验的项目。

表A.1　限量指标和污染物指标

序号	项　目	指　标	检验方法
1	硒，mg/L	<0.05	GB/T 8538
2	锑，mg/L	<0.005	GB/T 8538
3	砷，mg/L	<0.01	GB/T 8538
4	铜，mg/L	<1.0	GB/T 8538
5	钡，mg/L	<0.7	GB/T 8538
6	镉，mg/L	<0.003	GB/T 8538
7	铬，mg/L	<0.05	GB/T 8538
8	铅，mg/L	<0.01	GB/T 8538
9	汞，mg/L	<0.001	GB/T 8538
10	锰，mg/L	<0.4	GB/T 8538
11	镍，mg/L	<0.02	GB/T 8538
12	银，mg/L	<0.05	GB/T 8538
13	溴酸盐，mg/L	<0.01	GB/T 8538
14	硼酸盐（以B计），mg/L	<5	GB/T 8538
15	硝酸盐（以NO_3^-计），mg/L	<45	GB/T 8538
16	亚硝酸盐（以NO_2^-计），mg/L	<0.1	GB/T 8538
17	氟化物（以F^-计），mg/L	<1.5	GB/T 8538
18	耗氧量（以O_2计），mg/L	<3.0	GB/T 8538
19	^{226}镭放射性，Bq/L	<1.1	GB/T 8538
20	挥发酚（以苯酚计），mg/L	<0.002	GB/T 8538
21	矿物油，mg/L	<0.05	GB/T 8538
22	总β放射性，Bq/L	<1.50	GB/T 8538

ICS 13.060.20
X 51

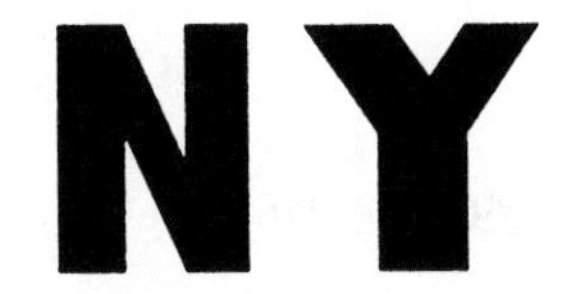

中华人民共和国农业行业标准

NY/T 2980—2016

绿色食品　包装饮用水

Green food—Packaged drinking water

2016-10-26 发布　　　　2017-04-01 实施

中华人民共和国农业部　发布

前　言

本标准按照 GB/T 1.1—2009 给出的规则起草。

本标准由农业部农产品质量安全监管局提出。

本标准由中国绿色食品发展中心归口。

本标准起草单位:甘肃省分析测试中心、谱尼测试科技股份有限公司、中国绿色食品发展中心、甘肃省绿色食品办公室、天津雄关饮品有限公司。

本标准主要起草人:王续程、刘兰、张志华、宋薇、范宁云、李琪、顾敏、罗炜、张会妮、刘宁、刘妤、满润、汪文琦、王莹。

绿色食品　包装饮用水

1　范围

本标准规定了绿色食品包装饮用水的术语和定义、要求、检验规则、标签、包装、运输和储存。

本标准适用于直接饮用的绿色食品包装饮用水，不适用于饮用天然矿泉水、饮用纯净水和添加食品添加剂的包装饮用水。

2　规范性引用文件

下列文件对于本文件的应用是必不可少的。凡是注日期的引用文件，仅注日期的版本适用于本文件。凡是不注日期的引用文件，其最新版本(包括所有的修改单)适用于本文件。

GB/T 191　包装储运图示标志

GB 4789.1　食品安全国家标准　食品微生物学检验　总则

GB 4789.3　食品安全国家标准　食品微生物学检验　大肠菌群计数

GB 5749　生活饮用水卫生标准

GB/T 5750.4　生活饮用水标准检验方法　感官性状和物理指标

GB/T 5750.5　生活饮用水标准检验方法　无机非金属指标

GB/T 5750.6　生活饮用水标准检验方法　金属指标

GB/T 5750.7　生活饮用水标准检验方法　有机物综合指标

GB/T 5750.8　生活饮用水标准检验方法　有机物指标

GB/T 5750.10　生活饮用水标准检验方法　消毒副产物指标

GB/T 5750.11　生活饮用水标准检验方法　消毒剂指标

GB/T 5750.12　生活饮用水标准检验方法　微生物指标

GB/T 5750.13　生活饮用水标准检验方法　放射性指标

GB 7718　食品安全国家标准　预包装食品标签通则

GB/T 8538　饮用天然矿泉水检验方法

GB 19298　食品安全国家标准　包装饮用水

HJ 715　水质　多氯联苯的测定　气相色谱—质谱法

JJF 1070　定量包装商品净含量计量检验规则

NY/T 658　绿色食品　包装通用准则

NY/T 1055　绿色食品　产品检验规则

NY/T 1056　绿色食品　贮藏运输准则

国家质量监督检验检疫总局令2005年第75号　定量包装商品计量监督管理办法

3　术语和定义

GB 19298界定的术语和定义适用于本文件。

4　要求

4.1　水源要求

4.1.1　以来自非公共供水系统的地表水或地下水为生产用源水，其水质应符合GB 5749对生活饮用水水源的卫生要求。

4.1.2 水源卫生防护：在易污染的范围内应采取防护措施，以避免对水源的化学、微生物和物理品质造成任何污染或外部影响。

4.2 水质要求

4.2.1 感官要求

应符合表1的规定。

表1 感官要求

项 目	指 标	检验方法
色度，度	≤10	GB/T 5750.4
浑浊度，NTU	≤1	GB/T 5750.4
状态	允许有极少量的矿物质沉淀，无正常视力可见外来异物	GB/T 5750.4
滋味、气味	无异味、无异嗅	GB/T 5750.4

4.2.2 理化指标

应符合表2的规定。

表2 理化指标

单位为毫克每升

项 目	指 标	检验方法
铁(以 Fe 计)	≤0.3	GB/T 5750.6
锰(以 Mn 计)	≤0.1	GB/T 5750.6
锌(以 Zn 计)	≤1.0	GB/T 5750.6
铜(以 Cu 计)	≤1.0	GB/T 5750.6
氟化物(以 F^- 计)	≤1.0	GB/T 5750.5

4.2.3 污染物指标

应符合表3的规定。

表3 污染物指标

单位为毫克每升

项 目	指 标	检验方法
六价铬(以 Cr^{6+} 计)	<0.01	GB/T 5750.6
汞(以 Hg 计)	<0.000 5	GB/T 5750.6
阴离子合成洗涤剂	<0.050	GB/T 5750.4
多氯联苯(总量)	<0.000 5	HJ 715

4.2.4 微生物指标

应符合表4的规定。

表4 微生物指标

项 目	指 标	检验方法
菌落总数，CFU/mL	<100	GB/T 5750.12

4.3 净含量

应符合国家质量监督检验检疫总局令2005年第75号的规定，检验方法应符合JJF 1070的规定。

5 检验规则

申报绿色食品应按照4.2～4.3以及附录A所确定的项目进行检验。每批产品交收(出厂)前，都应进行交收(出厂)检验，交收(出厂)检验内容包括包装、标志、标签、净含量、感官、大肠菌群、铜绿假单胞菌和菌落总数。其他要求应符合 NY/T 1055 的规定。

6 标签

预包装产品标签除应符合 GB 7718 有关规定外，还应符合下列要求：

a) 标示包装饮用水水源点名称；

b) 包装饮用水名称应当真实、科学，不得以水以外的一种或若干种成分来命名包装饮用水。

7 包装、运输和储存

7.1 包装

包装应符合 NY/T 658 的规定，包装储运图示标志应符合 GB/T 191 的规定。

7.2 运输和储存

运输和储存应符合 NY/T 1056 的规定。

附 录 A
(规范性附录)
绿色食品包装饮用水产品申报检验项目

表 A.1 和表 A.2 规定了除 4.2～4.3 所列项目外，依据食品安全国家标准和绿色食品生产实际情况，绿色食品申报检验还应检验的项目。

表 A.1 理化指标和污染物指标

序号	项 目	指 标	检验方法
1	余氯，mg/L	≤0.05	GB/T 5750.11
2	四氯化碳，mg/L	≤0.002	GB/T 5750.8
3	三氯甲烷，mg/L	≤0.02	GB/T 5750.10
4	耗氧量(以 O_2 计)，mg/L	≤2.0	GB/T 5750.7
5	溴酸盐，mg/L	≤0.01	GB/T 5750.10
6	总 α 放射性，Bq/L	≤0.5	GB/T 5750.13
7	总 β 放射性，Bq/L	≤1	GB/T 5750.13
8	铅(以 Pb 计)，mg/L	≤0.01	GB/T 5750.6
9	镉(以 Cd 计)，mg/L	≤0.005	GB/T 5750.6
10	砷(以 As 计)，mg/L	≤0.01	GB/T 5750.6
11	亚硝酸盐(以 NO_2^- 计)，mg/L	≤0.005	GB/T 5750.5

表 A.2 微生物指标

序号	项 目	采样方案[a]及限量			检验方法
		n	c	m	
1	大肠菌群，CFU /mL	5	0	0	GB 4789.3 平板计数法
2	铜绿假单胞菌，CFU/250mL	5	0	0	GB/T 8538

注：n 为同一批次产品应采集的样品件数；c 为最大可允许超出 m 值的样品数；m 为致病菌指标可接受水平的限量值。

[a] 样品的采样及处理按 GB 4789.1 的规定执行。

ICS 67.060
B 20

中华人民共和国农业行业标准

NY/T 2981—2016

绿色食品　魔芋及其制品

Green food—Konjak and its product

2016-10-26 发布　　2017-04-01 实施

中华人民共和国农业部 发布

前　　言

本标准按照GB/T 1.1—2009给出的规则起草。

本标准由农业部农产品质量安全监管局提出。

本标准由中国绿色食品发展中心归口。

本标准起草单位:四川省农业科学院质量标准与检测技术研究所、四川省农业科学院分析测试中心、农业部食品质量监督检验测试中心(成都)、中国绿色食品发展中心、四川省绿色食品发展中心、四川新星成明生物科技有限公司。

本标准主要起草人:郭灵安、唐伟、毛建霏、雷绍荣、闫志农、杨晓凤、胡莉、仲伶俐、李曦、陶李、彭小明。

绿色食品　魔芋及其制品

1　范围

本标准规定了绿色食品魔芋及其制品的术语和定义、分类、要求、检验规则、标签、包装、运输和储存。

本标准适用于绿色食品魔芋及其制品(包括魔芋粉、魔芋膳食纤维和魔芋凝胶食品)。

2　规范性引用文件

下列文件对于本文件的应用是必不可少的。凡是注日期的引用文件,仅注日期的版本适用于本文件。凡是不注日期的引用文件,其最新版本(包括所有的修改单)适用于本文件。

GB/T 191　包装储运图示标志

GB 4789.2　食品安全国家标准　食品微生物学检验菌落总数测定

GB 4789.3　食品安全国家标准　食品微生物学检验　大肠菌群计数

GB 4789.4　食品安全国家标准　食品微生物学检验　沙门氏菌检验

GB 4789.10　食品安全国家标准　食品微生物学检验　金黄色葡萄球菌检验

GB 5009.3　食品安全国家标准　食品中水分的测定

GB 5009.4　食品安全国家标准　食品中灰分的测定

GB 5009.11　食品安全国家标准　食品中总砷及无机砷的测定

GB 5009.12　食品安全国家标准　食品中铅的测定

GB 5009.15　食品安全国家标准　食品中镉的测定

GB/T 5009.19　食品中有机氯农药多组分残留量的测定

GB 5009.22　食品安全国家标准　食品中黄曲霉毒素 B 族和 G 族的测定

GB 5009.28　食品安全国家标准　食品中苯甲酸、山梨酸和糖精钠的测定

GB 5009.34　食品安全国家标准　食品中二氧化硫的测定

GB 5009.35　食品安全国家标准　食品中合成着色剂的测定

GB 5009.97　食品安全国家标准　食品中环己基氨基磺酸钠的测定

GB/T 5009.102　植物性食品中辛硫磷农药残留量的测定

GB 5009.246　食品安全国家标准　食品中二氧化钛的测定

GB 5009.263　食品安全国家标准　食品中阿斯巴甜和阿力甜的测定

GB/T 6682　分析实验室用水规格和试验方法

GB 7718　食品安全国家标准　预包装食品标签通则

GB 14881　食品安全国家标准　食品生产通用卫生规范

GB/T 18104　魔芋精粉

GB/T 20769　水果和蔬菜中 450 种农药及相关化学品残留量的测定　液相色谱—串联质谱法

GB 23200.8　食品安全国家标准　水果和蔬菜中 500 种农药及相关化学品残留量的测定　气相色谱—质谱法

JJF 1070　定量包装商品净含量计量检验规则

NY/T 391　绿色食品　产地环境质量

NY/T 392　绿色食品　食品添加剂使用准则

NY/T 393　绿色食品　农药使用准则

NY/T 394　绿色食品　肥料使用准则

NY/T 494　魔芋粉

NY/T 658　绿色食品　包装通用准则

NY/T 761　蔬菜和水果中有机磷、有机氯、拟除虫菊酯和氨基甲酸酯类农药多残留的测定

NY/T 1049　绿色食品　薯芋类蔬菜

NY/T 1055　绿色食品　产品检验规则

NY/T 1056　绿色食品　贮藏运输准则

国家质量监督检验检疫总局令2005年第75号　定量包装商品计量监督管理办法

3　术语和定义

下列术语和定义适用于本文件。

3.1

普通魔芋粉　common konjac flour

用魔芋干(包括片、条、角)经物理干法或鲜魔芋采用粉碎后快速脱水或经食用酒精湿法加工初步去掉淀粉等杂质而制得的魔芋粉。

3.2

纯化魔芋粉　purified konjac flour

用鲜魔芋经食用酒精湿法加工或用魔芋精粉经食用酒精提纯而制得的魔芋粉。

3.3

原味魔芋膳食纤维　original konjac dietary fiber

以魔芋为单一原料,经食用酒精提纯、研磨、干燥,造粒或不经造粒等工艺加工而成的供冲调或冲泡饮用的即食型魔芋膳食纤维。

3.4

复合魔芋膳食纤维　composite konjac dietary fiber

以原味魔芋膳食纤维为主要原料,添加其他食品原辅料和食品添加剂,经加工制成的供冲调或冲泡饮用的即食型魔芋膳食纤维。

3.5

魔芋凝胶食品　konjac gel food

以水、魔芋或魔芋粉为主要原料,经磨浆去杂或加水润胀、加热糊化,添加凝固剂或其他食品添加剂,凝胶后模仿各种植物制成品或动物及其组织的特征特性加工制成的凝胶制品。

4　分类

4.1　魔芋粉

按葡甘露聚糖含量(以干基计)的不同,可分为以下两类:

a)　普通魔芋粉。按粒度的不同,可分为以下两类:

　1)　普通魔芋精粉:粒度在0.125 mm~0.425 mm(120目~40目)的颗粒占90%以上的普通魔芋粉。

　2)　普通魔芋微粉:粒度≤0.125 mm(120目)的颗粒占90%以上的普通魔芋粉。

b)　纯化魔芋粉。按粒度的不同,可分为以下两类:

　1)　纯化魔芋精粉:粒度在0.125 mm~0.425 mm(120目~40目)的颗粒占90%以上的纯化魔芋粉。

　2)　纯化魔芋微粉:粒度≤0.125 mm(120目)的颗粒占90%以上的纯化魔芋粉。

4.2　魔芋膳食纤维

按口味的不同，可分为以下两类：

a） 原味魔芋膳食纤维。按葡甘露聚糖含量（以干基计）的不同，可分为以下两类：

1） 特纯魔芋膳食纤维：葡甘露聚糖含量≥85％。

2） 高纯魔芋膳食纤维：葡甘露聚糖含量≥80％。

b） 复合魔芋膳食纤维：葡甘露聚糖含量≥20％。

4.3 魔芋凝胶食品

根据仿生对象的特征特性的不同，可分为以下三类：

a） 魔芋丝：模仿米面粉丝形状等特征加工成型的凝胶制品。

b） 魔芋豆腐：模仿黄豆豆腐形状等特征加工成型的凝胶制品。

c） 魔芋仿生动物食品：模仿各种动物及其内脏形状、色泽、质地等特征特性加工成型的凝胶制品。

5 要求

5.1 产地环境

魔芋原料产地环境应符合 NY/T 391 的规定。

5.2 原料

5.2.1 原料应符合相关绿色食品标准要求。

5.2.2 加工用水应符合 NY/T 391 的规定。

5.2.3 食品添加剂应符合 NY/T 392 的规定。

5.3 生产过程

5.3.1 魔芋生产过程中农药的使用应符合 NY/T 393 的规定。

5.3.2 魔芋生产过程中肥料的使用应符合 NY/T 394 的规定。

5.3.3 魔芋制品的加工环境应符合 GB 14881 的规定。

5.4 感官

5.4.1 魔芋应符合表 1 的规定。

表 1 魔芋感官要求

项 目	要 求	检验方法
感官	同一品种或相似品种；芋形完整，表面清洁无污物；滋味正常，无异味；无裂痕，无腐烂；不干皱；无机械损伤和硬伤；无病虫害造成的损伤；无畸形、冻害、黑心；无明显斑痕；无异常的外来水分	NY/T 1049

魔芋粉应符合表 2 的规定。

表 2 魔芋粉感官要求

<table>
<tr><th colspan="2" rowspan="3">项 目</th><th colspan="4">要 求</th><th rowspan="3">检验方法</th></tr>
<tr><th colspan="2">普通魔芋粉</th><th colspan="2">纯化魔芋粉</th></tr>
<tr><th>普通魔芋精粉</th><th>普通魔芋微粉</th><th>纯化魔芋精粉</th><th>纯化魔芋微粉</th></tr>
<tr><td rowspan="3">感官</td><td>颜色</td><td colspan="2">白色，允许有少量黄色、褐色或黑色颗粒</td><td colspan="2">白色，允许有少量黄色或褐色颗粒</td><td rowspan="3">NY/T 494</td></tr>
<tr><td>颗粒度</td><td>粒度在 0.125 mm～0.425 mm（120 目～40 目）的颗粒占 90％以上</td><td>粒度≤0.125 mm（120 目）的颗粒占 90％以上</td><td>粒度在 0.125 mm～0.425 mm（120 目～40 目）的颗粒占 90％以上</td><td>粒度≤0.125 mm（120 目）的颗粒占 90％以上</td></tr>
<tr><td>气味</td><td colspan="2">允许有魔芋固有的鱼腥气味和极轻微的二氧化硫气味</td><td colspan="2">允许有极轻微的魔芋固有的鱼腥气味和酒精气味</td></tr>
</table>

5.4.2 魔芋膳食纤维应符合表3的规定。

表3 魔芋膳食纤维感官要求

项　目	要　求		检验方法
	原味魔芋膳食纤维	复合魔芋膳食纤维	
色泽	白色	具有相应品种的颜色	将样品平摊于洁净的白瓷盘中，在自然光下肉眼观察其色泽、组织状态、杂质，嗅其气味
组织状态	粉末或颗粒状，无结块，无霉变	粉末或颗粒状，无结块，无霉变	
气味	无异味、具有魔芋特有的轻微气味	无异味，具有相应品种的气味	
杂质	正常视力下，无肉眼可见外来杂质		

5.4.3 魔芋凝胶制品应符合表4的规定。

表4 魔芋凝胶制品感官要求

项　目	要　求			检验方法
	魔芋丝	魔芋豆腐	魔芋仿生动物食品	
色泽	具有该产品应有的黄白色或白色	具有该产品应有的灰褐色、黄白色或白色	具有与相应模仿对象一致的颜色	将样品平摊于洁净的白瓷盘中，在自然光下肉眼观察其色泽、组织状态、杂质，嗅其气味，品其滋味
组织状态	外形光滑、整齐一致，富有弹性和刚性，脆而滑爽，不软绵，不混汤	形状完整、整齐一致，富有弹性和刚性，脆而滑爽，不软绵，不混汤	具有与模仿对象一致的形态质地，外形光滑，形状完整、整齐一致，富有弹性和刚性，脆而滑爽，不软绵，不混汤	
气味和滋味	具有魔芋丝固有的气味和滋味，无异味	具有魔芋固有的气味和滋味，无异味	具有该产品应有的气味和滋味，无泥沙，无异味	
杂质	正常视力下，无肉眼可见外来杂质			

5.5 理化指标

5.5.1 魔芋粉应符合表5的规定。

表5 魔芋粉理化指标

项　目	指　标		检验方法
	普通魔芋粉	纯化魔芋粉	
葡甘露聚糖(以干基计)，%	≥65.0	≥80.0	NY/T 494
黏度(4号转子、12r/min、30℃)，mPa·s	≥14 000	≥23 000	NY/T 494
水分，%	≤12.0	≤10.0	GB 5009.3
灰分，%	≤4.5	≤3.0	GB 5009.4
pH(1%水溶液)	5.0～7.0		NY/T 494

5.5.2 魔芋膳食纤维应符合表6的规定。

表6 魔芋膳食纤维理化指标

单位为百分率

项　目	指　标			检验方法
	特纯魔芋膳食纤维	高纯魔芋膳食纤维	复合魔芋膳食纤维	
葡甘露聚糖(以干基计)	≥85.0	≥80.0	≥20.0	GB/T 18104
水分	≤10.0			GB 5009.3
灰分	≤3.0			GB 5009.4

5.5.3 魔芋凝胶食品应符合表 7 的规定。

表 7 魔芋凝胶食品理化指标

单位为百分率

项　　目	指　　标			检验方法
	魔芋丝	魔芋豆腐	魔芋仿生动物食品	
沥出物含量	≥50	≥70	≥60	按附录 A 的规定执行
沥出物含水量	≤95	≤94	≤95	取按附录 A 制得的沥出物，按 GB 5009.3 的规定执行
葡甘露聚糖	≥30	≥30	≥50	按附录 B 的规定执行
淀粉	≤20	≤10	≤20	按附录 B 的规定执行

5.6 污染物、农药残留和食品添加剂限量

污染物、农药残留和食品添加剂限量应符合食品安全国家标准及相关规定，同时符合表 8 的规定。

表 8 污染物、农药残留和食品添加剂限量

项　　目			指　标	检验方法
总砷(以 As 计)，mg/kg	魔芋粉		≤3.0	GB 5009.11
	魔芋膳食纤维		≤0.5	
	魔芋凝胶制品		≤0.5	
铅(以 Pb 计)，mg/kg	魔芋粉		≤0.8	GB 5009.12
	魔芋膳食纤维		≤0.5	
	魔芋凝胶制品		≤0.5	
多菌灵，mg/kg			≤0.1	GB/T 20769
辛硫磷，mg/kg			≤0.01	GB/T 5009.102
敌百虫，mg/kg			≤0.01	GB/T 20769
乐果，mg/kg			≤0.01	GB/T 20769
氧乐果，mg/kg			≤0.01	GB/T 20769
五氯硝基苯，mg/kg			≤0.01	GB/T 5009.19
二氧化硫，g/kg	魔芋粉		≤0.2	GB 5009.34
	魔芋膳食纤维		≤0.1	
	魔芋凝胶制品	以沥出物计	≤0.05	
		以汤汁计	≤0.01	
新红及其铝色淀(以新红计)[a]，mg/kg			不得检出(＜0.5)	GB 5009.35
赤藓红及其铝色淀(以赤藓红计)[a]，mg/kg			不得检出(＜0.2)	
环己基氨基磺酸钠及环己基氨基磺酸钙(以环己基氨基磺酸钠计)[b]，mg/kg			不得检出(＜10)	GB 5009.97
阿力甜[b]，mg/kg			不得检出(＜5)	GB 5009.263
苯甲酸及其钠盐(以苯甲酸计)[b]，mg/kg			不得检出(＜5)	GB 5009.28
除非另有说明，魔芋凝胶制品均取按附录 A 制得的沥出物进行检测。				
[a] 仅限于红色魔芋制品。 [b] 仅限于魔芋膳食纤维和魔芋凝胶制品。				

5.7 微生物限量

应符合表 9 的规定。

表 9 微生物限量

项　　目	指　　标	检测方法
菌落总数	≤1 000 CFU/g	GB 4789.2
大肠菌群	≤3.0 MPN/g	GB 4789.3
沙门氏菌	不得检出	GB 4789.4
金黄色葡萄球菌	不得检出	GB 4789.10

5.8 净含量

应符合国家质量监督检验检疫总局令 2005 年第 75 号的规定，检验方法应符合 JJF 1070 的规定。

6 检验规则

绿色食品申报检验应按照 5.4～5.8 以及附录 C 所确定的项目进行检验。魔芋及魔芋制品每批产品交收（出厂）前，都应进行交收（出厂）检验。魔芋交收（出厂）检验内容包括包装、标志、标签、净含量、感官；魔芋制品交收（出厂）检验内容包括包装、标志、标签、净含量、感官、水分、灰分、二氧化硫、菌落总数、大肠菌群。其他要求应符合 NY/T 1055 的规定。

7 标签

应符合 GB 7718 的规定。

8 包装、运输和储存

8.1 包装

应符合 GB/T 191 和 NY/T 658 的规定。

8.2 运输和储存

应符合 NY/T 1056 的规定。

附　录　A
（规范性附录）
魔芋凝胶制品中沥出物含量的测定

A.1　范围

本方法适合魔芋凝胶制品中沥出物含量的测定。

A.2　分析步骤

将样品开袋后，把内容物倒入预先称量好的丝径为 0.5 mm～1 mm、网孔为 2.5 mm 的不锈钢网筛中，静置沥液 30 min，通过网筛分离样品中的沥出物和浸泡液体。

A.3　结果计算

魔芋凝胶制品中沥出物含量以质量分数 w 计，数量以质量百分数（%）表示，按式（A.1）计算。

$$w = \frac{m_2 - m_1}{m_2 - m_1 + m_3} \times 100 \qquad \text{(A.1)}$$

式中：

m_1——筛网重，单位为克（g）；

m_2——筛网与沥出物重，单位为克（g）；

m_3——浸泡液体（汤汁）重，单位为克（g）。

A.4　精密度

在重复性条件下获得的两次独立测定结果的绝对值不得超过算术平均值的 10%。

附　录　B
(规范性附录)
魔芋凝胶制品中葡甘露聚糖和淀粉的测定——气相色谱法

B.1　范围

本方法适合魔芋凝胶制品中葡甘露聚糖和淀粉含量的测定。

本方法检出限 1.0 mg/kg。

B.2　原理

样品经酸水解，在水解液中加入肌醇作为内标，浓缩干燥后，进行肟化反应与乙酰化反应，用三氯甲烷萃取反应产物——糖腈乙酰酯衍生物进行 GC 分析，内标法定量测定水解液中甘露糖和葡萄糖的含量。以葡甘露聚糖分子中甘露糖和葡萄糖残基的最大摩尔比和甘露糖含量计算魔芋葡甘露聚糖(KGM)含量，以葡萄糖总量减去魔芋葡甘露聚糖(KGM)中葡萄糖含量，计算淀粉的含量。

B.3　试剂和溶液

除非另有说明，仅使用分析纯试剂，水为 GB/T 6682 规定的一级水。

B.3.1　盐酸：含量为 36%～38%，优级纯。

B.3.2　盐酸羟胺溶液：准确称取盐酸羟胺 60.0 g，用 1-甲基咪唑溶液溶解并定容至 1 L。

B.3.3　乙醇溶液：(8.5+1.5)。

B.3.4　盐酸溶液：量取 B.3.1 盐酸 500 mL 加入 500 mL 水，混匀。

B.3.5　氢氧化钠溶液(4.0 mol/L)：准确称取氢氧化钠 80.0 g，用水溶解并定容至 500 mL。

B.3.6　单糖标准溶液：准确称取葡萄糖、甘露糖(标准物质)各 0.100 0 g，用水溶解并定容至 25 mL，葡萄糖和甘露糖浓度均为 4.00 mg/mL。

B.3.7　内标溶液：准确称取肌醇(生化试剂，≥99.5%)0.125 0 g，用水溶解并定容至 50 mL，浓度为 2.50 mg/mL。

B.4　仪器

a)　气相色谱仪(附 FID 检测器)；

b)　氮吹仪；

c)　真空干燥箱。

B.5　分析步骤

B.5.1　单糖标准物质的衍生

取单糖标准液 1.0 mL，加入肌醇内标液 1.0 mL，混匀后，经 70℃水浴氮吹浓缩至近干，置 70℃真空干燥箱中干燥至干。加入盐酸羟胺溶液(B.3.2)1.0 mL，充分溶解后，密封，90℃水浴反应 20 min，取出冷却至室温，加入 0.5 mL 乙酸酐，混匀，室温反应 10 min。加入 5.0 mL 三氯甲烷萃取反应产物，加入蒸馏水多次清洗至水相无色为止，最后加适量无水硫酸钠吸去残余水分得标样糖腈衍生物萃取液，待气相色谱分析。

B.5.2 样品前处理

B.5.2.1 样品的水解

将按照附录A制得的沥出物均匀匀浆，准确称取20 g(准确至0.000 1 g，同时测定水分)，取100 mL乙醇溶液(B.3.3)多次洗涤，残留物移入250 mL磨口锥形瓶，加入40 mL水及盐酸溶液(B.3.4)20 mL，沸水浴回流2 h。停止回流后，迅速流水冷却，加入氢氧化钠溶液(B.3.5)至pH为7，定容至100 mL并过滤。

B.5.2.2 水解液衍生

取水解液1.0 mL，加入内标液(B.3.7)1.0 mL，经70℃水浴氮吹浓缩，真空干燥。以后步骤同B.5.1条的"加入盐酸羟胺溶液(B.3.2)1.0 mL……最后加适量无水硫酸钠吸去残余水分。"的内容，得样品糖腈衍生物萃取液，待气相色谱分析。

B.5.3 参考色谱条件

a) 色谱柱为DB-1(25 m×0.25 mm×0.25 μm)或相当者；

b) 气化室温度要求250℃；

c) 检测器(FID)250℃；柱温160℃(保持10 min)，以20℃/min速率升温至200℃(保持5 min)，再以30℃/min速率升温至230℃(保持5 min)；

d) 高纯N_2做载气；

e) 柱流量1.20 mL/min；

f) 分流比为59∶1。

B.5.4 分析步骤

取1 mL标样糖腈衍生物萃取液与样品糖腈衍生物萃取液在上述色谱条件下进行分析。采用保留时间定性，内标法定量。

B.6 结果计算

魔芋凝胶制品中葡甘露聚糖和淀粉含量(以干基计)分别以质量分数KGM和$Starch$计，数量以质量百分数(%)表示，按式(B.1)、式(B.2)计算。

$$KGM=\frac{(n+1)\times Man\times 100\times 0.9\times 10^{-3}}{m\times(1-\alpha)}\times 100 \quad\cdots\cdots\cdots\cdots\ (B.1)$$

式中：

n ——KGM分子中甘露聚糖和葡萄糖残基的摩尔比值(如果花魔芋或未标明魔芋种类，则葡甘聚糖计算取甘露糖和葡萄糖的最大摩尔比值1.78，即n为0.562；如标明是白魔芋，则取甘露糖和葡萄糖的最大摩尔比值1.69，即n为0.592)；

Man ——色谱测定甘露糖的值，单位为毫克(mg)；

100 ——水解液定容体积，单位为毫升(mL)；

0.9 ——魔芋葡甘聚糖或淀粉残基相对分子质量与单糖的相对分子质量之比；

m ——称样量，单位为克(g)；

α ——沥干物含量，单位为百分率(%)。

$$Starch=\frac{(Glu-n)\times Man\times 100\times 0.9\times 10^{-3}}{m\times(1-\alpha)}\times 100 \quad\cdots\cdots\cdots\cdots\ (B.2)$$

式中：

Glu——色谱测定葡萄糖的值，单位为毫克(mg)。

B.7 精密度

在重复性条件下获得的两次独立测定结果的绝对值不得超过算术平均值的10%。

附 录 C
(规范性附录)
绿色食品魔芋及其制品申报检验项目

表 C.1 规定了除 5.4～5.8 所列项目外,依据食品安全国家标准和绿色食品生产实际情况,绿色食品申报检验还应检验的项目。

表 C.1 污染物、真菌毒素、农药残留和食品添加剂项目

<table>
<tr><th>序号</th><th>项 目</th><th>指 标</th><th>检验方法</th></tr>
<tr><td>1</td><td>铅(以 Pb 计)[a],mg/kg</td><td>≤0.2</td><td>GB 5009.12</td></tr>
<tr><td>2</td><td>镉(以 Cd 计)[a],mg/kg</td><td>≤0.1</td><td>GB 5009.15</td></tr>
<tr><td>3</td><td>黄曲霉毒素 B_1[b],μg/kg</td><td>≤5.0</td><td>GB 5009.22</td></tr>
<tr><td>4</td><td>氯氰菊酯,mg/kg</td><td>≤0.01</td><td>NY/T 761</td></tr>
<tr><td>5</td><td>甲拌磷,mg/kg</td><td>≤0.01</td><td>GB 23200.8</td></tr>
<tr><td>6</td><td>糖精钠[c],mg/kg</td><td>不得检出(<5)</td><td rowspan="2">GB 5009.28</td></tr>
<tr><td>7</td><td>山梨酸[c],g/kg</td><td>≤0.5</td></tr>
<tr><td>8</td><td>二氧化钛[d],g/kg</td><td>≤2.5</td><td>GB 5009.246</td></tr>
<tr><td colspan="4">除非另有说明,魔芋凝胶制品均取按附录 A 制得的沥出物进行检测。</td></tr>
<tr><td colspan="4">[a] 仅限于魔芋。
[b] 仅限于魔芋粉、魔芋膳食纤维和魔芋凝胶制品。
[c] 仅限于魔芋膳食纤维和魔芋凝胶制品。
[d] 仅限于黄白色、白色魔芋凝胶制品。</td></tr>
</table>

ICS 67.200
B 21

中华人民共和国农业行业标准

NY/T 2982—2016

绿色食品　油菜籽

Green food—Rapeseed

2016-10-26 发布　　2017-04-01 实施

中华人民共和国农业部　发布

前　　言

本标准按照 GB/T 1.1—2009 给出的规则起草。

本标准由农业部农产品质量安全监管局提出。

本标准由中国绿色食品发展中心归口。

本标准起草单位:湖南省食品测试分析中心、中国绿色食品发展中心、道道全粮油股份有限公司、湖南盈成油脂工业有限公司。

本标准主要起草人:梁曾恩妮、李高阳、单杨、张志华、陈倩、熊巍林、尚雪波、张菊华、李绮丽、肖柯。

绿色食品　油菜籽

1　范围

本标准规定了绿色食品油菜籽的术语和定义、要求、检验规则、包装、运输和储存。

本标准适用于加工食用油的绿色食品油菜籽。

2　规范性引用文件

下列文件对于本文件的应用是必不可少的。凡是注日期的引用文件，仅注日期的版本适用于本文件。凡是不注日期的引用文件，其最新版本（包括所有的修改单）适用于本文件。

GB/T 191　包装储运图示标志

GB 5009.11　食品安全国家标准　食品中总砷及无机砷的测定

GB 5009.12　食品安全国家标准　食品中铅的测定

GB 5009.22　食品安全国家标准　食品中黄曲霉毒素B族和G族的测定

GB/T 5009.146　植物性食品中有机氯和拟除虫菊酯类农药多种残留量的测定

GB 5009.168　食品安全国家标准　食品中脂肪酸的测定

GB/T 5492　粮油检验　粮食、油料的色泽、气味、口味鉴定

GB/T 5494　粮油检验　粮食、油料的杂质、不完善粒检验

GB/T 11762—2006　油菜籽

GB/T 14489.1　油料　水分及挥发物含量测定

GB/T 20770　粮谷中486种农药及相关化学品残留量的测定　液相色谱—串联质谱法

GB 23200.9　食品安全国家标准　粮谷中475种农药及相关化学品残留量的测定　气相色谱—质谱法

NY/T 391　绿色食品　产地环境质量

NY/T 393　绿色食品　农药使用准则

NY/T 394　绿色食品　肥料使用准则

NY/T 658　绿色食品　包装通用准则

NY/T 1055　绿色食品　产品检验规则

NY/T 1056　绿色食品　贮藏运输准则

NY/T 1285—2007　油料种籽含油量的测定　残余法

NY/T 1379　蔬菜中334种农药多残留的测定　气相色谱质谱法和液相色谱质谱法

NY/T 1582　油菜籽中硫代葡萄糖苷的测定　高效液相色谱法

3　术语和定义

GB/T 11762—2006和NY/T 1285—2007界定的术语和定义适用于本文件。为了便于使用，以下重复列出了GB/T 11762—2006和NY/T 1285—2007中的部分术语和定义。

3.1

油菜籽　rapeseed

十字花科草本植物栽培油菜长角果的小颗粒形种子，种皮有黑、黄、褐红等色。

[GB/T 11762—2006，定义3.1]

3.2

含油量　oil content

用无水乙醚做提取溶剂进行提取所得物总量。

[NY/T 1285—2007,定义 3]

3.3

杂质　impurity

除油菜籽以外的有机物质、无机物质及无使用价值的油菜籽。

[GB/T 11762—2006,定义 3.4]

3.4

不完善粒　unsound kernel

受到损伤或存在缺陷但尚有使用价值的颗粒。包括生芽粒、生霉粒、未熟粒和热损伤粒。

[GB/T 11762—2006,定义 3.5]

3.4.1

生芽粒　sprouted kernel

芽或幼根突破种皮的颗粒。

[GB/T 11762—2006,定义 3.5.1]

3.4.2

生霉粒　moldy kernel

粒面生霉的颗粒。

[GB/T 11762—2006,定义 3.5.2]

3.4.3

未熟粒　distinctly green kernel

籽粒未成熟,子叶呈现明显绿色的颗粒。

[GB/T 11762—2006,定义 3.5.3]

3.4.4

热损伤粒　heat damaged kernel

由于受热而导致子叶变成黑色或深褐色的颗粒。

[GB/T 11762—2006,定义 3.5.4]

3.5

芥酸含量　erucic acid content

油菜籽油的脂肪酸中芥酸[顺式二十二(碳)烯-(13)酸]的百分含量。

[GB/T 11762—2006,定义 3.6]

3.6

硫代葡萄糖甙含量　glucosinolate content

油菜籽粕(或饼,含油 2%计)中硫代葡萄糖甙(简称硫甙或硫苷)的含量。

[GB/T 11762—2006,定义 3.7]

3.7

双低油菜籽(低芥酸低硫甙油菜籽)　low erucic acid and low glucosinolate rapeseed

油菜籽油的脂肪酸中芥酸含量不大于 3.0%,粕(饼)中的硫苷含量不大于 35.0 μmol/g 的油菜籽。

[GB/T 11762—2006,定义 3.8]

4　要求

4.1　产地环境

应符合 NY/T 391 的规定。

4.2 生产过程

农药使用应符合 NY/T 393 的规定，肥料使用应符合 NY/T 394 的规定。

4.3 感官

应符合表 1 的规定。

表 1 感官要求

项 目	要 求	检验方法
色泽	种皮颜色呈均一的黄色、褐红或黑色	GB/T 5492
气味	无异味	GB/T 5492
未熟粒，%	≤6.0	GB/T 11762—2006 附录 A
热损伤粒，%	≤1.0	GB/T 11762—2006 附录 A
生芽粒，%	≤2.0	GB/T 5494
生霉粒，%	≤1.0	GB/T 5494
杂质，%	≤2.0	GB/T 5494

4.4 理化指标

应符合表 2 的规定。

表 2 理化指标

项 目	指 标	检验方法
含油量(干基)，%	≥38.0	NY/T 1285—2007
水分，%	≤8.0	GB/T 14489.1
芥酸含量[a]，%	≤3.0	GB 5009.168
硫苷含量[a]，μmol/g	≤35.0	NY/T 1582
[a] 芥酸和硫苷指标仅适用于双低油菜籽。		

4.5 农药残留限量

应符合相关食品安全国家标准及相关规定，同时符合表 3 的规定。

表 3 农药残留限量

单位为毫克每千克

项 目	指 标	检验方法
乐果	≤0.01	GB/T 20770
克百威	≤0.01	GB/T 20770

5 检验规则

申报绿色食品的产品应按照 4.3～4.5 以及附录 A 所确定的项目进行检验，其他要求应符合 NY/T 1055 的规定。本标准规定的农药残留限量检测方法，如有其他国家标准、行业标准以及部文公告的检测方法，且其检出限和定量限能满足限量值要求时，在检测时可采用。

6 包装、运输和储存

6.1 包装

应符合 GB/T 191 和 NY/T 658 的规定。

6.2 运输和储存

应符合 NY/T 1056 的规定。

附 录 A
(规范性附录)
绿色食品油菜籽产品申报检验项目

表 A.1 规定了除 4.3～4.5 所列项目外，依据食品安全国家标准和绿色食品生产实际情况，绿色食品油菜籽产品申报检验还应检验的项目。

表 A.1 污染物、真菌毒素、农药残留项目

序号	项 目	指 标	检验方法
1	无机砷(以 As 计)，mg/kg	≤0.2	GB 5009.11
2	铅(以 Pb 计)，mg/kg	≤0.2	GB 5009.12
3	黄曲霉毒素 B_1，μg/kg	≤5	GB 5009.22
4	丙环唑，mg/kg	≤0.02	GB/T 20770
5	腐霉利，mg/kg	≤2	GB 23200.9
6	抗蚜威，mg/kg	≤0.2	GB 23200.9
7	联苯菊酯，mg/kg	≤0.05	GB 23200.9
8	三唑酮，mg/kg	≤0.2	GB 23200.9
9	辛硫磷，mg/kg	≤0.1	GB/T 20770
10	异菌脲，mg/kg	≤2	NY/T 1379
11	氯氟氰菊酯，mg/kg	≤0.2	GB/T 5009.146

ICS 67.080.10
B 31

中华人民共和国农业行业标准

NY/T 2983—2016

绿色食品 速冻水果

Green food—Quick-frozen fruit

2016-10-26 发布 2017-04-01 实施

中华人民共和国农业部 发布

前　言

本标准按照 GB/T 1.1—2009 给出的规则起草。

本标准由农业部农产品质量安全监管局提出。

本标准由中国绿色食品发展中心归口。

本标准起草单位:广东省农业科学院农产品公共监测中心、中绿华夏有机食品认证中心、农业部蔬菜水果质量监督检验测试中心(广州)、山东泰华食品股份有限公司。

本标准主要起草人:王富华、田岩、万凯、陈岩、赵晓丽、耿安静、张志华、陆莹、赵迪、马爱玲。

绿色食品　速冻水果

1　范围

本标准规定了绿色食品速冻水果的术语和定义、要求、检验规则、标签、包装、运输和储存。

本标准适用于绿色食品速冻水果。

2　规范性引用文件

下列文件对于本文件的应用是必不可少的。凡是注日期的引用文件，仅注日期的版本适用于本文件。凡是不注日期的引用文件，其最新版本(包括所有的修改单)适用于本文件。

GB 4789.2　食品安全国家标准　食品微生物学检验　菌落总数测定
GB 4789.3　食品安全国家标准　食品微生物学检验　大肠菌群计数
GB 4789.4　食品安全国家标准　食品微生物学检验　沙门氏菌检验
GB 4789.10　食品安全国家标准　食品微生物学检验　金黄色葡萄球菌检验
GB 4789.36　食品安全国家标准　食品微生物学检验　大肠埃希氏菌 O157:H7/NM 检验
GB 5009.12　食品安全国家标准　食品中铅的测定
GB 5009.15　食品安全国家标准　食品中镉的测定
GB 5009.86　食品安全国家标准　食品中抗坏血酸的测定
GB 5009.263　食品安全国家标准　食品中阿斯巴甜和阿力甜的测定
GB 7718　食品安全国家标准　预包装食品标签通则
GB/T 31273　速冻水果和速冻蔬菜生产管理规范
JJF 1070　定量包装商品净含量计量检验规则
NY/T 391　绿色食品　产地环境质量
NY/T 392　绿色食品　食品添加剂使用准则
NY/T 658　绿色食品　包装通用准则
NY/T 1055　绿色食品　产品检验规则
NY/T 1056　绿色食品　贮藏运输准则
国家质量监督检验检疫总局令 2005 年第 75 号　定量包装商品计量监督管理办法

3　术语和定义

下列术语和定义适用于本文件。

3.1

速冻　quick frozen

采用专业设备，将被冻产品在低于－30℃的环境下，迅速通过最大冰晶区域，使其热中心温度达到－18℃以下的冻结方法。

4　要求

4.1　原料要求

4.1.1　水果原料应符合相应绿色食品的要求。

4.1.2　加工用水应符合 NY/T 391 的规定。

4.1.3 食品添加剂应符合 NY/T 392 的规定。

4.2 生产过程

应符合 GB/T 31273 的规定。

4.3 感官

应符合表 1 的规定。

表 1 感官要求

<table>
<tr><th>项 目</th><th>要 求</th><th>检验方法</th></tr>
<tr><td>形态</td><td>同一品种或相似品种,具有本品应有的形态,形态规则、大小均一、质地良好,无粘连、结块、结霜和风干现象</td><td rowspan="4">形态、色泽、杂质等外观特征,用目测法鉴定;气味用嗅的方法鉴定;滋味用品尝的方法鉴定</td></tr>
<tr><td>色泽</td><td>具有本品应有的色泽</td></tr>
<tr><td>滋味和气味</td><td>具有本品应有的气味及滋味,无异味</td></tr>
<tr><td>杂质</td><td>洁净,无果柄、叶片、沙粒、石砾及其他肉眼可见外来杂质</td></tr>
</table>

4.4 污染物限量

应符合食品安全国家标准及相关规定,同时符合表 2 的规定。

表 2 污染物限量

单位为毫克每千克

项 目	指 标	检验方法
铅(以 Pb 计)	≤0.1	GB 5009.12
镉(以 Cd 计)	≤0.05	GB 5009.15

4.5 微生物限量

应符合表 3 的规定。

表 3 微生物限量

项 目	指 标	检验方法
菌落总数,CFU/g	≤10 000	GB 4789.2
大肠菌群,MPN/g	≤3.0	GB 4789.3

4.6 净含量

应符合国家质量监督检验检疫总局令 2005 年第 75 号的要求,检验方法按 JJF 1070 的规定执行。

5 检验规则

申报绿色食品应按照 4.3~4.6 以及附录 A 所确定的项目进行检验,农药残留还应按照相应水果的绿色食品标准进行检验。其他要求应符合 NY/T 1055 的规定。

6 标签

应符合 GB 7718 的规定。

7 包装、运输和储存

7.1 包装

应符合 NY/T 658 的规定。

7.2 运输和储存

7.2.1 应符合 NY/T 1056 的规定。

7.2.2 应采用专用运输设备冷链输送，厢体在装载前应预冷到≤10℃，箱内产品温度应保持在≤−18℃，运输设备装卸时应采用“门对门”连接。

7.2.3 冷藏设备应具有降温、保温、除霜、温度遥测、温度自动控制等功能，储藏温度为≤−18℃。

附　录　A
（规范性附录）
绿色食品速冻水果申报检验项目

表A.1和A.2规定了除4.3～4.6所列项目外，依据食品安全国家标准和绿色食品生产实际情况，绿色食品申报检验还应检验的项目。

表A.1　食品添加剂项目

单位为克每千克

项　目	指　标	检验方法
抗坏血酸	≤5.0	GB 5009.86
阿斯巴甜	≤2.0	GB 5009.263

表A.2　致病菌项目

项　目	采样方案及限量（若非指定，均以/25g表示）				检验方法
	n	c	m	M	
沙门氏菌	5	0	0	—	GB 4789.4
金黄色葡萄球菌	5	1	100 CFU/g	1 000 CFU/g	GB 4789.10
大肠埃希氏菌O157:H7	5	0	0	—	GB 4789.36
注：n为同一批次产品应采集的样品件数；c为最大可允许超出m值的样品数；m为致病菌指标可接受水平的限量值；M为致病菌指标的最高安全限量值。					

ICS 67.080.20
B 31

中华人民共和国农业行业标准

NY/T 2984—2016

绿色食品　淀粉类蔬菜粉

Green food—Starchy vegetable powder

2016-10-26 发布　　2017-04-01 实施

中华人民共和国农业部　发布

前　　言

本标准按照 GB/T 1.1—2009 给出的规则起草。

本标准由农业部农产品质量安全监管局提出。

本标准由中国绿色食品发展中心归口。

本标准起草单位:广东省农业科学院农产品公共监测中心、中绿华夏有机食品认证中心、中国绿色食品发展中心、农业部蔬菜水果质量监督检验测试中心(广州)、张家口市燕北薯业开发有限公司。

本标准主要起草人:陈岩、杨慧、耿安静、赵晓丽、田岩、张志华、王旭、王富华、邹素敏、侯志臣。

绿色食品　淀粉类蔬菜粉

1　范围

本标准规定了绿色食品淀粉类蔬菜粉的术语和定义、要求、检验规则、标签、包装、运输和储存。

本标准适用于绿色食品马铃薯全粉、红薯全粉、木薯全粉、葛根全粉、山药全粉、马蹄粉等淀粉类蔬菜粉。

2　规范性引用文件

下列文件对于本文件的应用是必不可少的。凡是注日期的引用文件，仅注日期的版本适用于本文件。凡是不注日期的引用文件，其最新版本(包括所有的修改单)适用于本文件。

GB 4789.2　食品安全国家标准　食品微生物学检验　菌落总数测定

GB 4789.3　食品安全国家标准　食品微生物学检验　大肠菌群计数

GB 4789.4　食品安全国家标准　食品微生物学检验　沙门氏菌检验

GB 4789.10　食品安全国家标准　食品微生物学检验　金黄色葡萄球菌检验

GB 4789.15　食品安全国家标准　食品微生物学检验　霉菌和酵母计数

GB 4789.36　食品安全国家标准　食品微生物学检验　大肠埃希氏菌 O157:H7/NM 检验

GB 5009.3　食品安全国家标准　食品中水分的测定

GB 5009.4　食品安全国家标准　食品中灰分的测定

GB 5009.11　食品安全国家标准　食品中总砷及无机砷的测定

GB 5009.12　食品安全国家标准　食品中铅的测定

GB 5009.15　食品安全国家标准　食品中镉的测定

GB 5009.22　食品安全国家标准　食品中黄曲霉毒素 B 族和 G 族的测定

GB 5009.34　食品安全国家标准　食品中二氧化硫的测定

GB/T 5009.144　植物性食品中甲基异柳磷残留量的测定

GB 5009.239　食品安全国家标准　食品酸度的测定

GB 7718　食品安全国家标准　预包装食品标签通则

GB 14881　食品安全国家标准　食品生产通用卫生规范

GB/T 20769　水果和蔬菜中 450 种农药及相关化学品残留量的测定　液相色谱—串联质谱法

GB 23200.49　食品安全国家标准　食品中苯醚甲环唑残留量的测定　气相色谱—质谱法

JJF 1070　定量包装商品净含量计量检验规则

NY/T 391　绿色食品　产地环境质量

NY/T 392　绿色食品　食品添加剂使用准则

NY/T 658　绿色食品　包装通用准则

NY/T 761　蔬菜和水果中有机磷、有机氯、拟除虫菊酯和氨基甲酸酯类农药多残留的测定

NY/T 1055　绿色食品　产品检验规则

NY/T 1056　绿色食品　贮藏运输准则

国家质量监督检验检疫总局令 2005 年第 75 号　定量包装商品计量监督管理办法

3　术语和定义

下列术语和定义适用于本文件。

3.1

淀粉类蔬菜粉　starchy vegetable powder

含淀粉较高的蔬菜,如马铃薯、红薯等,经挑拣、去皮、清洗、粉碎或研磨、干燥等工艺加工而制成的疏松粉末状制品。

4　要求

4.1　原料要求

4.1.1　原料应符合相应的绿色食品标准的要求。

4.1.2　加工用水应符合 NY/T 391 的规定。

4.1.3　食品添加剂应符合 NY/T 392 的规定。

4.2　生产过程

应符合 GB 14881 的规定。

4.3　感官要求

应符合表 1 的规定。

表 1　感官要求

<table>
<tr><th>项　目</th><th>要　求</th><th>检验方法</th></tr>
<tr><td>色泽</td><td>具有本品固有的颜色,色泽均匀</td><td rowspan="4">组织状态、色泽、杂质等外观特征,用目测法鉴定;气味用嗅的方法鉴定;滋味用品尝的方法鉴定</td></tr>
<tr><td>滋味和气味</td><td>具有本品应有的气味及滋味,无异味,无砂齿</td></tr>
<tr><td>组织状态</td><td>呈干燥、疏松的颗粒状或粉末状,无结块,无霉变</td></tr>
<tr><td>杂质</td><td>无肉眼可见的外来杂质</td></tr>
</table>

4.4　理化指标

应符合表 2 的规定。

表 2　理化指标

<table>
<tr><th rowspan="2">项　目</th><th colspan="4">指　标</th><th rowspan="2">检验方法</th></tr>
<tr><th>马铃薯全粉</th><th>葛根全粉</th><th>木薯全粉
红薯全粉</th><th>山药全粉
马蹄粉</th></tr>
<tr><td>水分,%</td><td>≤9.0</td><td>≤14.0</td><td>≤13.0</td><td>≤13.0</td><td>GB 5009.3</td></tr>
<tr><td>灰分,%</td><td>≤4.0</td><td>≤0.25</td><td>≤3.0</td><td>≤0.50</td><td>GB 5009.4</td></tr>
<tr><td>酸度,mL/100 g</td><td colspan="4">≤2.0</td><td>GB 5009.239</td></tr>
</table>

4.5　污染物、农药残留、食品添加剂和真菌毒素限量

污染物、农药残留、食品添加剂和真菌毒素限量应符合食品安全国家标准及相关规定,同时符合表 3 的规定。

表 3　污染物、农药残留、食品添加剂和真菌毒素限量

项　目	指　标	检验方法
铅(以 Pb 计),mg/kg	≤0.2	GB 5009.12
镉(以 Cd 计),mg/kg	≤0.5	GB 5009.15
总砷(以 As 计),mg/kg	≤0.5	GB 5009.11
毒死蜱,mg/kg	≤0.01	NY/T 761
甲基异柳磷,mg/kg	≤0.01	GB/T 5009.144
氯氰菊酯,mg/kg	≤0.01	NY/T 761
氯氟氰菊酯,mg/kg	≤0.01	NY/T 761

表 3（续）

项 目	指 标	检验方法
苯醚甲环唑，mg/kg	≤0.01	GB 23200.49
辛硫磷，mg/kg	≤0.05	GB/T 20769
吡虫啉，mg/kg	≤0.5	GB/T 20769
二氧化硫（以 SO_2 计），mg/kg	≤30	GB 5009.34
黄曲霉毒素 B_1，μg/kg	≤5.0	GB 5009.22

4.6 微生物限量

应符合表 4 的规定。

表 4 微生物限量

项 目	指 标	检验方法
菌落总数，CFU/g	≤5 000	GB 4789.2
大肠菌群，MPN/g	≤3.0	GB 4789.3
霉菌和酵母，CFU/g	≤50	GB 4789.15

4.7 净含量

应符合国家质量监督检验检疫总局令 2005 年第 75 号的规定，检验方法按 JJF 1070 的规定执行。

5 检验规则

申报绿色食品的产品应按照 4.3～4.7 以及附录 A 所确定的项目进行检验。其他要求应符合 NY/T 1055 的规定。本标准规定的农药残留限量检测方法，如有其他国家标准、行业标准以及部文公告的检测方法，且其检出限和定量限能满足限量值要求时，在检测时可采用。

6 标签

应符合 GB 7718 的规定。

7 包装、运输和储存

7.1 包装

应符合 NY/T 658 的规定。

7.2 运输和储存

应符合 NY/T 1056 的规定。

附 录 A
(规范性附录)
绿色食品淀粉类蔬菜粉产品申报检验项目

表 A.1 规定了除 4.3～4.7 所列项目外，依据食品安全国家标准和绿色食品生产实际情况，绿色食品申报检验还应检验的项目。

表 A.1 微生物项目

项 目	采样方案[a] 及限量(若非指定，均以/25g 表示)				检验方法
	n	c	m	M	
沙门氏菌	5	0	0	—	GB 4789.4
金黄色葡萄球菌	5	1	100 CFU/g	1 000 CFU/g	GB 4789.10
大肠埃希氏菌 O157:H7[b]	5	0	0	—	GB 4789.36

[a] n 为同一批次产品应采集的样品件数；c 为最大可允许超出 m 值的样品数；m 为致病菌指标可接受水平的限量值；M 为致病菌指标的最高安全限量值。

[b] 仅适用于生食淀粉类蔬菜粉。

ICS 67.180.10
X 30

中华人民共和国农业行业标准

NY/T 2985—2016

绿色食品　低聚糖

Green food—Oligosaccharide

2016-10-26 发布　　2017-04-01 实施

中华人民共和国农业部 发布

前　言

本标准按照 GB/T 1.1—2009 给出的规则起草。

本标准由农业部农产品质量安全监管局提出。

本标准由中国绿色食品发展中心归口。

本标准起草单位:广东省农业科学院农产品公共监测中心、中国绿色食品发展中心、农业部蔬菜水果质量监督检验测试中心(广州)、山东省高唐蓝山集团总公司。

本标准主要起草人:陈岩、陈倩、刘香香、赵洁、杨慧、王富华、张志华、张楚薇、赵亚荣、许兰山、高剑。

绿色食品　低聚糖

1　范围

本标准规定了绿色食品低聚糖的术语和定义、分类、要求、检验规则、标签、包装、运输和储存。

本标准适用于绿色食品低聚糖，包括低聚葡萄糖、低聚果糖、低聚麦芽糖、大豆低聚糖、棉子低聚糖等，不适用于低聚异麦芽糖、麦芽糊精。

2　规范性引用文件

下列文件对于本文件的应用是必不可少的。凡是注日期的引用文件，仅注日期的版本适用于本文件。凡是不注日期的引用文件，其最新版本(包括所有的修改单)适用于本文件。

GB 4789.2　食品安全国家标准　食品微生物学检验　菌落总数测定

GB 4789.3　食品安全国家标准　食品微生物学检验　大肠菌群计数

GB 4789.4　食品安全国家标准　食品微生物学检验　沙门氏菌检验

GB 4789.10　食品安全国家标准　食品微生物学检验　金黄色葡萄球菌检验

GB 4789.15　食品安全国家标准　食品微生物学检验　霉菌和酵母计数

GB 5009.3　食品安全国家标准　食品中水分的测定

GB 5009.4　食品安全国家标准　食品中灰分的测定

GB 5009.11　食品安全国家标准　食品中总砷及无机砷的测定

GB 5009.12　食品安全国家标准　食品中铅的测定

GB 5009.148　食品安全国家标准　植物性食品中游离棉酚的测定

GB 7718　食品安全国家标准　预包装食品标签通则

GB 14881　食品安全国家标准　食品生产通用卫生规范

GB/T 22428.4　葡萄糖浆干物质测定

GB/T 22491—2008　大豆低聚糖

GB/T 23528—2009　低聚果糖

GB 28050　食品安全国家标准　预包装食品营养标签通则

JJF 1070　定量包装商品净含量计量检验规则

NY/T 391　绿色食品　产地环境质量

NY/T 658　绿色食品　包装通用准则

NY/T 1055　绿色食品　产品检验规则

NY/T 1056　绿色食品　贮藏运输准则

国家质量监督检验检疫总局令 2005 年第 75 号　定量包装商品计量监督管理办法

3　术语和定义

下列术语和定义适用于本文件。

3.1

低聚糖　oligosaccharide

由 3 个～10 个单糖分子以糖苷键相连接而形成的糖类总称。

4　分类

根据低聚糖产品的外观特性，产品分为糖浆型低聚糖和粉末型低聚糖。

5 要求

5.1 原料要求

5.1.1 原料应符合相应的绿色食品标准的要求。

5.1.2 加工用水应符合 NY/T 391 的规定。

5.2 生产过程

应符合 GB 14881 的规定。

5.3 感官

应符合表 1 的规定。

表 1 感官要求

项 目	要 求		检验方法
	糖浆型低聚糖	粉末型低聚糖	
形态	无色、淡黄色或黄色黏稠状透明液体	无色、淡黄色或黄色粉末	形态、杂质等外观特征用目测法鉴定;气味用嗅的方法鉴定;滋味用品尝的方法鉴定
滋味和气味	具有本品特有的香气,甜味柔和、清爽、纯正,无异味		
杂质	无肉眼可见杂质		

5.4 理化指标

应符合表 2 的规定。

表 2 理化指标

项 目	指 标		检验方法
	糖浆型低聚糖	粉末型低聚糖	
水分,%	—	≤5.0	GB 5009.3
灰分,%	≤3.0	≤5.0	GB 5009.4
干物质(固形物,质量分数),%	≥75.0	—	GB/T 22428.4
pH(1%水溶液)	6.0±1.0		GB/T 22491—2008 中 6.13
透光率,%	≥85	—	GB/T 23528—2009 中 6.8
大豆低聚糖(以干基计),%	≥60.0[a]	≥75.0[a]	GB/T 22491—2008 中附录 A
棉子糖+水苏糖(以干基计),%	≥25.0[a]	≥30.0[a]	
	≥70.0[b]		
低聚果糖(以干基质计),%	≥95.0[c]		GB/T 23528—2009 中 6.5
游离棉酚,mg/kg	≤10[b]		GB 5009.148
[a] 适用于绿色食品大豆低聚糖产品。 [b] 适用于绿色食品棉子低聚糖产品。 [c] 适用于绿色食品低聚果糖产品。			

5.5 污染物限量

污染物限量应符合食品安全国家标准及相关规定,同时应符合表 3 的规定。

表 3 污染物限量

单位为毫克每千克

项 目	指 标	检验方法
总砷(以 As 计)	≤0.2	GB 5009.11
铅(以 Pb 计)	≤0.2	GB 5009.12

5.6 微生物限量

应符合表4的规定。

表4 微生物限量

项目	指标		检验方法
	糖浆型低聚糖	粉末型低聚糖	
菌落总数,CFU/g(mL)	≤1 000		GB 4789.2
大肠菌群,MPN/g(mL)	≤3.0		GB 4789.3
霉菌和酵母,CFU/g(mL)	≤100		GB 4789.15
金黄色葡萄球菌,/25g(mL)	0		GB 4789.10
沙门氏菌,/25g(mL)	0		GB 4789.4

5.7 净含量

应符合国家质量监督检验检疫总局令2005年第75号的规定,检验方法按JJF 1070的规定执行。

6 检验规则

申报绿色食品的产品应按照5.3～5.7所确定的项目进行检验。其他要求按NY/T 1055的规定执行。

7 标签

应符合GB 7718和GB 28050的规定。

8 包装、运输和储存

8.1 包装

应符合NY/T 658的规定。

8.2 运输和储存

应符合NY/T 1056的规定。

ICS 67.180.10
X 33

中华人民共和国农业行业标准

NY/T 2986—2016

绿色食品 糖果

Green food—Candy

2016-10-26 发布　　2017-04-01 实施

中华人民共和国农业部 发布

前　言

本标准按照 GB/T 1.1—2009 给出的规则起草。

本标准由农业部农产品质量安全监管局提出。

本标准由中国绿色食品发展中心归口。

本标准起草单位：四川省农业科学院质量标准与检测技术研究所、四川省农业科学院分析测试中心、农业部食品质量监督检验测试中心（成都）、中国绿色食品发展中心、四川省绿色食品发展中心、黄老五食品股份有限公司、海南春光食品有限公司。

本标准主要起草人：杨晓凤、滕锦程、雷绍荣、郭灵安、邓彬、苏小东、陶李、李曦、代晓航、胡莉、黄小英、黄春光。

绿色食品　糖果

1　范围

本标准规定了绿色食品糖果的术语和定义、分类、要求、检验规则、标签、包装、运输和储存。

本标准适用于绿色食品硬质糖果类、酥质糖果类、焦香糖果类、凝胶糖果类、奶糖糖果类、充气糖果类和压片糖果类糖果。

2　规范性引用文件

下列文件对于本文件的应用是必不可少的。凡是注日期的引用文件，仅注日期的版本适用于本文件。凡是不注日期的引用文件，其最新版本(包括所有的修改单)适用于本文件。

GB/T 191　包装储运图示标志
GB 4789.2　食品安全国家标准　食品微生物学检验菌落总数测定
GB 4789.3　食品安全国家标准　食品微生物学检验　大肠菌群计数
GB 4789.4　食品安全国家标准　食品微生物学检验　沙门氏菌检验
GB 4789.5　食品安全国家标准　食品微生物学检验　志贺氏菌检验
GB 4789.10　食品安全国家标准　食品微生物学检验　金黄色葡萄球菌检验
GB 5009.5　食品安全国家标准　食品中蛋白质的测定
GB 5009.7　食品安全国家标准　食品中还原糖的测定
GB 5009.11　食品安全国家标准　食品中总砷及无机砷的测定
GB 5009.12　食品安全国家标准　食品中铅的测定
GB/T 5009.13　食品中铜的测定
GB 5009.22　食品安全国家标准　食品中黄曲霉毒素B族和G族的测定
GB 5009.24　食品安全国家标准　食品中黄曲霉毒素M族的测定
GB 5009.28　食品安全国家标准　食品中苯甲酸、山梨酸和糖精钠的测定
GB 5009.34　食品安全国家标准　食品中二氧化硫的测定
GB 5009.35　食品安全国家标准　食品中合成着色剂的测定
GB 5009.97　食品安全国家标准　食品中环己基氨基磺酸钠的测定
GB 5009.227　食品安全国家标准　食品中过氧化值的测定
GB 5009.229　食品安全国家标准　食品中酸价的测定
GB 5009.263　食品安全国家标准　食品中阿斯巴甜和阿力甜的测定
GB 7718　食品安全国家标准　预包装食品标签通则
GB 14880　食品安全国家标准　食品营养强化剂使用标准
GB/T 31120　糖果术语
JJF 1070　定量包装商品净含量计量检验规则
NY/T 392　绿色食品　食品添加剂使用准则
NY/T 422　绿色食品　食用糖
NY/T 658　绿色食品　包装通用准则
NY/T 1055　绿色食品　产品检验规则
NY/T 1056　绿色食品　贮藏运输准则
NY/T 2110　绿色食品　淀粉糖和糖浆

SB/T 10018 糖果 硬质糖果
SB/T 10019 糖果 酥质糖果
SB/T 10020 糖果 焦香糖果
SB/T 10021 糖果 凝胶糖果
SB/T 10022 糖果 奶糖糖果
SB/T 10104 糖果 充气糖果
SB/T 10347 糖果 压片糖果
国家质量监督检验检疫总局令 2005 年第 75 号 定量包装商品计量监督管理办法

3 术语和定义

GB/T 31120 界定的术语和定义适用于本文件。

4 分类

4.1 硬质糖果类(硬糖类)

4.1.1 砂糖、淀粉糖浆型硬质糖果

4.1.2 砂糖型硬质糖果

4.1.3 夹心型硬质糖果

4.1.4 包衣、包衣抛光型硬质糖果

4.1.5 其他型硬质糖果

4.2 酥质糖果类(酥糖类)

4.2.1 裹皮型酥质糖果

4.2.2 无皮型酥质糖果

4.2.3 其他型酥质糖果

4.3 焦香糖果类(太妃糖类)

4.3.1 胶质型焦香糖果

4.3.2 砂质型焦香糖果

4.3.3 夹心型焦香糖果

4.3.4 包衣、包衣抛光型焦香糖果

4.3.5 其他型焦香糖果

4.4 凝胶糖果类

4.4.1 植物胶型凝胶糖果

4.4.2 动物胶型凝胶糖果

4.4.3 淀粉胶型凝胶糖果

4.4.4 混合胶型凝胶糖果

4.4.5 夹心型凝胶糖果

4.4.6 包衣、包衣抛光型凝胶糖果

4.4.7 其他型凝胶糖果

4.5 奶糖糖果类(奶糖类)

4.5.1 硬质型奶糖糖果

4.5.2 胶质型奶糖糖果

4.5.3 砂质型奶糖糖果

4.5.4 包衣、包衣抛光型奶糖糖果

4.5.5 夹心型奶糖糖果

4.5.6 其他型奶糖糖果

4.6 充气糖果类

4.6.1 高度充气型糖果(棉花糖)

4.6.1.1 高度充气弹性型糖果

4.6.1.2 高度充气脆性型糖果

4.6.1.3 高度充气夹心型糖果

4.6.1.4 高度充气包衣、包衣抛光型糖果

4.6.2 中度充气型糖果(牛轧糖)

4.6.2.1 中度充气胶质型糖果

4.6.2.2 中度充气砂质型糖果

4.6.2.3 中度充气混合型糖果

4.6.2.4 中度充气夹心型糖果

4.6.2.5 中度充气包衣、包衣抛光型糖果

4.6.3 低度充气型糖果(求斯糖)

4.6.3.1 低度充气胶质型糖果

4.6.3.2 低度充气砂质型糖果

4.6.3.3 低度充气混合型糖果

4.6.3.4 低度充气夹心型糖果

4.6.3.5 低度充气包衣、包衣抛光型糖果

4.7 压片糖果类

4.7.1 坚实型压片糖果(无心型压片糖果)

4.7.2 夹心型压片糖果

4.7.3 包衣、包衣抛光型压片糖果

5 要求

5.1 主要原料和辅料(根据不同品种的配方选用)

5.1.1 食糖

白砂糖应符合 NY/T 422 的规定;低聚麦芽糖、葡萄糖浆、淀粉糖应符合 NY/T 2110 的规定;糖醇、其他食糖应符合相应国家标准或行业标准的规定。

5.1.2 辅料

应符合相应国家标准或行业标准的规定。

5.1.3 食品添加剂

应选用 NY/T 392 规定的食品添加剂,并应符合相应的产品标准。

5.1.4 营养强化剂

应选用 GB 14880 规定的营养强化剂。

5.2 感官

应符合表 1 的规定。

表 1　糖果感官要求

分类	要　求	检验方法
硬质糖果类	按 SB/T 10018　糖果　硬质糖果执行	SB/T 10018
酥质糖果类	按 SB/T 10019　糖果　酥质糖果执行	SB/T 10019
焦香糖果类	按 SB/T 10020　糖果　焦香糖果执行	SB/T 10020
凝胶糖果类	按 SB/T 10021　糖果　凝胶糖果执行	SB/T 10021
奶糖糖果类	按 SB/T 10022　糖果　奶糖糖果执行	SB/T 10022
充气糖果类	按 SB/T 10104　糖果　充气糖果执行	SB/T 10104
压片糖果类	按 SB/T 10347　糖果　压片糖果执行	SB/T 10347

5.3　理化指标

应符合表 2～表 8 的规定。

表 2　硬质糖果理化指标

项　目	指　标					检验方法
	砂糖、淀粉糖浆型	砂糖型	夹心型	包衣、包衣抛光型	其他型	
干燥失重,g/100 g	≤4.0	≤3.0	≤8.0	≤7.0	≤4.0	SB/T 10018
还原糖(以葡萄糖计),g/100 g	12.0～29.0	10.0～20.0	12.0～29.0(以外皮计)	12.0～29.0	—	GB 5009.7
铜,mg/kg	≤10					GB/T 5009.13

表 3　酥质糖果理化指标

项　目	指　标			检验方法
	裹皮型	无皮型	其他型	
干燥失重,g/100 g	≤4.0		—	SB/T 10019
还原糖(以葡萄糖计),g/100 g	12.0～29.0(以外皮计)	—		GB 5009.7
铜,mg/kg	≤10			GB/T 5009.13
酸价[a](以油脂计),mg/g	≤5.0			GB 5009.229
过氧化值[a](以油脂计),g/100 g	≤0.25			GB 5009.227
[a] 仅限于以花生仁、芝麻、核桃、腰果、榛子、松子等为主要原料。				

表 4　焦香糖果理化指标

项　目	指　标					检验方法
	胶质型	砂质型	夹心型	包衣、包衣抛光型	其他型	
干燥失重,g/100 g	≤9.0					SB/T 10020
还原糖(以葡萄糖计),g/100 g	≥8.0	≥2.0	符合主体糖果指标		≥8.0	GB 5009.7
铜,mg/kg	≤10					GB/T 5009.13

表 5　凝胶糖果理化指标

项　目	指　标							检验方法
	植物胶型	动物胶型	淀粉胶型	混合胶型	夹心型	包衣、包衣抛光型	其他胶型	
干燥失重,g/100 g	≤18.0	≤20.0	≤18.0	≤20.0	≤18.0	符合主体糖果指标	≤20.0	SB/T 10021
还原糖(以葡萄糖计),g/100 g	≥10.0				≥10.0(以外皮计)		≥10.0	GB 5009.7
铜,mg/kg	≤10							GB/T 5009.13

表 6　奶糖糖果理化指标

项　　目	指　　标						检验方法
	硬质型	胶质型	砂质型	包衣、包衣抛光型	夹心型	其他型	
干燥失重,g/100 g	≤4.0	≤9.0		符合主体糖果指标		—	SB/T 10022
还原糖(以葡萄糖计),g/100 g	12.0～29.0	≥17.0	≥12.0			—	GB 5009.7
蛋白质,g/100 g	≥1.0	>2.0				—	GB 5009.5
脂肪,g/100 g	≥5.0					≥5.0	SB/T 10022
铜,mg/kg	≤10						GB/T 5009.13

表 7　充气糖果理化指标

项　目	指　　标														检验方法
	高度充气类				中度充气类					低度充气类					
	弹性型	脆性型	夹心型	包衣、包衣抛光型	胶质型	砂质型	混合型	夹心型	包衣、包衣抛光型	胶质型	砂质型	混合型	夹心型	包衣、包衣抛光型	
干燥失重,g/100 g	≥14.0				≤9.0					≤9.0					SB/T 10104
还原糖[a](以葡萄糖计),g/100 g	≥15.0		符合主体糖果指标		≥10.0		≥6.0	符合主体糖果指标		≥10.0	≥8.0	≥8.0	符合主体糖果指标		GB 5009.7
脂肪[a],g/100 g	—				≥1.5										SB/T 10104
铜,mg/kg	≤10														GB/T 5009.13
酸价[b](以油脂计),mg/g	—				≤5.0										GB 5009.229
过氧化值[b](以油脂计),g/100 g	—				≤0.25										GB 5009.227

[a] 夹心型充气糖果的还原糖和脂肪以外皮计。

[b] 仅限于以花生仁、芝麻、核桃、腰果、榛子、松子等为主要原料的充气糖果。

表 8　压片糖果理化指标

项　　目	指　　标			检验方法
	坚实型	夹心型	包衣、包衣抛光型	
干燥失重,g/100 g	≤5.0	≤10.0	≤5.0	SB/T 10347
铜,mg/kg	≤5			GB/T 5009.13

5.4　食品添加剂限量

应符合食品安全国家标准及相关规定,同时应符合表 9 的规定。

表 9 食品添加剂限量

项 目		指 标	检验方法
二氧化硫,g/kg		≤0.05	GB 5009.34
新红及其铝色淀(以新红计)[a],mg/kg		不得检出(<0.5)	GB 5009.35
赤藓红及其铝色淀(以赤藓红计)[a],mg/kg		不得检出(<0.2)	
阿力甜,mg/kg		不得检出(<5)	GB 5009.263
苯甲酸及其钠盐(以苯甲酸计),mg/kg	以全脂乳粉、奶油、炼乳为原料的糖果产品	≤40	GB 5009.28
	其他糖果	不得检出(<5)	
[a] 仅限于色泽中含有红色的糖果产品。			

5.5 净含量

定量预包装产品应符合国家质量监督检验检疫总局令 2005 年第 75 号的规定,检验方法应符合 JJF 1070 的规定。

6 检验规则

申报绿色食品的糖果应按照 5.2～5.5 以及附录 A 所确定的项目进行检验。每批产品交收(出厂)前,都应进行交收(出厂)检验,交收(出厂)检验内容包括包装、标志、标签、净含量、感官、干燥失重、菌落总数和大肠菌群;以花生仁、芝麻、核桃、腰果、榛子、松子等为主要原料的糖果,交收(出厂)检验内容还应包括酸价和过氧化值。其他要求应符合 NY/T 1055 的规定。

7 标签

应符合 GB 7718 的规定。

8 包装、运输和储存

8.1 包装

应符合 GB/T 191 和 NY/T 658 的规定。

8.2 运输和储存

应符合 NY/T 1056 的规定。

附 录 A
(规范性附录)
绿色食品糖果产品申报检验项目

表 A.1～表 A.8 规定了除 5.2～5.5 所列项目外,依据食品安全国家标准和绿色食品生产实际情况,绿色食品申报检验还应检验的项目。

表 A.1 污染物、食品添加剂、真菌毒素项目

序号	检验项目	指 标	检验方法
1	总砷(以 As 计),mg/kg	≤0.5	GB 5009.11
2	铅(以 Pb 计),mg/kg	≤0.5	GB 5009.12
3	糖精钠,mg/kg	不得检出(＜5)	GB 5009.28
4	山梨酸及其钾盐(以山梨酸计),g/kg	≤1.0	
5	胭脂红及其铝色淀(以胭脂红计)[a],g/kg	≤0.05	GB 5009.35
6	柠檬黄及其铝色淀(以柠檬黄计)[b],g/kg	≤0.1	
7	日落黄及其铝色淀(以日落黄计)[b],g/kg	≤0.1	
8	亮蓝及其铝色淀(以亮蓝计)[c],g/kg	≤0.3	
9	环己基氨基磺酸钠及环己基氨基磺酸钙(以环己基氨基磺酸钠计),mg/kg	不得检出(＜10)	GB 5009.97
10	黄曲霉毒素 B_1[d],μg/kg	≤20	GB 5009.22
11	黄曲霉毒素 M_1[e],μg/kg	≤0.5	GB 5009.24

[a] 仅限于色泽中含有红色的糖果产品。
[b] 仅限于色泽中含有黄色、绿色的糖果产品。
[c] 仅限于色泽中含有蓝色、绿色的糖果产品。
[d] 仅限于以花生仁、芝麻、核桃、腰果、榛子、松子等为主要原料的糖果产品。
[e] 仅限于奶糖糖果。

表 A.2 硬质糖果微生物项目

项 目	指 标					检验方法
	砂糖、淀粉糖浆型	砂糖型	夹心型	包衣、包衣抛光型	其他型	
菌落总数,CFU/g	≤750		≤2 500	≤750		GB 4789.2
大肠菌群,MPN/g	≤0.3		≤0.92	≤0.3		GB 4789.3
沙门氏菌	不得检出					GB 4789.4
志贺氏菌	不得检出					GB 4789.5
金黄色葡萄球菌	不得检出					GB 4789.10

表 A.3 酥质糖果微生物项目

项 目	指 标	检验方法
菌落总数,CFU/g	≤2 500	GB 4789.2
大肠菌群,MPN/g	≤0.92	GB 4789.3
沙门氏菌	不得检出	GB 4789.4
志贺氏菌	不得检出	GB 4789.5
金黄色葡萄球菌	不得检出	GB 4789.10

表 A.4　焦香糖果微生物项目

项　　目	指　　标					检验方法
	胶质型	砂质型	夹心型	包衣、包衣抛光型	其他型	
菌落总数,CFU/g	≤20 000		≤2 500	≤750	≤20 000	GB 4789.2
大肠菌群,MPN/g	≤3.6		≤0.92	≤0.3	≤3.6	GB 4789.3
沙门氏菌	不得检出					GB 4789.4
志贺氏菌	不得检出					GB 4789.5
金黄色葡萄球菌	不得检出					GB 4789.10

表 A.5　凝胶糖果微生物项目

项　　目	指　　标	检验方法
菌落总数,CFU/g	≤1 000	GB 4789.2
大肠菌群,MPN/g	≤0.92	GB 4789.3
沙门氏菌	不得检出	GB 4789.4
志贺氏菌	不得检出	GB 4789.5
金黄色葡萄球菌	不得检出	GB 4789.10

表 A.6　奶糖糖果微生物项目

项　　目	指　　标						检验方法
	硬质型	胶质型	砂质型	包衣、包衣抛光型	夹心型	其他型	
菌落总数,CFU/g	≤750				≤2 500	≤750	GB 4789.2
大肠菌群,MPN/g	≤0.3				≤0.92	≤0.3	GB 4789.3
沙门氏菌	不得检出						GB 4789.4
志贺氏菌	不得检出						GB 4789.5
金黄色葡萄球菌	不得检出						GB 4789.10

表 A.7　充气糖果微生物项目

项　　目	指　　标	检验方法
菌落总数,CFU/g	≤20 000	GB 4789.2
大肠菌群,MPN/g	≤3.6	GB 4789.3
沙门氏菌	不得检出	GB 4789.4
志贺氏菌	不得检出	GB 4789.5
金黄色葡萄球菌	不得检出	GB 4789.10

表 A.8　压片糖果微生物项目

项　　目	指　　标			检验方法
	坚实型	夹心型	包衣、包衣抛光型	
菌落总数,CFU/g	≤750	≤2 500	≤750	GB 4789.2
大肠菌群,MPN/g	≤0.3	≤0.92	≤0.3	GB 4789.3
沙门氏菌	不得检出			GB 4789.4
志贺氏菌	不得检出			GB 4789.5
金黄色葡萄球菌	不得检出			GB 4789.10

ICS 67.080.10
X 24

中华人民共和国农业行业标准

NY/T 2987—2016

绿色食品　果醋饮料

Green food—Fruit vinegar beverage

2016-10-26 发布　　2017-04-01 实施

中华人民共和国农业部　发布

前　　言

本标准按照 GB/T 1.1—2009 给出的规则起草。

本标准由农业部农产品质量安全监管局提出。

本标准由中国绿色食品发展中心归口。

本标准起草单位：四川省农业科学院质量标准与检测技术研究所、四川省农业科学院分析测试中心、农业部食品质量监督检验测试中心（成都）、中国绿色食品发展中心、四川省绿色食品发展中心、烟台金果源生物科技有限公司。

本标准主要起草人：杨晓凤、张志华、宫凤影、雷绍荣、郭灵安、周白娟、苏小东、陶李、李曦、代晓航、胡莉、吕平。

绿色食品　果醋饮料

1　范围

本标准规定了绿色食品果醋饮料的术语和定义、要求、检验规则、标签、包装、运输和储存。

本标准适用于绿色食品果醋饮料。

2　规范性引用文件

下列文件对于本文件的应用是必不可少的。凡是注日期的引用文件，仅注日期的版本适用于本文件。凡是不注日期的引用文件，其最新版本(包括所有的修改单)适用于本文件。

GB/T 191　包装储运图示标志
GB 4789.2　食品安全国家标准　食品微生物学检验　菌落总数测定
GB 4789.3　食品安全国家标准　食品微生物学检验　大肠菌群计数
GB 4789.4　食品安全国家标准　食品微生物学检验　沙门氏菌检验
GB 4789.10　食品安全国家标准　食品微生物学检验　金黄色葡萄球菌检验
GB 4789.15　食品安全国家标准　食品微生物学检验　霉菌和酵母计数
GB 4789.26　食品安全国家标准　食品微生物学检验　商业无菌检验
GB 5009.11　食品安全国家标准　食品中总砷及无机砷的测定
GB 5009.12　食品安全国家标准　食品中铅的测定
GB/T 5009.13　食品中铜的测定
GB/T 5009.14　食品中锌的测定
GB 5009.16　食品安全国家标准　食品中锡的测定
GB 5009.28　食品安全国家标准　食品中苯甲酸、山梨酸和糖精钠的测定
GB 5009.34　食品安全国家标准　食品中二氧化硫的测定
GB 5009.35　食品安全国家标准　食品中合成着色剂的测定
GB 5009.90　食品安全国家标准　食品中铁的测定
GB 5009.97　食品安全国家标准　食品中环己基氨基磺酸钠的测定
GB 5009.185　食品安全国家标准　食品中展青霉素的测定
GB 5009.233　食品安全国家标准　食醋中游离矿酸的测定
GB 5009.263　食品安全国家标准　食品中阿斯巴甜和阿力甜的测定
GB 7718　食品安全国家标准　预包装食品标签通则
GB/T 12456　食品中总酸的测定
GB 12695　食品安全国家标准　饮料生产卫生规范
GB 13432　食品安全国家标准　预包装特殊膳食用食品标签
GB/T 31121　果蔬汁类及其饮料
JJF 1070　定量包装商品净含量计量检验规则
NY/T 391　绿色食品　产地环境质量
NY/T 392　绿色食品　食品添加剂使用准则
NY/T 658　绿色食品 包装通用准则
NY/T 1055　绿色食品 产品检验规则
NY/T 1056　绿色食品 贮藏运输准则

国家质量监督检验检疫总局令 2005 年第 75 号　定量包装商品计量监督管理办法

3　术语和定义

GB/T 31121 界定的以及下列术语和定义适用于本文件。

3.1

水果汁(浆)　fruit juice(pulp)

以水果为原料,采用物理方法(机械方法、水浸提等)制成的可发酵但未发酵的汁液、浆液制品;或在浓缩水果汁(浆)中加入其加工过程中除去的等量水分复原制成的汁液、浆液制品。

3.2

浓缩水果汁(浆)　concentrated fruit juice(pulp)

以水果为原料,从采用物理方法制取的水果汁(浆)中除去一定量的水分制成的、加入其加工过程中除去的等量水分后可复原的制品。

3.3

果醋饮料　fruit vinegar beverage

以水果、水果汁(浆)或浓缩水果汁(浆)为原料,经酒精发酵、醋酸发酵后制成果醋,再添加或不添加其他食品原辅料和(或)食品添加剂,经加工制成的液体饮料。

4　要求

4.1　原料和辅料

4.1.1　水果应符合相关绿色食品标准要求。

4.1.2　水果汁(浆)、浓缩水果汁(浆)应符合 GB/T 31121 的要求,且其原料水果应符合相关绿色食品标准要求。

4.1.3　其他辅料应符合相关国家标准要求。

4.1.4　加工用水应符合 NY/T 391 的要求。

4.1.5　食品添加剂应符合 NY/T 392 的要求。

4.2　生产过程

4.2.1　加工过程应符合 GB 12695 的规定。

4.2.2　生产过程中不应使用粮食等非水果发酵产生或人工合成的食醋、乙酸、苹果酸、柠檬酸等有机酸调制果醋饮料。

4.3　感官

应符合表 1 的规定。

表 1　感官要求

项　目	要　求	检验方法
色泽	具有该产品固有的色泽	取混合均匀的样品 50 mL 于洁净的烧杯中,在自然光亮处目测色泽、组织状态和杂质,嗅其气味,品尝其滋味
滋味和气味	具有该产品固有的滋味和气味,无异味	
组织状态	均匀液体,允许有少量沉淀	
杂质	正常视力下,无可见外来杂质	

4.4　理化指标

应符合表 2 的规定。

表 2　理化指标

项　　目		指　标	检验方法
总酸(以乙酸计),g/kg	添加二氧化碳的产品	≥2.5	GB/T 12456
	其他产品	≥3	
游离矿酸,mg/L		不得检出(<5)	GB 5009.233
铜,mg/kg		≤5	GB/T 5009.13
铁[a],mg/kg		≤15	GB 5009.90
锌[a],mg/kg		≤5	GB/T 5009.14
铜、铁、锌总和[a],mg/kg		≤20	—

[a] 仅限于金属罐装的果醋饮料产品。

4.5 污染物限量和食品添加剂限量

应分别符合食品安全国家标准及相关规定,同时符合表 3 的规定。

表 3　污染物限量、食品添加剂限量

单位为毫克每千克

项　　目	指　标	检验方法
总砷(以 As 计)	≤0.1	GB 5009.11
新红及其铝色淀(以新红计)[a]	不得检出(<0.5)	GB 5009.35
赤藓红及其铝色淀(以赤藓红计)[a]	不得检出(<0.2)	
环己基氨基磺酸钠及环己基氨基磺酸钙(以环己基氨基磺酸钠计)	不得检出(<0.2)	GB 5009.97
阿力甜	不得检出(<1)	GB 5009.263
苯甲酸及其钠盐(以苯甲酸计)	不得检出(<5)	GB 5009.28

[a] 仅限于红色的果醋饮料产品。

4.6 微生物限量

非罐头加工工艺生产的罐装产品应符合表 4 的规定。

表 4　微生物限量

项　　目	指　标	检验方法
霉菌和酵母,CFU/mL	≤20	GB 4789.15

4.7 净含量

应符合国家质量监督检验检疫总局令 2005 年第 75 号的规定,检验方法应符合 JJF 1070 的规定。

5 检验规则

绿色食品申报检验应按照 4.3~4.7 以及附录 A 所确定的项目进行检验。每批产品交收(出厂)前,都应进行交收(出厂)检验,交收(出厂)检验内容包括包装、标志、标签、净含量、感官、总酸、菌落总数和大肠菌群。其他要求应符合 NY/T 1055 的规定。

6 标签

应符合 GB 7718 的规定;若产品声称“无糖”或“低糖”,还应符合 GB 13432 的规定。

7 包装、运输和储存

7.1 包装

应符合GB/T 191和NY/T 658的规定。

7.2 运输和储存

应符合NY/T 1056的规定。

附　录　A
（规范性附录）
绿色食品果醋饮料产品申报检验项目

表A.1～表A.2规定了除4.3～4.7所列项目外，依据食品安全国家标准和绿色食品生产实际情况，绿色食品申报检验时还应检验的项目。

表A.1　污染物、食品添加剂、真菌毒素项目

序号	检验项目	指　标	检验方法
1	铅(以Pb计)，mg/kg	≤0.05	GB 5009.12
2	锡[a](以Sn计)，mg/kg	≤150	GB 5009.16
3	二氧化硫，mg/kg	≤10	GB 5009.34
4	糖精钠，mg/kg	不得检出(<5)	GB 5009.28
5	山梨酸及其钾盐(以山梨酸计)，g/kg	≤0.5	
6	胭脂红及其铝色淀(以胭脂红计)[b]，g/kg	≤0.05	GB 5009.35
7	苋菜红及其铝色淀(以苋菜红计)[b]，g/kg	≤0.05	
8	柠檬黄及其铝色淀(以柠檬黄计)[c]，g/kg	≤0.1	
9	日落黄及其铝色淀(以日落黄计)[c]，g/kg	≤0.1	
10	亮蓝及其铝色淀(以亮蓝计)[d]，g/kg	≤0.025	
11	展青霉素[e]，μg/kg	≤50	GB 5009.185

[a] 仅限于金属罐装的果醋饮料产品。
[b] 仅限于红色的果醋饮料产品。
[c] 仅限于黄色的果醋饮料产品。
[d] 仅限于蓝色的果醋饮料产品。
[e] 仅限于以苹果、山楂为原料制成的果醋饮料产品。

表A.2　微生物项目

项　目	采样方案及指标(若非指定，均以/25 mL表示)				检验方法
	n	c	m	M	
沙门氏菌	5	0	0	—	GB 4789.4
金黄色葡萄球菌	5	1	100 CFU/mL	1 000 CFU/mL	GB 4789.10
菌落总数	≤100 CFU/mL				GB 4789.2
大肠菌群	≤0.03 MPN/mL				GB 4789.3

罐头加工工艺生产的罐装产品仅检测商业无菌，应符合商业无菌的要求，检验方法为GB 4789.26。

注：n为同一批次产品应采集的样品件数；c为最大可允许超出m值的样品数；m为致病菌指标可接受水平的限量值；M为致病菌指标的最高安全限量值。

ICS 67.180.20
X 11

中华人民共和国农业行业标准

NY/T 2988—2016

绿色食品　湘式挤压糕点

Green food—Xiang-type extruded pastry

2016-10-26 发布　　2017-04-01 实施

中华人民共和国农业部 发布

前　言

本标准按照 GB/T 1.1—2009 给出的规则起草。

本标准由农业部农产品质量安全监管局提出。

本标准由中国绿色食品发展中心归口。

本标准起草单位:湖南省食品测试分析中心、中国绿色食品发展中心、湖南省休闲食品协会、湖南省玉峰食品实业有限公司、湖南省翻天娃食品有限公司、湖南省旺辉食品有限公司、湖南东旺食品有限公司、湖南省翔宇食品有限公司。

本标准主要起草人:李绮丽、李高阳、张菊华、张志华、陈倩、张玉东、尚雪波、梁曾恩妮、谭欢、李志坚、黄绿红、聂灿华、徐望辉、颜小冬、唐明辉。

绿色食品 湘式挤压糕点

1 范围

本标准规定了绿色食品湘式挤压糕点的术语和定义、要求、检验规则、标签、包装、运输和储存。

本标准适用于预包装的绿色食品湘式挤压类糕点。

2 规范性引用文件

下列文件对于本文件的应用是必不可少的。凡是注日期的引用文件，仅注日期的版本适用于本文件。凡是不注日期的引用文件，其最新版本(包括所有的修改单)适用于本文件。

GB/T 191 包装储运图示标志

GB 4789.2 食品安全国家标准 食品微生物学检验 菌落总数测定

GB 4789.3 食品安全国家标准 食品微生物学检验 大肠菌群计数

GB 4789.4 食品安全国家标准 食品微生物学检验 沙门氏菌检验

GB 4789.10—2016 食品安全国家标准 食品微生物学检验 金黄色葡萄球菌检验

GB 4789.15 食品安全国家标准 食品微生物学检验 霉菌和酵母计数

GB 5009.3 食品安全国家标准 食品中水分的测定

GB 5009.5 食品安全国家标准 食品中蛋白质的测定

GB 5009.11 食品安全国家标准 食品中总砷及无机砷的测定

GB 5009.12 食品安全国家标准 食品中铅的测定

GB 5009.15 食品安全国家标准 食品中镉的测定

GB 5009.17 食品安全国家标准 食品中总汞及有机汞的测定

GB 5009.22 食品安全国家标准 食品中黄曲霉毒素B族和G族的测定

GB 5009.28 食品安全国家标准 食品中苯甲酸、山梨酸和糖精钠的测定

GB 5009.35 食品安全国家标准 食品中合成着色剂的测定

GB/T 5009.37 食用植物油卫生标准的分析方法

GB 5009.44 食品安全国家标准 食品中氯化物的测定

GB 5009.97 食品安全国家标准 食品中环己基氨基磺酸钠的测定

GB 5009.268 食品安全国家标准 食品中多元素的测定

GB 7718 食品安全国家标准 预包装食品标签通则

GB 8957 糕点厂卫生规范

GB 14881 食品安全国家标准 食品生产通用卫生规范

JJF 1070 定量包装商品净含量计量检验规则

NY/T 391 绿色食品 产地环境质量

NY/T 392 绿色食品 食品添加剂使用准则

NY/T 658 绿色食品 包装通用准则

NY/T 1055 绿色食品 产品检验规则

NY/T 1056 绿色食品 贮藏运输准则

国家质量监督检验检疫总局令2005年第75号 定量包装商品计量监督管理办法

3 术语和定义

下列术语和定义适用于本文件。

3.1

湘式挤压糕点 Xiang-type extruded pastry

以粮食为主要原料，辅以食用植物油、食用盐、白砂糖、辣椒干等辅料，经挤压熟化、拌料、包装等工艺加工而成的糕点。

4 要求

4.1 原料和辅料

4.1.1 粮食应符合相应绿色食品标准或国家标准的规定。

4.1.2 辅料应符合相应绿色食品标准或国家标准的规定。

4.1.3 加工用水应符合 NY/T 391 的规定。

4.1.4 食品添加剂应符合 NY/T 392 的规定。

4.2 生产过程

加工过程应符合 GB 8957 和 GB 14881 的规定。

4.3 感官

应符合表 1 的规定。

表 1 感官要求

项 目	要 求	检验方法
组织形态	形状规则、整齐，有韧性，无霉变	取试样约 50 克，平摊于洁净的白瓷盘中，用目测、口尝、鼻嗅、手捏等方法
色泽	具有本品固有的色泽，均匀一致	
滋味和气味	具有本品应有的滋味和气味，甜咸香辣协调，无酸败、霉味等异味	
杂质	正常视力下无可见外来杂质	

4.4 理化指标

应符合表 2 规定。

表 2 理化指标

项 目	指 标	检验方法
干燥失重，g/100 g	≤24	GB 5009.3
蛋白质，g/100 g	≥8	GB 5009.5
酸价(以脂肪计)，KOH mg/g	≤5.0	GB/T 5009.37
过氧化值(以脂肪计)，g/100 g	≤0.25	GB/T 5009.37
食盐(以 NaCl 计)，g/100 g	≤6.5	GB 5009.44

4.5 污染物、食品添加剂和真菌毒素限量

污染物、食品添加剂和真菌毒素限量应符合相关食品安全国家标准及相关规定，同时应符合表 3 的规定。

表 3 污染物、食品添加剂和真菌毒素限量

项 目	指 标	检验方法
总砷(以 As 计)，mg/kg	≤0.5	GB 5009.11
铅(以 Pb 计)，mg/kg	≤0.2	GB 5009.12
总汞(以 Hg 计)，mg/kg	≤0.02	GB 5009.17
镉(以 Cd 计)，mg/kg	≤0.1	GB 5009.15
环己基氨基磺酸钠和环己基氨基磺酸钙(以环己基氨基磺酸钠计)，mg/kg	不得检出(<10)	GB 5009.97
新红及其铝色淀(以新红计)[a]，mg/kg	不得检出(<0.5)	GB 5009.35

表 3（续）

项　　目	指　标	检验方法
赤藓红及其铝色淀(以赤藓红计)[a],mg/kg	不得检出(<0.2)	GB 5009.35
黄曲霉毒素 B_1,μg/kg	≤5.0	GB 5009.22
[a] 适用于红色的产品。		

4.6 净含量

应符合国家质量监督检验检疫总局令 2005 年第 75 号规定,检验方法应符合 JJF 1070 的规定。

5 检验规则

申报绿色食品的湘式挤压糕点应按照 4.3～4.6 以及附录 A 所确定的项目进行检验。每批产品交收(出厂)前,都应进行交收(出厂)检验,交收(出厂)检验内容包括包装、标志、标签、净含量、感官、酸价和过氧化值。其他要求应符合 NY/T 1055 的规定。

6 标签

标签应符合 GB 7718 的规定。

7 包装、运输和储存

7.1 包装

包装应符合 NY/T 658 规定。包装储运图示标志应符合 GB/T 191 规定。

7.2 运输和储存

应符合 NY/T 1056 的规定。

附　录　A
（规范性附录）
绿色食品湘式挤压糕点产品申报检验项目

表 A.1～表 A.2 规定了除 4.3～4.6 所列项目外，依据食品安全国家标准和绿色食品生产实际情况，绿色食品申报检验还应检验的项目。

表 A.1　食品添加剂项目

项　目	指　标	检验方法
铝(以 Al 计),mg/kg	＜25	GB 5009.268
苯甲酸及其钠盐(以苯甲酸计),mg/kg	不得检出(＜5)	GB 5009.28
山梨酸及其钾盐(以山梨酸计),g/kg	≤1.0	
糖精钠,mg/kg	不得检出(＜5)	

表 A.2　微生物项目

项　目	采样方案及限量(均以 CFU/g 表示)				检验方法
	n	*c*	*m*	*M*	
菌落总数	5	2	10^4	10^5	GB 4789.2
大肠菌群	5	2	10	10^2	GB 4789.3
霉菌	≤150				GB 4789.15
金黄色葡萄球菌	5	1	100	1 000	GB 4789.10—2016 第二法
沙门氏菌	5	0	0/25 g	—	GB 4789.4

注：*n* 为同一批次产品应采集的样品件数；*c* 为最大可允许超出 *m* 值的样品数；*m* 为致病菌指标可接受水平的限量值；*M* 为致病菌指标的最高安全限量值。

第二部分

转基因类标准

ICS 65.020.01
B 04

中华人民共和国国家标准

农业部 2406 号公告—1—2016

农业转基因生物安全管理通用要求 实验室

General requirements for safety management of agricultural genetically modified organisms—Laboratory

2016-05-23 发布　　2016-10-01 实施

中华人民共和国农业部　发布

前　言

本标准按照 GB/T 1.1—2009 给出的规则起草。

本标准由中华人民共和国农业部提出。

本标准由全国农业转基因生物安全管理标准化技术委员会(SAC/TC 276)归口。

本标准起草单位:农业部科技发展中心、中国农业科学院生物技术研究所、吉林省农业科学院。

本标准主要起草人:金芜军、刘培磊、宛煜嵩、徐琳杰、孙卓婧、李飞武、苗朝华、李亮。

农业转基因生物安全管理通用要求　实验室

1　范围

本标准规定了农业转基因生物实验室的设施条件和安全管理的基本要求。

本标准适用于涉及安全等级为Ⅰ级和Ⅱ级农业转基因生物操作的实验室。

2　规范性引用文件

下列文件对于本文件的应用是必不可少的。凡是注日期的引用文件，仅注日期的版本适用于本文件。凡是不注日期的引用文件，其最新版本(包括所有的修改单)适用于本文件。

GB 19489—2008　实验室　生物安全通用要求

3　设施条件

3.1　设施条件应与所操作农业转基因生物的安全等级和实验内容相适应。

3.2　设施条件应符合 GB 19489—2008 中第 5 章及 6.1 或 6.2 的要求。

3.3　应有控制人员和物品出入的设施，具备防止转基因生物意外带出实验室的设施，如鞋套、风淋、专用工作服等。

3.4　应具备与农业转基因生物操作相适应的仪器设备。

3.5　应划分功能区，如准备区、操作区、废弃物处理区等。必要时，还应具备组织培养或微生物培养区。

3.6　应有消毒灭活设施，以及废弃物收集或处理的相关设施。

3.7　应有带锁冰箱、储存柜或储藏室等专用的转基因材料储存区域和设施。

3.8　应有可防止节肢动物、啮齿动物等进入的设施。

3.9　应有防止活性生物逃逸的措施或设施，如防止花粉、种子、鱼卵、微生物等流散的装置。

3.10　转基因材料储存区、操作区、组织培养区等实验室重要场所应具有明显的标示。

4　管理要求

4.1　组织管理

4.1.1　实验室的母体组织应为中华人民共和国境内的法人机构。

4.1.2　实验室的母体组织应建立农业转基因生物安全管理责任制，健全从法人到责任部门再到责任人的全过程管理体系，包括组织管理框架、各机构的职能任务、各岗位的职责以及考核管理办法等。

4.1.3　实验室的母体组织应设立农业转基因生物安全小组，负责咨询、指导、监督实验室的农业转基因生物安全管理相关事宜。

4.1.4　实验室的组织管理应与农业转基因生物的安全等级、实验室的规模、操作的复杂程度相适应。

4.1.5　实验室负责人应熟悉农业转基因生物安全管理法规，具备 3 年以上转基因研究或试验经历，具备一定的管理能力。

4.1.6　实验室负责人是农业转基因生物安全管理的直接责任人，全面负责实验室的安全管理，应负责：

a)　对进入实验室的人员进行授权；

b)　指定至少一名安全负责人，赋予其监督所有活动的职责和权力；

c)　指定每项实验和每个功能区的负责人；

d) 规定实验室人员的岗位职责。

4.1.7 实验室应根据农业转基因生物研究或试验的对象、规模和研究内容等，配备实验人员。实验人员应具备与岗位职责和安全管理相适应的法律法规知识、专业知识和操作能力。

4.1.8 安全负责人的姓名和联系方式应张贴在醒目的位置。

4.2 管理制度

4.2.1 应建立人员和物品的出入授权与登记制度。人员和物品的出入应有授权程序、登记要求、登记表格式样等。

4.2.2 应建立实验审查制度。实验审查应有审查程序、资料要求、审查办法、审查意见、审查记录等。

4.2.3 应建立材料引进与转让制度。农业转基因生物材料引进与转让应有审查程序、双方签订的协议，并明确各自的安全监管责任。

4.2.4 应建立安全检查制度。安全检查应有检查计划、检查方案、检查记录和检查报告等。

4.2.5 应建立人员培训制度。人员培训应有培训计划、培训记录、效果评估等。

4.2.6 应建立操作规程。各项操作规程应与农业转基因生物的安全控制措施相适应，农业转基因生物的操作应按照操作规程进行。

4.2.7 应建立农业转基因生物安全突发事件应急预案，包括事件分级、响应机制、处置措施、补救措施、事件报告等。

4.2.8 应建立档案管理制度。档案内容至少包括农业转基因生物安全小组和实验室人员组成与变动、各项管理制度、实验项目、转基因材料引进与转让协议、安全检查记录、培训记录以及农业转基因生物操作记录等。

ICS 65.020.01
B 04

中华人民共和国国家标准

农业部2406号公告—2—2016

农业转基因生物安全管理通用要求 温室

General requirements for safety management of agricultural genetically modified organisms—Greenhouse

2016-05-23 发布　　2016-10-01 实施

中华人民共和国农业部 发布

前　言

本标准按照 GB/T 1.1—2009 给出的规则起草。

本标准由中华人民共和国农业部提出。

本标准由全国农业转基因生物安全管理标准化技术委员会(SAC/TC 276)归口。

本标准起草单位:农业部科技发展中心、中国农业科学院生物技术研究所、吉林省农业科学院。

本标准主要起草人:金芜军、刘培磊、宛煜嵩、徐琳杰、孙卓婧、李飞武、苗朝华、李亮。

农业转基因生物安全管理通用要求　温室

1　范围

本标准规定了农业转基因生物温室的设施条件与安全管理的基本要求。

本标准适用于安全等级为Ⅰ级和Ⅱ级的农业转基因生物操作的温室。

2　规范性引用文件

下列文件对于本文件的应用是必不可少的。凡是注日期的引用文件，仅注日期的版本适用于本文件。凡是不注日期的引用文件，其最新版本(包括所有的修改单)适用于本文件。

GB/T 18622　温室结构设计荷载

3　术语和定义

下列术语和定义适用于本文件。

3.1

温室　greenhouse

指设计主要用于在可控和保护环境中种植植物，带有墙、屋顶、地面，且墙和屋顶通常为透光的透明或半透明材料的建筑物。

4　设施条件

4.1　结构和构件的设计荷载应符合 GB/T 18622 的要求。

4.2　应通过物理控制措施与外部环境隔离，是在控制系统内的操作体系。

4.3　设施条件应与所操作农业转基因生物的安全等级和实验内容相适应。

4.4　前厅(或缓冲区)、通道、与墙体连接处等的地面，应以不透水的材料如混凝土等进行硬化，并便于清洁。

4.5　应有控制人员、物品出入和防止转基因生物意外带出的设施。

4.6　应有防止节肢动物、啮齿动物进入的设施。

4.7　应具备防止花粉、种子等植物繁殖材料以及转基因微生物、转基因昆虫等逃逸的装置。

4.8　应有废弃物收集设备或处理设施。

4.9　应具有专用的操作工具，非专用工具应有清洁设施。

4.10　应有明显的标示。

5　管理要求

5.1　组织管理

5.1.1　温室的母体组织应为中华人民共和国境内的法人机构。

5.1.2　温室的母体组织建立农业转基因生物安全管理责任制，健全从法人到责任部门再到责任人的全过程管理体系，包括组织管理框架、各机构职能任务、各岗位的职责以及考核管理办法等。

5.1.3　温室的母体组织应设立农业转基因生物安全小组，负责咨询、指导、监督温室的农业转基因生物安全管理相关事宜。

5.1.4 温室的组织管理应与农业转基因生物的安全等级、温室的规模、操作的复杂程度相适应。

5.1.5 温室负责人应熟悉农业转基因生物安全管理法规，具备3年以上转基因研究或试验经历，具备一定的管理能力。

5.1.6 温室负责人是农业转基因生物安全管理的直接责任人，全面负责温室的安全管理，应负责：

a) 对进入温室的人员进行授权；

b) 指定至少一名安全负责人，赋予其监督所有活动的职责和权力；

c) 指定每项实验的项目负责人；

d) 规定温室人员的岗位职责。

5.1.7 应根据农业转基因生物研究或试验的对象、规模和研究内容，配备实验人员。实验人员应具备与岗位职责相适应的法律法规知识、专业知识和操作能力。

5.1.8 安全负责人的姓名和联系方式应张贴在醒目的位置。

5.2 管理制度

5.2.1 应建立人员和物品的出入授权与登记制度。人员和物品的出入应有授权程序、登记要求、登记表格式样等。

5.2.2 应建立实验审查制度。实验审查应有审查程序、资料要求、审查办法、审查意见、审查记录等。

5.2.3 应建立材料引入和转出制度。农业转基因生物材料引入与转出应有审查程序、双方签订的协议，并明确各自的安全监管责任。

5.2.4 应建立安全检查制度。安全检查应有检查计划、检查方案、检查记录和检查报告等。

5.2.5 应建立人员培训制度。人员培训应有培训计划、培训记录、效果评估等。

5.2.6 应建立操作规程。各项操作规程应与农业转基因生物的安全控制措施相适应，农业转基因生物的操作应按照操作规程进行。

5.2.7 应建立农业转基因生物安全突发事件应急预案，包括事件分级、响应机制、处置措施、补救措施、事件报告等。

5.2.8 应建立档案管理制度。档案内容至少包括农业转基因生物安全小组和温室人员组成与变动、各项管理制度、实验项目、转基因材料引入与转出协议、安全检查记录、培训记录以及农业转基因生物操作记录等。

ICS 65.020.01
B 04

中华人民共和国国家标准

农业部2406号公告—3—2016

农业转基因生物安全管理通用要求 试验基地

General requirements for safety management of agricultural genetically modified organisms—Field trial station

2016-05-23 发布　　2016-10-01 实施

中华人民共和国农业部 发布

前　　言

本标准按照 GB/T 1.1—2009 给出的规则起草。

本标准由中华人民共和国农业部提出。

本标准由全国农业转基因生物安全管理标准化技术委员会(SAC/TC 276)归口。

本标准起草单位:农业部科技发展中心、吉林省农业科学院、中国农业科学院生物技术研究所。

本标准主要起草人:李飞武、刘培磊、李启云、徐琳杰、龙丽坤、金芜军、李葱葱、刘娜、夏蔚、邢珍娟。

农业转基因生物安全管理通用要求　试验基地

1　范围

本标准规定了农业转基因生物试验基地的设施条件和安全管理的基本要求。

本标准适用于涉及安全等级为Ⅰ级和Ⅱ级、未取得安全证书的农业转基因生物操作的试验基地。

2　规范性引用文件

下列文件对于本文件的应用是必不可少的。凡是注日期的引用文件，仅注日期的版本适用于本文件。凡是不注日期的引用文件，其最新版本(包括所有的修改单)适用于本文件。

GB 14925—2010　实验动物　环境与设施

农业部 2259 号公告—13—2015　转基因植物试验安全控制措施　第 1 部分:通用要求

3　术语和定义

下列术语和定义适用于本文件。

3.1

试验基地　field trial station

特定安全控制措施下开展转基因生物试验的场所。

4　设施条件

4.1　选址及建设应符合国家和地方的规划、环境保护和建设主管部门的规定和要求。

4.2　设施条件应与所操作农业转基因生物的安全等级和试验内容相适应。

4.3　应有控制人员和物品出入及防止转基因生物意外带出的设施。

4.4　应有 24 h 监控的设施。

4.5　应有生物的无害化处理、灭活或销毁的设施。

4.6　应有气象观察记录的设施。

4.7　试验基地及其重要场所应有明显的标示。

4.8　植物试验基地还应符合以下要求：

a)　符合监管部门要求的隔离距离，隔离距离内无所试验转基因植物的野生近缘种；

b)　具有可控制人畜出入的围墙或永久性围栏；

c)　具有工具间、仓储间、工作间，必要时应具备网室、网罩、旱棚等附属设施；

d)　具有专用的播种、收获等机械设备和工具，非专用的机械设备和工具应有清洁设施；

e)　具有排灌和排涝的专用设施。

4.9　动物试验基地还应符合以下要求：

a)　符合 GB 14925—2010 中普通环境的规定；

b)　距离生活饮用水源地、动物饲养场、养殖小区和城镇居民区、文化教育科研等人口集中区域及公路、铁路等主要交通干线不少于 1 000 m，距离动物隔离场所、无害化处理场所、动物屠宰加工场所、动物和动物产品集贸市场、动物诊疗场所不少于 3 000 m；

c)　具有可控制人畜出入的围墙；

d)　具有防鸟、防鼠的设施；

e) 具有动物饲养室、兽医诊断室、消毒室、饲草和饲料存放场所等附属设施；
f) 具有专用的操作工具，非专用工具应有清洁设施；
g) 具有供水、排水和排污的专用设施；
h) 具有排泄物的处理设施。

注：若试验基地具有良好的自然隔离条件，如环山、环水等，可用围栏代替围墙。

4.10 水生生物试验基地还应符合以下要求：

a) 为人工可控水域，与自然开放水域隔离；
b) 设置可控制人畜出入的围墙或永久性围栏；
c) 试验池塘应防渗，进出水口设置栅栏及与试验对象相适应的过滤设施；
d) 具有防鸟设施；
e) 具有控温产孵等专用附属设施；
f) 具有专用的操作工具，非专用工具应有清洁设施；
g) 具有供水、排水系统和防洪、排涝、排污的设施。

5 管理要求

5.1 组织管理

5.1.1 试验基地的母体组织应为中华人民共和国境内的法人机构，并具有10年以上的土地使用权。

5.1.2 试验基地的母体组织应建立农业转基因生物安全管理责任制，健全从法人到责任部门再到责任人的全过程管理体系，包括组织管理框架、各机构的职能任务、各岗位的职责以及考核管理办法等。

5.1.3 试验基地的母体组织应设立农业转基因生物安全小组，负责咨询、指导、监督试验基地的农业转基因生物安全管理相关事宜。

5.1.4 试验基地的组织管理应与农业转基因生物的安全等级、试验基地的规模、操作的复杂程度相适应。

5.1.5 试验基地负责人应熟悉农业转基因生物安全管理法规，具备3年以上农业转基因生物研究或试验经历，具备一定的管理能力。

5.1.6 试验基地负责人是农业转基因生物安全管理的直接责任人，全面负责试验基地的安全管理，应负责：

a) 对进入试验基地的人员进行授权；
b) 指定至少一名安全负责人，赋予其监督所有活动的职责和权力；
c) 指定每项试验的项目负责人；
d) 规定试验基地人员的岗位职责。

5.1.7 试验基地应根据农业转基因生物研究或试验的对象、规模和研究内容等，配备试验人员，试验人员应具备与岗位职责相适应的法律法规知识、专业知识和操作能力。

5.1.8 安全负责人的姓名和联系方式应张贴在醒目的位置。

5.2 管理制度

5.2.1 应建立人员和物品的出入授权与登记制度。人员和物品的出入应有授权程序、登记要求、登记表格式样等。

5.2.2 应建立试验审查制度。试验审查应有审查程序、资料要求、审查办法、审查意见、审查记录等。

5.2.3 应建立材料引入与转出制度。农业转基因生物材料的引入与转出应有审查程序、双方签订的协议，并明确各自的安全监管责任。

5.2.4 应建立安全检查制度。安全检查应有检查计划、检查方案、检查记录、检查报告等。

5.2.5 应建立人员培训制度。人员培训应有培训计划、培训记录、效果评估等。

5.2.6 应建立操作规程。各项操作规程应与农业转基因生物的安全控制措施相适应，转基因植物试验的操作规程和安全控制措施应符合农业部 2259 号公告—13—2015 的要求。

5.2.7 应建立农业转基因生物安全突发事件应急预案。包括事件分级、响应机制、处置措施、补救措施、事件报告等。

5.2.8 应建立档案管理制度。档案内容至少包括农业转基因生物安全小组和试验基地人员组成与变动、各项管理制度、试验项目、转基因材料引入与转出协议、安全检查记录、培训记录以及农业转基因生物操作记录等。

ICS 65.020.01
B 04

中 华 人 民 共 和 国 国 家 标 准

农业部 2406 号公告—4—2016

转基因生物及其产品食用安全检测 蛋白质 7d 经口毒性试验

Food safety detection of genetically modified organism and derived products—7-day oral toxicity test of proteins

2016-05-23 发布　　2016-10-01 实施

中华人民共和国农业部　发布

前　言

本标准按照 GB/T 1.1—2009 给出的规则起草。

本标准由中华人民共和国农业部提出。

本标准由全国农业转基因生物安全管理标准化技术委员会(SAC/TC 276)归口。

本标准起草单位:农业部科技发展中心、中国疾病预防控制中心营养与健康所、国家食品安全风险评估中心。

本标准主要起草人:杨晓光、宋贵文、徐海滨、朱莉、刘珊、杨丽琛、卓勤、贾旭东、李敏、张宇。

转基因生物及其产品食用安全检测
蛋白质 7d 经口毒性试验

1 范围

本标准规定了转基因生物表达的外源目的蛋白质 7 d 经口毒性试验的试验方法和技术要求。

本标准适用于人每日最大摄入量大于 1 mg/(kg·BW)的转基因生物表达的外源目的蛋白质的毒性试验。

2 规范性引用文件

下列文件对于本文件的应用是必不可少的。凡是注日期的引用文件，仅注日期的版本适用于本文件。凡是不注日期的引用文件，其最新版本(包括所有的修改单)适用于本文件。

GB 5749 生活饮用水卫生标准

GB 14922.2 实验动物 微生物学等级及监测

GB 14924.3 实验动物 小鼠大鼠配合饲料

GB 14925 实验动物环境及设施

GB 15193.24 食品安全国家标准 食品安全性毒理学评价中病理学检查技术要求

3 术语和定义

下列术语和定义适用于本文件。

3.1

转基因生物 genetically modified organism

指利用基因工程技术改变基因组构成的生物。

3.2

目的蛋白质 target protein

由目的基因表达的蛋白质为目的蛋白质。

3.3

外源目的蛋白质 newly expressed protein

由导入生物体内的重组目的基因表达的蛋白质，称为外源目的蛋白质。

4 原理

通过每日一次、连续 7 d 经口给予外源目的蛋白质，观察动物致死的和非致死的毒性效应，评价该外源目的蛋白质的毒性。

5 试剂

5.1 主要试剂

血球稀释液及溶血液、生化分析试剂、甲醛、二甲苯、乙醇、苏木素、伊红、石蜡等。

5.2 溶媒

根据受试物的特点可以选择蒸馏水、羧甲基纤维素或淀粉等溶媒。

6 主要仪器和器械

实验室常用解剖器械、电子天平、生物显微镜、生化分析仪、血球分析仪、离心机、石蜡切片机等。

7 实验动物

7.1 动物选择

实验动物的选择应符合 GB 14922.2 的有关规定。选用雌、雄两种性别成年大鼠,体重 180 g～220 g。试验开始时,动物体重差异不超过平均体重的±20%。

7.2 动物准备

试验开始前需在实验环境中给予常规基础饲料喂养 3 d～5 d,以适应环境并进行检疫观察。

7.3 动物饲养

实验动物饲养条件应符合 GB 14925 的要求,饮用水应符合 GB 5749 的要求,饲料应符合 GB 14924.3 的要求。试验期间,动物自由饮水和摄食。

8 操作步骤

8.1 实验材料

8.1.1 外源目的蛋白质

首选来自于转基因生物本身的外源目的蛋白质。如果由于技术问题不能获取,可以采用外源系统表达的目的蛋白质。蛋白质纯度应为当前国内外技术能够达到的最高水平,并明确其余成分。

8.1.2 对照蛋白质

首先选择非转基因生物体来源的目的蛋白质;难以获得时,选择其他来源与目的蛋白质同源性较高的蛋白质;也可选择与外源目的蛋白质溶解度相近、营养价值相近且有安全食用历史的蛋白质为对照蛋白质。

8.2 动物分组及剂量设计

8.2.1 动物分组

设立外源目的蛋白质组、对照蛋白质组和溶媒对照组,将试验动物随机分配至各组,每组至少 20 只动物,雌雄各半。

8.2.2 剂量设计

给予动物最大剂量,即将外源目的蛋白质配制成能满足灌胃要求的最大浓度,并以最大灌胃体积给予受试动物。

8.3 受试物给予

受试物灌胃给予。将受试物溶解后悬浮于合适的溶媒中,首选溶媒为蒸馏水,也可使用羧甲基纤维素、淀粉等配成混悬液或糊状物。受试物应新鲜配制,有资料表明其溶液或混悬液储存稳定者除外。每日在同一时间灌胃 1 次,每天称量动物体重、调整灌胃体积,连续给予受试物 7 d。对照蛋白质使用前配制成与外源目的蛋白质相同的浓度,给予剂量及方式与外源目的蛋白质一致。常用灌胃体积为 10 mL/(kg・BW),一般不超过 20 mL/(kg・BW)。

8.4 临床观察

每次给予受试物后对动物的一般临床表现进行观察,并记录动物出现中毒的体征、程度和持续时间及死亡情况。

观察内容包括被毛、皮肤、眼、黏膜、分泌物、排泄物、呼吸系统、神经系统、自主活动及行为表现等是否出现异常。对濒死和死亡动物应及时剖检。

8.5 体重和摄食量

每日记录动物体重,记录 7 d 给食量和撒食量,计算 7 d 总进食量,计算总食物利用率。

8.6 血液学指标

试验结束时,测定动物血红蛋白、红细胞计数、白细胞计数及分类、血小板计数。必要时,测定网织红细胞数和凝血能力。

8.7 血生化指标

试验结束时动物空腹采血。

测定血液中丙氨酸氨基转移酶、天冬氨酸氨基转移酶、碱性磷酸酶、乳酸脱氢酶、尿素氮、肌酐、血糖、血清白蛋白、总蛋白、总胆固醇和甘油三酯水平。必要时,测定胆酸水平。

8.8 剖检及病理学检查

8.8.1 大体解剖

试验结束时,对所有动物进行解剖,并肉眼观察各脏器异常表现。

8.8.2 脏器称重

对动物心脏、肝脏、肾脏、肾上腺、脾脏、胸腺和睾丸进行称重,并计算各脏器相对重量(脏器重量/体重)。

8.8.3 组织病理学检查

当动物有中毒表现时,对脑、心脏、肺、肝脏、肾脏、肾上腺、脾脏、胃肠(十二指肠、空肠和回肠)、胸腺、甲状腺、睾丸、附睾、前列腺、卵巢和子宫以及肉眼可见的病变组织进行组织病理学检查。

若推测受试蛋白可能对其他器官或组织具有毒性作用,应对相应器官组织进行组织病理学检查。组织病理学检查应符合 GB 15193.24 的要求。

9 结果分析与表述

9.1 数据处理

将所有的数据和结果以表格形式进行总结。列出各组试验开始时动物数、试验期间动物死亡数及死亡时间、出现毒性反应的动物数,列出所见的毒性反应,包括出现毒效应的时间、程度及持续时间。计量资料以均数和标准差表示。

针对不同检测指标选择正确的统计学方法进行数据处理。对动物初始和终末体重、摄食量、食物利用率、血液学指标、血生化指标、脏器重量和脏体比值、病理检查等结果应以适当的方法进行统计学分析。

计量资料采用方差分析,对非正态分布或方差不齐的数据进行适当的变量转换,待满足正态方差齐要求后,用转换的数据进行方差分析;若转换数据仍不能满足正态方差齐要求,改用非参数检验方法统计。

计数资料用卡方检验,四格表总例数小于 40,或总例数等于或大于 40 但出现理论频数等于或小于 1 时,应改用确切概率法。

9.2 结果判定

9.2.1 判定依据

重点观察外源目的蛋白质组和对照蛋白质组动物在临床表现、体重、摄食量、食物利用率、血液学检查、血生化检查、脏器重量和脏体比值、病理检查等方面的差异,综合判定是否存在毒理学意义。

9.2.2 结果描述

试验结果可以描述为转基因外源目的蛋白质在本实验设计剂量对所选动物是或否具有毒性作用。

如果判定无毒性作用,以转基因外源目的蛋白质每日给予剂量进行描述,如在×× g/(kg·BW)剂量未出现毒性作用。

如存在毒性,需明确毒性作用的可能靶器官。

ICS 65.020.01
B 04

中华人民共和国国家标准

农业部2406号公告—5—2016

转基因生物及其产品食用安全检测 外源蛋白质致敏性人血清酶联免疫试验

Food safety detection of genetically modified organisms and derived products—Test method of allergenicity of exogenous protein by ELISA with human serum

2016-05-23 发布 2016-10-01 实施

中华人民共和国农业部 发布

前　言

本标准按照 GB/T 1.1—2009 给出的规则起草。

请注意本文件的某些内容可能涉及专利。本文件的发布机构不承担识别这些专利的责任。

本标准由中华人民共和国农业部提出。

本标准由全国农业转基因生物安全管理标准化技术委员会(SAC/TC 276)归口。

本标准起草单位:农业部科技发展中心、中国农业大学、中国疾病预防和控制中心营养与健康所、北京大学第三医院、广州医学院。

本标准主要起草人:黄昆仑、李文龙、车会莲、宋贵文、贺晓云、杨晓光、周薇、卓勤、陶爱林、罗云波、许文涛、周催、毕源。

转基因生物及其产品食用安全检测 外源蛋白质致敏性人血清酶联免疫试验

1 范围

本标准规定了采用酶联免疫吸附试验方法检测转基因生物外源基因表达的蛋白质致敏性的设计原则、指标测定和结果判定。

本标准适用于采用酶联免疫试验方法检测转基因生物外源基因表达的蛋白质与人源性特异性 IgE 抗体结合能力。

2 规范性引用文件

下列文件对于本文件的应用是必不可少的。凡是注日期的引用文件，仅注日期的版本适用于本文件。凡是不注日期的引用文件，其最新版本(包括所有的修改单)适用于本文件。

GB/T 6682 分析实验室用水规格和试验方法

3 术语和定义

下列术语和定义适用于本文件。

3.1

人血清特异性 IgE Human specific immunoglobulin E

过敏患者血清中能与某种过敏原特异性结合的免疫球蛋白 E。

4 原理

采用酶联免疫方法检测转基因生物外源基因表达蛋白质与过敏患者血清中特异性 IgE 的结合能力，通过检测 450 nm 处吸光度来判断结合量，判断转基因生物外源基因表达的蛋白质是否具有潜在致敏性。

5 试剂和材料

使用分析纯试剂和符合 GB/T 6682 规定的一级水，除非另有说明。

5.1 过敏患者血清：含过敏原(有致敏性的基因供体生物的蛋白提取物或与待测蛋白质氨基酸序列有同源性的过敏蛋白)特异性 IgE 的过敏患者血清。

5.2 阴性对照血清：健康人的血清。经检测总 IgE 在 0 IU/mL～333.0 IU/mL，且不具基因供体生物的蛋白提取物或与待测蛋白质氨基酸序列有同源性的过敏蛋白的特异性 IgE。

5.3 磷酸缓冲液(pH 7.5)：称取 8.0 g 氯化钠、0.2 g 氯化钾、2.9 g 磷酸氢二钠、0.2 g 磷酸二氢钾，加入 800 mL 水充分溶解，HCl 或 NaOH 调 pH 至 7.5，定容至 1 000 mL。

5.4 包被缓冲液(0.05 mol/L 碳酸钠缓冲液，pH9.6)：称取 0.53 g 碳酸钠与 0.42 g 碳酸氢钠，加 80 mL 水充分溶解，HCl 或 NaOH 调 pH 至 9.6，定容至 100 mL。

5.5 洗涤液：量取 1 000 mL 磷酸缓冲液，加入 1 mL 吐温-20，搅拌均匀。

5.6 封闭液：量取 100 mL 磷酸缓冲液，加入 1.0 g 牛血清白蛋白，搅拌均匀。现用现配。

5.7 抗体稀释液：量取 100 mL 磷酸缓冲液，加入 0.1 g 牛血清白蛋白，搅拌混匀。现用现配。

5.8 底物缓冲液:称取 0.47 g 柠檬酸,1.83 g 磷酸氢二钠,加 80 mL 水混匀,HCl 或 NaOH 调 pH 至 5.0,加水定容至 100 mL。

5.9 底物工作液:称取 10 mg 四甲基联苯胺(TMB)溶于 1 mL 二甲基亚砜中,混匀后,4 ℃避光放置。临用前,取 50 μL TMB 溶液加入 10 mL 底物缓冲液中,再加入 10 μL 30% 过氧化氢溶液。

5.10 终止液(2 mol/L 硫酸):量取 11.11 mL 18 mol/L 浓硫酸,缓慢加入 70 mL 水中,边加边搅拌,待温度降至室温后,加水定容至 100 mL。

5.11 二抗:生物素标记的抗人 IgE 抗体。

5.12 链霉亲和素标记的辣根过氧化物酶。

6 仪器和设备

6.1 电子天平:感量分别为 0.1 g、0.01 g 和 0.000 1 g。

6.2 酶标仪。

6.3 移液器。

6.4 加样槽。

6.5 恒温培养箱(温度波动范围:±0.1 ℃)。

6.6 重蒸馏水发生器或纯水仪。

7 分析步骤

7.1 样品制备

7.1.1 待测蛋白质为来源于转基因植物、动物或微生物中外源基因表达的重组蛋白质。

7.1.2 阳性对照蛋白质为基因供体生物的蛋白提取物或与待测蛋白质氨基酸序列有同源性的过敏蛋白。

7.1.3 称取待测蛋白样品,用包被缓冲液,充分溶解。浓度为 10 μg/mL。

7.2 人体血清

7.2.1 选取至少 6 份未检测出主要已知过敏原特异性 IgE 的健康人血清,等比例混合,作为阴性对照血清。

7.2.2 选取对基因供体生物或与待测蛋白质氨基酸序列有同源性的过敏蛋白过敏的患者血清。

7.2.2.1 如果基因供体生物或与待测蛋白质氨基酸序列有同源性过敏原的致敏性较强(即血清中含有特异性 IgE 的人数多于 50%),则至少选择 8 份以上过敏患者的血清。

7.2.2.2 如果基因供体生物或与待测蛋白质氨基酸序列有同源性过敏原的致敏性较弱(即血清中含有特异性 IgE 的人数少于 50%),则至少选择 24 份以上对该生物过敏的患者血清。

7.2.3 检测过敏患者血清进行特异性 IgE 水平,浓度大于 3.5 kUA/L 或大于Ⅲ级的,可作为阳性血清。

7.2.4 每份过敏患者血清均应单独进行检测和后续试验。

7.3 ELISA 方法

7.3.1 包被:在 96 孔板上选择需要包被的孔,加入包被缓冲液作为空白对照,其他孔分别加入待测蛋白质或阳性对照蛋白质溶液,每孔加入 100 μL,4 ℃过夜。

7.3.2 洗涤:倒掉孔内液体,每孔加入洗涤液 200 μL,室温放置 3 min,洗板机洗板或者甩净洗涤液,在吸水纸上拍打数次,至孔内无明显液滴,重复 3 次。

7.3.3 封闭:每孔加入 150 μL 封闭液,于 37℃恒温培养箱中温育 1 h,洗涤 3 次。

7.3.4 加一抗:用封闭液以1∶10稀释阴性对照血清混合样品和过敏患者血清,于37℃恒温培养箱中孵育1.5 h。在空白对照孔和阳性对照蛋白质孔中加入阴性对照血清混合样品;在待测蛋白质孔和阳性蛋白质孔中加入过敏患者血清。每孔加入100 μL,每种处理做3个平行孔。于37℃恒温培养箱中温育2 h,洗涤3次。

7.3.5 加二抗:用抗体稀释液以1∶1 000稀释生物素标记的抗人IgE抗体,每孔加入100 μL,置于37℃恒温培养箱中温育1 h,洗涤3次。

7.3.6 加辣根过氧化物酶:用抗体稀释液以1∶2 000稀释链霉亲和素标记的辣根过氧化物酶,每孔加入100 μL,置于37℃恒温培养箱中温育1 h,洗涤6次。

7.3.7 显色:每孔加入新鲜配制的底物工作液150 μL,置于37℃恒温培养箱中,显色5 min~15 min,每孔加入50 μL终止液。

7.3.8 结果测定:于30 min内用酶标仪测定各孔波长为450 nm时的吸光度。

7.3.9 结果判定:以吸光度大于或等于阴性对照血清孔吸光度平均值2倍的样品为阳性结果。

8 结果表述

8.1 试验体系评价

所有阴性对照蛋白质与阴性对照血清孔吸光度为阴性结果,且所有阳性对照蛋白质与过敏患者血清孔的吸光度大于或等于阴性对照血清孔吸光度平均值的2倍,说明试验体系正常。否则重新检测。

8.2 试验结果表述

8.2.1 待测蛋白质与过敏患者血清孔吸光度平均值均为阴性结果,说明待测蛋白质与过敏患者血清中的特异性IgE未发生免疫反应,结果表述为:“该蛋白质不能与××过敏原的特异性IgE结合”。

8.2.2 待测蛋白质与过敏患者血清孔吸光度平均值有阳性结果,说明待测蛋白质与过敏患者血清中的特异性IgE发生免疫反应,结果表述为:“该蛋白质可以与××过敏原的特异性IgE结合”。

ICS 65.020.01
B 04

中华人民共和国国家标准

农业部2406号公告—6—2016

转基因生物及其产品食用安全检测 营养素大鼠表观消化率试验

Food safety detection of genetically modified organisms and derived products—Detection of nutrients apparent digestibility by rat test

2016-05-23 发布

2016-10-01 实施

中华人民共和国农业部 发布

前　言

本标准按照GB/T 1.1—2009给出的规则起草。

请注意本文件的某些内容可能涉及专利,本文件的发布机构不承担识别这些专利的责任。

本标准由中华人民共和国农业部提出。

本标准由全国农业转基因生物安全管理标准化技术委员会(SAC/TC 276)归口。

本标准起草单位:农业部科技发展中心、中国农业大学、中国疾病预防控制中心营养与健康所、天津市疾病预防控制中心。

本标准主要起草人:黄昆仑、沈平、杨晓光、尹全、王静、贺晓云、邹世颖、车会莲、许文涛、罗云波。

转基因生物及其产品食用安全检测
营养素大鼠表观消化率试验

1 范围

本标准规定了转基因生物及其产品营养素的大鼠表观消化率试验的设计原则、测定指标和结果判定。

本标准适用于转基因生物及其产品营养素的大鼠表观消化率测定。

2 规范性引用文件

下列文件对于本文件的应用是必不可少的。凡是注日期的引用文件，仅注日期的版本适用于本文件。凡是不注日期的引用文件，其最新版本(包括所有的修改单)适用于本文件。

GB/T 5009.5 食品中蛋白质的测定

GB/T 5009.6 食品中脂肪的测定

GB/T 5009.10 植物类食品中粗纤维的测定

GB/T 5009.82 食品中维生素 A 和维生素 E 的测定

GB/T 5009.87 食品中磷的测定

GB/T 5009.90 食品中铁、镁、锰的测定

GB/T 5009.92 食品中钙的测定

GB 5009.93 食品中硒的测定

GB/T 5009.124 食品中氨基酸的测定

GB 5749 生活饮用水卫生标准

GB 14922.2 实验动物 微生物学等级及监测

GB 14924.3 实验动物 配合饲料营养成分

GB 14925 实验动物环境及设施

GB/T 17377 动植物油脂脂肪酸甲酯的气相色谱分析

农业部 2031 号公告—15—2013 蛋白质功效比试验

3 术语和定义

下列术语和定义适用于本文件。

3.1

营养利用率 nutritional utilization rate

某种营养素被动物摄入后，储存在动物体内的部分占摄入总量的百分比。通常用营养素表观消化率来表示。

3.2

表观消化率 apparent digestibility

某种营养素被动物摄入前的含量与粪便中的含量的差值占摄入前含量的百分比。

3.3

营养素 nutrient

食物中可给人体提供能量、构成机体和组织修复以及具有生理调节功能的化学成分。

3.4

营养改良型转基因生物　genetically modified organisms for nutritional purpose

针对性地改善某类营养素成分在生物体内含量的转基因生物。

4　原理

经口给予生长发育高峰期大鼠转基因生物或其产品，通过测定某种营养素（如蛋白质、脂肪、粗纤维、氨基酸、脂肪酸、维生素 A、维生素 E、钙、磷、铁、镁、锰、硒等）的摄入量和排出量，检测大鼠对转基因生物或其产品中该营养素的吸收利用情况，计算该营养素的表观消化率，评价转基因生物或其产品中该营养素的生物利用情况。

5　主要仪器和设备

5.1　代谢笼。

5.2　电子天平：感量为 0.1 g。

5.3　冷冻干燥机。

5.4　样品粉碎机。

6　实验动物

6.1　选取 3 周龄健康清洁级 Wistar 或 Sprague Dawley 大鼠，雌雄两种性别，同性别动物体重相差不超过±10 g。

6.2　实验动物应符合 GB 14922.2 清洁级及以上级别要求。

6.3　动物饲养环境应符合 GB 14925 的屏障环境要求。

6.4　动物饮用水应符合 GB 5749 的要求，动物饲料应符合 GB 14924.3 或农业部 2031 号公告—15—2013 中 AIN93G 的要求。

7　操作步骤

7.1　动物分组

7.1.1　一般设立基础日粮组、转基因组和亲本对照组。其中，基础日粮组喂饲普通的生长维持饲料；转基因组喂饲添加了转基因生物的饲料；亲本对照组喂饲添加了近等基因系的非转基因对照生物的饲料。

7.1.2　若受试物是营养改良型转基因生物，应增设亲本对照添加特定营养素的对照组。

7.1.3　每组至少 20 只动物，雌雄各半。采用代谢笼单笼喂养，饲喂基础日粮，适应 3 d～5 d。

7.2　饲料配制

7.2.1　以 GB 14924.3 大鼠的生长维持饲料配方或农业部 2031 号公告—15—2013 中 AIN93G 配方为基础设计饲料配方，各组饲料中的蛋白质、脂肪、维生素和矿物质等营养素应均衡，满足动物生长要求。

7.2.2　在营养平衡的基础上，应以饲料最大掺入量为试验剂量。如果评价某种特定的营养素，饲料中的该营养素应尽量由转基因生物或其产品提供。

7.2.3　饲料中其他各主要营养素的比例和最终营养素含量也应一致。

7.2.4　应考虑转基因生物及其产品的品种和特性，以及在人群膳食组成中所占比例等因素。

7.2.5　每种饲料取 200 g，冻存于－20℃中待检测。

7.3　受试物的给予

掺入饲料，自由采食。

7.4　动物试验

7.4.1 正式试验前，称量体重，按体重随机分组，各组动物体重平均值相差不超过 10%。单笼饲养，自由进食和饮水。

7.4.2 动物在代谢笼中连续喂养 14 d，每天观察试验动物的一般状况。每天定时收集粪便 2 次，收集的粪便应立即置于冰盒中，并尽快转移至−20℃中冻存。每只大鼠的粪便应分别冻存。

7.4.3 每天记录摄食量与排便量(精确到 0.1 g)。每周称量动物体重。

7.4.4 试验第 15 d，安乐处死动物。

7.4.5 实验结束后，统一冻干粪便。

7.4.6 将每只大鼠冻干后的粪便分别打成粉末，将冻存的饲料直接打成粉末，依据待检项目的要求过筛。

7.5 测定指标

7.5.1 一般状况观察

每日观察动物的活动情况、毛色、摄食及排泄情况，观察大鼠生长发育情况。

7.5.2 进食量与排便量

计算试验期内每只动物的总进食量及总排便量。

7.5.3 营养素含量检测

依据以下标准测定饲料及粪便中的特定营养素的含量，视情况可以删减。

a) 蛋白质的检测按照 GB/T 5009.5 执行；
b) 脂肪的检测按照 GB/T 5009.6 执行；
c) 粗纤维的检测按照 GB/T 5009.10 执行；
d) 维生素 A 和维生素 E 的检测按照 GB/T 5009.82 执行；
e) 磷的检测按照 GB/T 5009.87 执行；
f) 铁、镁、锰的检测按照 GB/T 5009.90 执行；
g) 钙的检测按照 GB/T 5009.92 执行；
h) 硒的检测按照 GB 5009.93 执行；
i) 氨基酸的检测按照 GB/T 5009.124 执行；
j) 脂肪酸的检测按照 GB/T 17377 执行。

7.5.4 表观消化率

7.5.4.1 按式(1)计算摄入饲料中营养素总含量(I)。

$$I = C_I \times W_I \qquad (1)$$

式中：

I ——摄入饲料中营养素总含量，单位为克(g)；
C_I ——饲料中营养素含量，单位为 g/100 g；
W_I——总进食量，单位为克(g)。

7.5.4.2 按式(2)计算排出粪便中营养素总含量(F)。

$$F = C_F \times W_F \qquad (2)$$

式中：

F ——排出粪便中营养素总含量，单位为克(g)；
C_F ——粪便中营养素含量，单位为 g/100 g；
W_F——总排便量，单位为克(g)。

7.5.4.3 按式(3)计算表观消化率(AD)。

$$AD = (I - F)/I \times 100 \qquad (3)$$

式中：

AD——表观消化率,单位为百分率(%)。

7.6 数据处理

待测营养素表观消化率数据用平均值±标准差表示,采用 t 检验进行比较,以 $P<0.05$ 为显著统计学差异。

8 结果分析与表述

8.1 工作体系评价

8.1.1 各组实验动物营养健康状况良好,实验动物体形丰满,发育正常,被毛浓密有光泽且紧贴身体,眼睛明亮活泼,行动迅速,反应灵敏,食欲良好;动物体重持续增长,且在该品系动物体重文献报道或本实验室历史数据范围内。说明工作体系正常。否则查找原因,重新检测。

8.1.2 基础日粮组动物的营养素表观消化率在文献报道或本实验室历史数据范围内,说明工作体系正常。否则查找原因,重新检测。

8.2 结果表述

8.2.1 转基因组××营养素的表观消化率显著高于亲本对照组($P<0.05$),结果表述为"转基因组的××营养素的表观消化率显著高于亲本对照组"。

8.2.2 转基因组××营养素的表观消化率显著低于亲本对照组($P<0.05$),结果表述为"转基因组的××营养素的表观消化率显著低于亲本对照组"。

8.2.3 转基因组××营养素的表观消化率与亲本对照组没有显著差异($P\geqslant 0.05$),结果表述为"转基因组的××营养素的表观消化率与亲本对照组无显著性差异"。

ICS 65.020.01
B 04

中华人民共和国国家标准

农业部2406号公告—7—2016

转基因动物及其产品成分检测 DNA提取和纯化

Detection of genetically modified animals and derived products—DNA extraction and purification

2016-05-23发布　　　　2016-10-01实施

中华人民共和国农业部　发布

前　言

本标准按照 GB/T 1.1—2009 给出的规则起草。

请注意本文件的某些内容可能涉及专利。本文件的发布机构不承担识别这些专利的责任。

本标准由中华人民共和国农业部提出。

本标准由全国农业转基因生物安全管理标准化技术委员会(SAC/TC 276)归口。

本标准起草单位:农业部科技发展中心、中国农业科学院北京畜牧兽医研究所。

本标准主要起草人:敖红、沈平、李奎、宋贵文、崔文涛、章秋艳、周荣、金芜军、陶聪、赵为民、黄素娟、甄二东。

转基因动物及其产品成分检测 DNA 提取和纯化

1 范围

本标准规定了转基因动物及其产品中 DNA 提取和纯化的方法和技术要求。

本标准适用于转基因动物及其产品中 DNA 的提取和纯化。

2 规范性引用文件

下列文件对于本文件的应用是必不可少的。凡是注日期的引用文件，仅注日期的版本适用于本文件。凡是不注日期的引用文件，其最新版本(包括所得的修改单)适用于本文件。

GB/T 6682 分析实验室用水规格和试验方法

3 原理

通过物理和化学方法使 DNA 从样品的不同组分中分离出来。利用不同的纯化方法，弃除样品中的蛋白质、脂肪、多糖和其他次生代谢物，以及 DNA 提取过程中加入的氯仿、异戊醇等化合物，获得纯化的 DNA。

4 主要试剂和材料

除非另有说明，仅使用分析纯试剂和重蒸馏水或符合 GB/T 6682 二级水要求的水。

4.1 异戊醇($C_5H_{12}O$)。

4.2 氯仿 ($CHCl_3$)。

4.3 乙醇 (C_2H_5OH)，体积分数为 95%。

4.4 二水乙二铵四乙酸二钠盐 ($Na_2EDTA \cdot 2H_2O$，$C_{10}H_{14}N_2O_8Na_2 \cdot 2H_2O$)。

4.5 十二烷基硫酸钠($C_{12}H_{25}O_4SNa$，SDS)。

4.6 盐酸 (HCl)，体积分数为 37%。

4.7 异丙醇[$CH_3CH(OH)CH_3$]。

4.8 蛋白酶 K(>20 U/mg)。

4.9 乙酸钾(KAc)。

4.10 氯化钠 (NaCl)。

4.11 氢氧化钠 (NaOH)。

4.12 三羟甲基氨基甲烷 ($C_4H_{11}NO_3$，Tris)。

4.13 磷酸氢二钠(Na_2HPO_4)。

4.14 磷酸二氢钾(KH_2PO_4)。

4.15 甲醛(HCHO)，体积分数为 35%～40%。

4.16 聚乙二醇辛基苯基醚(Triton-x100)。

4.17 10 mol/L 氢氧化钠溶液：在 160 mL 水中加入 80.0 g 氢氧化钠(NaOH)，溶解后再加水定容至 200 mL。

4.18 0.5 mol/L 乙二铵四乙酸二钠溶液(pH 8.0)：称取 18.6 g 乙二铵四乙酸二钠(EDTA - Na_2)，加入 70 mL 水中，再加入适量氢氧化钠溶液，加热至完全溶解后，冷却至室温，用氢氧化钠溶液(4.17)调

pH 至 8.0,加水定容至 100 mL。在 103.4 kPa(121 ℃)条件下灭菌 20 min。

4.19 1 mol/L 三羟甲基氨基甲烷—盐酸溶液(pH 8.0):称取 121.1 g 三羟甲基氨基甲烷(Tris)溶解于 800 mL 水中,用盐酸(HCl)调 pH 至 8.0,加水定容至 1 000 mL。在 103.4 kPa(121℃)条件下灭菌 20 min。

4.20 5 mol/L 氯化钠溶液:称取 29.22 g 氯化钠(NaCl)溶于 80 mL 水中,加水定容至 100 mL。在 103.4 kPa 蒸汽压(121 ℃)条件下灭菌 20 min。

4.21 3 mol/L 乙酸钾溶液(pH 4.8):称取 29.43 g 乙酸钾(KAc)溶于 60 mL 水,用冰乙酸(HAc)调 pH 至 4.8,加水定容至 100 mL。在 103.4 kPa 蒸汽压(121 ℃)条件下灭菌 20 min。

4.22 DNA 提取细胞裂解液:在约 700 mL 水中,依次加入 10 mL 乙二铵四乙酸二钠溶液(4.18),20 mL 三羟甲基氨基甲烷—盐酸溶液(4.19),80 mL 氯化钠溶液(4.20)。另称取 10 g 十二烷基硫酸钠($C_{12}H_{25}O_4SNa$,SDS),混合后加热至完全溶解后冷却至室温,用水定容至 1 000 mL,室温保存备用。

4.23 20 mg/mL 蛋白酶 K 溶液:将 200 mg 蛋白酶 K(Proteinase K)溶于 9.5 mL 水中,轻摇至完全溶解后,加水定容至 10 mL。于−20℃保存备用。

4.24 Tris-饱和酚。

4.25 氯仿/异戊醇(24∶1):将氯仿和异戊醇按照 24∶1 的比例配制。

4.26 TE 缓冲液(pH 8.0):在约 800 mL 水中,依次加入 10 mL 三羟甲基氨基甲烷—盐酸溶液(4.19)和 2 mL 乙二铵四乙酸二钠溶液(4.18),用盐酸(HCl)加水定容至 1 000 mL。在 103.4 kPa(121℃)条件下灭菌 20 min。

4.27 磷酸缓冲液(PBS):分别称取 NaCl 8.0 g、KCl 0.2 g、Na_2HPO_4 1.44 g 、KH_2PO_4 0.24 g,将各种物质溶解于 200 mL 灭菌蒸馏水中,用盐酸溶液调 pH 至 7.4,加灭菌蒸馏水定容体积至 1 L,室温保存备用。

4.28 体细胞固定液:量取 35%~40%甲醛 9.4 mL,加水定容至 100 mL,室温保存备用。

4.29 乳化剂:量取 20 mL 90%的聚乙二醇辛基苯基醚(Triton-x 100),125 mL 95%乙醇,855 mL 浓度为 0.9 g/L 的 NaCl 溶液,混合均匀,室温保存备用。

5 主要仪器和设备

5.1 分析天平:感量 0.1 mg。

5.2 高速冷冻离心机。

5.3 高速台式离心机。

5.4 紫外分光光度计。

5.5 磁力搅拌器。

5.6 高压灭菌锅。

5.7 恒温水浴摇床。

5.8 凝胶成像系统或照相系统。

6 操作步骤

6.1 试样的制备

6.1.1 血液样品:取 5 mL,−20℃保存备用。

6.1.2 固态样品:加工产品称取 5 g 备用,新鲜组织样称取 5 g 冷冻保存备用。

6.1.3 鲜乳样品:每个鲜乳样品采集 800 mL 以上。

6.2 试样的预处理

6.2.1 固态试样:待检测的固体试样剪碎或在液氮中研磨成粉末状,用于DNA提取。

6.2.2 液态试样:血液样品可直接用于DNA的提取。细胞培养物按照A.1进行离心处理。鲜乳等液态加工品可取50 mL以上试样(根据不同试样和不同检测要求,可以适当增加试样量),按照A.2进行乳化离心处理。离心后,保留沉淀用于DNA的抽提。

6.3 DNA的提取与纯化

应根据试样的不同,选择适当的方法提取DNA。

固态试样及液态试样经预处理并充分混匀后,取2份相同的测试样进行DNA提取和纯化。每份测试样0.05 g~0.1 g。对于DNA含量较低的样品,可适当增加测试样的量,但不宜超过1.0 g。应根据试样质量的改变,按比例改变DNA提取与纯化过程中溶液和试剂的用量。在试样DNA提取和纯化的同时,应设置空白对照。

a) SDS法:适用于一般动物组织测试样品DNA提取和纯化,如肌肉组织、血液、皮肤、内脏、细胞培养物及加工产品等(见A.1);

b) 改良的SDS法:适用于鲜乳测试样品DNA提取和纯化(见A.2);

c) 试剂盒法:经验证适合转基因动物及其产品成分检测DNA提取和纯化的试剂盒,按照试剂盒说明进行。

6.4 DNA的浓度和质量分析测定

测定并记录DNA在260 nm和280 nm的吸光度,将DNA适当稀释或浓缩,使其OD_{260}值在0.1~0.8的区间内。以1个OD_{260}值相当于50 mg/L DNA浓度来计算纯化DNA的浓度,并进行DNA凝胶电泳检测DNA完整性。DNA溶液OD_{260}/OD_{280}值应在1.7~2.0之间,或质量能符合检测要求。

6.5 DNA溶液的稀释和保存

依据测得的浓度将DNA溶液用0.1×TE溶液或水稀释到25 mg/L~50 mg/L,分装成多管,−20℃保存。需要使用时,取出融化后立即使用。

附 录 A
(规范性附录)
DNA 提取与纯化方法

A.1 SDS 法

A.1.1 范围

应用于实验室常规 DNA 制备。适用于一般动物组织测试样品 DNA 提取和纯化,如肌肉组织、血液、皮肤、内脏、细胞培养物及加工产品等。

A.1.2 试剂和材料

主要试剂见 4.1～4.14,溶液配置见 4.17～4.27。

A.1.3 操作步骤

A.1.3.1 称取 0.05 g 待测样品(依试样的不同,可适当增加待测样品量,并在提取过程中相应增加试剂及溶液用量),组织块剪碎或在液氮中充分研磨成粉末后转移至离心管中(不需研磨的试样直接加入)。血液样品量取 350 μL 转移至离心管中。细胞培养物在常温下,1 000 *g* 离心 10 min,弃去上清液。

A.1.3.2 向样品中加入 700 μL 细胞裂解液(血液样品加入 350 μL),然后加入 30 μL 的蛋白酶 K 溶液,混匀,55℃消化 3 h～5 h 至无明显组织块。

A.1.3.3 向消化后的裂解液中加入 70 μL 乙酸钾溶液,混匀冰浴 5 min～10 min,4℃,12 000 *g* 离心 10 min,取上清液转移至新的 1.5 mL 离心管。

A.1.3.4 加入等体积的 Tris-饱和酚,缓慢颠倒混匀 10 min,4 ℃,12 000 *g* 离心 10 min,取上清液移至新的 1.5 mL 离心管中。

A.1.3.5 加入 0.5 倍体积的 Tris-饱和酚和 0.5 倍体积的氯仿—异戊醇(24∶1),缓慢颠倒混匀 10 min,4℃,12 000 *g* 离心 10 min。

A.1.3.6 取上清液移至新的 1.5 mL 离心管中,加入等体积的氯仿—异戊醇(24∶1),缓慢颠倒混匀 10 min,4℃,12 000 *g* 离心 5 min。

A.1.3.7 多次重复操作步骤 A.1.3.6,直到两相中间不能看到明显的变性蛋白质为止,取上清液移至新的 1.5 mL 离心管中。

A.1.3.8 加 2 倍体积－20℃预冷的无水乙醇,轻轻摇晃至絮状沉淀析出,12 000 *g* 离心 5 min～10 min,倒掉上清液。

A.1.3.9 加 600 μL70%乙醇洗涤沉淀,12 000 *g* 离心 3 min,吸去上清液。重复本步骤 1 次～2 次。

A.1.3.10 室温下放置使残余乙醇完全挥发,加入 50 μL TE 缓冲液溶解 DNA 沉淀。－20℃保存 DNA 溶液。

A.2 改良的 SDS 方法

A.2.1 范围

应用于实验室常规 DNA 制备。适用于鲜乳测试样品 DNA 提取和纯化。

A.2.2 试剂和材料

主要试剂见 4.1～4.16,溶液配置见 4.17～4.29。

A.2.3 操作步骤

A.2.3.1 采集的新鲜乳样冷却至 2℃～4℃，在样品中加入体细胞固定液，每 10 mL 乳样加入 0.2 mL 固定液。运输过程中保存温度不高于 4℃，于 24 h 内送达检测单位。样品送达后 4℃保存，并尽快检测。

A.2.3.2 取 1 个 50 mL 离心管，在每管中加入 40 mL 牛奶样品，4℃，2 500 *g* 离心 30 min。

A.2.3.3 弃去离心管的上层乳脂和中间层乳液，保留其底部沉淀。向底部加 5 mL pH 7.4 灭菌的 PBS(磷酸缓冲液)，将底部沉淀吹打充分悬浮，3 500 *g*，常温下离心 10 min。弃去上层液体，保留底部沉淀。

A.2.3.4 向离心管中加入 1 mL pH 7.4 的 PBS，用振荡器振荡至沉淀完全悬浮，并转移至 1.5 mL 离心管中，1 000 *g*，常温下离心 10 min。

A.2.3.5 离心后弃去上清液，加乳化剂 150 μL，再加入 PBS 1 350 μL，用振荡器振荡至沉淀完全悬浮，40℃恒温水浴处理 10 min，脱去体细胞周围的乳脂。

A.2.3.6 水浴后，在 3 500 *g*，常温下离心 10 min，弃去上清液，加 PBS 1 mL 悬浮沉淀。将悬浮细胞混合液按照 A.2.3.7～A.2.3.14 直接进行 DNA 提取，也可以用适用的试剂盒方法提取。

A.2.3.7 含有纯化后的细胞样品的 1.5 mL 离心管，在 3 500 *g*，常温下离心 5 min。弃去上清液，加入裂解液 600 μL，20 mg/mL 的蛋白酶 K 30 μL 和乳化剂 90 μL，振荡使其底部沉淀至完全悬浮，置于 55 ℃水浴消化 4 h～5 h。

A.2.3.8 加入 70 μL 乙酸钾溶液，摇匀冰浴 5 min～10 min，4℃，12 000 *g* 离心 10 min，取上清液移至新的 1.5 mL 离心管中。

A.2.3.9 加入等体积饱和酚，摇匀 10 min～15 min，4℃，12 000 *g* 离心 10 min，取上清液移至新的 1.5 mL 离心管中。

A.2.3.10 加入等体积酚、氯仿和异戊醇混合液(25∶24∶1)，摇匀 10 min～15 min，4℃，12 000 *g* 离心 10 min，取上清液移至新的 1.5 mL 离心管中。

A.2.3.11 加入等体积氯仿和异戊醇混合液(24∶1)，摇匀 10 min～15 min，4℃，12 000 *g* 离心 10 min，取上清液移至新的 1.5 mL 离心管中。

A.2.3.12 加入 2 倍体积－20 ℃预冷的无水乙醇，摇匀 15 min～20 min，4℃，12 000 *g* 离心 10 min。

A.2.3.13 弃去上清液，加 600 μL70%乙醇洗涤沉淀，12 000 *g* 离心 3 min，吸去上清液。重复本步骤 1 次～2 次。

A.2.3.14 室温下放置使残余乙醇完全挥发，加入 20 μL TE 缓冲液溶解 DNA 沉淀。－20℃保存 DNA 溶液。

ICS 65.020.01
B 04

中华人民共和国国家标准

农业部2406号公告—8—2016

转基因动物及其产品成分检测 人乳铁蛋白基因（*hLTF*）定性PCR方法

Detection of genetically modified animals and derived products—Qualitative PCR method for *hLTF* (*Homo sapiens* Lactotransferrin)

2016-05-23发布　　2016-10-01实施

中华人民共和国农业部　发布

前　言

本标准按照 GB/T 1.1—2009 给出的规则起草。

请注意本文件的某些内容可能涉及专利。本文件的发布机构不承担识别这些专利的责任。

本标准由中华人民共和国农业部提出。

本标准由全国农业转基因生物安全管理标准化技术委员会(SAC/TC 276)归口。

本标准起草单位:农业部科技发展中心、华中农业大学。

本标准主要起草人:刘榜、李文龙、陶晨雨、沈平、张庆德、金芜军、甄月然、付明。

转基因动物及其产品成分检测
人乳铁蛋白基因(*hLTF*)定性 PCR 方法

1 范围

本标准规定了人乳铁蛋白基因(*hLTF*)的定性 PCR 检测方法。

本标准适用于转基因牛、羊、猪及其产品的人乳铁蛋白基因(*hLTF*)定性 PCR 检测。

2 规范性引用文件

下列文件对于本文件的应用是必不可少的。凡是注日期的引用文件,仅注日期的版本适用于本文件。凡是不注日期的引用文件,其最新版本(包括所有的修改单)适用于本文件。

GB/T 6682 分析实验室用水规格和试验方法。

农业部2031号公告—14—2013 转基因动物及其产品成分检测 普通牛(*Bos taurus*)内标准基因定性 PCR 方法

农业部2122号公告—1—2014 转基因动物及其产品成分检测 猪内标准基因定性 PCR 方法

农业部2122号公告—2—2014 转基因动物及其产品成分检测 羊内标准基因定性 PCR 方法

农业部2406号公告—7—2016 转基因动物及其产品成分检测 DNA 提取和纯化

3 术语和定义

农业部2031号公告—14—2013、农业部2122号公告—1—2014、农业部2122号公告—2—2014界定的以及下列术语和定义适用于本文件。

3.1

hLTF ***Homo sapiens*** **Lactotransferrin**

人乳铁蛋白基因 (GenBank accession number:NG_023257):来源于人,编码乳铁蛋白的基因。

4 原理

根据 *hLTF* 基因特异序列设计引物,对样品进行 PCR 扩增。依据是否扩增获得预期 154 bp 的特异性 DNA 片段,判断样品中是否含有 *hLTF* 基因成分。

5 试剂和材料

除非另有说明,仅使用分析纯试剂和重蒸馏水或符合 GB/T 6682 规定的一级水。

5.1 琼脂糖。

5.2 10 g/L 溴化乙锭溶液:称取 1.0 g 溴化乙锭(EB),溶解于 100 mL 水中,避光保存。

警告——溴化乙锭有致癌作用,配制和使用时应戴一次性手套操作并妥善处理废液。

5.3 10 mol/L 氢氧化钠溶液:在 160 mL 水中加入 80.0 g 氢氧化钠(NaOH),溶解后,冷却至室温,再加水定容至 200 mL。

5.4 500 mmol/L 乙二铵四乙酸二钠溶液(pH 8.0):称取 18.6 g 乙二铵四乙酸二钠($EDTA-Na_2$),加入 70 mL 水中,缓慢滴加氢氧化钠溶液直至 $EDTA-Na_2$ 完全溶解。用氢氧化钠溶液调 pH 至 8.0,加水定容至 100 mL。在 103.4 kPa(121℃)条件下灭菌 20 min。

5.5　1 mol/L 三羟甲基氨基甲烷—盐酸溶液(pH 8.0)：称取 121.1 g 三羟甲基氨基甲烷(Tris)溶解于 800 mL 水中，用盐酸(HCl)调 pH 至 8.0，加水定容至 1 000 mL。在 103.4 kPa(121℃)条件下灭菌 20 min。

5.6　TE 缓冲液(pH 8.0)：分别量取 10 mL 三羟甲基氨基甲烷—盐酸溶液和 2 mL 乙二铵四乙酸二钠溶液，加水定容至 1 000 mL。在 103.4 kPa(121 ℃)条件下灭菌 20 min。

5.7　50×TAE 缓冲液：称取 242.2 g 三羟甲基氨基甲烷(Tris)，先用 500 mL 水加热搅拌溶解后，加入 100 mL 乙二铵四乙酸二钠溶液，用冰乙酸调 pH 至 8.0，然后加水定容到 1 000 mL。使用时，用水稀释成 1×TAE。

5.8　加样缓冲液：称取 250.0 mg 溴酚蓝，加入 10 mL 水，在室温下溶解 12 h；称取 250.0 mg 二甲基苯腈蓝，加 10 mL 水溶解；称取 50.0 g 蔗糖，加 30 mL 水溶解。混合以上 3 种溶液，加水定容至 100 mL，在 4℃下保存。

5.9　DNA 分子量标准：可清楚地区分 100 bp～1 000 bp 的 DNA 片段。

5.10　dNTPs 混合溶液：将浓度为 10 mmol/L 的 dATP、dTTP、dGTP、dCTP 4 种脱氧核糖核苷酸溶液等体积混合。

5.11　Taq DNA 聚合酶。

5.12　10×PCR 缓冲液：Tris - HCl(pH 8.3) 100 mmol/L，KCl 500 mmol/L，$MgCl_2$ 15 mmol/L。

5.13　*hLTF* 基因引物

正向引物 hLTF - F：5′- GGCTGTGGTGAAGAAGGG - 3′；

反向引物 hLTF - R：5′- CTCAATGGGCTCAGGTGG - 3′；

预期扩增片段大小为 154 bp(参见附录 A)。

5.14　内标准基因引物：根据样品来源选择对应的牛内标准基因(见农业部 2031 号公告—14—2013)、羊内标准基因(见农业部 2122 号公告—2—2014)、猪内标准基因(见农业部 2122 号公告—1—2014)，确定检测引物。

5.15　引物溶液：用 TE 缓冲液或水分别将引物稀释到 10 μmol/L。

5.16　石蜡油。

5.17　动物基因组 DNA 提取试剂盒。

5.18　定性 PCR 扩增试剂盒。

5.19　PCR 产物回收试剂盒。

6　主要仪器和设备

6.1　分析天平：感量 0.1 mg、感量 0.01 g。

6.2　涡旋微型离心机：最大相对离心力 2 000 *g*。

6.3　微量紫外分光光度计：2 ng/μL～15 000 ng/μL。

6.4　PCR 扩增仪：升降温速度＞1.5℃/s，孔间温度差异＜1.0℃。

6.5　电泳槽、电泳仪等电泳装置。

6.6　凝胶成像系统。

7　分析步骤

7.1　DNA 模板制备

7.1.1　DNA 模板制备采用农业部 2406 号公告—7—2016 的方法，测定并记录 DNA 在 260 nm 和 280 nm 的吸光度。将 DNA 适当稀释或浓缩，使其 OD_{260} 值在 0.1～0.8 的区间内。以 1 个 OD_{260} 值相当于

50 ng/μL DNA 浓度来计算纯化 DNA 的浓度，并进行 DNA 凝胶电泳检测 DNA 完整性。DNA 溶液 OD_{260}/OD_{280} 值应在 1.7～2.0 之间，或质量能符合检测要求。

7.1.2 依据测得的浓度，将 DNA 溶液用 TE 缓冲液稀释到 25 ng/μL，−20 ℃保存。

7.2 PCR 扩增

7.2.1 试样 PCR 扩增

7.2.1.1 内标准基因 PCR 扩增

根据样品来源选择合适的牛、羊、猪内标准基因，确定对应的 PCR 扩增引物、反应体系和反应程序。

7.2.1.2 基因特异性序列 PCR 扩增

7.2.1.2.1 每个试样 PCR 扩增设置 3 次平行。

7.2.1.2.2 在 PCR 扩增管中按表 1 依次加入反应试剂，涡旋振荡混匀，再加 25 μL 石蜡油(有热盖功能的 PCR 仪可不加)。也可采用经验证的、等效的定性 PCR 扩增试剂盒配制反应体系。

表 1 PCR 检测反应体系

试 剂	体 积	终浓度
水	—	—
10×PCR 缓冲液	2.5 μL	1×
dNTPs 混合溶液(各 2.5 mmol/L)	2 μL	各 0.2 mmol/L
10 μmol/L hLTF-F	0.5 μL	0.2 μmol/L
10 μmol/L hLTF-R	0.5 μL	0.2 μmol/L
Taq DNA 聚合酶	—	0.025 U/μL
25 ng/μL DNA 模板	2.0 μL	2.0 mg/L
总体积	25.0 μL	
“—”表示体积不确定，根据 Taq DNA 聚合酶的浓度确定其体积，并相应调整水的体积，使反应体系总体积达到 25.0 μL。		

7.2.1.2.3 将 PCR 管放在离心机上，500 *g*～3 000 *g* 离心 10 s，然后取出 PCR 管，放入 PCR 仪中。

7.2.1.2.4 进行 PCR 扩增。反应程序为：95℃预变性 5 min；95℃变性 30 s，60℃退火 30 s，72℃延伸 15 s，共进行 35 次循环；72℃延伸 5 min。

7.2.1.2.5 反应结束后取出 PCR 管，对 PCR 扩增产物进行电泳检测。

7.2.2 对照 PCR 扩增

在试样 PCR 扩增的同时，应设置阴性对照、阳性对照和空白对照。

以与试样相同种类的非转基因动物基因组 DNA 作为阴性对照；以含有 *hLTF* 基因的质量分数为 0.1%～1.0%的转基因动物基因组 DNA 作为阳性对照；以水作为空白对照。

除 DNA 模板外，对照 PCR 扩增与 7.2.1 相同。

7.3 PCR 产物电泳检测

按 20 g/L 的质量浓度称量琼脂糖，加入 1×TAE 缓冲液中，加热溶解，配制成琼脂糖溶液。每 100 mL 琼脂糖溶液中加入 5 μL EB 溶液，混匀。稍适冷却后，将其倒入电泳板上，插上梳板。室温下凝固成凝胶后，放入 1×TAE 缓冲液中，垂直向上轻轻拔去梳板。取 4 μL PCR 产物与 2 μL 加样缓冲液混合后加入凝胶点样孔，同时在其中一个点样孔中加入 DNA 分子量标准。接通电源在 2 V/cm～5 V/cm 条件下电泳 15 min～20 min，再用凝胶成像系统检测。

7.4 凝胶成像分析

电泳结束后，取出琼脂糖凝胶，置于凝胶成像仪上或紫外透射仪上成像。根据 DNA 分子量标准判断扩增条带的大小，将电泳结果形成电子文件存档或用照相系统拍照。如需通过序列分析确认 PCR 扩增片段是否为目的 DNA 片段，可进行 PCR 产物回收和测序验证。

8 结果分析与表述

8.1 对照检测结果分析

在内标准基因和阳性对照 PCR 扩增中，内标准基因和 *hLTF* 基因特异性序列均得到扩增，且扩增片段大小与预期片段大小一致，而阴性对照中仅扩增出内标基因片段，空白对照中没有预期扩增片段，表明 PCR 扩增体系正常工作；否则，重新检测。

8.2 样品检测结果分析和表述

8.2.1 内标准基因和 *hLTF* 特异性序列得到扩增，且扩增片段大小与预期片段大小一致，表明样品中检测出人乳铁蛋白基因成分，表述为“样品中检测出人乳铁蛋白基因成分，检测结果为阳性”。

8.2.2 内标准基因片段得到扩增，且扩增片段大小与预期片段大小一致，而 *hLTF* 特异性序列未得到扩增，或扩增片段大小与预期片段大小不一致，表明样品中未检测出人乳铁蛋白基因成分，表述为“样品中未检测出人乳铁蛋白基因成分，检测结果为阴性”。

8.2.3 内标准基因片段未得到扩增，或扩增片段大小与预期片段大小不一致，表明样品中未检出对应物种基因组成分，结果表述为“样品中未检测出对应物种成分，检测结果为阴性”。

9 检出限

本标准方法的检出限为 1 g/kg（含靶序列样品 DNA 量/总样品 DNA 量）。

注：本标准的检出限是以 PCR 检测反应体系中加入 50 ng DNA 模板进行测算的。

附 录 A
（资料性附录）
人乳铁蛋白基因 *hLTF* 扩增目的片段序列

1 GGCTGTGGTG AAGAAGGGCG GCAGCTTTCA GCTGAACGAA CTGCAAGGTC TGAAGTCCTG
61 CCACACAGGC CTTCGCAGGA CCGCTGGATG GAATGTCCCT ATAGGGACAC TTCGTCCATT
121 CTTGAATTGG ACGGGTCCAC CTGAGCCCAT TGAG

注：划线部分为引物序列所在位置。

ICS 65.020.01
B 04

中华人民共和国国家标准

农业部2406号公告—9—2016

转基因动物及其产品成分检测 人α-乳清蛋白基因（*hLALBA*）定性PCR方法

Detection of genetically modified animals and derived products—Qualitative PCR method for *hLALBA*(*Homo sapiens* Lactalbumin, alpha-)

2016-05-23 发布　　2016-10-01 实施

中华人民共和国农业部　发布

前　言

本标准按照 GB/T 1.1—2009 给出的规则起草。

请注意本文件的某些内容可能涉及专利。本文件的发布机构不承担识别这些专利的责任。

本标准由中华人民共和国农业部提出。

本标准由全国农业转基因生物安全管理标准化技术委员会(SAC/TC 276)归口。

本标准起草单位:农业部科技发展中心、华中农业大学。

本标准主要起草人:刘榜、李文龙、张庆德、宋贵文、陶晨雨、金芜军、甄月然、付明、章秋艳。

转基因动物及其产品成分检测
人 α-乳清蛋白基因(*hLALBA*)定性 PCR 方法

1 范围

本标准规定了人 α-乳清蛋白基因(*hLALBA*)的定性 PCR 检测方法。

本标准适用于转基因牛、羊、猪及其产品的人 α-乳清蛋白基因(*hLALBA*)定性 PCR 检测。

2 规范性引用文件

下列文件对于本文件的应用是必不可少的。凡是注日期的引用文件,仅注日期的版本适用于本文件。凡是不注日期的引用文件,其最新版本(包括所有的修改单)适用于本文件。

GB/T 6682 分析实验室用水规格和试验方法

农业部 2031 号公告—14—2013 转基因动物及其产品成分检测 普通牛(*Bos taurus*)内标准基因定性 PCR 方法

农业部 2122 号公告—1—2014 转基因动物及其产品成分检测 猪内标准基因定性 PCR 方法

农业部 2122 号公告—2—2014 转基因动物及其产品成分检测 羊内标准基因定性 PCR 方法

农业部 2406 号公告—7—2016 转基因动物及其产品成分检测 DNA 提取和纯化

3 术语和定义

农业部 2031 号公告—14—2013、农业部 2122 号公告—1—2014、农业部 2122 号公告—2—2014 界定的以及下列术语和定义适用于本文件。

3.1

hLALBA ***Homo sapiens*** **Lactalbumin, alpha-**

人 α-乳清蛋白基因 (GenBank accession number: GenBank X05153.1):来源于人,编码 α-乳清蛋白的基因。

4 原理

根据 *hLALBA* 基因特异序列设计引物,对样品进行 PCR 扩增。依据是否扩增获得预期 156 bp 的特异性 DNA 片段,判断样品中是否含有 *hLALBA* 基因成分。

5 试剂和材料

除非另有说明,仅使用分析纯试剂和重蒸馏水或符合 GB/T 6682 规定的一级水。

5.1 琼脂糖。

5.2 10 g/L 溴化乙锭溶液:称取 1.0 g 溴化乙锭(EB),溶解于 100 mL 水中,避光保存。

警告——溴化乙锭有致癌作用,配制和使用时应戴一次性手套操作并妥善处理废液。

5.3 10 mol/L 氢氧化钠溶液:在 160 mL 水中加入 80.0 g 氢氧化钠(NaOH),溶解后,冷却至室温,再加水定容至 200 mL。

5.4 500 mmol/L 乙二铵四乙酸二钠溶液(pH 8.0):称取 18.6 g 乙二铵四乙酸二钠($EDTA-Na_2$),加入 70 mL 水中,缓慢滴加氢氧化钠溶液直至 $EDTA-Na_2$ 完全溶解。用氢氧化钠溶液调 pH 至 8.0,加水定容至 100 mL。在 103.4 kPa(121℃)条件下灭菌 20 min。

5.5 1 mol/L 三羟甲基氨基甲烷—盐酸溶液(pH 8.0):称取 121.1 g 三羟甲基氨基甲烷(Tris)溶解于 800 mL 水中,用盐酸(HCl)调 pH 至 8.0,加水定容至 1 000 mL。在 103.4 kPa(121℃)条件下灭菌 20 min。

5.6 TE 缓冲液(pH 8.0):分别量取 10 mL 三羟甲基氨基甲烷—盐酸溶液和 2 mL 乙二铵四乙酸二钠溶液,加水定容至 1 000 mL。在 103.4 kPa(121℃)条件下灭菌 20 min。

5.7 50×TAE 缓冲液:称取 242.2 g 三羟甲基氨基甲烷(Tris),先用 500 mL 水加热搅拌溶解后,加入 100 mL 乙二铵四乙酸二钠溶液,用冰乙酸调 pH 至 8.0,然后加水定容到 1 000 mL。使用时,用水稀释成 1×TAE。

5.8 加样缓冲液:称取 250.0 mg 溴酚蓝,加入 10 mL 水,在室温下溶解 12 h;称取 250.0 mg 二甲基苯腈蓝,加 10 mL 水溶解;称取 50.0 g 蔗糖,加 30 mL 水溶解。混合以上 3 种溶液,加水定容至 100 mL,在 4℃下保存。

5.9 DNA 分子量标准:可清楚地区分 100 bp~1 000 bp 的 DNA 片段。

5.10 dNTPs 混合溶液:将浓度为 10 mmol/L 的 dATP、dTTP、dGTP、dCTP 4 种脱氧核糖核苷酸溶液等体积混合。

5.11 Taq DNA 聚合酶。

5.12 10×PCR 缓冲液:Tris-HCl(pH 8.3) 100 mmol/L,KCl 500 mmol/L,$MgCl_2$ 15 mmol/L。

5.13 ***hLALBA* 基因引物**

正向引物 hLALBA-F:5′-TGTGAGTGTCTGCTGTCC-3′;

反向引物 hLALBA-R:5′-AGTCTTCAAGAATTCGGT-3′;

预期扩增片段大小为 156 bp(参见附录 A)。

5.14 内标准基因引物:根据样品来源选择对应的牛内标准基因(见农业部 2031 号公告—14—2013)、羊内标准基因(见农业部 2122 号公告—2—2014)、猪内标准基因(见农业部 2122 号公告—1—2014),确定检测引物。

5.15 引物溶液:用 TE 缓冲液或水分别将引物稀释到 10 μmol/L。

5.16 石蜡油。

5.17 动物基因组 DNA 提取试剂盒。

5.18 定性 PCR 扩增试剂盒。

5.19 PCR 产物回收试剂盒。

6 主要仪器和设备

6.1 分析天平:感量 0.1 mg、感量 0.01 g。

6.2 涡旋微型离心机:最大相对离心力 2 000 *g*。

6.3 微量紫外分光光度计:2 ng/μL~15 000 ng/μL。

6.4 PCR 扩增仪:升降温速度>1.5℃/s,孔间温度差异<1.0℃。

6.5 电泳槽、电泳仪等电泳装置。

6.6 凝胶成像系统。

7 分析步骤

7.1 DNA 模板制备

7.1.1 DNA 模板制备采用农业部 2406 号公告—7—2016 的方法,测定并记录 DNA 在 260 nm 和 280 nm 的吸光度。将 DNA 适当稀释或浓缩,使其 OD_{260} 值在 0.1~0.8 的区间内。以 1 个 OD_{260} 值相当于

50 ng/μL DNA 浓度来计算纯化 DNA 的浓度，并进行 DNA 凝胶电泳检测 DNA 完整性。DNA 溶液 OD_{260}/OD_{280}值应在 1.7～2.0 之间，或质量能符合检测要求。

7.1.2 依据测得的浓度，将 DNA 溶液用 TE 缓冲液稀释到 25 ng/μL，－20℃保存。

7.2 PCR 扩增

7.2.1 试样 PCR 扩增

7.2.1.1 内标准基因 PCR 扩增

根据样品来源选择合适的牛、羊、猪内标准基因，确定对应的 PCR 扩增引物、反应体系和反应程序。

7.2.1.2 基因特异性序列 PCR 扩增

7.2.1.2.1 每个试样 PCR 扩增设置 3 次平行。

7.2.1.2.2 在 PCR 扩增管中按表 1 依次加入反应试剂，涡旋振荡混匀，再加 25 μL 石蜡油(有热盖功能的 PCR 仪可不加)。也可采用经验证的、等效的定性 PCR 扩增试剂盒配制反应体系。

表 1 PCR 检测反应体系

试 剂	体 积	终浓度
水	—	—
10×PCR 缓冲液	2.5 μL	1×
dNTPs 混合溶液(各 2.5 mmol/L)	2 μL	各 0.2 mmol/L
10 μmol/L hLALBA - F	2 μL	0.8 μmol/L
10 μmol/L hLALBA - R	2 μL	0.8 μmol/L
Taq DNA 聚合酶	—	0.025 U/μL
25 ng/μL DNA 模板	2.0 μL	2.0 mg/L
总体积	25.0 μL	
“—”表示体积不确定，根据 Taq DNA 聚合酶的浓度确定其体积，并相应调整水的体积，使反应体系总体积达到 25.0 μL。		

7.2.1.2.3 将 PCR 管放在离心机上，500 *g*～3 000 *g* 离心 10 s；然后，取出 PCR 管，放入 PCR 仪中。

7.2.1.2.4 进行 PCR 扩增。反应程序为：95℃预变性 5 min；95℃变性 30 s，56℃退火 30 s，72℃延伸 15 s，共进行 35 次循环；72℃延伸 5 min。

7.2.1.2.5 反应结束后取出 PCR 管，对 PCR 扩增产物进行电泳检测。

7.2.2 对照 PCR 扩增

在试样 PCR 扩增的同时，应设置阴性对照、阳性对照和空白对照。

以与试样相同种类的非转基因动物基因组 DNA 作为阴性对照；以含有 *hLALBA* 基因的质量分数为 0.1%～1.0%的转基因动物基因组 DNA 作为阳性对照；以水作为空白对照。

除 DNA 模板外，对照 PCR 扩增与 7.2.1 相同。

7.3 PCR 产物电泳检测

按 20 g/L 的质量浓度称量琼脂糖，加入 1×TAE 缓冲液中，加热溶解，配制成琼脂糖溶液。每 100 mL琼脂糖溶液中加入 5 μL EB 溶液，混匀。稍适冷却后，将其倒入电泳板上，插上梳板。室温下凝固成凝胶后，放入 1×TAE 缓冲液中，垂直向上轻轻拔去梳板。取 4 μL PCR 产物与 2 μL 加样缓冲液混合后加入凝胶点样孔，同时在其中一个点样孔中加入 DNA 分子量标准。接通电源在 2 V/cm～5 V/cm 条件下电泳 15 min～20 min，再用凝胶成像系统检测。

7.4 凝胶成像分析

电泳结束后，取出琼脂糖凝胶，置于凝胶成像仪上或紫外透射仪上成像。根据 DNA 分子量标准判断扩增条带的大小，将电泳结果形成电子文件存档或用照相系统拍照。如需通过序列分析确认 PCR 扩增片段是否为目的 DNA 片段,可进行 PCR 产物回收和测序验证。

8 结果分析与表述

8.1 对照检测结果分析

在内标准基因和阳性对照 PCR 扩增中,内标准基因和 *hLALBA* 基因特异性序列均得到扩增,且扩增片段大小与预期片段大小一致,而阴性对照中仅扩增出内标基因片段,空白对照中没有预期扩增片段,表明 PCR 扩增体系正常工作;否则,重新检测。

8.2 样品检测结果分析和表述

8.2.1 内标准基因和 *hLALBA* 特异性序列得到扩增,且扩增片段大小与预期片段大小一致,表明样品中检测出含有人 α-乳清蛋白基因成分,表述为"样品中检测出人 α-乳清蛋白基因成分,检测结果为阳性"。

8.2.2 内标准基因片段得到扩增,且扩增片段大小与预期片段大小一致,而 *hLALBA* 特异性序列未得到扩增,或扩增片段大小与预期片段大小不一致,表明样品中未检测出人 α-乳清蛋白基因成分,表述为"样品中未检测出人 α-乳清蛋白基因成分,检测结果为阴性"。

8.2.3 内标准基因片段未得到扩增,或扩增片段大小与预期片段大小不一致,表明样品中未检出对应物种基因组成分,结果表述为"样品中未检出对应物种成分,检测结果为阴性"。

9 检出限

本标准方法的检出限为 1 g/kg(含靶序列样品 DNA 量/总样品 DNA 量)。

注:本标准的检出限是以 PCR 检测反应体系中加入 50 ng DNA 模板进行测算的。

附 录 A
(资料性附录)
人α-乳清蛋白基因(*hLALBA*)扩增目的片段序列

```
  1  TGTGAGTGTC TGCTGTCCTT GGCACCCCTG CCCACTCCAC ACTCCTGGAA TACCTCTTCC
 61  CTAATGCCAC CTCAGTTTGT TTCTTTCTGT TCCCCCAAAG CTTATCTGTC TCTGAGCCTT
121  GGGCCCTGTA GTGACATCAC CGAATTCTTG AAGACT
```

注:划线部分为引物序列所在位置。

ICS 65.020.01
B 04

中华人民共和国国家标准

农业部2406号公告—10—2016
代替农业部2031号公告—16—2013

转基因生物及其产品食用安全检测 蛋白质急性经口毒性试验

Food safety detection of genetically modified organisms and derived products—Oral acute toxicity test of protein

2016-05-23 发布　　2016-10-01 实施

中华人民共和国农业部 发布

前　言

本标准按照 GB/T 1.1—2009 给出的规则起草。

本标准代替农业部 2031 号公告—16—2013《转基因生物及其产品食用安全检测　蛋白质经口急性毒性试验》。本标准与农业部 2031 号公告—16—2013 相比，除编辑性修改外，主要技术变化如下：

——修改了术语和定义，删除了“最大耐受剂量”的定义（见第 3 章，2013 版的第 3 章）；

——修改了原理表述，增加了耐受剂量的原理及结果描述（见第 4 章，2013 版的第 4 章）；

——修改了试剂，删除了“PBS 溶液或其他溶剂”与“食用植物油”（见第 5 章，2013 版的第 5 章）；

——删除了实验动物的周龄“6 周～8 周”与小鼠选用“昆明或 CD-1 品系”和大鼠选用“Wistar 或 Sprague Dawley 品系”的要求，小鼠体重由“18 g ～ 22 g”修改为“18 g ～ 25 g”（见第 7 章，2013 版的第 7 章）；

——删除了动物分组中的溶剂对照组，增加了蛋白纯度要求：“其中目的蛋白的纯度应为当前国内外技术能够达到的最高水平，并明确其余成分”；修改了动物只数，由“每组不少于 12 只动物，雌雄各半”修改为“每组至少选用雌雄两种性别的实验动物各 5 只”（见 8.1，2013 版的 8.1）；

——修改了受试蛋白的处理方法，删除了“PBS 或其他溶剂溶解”和“脂溶性样品采用食用植物油溶解”，修改为“首选溶媒为水，推荐以水为溶媒的溶液/悬浮液/乳浊液。也可使用羧甲基纤维素、淀粉等配成混悬液或糊状物等。使用其他溶媒需说明理由。”（见 8.2，2013 版的 8.2）；

——修改了动物禁食时间，动物禁食时间由“16 h” 修改为“大鼠隔夜禁食 16 h，小鼠禁食 4 h”；增加了给药后继续禁食时间和给予饲料的要求：“给予受试蛋白后，大鼠需继续禁食 3 h ～ 4 h，小鼠需继续禁食 1 h ～ 2 h。若采用分批多次给予受试蛋白，可根据染毒间隔时间的长短给予动物一定量的饲料。”（见 8.3.2，2013 版的 8.3.2）；

——修改了灌胃体积，由“小鼠常用容量为 20 mL/(kg·BW)，大鼠常用容量为 10 mL/(kg·BW)”修改为“小鼠常用灌胃体积为 20 mL/(kg·BW)，一般不超过 40 mL/(kg·BW)；大鼠常用灌胃体积为 10 mL/(kg·BW)，一般不超过 20 mL/(kg·BW)”（见 8.3.4，2013 版的 8.3.3）；

——修改了多次给予的表述，由“24 h 内给予 3 次”修改为“24 h 内多次给予受试蛋白，一般不超过 3 次”；时间间隔由“每次间隔 6 h”修改为“每次间隔 3 h～4 h”（见 8.3.5，2013 版的 8.3.4）；

——修改了中毒表现，增加了时间点的表述：“前 30 min 内至少观察一次，24 h 和 48 h 内定时进行观察。迟发死亡要连续观察 14 d。第 15 d，安乐处死全部实验动物。”（见 8.3.6，2013 版的 8.4.3）；

——增加了死亡动物解剖的要求：“对于实验期间死亡的动物以及实验结束后安乐处死的实验动物，均应进行大体解剖，观察并记录脏器病变情况，必要时进行病理切片观察。”（见 8.3.7）；

——修改了 MTD 方法的表述，删除了原 8.4.2“对于毒性较小，最大给予剂量下仍不产生致死效应的受试蛋白，采用最大耐受剂量法测定其 MTD。最大灌胃容量小鼠为 40 mL/(kg·BW)，大鼠为 20 mL/(kg·BW)。”修改为“给予目的蛋白剂量应达到 5 000 mg/(kg·BW)。否则，应说明理由。”（见 8.3，2013 版的 8.4.2）；

——删除了急性毒性的分级标准，改为“根据 GB 15193.3—2014 中附录 G 判定受试蛋白的毒性分级。”（见 9.2，2013 版的 9.1）；

——修改了耐受剂量法的结果表述，原表述为“若只有 MTD 数值，未得出 LD_{50}，则表述为：该受试蛋白经口急性毒性最大耐受剂量为×× mg/(kg·BW)。”修改为“按照限量法给予受试蛋白后，观察期内无受试蛋白毒性引起的动物死亡，则认为受试蛋白对该种动物的经口急性毒性耐受剂量大于该剂量，其 LD_{50} 大于该剂量。结果表述为：该受试蛋白经口急性毒性耐受剂量大于 ×× mg/(kg·BW)，其 LD_{50} 大于该剂量。”(见 9.1，2013 版的 9.2)。

请注意本文件的某些内容可能涉及专利。本文件的发布机构不承担识别这些专利的责任。

本标准由中华人民共和国农业部提出。

本标准由全国农业转基因生物安全管理标准化技术委员会(SAC/TC 276)归口。

本标准起草单位：农业部科技发展中心、中国农业大学、国家食品安全风险评估中心。

本标准主要起草人：黄昆仑、宋贵文、徐海滨、赵欣、刘珊、贺晓云、车会莲、许文涛、罗云波。

本标准的历次版本发布情况为：

——农业部 2031 号公告—16—2013。

转基因生物及其产品食用安全检测 蛋白质急性经口毒性试验

1 范围

本标准规定了转基因生物外源基因表达蛋白质经口急性毒性试验的设计原则、测定指标和结果判定。

本标准适用于转基因生物外源基因表达蛋白质的经口急性毒性试验。

2 规范性引用文件

下列文件对于本文件的应用是必不可少的。凡是注日期的引用文件，仅注日期的版本适用于本文件。凡是不注日期的引用文件，其最新版本(包括所有的修改单)适用于本文件。

GB 5749 生活饮用水卫生标准

GB 14922.2 实验动物 微生物学等级及监测

GB 14924.3 实验动物 小鼠大鼠配合饲料

GB 14925 实验动物环境及设施

GB 15193.3—2014 急性毒性试验

3 术语和定义

下列术语和定义适用于本文件。

3.1

急性毒性 acute toxicity

一次性给予或在 24 h 内多次经口给予试验动物受试蛋白后，动物在 14 d 内出现的健康损害和致死效应。

3.2

半数致死剂量 median lethal dose, LD_{50}

经口给予受试蛋白后，预期能够引起 50%动物死亡的受试蛋白剂量。

4 原理

对于有资料显示毒性较小或未显示毒性，给予一定剂量仍不出现死亡的受试蛋白，采用限量法测定其经口急性毒性耐受剂量。24 h 内经口给予实验动物大量受试蛋白，观察动物 14 d 内的中毒表现。如果观察期内无动物死亡，则认为受试蛋白对该种动物的经口急性毒性耐受剂量大于该剂量，其 LD_{50} 大于该剂量。

5 试剂

5.1 溶剂：水。

5.2 混悬液或糊状物辅剂：羧甲基纤维素或淀粉。

6 主要仪器

6.1 电子天平：感量分别为 0.1 g 和 0.000 1 g。

6.2 其他相关设备。

7 实验动物

7.1 选用符合GB 14922.2要求的清洁级及以上级别2种性别的小鼠或/和大鼠。常用小鼠体重为18 g～25 g;常用大鼠体重为180 g～220 g。同性别实验动物个体间体重相差不超过平均体重的±20%。

7.2 若对受试蛋白的毒性已有所了解,还应选择对其敏感的动物进行试验。实验动物在实验开始前,应在饲养环境适应3 d～5 d。

7.3 动物饲养环境符合GB 14925的屏障环境要求,动物饮用水符合GB 5749的要求。

7.4 动物饲料符合GB 14924.3的要求。

8 操作步骤

8.1 动物分组

8.1.1 实验组给予受试蛋白,其中目的蛋白的纯度应为当前国内外技术能够达到的最高水平,并明确其余成分。

8.1.2 必要时,可采用同等剂量的牛血清白蛋白作为阴性对照组。

8.1.3 每组至少选用雌雄2种性别的实验动物各5只。

8.2 受试蛋白的处理

8.2.1 受试蛋白应溶解或悬浮于适宜的溶媒中。

8.2.2 首选溶媒为水,推荐以水为溶媒的溶液/悬浮液/乳浊液;也可使用羧甲基纤维素、淀粉等配成混悬液或糊状物等。使用其他溶媒需说明理由。

8.2.3 受试物应新鲜配制,有资料表明其溶液或混悬液储存稳定者除外。

8.3 受试蛋白的给予

8.3.1 途径:经口灌胃。

8.3.2 试验前禁食:大鼠隔夜禁食16 h,小鼠禁食4 h,不限制饮水。给予受试蛋白后,大鼠需继续禁食3 h～4 h,小鼠需继续禁食1 h～2 h。若采用分批多次给予受试蛋白,可根据染毒间隔时间的长短给予动物一定量的饲料。

8.3.3 剂量:给予目的蛋白剂量应达到5 000 mg/(kg·BW)。否则,应说明理由。

8.3.4 灌胃体积:各剂量组灌胃体积相同[mL/(kg·BW)],小鼠常用灌胃体积为20 mL/(kg·BW),一般不超过40 mL/(kg·BW);大鼠常用灌胃体积为10 mL/(kg·BW),一般不超过20 mL/(kg·BW)。

8.3.5 方式:一般一次性给予受试蛋白。如果受试蛋白容积较大,不能采用单一剂量灌胃,也可24 h内多次给予受试蛋白,一般不超过3次,每次间隔3 h～4 h,合并作为1次剂量计算。

8.3.6 观察:给予受试蛋白后,即应依据GB 15193.3—2014观察并记录中毒症状、程度和出现时间。前30 min内至少观察一次,24 h和48 h内定时进行观察。迟发死亡要连续观察14 d。第15 d,安乐处死全部实验动物。

8.3.7 解剖:对于实验期间死亡的动物以及实验结束后安乐处死的实验动物,均应进行大体解剖,观察并记录脏器病变情况,必要时进行病理切片观察。

8.4 LD_{50}

如限量法中出现受试物毒性导致的动物死亡,应根据GB 15193.3—2014,采用霍恩氏(Horn)法、寇氏(Korbor)法、机率单位—对数图解法或上下法测定其LD_{50}。

9 结果分析与表述

9.1 按照限量法给予受试蛋白后，观察期内无受试蛋白毒性引起的动物死亡，则认为受试蛋白对该种动物的经口急性毒性耐受剂量大于该剂量，其 LD_{50} 大于该剂量。结果表述为：该受试蛋白经口急性毒性耐受剂量大于 ×× mg/(kg · BW)，其 LD_{50} 大于该剂量。

9.2 采用其他方法能够测得 LD_{50} 的受试蛋白，则根据 GB 15193.3—2014 中附录 G 判定受试蛋白的毒性分级。

9.3 如果存在可观察的中毒表现，应描述中毒表现特征，提示受试蛋白的毒性作用特性。

第三部分

沼气、生物质能源及设施建设标准

ICS 27.010
F 13

中华人民共和国农业行业标准

NY/T 443—2016
代替 NY/T 443—2001

生物质气化供气系统技术条件及验收规范

Specification and acceptance for biomass gasification system

2016-05-23 发布 2016-10-01 实施

中华人民共和国农业部 发布

前　言

本标准按照 GB/T 1.1—2009 给出的规则起草。

本标准是对 NY/T 443—2001《生物质气化供气系统技术条件及验收规范》的修订。与 NY/T 443—2001 相比,除编辑性修改外,主要技术内容变化如下:

——将焦油和灰尘的含量应不大于 50 mg/Nm^3 调整为焦油和灰尘的含量应不大于 15 mg/Nm^3;

——增加了钢制储气罐技术条件和要求;

——增加了生物质气化供气系统需配套安装燃气加臭装置及技术要求;

——增加了对于有污水产生的生物质气化供气站需配套建设污水处理设施的要求;

——增加了钢制储气罐施工阶段验收方法;

——增加了生物质气化供气系统需配套安装燃气加臭装置安装要求;

——增加了对于有污水产生的生物质气化供气站需配套建设污水处理设施建设要求;

——增加了钢制储气罐验收规范;

——增加了生物质气化供气系统需配套安装燃气加臭装置验收规范;

——增加了对于有污水产生的生物质气化供气站需配套建设污水处理设施验收规范;

——删除了资料性附录 D。

本标准由农业部科技教育司提出并归口。

本标准起草单位:中国农村能源行业协会、农业部规划设计研究院、北京市公用事业科学研究所、山东大学、中国科学院广州能源研究所、农业部节能产品及设备质量监督检验测试中心(哈尔滨)、合肥天焱绿色能源开发有限公司、辽宁贝龙农村能源环境技术有限公司、吉林天煜新型能源工程有限公司、山东百川同创能源有限公司、无锡明燕集团新能源科技有限公司、南京万物新能源科技有限公司。

本标准主要起草人:肖明松、张榕林、王孟杰、董玉平、马隆龙、佟启玉、刘勇、王如汉、李海燕、贝洪毅、史诗长。

本标准的历次版本发布情况为:

——NY/T 443—2001。

生物质气化供气系统技术条件及验收规范

1 范围

本标准规定了生物质供气系统的技术条件、工程施工安装、试验方法及验收规范。

本标准适用于以生物质秸秆为原料的气化集中供气系统。

2 规范性引用文件

下列文件对于本文件的应用是必不可少的。凡是注日期的引用文件，仅注日期的版本适用于本文件。凡是不注日期的引用文件，其最新版本(包括所有的修改单)适用于本文件。

GB 151 钢制管壳式换热器

GB 713 锅炉和压力容器用钢板

GB/T 912 碳素结构钢和低合金结构钢热轧薄钢板和钢带

GB/T 985.1 气焊、焊条电弧焊、气体保护焊和高能束焊的推荐坡口

GB/T 8163 输送流体用无缝钢管

GB/T 15558.1 燃气用埋地聚乙烯(PE)管道系统 第1部分:管材

GB/T 15558.2 燃气用埋地聚乙烯(PE)客道系统 第2部分:管件

GB 50010 混凝土结构设计规范

GB 50016 建筑设计防火规范

GB 50028 城镇燃气设计规范

GB 50057 建筑物防雷设计规范

GB 50058 爆炸和火灾危险环境电力装置设计规范

GB 50202 建筑地基基础工程施工质量验收规范

GB 50204 混凝土结构工程施工质量验收规范

GB 50211 工业炉砌筑工程施工及验收规范

GB 50235 工业金属管道工程施工规范

CECS 267 橡胶膜密封储气柜工程施工质量验收规程

CJ 343 污水排入城镇下水道水质标准

CJJ 33 城镇燃气输配工程施工及验收规范

CJJ 63 聚乙烯燃气管道工程技术规范

CJJ 95 城镇燃气埋地钢质管道腐蚀控制技术规程

CJJ/T 148 城镇燃气加臭技术规程

HG 20517 钢制低压湿式气柜

HGJ 212 金属焊接结构湿式贮气柜施工及验收规范

JB 4730(所有部分) 承压设备无损检测

JB/T 4730.3—2005 承压设备无损检测 第3部分:超声检测

JB/T 4731 钢制卧式容器

NB/T 34011 生物质气化集中供气污水处理装置技术规范

NB/T 47003.1 钢制焊接常压容器

NY/T 1017 秸秆气化装置和系统测试方法

NYJ/T 09 生物质气化集中供气站建设标准

3 术语和定义

下列术语和定义适用于本文件。

3.1

气化剂 gasification catalyst

生物质原料在气化炉内进行气化时所输进的空气、氧、富氧空气、水蒸气等气体介质的总称。

3.2

净化装置 purification device

冷却燃气,脱除燃气中的灰尘、焦油、硫化氢等杂质的装置。

3.3

固定床气化 fixed bed gasification

原料在气化炉内形成燃烧反应层并缓慢下移,其速度与气化剂运动的速度相比很小,此类气化方式为固定床气化。

3.4

流化床气化 fluidized bed gasification

利用流态化原理,使生物质在流化床中发生气化反应,产生可燃气体。相对于固定床而言,气化剂对固体原料产生的浮力等于其重力,固体原料可以在床层中随气体介质在流动中完成气化过程,此类气化方式称为流化床气化。

3.5

干馏热解 pyrolysis

生物质原料在隔绝空气条件下,受热进行的热分解。

3.6

气化机组 gasification set

由上料装置、气化炉、净化装置及配套辅机组成的单元为气化机组。

3.7

气化效率 gasification efficiency

单位质量生物质原料转化成气体燃料完全燃烧时放出的热量与该单位质量生物质原料的热量之比。

3.8

能量转换率 energy conversion rate

同一质量的生物质气化或热解后生成的可用产物中能量与原料总能量的百分比。

3.9

加臭剂 odorization

一种具有强烈气味的有机化合物或混合物。当以很低的浓度加入燃气中,使燃气有一种特殊的、令人不愉快的警示性臭味,以便泄漏的燃气在达到其爆炸下限20%或达到对人体允许的有害浓度时,即被察觉。

4 技术条件

4.1 一般要求

4.1.1 生物质气化集中供气系统的设计应符合本标准,未提及部分按照 GB 50028 的规定要求,工程设计和施工单位应有相关资质。

4.1.2 施工人员应有相应专业的上岗资格证。施工应符合安全技术、环境及劳动保护等的有关规定。

4.1.3 气化车间、储气柜、储料场、生活和办公场区的相对位置应满足安全防火距离，并符合 GB 50016 的规定。

4.1.4 气化车间内的电气设备、开关、灯具等应符合 GB 50058 的规定。

4.1.5 建设单位应委托有资质的监理部门对建筑工程进行质量控制、投资控制、进度控制，施工过程严格按照设计图纸进行，阶段检验及竣工验收应符合本标准的规定。

4.2 气化机组

4.2.1 机组性能

4.2.1.1 在满足规定的燃气热值和各项指标的情况下，机组每小时产气量应不低于标称值。

4.2.1.2 固定床气化炉气化效率应大于等于 70%；流化床、干馏热解式气化床能量转换率应大于等于 70%；燃气低位热值应大于等于 4 600 kJ/Nm^3。

4.2.1.3 燃气经过冷却、净化后，进入储气柜时的温度宜低于 35℃；燃气中焦油和灰尘的含量应低于 15 mg/Nm^3，一氧化碳、氧和硫化氢的含量应分别小于 20%、1%和 20 mg/Nm^3。

4.2.1.4 机组运行时，燃气排送机、泵及上料装置等传动机构产生的噪声应低于 80 dB。

4.2.2 机组选型、制造

4.2.2.1 装配后的上料装置应转动灵活、平稳，不得有卡涩、碰撞现象。

4.2.2.2 气化炉炉排应满足气化剂的均匀分布和灰渣的排输要求，材质上应有足够的抗烧损、抗热变形能力。

4.2.2.3 气化炉使用的钢板材质，应按照 GB 713 的规定选用。炉膛的砌筑及材料应符合 GB 50211 的规定。

4.2.2.4 燃气净化装置可采用干、湿式及干湿组合式，如选用湿式净化、冷却方式时，净化用水如需对外排放，必须进行处理并达到 CJ 343 规定的排放指标。

4.2.2.5 燃气净化装置构件使用的钢板、钢管等，应按照 GB/T 912 及 GB/T 8163 的规定选用，制造应符合 GB 151 的规定。

4.2.2.6 气化机组的操作手柄、手轮等，应设置在方便操作、维护的位置，手柄、手轮的操作用力不大于 180 N。

4.2.2.7 气化机组构件的焊接，应按照 GB/T 985.1 和 NB/T 47003.1 的要求进行，焊缝不得有裂纹、气孔、弧坑、夹渣和未焊透等缺陷。

4.2.2.8 燃气排送机应密封良好，无烟气泄漏，其输气量应大于最大产气量，输气压力应大于制气系统的最大阻力、管路沿程阻力和储气柜最高压力的总和。

4.2.2.9 气化机组应设置实时监测仪表和安全装置：

a) 气化炉出口和燃气排送机出口设置压力监测仪表；

b) 水泵出口设置压力表；

c) 燃气排送机与储气设备间设置安全水封，或设置防止燃气倒流装置；

d) 流化床应设自动排灰装置；

e) 气化操作间内设置一氧化碳报警装置。

4.3 储气装置

常用储气装置有 3 种类型：湿式气柜、干式气柜和低压钢制储气罐。

4.3.1 湿式储气柜

4.3.1.1 湿式储气柜设计应符合 HG 20517 的规定。储气柜额定压力应按 4.4.2.3 的要求确定。储气柜的容积应大于日供气量的 30%。

4.3.1.2 湿式储气柜应配有容积指示标尺和自动安全放气装置，当充气超过上限时能自动报警和放散燃气。

4.3.1.3 湿式储气柜应在进口处设置水封装置、出口处设置阻火装置，在管道最低处应设排水阀。进、出口管应固定在管座上，以防止储气柜地基下沉引起管道变形。

4.3.1.4 湿式储气柜水封的液面有效高度应不小于最大工作压力时液面高度的1.5倍，在冬季结冰地区应采取防冻措施。

4.3.1.5 湿式储气柜应根据其材质、燃气的性质、环境状况选择合适的内外防腐涂层。

4.3.1.6 半地下式储气柜钢筋混凝土水槽，除按照GB 50010的规定设计外，还应符合下列要求：

a) 采用现浇钢筋混凝土水槽，其地基和结构应具有抗拒不低于8.0级地震的能力；

b) 进、出气管阀的井底必须设置排水装置。

4.3.2 干式储气柜

干式储气柜加工制作应符合CECS 267中规定的技术要求。

4.3.3 钢制储气罐

4.3.3.1 钢制储气罐的储气能力应大于日供气量的30%。卧式储气罐的设计应符合JB/T 4731的规定，立式储气罐的设计应符合NB/T 47003.1的规定。

4.3.3.2 钢制储气罐必须设置安全阀、压力表、温度计。

4.3.3.3 钢制储气罐和连接管道管件必须做特殊防腐处理，防腐要求根据施工现场土质和环境情况按照CJJ 95的规定执行。

4.3.4 储气装置防雷设计应符合GB 50057的规定，按第一类建筑物防雷要求进行设计，接地总电阻应小于10 Ω。

4.4 供气管网

4.4.1 低压供气管网系统的设计

4.4.1.1 本标准适用于压力不大于5 kPa的单级低压生物质燃气输配系统。

4.4.1.2 生物质燃气供气系统的设计压力和燃气干管的布置，应根据用户的用气量及其分布、地形地貌、村镇规划、管材设备、施工和运行管理等因素，经过多方案比较，选择技术经济合理、安全可靠的方案。

4.4.2 低压管道计算

4.4.2.1 燃气管道的计算流量按式(1)计算。

$$Q = k\sum Q_n \cdot N \qquad (1)$$

式中：

Q ——燃气主管道的计算流量，单位为立方米每小时(m^3/h)；

k ——相同燃具或相同组合燃具的同时工作系数，k 按总灶具选取；

Q_n ——相同燃具或相同组合燃具的额定流量，单位为立方米每小时(m^3/h)；

N ——相同燃具或相同组合燃具数。

双眼灶同时工作系数见表1。表1中所列的同时工作系数是对于每一用户仅装一台双眼灶，如每一用户装两个单眼灶时，也可参照此表。

表1 居民生活用的燃气双眼灶同时工作系数(k)

相同燃具数(N)	1	2	3	4	5	6	7	8	9	10	15	20	25	30
同时工作系数(k)	1.00	1.00	1.00	1.00	0.85	0.75	0.68	0.64	0.6	0.58	0.56	0.54	0.48	0.45
相同燃具数(N)	40	50	60	70	80	90	100	200	300	400	500	700	1 000	2 000
同时工作系数(k)	0.43	0.40	0.39	0.38	0.37	0.36	0.35	0.35	0.34	0.31	0.30	0.29	0.28	0.26

4.4.2.2 根据每小时流量，按燃气设计手册要求选择相应管径和确定燃气管道摩擦阻力系数，计算出管道局部阻力，管道摩擦总阻力应增加5%～10%。

4.4.2.3 根据所选灶具额定压力及管道总阻力损失，确定储气柜最低出口压力。但储气柜最大出口压力不得大于3 342 Pa。

4.4.2.4 从储气柜到最远端用户的燃气管道允许阻力损失可按式(2)计算。

$$\Delta P_d = 0.75P_n + 150 \quad (2)$$

式中：

ΔP_d——从储气柜到最远端燃具的管道允许阻力损失，单位为帕(Pa)；

P_n ——低压燃具的额定压力，单位为帕(Pa)。

注：ΔP_d含室内燃气管道允许阻力损失，室内燃气管道及燃气表的允许阻力损失应不大于150 Pa。

4.4.3 **中压管道设计**

4.4.3.1 本规定适用于压力大于5 kPa小于100 kPa的生物质燃气输配系统。

4.4.3.2 中压输配工艺是根据所选灶具额定压力及调压设备至燃气表之间总阻力损失确定调压设备的出口压力。

4.4.3.3 中压生物质燃气管道单位长度的摩擦阻力损失的计算，按照GB 50028的规定进行。

4.4.4 **室外管道设计**

4.4.4.1 室外燃气管道地上部分应采用钢管，地下可采用中高密度聚乙烯管或钢管、铸铁管，聚乙烯燃气管材、管件应符合GB/T 15558.1、GB/T 15558.2的规定。

4.4.4.2 地下燃气管道的干管不得从建筑物或地下构筑物的下面穿越。地下低压燃气管道与建筑物、构筑物基础或相邻管道之间的水平和垂直净距，不应小于表2和表3的规定。

表2 地下燃气管道与建筑物、构筑物基础或相邻管道之间的水平和垂直净距

单位为米

建筑物基础	给水管	排水管	电力电缆	通信电缆		电杆(塔)的基础		通信照明电杆(至电杆中心)	街树(至树中心)
				直埋	在导管内	≤35 kW	>35 kW		
0.7	0.5	1.0	0.5	0.5	1.0	1.0	5.0	1.0	1.2

表3 地下燃气管道与构筑物或相邻管道之间垂直净距

单位为米

给、排水管	电缆	
	直埋	在导管内
0.15	0.50	0.15

4.4.4.3 地下中压燃气管道与建筑物、构筑物基础或相邻管道之间的水平和垂直净距，不应小于表3和表4的规定。

表4 地下中压燃气管道与建筑物、构筑物基础或相邻管道之间的水平和垂直净距

单位为米

建筑物基础	给水管	排水管	电力电缆	通信电缆		电杆(塔)的基础		通信照明电杆(至电杆中心)	街树(至树中心)
				直埋	在导管内	≤35 kW	>35 kW		
0.7	0.5	1.2	0.5	0.5	1.0	1.0	5.0	1.0	1.2

4.4.4.4 当地下燃气管道采用中高密度聚乙烯管时，它与供热管之间的水平和垂直净距，按CJJ 63的规定执行。

4.4.4.5 燃气管道穿越主要干道时，需敷设在套管或地沟内，并应符合下列要求：

a) 套管直径应比燃气管道直径大100 mm以上。套管或地沟两端应密封，在重要地段的套管或管沟端部应安装检漏管；

b） 套管端部距路堤坡脚距离不应小于 1.0 m；

c） 燃气管道应垂直穿越公路。

4.4.4.6 在管道的最低处设置集水器，燃气管道坡向集水器的坡度不应小于 0.3%。

4.4.4.7 地下燃气管道应埋设在土壤冰冻层以下，但最小覆土厚度应符合下列要求：

a） 埋设在车行道下时，不得小于 0.8 m；

b） 埋设在非车行道时，不得小于 0.6 m；

c） 埋设在水田下时，不得小于 0.8 m。

4.4.4.8 地下燃气管道的集水器和阀门，均应设置护井或护罩。

4.4.4.9 地下燃气管道的地基应为原土层，凡可能引起不均匀沉降的地段，对其地基应进行处理。

4.4.4.10 地下燃气管道不得在堆积易燃、易爆物和具有腐蚀性液体的场地下面穿越，并不得与其他管道或电缆同沟敷设。

4.4.4.11 当燃气管道需要穿越河流或铁轨时，按照 GB 50028 的规定敷设。

4.4.4.12 严禁在供气管路中直接安装加压设备。

4.4.4.13 钢质燃气管道必须进行防腐，应符合 GB 50028 的规定。

4.4.5 室内管道设计

4.4.5.1 燃气引入管应设置在厨房靠近灶具处，引入管出地面的立管应采用钢管，并牢固固定在墙上；出口与灶具的连接管不得超过 1.5 m，灶具及引入管严禁安装于卧室。引入管的最小公称直径 $D_n \geqslant 20$ mm。

4.4.5.2 燃气引入管穿越建筑物基础，墙或管沟时，均应设置在套管中。

4.4.5.3 套管与供气管两端用沥青、油麻填实，然后用沥青封口。套管尺寸见表 5。

表 5 套管尺寸

单位为毫米

管道公称直径	15	20	25～32	40	50
套管公称直径	32	40	50	70	80

4.4.5.4 室内管道穿墙时，应置于套管内，套管与墙面平齐；当垂直穿过楼板时，套管高出地面 50～100 mm，套管与楼板之间应用水泥砂浆填实固定。

4.4.5.5 燃气引入管的阀门需设置在室内。

4.4.5.6 室内燃气管道采用钢管，必须沿墙或梁敷设，管路及燃气表要固定牢固。其固定支点的间距为：立管不应超过 1 m，水平管不应超过 0.8 m。

4.4.5.7 室内管道的燃气流量应根据所用灶具的数量、额定流量确定。

4.4.5.8 室内管道和燃气表的压力损失不应大于 150 Pa。

4.4.5.9 室内管道和电气设备、相邻管道之间的净距不应小于表 6 的规定。

表 6 燃气管道和电气设备、相邻管道之间的净距

单位为厘米

序号	管道和设备	与燃气管道的净距	
		平行敷设	交叉敷设
1	明装的绝缘电线或电缆	25	10
2	暗装的或放在管子中的绝缘电线	5(指两管的边缘直线距离)	1
3	电压小于 1 000 V 的裸露电线的导电部分	100	100
4	配电盘或配电箱	30	不允许
5	相邻管道	应保证便于安装、维护和修理	2
注：当明装电线与燃气管道交叉净距小于 10 cm 时，电线应加绝缘套管。绝缘套管的两端应各伸出燃气管道 10 cm。			

4.4.5.10 室内燃气管道应设表前阀和灶前阀，并在阀门气流下方安装活接头。

4.4.5.11 当燃气燃烧设备与燃气管道为软管连接时，应符合下列要求：

a) 连接软管的长度不应超过 2 m，并不应有接口，连接软管后不得再设阀门；

b) 燃气用软管应采用耐油橡胶管或燃气专用管；

c) 软管与燃气管道、接头管、燃烧设备的接头处应采用压紧螺帽(锁母)或管卡固定；

d) 软管不得穿墙、窗和门。

4.4.5.12 燃气调压阀应按设计文件或产品说明书的要求安装，且安装在利于通风、便于维修的地方，当设计文件无明确要求时，应符合下列规定：

a) 高位安装时，底距地面不宜小于 1.4 m；

b) 低位安装时，距地面不宜小于 0.2 m；

c) 户外安装时应置于防护箱内，并采取保温措施并符合 GB 50028 的规定。

4.4.5.13 户内调压阀必须安置在燃气计量表前，燃气调压阀前应设置球阀。

4.4.5.14 户内调压阀边缘距墙表面净距不宜小于 10 mm，安装后应横平竖直。

4.4.5.15 户内调压阀的出口压力应与燃气灶的额定压力相匹配。

4.5 燃气加臭

4.5.1 生物质气化供气系统需配套安装燃气加臭装置。

4.5.2 要求燃气加臭装置工作稳定、加入量准确、无泄漏，能够显示流量和累计量。

4.5.3 加臭装置应具有出厂合格证和相关部门的检验报告，安装、运行维护应符合 CJJ/T 148 的规定。

4.6 污水处理

4.6.1 对于有污水产生的生物质气化供气站需配套建设污水处理设施。

4.6.2 污水处理设施和工艺技术应符合 NB/T 34011 的规定。

5 工程施工及设备安装

对于需要阶段验收的施工、安装工程，要由监理部门负责施工过程中质量监督及阶段验收工作，并做好各类书面资料的填报。

5.1 气化机组安装要求

5.1.1 一般规定

5.1.1.1 气化机组的安装应符合 4.2 的要求，管路安装应符合 GB 50235 的规定。

5.1.1.2 气化机组车间基本要求

a) 车间内通风良好，光线充足，房顶应开天窗；

b) 操作空间和行走通道内不得堆放其他物品；

c) 车间内设有可靠的消防设施。

5.1.2 安装

5.1.2.1 辅助材料应符合设计图纸的规定。

5.1.2.2 所用的钢板、钢管、阀门、管件等配件必须有质量合格证书。

5.1.2.3 气化机组安装

a) 将气化炉和净化器安装于基座上，按图纸设计要求调整好两者的相对位置，并平整牢固；

b) 将燃气排送机按其说明书中的要求安装于基座上，并找平固定；

c) 将安全水封按图纸位置安放于基座上，液位计安装在便于观察的位置；

d) 将气化炉、净化器、燃气排送机及安全水封按图纸要求用钢管连接，管路应布局合理、整齐、美观。与燃气排送机相连的管道重量负荷不得作用于燃气排送机上，燃气排送机上的排空管应通到室外，出口高于屋顶1 m。

5.1.2.4 按图纸连接机组冷却水系统，管路应布局合理，各阀门应安装在方便开启的位置，北方地区室外的管道及管件应进行保温。

5.1.2.5 上料装置应按产品说明书的要求进行安装、试验。

5.2 储气装置施工及阶段验收

5.2.1 一般规定

5.2.1.1 湿式储气柜的施工除应符合4.3.1外，钢结构部分还应符合HGJ 212的规定，半地下式储气柜的混凝土水槽部分应符合GB 50204的规定。

5.2.1.2 湿式储气柜所用的钢材，配件和焊接材料应符合相应标准及图纸要求，并应具有质量合格证或材质复验合格证。

5.2.1.3 钢制储气罐焊缝根据设计文件要求应进行X射线探伤并提供监测报告，地埋钢制储气罐需根据设计文件和相关防腐标准要求进行防腐处理。

5.2.2 湿式储气柜混凝土水槽及基础

5.2.2.1 湿式储气柜混凝土水槽地基池坑开挖后，应鉴定地耐力，确定该地基是否满足设计承载力要求。对于一些压缩变形较大、承载能力低，会引起较大的下沉或不均匀沉降的软弱地基，必须对基础进行加固处理。

5.2.2.2 在地下水位较高的地区应尽量选择雨量较少、地下水位较低的枯水季节施工。当无法避开时，应采取必要的排水措施。

5.2.2.3 储气柜钢制底板完成后，应沿底板外缘浇注一圈10 mm厚沥青。

5.2.2.4 金属焊接储气柜结构、基础施工及验收按照HGJ 212的规定进行。

5.2.3 钢制储气罐地基、基础施工

5.2.3.1 地埋储气罐坑的挖掘深度可根据储气罐直径挖至原土层为宜。罐体上表面距地面不小于1 m。

5.2.3.2 地埋储气罐的基础建造可根据当地地质沉降系数，按照HGJ 212的规定执行。

5.2.3.3 为防止地埋储气罐坑中积水漂罐，填埋必须按以下步骤进行：

a) 抽出罐坑积水；
b) 将储罐底部用沙或细土人工填实；
c) 将储罐之间和储罐与坑壁之间高度2/3以下部分，用细土人工填实。剩余部分至地面可用一般土填平；
d) 严禁用机械在罐体上部推土回填。

5.2.3.4 基础施工与验收按照GB 50202的规定执行。

5.2.3.5 钢制储气罐鞍座设计、施工及验收应符合JB/T 4731的规定。

钢制立式储气罐的支座宜采用裙式支座，支座的设计、制作应按照NB/T 47003.1的规定执行。

5.2.4 储气装置主体制作

5.2.4.1 钢制湿式储气柜水槽底板、水槽壁、钟罩的制作，导轨、导轮的安装，按照HGJ 212的规定执行。

5.2.4.2 组焊后的钢制水槽壁，垂直度偏差不应超过总高的1%。

5.2.4.3 钟罩安装的垂直度偏差(立柱处)应小于0.1%钟罩总高。

5.2.4.4 内外导轨垂直度偏差不得超过其高度的0.1%。

5.2.4.5 内外导轨与导轮接触面不应有大于2 mm的凹凸不平处，导轨检查合格后方可焊接。

5.2.4.6 钟罩顶应成型美观，其凹凸变形在组装焊接完毕，后用样板测量并校正，出现的间隙不应大于

15 mm。

5.2.4.7 水槽内导气主管的垂直度偏差不应超过全高的 0.2%，钟罩顶上的安全帽和主管对准，其中心偏差不应超过 10 mm。

5.2.4.8 半地下式混凝土水槽的施工按照 GB 50204 的规定执行。

5.2.4.9 水槽应采用 C25 防水混凝土，池体内外均用 1∶2 水泥砂浆加 2%防水剂抹面 20 mm 厚，刷防水剂 3 层。

5.2.5 钢制储气罐及半地下式储气罐中的所有金属器件在焊接完毕并经检查合格后，需进行防腐工作。具体方法参见附录 A。

5.2.6 储气柜下配重块及上配重块的制作

5.2.6.1 下配重块采用 C10 混凝土现浇，浇注应一次完成；也可采用预制混凝土块或青石块，在钟罩下环上对称均匀摆放并调整平衡。

5.2.6.2 上配重块可采用 C10 混凝土预制，数量由管网的设计压力决定。摆放上配重块时，应沿钟罩顶圆周均匀布置。

5.3 供气管网系统的施工

5.3.1 管网系统的施工除应符合图纸和本规范要求外，还应符合 CJJ 63、CJJ 33 的规定。

5.3.2 管沟开槽

5.3.2.1 管道沟槽应按设计所确定的管位及埋深开挖，管道的地基应为原土层，防止超挖造成管基扰动；凡可能引起不均匀沉降的地段，如为松散软土或人工回填土时，应预留适当厚度土层，铺管前夯实达沟底设计标高。

5.3.2.2 有地下水地段的沟槽，可采用边沟排水，结合使用抽水装置进行施工。

5.3.2.3 当槽底是黏土泥浆时，应将泥浆挖出至设计标高以下 200 mm，然后用沙土填实，并夯实达设计标高。

5.3.2.4 沟槽深度与设计标高偏差应小于 20 mm，沟槽水平中心线偏差小于 50 mm，管沟中心线坡度及坡向应符合设计规定，在施工过程中应用水平尺或水准仪对坡度进行检测。

5.3.2.5 沟槽开挖后，在下管前，应分段按设计要求对管基沟底标高、宽度、坡度、坡向进行检查和验收。

5.3.3 聚乙烯管的安装

5.3.3.1 聚乙烯管在安装之前必须严格检查是否存在折裂、凹槽、深度擦伤及其他缺陷，损坏部分应切除，并将其内部清理干净，不得存有杂物；安装过程中，每次收工时应将管口临时封堵。

5.3.3.2 在进行最后管段连接之前，应使管材温度冷至土壤温度，避免由温度变化而引起聚乙烯管道收缩。下管时，应避免施加过大的拉力和弯矩。

5.3.3.3 聚乙烯管的切口与管中心线应垂直，切口上不应有毛刺和锯屑。

5.3.3.4 聚乙烯管的连接采用热熔对接或承插热熔式连接。承插胶结连接具体操作方法参见附录 B。

5.3.4 管沟回填

5.3.4.1 管路铺设后，管道两侧及管顶以上 0.5 m 以内应立即回填细沙土或细土，但留出接口部分。回填土内不得有碎石砖块，管道两侧应同时回填，以防管道中心线偏移，回填土需用木夯实。

5.3.4.2 管道气密性试验合格后及时回填其余部分，若沟槽内有积水，应排干后回填。

5.3.4.3 机械夯实时，分层厚度不大于 0.3 m；人工夯实时，分层厚度不大于 0.2 m。管顶以上填土夯实高度达 1.5 m 以上，方可使用碾压机械。

5.3.4.4 穿过耕地的沟槽，管顶以上部分的回填土可不夯实，覆土高度应较原地面高出 400 mm。

5.4 加臭装置安装

5.4.1 采用泵式加臭法，要求整套加臭装置工作可靠、无泄漏、计量准确，并配有故障报警提示功能。

5.4.2 臭剂计量罐应带液位显示，加臭机电机应为防爆电机。

5.4.3 加臭机应安装在净化器后输往储气柜的管道上。

5.5 污水处理设施建设要求

5.5.1 污水处理设施应能处理含油、酚污水并满足循环回用要求，处理过程应经济、有效。

5.5.2 施工工程质量应符合 NB/T 34011 的规定。

5.6 燃气表、灶具的安装

5.6.1 燃气用户应单独设置燃气表。

5.6.2 燃气表的安装位置，应符合下列要求：

a) 应安装在室内通风良好的非燃结构处，不允许安装在卧室、浴室、危险品和易燃物堆放处；

b) 燃气表的工作环境温度应高于 0℃；

c) 燃气表的安装应满足抄表、检修、保养和安全使用的要求，燃气表不应安装在灶具的正上方。

生物质燃气专用灶具在 0.75 倍额定压力下应能满足炊事要求，在 1.5 倍额定压力下不应产生黄焰。

5.6.3 燃气灶的安装应符合下列要求：

a) 安装燃气灶的厨房应保持通风良好；

b) 燃气灶与周边家具的净距离不得小于 0.6 m，与对面墙之间应有不小于 1 m 的通道。

5.6.4 居民住宅厨房内应宜安装排气扇或抽油烟机，保证通风良好。

6 验收

验收分为阶段验收和竣工验收。在竣工验收时，凡通过阶段验收的装置、工程，可以仅作复查。

6.1 验收总则

6.1.1 生物质气化供气系统的设计施工、安装、阶段验收及竣工验收应符合本规范的规定，施工应严格按照设计图纸要求进行。施工过程中如需改动图纸，须经设计单位的同意，并签署有关意见。

6.1.2 气化炉、净化器、储气柜、管网、燃气加臭装置、污水处理设施及附属设备的安装、施工应符合本规范的规定。

6.1.3 气化供气系统的设计应由有设计资质的单位承担。

6.1.4 气化供气系统的施工应由具有相应工程施工资质的单位及具有劳动管理部门颁发的上岗操作证的人员进行。

6.1.5 储气柜及管网必须按质量要求施工，并提交阶段性验收报告及现场施工记录。

6.2 气化机组试验与验收

6.2.1 气化机组分体试验

6.2.1.1 气化炉下段夹套炉体及净化器的冷却部分组焊后，焊缝经外观检验合格后按图纸要求做夹套内的水压试验，试验表压力为 0.2 MPa。试验时，压力应缓慢上升，达到规定压力后，保持 30 min，并检查所有焊缝和连接部位，是否有渗漏。

6.2.1.2 气化炉的非夹套部分和炉体其他需要密闭的部件以及净化器的其余部件应做煤油渗漏试验，试验方法按照 NB/T 47003.1 的规定进行。

6.2.1.3 净化器组装完成经外观检查合格后，应对整台设备进行气密性实验。试验时关紧各密封门及灰门，正确连接测试设备。缓慢充气至表压力 0.02 MPa，关闭气源后压力保持 30 min 不下降为合格。

6.2.2 先按照工艺流程图检查各部分的连接是否正确、紧固，电动设备的接线是否正确，按说明书中要求逐级试运行。

6.2.3　在空负荷状况下试运转燃气排送机，对照产品说明书检查运转情况。

6.2.4　开启循环泵，检查机组冷却水系统工作状况，达到说明书要求的为合格。

6.2.5　启动上料机，在正常工作的状况下，投料试运行，检查上料机构运转状况，达到说明书要求的为合格。

6.2.6　对气化机组管路供气系统的各运动部件检验完成后，分别对气化炉出口至燃气排送机入口和燃气排送机出口至储气柜入口两段管路进行抽查试验。

a) 试验压力为 19.6 kPa，压力表的满刻度为被测压力的 1.5 倍～2 倍，精度不低于 1.5 级。关闭排液口等阀门，安全水封器内不加水；

b) 试验介质为空气或惰性气体，使压力慢慢升高至试验压力，经 20 min 压力表读数不下降为气密性试验合格。

6.3　储气装置试验与验收

6.3.1　储气柜的总体试验与验收按照 HGJ 212 的规定进行。

6.3.2　储气柜水槽应进行注水检漏试验，试验时间应大于 24 h。

6.3.3　钟罩气密性试验

6.3.3.1　在储气柜出口处安装 U 形水柱压力计，入口处安装充气泵，并关闭进出口阀门。

6.3.3.2　向储气柜内充入空气，使压力大于或等于额定工作压力，并保持 24 h，钟罩高度下降不得超过 10 mm。

6.3.3.3　钟罩升降试验，至少 3 次，升降速度不得超过 1.6 m/h，升降过程中应无卡、涩现象。

6.3.4　储气柜钟罩升高至设计高度时，指示压力与设计压力偏差不应超过±10%。

6.3.5　储气柜容积检验，实测容量达到设计标准的为合格，低于设计值 5%为不合格。

6.3.6　钢制储气罐试验与验收

6.3.6.1　钢制储气罐筒体与筒节、筒体与筒体对接焊缝采用双面焊，内外焊缝全部采用开坡口焊接。封头中所有拼接接头和筒节 T 形焊缝接头，要求全焊透，无气孔、夹渣咬边等缺陷。成型后的钢制储气罐应做 100%的探伤实验，探伤检测应符合 JB 4730.3—2005 中的Ⅲ级为合格。

6.3.6.2　钢制储气罐气密实验压力应根据设计文件的规定进行，并保持 24 h，压力降不得小于 10 mm 水柱。

6.4　供气管网系统检验与验收

6.4.1　供气管网系统的吹扫

6.4.1.1　供气管网系统安装合格后进行分段吹扫，吹扫口位置选择在允许排放污水、污物的较空旷地段，且不应危及所在地区人、物的安全，吹扫口周围 10 m 范围内严禁烟火。

6.4.1.2　吹扫口应安装临时控制阀门，吹扫口应与管路为 60°角朝空安装，且高出管沟沟顶 200 mm。

6.4.1.3　连接吹扫口的主管及控制阀门应牢固稳定，以防吹扫时管道折断。

6.4.1.4　吹扫工作应在白天进行，其程序是先干管后支管，并选择最远用户端作为放散点。

6.4.2　供气管网系统的强度及气密性检验

6.4.2.1　试验管段为从储气柜出口至用户内燃气表前总阀的管段，包括阀门、集水井及其他管道附件。

6.4.2.2　试验用空气作为介质，并待管道内空气温度与周围土壤温度一致后方可进行。

6.4.2.3　试验前应检查试压设备、连接管、管件和集水器开口处，确保系统的气密性，并检查管道端头的堵板、弯头、三通等处支撑的牢固性。

6.4.2.4　压力低于 5 kPa 的输气管网，气密性试验压力为 19.6 kPa，压力表须经校验，精度不低于 1.5 级，表的满刻度为被测压力的 1.5 倍～2 倍。

6.4.2.5　压力大于 5 kPa 小于 100 kPa 的输气管网，实验压力应为设计压力的 1.15 倍，且不得小于 0.1 MPa。

6.4.2.6 强度试验压力为气密性试验压力的1.5倍,试验管道分段最大长度不宜超过1 000 m。

6.4.2.7 气密性试验时间应大于24 h,强度试验时间控制在1 h～2 h。

6.4.2.8 气密性试验时间内,压力降小于式(3)、式(4)、式(5)计算值为合格。强度试验压力表无压降为合格。

对单管径:

$$\Delta P = \frac{6.5T}{d} \quad (3)$$

对不同管径:

$$\Delta P = \frac{6.5T(d_1 l_1 + d_2 l_2 + \cdots + d_n l_n)}{d_1^2 l_1 + d_2^2 l_2 + \cdots + d_n^2 l_n} \quad (4)$$

式中:

ΔP ——试验时间内压降,单位为千帕(kPa);

T ——试验时间,单位为小时(h);

d ——管道内径,单位为毫米(mm);

$l_1, l_2, \cdots, l_n$ ——各管段长度,单位为米(m);

$d_1, d_2, \cdots, d_n$ ——各管段内径,单位为毫米(mm)。

采用式(5)校正大气压力:

$$\Delta p = (H_1 + B_1) - (H_2 + B_2) \quad (5)$$

式中:

H_1, H_2 ——试验开始与结束时压力表读数,单位为千帕(kPa);

B_1, B_2 ——试验开始与结束时大气压力,单位为千帕(kPa)。

6.4.3 户内管路气密性

管网气密性试验合格后,将压力降至常压,打开户内燃气表前总阀,用3 kPa的压力对燃气表前总阀到灶具阀门前的管道系统及灶具进行气密性试验,观测10 min压力不下降为合格。

6.5 加臭装置验收

6.5.1 燃气应具有可以察觉的臭味,燃气中加臭剂的最小量应符合下列规定:

a) 燃气泄漏到空气中,达到对人体允许的有害浓度时,应能察觉;

b) 对于以一氧化碳为有毒成分的燃气,空气中一氧化碳含量达到0.02%(体积分数)时,应能察觉。

6.5.2 燃气加臭剂应符合下列要求:

a) 加臭剂和燃气混合在一起后应具有特殊的臭味;

b) 加臭剂不应对人体、管道或与其接触的材料有害;

c) 加臭剂的燃烧产物不应对人体呼吸有害,并不应腐蚀或伤害与此燃烧产物经常接触的材料;

d) 加臭剂溶解于水的程度不应大于2.5%(质量分数);

e) 加臭剂应有在空气中应能察觉的加臭剂含量指标。

6.5.3 燃气加臭试验、验收按照CJJ/T 148的规定进行,符合设计要求为合格。

6.6 污水处理设施验收

6.6.1 污水处理设施验收主要包括工程质量验收、配套设备的单机运行和联动运转试验验收、通水试运行。

6.6.2 配套设备中的非标设备运转试验验收应符合设计要求,标准设备应符合产品说明书要求。

6.6.3 污水处理设施验收按照NB/T 34011的规定进行,符合设计要求为合格。

6.7 避雷器验收

避雷器的设计和设置符合GB 50057规定要求的为合格。

6.8 生物质燃气特性指标试验

生物质燃气特性指标试验按照 NY/T 1017 的规定进行，各项指标应符合表 7 的要求。

表 7 生物质燃气特性指标

项目	单位	指标
焦油和灰尘含量	mg/Nm^3	<15
氧含量	%	<1
燃气热值	kJ/Nm^3	≥4 600
硫化氢含量	mg/Nm^3	<20
燃气中一氧化碳含量	%	<20

6.9 气化站内一氧化碳试验按照 NY/T 1017 的规定进行，含量应小于 3.0 mg/m^3。

6.10 气化效率试验按照 NY/T 1017 的规定进行，指标应符合表 8 的要求。

表 8 气化装置效率指标

项目	单位	指标
氧化法气化效率	%	≥70
干馏法能量转换率	%	≥70

6.11 燃气产量试验按照 NY/T 1017 的规定进行，符合设计要求为合格。

6.12 建筑施工工程质量验收

6.12.1 建筑工程质量应符合 NYJ/T 09 的规定。

6.12.2 建筑工程施工应符合工程勘察、设计文件的要求。

6.12.3 参加工程施工质量验收的各方人员应具备规定的资格。

6.12.4 工程质量的验收均应在施工单位自行检查评定的基础上进行。

6.12.5 隐蔽工程在隐蔽前应由施工单位通知有关单位进行验收，并应形成验收文件。

6.12.6 承担见证取样检测及有关结构安全检测的单位应具有相应资质。

6.12.7 工程的观感质量应由验收人员通过现场检查，并应共同确认。

6.13 资料

6.13.1 验收合格后，施工单位应提交以下资料：

a) 开工报告；
b) 设备、材料出厂合格证，材质证明书，以及代用材料说明书或检验报告；
c) 各种测试记录；
d) 设计变更通知单；
e) 气化机组的安装验收记录，包括：电动设备转动情况记录、燃气排送机空负荷运转试验记录、冷却水系统循环试验记录、上料装置上料试验记录、燃气管路气密性及强度试验记录；
f) 储气柜的施工验收记录，包括：储气柜底板气密性试验记录、储气柜焊缝的检查记录、水槽壁焊缝的无损探伤记录、储气柜总体试验记录、基础沉陷观测记录；
g) 供气系统及附件的施工验收记录，包括：供气管网安装记录、隐蔽工程验收记录、供气管网气密性试验记录；
h) 其他应有的资料。

6.13.2 验收报告格式及内容参见附录 C。

6.14 生物质气化供气系统合格的判定

6.14.1 不合格项目分类

被检测的项目按其对系统质量的程度分为A、B、C三类，不合格分类见表9。

表9 不合格项目分类

不合格分类			内 容
类	项	条	
A	1	6.3.1	储气柜的气密性抽查试验
	2	6.3.3.3	储气柜升降机构
	3	6.7	避雷器接地电阻
	4	6.4.2	主管网的气密性检验
	5	6.8	燃气中焦油和灰尘含量
	6	6.9	气化站内一氧化碳含量
B	1	6.4.3	户内管路气密性
	2	7.5.3	灶前压力检验
	4	6.8	气化效率、能量转换率
	5	4.2.1.5	噪声
	6	6.8	硫化氢含量
	7	6.8	燃气中氧含量
C	1	6.1.1	施工应严格按照设计图纸要求进行
	3	6.1.3	设计资质
	4	6.1.4	工程施工资质、上岗操作证
	5	6.1.5	储气柜及管网阶段性验收报告
	6	6.2.3	燃气排送机运转情况
	7	6.2.4	机组冷却水系统
	8	6.2.5	上料机构运转状况
	9	6.3.4	储气柜输出压力
	10	6.3.5	储气柜容积
	11	6.11	燃气产量
	12	6.8	燃气低位热值
	13	6.8	燃气中一氧化碳含量
	14	6.5	燃气加臭
	15	6.6	污水处理
	16	6.13	资料
	17	7	标志

6.14.2 判定规则及复检规则

6.14.2.1 采用逐项考核，按类判定，以不合格分类表中各组达到的最低合格要求进行判定。

6.14.2.2 气化供气系统其中有一项A类不合格或二项B类不合格，或有三项C类不合格时，判该系统不合格。

6.14.2.3 气化供气系统中B类加C类不合格项超过三项时，判该系统不合格。

6.14.2.4 如该系统不合格项未达到判定合格要求时，允许复验，但每项复验不允许超过2次。

6.14.2.5 检验及判定结果填入附录C生物质气化供气系统验收报告。

7 标志

生物质气化集中供气设备均应在明显位置装有固定的名牌，其内容应包括：

a） 产品名称和型号；

b） 产品主要性能及参数；

c） 制造日期和产品编号；

d） 制造厂名称。

附　录　A
（资料性附录）
储气柜的防腐

A.1　储气柜防腐工序

A.1.1　储气柜的所有金属构件，在焊接完毕并检验合格后，进行防腐工作。

A.1.2　在喷涂防锈漆前，应先对金属表面的油污及铁锈进行处理。

A.1.3　水槽底板上表面的防锈应在底板焊缝严密性试验合格后进行。杯圈内外表面的防腐应在充水试漏合格后进行。进气管的内外表面防腐应在安装前进行。钟罩内表面应在水槽注水试验前完成，钟罩外表面在安装期间只刷底漆并应留出焊缝，待气密性试验合格后补刷油漆。

A.1.4　储气柜各构件中相互重叠的表面，其防腐工作应配合施工工序及时进行，以免事后无法涂刷防腐漆。

A.1.5　涂料选用氯磺化聚乙烯橡胶涂料和 HY 环氧系列防腐涂料。

A.2　防腐施工要点

A.2.1　环氧红丹底漆，对经过除锈后的钢板附着力强，抗渗性能好，可作为底漆用于储气柜内外表面。

A.2.2　环氧煤沥青面漆，具有耐水性和抗细菌侵蚀性，且附着力较强，可用于储气柜水槽和钟罩的内外表面。

A.2.3　绿色环氧水线漆，具有抗紫外线和耐候性能，可作为面漆用于储气柜的外表面。

A.2.4　面漆涂刷时每层厚度约 0.04 mm。

A.2.5　HY 环氧系列涂料均可采用 651＃聚酰胺树脂固化剂，按使用说明配制，充分混合均匀后方可使用。

A.2.6　涂刷第二遍涂料时，要待前一遍完全干透后进行，保证涂料使用说明中规定的时间间隔操作。

A.2.7　面漆应不少于 3 遍，沿海地区不少于 5 遍。

附 录 B
（资料性附录）
聚乙烯管承插胶粘连接

B.1 等直径塑料管采用直接承插时，将管子的一端放在130℃～140℃的油浴中或炉温为170℃～180℃的加热炉中进行均匀加热；然后用一根一头削尖的圆木（外径等于管外径）插入管中使其扩大成承口（承口长度为管道外径的1.5倍～2.5倍），再迅速将另一根管端涂有黏结剂的管子插入承口内，当温度降至环境温度时，接头即固化牢固。

B.2 当采用成品塑料管件如直通、三通、弯头时，塑料管件即为承口，塑料管为插口，在插口的外缘涂上较厚的黏结剂，承口上涂较薄的黏结剂；然后将塑料管材迅速插入承口，转动至双方紧密接触为止。

B.3 当采用钢、铜制管件代替塑料管件时，将钢、铜制管件作为插口，其外表面应除锈、打磨平滑，涂好黏结剂，再按上述方法将塑料管一端扩为承口，将插口插入承口，待冷却固化。管沟回填前应对钢制管件进行防腐处理。

附　录　C
（资料性附录）
生物质气化供气系统验收报告

生物质气化供气系统验收报告见表 C.1。

表 C.1　生物质气化供气系统验收报告

气化供气系统名称			使用单位		
设计单位			施工单位		
验收日期	年　月　日	单位	设计指标	检验结果	合格/不合格
气化机组	燃气气量	m^3/h			
	气化效率、能量转换率	%	≥70		
	燃气排送机运转情况				
	机组冷却水系统				
	上料机构运转状况				
储气柜	气密性				
	升降机构				
	输出压力	Pa			
	容积	m^3			
燃气	焦油和灰尘含量	mg/Nm^3	<15		
	氧含量	%	<1		
	燃气热值	kJ/Nm^3	≥4 600		
	硫化氢含量	mg/Nm^3	<20		
	燃气中一氧化碳含量	%	<20		
管网	主管网气密性				
	主管路阶段性验收报告				
	是否按图纸施工				
	户内管路气密性				
	灶前压力	Pa			
其他	避雷器接地电阻	Ω	<10		
	气化车间内一氧化碳含量	mg/m^3	<3.0		
	加臭装置				
	污水处理				
	噪声	dB	<80		
	设计资质				
	施工资质、上岗证				
	按图施工				
	施工记录				
	阶段性验收报告				
	标志				

表 C.1（续）

<table>
<tr><td>类</td><td colspan="2">A</td><td colspan="2">B</td><td colspan="2">C</td></tr>
<tr><td rowspan="2">验收
结果</td><td>合格项数</td><td>不合格项数</td><td>合格项数</td><td>不合格项数</td><td>合格项数</td><td>不合格项数</td></tr>
<tr><td></td><td></td><td></td><td></td><td></td><td></td></tr>
<tr><td>评审
意见</td><td colspan="3">合格结论：</td><td colspan="3">不合格结论：</td></tr>
<tr><td colspan="7">验收部门：
验收人员：</td></tr>
</table>

ICS 65.040.30
B 91

中华人民共和国农业行业标准

NY/T 610—2016
代替 NY/T 610—2002

日光温室　质量评价技术规范

Technical specification of quality evealuation for solar greenhouse

2016-11-01 发布　　2017-04-01 实施

中华人民共和国农业部 发布

前 言

本标准按照 GB/T 1.1—2009 给出的规则起草。

本标准代替 NY/T 610—2002《日光温室技术条件》。与 NY/T 610—2002 相比,除编辑性修改外,主要技术变化如下:

——标准名称修改为《日光温室　质量评价技术规范》;

——修改了规范性引用文件(见 2);

——删除了术语和定义,直接引用相关标准(见 2002 年版的 3);

——增加了主要配套设备核对与检查(见 3.3);

——增加了安全要求(见 4.5);

——增加了温室有选择性地安装活动式骨架的内容(见 4.3.6)。

本标准由农业部农业机械化管理司提出。

本标准由全国农业机械标准化技术委员会农业机械化分技术委员会(SAC/TC 201/SC 2)归口。

本标准起草单位:北京市农业机械试验鉴定推广站。

本标准主要起草人:张京开、刘旺、王荣雪、谢杰、盛顺、安红艳、禹振军。

本标准的历次版本发布情况为:

——NY/T 610—2002。

日光温室　质量评价技术规范

1　范围

本标准规定了日光温室的基本要求、质量要求、检测方法和检验规则。

本标准适用于日光温室的质量评定。

2　规范性引用文件

下列文件对于本文件的应用是必不可少的。凡是注日期的引用文件，仅注日期的版本适用于本文件。凡是不注日期的引用文件，其最新版本(包括所有的修改单)适用于本文件。

JB/T 10594—2006　日光温室和塑料大棚结构与性能要求

3　基本要求

3.1　质量评价所需的文件资料

对日光温室进行质量评价所需文件资料应包括：

a)　产品规格确认表(见附录A)；

b)　企业产品执行标准或产品制造验收技术条件(验收技术合同)；

c)　产品使用说明书；

d)　三包凭证；

e)　样机照片(正前方、正后方、前方45°各1张)；

f)　必要的其他文件。

3.2　主要技术参数核对与测量

依据产品使用说明书和其他技术文件，对日光温室的主要技术参数按表1进行核对或测量。

表1　日光温室核测项目与方法

序号	项目	单位	方法
1	长度	m	测量
2	跨度	m	测量
3	脊高	m	测量
4	拱架数量	根	测量
5	拱架间距	m	测量
6	拱架截面尺寸	mm	测量
7	作业最低高度	mm	测量
8	后屋面仰角	°	测量
9	后屋面投影宽度与跨度比	—	测量
10	方位南向偏角	°	测量
11	前后两栋相邻温室间距	m	测量

3.3　主要配套设备核对与检查

依据产品使用说明书和其他技术文件，对日光温室选配的主要设备按表2进行核对或测量。

表 2　主要配套设备核测项目与方法

序号	项目		单位	方法
1	卷帘机	结构形式	—	核对
		控制方式	—	核对
2	保温被	材质	—	核对
		厚度	mm	测量
		单位面积质量	g/m²	测量
3	卷膜器	通风口开启方式	—	核对
		控制方式	—	核对
4	前屋面透光材料	材质	—	核对
		规格	—	核对
5	辅助加温设备	加温设备形式	—	核对

3.4　试验条件

3.4.1　测试的日光温室应是全部工程竣工并经施工质量验收的。

3.4.2　选择 12 月至 2 月的晴天，室内未种植作物或作物株高在 0.3 m 以下的温室进行测试。

3.4.3　性能测试时，测试当日及前 5 d 停止滴灌和漫灌作业；采光性能测试时，选择从温室前屋面保温覆盖物卷起开始，至下午覆盖物放下为止，总观测时间不少于 7 h。

3.5　主要仪器设备

试验用仪器设备应通过校准或检定合格，并在有效期内。仪器设备的量程、测量准确度及被测参数准确度要求应不低于表 3 规定。

表 3　主要试验用仪器设备测量范围和准确度要求

序号	被测参数名称	测量范围	准确度要求
1	时间	0 h～24 h	0.5 s/d
2	温度	−20℃～50℃	±0.5℃
		0℃～50℃	±0.5℃
3	长度	0 mm～150 mm	0.1 mm
		0 m～5 m	1 mm
		0 m～50 m	10 mm
4	方位角	−180°～180°	0.1°
5	太阳辐射度	0 W/m²～1 000 W/m²	5%

4　质量要求

4.1　温度性能要求

冬季室外最低温度在−15℃以上，晴天室内无加温条件下，性能应符合表 4 的规定。

表 4　温度性能指标要求

序号	项目	质量指标	对应检测方法条款号
1	室内夜间平均气温，℃	≥6	5.1.1
2	室内夜间气温低于 5℃持续时间，h	≤1	5.1.1
3	室内 24 h 平均气温在 15℃以上的持续时间，h	≥4	5.1.1
4	室内气温最低温度偏离度，%	≤30	5.1.1
5	0.1 m 深度平均地温，℃	≥10	5.1.2
6	0.2 m 深度平均地温，℃	≥8	5.1.2
7	室内各深度层地温偏离度，%	≤20	5.1.2
8	室内湿度，%	≤85	5.1.1

4.2 采光性能要求

4.2.1 建造日光温室应避开南面固定遮挡物的阴影。冬至日前后 5 d 当地地方时 9:00,室内前沿处地面不应有遮挡物阴影。

4.2.2 冬季晴天 12:00 前后 2 h 内,温室直射光平均透光率应不小于 65%。

4.2.3 冬季晴天 1 d 内,温室内直射辐照度日总量均匀度应不小于 80%。

4.2.4 温室骨架阴影面积率应不大于 8%。

4.3 结构尺寸

4.3.1 温室长度宜采用 50 m～60 m。

4.3.2 推荐采用的温室跨度和脊高组合见表 5。

表 5 温室规格

单位为米

跨度	脊高						
	2.6	2.8	3.0	3.2	3.5	3.8	4.2
6.0	*	*	*	—	—	—	—
6.5	*	*	*	—	—	—	—
7.0	—	*	*	*	—	—	—
8.0	—	—	*	*	*	—	—
9.0	—	—	—	—	*	*	—
10.0	—	—	—	—	*	*	*
注:"*"表示推荐采用的规格。							

4.3.3 后屋面水平投影宽度与跨度之比宜在 0.17～0.25。

4.3.4 光温室后屋面仰角宜为 30°～45°。

4.3.5 最低作业高度应不小于 0.8 m。

4.3.6 温室宜在靠近山墙位置设置活动式骨架,宽度不应小于 2 m,高度不应低于 1.8 m,应便于安装、拆卸,方便中小型农机具进出。临时拆卸活动骨架不应对温室的结构强度产生明显影响,关闭状态应密封。

4.4 温室朝向方位

日光温室采光面向南,屋脊线东西走向。以当地正南向为准,温室方位南向偏角不宜超过 5°。

4.5 安全要求

4.5.1 电路铺设应规范、安全,有防漏电措施。

4.5.2 电线不应直接搭在钢骨架上,宜采用导线管防护;插座、开关、灯盒等电气设备的绝缘等级应符合有关规范,并采取适当的防潮、避雨措施。

4.5.3 安装有卷帘机的温室,绝缘电阻应不小于 40 MΩ。

4.6 墙体外观及骨架质量

4.6.1 墙体应垂直,无明显弯曲,外观平整,严密,无漏缝现象。

4.6.2 骨架等焊接件的焊缝应平整光滑,不应有漏焊、焊穿、夹渣等影响外观的缺陷。

4.6.3 温室骨架和其他设施的钢质构件表面应进行防锈处理。

5 检测方法

5.1 性能试验

5.1.1 气温及湿度的测定

测定及计算方法按 JB/T 10594—2006 中 A.4 的要求进行。

5.1.2 温室地温测定

测定及计算方法按 JB/T 10594—2006 中 A.5 的要求进行。

5.1.3 温室采光性能试验

测定及计算方法按 JB/T 10594—2006 中 A.3 的要求进行。

5.1.4 温室结构尺寸

用米尺测量。按 4.3 的规定进行逐项检查,依据 JB/T 10594—2006 中 A.2 的规定,分别测量温室长度、跨度、后屋面仰角、后屋面投影宽度、骨架直径等参数。

5.1.5 温室朝向方位

用罗盘仪进行测量温室方位。

5.2 安全检查

按 4.5 的规定逐项检查,其中任一项不合格,判安全检查不合格。

5.3 墙体外观及骨架质量检查

目测。检查墙体垂直方向无明显倾斜,直线方向无明显扭曲。检查骨架是否有漏焊、焊穿、夹渣等现象,同时检查骨架及其他钢质构件防锈涂漆质量。

6 检验规则

6.1 抽样方案

对相同结构型式和规格尺寸的日光温室群,选择其中自然条件相对较差的一栋温室进行性能试验。

6.2 不合格项目分类

检验项目按其对产品质量影响的程度分为 A、B 两类,不合格项目分类见表 6。

表 6　检验项目及不合格分类

不合格项目分类		检验项目	对应质量要求条款
项目分类	序号		
A	1	安全检查	4.5
	2	室内 24 h 平均气温在 15℃以上的持续时间	4.1
	3	室内夜间平均气温	4.1
	4	室内夜间气温低于 5℃持续时间	4.1
	5	平均透光率	4.2.2
B	1	室内气温最低温度偏离度	4.1
	2	0.1 m 深度平均地温	4.1
	3	0.2 m 深度平均地温	4.1
	4	各深度层地温偏离度	4.1
	5	室内湿度	4.1
	6	辐照度日总量均匀度	4.2.3
	7	骨架遮阳面积率	4.2.4
	8	后屋面投影宽度与跨度之比	4.3.3
	9	光温室后屋面仰角	4.3.4
	10	最低作业高度	4.3.5
	11	活动式骨架	4.3.6
	12	温室方位	4.4
	13	墙体外观及骨架质量	4.6

6.3 判定规则

6.3.1 样品合格判定

对样品的A、B类检验项目进行逐一检验和判定，当A类不合格项目数为0，B类不合格项目数不超过1时，判定样品为合格品；否则判定样品为不合格品。

6.3.2 综合判定

若样品为合格品(即样品的不合格品数不大于不合格品限定数)，则判定该温室群通过；若样品为不合格品(即样品的不合格品数大于不合格品限定数)，则判定该温室群不通过。

附 录 A
(规范性附录)
产品规格和主要配套设备确认表

A.1 产品规格确认表

见表A.1。

表A.1 产品规格确认表

序号	项目	单位	设计值
1	长度	m	
2	跨度	m	
3	脊高	m	
4	拱架数量	根	
5	拱架间距	m	
6	拱架截面尺寸	mm	
7	作业最低高度	mm	
8	后屋面仰角	°	
9	后屋面投影宽度与跨度比	—	
10	方位南向偏角	°	
11	前后两栋相邻温室间距	m	

签字： (加盖公章)

年 月 日

A.2 主要配套设备确认表

见表A.2。

表A.2 主要配套设备确认表

序号	项目		单位	建造配置
1	卷帘机	结构形式	—	
		控制方式	—	
2	保温被	材质	—	
		厚度	mm	
		单位面积质量	g/m^2	
3	卷膜器	通风口开启方式	—	
		控制方式	—	
4	前屋面透光材料	材质	—	
		规格	—	
5	辅助加温设备	加温设备形式	—	

签字： (加盖公章)

年 月 日

ICS 27.010
F 13

中华人民共和国农业行业标准

NY/T 1699—2016
代替 NY/T 1699—2009

玻璃纤维增强塑料户用沼气池技术条件

Technical specifications for household biogas digesters of glass fiber reinforced plastics

2016-05-23 发布　　2016-10-01 实施

中华人民共和国农业部　发布

前　言

本标准按照 GB/T 1.1—2009 给出的规则起草。

本标准代替 NY/T 1699—2009《玻璃纤维增强塑料户用沼气池技术条件》。与 NY/T 1699—2009 相比，除编辑性修改外，主要技术内容变化如下：

——增加了玻璃钢拱盖、玻璃钢拱盖沼气池、沼气池容积和水压间定义；
——增加了型号表示企业自编号字段；
——增加了沼气池宜设计活动盖要求；
——增加了容积为 5 m^3、7 m^3、9 m^3沼气池及其壁厚和荷载要求；
——增加了水压间和储气间设计参照的沼气池容积产气率取值条款；
——增加了池壁结构整体示意图；
——增加了玻璃钢拱盖适用条款；
——增加了水重法测量容积试验方法；
——增加了壁厚测试点分布示意图；
——增加了玻璃钢拱盖密封性能试验条件；
——修改了压力降计算方式；
——修改了容积判定标准；
——修改了抽样和判定规则；
——删除了树脂传递工艺材料理化性能要求。

请注意本文件的某些内容可能涉及专利，本文件的发布机构不承担识别这些专利的责任。

本标准由农业部科技教育司提出。

本标准由全国沼气标准化技术委员会(SAC/TC 515)归口。

本标准起草单位：农业部沼气科学研究所、农业部沼气产品及设备质量监督检验测试中心、成都泓奇实业股份有限公司、安徽池州星野生态能源开发有限公司。

本标准主要起草人：工超、席江、丁白立、冉毅、陈子爱、蒋鸿涛、贺莉、贾沛阳、张志础。

本标准的历次版本发布情况为：

—— NY/T 1699—2009。

玻璃纤维增强塑料户用沼气池技术条件

1 范围

本标准规定了以玻璃纤维为增强材料、以树脂为基体的玻璃纤维增强塑料户用沼气池(以下简称“玻璃钢沼气池”)及拱盖(以下简称“玻璃钢拱盖”)的技术要求、试验方法、检验规则及标志、包装、运输和储存等内容。

本标准适用于以片状模塑料(SMC)模压成型、缠绕成型、手糊成型和喷射成型工艺生产的,容积不大于 10m^{3}的户用玻璃钢沼气池和以玻璃钢拱盖作为储气间的沼气池。

2 规范性引用文件

下列文件对于本文件的应用是必不可少的。凡是注日期的引用文件,仅注日期的版本适用于本文件。凡是不注日期的引用文件,其最新版本(包括所有的修订单)适用于本文件。

GB/T 1449 玻璃增强塑料弯曲性能试验方法
GB/T 1462 玻璃增强塑料吸水性试验方法
GB/T 2577 玻璃纤维增强塑料树脂含量试验方法
GB/T 3854 纤维增强塑料巴柯尔硬度试验方法
GB/T 4750 户用沼气池标准图集
GB/T 4751 户用沼气池质量检查验收规范
GB/T 8237 纤维增强塑料用液体不饱和聚酯树脂
GB/T 15568 通用型片状模塑料(SMC)
GB/T 17470 玻璃纤维短切原丝毡和连续原丝毡
GB/T 18369 玻璃纤维无捻粗纱
GB/T 18370 玻璃纤维无捻粗纱布

3 术语和定义

下列术语和定义适用于本文件。

3.1

玻璃纤维增强塑料(玻璃钢) glass fiber reinforced plastics(GFRP)

以玻璃纤维或其制品为增强材料的复合材料。

3.2

玻璃钢拱盖 glass fiber reinforced plastics dome

通常形状为球缺,是沼气池的一个组成部分,主要用作沼气池储气间,需与其他材质的沼气池下半池及进出料间组合成完整的沼气池。

3.3

玻璃钢拱盖沼气池 household biogas digester with the GFRP dome

储气间采用玻璃钢拱盖,其余部分采用其他材质的沼气池。

3.4

手糊成型 hand lay-up

在涂好脱模剂的模具上,用手工铺放纤维布等材料并涂刷树脂胶液,直至所需厚度为止,然后进行固化的成型方法。

3.5

片状模塑料　sheet molding compound(SMC)

树脂糊浸渍纤维或毡片所制成的片状混合料。

3.6

缠绕成型　filament winding

在控制张力和预定线型的条件下，以浸渍树脂胶液的连续纤维或织物缠到芯模或模具上成型制品的方法，又称连续纤维缠绕成型。

3.7

喷射成型　spray up

将预聚物、催化剂及短纤维同时喷到模具或芯模上成型制品的方法。

3.8

沼气池容积　volume of the biogas digester

水压式沼气池中，沼气池发酵间与储气间的容积之和。沼气池容积不包括进出料管容积和水压间容积。

4　分类与标记

4.1　编制方法

4.1.1　玻璃钢沼气池型号由产品类型、生产工艺、沼气池容积和企业自编号组成，表示为：

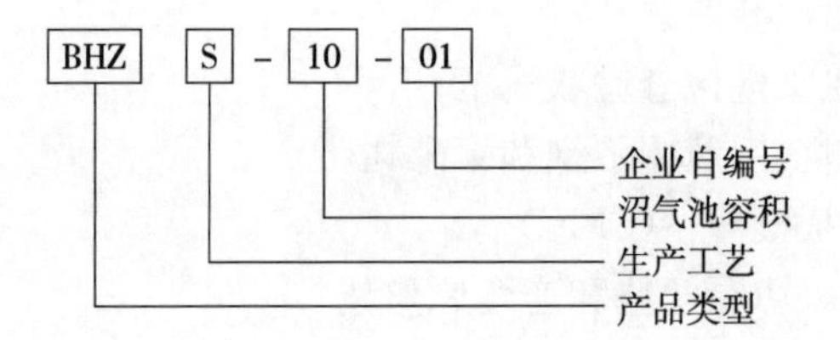

4.1.2　玻璃钢拱盖由产品类型、生产工艺、沼气池容积和企业自编号组成，表示为：

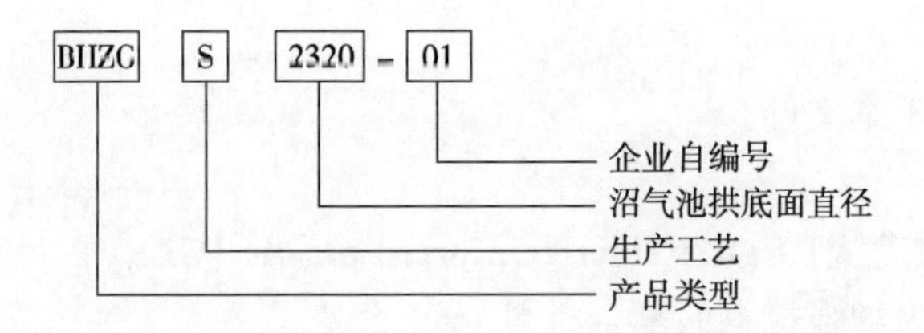

4.2　产品类型

玻璃钢沼气池用 BHZ 表示，玻璃钢拱盖用 BHZG 表示。

4.3　生产工艺

生产工艺用汉语拼音字母表示，M 表示片状模塑料(SMC)模压成型工艺、C 表示缠绕成型工艺、S 表示手糊成型工艺和 P 表示喷射成型工艺。

4.4　沼气池容积

沼气池容积单位为立方米(m^3)。

4.5　沼气池拱底面直径

沼气池拱底面直径单位为毫米(mm)。

4.6　企业自编号

企业自编号用汉语拼音字母或阿拉伯数字表示。

4.7 示例

BHZS-10-01 表示企业自编号为 01,容积为 10 m³ 的手糊成型工艺玻璃钢沼气池。BHZGS-2320-01 表示企业自编号为 01,底面直径为 2 320 mm 的手糊成型工艺玻璃钢拱盖。

5 材料

5.1 基体材料

不饱和聚酯树脂应符合 GB/T 8237 的规定。

5.2 增强材料

5.2.1 接触成型工艺宜选用玻璃纤维无捻粗纱布和玻璃纤维短切原丝毡,并应符合 GB/T 18370 和 GB/T 17470 的规定。

5.2.2 缠绕成型工艺宜采用玻璃纤维无捻粗纱,并应符合 GB/T 18369 的规定。

5.3 模压材料

模压成型工艺采用片状模塑料(SMC)并应符合 GB/T 15568 的规定。

5.4 连接件

连接件应采用受力好、耐腐蚀的材料制作。

6 技术要求

6.1 材料理化性能

沼气池材料理化性能应符合表 1 的规定。

表 1 材料理化性能

序号	项 目	性能指标		
1	结构层弯曲强度,MPa	片状膜塑料模压工艺(M)		≥80
		缠绕成型工艺(C)		≥150(环向)
		手糊成型工艺(S)		≥100
		喷射成型工艺(P)		≥100
2	表面巴氏硬度	≥40		
3	结构层弹性模量,GPa	片状膜塑料模压工艺(M)		≥8
		缠绕成型工艺(C)		≥10
		手糊成型工艺(S)		≥8
		喷射成型工艺(P)		≥8
4	树脂重量含量,%	内衬层		≥70
		结构层	片状膜塑料模压工艺(M)	≥25
			缠绕成型工艺(C)	≥28
			手糊成型工艺(S)	≥45
			喷射成型工艺(P)	≥45
5	吸水率,%			≤1.0
注:SMC 不受内衬层限制。				

6.2 外观与结构

6.2.1 外观

6.2.1.1 外观应平整、光滑,不应有明显的划痕、褶皱,外表面不得有纤维裸露,不得有针孔、中空气泡、浸渍不均匀和不完全等缺陷。

6.2.1.2　内表面应光滑、均匀，不允许有明显气泡。

6.2.1.3　各部件和连接部位边缘应整齐。

6.2.1.4　应厚度均匀，无分层。

6.2.2　整体结构

玻璃钢沼气池整体结构应符合 GB/T 4750 的规定，应能满足生产沼气，储存沼气，方便进料、出料和维修的要求。

6.2.3　局部结构

玻璃钢沼气池宜设计活动盖，进出料管、活动盖、水压间与主池的连接部位应做加强处理。

6.3　容积

6.3.1　玻璃钢沼气池容积为 4 m^3、5 m^3、6 m^3、7 m^3、8 m^3、9 m^3 和 10 m^3。

6.3.2　玻璃钢沼气池容积偏差率应不大于 5%。

6.3.3　玻璃钢沼气池水压间容积应符合 GB/T 4750 的规定。

6.3.4　玻璃钢沼气池配套水压间和储气间容积应按玻璃钢沼气池容积产气率不小于 0.3 $m^3/(m^3 \cdot d)$ 计算。

6.3.5　玻璃钢拱盖沼气池容积不大于玻璃钢拱盖的 4 倍。

6.4　结构和壁厚

6.4.1　池壁结构

采用接触成型工艺的沼气池池壁除结构层外还应包含内衬层，壁厚结构如图 1 所示。

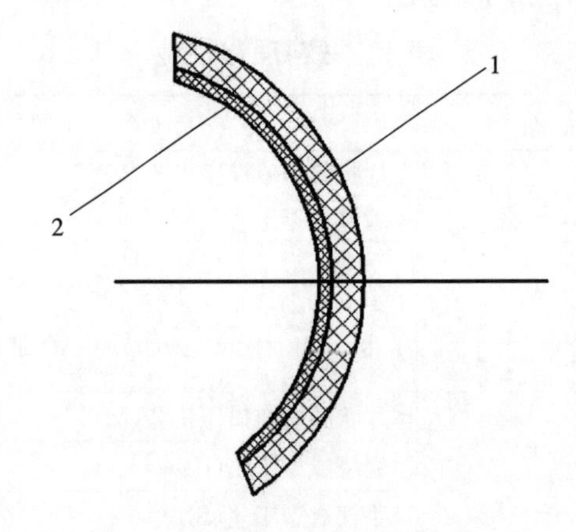

说明：

1——结构层；

2——内衬层。

图 1　沼气池壁厚结构

6.4.2　壁厚

池壁最小厚度应符合表 2 的规定。

表 2　池壁最小厚度要求

项　目	玻璃钢沼气池							玻璃钢拱盖
沼气池容积，m^3	4	5	6	7	8	9	10	—
池壁最小厚度，mm	4.0			5.0		6.0		6.0

6.5　密封性能

6.5.1　沼气池加压至 8 kPa，保压 24 h，修正压力降应不大于 3%。

6.5.2 玻璃钢拱盖加压至 12 kPa,保压 24 h,修正压力降应不大于 3%。

6.6 荷载

6.6.1 玻璃钢沼气池整体承受纵向荷载,单位承载面积上的最小试验荷载见表 3。

6.6.2 承载面积为主池体垂直投影面积减去活动盖和水压间所占用的垂直投影面积。

6.6.3 加载后,玻璃钢沼气池应无破裂和损坏。

表 3 单位承载面积上的最小试验荷载

项 目	玻璃钢沼气池							玻璃钢拱盖
沼气池容积,m^3	4	5	6	7	8	9	10	—
最小荷载,kPa(kN/m^2)	17.0	18.0		19.0		20.0		20.0

6.7 产品安装

6.7.1 玻璃钢沼气池现场安装使用的材料应与池体材料一致,安装程序应有具体、详细的说明。

6.7.2 玻璃钢拱盖沼气池拱盖部分与其他部分的连接方法应有具体、详细的施工说明。

6.8 玻璃钢拱盖

玻璃钢拱盖应满足 6.1、6.2.1、6.4、6.5、6.6 和 6.7 的要求。

7 试验方法

7.1 材料

7.1.1 弯曲强度和弯曲弹性模量按照 GB/T 1449 的规定执行。

7.1.2 巴氏硬度按照 GB/T 3854 的规定执行。

7.1.3 树脂含量按照 GB/T 2577 的规定执行。

7.1.4 吸水率按照 GB/T 1462 的规定执行。

7.2 外观与结构

按 6.2 的要求目测检查。

7.3 容积

7.3.1 形状规则的玻璃钢沼气池用分度值为 0.5 mm 的钢卷尺测量几何尺寸,计算容积。

7.3.2 形状不规则的玻璃钢沼气池可采用分度值为 50 g 的地磅,根据水重进行测量,按式(1)计算。

$$V = (G_2 - G_1)/\rho \quad (1)$$

式中:

V ——容积,单位为立方米(m^3);

G_2——产品盛满水后称量重量,单位为千克(kg);

G_1——产品盛水前称量重量,单位为千克(kg);

ρ ——水密度,单位为千克每立方米(kg/m^3)。

7.4 结构和壁厚

7.4.1 池壁结构通过目测检查。

7.4.2 使用 0.1 mm 的厚度表和分度值为 0.02 mm 的游标卡尺测量产品各部位壁厚,至少测量 40 个点,测量点应根据产品池型和形状,采用在样品同一高度环行取点的方式,尽量均匀分布于产品表面。其中,玻璃钢沼气池上下半池分别取测量点 3 圈,取点从接近池顶或池底的位置开始,每圈测量点间距半池高度的 1/3,具体分布见图 2;玻璃钢拱盖取测量点 3 圈,取点从接近池顶的位置开始,每圈测量点间距拱盖高度的 1/3,具体分布见图 3。

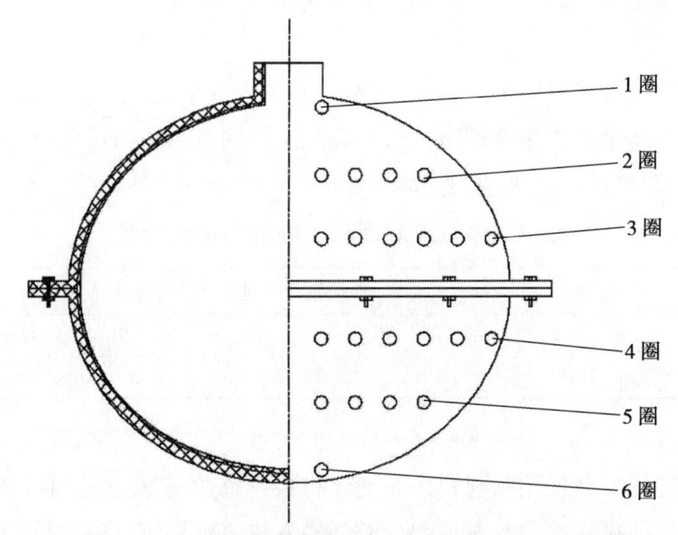

注:1圈和6圈取测量点4个;2圈和5圈取测量点6个;3圈和4圈取测量点10个。

图2　玻璃钢沼气池壁厚测量点分布

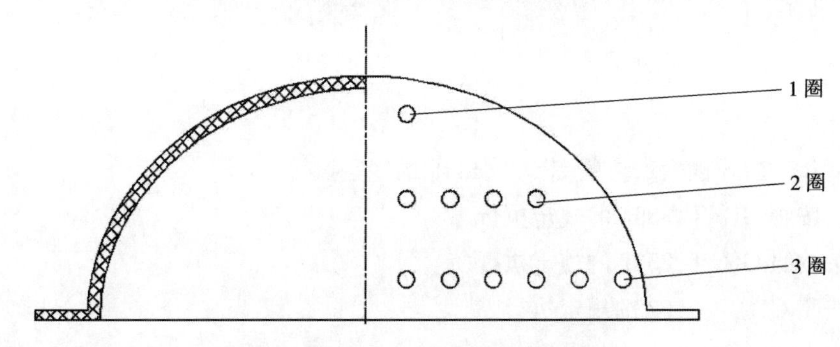

注:1圈取测量点6个;2圈取测量点14个;3圈取测量点20个。

图3　玻璃钢拱盖壁厚测量点分布

7.5　密封性能

7.5.1　玻璃钢沼气池密封性能按GB/T 4751规定执行。

7.5.2　玻璃钢拱盖在单独气密性试验的基础上,宜组合成玻璃钢拱盖沼气池后再进行一次整体密封性能试验。

7.5.3　修正压力降按式(2)计算。

$$\Delta P' = \left[1 - \frac{(P'_0 + P_2)(273.15 + t_1)}{(P_0 + P_1)(273.15 + t_2)}\right] \times 100 \quad \cdots\cdots (2)$$

式中:

$\Delta P'$——修正压力降,单位为百分率(%);

P'_0——气密性试验结束时大气压力,单位为帕(Pa);

P_2——气密性试验结束时压力表度数,单位为帕(Pa);

t_1——气密性试验开始时密封气体温度,单位为摄氏度(℃);

P_0——气密性试验开始时大气压力,单位为帕(Pa);

P_1——气密性试验开始时压力表度数,单位为帕(Pa);

t_2——气密性试验结束时密封气体温度,单位为摄氏度(℃)。

7.6　荷载试验

7.6.1　玻璃钢沼气池荷载能力试验可在生产现场进行,加载物为沙袋,加载方法见图4。

7.6.2 荷载试验时沼气池应为空池。

7.6.3 试验荷载按表3执行。

7.6.4 荷载试验4 h后,检查沼气池各部分的破坏情况。

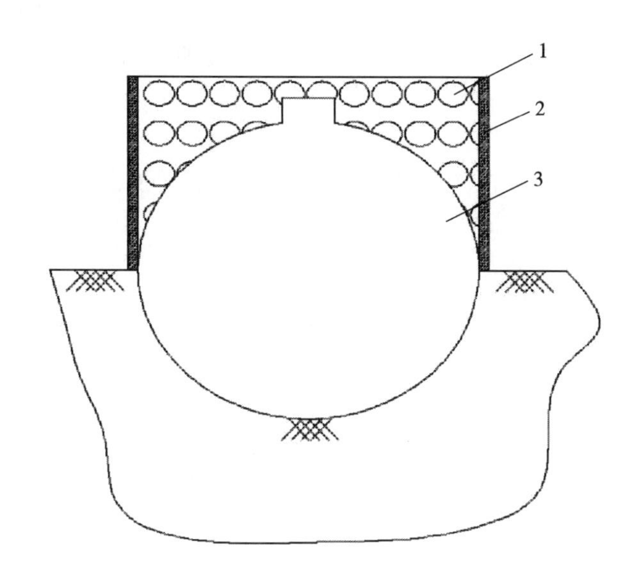

说明:

1——沙袋;

2——铁箍;

3——沼气池。

图4 荷载试验加载方法示意图

7.7 产品安装

目测检查。

7.8 玻璃钢拱盖

玻璃钢拱盖按7.1、7.2、7.4、7.5、7.6和7.7执行。

8 检验规则

8.1 出厂检验

8.1.1 检验项目

出厂检验项目为6.2。

8.1.2 判定规则

出厂检验项目全部合格判定产品合格。

8.2 型式检验

8.2.1 型式检验的项目为本标准技术要求的所有项目,有下列情况之一时应进行型式检验。

a) 新产品试制定型时;

b) 改变产品结构、材料、工艺影响产品性能时;

c) 正常生产情况下,半年进行一次;

d) 国家质量监督机构提出型式检验要求时。

8.2.2 抽样

a) 材料抽样:按测试项目执行国家标准规定的尺寸,抽取产品同样材料和加工工艺的切割试样,对材料按表1规定的项目进行检验;

b) 产品抽样:同一原料、配方和工艺条件下,手糊和喷射成型工艺每100个产品为一批;每批抽样

1个,模压和缠绕成型工艺每500个为一批,每批抽样3个。产品数量不足上述标准时视为一批,产品抽检项目为本标准技术要求的所有项目。

8.2.3 **判定规则**

a) 全部项目检验合格,该批产品合格;

b) 手糊和喷射成型工艺,抽样样品测试结果为不合格时加倍抽样,测试结果仍不合格则判该批产品不合格;

c) 模压和缠绕成型工艺,抽样样品中有1个产品不合格时加倍抽样,测试结果仍有1个产品不合格则判该批产品不合格;抽样样品中有2个产品不合格,则判定该批产品不合格。

9 标志、包装、运输和储存

9.1 标志

产品标志应在显著位置标示,标志内容:

a) 生产厂名和地址;

b) 商标;

c) 产品名称和型号;

d) 制造日期或出厂编号。

9.2 包装

产品包装应保证产品在运输过程中不受损伤。

9.3 运输

产品在运输过程中,应加衬垫防止颠簸或相互碰撞。

9.4 储存

产品储存期间应有足够间隔,堆叠时应加衬垫。

9.5 产品文件

9.5.1 产品出厂时应附下列文件:

a) 标志内容;

b) 产品合格证;

c) 附件清单;

d) 说明书。

9.5.2 说明书内容应包括:

a) 产品容积;

b) 安装方法应符合本标准6.8的规定;

c) 使用方法;

d) 注意事项;

e) 通信联系地址。

ICS 27.010
F 13

中华人民共和国农业行业标准

NY/T 2907—2016

生物质常压固定床气化炉技术条件

Specifications for biomass gasification stove with normal pressure

2016-05-23 发布　　　　2016-10-01 实施

中华人民共和国农业部 发布

前　言

本标准按照 GB/T 1.1—2009 给出的规则起草。

请注意本文件的某些内容可能涉及专利。本文件的发布机构不承担识别这些专利的责任。

本标准由农业部科技教育司提出并归口。

本标准起草单位:中国农村能源行业协会生物质能专委会、农业部节能与干燥机械设备及产品质量监督检验测试中心、山东大学、辽宁贝龙农村能源环境技术有限公司、无锡明燕集团新能源科技有限公司、吉林天煜新型能源工程有限公司、山东百川同创能源有限公司、南京万物新能源科技有限公司。

本标准主要起草人:肖明松、佟启玉、董玉平、王如汉、贝洪毅、李海燕、景元琢、史诗长。

生物质常压固定床气化炉技术条件

1 范围

本标准规定了生物质常压固定床气化炉的类别、技术条件、试验方法和检验规则。

本标准适用于以生物质为原料的常压固定床气化炉。

2 规范性引用文件

下列文件对于本文件的应用是必不可少的。凡是注日期的引用文件，仅注日期的版本适用于本文件。凡是不注日期的引用文件，其最新版本(包括所有的修改单)适用于本文件。

GB/T 699 优质碳素结构钢

GB 713 锅炉和压力容器用钢板

GB/T 985.1 气焊、焊条电弧焊、气体保护和高能束焊的推荐坡口

GB/T 3274 碳素结构钢和低合金结构钢热轧厚钢板和钢带

GB/T 5117 非合金钢及细晶粒钢焊条

GB/T 8163 输送液体用无缝钢管

GB 9437 耐热铸铁件

GB 12208 人工煤气组分与杂质含量测定方法

GB 50211 工业炉砌筑工程施工及验收规范

DL/T 869 火力发电厂焊接技术规程

DL/T 902 耐磨耐火材料技术条件与检验方法

JB/T 5000 重型机械通用技术条件

JB/T 6398 大型不锈、耐酸、耐热钢锻件

NY/T 443 秸秆气化供气系统技术条件及验收规范

NY/T 1017 秸秆气化装置和系统测试方法

3 术语和定义

NY/T 443 界定的以及下列术语和定义适用于本文件。

3.1

常压固定床气化炉 atmospheric pressure gasifier

以生物质为原料，空气和水蒸气为气化剂，反应床层静止不动，流体通过床层进行反应，在常压下转化成燃气。主要由炉体、炉膛、炉排、上料、排灰装置及配套辅机组成。

3.2

额定产气量 rated gas production

指气化炉在正常工况下单位时间内产生燃气的数量。

4 型号表示方法

4.1 根据常压热解气化炉内气流运动的方向，固定床气化炉的型式分类见表 1。

表1 固定床气化炉的型式分类

型式	上吸式固定床气化炉	下吸式固定床气化炉	平吸式固定床气化炉
分类	S	X	P

4.2 型号表示法

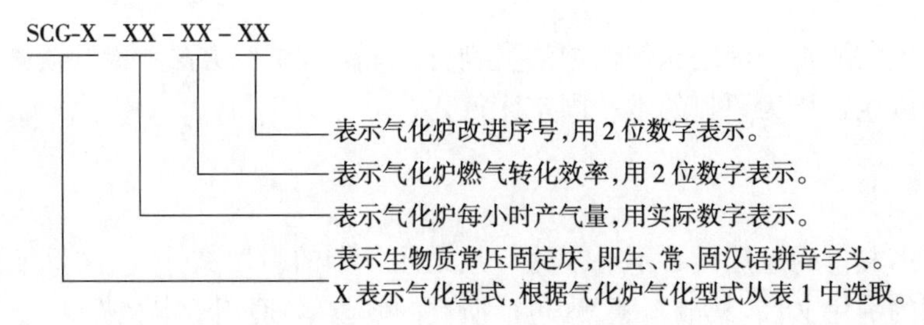

示例:SCG－S－100－70－Ⅱ,表示上吸式固定床气化炉,每小时产气量100 m^3,燃气转化效率70%,为第二次改型产品。

5 技术条件

5.1 一般要求

5.1.1 气化炉的设计和制造应满足操作方便、维护简单、可靠耐用,符合安全、美观和不产生环境污染等要求。

5.1.2 外观不应有锈渍、油污;炉体结构不应有飞边、毛刺、锐角;配件不应有明显碰瘪、划痕等缺陷。

5.1.3 所有零部件焊接应牢固,焊缝均匀,主、辅机部件的焊接和焊接质量检查按照DL/T 869的规定执行。

5.1.4 阀门及调节机构等应轻便灵活,操作方便。

5.1.5 气化炉易损零配件应考虑通用性、互换性。

5.1.6 气化炉装配要整体牢固、美观。

5.1.7 外壳要做防水、防锈处理,防锈层应耐高温、不脱落。

5.1.8 仪器、仪表和电气控制功能应满足气化炉工作和相关标准要求。

5.2 性能指标及质量要求

5.2.1 性能指标

主要性能指标见表2。

表2 气化炉性能指标

气化效率 %	燃气热值 kJ/Nm^3	焦油及杂质含量 mg/Nm^3	氧含量 %	一氧化碳含量 %	硫化氢含量 mg/Nm^3
≥70	≥4600	≤200	＜1	＜20	＜20
注:焊油及杂质含量为未经净化的含量。					

5.2.2 质量指标

5.2.2.1 在规定使用条件下,产品使用寿命不应少于8年。

5.2.2.2 在正常工况下运行噪声应小于80 dB(A)。

5.2.2.3 在满足规定的燃气热值情况下,每小时产气量不低于标称值。

5.2.2.4 炉膛结构严密,在正常产气工况下,不应有燃气泄漏。

5.3 结构要求

5.3.1 炉体金属结构及受热部分的设计、制造，应考虑其热膨胀、烧蚀、氧化、蠕变的影响。

5.3.2 与炉体配套的操作手柄、手轮等部件应安全可靠，位置应便于操作。

5.3.3 对人体易造成伤害的部位，应加装防护装置和警示标志。

5.4 制造要求

5.4.1 材料要求

5.4.1.1 加工制造用材料应符合设计文件要求，要有材质鉴定证明书或质量合格证书。

5.4.1.2 炉体钢板材质应符合 GB 713 的规定，炉膛耐火材料应符合 DL/T 902 的规定，炉排材质应符合 GB 9437 的规定。

5.4.1.3 管材应符合 GB/T 8163 的规定，焊条应符合 GB/T 5117 的规定。

5.4.2 部件加工及焊接

5.4.2.1 所有零部件的焊接应符合 GB/T 985.1 的规定，并按工艺要求进行。

5.4.2.2 炉膛耐火材料砌筑应按照 GB 50211 的规定进行。

5.4.2.3 所有接口偏斜度、偏移量和法兰盘斜度应按照 GB/T 985.1 的规定进行。

5.5 零部件质量要求

5.5.1 上料装置

5.5.1.1 上料装置应与气化炉配套，能适应不同原料种类和供料量的要求；整机装配后应转动灵活、平稳，不得有卡涩现象。

5.5.1.2 上料装置与炉体连接部位的焊缝应做煤油渗漏检验。

5.5.1.3 上料装置的零件制造、装配和材质应符合设计文件要求。

5.5.2 炉体

炉体结构分为带夹套与不带夹套两种，设计时应进行强度计算。

5.5.2.1 带夹套的结构和强度按常压容器的要求设计，使用的材料和质量应符合表 3 的规定。

表 3 炉体材料和质量要求

零件名称	设计温度,℃	钢号	标准	主体焊缝型式
炉体内筒节	夹套水饱和温度＋110	20 g	GB 713	纵焊缝为双面焊
炉体外筒节	夹套水饱和温度	Q235A	GB/T 3274	不限制
内侧封头	夹套水饱和温度＋110	20 g	GB 713	内侧封头与内筒节焊缝为双面焊

5.5.2.2 夹套组焊后，焊缝经外观检验合格后应进行水压试验；试验压力为 0.2 MPa，加压后保持 30 min，检查所有焊缝不得有渗漏。

5.5.2.3 不带夹套结构的炉体，材料采用 Q235A，材质应符合 GB/T 3274 的规定。

5.5.3 炉排

5.5.3.1 炉排结构应有利于炉内灰渣排出及气化剂的均匀分布，满足对炉内物料的承托和稳定气化。

5.5.3.2 炉排铸件材料应符合设计文件要求，无裂缝、无砂眼，表面光滑。炉排的材料及质量应符合表 4 的要求。

表 4 炉排材料和质量要求

炉排形式	成型	材料	标准
宝塔形炉排	铸造	RTCr2	GB/T 9437
台阶形炉排	板材	20 g	GB 713
锯齿条形炉排	铸造	RTCr2	GB/T 9437

5.5.3.3 炉排的制造除应符合本标准和设计文件要求外，还应符合 JB/T 5000 的规定。

5.5.4 排灰装置

5.5.4.1 湿式排灰盘、炉排应转动平稳、无卡滞。

5.5.4.2 干式排灰阀件、灰斗应满足不漏灰尘、烟气的要求。

5.5.4.3 干式排灰装置中的阀件、灰斗材料及质量要求应符合表 5 的要求。

表 5 干式排灰装置中的阀件、灰斗材料及质量要求

零部件名称	设计温度 ℃	钢号	标准	质量要求
阀芯	400	45	GB/T 699	硬度：本体 197HBS～229HBS，阀口≥40HRC，阀口堆焊表面加工粗糙度 $Ra \leqslant 3.2\ \mu m$
阀座	400	3Cr13	JB/T 6398	硬度：本体 229HBS～255HBS，阀口≥40HBC，表面加工粗糙度 $Ra \leqslant 3.2\ \mu m$
灰斗	150	20 g	GB 713	焊缝外观合格后做煤油渗漏

5.6 装配要求

5.6.1 气化炉装配应符合本标准和产品设计文件的要求。

5.6.2 炉体装配垂直偏差应小于 3 mm，密封材料必须耐热，法兰紧固后应无明显偏差。

5.6.3 炉排、上料装置应转动灵活，炉门、观察孔、测温孔密封应严密，不漏烟尘。

6 试验方法

6.1 炉体外观、炉排、上料装置检验采用目测，应符合 5.1 中技术要求的规定。

6.2 带夹套炉体组焊后，要做耐压和气密性试验，试验方法按照 NY/T 433 的规定执行。

6.3 非夹套炉体及与配件的连接部分，要做煤油渗漏试验，试验方法按照 NY/T 433 的规定执行。

6.4 性能及燃气指标试验

气化炉性能、燃气指标试验内容和方法见表 6。

表 6 性能、燃气指标试验内容和方法

序号	试验内容	试验方法
1	气化效率	试验计算按照 NY/T 1017 的规定执行
2	额定产气量	按照 NY/T 1017 的规定执行
3	燃气低位热值	按照 NY/T 1017 的规定进行
4	焦油和灰尘含量	按照 GB 12208 的规定进行
5	氧含量	按照 NY/T 1017 的规定执行
6	一氧化碳含量	按照 NY/T 1017 的规定进行
7	硫化氢含量	按照 NY/T 1017 的规定进行

7 检验规则

7.1 检验分类

检验分为出厂检验和型式检验。

7.2 出厂检验

每台产品出厂前由企业质量检验部门按照本标准规定的相关检验项目检验合格后方可出厂，出厂产品应附合格证和标牌。

7.3 型式检验

型式检验包括气化效率、额定产气量、燃气指标和所有出厂检验内容。

凡属下列情况之一者，应进行型式试验：

a） 试制的新产品正式投产时；

b） 当产品的设计、工艺或所用材料的改变会影响产品的性能时；

c） 产品转产或停产期超过一年再次生产时；

d） 国家质量监督机构提出进行型式检验要求时；

7.4 抽样方法

样品应在出厂检验的产品中随机抽取，每批抽检不少于2台。检验不合格的，允许返修复检，复检仍不合格，则该批产品为不合格品，必须在消除缺陷并通过检验后方能继续生产。

7.5 出厂检验、型式试验内容和方法

出厂检验、型式试验内容和方法按表7执行。

表7 出厂检验、型式试验内容和方法

序号	检验项目	试验方法	类 型	
			出厂检验	型式试验
1	炉体外观	6.1	√	√
2	炉排、上料装置	6.1	√	√
3	炉门、观察孔	6.1	√	√
4	夹套炉体耐压试验	6.2	√	√
5	非夹套炉体	6.3	√	√
6	气化效率	6.4		√
7	额定产气量	6.4		√
8	燃气低位热值	6.4		√
9	焦油和灰尘含量	6.4		√
10	氧含量	6.4		√
11	一氧化碳	6.4		√
12	硫化氢含量	6.4		√
注：表7中序号4～11检验项目中有一项不合格，则判为不合格；序号1、2、3、12中有2项不合格，则该批产品为不合格。				

8 标志、配套文件及储运

8.1 应在气化炉明显部位设置产品标牌，标牌应牢固，字迹应清晰。标牌内容包括：

a） 产品名称、型号；

b） 产品主要参数；

c） 产品编号和制造日期；

d） 制造厂家。

8.2 配套文件

a） 产品质量合格证；

b） 气化炉使用说明书；

c） 电控设备接线图；

d） 气化系统连接图；

e） 运行维护规程；

f） 气化炉及设备附件清单。

8.3 储运

8.3.1 气化炉在储存时不得倒置、倾斜，储存场所应干燥、防雨。

8.3.2 气化炉在装运过程中应注意磕碰、防潮。

8.4 保修期

产品自发货之日起 18 个月内或正式投入运行 12 个月内，发生质量问题不能正常运行时，生产厂负责保修。

ICS 27.010
F 13

中华人民共和国农业行业标准

NY/T 2908—2016

生物质气化集中供气运行与管理规范

Specification for runing biomass gasification system

2016-05-23 发布　　2016-10-01 实施

中华人民共和国农业部 发布

前　　言

本标准按照GB/T 1.1—2009给出的规则起草。

请注意本文件的某些内容可能涉及专利。本文件的发布机构不承担识别这些专利的责任。

本标准由农业部科技教育司提出并归口。

本标准起草单位：中国农村能源行业协会生物质能专委会、农业部节能与干燥机械设备及产品质量监督检验测试中心、山东大学、辽宁贝龙农村能源环境技术有限公司、无锡明燕集团新能源科技有限公司、吉林天煜新型能源工程有限公司、山东百川同创能源有限公司、南京万物新能源科技有限公司。

本标准主要起草人：肖明松、佟启玉、董玉平、王如汉、贝洪毅、李海燕、董磊、史诗长。

生物质气化集中供气运行与管理规范

1 范围

本标准规定了生物质气化集中供气站的启动、运行管理和设备维护。

本标准适用于以生物质为原料的气化集中供气站的运行管理与维护。

2 规范性引用文件

下列文件对于本文件的应用是必不可少的。凡是注日期的引用文件，仅注日期的版本适用于本文件。凡是不注日期的引用文件，其最新版本(包括所有的修改单)适用于本文件。

NB/T 34004 生物质气化集中供气净化装置性能测试方法

NB/T 34011 生物质气化集中供气污水处理装置技术规范

NY/T 433 生物质气化供气系统技术条件及验收规范

NY/T 1017 秸秆气化装置和系统测试方法

NY/T 1715 生物质气化集中供气站建设标准

3 术语和定义

NY/T 433界定的以及下列术语和定义适用于本文件。

3.1

启动 start

指生物质气化集中供气站从点火开始，直至正常产生燃气的过程。分为：初次启动——新建生物质气化集中供气站第一次运行；长期停运后的启动——因检修或长期停止运行后的再次投入运行；日常启动——指每日工作状态下停炉后的启动。

3.2

点火 set a fire

通过点火器或引火燃料，引燃气化炉内生物质原料的过程。

3.3

设备维护 equipment maintenance

为防止设备性能劣化或降低设备失效的概率，按事先规定的计划或相应技术条件的规定进行的技术管理措施。

4 启动运行

4.1 总体要求

4.1.1 人员

参与气化站日常操作、运行管理、维护检修人员必须了解NY/T 443、NY/T 1017、NB/T 34004、NB/T 34011、NY/T 1715规定的要求。上岗操作人员要求经过专业的技术培训，并持证上岗。

4.1.2 消防安全设施

气化站内应按设计规范要求配备防火、消防器材，并完好有效。生物质气化集中供气站内要有有效的雷电防护装置。

4.1.3 原料

根据气化炉燃烧特性，准备符合要求的生物质原料，并有两周以上的备料。

4.1.4 水、电

保证气化站运行所需的水、电条件。

4.2 启动前的设备检查

初次启动、长期停运后的启动和日常启动前的设备检查，见表1。

表1 生物质气化集中供气站启动前的设备检查

序号	检查项	检查内容	初次启动	停运后的启动	日常启动
1	气化炉	气化炉燃烧室结构完整、配套设施齐全有效、外部保温完好、无漏烟气现象、周围无影响运行人员操作的杂物	√	√	
		相应的进风门开关灵活、开度指示位置符合要求	√	√	√
		上料装置运转正常	√	√	√
2	净化装置	重点对燃气冷却、燃气除尘净化设备及附属的循环装置、换热器、燃气泵、储水池等配套设施进行检查，并确认各部分单独运行均正常	√	√	
		检查焦油处理装置处于正常工作状态，阀门位置正常。配套的仪器、仪表、电器及供电设备，确认工作正常	√	√	√
3	储气柜	湿式储气柜应检查气柜基础、水槽水位、钟罩及导轨、柜容积指示仪、放散阀门	√	√	
		干式和钢制储气装置应检查是否腐蚀和漏气；管接头、阀门、各紧固件是否松动和损坏	√	√	
		检查储气装置安全水封和配套辅助设施及仪器、仪表	√	√	√
4	污水处理设施	检查各机械设备处于正常工作状态，转动正常和声音符合要求；确认各种仪表显示正常。检查污水处理部分处于工作状态	√	√	
		检查配套设备无漏水、漏油、漏气现象；检查润滑油或润滑脂	√	√	
		对各种配套的电器开关、仪表仪器及计量设备等进行检查、校调	√	√	
5	消防设施	检查配备的各种消防器材和设施齐全、有效	√	√	
6	避雷装置	检查避雷系统接地电阻是否符合要求，接地引线是否有锈蚀；检查各连接处，焊接点是否连接紧密；检查避雷针本体是否有裂纹、歪斜等现象	√	√	
7	灶具及管网	检查气化站内、外燃气管路和阀门畅通无泄漏，检查用户端减压阀、燃气表、灶具旋塞阀等处于正常状态	√	√	

5 运行管理

5.1 启动

5.1.1 点火

5.1.1.1 按设备说明书和操作规程要求做好点火前的准备工作。

5.1.1.2 启动吹扫程序，待所有吹扫完成后，开始点火。

5.1.1.3 放入引火燃料并点火，当正常燃烧后，逐步添加生物质原料，启动风机，燃烧均匀后，加厚料层，使之达到正常气化。

5.1.1.4 正常起燃后，应及时调节燃烧状态，随时监测燃气发生状况，以获得较高的转化效率。

5.1.1.5 当发现燃气质量不合格时，应立即排空废气，同时阻断燃气送入气柜的通路，迅速调整气化炉内的工况，直至燃气合格后再送入储气装置。

5.1.1.6 机组运行中出现下列情况，应立即停机检查，排除故障后再继续运行：

a) 各压力、温度仪表读数异常，并超出正常值范围；

b) 巡查中发现各密封门、阀门、管路有泄漏的情况；

c) 燃气中氧含量超过1%，机房内的一氧化碳报警器报警；

d) 非正常停电、停水。

5.1.2 燃气输送

5.1.2.1 密切监视燃气质量监测仪表和氧气检测仪，当燃气质量符合要求后，开启进气阀，输送燃气至储气装置。

5.1.2.2 随时监测燃气指标，检查燃气出口温度、压力和成分指标。

5.1.3 停机

5.1.3.1 正常停机应按操作说明书和操作规程进行。

5.1.3.2 停机后各阀门应恢复初始状态，打开气化炉门；在结冰季节应放尽冷却水，清理气化炉及净化器焦油和灰尘。

5.1.3.3 设备停止运行后应确保安全水封液位在安全范围。

5.1.4 记录

按运行管理规程做好各项记录。

5.2 安全操作及注意事项

5.2.1 安全操作

5.2.1.1 点火时必须关小风门，人站在点火孔或炉门侧面，以防燃气窜出伤人。

5.2.1.2 点燃后逐步加大风量，若一次点火不成功，应将废气排除后，再重复进行。

5.2.1.3 检查气化操作间燃气管道和相关联的装置，防止燃气泄漏。

5.2.1.4 点火后要对现场进行一次一氧化碳检漏，发现泄漏要及时消除。

5.2.1.5 控制燃烧速度，注意观察气化炉气化指标，使其保持正常、稳定的工作。

5.2.1.6 当遇到突然停电、停水时，应立即打开炉门，打开放气烟囱，熄灭炉火，关闭燃气管道气阀和水阀。

5.2.1.7 操作人员必须穿戴符合规定的工作服，非工作人员严禁操作各类电器开关、阀门等。

5.2.2 注意事项

5.2.2.1 应保持气化站内整洁，操作间不允许堆积杂物，炉渣倒入指定地点。

5.2.2.2 按要求定期检查消防器具，并保证完好、有效。

5.2.2.3 清理出的焦油、污水要妥善处理，不允许随意泼洒。

5.2.2.4 非工作人员未经许可不得进入生产现场。

5.2.2.5 气化站内严禁烟火。

5.3 日常运行管理

5.3.1 运行管理

5.3.1.1 操作人员上岗后要对各危险点、危险源随时监控。

5.3.1.2 操作人员要严格执行操作规程，精心操作，正确使用仪器设备。

5.3.1.3 严格控制工艺技术条件，做到不超温、不超压、不超负荷。

5.3.1.4 严格执行巡回检查制度。

5.3.1.5 认真做好设备日常维护保养，检查安全设施及报警装置。

5.3.1.6 保持各设备清洁，各阀门及机械传动部件要定期润滑、保养。

5.3.1.7 气化站为安全重地，生产时严禁任何施工作业。

5.3.1.8 保持气化站内整洁、卫生；节假日期间要加强巡视，禁止在气化站周边燃放鞭炮。

5.3.2 运行记录管理制度

5.3.2.1 建立气化站工程建设和设备安装档案,包括设备产品合格证、施工图、接线图、试验报告、说明书等资料,应设专柜保管。

5.3.2.2 建立设备运行档案,保存设备技术资料、设备台账、设备运行管理资料等。

5.3.2.3 操作人员应做好设备运行、消防、燃气用户端等值班记录。

5.3.2.4 所有记录以月为单位整理、装订成册、归档管理。

5.3.2.5 定期对设备管理记录进行统计分析,掌握设备运行情况。

5.3.2.6 借阅、查找设备管理记录应办理相关手续。

6 设备维护

维护分为日常维护、季度维护和年度维护。

6.1 一般要求

6.1.1 生物质气化集中供气站应配备相应的专业技术维修人员、相关检验测试设备和防护用品。管理人员每天要对气化站区域巡检一次,做好事故预防。维修期间,要做好现场监护工作。

6.1.2 按照说明书和生产工艺要求制定设备使用、维护规程。

6.1.3 生产工艺和设备更新时,应根据新设备的使用、维护要求对原规程进行修订,以保证规程的有效性。

6.1.4 设备发生严重缺陷又不能立即停产修复时,必须制订临时性使用、维护规程,缺陷消除后临时规程作废。

6.2 维护内容

生物质气化集中供气站主要设备维护按表2执行。

表2 生物质气化集中供气站主要设备维护内容

序号	维护项	内容	年度维护	季度维护	日常维护
1	气化炉	对易烧损的部分,炉体、炉膛、炉排要加强维护;检查维护附属阀门、手轮、摇柄等部件转动灵活;定期更换密封垫等易损件	√	√	
		定期校核气化炉配套的仪器、仪表、传感器等,保持工作状态稳定、准确、可靠	√		√
		定期查看燃气连接管、连接法兰、阀门、在线监测设备接口处等有无燃气泄漏现象	√	√	
		检查维护上料机构的传动部件,保持灵活有效	√		√
2	净化装置	对燃气排送机、燃气净化、焦油和灰尘回收装置等进行维护,使之保持正常工况	√	√	
		定期润滑转动设备、清洗水环式真空泵轴承和更换密封填料	√	√	
		定期清理净化装置分离出的焦油和灰尘;净化装置性能指标下降20%时,应及时清洗或更换滤器	√		√
		冰冻季节时,如长时间停炉,应排尽冷却水			√
3	储气装置	湿式储气柜需要定期维护基础,防止水槽漏水;检查钟罩有无损伤和漏气;保持导轮和导轨运转灵活、正常	√	√	
		定期检查水槽的水位,当水位低于下限时,应及时补水	√		√
		在冰冻季节,要重点检查维护湿式储气柜钟罩不被冻结;干式和钢制储气罐,应维持燃气压力在安全气压下			√

表2 （续）

序号	维护项	内　　容	年度维护	季度维护	日常维护
3	储气装置	定期维护燃气自动放散阀，保持启闭灵活；定期检查气柜压力，不得超出设计压力	√	√	√
		雷雨季节，要定期检查维护储气装置的避雷器，防静电接地线，保持接地电阻符合要求	√	√	√
		定期维护安全水封，保持水位在安全范围，冰冻季节要防止冻结	√		√
4	污水处理设施	定期清理污水处理构筑物堰口、池壁，保持设施清洁、有效	√	√	√
		定期检查维护各配套设备，保持清洁，无漏水、漏油、漏气等现象	√	√	
		根据不同设备要求，定时检查、添加或更换润滑油或润滑脂等	√	√	
		对各种设备的电器开关、仪表仪器及计量设备等进行定期检查、校调	√	√	√
5	消防设施	定期检查维护报警控制器，保持功能正常、有效；保持消防水池和消防水箱的水位、阀门等正常	√	√	
		定期检查维护消防泵、消防用电源、消防水源、消火栓、喷淋管等防火设施，保持正常有效	√	√	
		查看气化站内各置定点的灭火器、消防桶、消防斧等消防器材，保持正常有效	√	√	√
6	避雷装置	检查避雷针及接地引线是否有锈蚀；检查各连接处，焊接点是否连接紧密；检查避雷针本体是否有裂纹、歪斜等现象	√	√	
		定期检查维护接地桩，保持接地电阻正常	√	√	
7	灶具及管网	定期进行管网、灶具维护；确保管网无泄漏，用户端灶具使用安全	√	√	√

6.3 维护记录

6.3.1 认真做好每次设备维护记录，包括设备名称、故障现象、维护内容、日期和维护人员签字等主要信息，并存档备查。

6.3.2 建立气化站和各种设备的巡查巡检记录、进出人员管理资料、各类操作记录、应急演练记录、安全活动记录。

ICS 27.010
F 13

中华人民共和国农业行业标准

NY/T 2909—2016

生物质固体成型燃料质量分级

Classes and specifications for densified biofuel

2016-05-23 发布 2016-10-01 实施

中华人民共和国农业部 发布

前　言

本标准按照GB/T 1.1—2009给出的规则起草。

本标准参考EN ISO 17225—1:2014《固体生物质—燃料规格和分类》。

本标准由农业部科技教育司提出并归口。

本标准起草单位:农业部规划设计研究院、河北天太生物质能源开发有限公司。

本标准主要起草人:田宜水、赵立欣、孟海波、霍丽丽、袁艳文、姚宗路、杨小亮、朱本海、戴辰、王冠、王茹、付成果。

生物质固体成型燃料质量分级

1 范围

本标准规定了生物质固体成型燃料的分类、规格、质量等级要求和试验方法。

本标准适用于以农业、林业生物质等为原料生产的生物质固体成型燃料。不适用于经过化学处理的废旧物料生产的固体成型燃料。

2 规范性引用文件

下列文件对于本文件的应用是必不可少的。凡是注日期的引用文件,仅注日期的版本适用于本文件。凡是不注日期的引用文件,其最新版本(包括所有的修改单)适用于本文件。

GB/T 28732 固体生物质燃料全硫测定方法

GB/T 30727 固体生物质燃料发热量测定方法

GB/T 30728 固体生物质燃料中氮的测定方法

GB/T 30729 固体生物质燃料中氯的测定方法

NB/T 34025 生物质固体成型燃料结渣性试验方法

NY/T 1879 生物质固体成型燃料采样方法

NY/T 1880 生物质固体成型燃料样品的制备方法

NY/T 1881.2 生物质固体成型燃料试验方法 第2部分:全水分

NY/T 1881.5 生物质固体成型燃料试验方法 第5部分:灰分

NY/T 1881.6 生物质固体成型燃料试验方法 第6部分:堆积密度

NY/T 1881.7 生物质固体成型燃料试验方法 第7部分:密度

NY/T 1881.8 生物质固体成型燃料试验方法 第8部分:机械耐久性

NY/T 1915 生物质固体成型燃料术语

3 术语和定义

NY/T 1915 界定的以及下列术语和定义适用于本文件。

3.1

木质生物质固体成型燃料 forestry densified biofuel

以采伐、造材剩余物、木材加工剩余物等林业生物质为原料的生物质固体成型燃料。

3.2

非木质生物质固体成型燃料 agricultural densified biofuel

以农作物秸秆、农产品加工业剩余物等农业生物质为原料,以及农业生物质和林业生物质混合物为原料的生物质固体成型燃料。

4 分类

根据原料来源的不同,生物质固体成型燃料分为木质生物质固体成型燃料、非木质生物质固体成型燃料,见表1。

表 1　基于原料来源的生物质固体成型燃料分类

类　　别	子　　类	来　　源
木质生物质	1.1　采伐、造材剩余物	采伐和造材过程中产生的剩余物
	1.2　木材加工剩余物	木材采运和加工过程中产生的剩余物
	1.3　剪枝	果树及绿化树木修整过程中产生的剩余物
	1.4　林业混合物	多种林业生物质混合
非木质生物质	2.1　农作物秸秆	农业生产过程中产生的稻秸、麦秸、豆秸、玉米秆、高粱秆和棉秆等农作物秸秆
	2.2　农产品加工业剩余物	农产品加工过程中产生稻壳、玉米芯、花生壳等剩余物
	2.3　农业混合物	多种农业生物质混合
	2.4　其他混合生物质	由木质或非木质生物质混合而成的生物质

5　规格

生物质块(棒)状和生物质颗粒燃料的规格见表 2 和表 3。

表 2　生物质块(棒)状燃料的规格

类　　型	规格	具体范围
形状	块(棒)状	
直径或截面最大尺寸(*D*),mm	*D*40	25≤*D*≤40
	*D*50	40<*D*≤50
	*D*60	50<*D*≤60
	*D*80	60<*D*≤80
	*D*100	80<*D*≤100
	*D*125	100<*D*≤125
	*D*125+	*D*>125(标明实际值)
长度(*L*),mm	*L*50	*L*≤50
	*L*100	50<*L*≤100
	*L*200	100<*L*≤200
	*L*300	200<*L*≤300
	*L*400	300<*L*≤400
	*L*400+	*L*>400 (标明实际值)
全水分(*M*,收到基 ar),%	*M*8	*M*≤8
	*M*10	8<*M*≤10
	*M*12	10<*M*≤12
	*M*15	12<*M*≤15
颗粒密度(*DE*),kg/dm^3	*DE*0.8	0.80≤*DE*<1.00
	*DE*1.0	1.00≤*DE*<1.10
	*DE*1.1	1.10≤*DE*<1.20
	*DE*1.2	*DE*≥1.20
低位发热量($Q_{p,net,ar}$,收到基 ar),MJ/kg	—	—

表 2 （续）

类　型	规格	具体范围
灰分(A, 干燥基 d),%	A0.7 A1.5 A3.0 A6.0 A10.0 A15.0	A≤0.7 0.7<A≤1.5 1.5<A≤3.0 3.0<A≤6.0 6.0<A≤10.0 10.0<A≤15.0
氮(N, 干燥基 d),%	N0.3 N0.5 N1.0 N1.5 N2.0 N3.0 N3.0+	N≤ 0.3 0.3<N≤0.5 0.5<N≤1.0 1.0<N≤1.5 1.5<N≤2.0 2.0<N≤3.0 N>3.0(标明实际值)
硫(S,干燥基 d),%	S0.05 S0.08 S0.10 S0.20 S0.20+	S≤0.05 0.05<S≤ 0.08 0.08<S≤ 0.10 0.10<S≤ 0.20 S>0.20(标明实际值)
氯(Cl,干燥基 d),%		推荐类别:Cl0.03,Cl0.07,Cl0.10,Cl0.10+(如果 Cl>0.10%,需标明实际值)
添加剂(黏结质量),%		必须标明黏结剂、抗渣剂或其他添加剂的种类和含量

表 3　生物质颗粒燃料的规格

类　型	规格	具体范围
形状	圆柱状	D L
直径(D)和长度 (L),mm	D06 D08 D10 D12 D25	D≤(6±0.5)mm,且 L≤5×D (6±0.5)mm<D≤ (8±0.5)mm,且 L≤4×D (8±0.5)mm<D≤ (10±0.5)mm,且 L≤4×D (10±0.5)mm<D≤(12±1.0)mm,且 L≤4×D (12±1.0)mm<D≤(25±1.0)mm,且 L≤4×D
全水分(M, 收到基 ar),%	M8 M10 M12 M15	M≤8 8<M≤10 10<M≤12 12<M≤15
收到基堆积密度, kg/m³	—	—
机械耐久性(DU),%	DU97.5 DU95.0 DU90.0	DU≥97.5 97.5>DU≥95.0 95.0>DU≥90.0

表 3 （续）

类　　型	规格	具体范围
细小颗粒量 （F<3.15 mm），%	F1.0 F2.0 F2.0+	F≤1.0 1.0<F≤2.0 F>2.0
低位发热量（$Q_{p,net,ar}$，收到基 ar），MJ／kg	—	—
灰分（A，干燥基 d），%	A0.7 A1.5 A3.0 A6.0 A8.0 A10.0 A12.0	A≤0.7 0.7<A≤1.5 1.5<A≤3.0 3.0<A≤6.0 6.0<A≤8.0 8.0<A≤10.0 10.0<A≤12.0
氮（N，干燥基 d），%	N0.3 N0.5 N1.0 N1.5 N2.0 N3.0 N3.0+	N≤0.3 0.3<N≤0.5 0.5<N≤1.0 1.0<N≤1.5 1.5<N≤2.0 2.0<N≤3.0 N>3.0（标明实际值）
硫（S，干燥基 d），%	S0.05 S0.08 S0.10 S0.2 S0.20+	S≤0.05 0.05<S≤0.08 0.08<S≤0.10 0.10<S≤0.20 S>0.20（标明实际值）
氯（Cl，干燥基 d），%		推荐类别：Cl0.03，Cl0.07，Cl0.10，Cl0.10+（如果 Cl>0.10%，标明实际值）
添加剂（黏结质量），%		黏结剂、抗渣剂或其他添加剂的种类和含量必须标明

6　等级要求

生物质固体成型燃料的等级要求见表 4～表 7。

表 4　木质生物质块（棒）状燃料等级要求

燃料属性	单位	A1 级	A2 级	A3 级
全水分（收到基）	%	≤10	≤12	≤15
密度	kg/m³	≥1 100	≥1 000	≥800
机械耐久性	%	≥97.5	≥97.5	≥95
低位发热量（收到基）	MJ/kg	≥15.5	≥15.3	≥14.6
灰分（干燥基）	%	≤1.5	≤3	≤6
氮（N，干燥基）	%	≤0.3	≤0.5*	≤1.0*
硫（S，干燥基）	%	≤0.05	≤0.08*	≤0.1*
氯（Cl，干燥基）	%	≤0.03	≤0.03*	≤0.03*
添加剂	%（干重）	≤2		
结渣性		弱结渣性	弱结渣性	弱结渣性

* 为该级别的非关键性指标，其余为关键性指标。

表 5　木质生物质颗粒燃料等级要求

燃料属性	单位	A1 级	A2 级	A3 级
规格	mm	长度小于直径 4 倍	长度小于直径 5 倍	长度小于直径 5 倍
全水分(收到基)	%	≤8	≤10	≤12
堆积密度	kg/m^3	≥600	≥500	≥500
机械耐久性	%	≥97.5	≥97.5	≥95
小于 3.15 mm 细小颗粒量	%	≤1.0	≤1.0	≤1.0
低位发热量(收到基)	MJ/kg	≥16.9	≥15.9	≥14.6
灰分(干燥基)	%	≤1.5	≤3	≤6
氮(N,干燥基)	%	≤0.3	≤0.5*	≤1.0*
硫(S,干燥基)	%	≤0.05	≤0.08*	≤0.1*
氯(Cl,干燥基)	%	≤0.03	≤0.03*	≤0.03*
添加剂	%(干重)	≤2		
结渣性		弱结渣性	弱结渣性	弱结渣性
* 为该级别的非关键性指标,其余为关键性指标。				

表 6　非木质生物质块(棒)状燃料等级要求

燃料属性	单位	B1 级	B2 级	B3 级
全水分(收到基)	%	≤10	≤12	≤16
密度	kg/m^3	≥1 100	≥1 000	≥800
机械耐久性	%	≥97.5	≥95	≥95
低位发热量(收到基)	MJ/kg	≥14.6	≥13.4	≥12.6
灰分(干燥基)	%	≤6	≤10	≤15
氮(N,干燥基)	%	≤1.0	≤1.5*	≤2.0*
硫(S,干燥基)	%	≤0.1	≤0.2*	≤0.2*
氯(Cl,干燥基)	%	≤0.2	≤0.2*	≤0.8*
添加剂	%(干重)	≤2		
结渣性		弱结渣性	弱结渣性	中等结渣性
* 为该级别的非关键性指标,其余为关键性指标。				

表 7　非木质生物质颗粒燃料等级要求

燃料属性	单位	B1 级	B2 级	B3 级
规格	mm	长度小于直径 4 倍	长度小于直径 5 倍	长度小于直径 5 倍
全水分(收到基)	%	≤10	≤12	≤16
堆积密度	kg/m^3	≥600	≥500	≥500
机械耐久性(收到基)	%	≥97.5	≥95	≥95
小于 3.15 mm 细小颗粒量	%	≤1.0	≤1.0	≤1.0
低位发热量(收到基)	MJ/kg	≥14.6	≥13.4	≥12.6
灰分(干燥基)	%	≤6	≤8	≤12
氮(N,干燥基)	%	≤1.0	≤1.5*	≤2.0*
硫(S,干燥基)	%	≤0.1	≤0.2*	≤0.2*
氯(Cl,干燥基)	%	≤0.2	≤0.2*	≤0.8*
添加剂	%(干重)	≤2		
结渣性		弱结渣性	弱结渣性	中等结渣性
* 为该级别的非关键性指标,其余为关键性指标。				

7 试验方法

7.1 按照 NY/T 1879 和 NY/T 1880 规定的要求进行采样和样品制备。

7.2 等级要求的测定指标采用表 8 所列的标准进行。

表 8 生物质固体成型燃料测定方法标准

序号	项　　目	方法标准名称	标准编号
1	全水分	生物质固体成型燃料试验方法　第 2 部分:全水分	NY/T 1881.2
2	堆积密度	生物质固体成型燃料试验方法　第 6 部分:堆积密度	NY/T 1881.6
3	密度	生物质固体成型燃料试验方法　第 7 部分:密度	NY/T 1881.7
4	机械耐久性	生物质固体成型燃料试验方法　第 8 部分:机械耐久性	NY/T 1881.8
5	低位发热量	固体生物质燃料发热量测定方法	GB/T 30727
6	灰分	生物质固体成型燃料试验方法　第 5 部分:灰分	NY/T 1881.5
7	氮(N)	固体生物质燃料中氮的测定方法	GB/T 30728
8	硫(S)	固体生物质燃料全硫测定方法	GB/T 28732
9	氯(Cl)	固体生物质燃料中氯的测定方法	GB/T 30729
10	结渣性	生物质固体燃料结渣性试验方法	NB/T 34025

ICS 27.010
F 13

中华人民共和国农业行业标准

NY/T 2910—2016

硬质塑料户用沼气池

Rigid plastics household biogas digester

2016-05-23 发布 2016-10-01 实施

中华人民共和国农业部 发布

前　言

本标准按照GB/T 1.1—2009给出的规则起草。

请注意本文件的某些内容可能涉及专利。本文件的发布机构不承担识别这些专利的责任。

本标准由农业部科技教育司提出。

本标准由全国沼气标准化技术委员会(SAC/TC 515)归口。

本标准起草单位:农业部农业生态与资源保护总站、上海铂砾耐材料科技有限公司、农业部沼气科学研究所、中国沼气学会、北京三农科技发展有限公司、安庆市冲浪能源科技有限责任公司、黑龙江健鑫科技开发有限公司、云南祥云杨帆塑业有限公司。

本标准主要起草人:孙丽英、韩可杰、李景明、王超、方铭、何宏瑞、邓悦欢、李健吾、魏家峰、宋勇、何宏勋、韩帮军、雷猛。

硬质塑料户用沼气池

1 范围

本标准规定了以热塑性树脂为基体，并添加填充材料或者增强材料制成的户用沼气池产品的型号、性能要求、试验方法、检验规则及标志、包装、运输和储存等内容。

本标准适用于注塑、滚塑、挤塑和模压成型工艺的 PE、PP、ABS、PVC 等硬质塑料户用沼气池及其部件。

2 规范性引用文件

下列文件对于本文件的应用是必不可少的。凡是注日期的引用文件，仅注日期的版本适用于本文件。凡是不注日期的引用文件，其最新版本(包括所有的修改单)适用于本文件。

GB/T 1040 塑料拉伸性能试验方法

GB/T 1043.1 塑料 简支梁冲击性能的测定 第1部分：非仪器化冲击试验

GB/T 1449 纤维增强塑料弯曲性能试验方法

GB/T 1462 纤维增强塑料吸水性试验方法

GB/T 2577 玻璃纤维增强塑料树脂含量试验方法

GB/T 3398.2 塑料硬度测定第二部分：洛氏硬度

GB/T 4750 户用沼气池设计规范

GB/T 4751 户用沼气池质量检查验收规范

3 分类及标记

3.1 分类

硬质塑料户用沼气池按照主池容积分为 4 m^3、6 m^3、8 m^3、10 m^3 4 种规格。

3.2 标记

硬质塑料户用沼气池用拼音字母 YSHZ 表示，型号表示规格为××××-×-×-×-×，如图1所示。

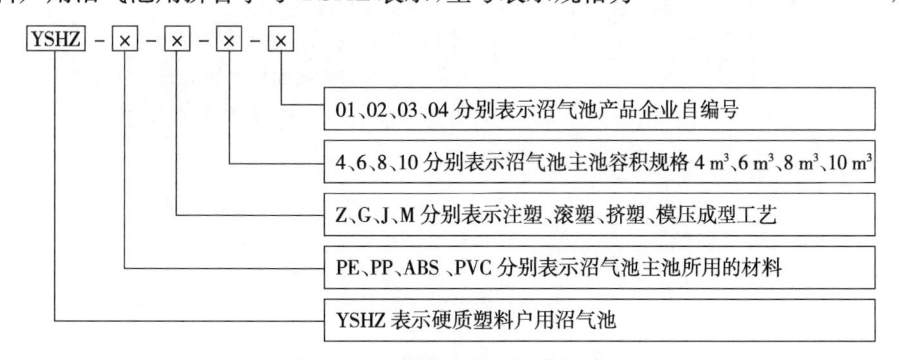

图1 硬质塑料沼气池标记

示例：

YSHZ-PP-Z-8-02 表示企业自编号为 02，容积 8 m^3 PP 注塑成型硬质塑料户用沼气池。

YSHZ-PE-G-4-01 表示企业自编号为 01，容积 4 m^3 PE 滚塑成型硬质塑料户用沼气池。

4 技术要求

4.1 材料性能

材料基本性能指标应满足表 1 所述。

表 1　材料基本性能指标

<table>
<tr><th rowspan="2">序号</th><th rowspan="2">项目</th><th rowspan="2">单位</th><th colspan="4">不同材料性能要求</th></tr>
<tr><th>PE</th><th>PP</th><th>ABS</th><th>PVC</th></tr>
<tr><td>1</td><td>拉伸强度</td><td>MPa</td><td>≥20</td><td>≥22</td><td>≥30</td><td>≥30</td></tr>
<tr><td>2</td><td>断裂伸长率</td><td>%</td><td>≥750</td><td>≥200</td><td>≥20</td><td>≥80</td></tr>
<tr><td>3</td><td>弯曲强度</td><td>MPa</td><td>≥20</td><td>≥30</td><td>≥40</td><td>≥40</td></tr>
<tr><td>4</td><td>弯曲模量</td><td>MPa</td><td>≥900</td><td>≥1 000</td><td>≥1 500</td><td>≥2 500</td></tr>
<tr><td>5</td><td>简支梁无缺口冲击强度</td><td>kJ/m²</td><td>≥40</td><td>≥40</td><td>≥50</td><td>≥40</td></tr>
</table>

4.2　沼气池技术要求

硬质塑料户用沼气池各项要求应满足表 2 所述。

表 2　沼气池各项要求

<table>
<tr><th rowspan="2">序号</th><th rowspan="2">项目</th><th rowspan="2">单位</th><th colspan="4">技术要求</th></tr>
<tr><th>PE</th><th>PP</th><th>ABS</th><th>PVC</th></tr>
<tr><td rowspan="2">1</td><td rowspan="2">结构</td><td rowspan="2"></td><td colspan="4">沼气池结构应能满足生产沼气、储存沼气和承受池面活荷载的要求，方便进料、出料和维修</td></tr>
<tr><td colspan="4">进料间、水压间与主池连接部位应做加强处理</td></tr>
<tr><td>2</td><td>容积偏差</td><td>%</td><td colspan="4">沼气池主体容积偏差不大于标准容积的 5%</td></tr>
<tr><td rowspan="5">3</td><td rowspan="5">壁厚</td><td rowspan="4">mm</td><td>容积为 4 m³ 的沼气池最小壁厚≥3 mm，厚度上浮不得超过 1 mm</td><td colspan="2">容积为 4 m³ 的沼气池最小壁厚≥2.7 mm，厚度上浮不得超过 0.5 mm</td><td>容积为 4 m³ 的沼气池壁厚≥2.5 mm，厚度上浮不得超过 0.5 mm</td></tr>
<tr><td>容积为 6 m³ 的沼气池最小壁厚≥4 mm，厚度上浮不得超过 1 mm</td><td colspan="2">容积为 6 m³ 的沼气池最小壁厚≥3.4 mm，厚度上浮不得超过 0.5 mm</td><td>容积为 6 m³ 的沼气池壁厚≥3.5 mm，厚度上浮不得超过 0.5 mm</td></tr>
<tr><td>容积为 8 m³ 的沼气池最小壁厚≥6 mm，厚度上浮不得超过 1 mm</td><td colspan="2">容积为 8 m³ 的沼气池最小壁厚≥4.0 mm，厚度上浮不得超过 0.5 mm</td><td>容积为 8 m³ 的沼气池壁厚≥4.1 mm，厚度上浮不得超过 0.5 mm</td></tr>
<tr><td>容积为 10 m³ 的沼气池最小壁厚≥6 mm，厚度上浮不得超过 1 mm</td><td colspan="2">容积为 10 m³ 的沼气池最小壁厚≥4.8 mm，厚度上浮不得超过 0.5 mm</td><td>容积为 10 m³ 的沼气池最小壁厚≥4.8 mm，厚度上浮不得超过 0.5 mm</td></tr>
<tr><td colspan="5">壁厚项目中带加强筋部件的最小壁厚应≥本体标准厚度的 90%</td></tr>
<tr><td>4</td><td>密封</td><td></td><td colspan="4">水密封状态 8 kPa 压力下，保持 24 h，压力减少不超过初始值的 3%</td></tr>
<tr><td>5</td><td>荷载</td><td>kN/m²</td><td colspan="4">容积为 4 m³、6 m³、8 m³、10 m³ 的沼气池单位荷载面积上的荷载重量分别为 17 kN/m²、18 kN/m²、19 kN/m²、20 kN/m²；荷载 4 h 后，沼气池无破坏，密封性能应符合要求</td></tr>
<tr><td>6</td><td>洛氏硬度</td><td>R 标尺</td><td>≥30</td><td colspan="2">≥80</td><td>≥30</td></tr>
<tr><td>7</td><td>树脂含量</td><td>%</td><td colspan="4">≥50</td></tr>
<tr><td>8</td><td>吸水率</td><td>%</td><td colspan="4">≤1</td></tr>
<tr><td>9</td><td>耐酸/碱腐蚀性能</td><td></td><td colspan="4">不变形、不腐化</td></tr>
</table>

4.3　连接件要求

连接件应满足受力及密封要求，并做防腐防锈处理。

5　检测方法

5.1　材料

5.1.1　拉伸强度和断裂伸长率按照 GB/T 1040 的规定测定。

5.1.2　弯曲强度和弯曲模量按照 GB/T 1449 的规定测定。

5.1.3 简支梁无缺口冲击强度按照 GB/T 1043.1 的规定测定。

5.1.4 洛氏硬度按照 GB/T 3398.2 的规定测定。

5.1.5 树脂重量含量按照 GB/T 2577 的规定测定。

5.1.6 吸水率按照 GB/T 1462 的规定测定。

5.1.7 耐酸/碱腐蚀性能的测试方法为将 100 mm×100 mm 样本一块，放入浓度 30%的稀硫酸/氢氧化钠溶液中，浸泡 2 h，取出后观察。

5.2 结构

沼气池结构按照 GB/T 4750 的规定目测检查。

5.3 容积

用分度值为 0.5 mm 的钢卷尺检查部件的几何尺寸，并计算产品容积。

5.4 壁厚

壁厚用分度值为 0.02 mm 的游标卡尺均匀取样测试，至少测试 40 个点位。

5.5 密封性能

沼气池密封性能按照 GB/T 4751 的规定测试，沼气池应在水密封状态下加压到 8 kPa，保压 24 h，U 型压力表下降率不超过 3%。

5.6 荷载

产品整体荷载能力试验在生产现场进行，加载物为沙袋，加载方法见图 2。

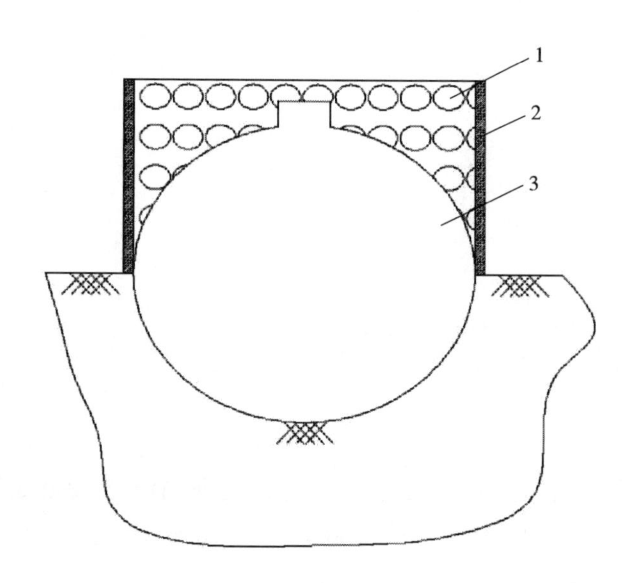

说明：

1——沙袋；

2——铁箍；

3——沼气池。

图 2 荷载试验加载方法

加荷载时沼气池状态为空池，试验荷载力按表 2 确定，荷载试验完成后，检查产品各部分应符合表 2 密封性要求。

6 检验规则

6.1 出厂检验

6.1.1 在产品出厂前，应由生产厂质检部门按照本标准要求进行检验。

6.1.2 检验项目包括:外观、厚度和规格尺寸。

6.1.3 每批产品应出具产品合格证、生产批次等。

6.2 型式检验

6.2.1 型式检验项目为标准中规定的全部项目。

6.2.2 有下列情况之一者,进行型式检验:

a) 试制的新产品进行投产鉴定时;
b) 当产品在设计、工艺和材料有重大改变,可能影响产品性能时;
c) 当产品停产半年以上再恢复生产时;
d) 连续生产的产品,每连续生产半年时;
e) 用户有特殊要求时;
f) 国家质量监督机构提出进行型式检验时。

6.3 判定规则

a) 表2中壁厚、密封性和载荷等关键项目必须全部合格;其余等非关键项不超过两项不合格的,视为合格;
b) 每批抽样2个样品,测试结果有1个产品不合格时可以加倍抽样,测试结果仍有1个产品不合格,则判该批产品不合格;
c) 抽样样品中有2个产品都不合格,则判该批产品不合格。

7 标志、包装、运输和储存

7.1 标志

7.1.1 产品表面应明确标注企业商标、产品代号、生产日期和可回收标准。

7.1.2 产品合格证上应具有下列内容:

a) 产品名称、型号、规格、数量、商标;
b) 产品执行标准;
c) 制造厂家的厂名和地址;
d) 制造日期;
e) 检验人员印章。

7.2 包装

7.2.1 产品应按不同构件分类捆扎包装,防止相互摩擦和碰撞,保证产品在运输过程中不受损伤。

7.2.2 包装袋应足够结实,并应有避免损伤的措施。

7.3 运输

运输和装卸过程中,应紧密码放。为避免碰撞、防止滑动和产品变形损伤,应放入纸板等软性衬垫,装卸时严禁抛掷。

7.4 储存

产品储存时,地面应平整,不得直接与地面接触。应垫平板放于地面上,堆叠对应加衬垫,放置于干燥阴凉地方,注意遮盖,防止曝晒雨淋。

ICS 65.040.01
P 35

中华人民共和国农业行业标准

NY/T 2970—2016
代替 NYJ/T 06—2005

连栋温室建设标准

Construction criterion for gutter connected greenhouse

2016-10-26 发布　　2017-04-01 实施

中华人民共和国农业部　发布

目　次

前　言

本建设标准根据农业部《关于下达2013年农业行业标准制定和修订(农产品质量安全和监管)项目资金的通知》(农财发〔2013〕91号)下达的任务,按照《农业工程项目建设标准编制规范》(NY/T 2081—2011)的要求,结合农业行业工程建设发展的需要而编制。

本建设标准是对NYJ/T 06—2005《连栋温室建设标准》的修订。

本建设标准共分10章:总则、规范性引用文件、术语与定义、建设规模与项目构成、选址与建设条件、工艺与设备、建筑与建设用地、配套工程、节能、节水、节肥与环境保护和主要技术经济指标。

本标准与NYJ/T 06—2005相比,除编辑性修改外,主要技术变化如下:

——更新了部分术语的定义,增加了一些新的术语,删除了其他标准中已定义的术语;

——更新了引用标准;

——更新了部分技术经济指标;

——增加了节能、节水、节肥与环境保护。

本建设标准由农业部发展计划司负责管理,农业部规划设计研究院负责具体技术内容的解释。在标准执行过程中如发现有需要修改和补充之处,请将意见和有关资料寄送农业部工程建设服务中心(地址:北京市海淀区学院南路59号,邮政编码:100081),以供修订时参考。

本标准管理部门:中华人民共和国农业部发展计划司。

本标准主持单位:农业部工程建设服务中心。

本标准编制单位:农业部规划设计研究院。

本标准主要起草人:周长吉、蔡峰、张秋生、张月红、周磊、杜孝明、盛宝永、富建鲁、丁小明、魏晓明、闫俊月。

本标准的历次版本发布情况为:

——NYJ/T 06—2005。

连栋温室建设标准

1　总则

1.1　为加强对温室项目决策和建设的科学管理，准确掌握建设标准，合理确定建设水平，推动技术进步，全面提高投资效益，促进温室行业的健康发展，特制定本标准。

1.2　本标准是编制、评估、审批连栋温室工程项目可行性研究报告的重要依据，也是有关部门审查连栋温室工程项目初步设计和监督检查项目建设的尺度。

1.3　本标准适用于以生产果蔬、苗木和花卉为主的连栋玻璃温室、连栋塑料温室的新建工程项目，改(扩)建工程、展销温室、科研教学温室、植物检疫隔离温室、光伏温室和单栋温室可参照执行。本标准不适用于日光温室和塑料大棚工程项目。

1.4　连栋温室建设应遵循下列基本原则：

a)　实行专业化生产；

b)　充分考虑温室建设地区的气候、市场等资源条件确定温室规模，因地制宜地科学选择温室型式和配套设施；

c)　与生产工艺紧密结合；

d)　节能、节水与环境保护。

1.5　连栋温室建设除应符合本建设标准外，还应符合国家现行的有关强制性标准、定额或指标的规定。

2　规范性引用文件

下列文件对于本文件的应用是必不可少的。凡是注日期的引用文件，仅注日期的版本适用于本文件。凡是不注日期的引用文件，其最新版本(包括所有的修改单)适用于本文件。

GB/T 23393—2009　设施园艺工程术语

GB/T 50485　微灌工程技术规范

NY/T 1145　温室地基基础设计、施工与验收技术规范

3　术语和定义

GB/T 23393—2009 界定的以及下列术语和定义适用于本文件。为了便于使用，以下重复列出了 GB/T 23393—2009 中的某些术语和定义。

3.1

塑料薄膜温室　plastic film greenhouse

以塑料薄膜为主要透光覆盖材料的温室。

3.2

硬质板塑料温室　rigid plastic greenhouse

以透光硬质板塑料为主要透光覆盖材料的温室。常用透光硬质板塑料为聚碳酸酯板，有浪板和中空板之分。

3.3

展销温室　exhibition greenhouse

室内种植作物主要以展销或兼有销售为目的的温室。

3.4

光伏温室　photovoltaic greenhouse

以光伏组件作为温室部分屋面覆盖材料，具有将太阳能转化为电能功能的温室。按光伏组件材料分为晶硅电池光伏温室和薄膜电池光伏温室。

3.5

单栋温室　free standing greenhouse

完全脱离其他建筑物的单跨温室。

3.6

连栋温室　gutter connected greenhouse

两跨及两跨以上，通过天沟连接起来的温室。

[GB/T 23393—2009，定义 3.11]

3.7

自然通风　natural ventilation

在室内外空气密度差和风压＜差＞作用下，实现室内换气的通风方式。

注：改写 GB/T 23393—2009，定义 6.2。

3.8

风机通风　fan ventilation

利用通风机械实现＜室内＞换气的通风方式。

注：改写 GB/T 23393—2009，定义 6.3。

3.9

室内采暖设计温度　inside temperature for heat load

根据温室内作物正常生育的要求来计算温室冬季采暖设计热负荷而＜确定＞的室内计算温度。

注：改写 GB/T 23393—2009，定义 7.1。

3.10

室外采暖设计温度　outside temperature for heat load

用于计算温室冬季额定加热负荷的室外计算温度。

[GB/T 23393—2009，定义 7.2]

3.11

湿帘风机降温系统　fan-pad cooling system

由湿帘、风机和供＜回＞水装置等组成的用于降温的系统。

注：改写 GB/T 23393—2009，定义 8.2。

3.12

遮阳系统　shading system

由遮阳材料、支撑装置和启闭装置等组成的用于减少＜到达室内＞太阳辐射的系统。＜按遮阳材料安装的位置可分为室外遮阳系统和室内遮阳系统。＞

注：改写 GB/T 23393—2009，定义 12.1。

3.13

条形基质栽培　line substrate cultivation

一垄栽培作物栽培基质相同且不间断的栽培方式。

3.14

岩棉栽培　rockwool cultivation

以农用岩棉为栽培基质的作物栽培方式。

3.15

基质槽栽培　trough cultivation

将基质铺设在地面栽培槽(盆、袋等容器)内种植作物的栽培方式。

3.16

栽培床栽培　bed cultivation

用栽培床将基质架离地面进行作物种植的栽培方式。

3.17

环流风机　air circulation fan

使室内空气在水平方向进行低速循环的风机。

4　建设规模与项目构成

4.1　连栋温室建设可以是单体温室，也可以是多个彼此分离或通过连廊连接的单体温室组成的温室群。规模大小宜按以下方式划分：

a)　小型工程：温室面积不大于 10 000 m^2；

b)　中型工程：温室面积介于 10 000 m^2～100 000 m^2 之间；

c)　大型工程：温室面积不小于 100 000 m^2。

4.2　连栋温室建设项目除生产用温室设施外，还可包括辅助生产设施、公共配套设施和管理与生活设施。具体如下：

a)　生产用温室设施除主体结构外，还可包括通风降温系统、加温系统、制冷系统、遮阳系统、保温系统、灌溉系统、施肥系统、人工补光系统、栽培系统、苗床和控制系统等。

b)　辅助生产设施可包括监控室、播种车间、催芽室、组培车间、基质处理车间、产后加工包装车间、预冷及冷藏设施、化学药品库、实验室、肥药残液无害化处理设施、固体废弃物处理设施和农机具库、仓库等。

c)　公共配套设施可包括锅炉房(含堆煤场、堆渣场或地下油库等)、供配电设施、给排水设施、汽车库、道路、通信设施、消防设施等。

d)　管理与生活设施可包括管理用房、食堂、浴室、员工休息室和活动室等。

4.3　对新建连栋温室应充分利用建设地区提供的社会专业化协作条件进行建设；对已有建设基础的单位，新建连栋温室或改、扩建连栋温室应充分利用现有设施和社会公共配套设施；温室辅助生产设施和公共配套设施可根据建设目标和生产性质以及工艺要求取舍或合并。

5　选址与建设条件

5.1　连栋温室建设应考虑当地的中、长期土地利用规划。

5.2　连栋温室建设场地应有满足生产和生活条件的水源、电源，优先选择有地热、工业余热等资源的场地。

5.3　连栋温室建设应选择在交通方便的地区，充分利用当地已有的交通条件。

5.4　连栋温室建设宜选择在朝阳、背风、地势平缓、工程地质条件较好、地下水位较低的区域，避开洪、涝、泥石流、风口等地段和冰雹频发地区。

5.5　连栋温室建设应离开高大建筑物、树木等遮挡物，保证冬至日地面日照时间不少于 6 h。

5.6　连栋温室建设应距离有粉尘等污染物的工厂或设施 3 km 以上。

5.7　连栋温室不得建设在基本农田中。

5.8　高寒地区不宜规模化建设连栋温室。

6　工艺与设备

6.1　连栋温室生产工艺与配套设备应满足专业化生产的要求，同时具备一定的应变能力，符合高产、低耗、节能、环保、安全、节约投资、提高劳动生产率的要求。

6.2 连栋温室配套设备应根据生产工艺要求、生产管理水平和建设地区气候条件合理配置，应满足周年生产需要。

6.3 监控室、播种车间等辅助生产建筑宜布置在连栋温室的北侧或根据场区工艺流程合理布局。

6.4 根据种植品种的不同，冬季加温连栋温室室内采暖设计温度宜为 12℃～18℃。当地室外采暖设计温度低于 5℃时，温室应配备加温设备。室外采暖设计温度低于－10℃时，温室宜采用热水采暖；室外采暖设计温度高于－5℃时，可采用热风采暖。

6.5 无特殊要求时，连栋温室宜设自动控制的天窗和侧窗进行自然通风。

6.6 连栋温室可按照建设地区气候条件配套遮阳系统、通风系统、湿帘风机降温系统、喷雾降温系统等通风降温设备，使温室内最高温度可控制在 35℃以下。

6.7 连栋温室可采用滴灌、微喷灌、潮汐灌等微灌方式。施肥系统宜结合到灌溉系统中。按照温室内作物的种类和栽培方式，连栋温室灌溉系统宜按下列方式选择配套：

a) 基质育苗温室宜采用自走式喷灌车微喷灌系统或潮汐灌溉系统；
b) 土壤或条形基质生产果菜或切花的温室，宜采用滴灌管(带)或滴灌管(带)膜下滴灌系统；
c) 袋培、岩棉培或基质槽栽培等方式生产果菜的温室，宜采用滴箭滴灌系统；
d) 盆花生产温室，视种植作物种类可采用微喷灌、滴箭滴灌或潮汐灌溉系统。

6.8 连栋温室作物栽培方式按根区条件可分为土壤栽培、基质栽培、水培和雾培等；按作物空间位置可分为地面栽培、栽培床栽培和悬挂栽培等。根据栽培作物的需要和综合技术经济水平，选择作物栽培方式宜遵循下列规定：

a) 育苗宜采用活动栽培床栽培；
b) 果菜生产宜采用土壤或条形基质栽培；
c) 叶菜生产宜采用水培；
d) 盆花生产宜采用活动栽培床或悬挂栽培；
e) 果树生产宜采用土壤栽培；
f) 草莓生产宜采用栽培床或悬挂栽培。

6.9 工艺对环境及灌溉要求比较高的连栋温室，宜采用计算机自动化控制。

6.10 冬季一次降雪厚度大于 10 cm 的地区，连栋温室应设独立控制的融雪装置。

6.11 单体温室面积大于 1 000 m^2 的连栋温室，宜配套环流风机。

6.12 连栋温室所有进、出风口应配置与种植要求相适应的防虫网。

6.13 根据种植需要，连栋温室可配置人工补光系统，育苗温室补光强度不宜低于 200 μmol/(m^2·s)；果菜生产温室补光强度不宜低于 500 μmol/(m^2·s)。

6.14 根据种植需要，连栋温室可配置二氧化碳施肥系统，使室内二氧化碳浓度达到 800 mL/m^3～1 000 mL/m^3。

7 建筑与建设用地

7.1 连栋温室跨度和开间应遵从下列模数：

a) 跨度：6.00 m、6.40 m、7.00 m、8.00 m、9.00 m、9.60 m、10.80 m、12.00 m 和 12. 80 m。
b) 开间：3.00 m、4.00 m、4.50 m、5.00 m 和 8.00 m。

7.2 连栋温室檐高宜为 3.00 m～6.00 m，并采用 0.50 m 级差。

7.3 连栋温室主体结构承载能力应满足温室结构荷载规范和温室结构设计规范。

7.4 连栋温室周边基础埋深不宜小于 0.5 m，并应大于当地冻土深度。室内柱基础埋深宜在室内地坪以下 0.5 m～1.0 m 范围内，基础设计应符合 NY/T 1145 的要求。

7.5 寒冷地区连栋温室周边宜采用条形砖基础，气候温和地区连栋温室周边可采用与室内柱基础相同材料的独立基础；室内柱基础应采用钢筋混凝土独立基础。

7.6 连栋温室钢结构构件应采用热浸镀锌表面防腐处理。

7.7 连栋温室钢结构构件应工厂加工、现场组装。构件之间应用镀锌或不锈钢螺栓连接，不得采用现场焊接等破坏构件表面防腐层的连接方法。

7.8 连栋温室透光覆盖材料的选择应根据经济技术条件并充分考虑其使用寿命，材料的透光率宜在 85% 以上，不应低于 80%；使用寿命在 10 年以上的硬质聚碳酸酯等板材，透光率年衰减率不得大于 1%。

7.9 连栋温室覆盖材料的固定应使用专用材料，镶嵌玻璃和聚碳酸酯板等硬质板材宜用专用铝合金型材，耐老化橡胶条密封；固定塑料薄膜等柔性材料可用铝合金型材、镀锌钢板卡槽与包塑卡簧或耐老化塑料材料等。

7.10 单体连栋温室占地面积宜按温室建筑围护墙外边线扩大 2 m～3 m 计算。

7.11 群体连栋温室栋与栋之间的距离宜为 8 m～16 m。

7.12 连栋温室辅助生产设施的建设规模、建筑要求和建设用地，应根据连栋温室建设规模合理配置。

7.13 连栋温室公共配套设施和管理与生活设施占地面积应符合表 1 的要求。

表 1 连栋温室公共配套设施和管理与生活设施占地面积

A, m^2	(B+C)/A, %	C/A, %
≤10 000	≤12	≤5
10 000～100 000	≤9	≤4
≥100 000	≤7	≤3
注：A 指生产设施面积；B 指公共配套设施占地面积；C 指管理与生活设施占地面积。		

8 配套工程

8.1 连栋温室供热热源应结合当地资源，综合考虑投资成本、运行费用和当地环保政策等确定，南方地区宜采用燃油（气、煤）热风炉，北方地区宜采用集中热水锅炉。

8.2 连栋温室灌溉系统供水压力和流量应能满足微灌灌水器的工作要求，按 GB/T 50485 的规定执行。滴灌管（带）的工作压力宜在 100 kPa 左右，微喷头的工作压力宜为 200 kPa～300 kPa。供水水池（箱、罐）的容量应能满足 2 h 的高峰需水量。大面积连栋温室（群）应配备中央水处理系统。

8.3 连栋温室可根据生产工艺要求配套施肥系统。

8.4 连栋温室供电电力负荷等级应为三级。对特殊要求的连栋温室应配置双路供电或自备电源。自备电源的容量应能满足夏季风机通风降温（自然通风温室应能满足开窗和遮阳设备负荷）或冬季正常采暖以及灌溉的电力负荷需要。自备电源宜采用柴油发电机组。

8.5 专业化种子育苗生产企业建设连栋温室应配套播种车间、工厂化精量播种设备和催芽室。组培育苗生产企业连栋温室建设规模要与组培车间的生产能力相适应。种苗生产企业可选配与之生产能力相适应的保温运苗车。

8.6 蔬菜和切花生产企业建设连栋温室可配套产品分级、包装生产线和预冷及冷藏设施等。

8.7 花卉生产企业和育苗生产企业建设连栋温室可根据工艺要求配套冷藏设施。

8.8 计算机控制连栋温室宜配套有线电话、宽带通信。

8.9 连栋温室周边宜设排水沟及散水。单体连栋温室周围道路宽度宜为 2.0 m～4.0 m，道路与温室外墙的距离不宜小于 1.8 m；温室群场区道路应分主次，主干道宽度宜为 6.0 m，次干道宽度宜为 2.0 m～4.0 m，道路宜采用混凝土路面或沥青混凝土路面。

9 节能、节水、节肥与环境保护

9.1 节能

9.1.1 在同等条件下，优先选用节能设备。

9.1.2 连栋温室生产应最大限度地利用种植空间。

9.1.3 在可能的条件下，连栋温室加温应用局部加温代替整体加温。

9.1.4 寒冷地区连栋温室应采用室内双层或多层保温幕。温室内保温系统应严格密封，活动幕布之间、活动幕布与温室墙体之间应设置密封兜或将保温幕布直接垂落地面。

9.1.5 冬季采暖地区连栋温室周边围护墙在保证采光要求的前提下宜采用双层玻璃等高保温性能的材料，温室北墙可采用金属夹芯板等不透光的保温材料或与管理用房、辅助生产设施结合。连栋温室外围护基础及基础墙应进行保温处理。

9.2 节水、节肥

9.2.1 连栋温室应采用节水灌溉技术。

9.2.2 在年降雨量超过 600 mm 的地区，连栋温室应配置雨水收集利用系统。

9.2.3 营养液灌溉系统应配置营养液循环装置。

9.2.4 连栋温室灌溉、施肥宜采用自动控制。

9.3 环境保护

9.3.1 连栋温室生产应配备粘虫板(带)、光(性)诱杀虫灯等病虫害物理防治设施。

9.3.2 经济条件和能源供应许可时，连栋温室热源应优先采用天然气、柴油、地源热泵等清洁能源。燃煤(气、油)锅炉废气排放应达到当地环保要求，可配备余热回收、二氧化碳提取设备。

9.3.3 连栋温室面积大于 10 000 m^2 时，应配套建设废弃物处理设施，对废枝烂叶、烂果、拉秧茎秆等作物有机废弃物和废弃基质等进行处理和回收再利用。

9.3.4 采用水培和雾培栽培方式时，应配套肥药残液回收和处理设施。

10 主要技术经济指标

10.1 连栋温室建设应在满足种植要求和温室质量的前提下控制和降低建设投资，合理使用资金。

10.2 连栋温室辅助生产设施、公用配套设施、管理与生活设施的建设内容和规模，应与温室建设规模相匹配，其建设投资参照相关标准确定，并纳入连栋温室工程的总投资中。

10.3 连栋温室工程的建设投资包括连栋温室单体工程直接费、项目预备费和其他费用三部分。连栋温室单体工程直接费为温室建设材料与设备的直接费和安装调试费的总和。安装调试费按材料和设备原价的 10%～15%计算，建设规模在 20 000 m^2 以上者取下限，5 000 m^2 以下者取上限，中间内插。

10.4 连栋温室单体工程的投资取决于温室类型和配套的设施。连栋温室主体结构投资估算指标应按表 2 的规定确定，不同配套设施的投资估算指标应按表 3～表 8 的规定确定。

表 2 连栋温室主体结构投资估算指标

项目		文洛型玻璃温室	文洛型硬质板塑料温室	圆拱顶塑料薄膜温室
基础土建工程	室内独立基础，元/m^2 建筑面积	16.0～20.0	16.0～20.0	15.0～18.0
	周边条形基础[a]，元/m	250		
	周边独立基础，元/m	125～150		
	散水，元/m	55		
	排水沟，元/m	150		

表 2（续）

项目		文洛型 玻璃温室	文洛型 硬质板塑料温室	圆拱顶 塑料薄膜温室
钢结构[b]	温室钢结构，元/m^2 建筑面积	95～125	115～135	80～100
	外遮阳钢结构，元/m^2 建筑面积	30～40	30～40	30～40
温室围护材料[c]	屋顶围护[d]，元/m^2 建筑面积	100～120	130～160	5～9
	侧墙围护，元/m^2 表面积	80～100	100～140	8～10
	山墙围护，元/m^2 表面积	90～110	110～150	9～11

注 1：基础土建工程定额按北京市 2013 年预算价格计算，各地可参照当地的预算价格执行，其中室内独立基础埋深按 0.80 m 计算；周边条形基础按 240 mm 厚、1.20 m 高（含垫层 100 mm 厚）计算；散水按 600 mm 宽混凝土散水计算；排水沟按宽 300 mm、深 300 mm、壁厚 100 mm 混凝土排水沟计算。

注 2：钢结构按温室檐高不大于 5.0 m、跨度不大于 12.8 m、开间为 4.0 m 计算。

注 3：围护材料中，玻璃温室按厚度 4 mm～5 mm 单层玻璃计算，硬质板塑料温室按 10 mm 厚中空聚碳酸酯板计算，塑料薄膜温室按单层塑料薄膜计算。

[a] 条形基础高度每增减 100 mm，投资加减 18 元/m。

[b] 温室面积小于 2 000 m^2 时取低值，大于 5 000 m^2 时取高值，中间内插。

[c] 玻璃温室采用双层中空玻璃时投资为 70 元/m^2 表面积；晶硅电池光伏板时投资为 750 元/m^2 表面积，非晶硅薄膜电池光伏板时投资为 550 元/m^2 表面积；硬质板塑料温室采用浪板材料时，投资为 50 元/m^2～60 元/m^2 表面积；塑料薄膜温室采用双层充气膜时投资比单层膜增加 1 倍。

[d] 开窗温室取高值，不开窗温室取低值。

表 3　连栋温室降温系统投资估算指标

项目			价格	备注
遮阳系统	室内遮阳，元/m^2		25～40	进口配件和遮阳幕布价格上浮 5 元/m^2～15 元/m^2。钢缆驱动系统控制单元面积为 2 500 m^2～3 000 m^2，取下限；齿条驱动系统控制单元面积为 1 000 m^2～1 500 m^2，取上限，中间内插
	室外遮阳，元/m^2		30～35	
	侧墙卷膜遮阳元/套	管式电机	15 000	按卷膜长度 60 m 计算，长度每减少 1 m 降低 80 元～120 元
		卷幕电机	20 000	按卷膜长度 100 m 计算，长度每减少 1 m 降低 80 元～120 元
通风风机	国产风机，元/m^2		10～12	按 40 m 通风距离计算，单台风机风量 40 000 m^3/h 以上，功率 1.1 kW，国产风机单价 1 800 元/台，进口风机单价 4 100 元/台
	进口风机，元/m^2		20～25	
环流风机	国产风机，元/m^2		3～5	按 40 m 通风距离计算，单台风机风量 5 000 m^3/h 以上，国产风机 600 元/台，进口风机 2 000 元/台
	进口风机，元/m^2		5～8	
湿帘降温系统，元/m^2			12～15	按 40 m 通风距离计算（不含风机），铝合金框架 210 元/m，湿帘 1 550 元/m^3，供回水系统 2 000 元/套
喷雾降温系统，元/m^2			25～40	固定式喷雾系统，不含首部

注：表中单位面积均指温室建筑面积。

表 4　连栋温室开窗系统投资估算指标

项目	单位	价格	备注
手动卷膜开窗系统	元/套	750	按卷膜长度 60 m 计算，长度每减少 1 m 降低 9 元/m～12 元/m
电动卷膜开窗系统	元/套	1 800～2 400	按卷膜长度 60 m 计算，长度每减少 1 m 降低 20 元～30 元。电机分国产和进口
齿轮齿条连续开窗系统	元/套	8 000～14 000	按开窗长度 80 m 计算，长度每减少 1 m 降低 50 元～70 元。电机、齿轮齿条分国产和进口
齿轮齿条推杆式开窗系统	元/m^2	25～35	按轴线面积计算

注 1：国产部件取低限，进口部件取高限，进口核心部件、其他国内配套，取中间值。

注 2：齿轮齿条推杆式开窗系统，单元面积 3 000 m^2 以上取低限，单元面积在 2 000 m^2 以下取高限，中间插值。

表 5　连栋温室常用供暖系统投资估算指标

单位为元每千瓦

项目		价格	备注
室内散热部分	光管散热器系统	300～310	按管道内平均水温与室内温度温差 50℃～60℃计算
	圆翼散热器系统	240～290	按管道内平均水温与室内温度温差 50℃～60℃计算
	热水(蒸汽)暖风机系统	140～150	温室檐高低于 6.0 m
	电热暖风机系统	110～120	
	燃煤热风炉系统	100～250	规格越小，单价越高
	燃油热风炉系统	120～300	规格越小，单价越高
	低温地板辐射采暖系统	1 200～1 500	含分集水器
	毛细管网辐射采暖系统	900～1 000	
采暖热源部分	燃煤锅炉	300～360	含锅炉及锅炉房设备，不含土建
	燃油锅炉	250～320	不含土建、储油罐等供油系统
	燃气锅炉	230～280	含锅炉及锅炉房设备，不含土建
	地源热泵	1 700～2 150	含热泵机房设备、地埋管主材及安装费用，不含打孔费用。打孔费用随地质条件不同差别较大
	水源热泵	1 550～1 700	含热泵机房设备，不含水井、供回水管线及抽灌井电缆等室外系统

表 6　连栋温室灌溉系统投资估算指标

项目	价格，元	备注
滴灌带滴灌，m^2 建筑面积	2～4	5 年使用寿命滴灌带取上限，1 年使用寿命滴灌带取下限
滴头滴灌，m^2 建筑面积	8～15	流量补偿式滴头取上限，普通滴头取下限
固定式喷灌，m^2 建筑面积	3～6	防滴漏喷头取上限，普通喷头取下限
潮汐灌，m^2 建筑面积	300～450	国产消毒设备取下限，进口消毒设备取上限；包括储水罐、施肥机、过滤消毒系统、水泵、供回水管道阀门等
自走式喷灌车，套	75 000～120 000	国产，含导轨和转换装置，最大控制面积 2 500 m^2
	115 000～150 000	进口，含导轨和转换装置，最大控制面积 2 500 m^2
首部枢纽，套	7 000～7 500	系统包括水泵、网式过滤器、压差式施肥罐及其他控制测量设备，最大控制面积 2 500 m^2
	30 000～40 000	系统包括水泵、稳压水罐、沙过滤器、网式过滤器、压差式施肥罐及其他控制测量设备，最大控制面积 2 500 m^2
	60 000～80 000	系统包括水泵、变频恒压控制器、水沙分离器(沙过滤器)、网式过滤器、水动施肥器(进口)及其他控制测量设备，最大控制面积 2 500 m^2
微灌自动控制，套	10 000～15 000	含灌溉控制器、电磁阀及其他配件，可控制 12 个小区，最大控制面积 2 500 m^2

表 7　连栋温室环境控制系统投资估算指标

项目	价格，元	备注
电控柜，台	5 000～30 000	每个电控柜控制一个独立单元
强电控制系统，m^2 建筑面积	10～20	含线缆、线槽等
计算机控制系统，套	80 000～200 000	含室外气象站、传感器、控制器、计算机、打印机、软件等
注：计算机控制系统，第一个独立控制单元之后，每增加一个独立控制单元，价格增加 1.5 万元～2.0 万元。表中国产控制系统取低限，进口控制系统取高限。		

表 8 连栋温室其他配套设施投资估算指标

项目	价格,元/m^2 建筑面积	备注
二氧化碳施肥系统	1～2	燃煤送风
	4～8	液态二氧化碳钢瓶供气
人工补光系统	50～70	补光照度 1 000 lx
	60～80	补光照度 3 000 lx
	70～90	补光照度 5 000 lx
	180～240	补光照度 10 000 lx
	360～450	补光照度 20 000 lx
活动栽培床	120～180	
潮汐灌溉栽培床	140～180	不含塑料苗盘
固定栽培床	40～50	钢架栽培床
	60～70	聚苯板穴盘育苗栽培床,不含穴盘
	25～30	砖砌土建苗床
注:活动栽培床床框有镀锌钢板和铝合金之分,床面有钢丝网、钢板网和瓦楞板之分。铝合金床框与镀锌钢板网组合取上限,镀锌钢板床框与瓦楞板组合取低限,其他组合中间内插。		

10.5 连栋温室建设项目预备费为连栋温室工程直接费的 5%～10%,大型工程取高值,中小型工程取低值。

10.6 连栋温室建设项目工程建设其他费用应包括:

a) 建设管理费(含建设单位管理费、工程监理费、招标代理服务费);

b) 可行性研究费;

c) 研究试验费;

d) 勘察设计费(含初步设计及施工图设计);

e) 环境影响评价费;

f) 场地准备及临时设施费;

g) 引进设备及引进技术其他费;

h) 工程保险费。

上述“其他”费用根据国家有关规定或实际发生额逐项计取。此外,引种费、建设用地费、联合试运转费、市政公用设施费等视各类项目具体情况单列。

10.7 连栋温室建设工期可分温室主体结构建设工期和温室配套设施安装工期。温室主体结构建设工期又可分为温室主体结构构件工厂加工工期和现场安装工期。温室基础工程可与温室钢结构构件加工同步进行,温室配套设施的生产、采购可与温室主体结构加工、安装同步进行,不再考虑附加工期。为缩短建设工期,可合理安排构件加工次序,使构件生产和安装同步进行。连栋温室工程建设工期可按表 9 的规定确定,多项配套设施可组织交叉作业或同步安装。

表 9 连栋温室主体结构建设工期定额

单位为天

温室类型	建设工期	其中		
		构件加工	主体结构安装	配套设施安装
玻璃温室	90～130	30～40	40～65	20～40
塑料薄膜温室	75～115	25～30	60～80	20～40
注 1:温室建设工期按 5 000 m^2 温室计算,不同温室建设规模可参考本表执行。 注 2:硬质板塑料温室主体结构建设工期可套用玻璃温室定额。 注 3:建设工期按 20 个技术工人,10 个普通安装工人计算。				

10.8 劳动定员

连栋温室栽培管理人员按种植品种不同区别对待，各种栽培温室的劳动定员可按表10的规定确定。

表10 连栋温室生产人员劳动定员指标

单位为人每1 000平方米

温室用途	果菜生产	叶菜水培	叶菜地栽生产
劳动定员	1.5	0.4～0.5	0.75～1.0
温室用途	切花生产	盆花生产	育苗生产
劳动定员	0.75～1.0	1.5～2.0	0.75～1.0
注：本表劳动定员仅指生产人员，不含管理部门人员和其他后勤人员。			

10.9 连栋温室主要材料消耗量应符合表11的规定。

表11 连栋温室主要材料用量估算

项目	玻璃温室	硬质板塑料温室	塑料薄膜温室
钢材，kg/m² 建筑面积	8～14	10～16	7～10
屋面铝合金，kg/m² 建筑面积	1.2～1.6	1.0～1.8	0～0.2
侧墙铝合金，kg/m² 表面积	0.8～1.0	0.6～0.8	0.16
山墙铝合金，kg/m² 表面积	0.8～1.5	1.0～1.2	0.15
屋面橡胶条，kg/m² 建筑面积	0.8～1.0	0.3～0.5	—
侧墙橡胶条，kg/m² 表面积	0.4～0.8	0.1	—
山墙橡胶条，kg/m² 表面积	0.7～1.1	0.1	—
屋顶覆盖材料，m²/m² 建筑面积	1.20～1.27	1.20～1.27	1.1～1.2
侧墙覆盖材料，m²	$2 \times L \times h$		
山墙覆盖材料，m²	$2 \times W \times H$		

注1：钢材用量，温室较高、面积较小者取上限，温室较低、面积较大者取中值，屋面无钢材由铝合金承重者取下限。
注2：屋面和墙体铝合金和橡胶条用量，开窗者取上限，不开窗者取下限，屋面开单侧窗者取中值。
注3：塑料薄膜温室屋顶覆盖材料用量根据屋面矢跨比确定。在0.18～0.25范围内，矢跨比越大，覆盖材料面积取值越大。
注4：双层充气塑料薄膜温室覆盖材料用量加倍。
注5：对塑料薄膜温室，铝合金用量指铝合金卡槽的用量。
注6：表中 L 指温室侧墙长度(m)，h 指温室檐高(m)，W 指温室山墙长度(m)，H 指温室脊高(m)。

10.10 连栋玻璃温室采暖热负荷应根据室内外温差按表12估算。单层塑料薄膜连栋温室比单层玻璃连栋温室高5%～15%，中空聚碳酸酯板连栋温室、双层玻璃连栋温室、双层充气连栋温室是连栋玻璃温室的45%～70%。各地采暖设计室内外温差应参照相关标准确定。

表12 单层玻璃连栋温室冬季采暖面积热指标

室内外温差，℃	10	15	20	25	30	35	40	45
面积热指标，W/m²	90～130	130～190	180～250	220～310	260～370	310～430	360～490	405～550

注：总建筑面积大、脊高低，采用较小值；反之，采用较大值。建筑面积小于1 000 m² 同时脊高高于4.5 m的温室，取上限值；建筑面积大于5 000 m² 同时脊高低于4.0 m的温室，取下限值。

10.11 连栋温室日最大用水量可根据种植作物与栽培方式按照表13的规定确定，设计最大供水负荷应为2 h内供给全天用水量。

表 13　连栋温室日最大用水量

单位为升每平方米

栽培作物	日最大用水量	栽培作物	日最大用水量
栽培床栽培作物	16	月季	30
土壤栽培作物	20	番茄	10
盆栽作物	20	菊花	60
幼苗	8～12		
注：日最大用水量栽培床栽培幼苗为 10 L/m^2，栽培钵栽培幼苗 12 L/m^2，地栽幼苗 8 L/m^2。			

10.12　不考虑人工补光的条件下，自然通风连栋温室装机容量为 5 W/m^2～8 W/m^2，风机通风连栋温室装机容量为 10 W/m^2～15 W/m^2。

10.13　连栋温室主体结构和透光覆盖材料的正常使用寿命应满足表 14 的规定，遮阳保温幕布的正常使用寿命应满足表 15 的规定。

表 14　连栋温室主体结构及其透光覆盖材料正常使用寿命

单位为年

温室类型	玻璃温室	塑料薄膜温室	硬质板塑料温室
主体结构	≥20	≥15	≥20
透光覆盖材料	≥20	≥3	≥10

表 15　遮阳保温幕的正常使用寿命

单位为年

材料	缀铝箔遮阳保温幕布	条带编织遮阳幕布	丝线编织遮阳幕布
正常使用寿命	≥8	≥2	≥5

ICS 65.020
B 04

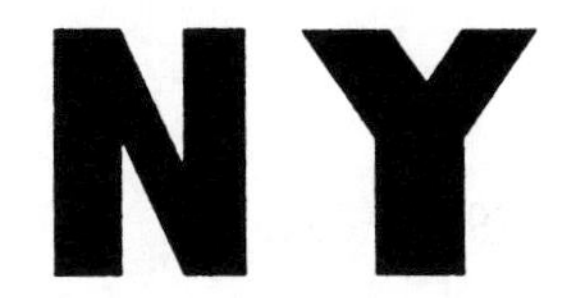

中华人民共和国农业行业标准

NY/T 2972—2016

县级农村土地承包经营纠纷仲裁基础设施建设标准

Construction criterion of arbitration infrastructure for the mediation and arbitration of disputes over contracted rural land at the country

2016-10-26 发布　　2017-04-01 实施

中华人民共和国农业部　发布

前　言

本建设标准根据农业部《关于下达2013年农业行业标准制定和修订(农产品质量安全和监管)项目资金的通知》(农财发〔2013〕91号)下达的任务,按照《农业工程项目建设标准编制规范》(NY/T 2081—2011)的要求,结合农业行业工程建设发展的需要而编制。

本建设标准共分9章:总则、规范性引用文件、术语和定义、建设规模与项目构成、选址与布局、工作流程与设备、建筑工程及附属设施要求、技术经济指标和附录。

本建设标准由农业部发展计划司负责管理,农业部工程建设服务中心负责具体技术内容的解释。在标准执行过程中如发现有需要修改和补充之处,请将意见和有关资料寄送农业部工程建设服务中心(地址:北京市海淀区学院南路59号,邮政编码:100081),以供修订时参考。

本标准管理部门:农业部发展计划司。

本标准主持单位:农业部工程建设服务中心。

本标准编制单位:农业部工程建设服务中心。

本标准起草单位:农业部农村合作经济经营管理总站、青海省农牧业项目管理中心。

本标准主要起草人:俞宏军、刘玉萍、段彦敏、郭红霞、呼倩、刘海棠、李硕、张晓亚。

县级农村土地承包经营纠纷仲裁基础设施建设标准

1 总则

1.1 本标准规定了县级农村土地承包经营纠纷调解仲裁基础设施(以下简称农村土地承包仲裁基础设施)建设水平。

1.2 本标准适用于农村土地承包仲裁基础设施的新建工程,改建、扩建工程参照执行。

1.3 本标准可作为编写农村土地承包仲裁基础设施可行性研究报告、初步设计和对项目监督检查和竣工验收的依据。

1.4 农村土地承包仲裁基础设施的建设规模,应按照贯彻实施法律政策、方便农民群众的要求,统一规划,统一标准建设。各县(市、区)依托本级农村土地承包经营管理机构设置,一县一处。

1.5 农村土地承包仲裁基础设施建设,应符合仲裁功能及程序要求,并应做到安全适用,经济合理。

1.6 农村土地承包仲裁基础设施建设,应优先利用既有条件及已有设施,并考虑投资能力和发展需要。

1.7 农村土地承包仲裁基础设施建设,除应符合本标准外,还应符合国家颁布的现行有关法律法规的要求。

2 规范性引用文件

下列文件对于本文件的应用是必不可少的。凡是注日期的引用文件,仅注日期的版本适用于本文件。凡是不注日期的引用文件,其最新版本(包括所有的修改单)适用于本文件。

GB 50016—2014 建筑设计防火规范

GB 50068—2001 建筑结构可靠度设计统一标准

GB 50189—2005 公共建筑节能设计标准

GB 50223—2008 建筑工程抗震设防分类标准

GB 50352—2005 民用建筑设计通则

建标 138—2010 人民法院法庭建设标准

发改投资〔2014〕2674 号 党政机关办公用房建设标准

3 术语和定义

下列术语和定义适用于本文件。

3.1

农村土地承包经营纠纷调解仲裁 the mediation and arbitration of disputes over contracted rural land

依照《中华人民共和国农村土地承包经营纠纷调解仲裁法》的规定,在县、不设区的市、市辖区或者设区的市设立仲裁委员会,聘任仲裁员。按照法律规定程序,受理纠纷案件,公开开庭审理案件并做出裁决。

4 建设规模与项目构成

4.1 农村土地承包仲裁基础设施规模按照每年调解、仲裁不少于 200 件案件,可同时调解、仲裁 3 起纠纷案件设计。

4.2 农村土地承包仲裁基础设施主要包括案件受理室、合议调解室、档案会商室、仲裁庭和配套专用仲裁设备。

4.3　农村土地承包仲裁设施建筑总面积应在 350 m^2～500 m^2。各功能用房面积见表 1。

表 1　农村土地承包仲裁设施参考面积表

序号	名称	使用面积，m^2	备　注
1	仲裁庭	100～150	
1.1	仲裁区	60～90	
1.2	旁听区	40～60	
2	案件受理室	50～60	
3	合议调解室	60～70	
4	档案会商室	60～70	
5	卫生间	10～15	
合计		280～365	建筑总面积需 350 m^2～500 m^2

5　选址与布局

5.1　仲裁场所单独建设时，选址应与管理部门的现有设施衔接，方便办公。鼓励与本级农业主管部门的业务用房合建。

5.2　新建仲裁场所应在自有土地上建设，取得当地建设管理部门及土地管理部门的批准。

5.3　改、扩建房屋应先开展房屋建筑可靠性鉴定，改造房屋的后续使用年限应不少于 30 年，并应符合建筑结构承载力和安全疏散要求。

6　工作流程与设备

6.1　农村土地承包仲裁工作流程包括仲裁受理、调解、仲裁和结案归档 4 部分，本着有关原则，在案件受理前、开庭前、庭审过程中、裁决前分别进行调解。

6.2　设备配置应满足仲裁法定程序和工作规范要求，与仲裁场所功能需要配套，形成完善的工作条件和工作环境。

6.3　农村土地承包仲裁基本设备包括庭审设备、仲裁业务设备和档案存储与管理设备。

6.3.1　庭审设备包括录音、录像等信息采集系统，投影仪、告示屏和监控系统。

6.3.2　仲裁业务设备包括 GPS 经纬仪、数码相机和业务用车等调查取证设备。

6.3.3　档案存储与管理设备包括档案密集架、文件柜等。

6.4　农村土地承包仲裁设备配置见表 2。

表 2　农村土地承包仲裁设备配置表

序号	设备名称	规格/要求	数量，台套	备　注
一、庭审设备				
1	录音笔	满足仲裁音频采集要求	1～3	
2	录像机	满足仲裁视频采集和录播要求	1～2	
3	投影仪	满足文档、图片、视频播放要求	1	
4	告示屏	满足公告显示要求	2	
5	监控系统	满足录像监控、应急安全报警联动、手机信号屏蔽、信息存储调用等要求	1	
二、仲裁业务设备				
1	GPS 经纬仪		2	
2	数码相机		3	
3	数码摄像机		1	
4	仲裁业务用车	调查取证用车，适合农村当地实际情况	1	

表 2（续）

序号	设备名称	规格/要求	数量,台套	备　注
三、档案存储与管理设备				
1	档案密集架	每个密集架存放档案不少于 218 卷,10 个/组	8 组～10 组	
2	文件柜		4	

7 建筑工程及附属设施要求

7.1 建筑结构

7.1.1 农村土地承包仲裁用房建筑结构安全等级为 GB 50068—2001 规定的二级,结构设计使用年限为 50 年。

7.1.2 抗震设防类别应为 GB 50223—2008 规定的标准设防类(简称丙类)。

7.1.3 建筑物耐火等级不应低于二级。建筑防火设计应符合 GB 50016—2014 的规定。

7.1.4 建筑节能设计应符合 GB 50189—2005 的规定或当地公共建筑节能设计标准的规定。

7.1.5 农村土地承包仲裁用房建筑应符合 GB 50352—2005 的规定,仲裁庭净高 3.0 m～3.6 m,其他业务用房净高 2.7 m～3.3 m。

7.2 装修及标识要求

7.2.1 建筑内部装修应严肃、简洁、庄重,经济适用,可参考发改投资〔2014〕2674 号、建标 138—2010 规定的中级装修标准。

7.2.2 建筑外观形象基本颜色,应同农村土地承包仲裁标识中的绿、蓝两种颜色,绿色在上,蓝色在下,绿蓝高度比例为 3∶7。建筑外立面墙面宜为白色。

7.2.3 在大门口、入口处、门厅中央、仲裁庭仲裁员席背面中央等主要部位,设置农村土地承包仲裁标识。

7.3 农村土地承包仲裁基础设施用房供电电压为交流 220 V/380 V,电力负荷等级为三级。

7.4 农村土地承包仲裁基础设施用房应进行无障碍设计,具备卫生设施。

7.5 农村土地承包仲裁基础设施用房应根据当地气候条件设置采暖系统和空调系统。

8 技术经济指标

8.1 项目建设总投资包括建筑安装工程费、仪器设备购置安装费、工程建设其他费和预备费。投资估算指标见表 3。

表 3　农村土地承包仲裁基础设施投资估算指标

序号	建设内容	工程量	投资指标,元/m^2	单项投资额,万元	备　注
	合计			151～204	
一	建筑安装工程			83.0～120.0	
1	土建工程	350 m^2～500 m^2	1 500	53.0～75.0	
2	装修工程	350 m^2～500 m^2	600	20.0～30.0	中级装修(含标识)
3	安装工程	350 m^2～500 m^2	300	10.0～15.0	包括给排水、通风空调、电气工程等
二	仪器设备购置			48.0～62.0	
1	档案密集架	8 组～10 组	10 000	8.0～10.0	
2	庭审设备	6 台套～10 台套		15.0～20.0	
3	仲裁业务用车	1 辆		15.0～20.0	用于调查、取证、宣传等
4	仲裁业务设备及办公家具			10.0～12.0	
三	工程建设其他费			10.0～12.0	前两项费用之和的 5%
四	预备费			10.0	前三项费用之和的 5%

8.2 农村土地承包仲裁基础设施建设总工期不应超过1年。

9 附录

9.1 农村土地承包仲裁标识图样见附录A。

9.2 农村土地承包仲裁基础设施建筑方案参见附录B。

附　录　A
（规范性附录）
农村土地承包仲裁标识图样

农村土地承包仲裁标识图样见图 A.1。

注 1：长宽比为 1∶1，使用时应当严格按照比例放大或缩小。

注 2：蓝色：C：85 M：50 Y：0 K：35；

绿色：C：90 M：30 Y：95 K：30；

黑色：C：0 M：0 Y：0 K：95。

注 3：悬挂于农村土地承包经营纠纷仲裁基础设施入口处、门厅中央以及仲裁庭仲裁员席后侧墙壁正上方。

图 A.1　农村土地承包仲裁标识图样

附

（资

农村土地承包仲裁

农村土地承包仲裁基础设施建筑方案示例见图 B.1。

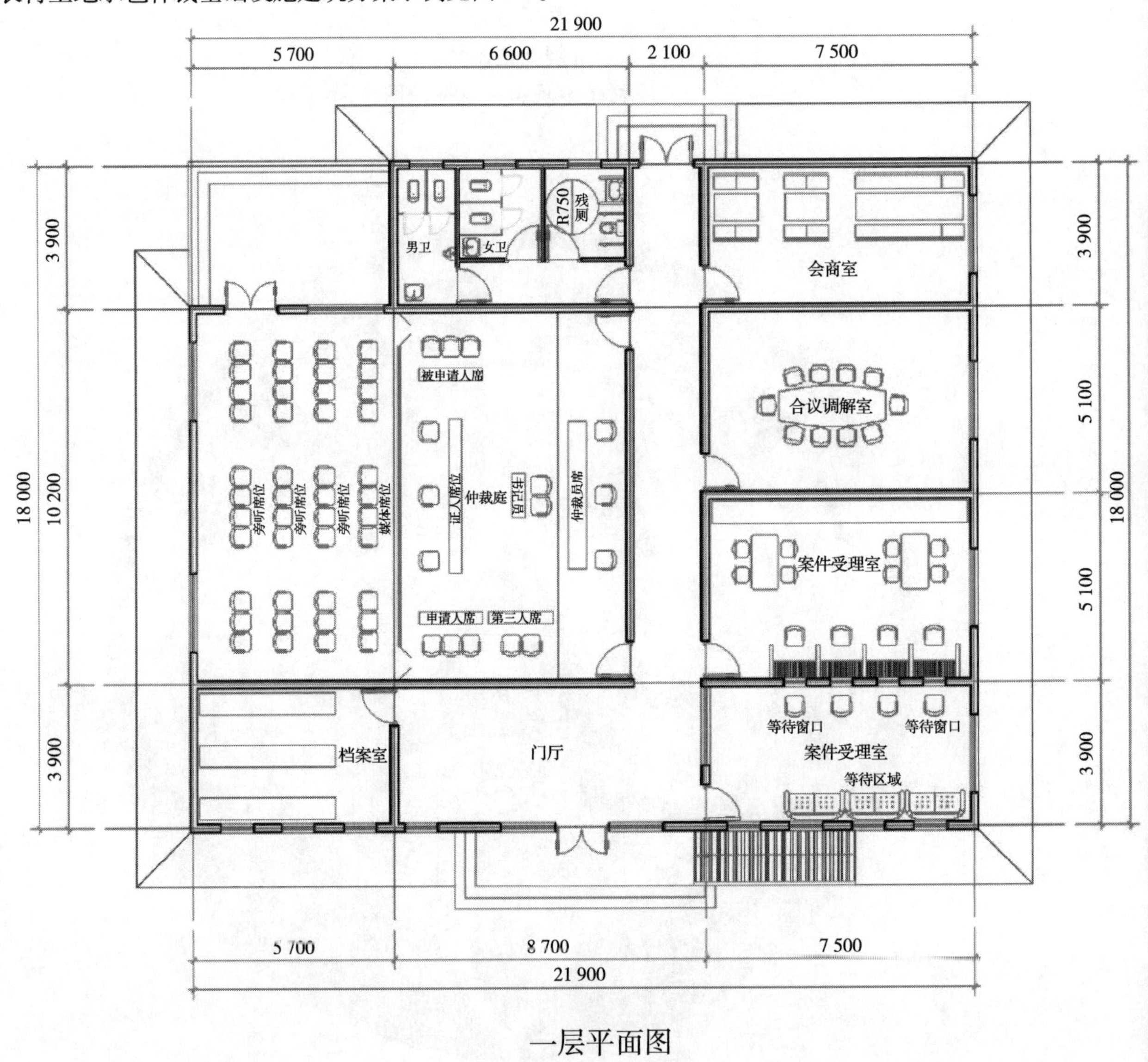

一层平面图

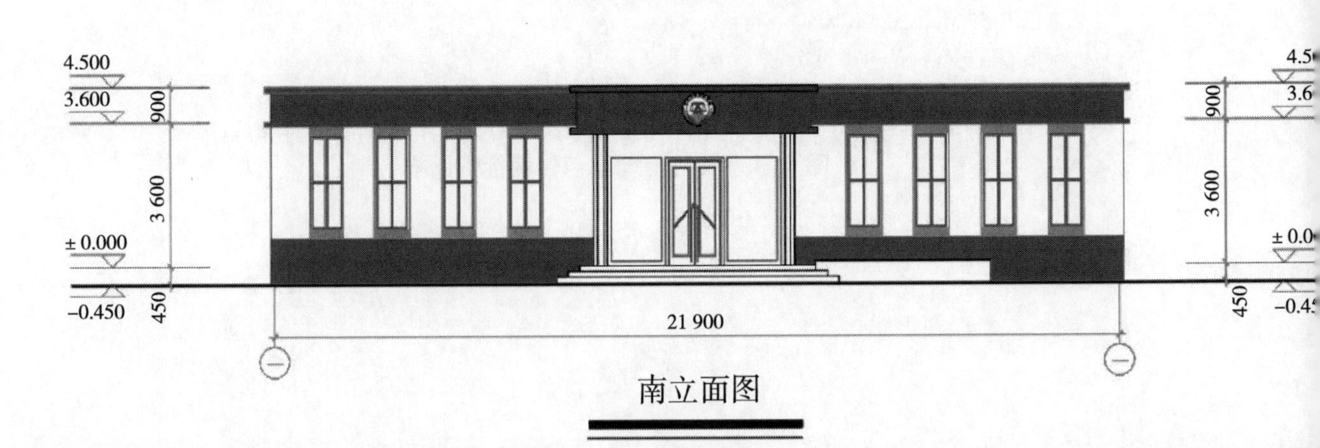

南立面图

图 B.1 农村土地承包

建筑方案示例

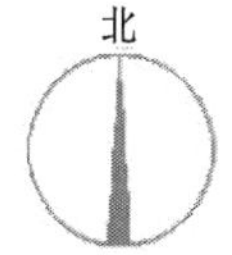

单位为毫米

方案设计说明：

1.推荐建筑结构类型为砖混结构。
2.推荐主要工程做法：地面采用地砖地面；顶棚采用轻钢龙骨石膏板吊顶；内墙采用水泥砂浆墙面，刷乳胶漆；外墙采用水泥砂浆墙面，按仲裁标识基本色涂装；屋面为保温隔热防水平屋面，不上人；门窗应节能、结实、美观。
3.推荐建筑设备设计：配备采暖（供暖地区）、供电照明、弱电系统、通风空调、给排水系统，进行网络综合布线。
4.此方案供参考，各地可根据实际情况调整。

设施建筑方案示例

ICS 65.020.01
B 00

中华人民共和国农业行业标准

NY/T 3020—2016

农作物秸秆综合利用技术通则

Technical guideline on comprehensive utilization of crop straw

2016-11-01 发布 2017-04-01 实施

中华人民共和国农业部 发布

前　言

本标准按照GB/T 1.1—2009 给出的规则起草。

本标准由农业部科技教育司提出并归口。

本标准起草单位：农业部规划设计研究院、农业部农业生态与资源保护总站、中国农业科学院农业资源与农业区划研究所、中国农业科学院饲料研究所。

本标准主要起草人：田宜水、毕于运、王飞、孙丽英、李想、王世琴、罗娟、宋成军、齐岳、冯晶。

农作物秸秆综合利用技术通则

1 范围

本标准规定了农作物秸秆综合利用中有关资源调查与评价，秸秆收储运，肥料化、饲料化、燃料化、基料化等利用中的通用技术要求。

本标准适用于指导稻谷、小麦、玉米、薯类、油料和棉花等农作物秸秆综合利用技术选择。

2 规范性引用文件

下列文件对于本文件的应用是必不可少的。凡是注日期的引用文件，仅注日期的版本适用于本文件。凡是不注日期的引用文件，其最新版本(包括所有的修改单)适用于本文件。

GB 13271 锅炉大气污染物排放标准
GB/T 16765 颗粒饲料通用技术条件
GB 18350 变性燃料乙醇
GB/T 24675.6 保护性耕作机械 秸秆粉碎还田机
GB/T 26552 畜牧机械 粗饲料压块机
GB/T 30393 制取沼气秸秆预处理复合菌剂
HJ 2540 环境标志产品技术要求 木塑制品
JB/T 11396 生物质电厂烟气脱硝技术装备
JB/T 11886 生物质燃烧发电锅炉烟气袋式除尘器
NB/T 34006 民用生物质固体成型燃料采暖炉具通用技术条件
NB/T 34007 生物质炊事采暖炉具通用技术条件
NB/T 34011 生物质气化集中供气污水处理装置技术规范
NB/T 42030 生物质循环流化床锅炉技术条件
NY/T 391 绿色食品 产地环境质量
NY/T 443 秸秆气化供气系统技术条件及验收规范
NY/T 509 秸秆揉丝机
NY 525 有机肥料
NY/T 1417 秸秆气化炉质量评价技术规范
NY/T 1631 方草捆打捆机作业质量标准
NY/T 1701 农作物秸秆资源调查与评价技术规范
NY/T 1930 秸秆颗粒饲料压制机质量评价技术规范
NY/T 1935 食用菌栽培基质质量安全要求
NY/T 2118 蔬菜育苗基质
NY/T 2142 秸秆沼气工程工艺设计规范
NY/T 2369 户用生物质炊事炉具通用技术条件
NY/T 2375 食用菌生产技术规范
NY/T 2449 农村能源术语
NY/T 2853 沼气生产用原料收贮运技术规范
NY/T 2909 生物质固体成型燃料质量分级

3 术语和定义

NY/T 2449 界定的以及下列术语和定义适用于本文件。

3.1

秸秆综合利用　comprehensive utilization of straw

指对农作物秸秆进行综合开发与合理利用。包括肥料化、饲料化、燃料化、基料化和原料化等利用技术。

3.2

秸秆肥料化利用　utilization of straw as fertilizer

指通过控制条件，采用技术手段，将秸秆腐烂和分解，最终转化为肥料的综合利用方式。主要包括秸秆覆盖还田、秸秆翻埋还田、秸秆混埋还田、快速腐熟还田、堆沤还田，以及生产商品肥等方式。

3.3

秸秆饲料化利用　utilization of straw as feed

指通过物理、化学、生物学等处理方法，将秸秆转化为饲料，以改善适口性，提高消化率的综合利用方式。

3.4

秸秆燃料化利用　utilization of straw as energy

指通过物理、热化学、生物化学等方法，将秸秆转化为燃料的综合利用方式。主要包括固体成型燃料、热解气化、炭气油多联产、直燃发电、沼气和纤维素乙醇等方式。

3.5

秸秆基料化利用　utilization of straw as culture substrate

指以秸秆为主要原料，通过原料准备、辅料添加、堆腐、灭菌或调配等方式，生产食用菌栽培基料、育苗基质、栽培基质的综合利用方式。

3.6

秸秆原料化利用　utilization of straw as raw materials

指以秸秆为主要原料，用于造纸、生产建筑材料、制作工艺品和生产木糖醇等综合利用方式。

4 基本原则

4.1 农业优先

秸秆综合利用坚持与农业生产相结合，在满足土壤肥料和畜牧业需求的基础上，利用经济手段，统筹兼顾、合理引导秸秆燃料化、原料化等综合利用，不断拓展利用领域。

4.2 因地制宜

秸秆综合利用技术应根据各地种植业、养殖业的现状和特点，秸秆资源的数量、品种和利用方式，合理选择适宜的秸秆综合利用技术进行推广应用。

4.3 技术适用

以实现秸秆循环利用、减量化、无害化和资源化处理为原则，选择工艺成熟、建设成本低、运行管理良好的技术进行推广应用，优化秸秆综合利用结构和方式，逐步提高秸秆综合利用效益。

4.4 循环利用

秸秆综合利用工程生产过程产生的废弃物应采用合理的工艺和处理手段进行回收和循环利用，避免对环境造成二次污染。应结合各地实际情况，按照循环经济理念，建立多元化秸秆循环利用途径，重点推广“秸秆—牲畜养殖—沼气—能源化利用/沼肥—有机肥料—种植”、“秸秆—食用菌—菌渣—有机肥料—种植”、“秸秆—生物炭/木醋液—改良剂—种植”等循环利用模式，实现秸秆资源的高效循环和能源梯级利用。

5 资源调查与评价

5.1 调查对象

主要调查与评价稻谷、小麦、玉米、薯类、油料和棉花等大宗农作物，以及被调查区域的优势农作物品种。

5.2 调查与评价方法

以县域为单位，按照 NY/T 1701 的规定进行调查与评价，并做好秸秆资源调查与评价报告的编制工作。

6 收集、运输和储存

6.1 收集

6.1.1 应推广农作物联合收获、捡拾打捆、秸秆粉碎全程机械化。农作物收获机械须配备相应的秸秆粉碎或捡拾打捆设备。秸秆收获作业要严格执行 GB/T 24675.6 的要求。对收获后留在田间的秸秆应及时还田处理，剩余的秸秆应及时收集并运出田间。采用方草捆打捆机进行作业，作业质量应符合 NY/T 1631 的要求。

6.1.2 应结合农作物收获作业，依托综合利用企业和农机户，成立以村组、乡(镇)等为单位的专业秸秆收集队伍，建立秸秆收集和物流体系。

6.1.3 鼓励有条件的农户、农业合作组织、家庭农场与农机大户、农机专业服务组织、秸秆综合利用企业建立长期合作关系，采取订单合同作业、承包租赁等社会化服务秸秆收集模式。

6.2 运输

6.2.1 秸秆运输可采取散装或打捆等形式，应严格按照《中华人民共和国道路交通安全法》的规定，不超载、不超限，装载秸秆量占车厢容积或载质量超过 80%以上，且没有与非秸秆混装、拼装等行为。

6.2.2 运输距离在 10 km 以内短距离时，秸秆可采用农用车辆运输；运输距离超过 10 km 以上时，应采用专用车辆运输。

6.2.3 装运秸秆的车辆，应配备一定的消防器材。秸秆在运输、停靠危险区域时，不准吸烟或使用明火。

6.3 储存

6.3.1 储存场地应选择交通便利、远离村庄、临近水源的安全地带。可根据当地的实际情况，统筹规划，合理安排建设村级临时收储点和乡级收储转运中心。

6.3.2 村级临时收储点主要用于附近农田的秸秆集中收集堆放和临时储存，村级秸秆临时收储点应利用农村低效土地、空闲土地，使用结束后及时恢复耕作条件。

6.3.3 乡级秸秆收储转运中心主要功能包括秸秆粉碎、打捆、收储、转运等，应配备地磅、粉碎机、打捆机和叉车等设备设施。

6.3.4 秸秆综合利用企业应根据自身情况，合理规划建设秸秆储存场。储存场规模应满足企业实际生产的需求。秸秆储存场宜根据实际需要，配备秸秆全水分、灰分等必要的检验仪器设备，以及地磅、叉车和码垛机等设备设施。

6.3.5 秸秆堆垛的长边应与当地常年主导风向平行。

6.3.6 秸秆堆垛后，要定时测温。当温度上升到 40℃～50℃时，要采取预防措施，并做好测温记录；当温度达到 60℃～70℃时，须拆垛散热，并做好防火准备。

6.3.7 水稻秸秆、小麦秸秆等易发生自燃的秸秆，堆垛时需留有通风口或散热洞、散热沟，并采取防止通风口、散热洞塌陷的措施。当发现堆垛出现凹陷变形或有异味时，要立即拆垛检查，清除霉烂变质的秸秆。

6.3.8 储存场须设置防火警示标识，按照有关规定设置消防水池、消火栓、灭火器等消防设施和消防器材，并放置在标识明显、便于取用的地点，由专人保管和维修。对进入其经营范围的人员进行防火安全宣传等。

6.3.9 储存场在寒冷季节应采取防冻措施。消防用水可以由消防管网、天然水源、消防水池、水塔等供给；有条件的，宜设置高压式或临时高压给水系统。

7 肥料化利用技术

7.1 水稻秸秆直接还田技术模式

7.1.1 包括水稻秸秆粉碎还田、水稻秸秆覆盖还田和水稻秸秆留高茬还田等。

7.1.2 水稻秸秆粉碎还田。水稻收割机应加载切碎装置，水稻秸秆留茬高度应小于 15 cm，水稻秸秆粉碎长度为 10 cm～15 cm，将粉碎的水稻秸秆均匀地撒铺在农田里。在南方稻田，当土壤温度与土壤微生物条件满足不了秸秆快速腐熟要求时，须施用秸秆腐熟剂。

7.1.3 水稻秸秆覆盖还田。在水稻收割时，留茬高度小于 15 cm，割下的水稻秸秆全量还田。根据不同下茬作物，选择不同水稻秸秆覆盖方式。水稻秸秆撒铺后，各地根据实际情况决定是否施用秸秆腐熟剂。在低洼易积水的果园地或土壤过于黏重的田块不适合采取水稻秸秆覆盖还田方式。有严重病虫害的水稻秸秆不宜直接覆盖，应将其高温堆沤腐熟后再利用。

7.1.4 水稻秸秆留高茬还田。水稻成熟后，采用机械联合收割或人工收获，留茬高 30 cm～40 cm。若当地土壤温度在 12℃以上、且土壤含水量能保证在 40%以上时，可施用秸秆腐熟剂。施肥后，采用旋耕机进行旋耕，将稻茬和秸秆腐熟剂一并翻埋入土壤内。处理秸秆时，注意清除病虫害较严重的水稻秸秆和田间杂草。

7.2 小麦秸秆直接还田技术模式

7.2.1 包括小麦秸秆墒沟埋草还田和小麦秸秆粉碎还田。

7.2.2 小麦秸秆墒沟埋草还田，适用于小麦—水稻轮作区。在冬小麦播种后，立即开挖田间墒沟，沟间距要根据地形地貌、灌溉与排水设施实际情况确定。小动力机械收割时，一般留高茬 15 cm 左右；人工收割时，应齐地收割，并在田间就地进行小麦脱粒，小麦秸秆留于本田。按每亩 250 kg～350 kg 小麦秸秆量就地均匀铺于农田畦面。对配有机械粉碎装置的收割机，将秸秆切段为 5 cm～10 cm，然后均匀铺散在农田畦面。对小麦产量高、秸秆量较多的田块，将多余小麦秸秆置于本田墒沟内，每亩约 150 kg。各地根据实际情况决定是否施用秸秆腐熟剂。墒沟麦秸在水稻生长过程中进行腐解，在秋播时，将墒沟内腐烂的秸草挖出，施入本田用作三麦基肥或盖籽肥。在麦稻轮作过程中，水稻、小麦收割后，田间要按一定规律排序开沟，在下茬作物收获时，选择不同位置继续开沟埋草，一般是 6 茬～8 茬为一循环周期。对于稻麦连续少(免)耕的，应适时深耕一次，合理深耕翻周期为 2 年～3 年一次，其耕翻时间在稻熟时进行(夏耕)。

7.2.3 小麦秸秆粉碎还田，适用于小麦—玉米轮作区。在小麦成熟后，根据灌浆程度和天气状况，适时采用机械收割，做到收脱一体化。大动力机械收割时，应尽量平地收割；小动力机械收割时，一般留高茬 15 cm；人工收割时，尽量齐地收割，并在田间就地小麦脱粒，小麦秸秆留于本田。按每亩250 kg～350 kg 小麦秸秆量就地均匀铺于农田畦面。对配有机械粉碎装置的收割机，将秸秆切段为5 cm～10 cm，然后均匀铺散在农田畦面。各地根据实际情况决定是否施用秸秆腐熟剂。在秸秆处理时，清除病虫害较严重的小麦秸秆和田间杂草。对于连续少(免)耕的，应适时深耕一次，合理深耕翻周期为 2 年～3 年一次，其耕翻时间在稻熟时进行(夏耕)。

7.3 玉米秸秆直接还田技术模式

7.3.1 包括玉米秸秆还田全膜双垄集雨沟播和玉米秸秆粉碎还田。

7.3.2 玉米秸秆还田全膜双垄集雨沟播。适用于年降水量为300 mm～500 mm的陕西、宁夏、山西及甘肃中东部的玉米种植区。在玉米成熟后，立秆摘穗，运穗出地，将秸秆粉碎均匀撒入田中。

7.3.3 玉米秸秆粉碎还田，适用于北方玉米种植地区。耕作方式可单作、连作或轮作，田间作业以机械化作业为主。在玉米成熟后，采取联合收获机械收割的，一边收获玉米穗，一边将玉米秸秆粉碎，并覆盖地表；采用人工收割的，在摘穗、运穗出地后，用机械粉碎秸秆并均匀覆盖地表。秸秆粉碎长度应小于10 cm，留茬高度小于5 cm。采取机械旋耕、翻耕作业，将粉碎玉米秸秆、尿素与表层土壤充分混合，及时耙实。在翻埋玉米秸秆前，及时进行杀菌处理。在秸秆翻入土壤后，须浇水调节土壤含水量，保持适宜的湿度。

7.4 秸秆集中堆沤腐熟还田技术

7.4.1 秸秆集中堆沤腐熟还田技术适用于靠近水源、秸秆运输方便的地方。

7.4.2 工艺流程：修建堆沤坑→制堆与调节碳氮比→腐熟。在华北、东北地区宜推广应用秸秆集中堆沤腐熟还田技术。

7.5 以秸秆为主要原料生产商品有机肥

7.5.1 要按照有机肥登记审批的生产工艺和原料要求进行有机肥生产，经过一定周期发酵，达到均质化、无害化、腐殖化。商品有机肥含水量≤32%、pH为5.5～9.0，其他质量指标应符合NY 525的要求。

7.5.2 城镇垃圾、污泥、工业废弃物等含有重金属、病原菌、寄生虫卵、环境激素等有害物质，不得作为辅料使用。

7.5.3 秸秆堆沤的温度应控制在50℃～60℃，最高不宜超过70℃。堆沤湿度以60%～70%为宜，秸秆过干要补充水分。在夏季、秋季多雨高温时期，一般堆腐时间为5 d～7 d，即可作为底肥施用。

8 饲料化利用技术

8.1 包括秸秆青贮、氨化、碱化压块、揉搓丝化和微贮等技术。

8.2 秸秆青贮技术

8.2.1 青贮饲料制作

应选用新鲜、青绿的玉米秸秆，将水分含量调整到适宜范围后，切碎、压实，在密闭缺氧条件下，通过乳酸菌发酵而成。可采用青贮窖、青贮池、青贮塔、袋装及裹包等方式进行青贮。青贮饲料的装填要做到随割、随运、随铡、随装、随压和随封，尽量在较短时间内完成。装封后40 d～45 d即完成发酵。

8.2.2 青贮饲料品质鉴定

饲喂青贮秸秆前应进行青贮品质鉴定，优质青贮饲料应保持原料色泽，具有酸香味，质地松柔，湿润、不粘手，茎、叶、花能分辨清楚，未发霉、变质。

8.2.3 青贮饲料饲喂

青贮窖启封后，应连续使用，直至用完。青贮饲料取出后当天喂完，不可堆放，避免二次发酵。给反刍动物饲喂青贮饲料时，要经过短期的过渡适应，逐渐增加饲喂量；宜与其他粗饲料合理搭配；天冷时应防止冰冻。

8.3 秸秆氨化技术

利用氨水、液氨或尿素溶液等含氮物按一定比例喷洒在秸秆上，在密封的条件下经过一段时间处理。适宜氨化的秸秆有小麦秸秆、玉米秸秆和水稻秸秆，要求无霉变，可整株或铡成2 cm～3 cm。氨化适宜温度范围在0℃以上。根据条件可采用堆垛法、窖池法、氨化炉法或氨化袋法。氨化时应使用厚度不小于0.1 mm、无毒的聚乙烯薄膜进行，添加含氮物后应迅速压实密封，氨化密闭期间，应严加保护管理。密闭氨化时间为:20℃以上15 d～20 d,10℃～15℃30 d～60 d,5℃～10℃60 d～80 d。氨化好的秸秆,不可直接饲喂牛羊,须放净余氨。每次取料后需用塑料薄膜盖好窖(池)口,防止日晒雨淋。秸秆松软、呈深棕色、有糊香味为制作良好的氨化饲料。饲喂时应于其他草料混合饲喂,喂量由少至多,逐渐增至正常量。

8.4 秸秆压块(颗粒)饲料技术

将秸秆经机械铡切或揉搓粉碎,根据动物营养需要,配混以必要的其他营养物质,经过高温、高压轧制而成。原料应选用当年收获、无霉变的秸秆。加工秸秆压块(颗粒)饲料感官上应色泽一致、无发酵、霉变、结块及异味。秸秆颗粒质量应符合GB/T 16765的要求。所选用的秸秆压块/颗粒饲料压制机应符合GB/T 26552或NY/T 1930的要求。

8.5 秸秆揉搓丝化加工技术

将秸秆经机械揉搓加工成柔软的丝状物,选用的秸秆原料应无任何异味、无霉变。所选用的设备应符合NY/T 509的要求。

8.6 秸秆微贮技术

包括水泥池微贮法、土窖微贮法、塑料袋窖内微贮法和大型窖微贮法等。将已接种相关功能微生物菌种的秸秆,置入容器(水泥地、土窖、缸、塑料袋等)中或地面,经过一定的发酵过程,使秸秆变成带有酸、香、酒味的粗饲料。微贮过程中要注意密封性能,贮料要充分压实,不得出现夹干层。原料要求无霉烂变质,水分要控制在60%～70%,菌液的喷洒要均匀。品质优良的微贮水稻秸秆、小麦秸秆呈黄褐色,具有醇香和果香气味,并有弱酸味,手感松散、柔软湿润。微贮料不需要晾晒,可当天取当天用。

9 燃料化利用技术

9.1 秸秆固体成型燃料规格和质量分级应符合NY/T 2909的要求。秸秆成型燃料设备宜采用环模、平模成型技术。农户炊事采暖宜采用高效低排放生物质炉灶,禁止使用炉灶分离的户用秸秆气化炉。户用生物质炊事炉具应符合NY/T 2369的要求,民用生物质采暖炉具应符合NB/T 34006的要求,民用生物质炊事采暖炉具应符合NB/T 34007的要求。区域供热使用的锅炉应为专门用于燃烧生物质成型燃料的专用生物质锅炉,锅炉设计时应注意防止出现结渣或腐蚀现象出现。安装运行烟气排放连续监测系统,锅炉大气污染物排放应符合GB 13271的要求。

9.2 秸秆沼气工程宜采用完全混合式厌氧反应器、竖向推流式厌氧反应器、序批式固态厌氧反应器等工艺,反应器的设计应采用中、高温发酵,并能满足多种原料发酵需求,工艺设计应符合NY/T 2142的要求。沼气生产用原料收储运应符合NY/T 2853的要求。制取沼气秸秆预处理复合菌剂应符合GB/T 30393的要求。秸秆沼气工程所生产副产品——沼渣沼液应优先考虑还田利用,或加工成有机肥料,避免造成二次污染。

9.3 秸秆热解气气化工程宜采用固定床或流化床气化工艺,秸秆气化炉质量应符合NY/T 1417的要求,秸秆气化供气系统应符合NY/T 443的要求。气化站内须安装加臭装置和漏气报警装置。污水处理装置应符合NB/T 34011的要求。灰渣应全部综合利用。

9.4 生物炭可制成颗粒,或载有菌体、肥料或其他材料混配的功能型生物炭复合材料,施于土壤中。生物炭的主要应用领域为农田、林地和草坪等。

9.5 秸秆直接燃烧发电,原则上应布置在农作物相对集中地区,要充分考虑秸秆产量和合理的运输半径,防止盲目布点。电厂须配套合理的秸秆收集、运输、储存、调度和管理体系,原料场须采取可行的二次污染防治措施。可采用水冷振动炉排或循环流化床燃烧技术,生物质循环流化床锅炉须符合NB/T 42030的要求。要采取的烟气治理措施,能确保烟尘等污染物达到国家排放标准,电厂所选用的烟气袋式除尘器应符合JB/T 11886的要求;采用有利于减少NO_X产生的低氮燃烧技术,电厂所配备的烟气脱硝技术装备应符合JB/T 11396的要求;配备储灰渣装置或设施,以及灰渣综合利用设施,综合利用灰渣。在建设地有供热需求，鼓励建设生物质热电联产项目。

9.6 秸秆纤维素乙醇可按规定的比例与汽油混合作为车用点燃式内燃机的燃料，其产品质量应符合 GB 18350 的要求。

10 基料化利用技术

10.1 秸秆生产食用菌

10.1.1 秸秆栽培食用菌产地环境应符合 NY/T 391 的要求，远离工矿业的“三废”及微生物、粉尘等污染源；生产区与生活区分离，且生产区的堆料场、发酵、发菌及出菇区、产品加工区、仓库区合理分为不同区域。

10.1.2 麦秸、稻草等禾本科秸秆可以作为草腐生菌的碳源，通过搭配牛粪、麦麸、豆饼或米糠等氮源，在适宜的环境条件下，栽培双孢蘑菇和草菇等。玉米秸、玉米芯、豆秸、棉籽壳、稻糠、花生秧、花生壳和向日葵秆等均可作为栽培木腐生菌的培养料。可按照培养料配方配制培养基，装袋后灭菌，经冷却后接种，然后发菌培养，最后经出菇管理和采收。食用菌栽培基质质量安全应符合的 NY/T 1935 的要求。

10.1.3 食用菌生产投入品、培养料制备、接种、发菌期管理、出菇期管理、病虫害防治、采收、整修等应符合 NY/T 2375 的要求。

10.1.4 每季栽培结束后，及时清理废菌料和废土，对菇场进行消毒。食用菌菌渣可生产有机肥，或作为食用菌再生产的配料。

10.2 秸秆植物栽培基质制备技术

以秸秆为主要原料，添加其他有机废弃物以调节 C/N 比、物理性状，同时调节水分使混合后物料含水量在 60%～70%，在通风干燥防雨环境中进行有氧高温堆肥，使其腐殖化与稳定化。其工艺流程主要包括秸秆堆腐、与其他物料合理配比(复配)及基质性状调控 3 个部分。蔬菜育苗基质应符合 NY/T 2118 的要求。

11 原料化利用技术

11.1 秸秆原料利用项目应选择先进、成熟和安全可靠的生产技术，产品质量符合相关国家或行业标准。生产过程中尽量减少粉尘、噪声、废水、废气和废渣等污染物的排放，达到环境保护标准要求。

11.2 秸秆木塑制品应符合 HJ 2540 的要求。

11.3 秸秆还可以生产纤维粉体、生物活化功能材料、改性碳基功能材料、超临界纤维塑性材料、轻质复合型材等，其产品应符合相关标准与技术要求。

ICS 27
F 13

中华人民共和国农业行业标准

NY/T 3021—2016

生物质成型燃料原料技术条件

Specifications of raw materials for densified biofuels

2016-11-01 发布 2017-04-01 实施

中华人民共和国农业部 发布

前　言

本标准按照 GB/T 1.1—2009 给出的规则起草。

本标准由农业部科技教育司提出并归口。

本标准起草单位:农业部规划设计研究院、北京一方阳光能源技术有限公司。

本标准主要起草人:赵立欣、孟海波、霍丽丽、姚宗路、丛宏斌、戴辰、冯晶、罗娟、王冠、李丽洁、赵凯、陈佶、朱本海。

生物质成型燃料原料技术条件

1 范围

本标准规定了生物质成型燃料原料进厂时的分类、技术要求、检验、安全卫生等要求。

本标准适用于生物质成型燃料生产用的农作物秸秆、农产品加工剩余物、林木剩余物等主要原料。

2 规范性引用文件

下列文件对于本文件的应用是必不可少的。凡是注日期的引用文件，仅注日期的版本适用于本文件。凡是不注日期的引用文件，其最新版本(包括所有的修改单)适用于本文件。

GB/T 12801 生产过程安全卫生要求总则

GB 15562 环境保护图形标志

GB/T 30727 固体生物质燃料发热量测定方法

GB 50016 建筑设计防火规范

GBZ 1 工业企业设计卫生标准

NY/T 1879 生物质固体成型燃料采样方法

NY/T 1880 生物质固体成型燃料样品制备方法

NY/T 1881.2 生物质固体成型燃料试验方法 第2部分:全水分

NY/T 1881.5 生物质固体成型燃料试验方法 第5部分:灰分

3 分类

生物质成型燃料原料按种类分为4类，包括农作物秸秆、农产品加工剩余物、林木剩余物和混合生物质，见表1。

表1 按种类分类

序号	种类	来源
1	农作物秸秆	农作物籽实收获后剩余部分，如玉米秸、麦秸、稻秸、棉秆、油菜秆、豆秸、木薯秆等
2	农产品加工剩余物	农产品加工过程中产生的固态剩余物，如稻壳、玉米芯、花生壳、菌渣、果壳等
3	林木剩余物	林木采伐、抚育、制材、加工过程中产生的剩余物，如枝桠、木屑、刨花、树皮、果树和园林绿化剪枝等
4	混合生物质	由上述两种、多种原料有意或无意混合而成的生物质原料

4 技术要求

4.1 一般规定

4.1.1 生物质成型燃料原料进厂的技术要求应符合表2的规定。

表2 生物质成型燃料原料进厂的技术要求

序号	项目	技术要求			
		农作物秸秆	农产品加工剩余物	林木剩余物	混合生物质
1	含水率[1]，%	≤30	≤30	≤50	≤30
2	杂质	无碎石、铁屑、泥沙、塑料等杂质			
3	低位发热量(干燥基)，MJ/kg	≥12.6	≥12.6	≥14.6	≥12.6

表 2（续）

序号	项目	技术要求			
		农作物秸秆	农产品加工剩余物	林木剩余物	混合生物质
4	灰分[2]（干燥基），%	≤15	≤15	≤6	≤15
5	表观评定	外观颜色正常，无霉变、腐烂、发热、异味、变质等现象			

注 1：含水率应为自然风干条件下原料自身所持有的水分。
注 2：灰分应为原料自身所含灰分含量。

4.1.2　应建立与原料收集、储存、备料相适应的管理制度、操作流程，以及安全管理和污染防治等规章制度，并严格执行。

4.1.3　应建立技术人员培训制度和培训计划，定期内容至少应包括原料识别、收集、运输、储存要求和事故应急处理方法等。

4.1.4　应编制应急预案，针对原料收集、运输、储存过程中的事故易发环节定期组织应急模拟演练，并定期修订。

4.1.5　应建立记录管理制度。原料收集、储存和运输过程中，应对原料的种类、来源地、重量、运输车辆车牌号、运输单位、进厂时间等基本情况进行记录，做好当班工作记录、交接班记录和每月统计报表工作并存档。

4.1.6　原料收集、运输、储存过程的安全卫生应满足 GB/T 12801、GBZ 1 的要求。

4.1.7　原料收集、运输、储存系统各环节中能源和材料的消耗应准确计量，并应做好各项生产指标的统计与记录。

4.2　原料进厂

4.2.1　应先表观评定后称重，并宜设置快速检验区或检测室。

4.2.2　应按批次检验含水率、低位发热量、灰分、杂质等，其他指标可根据需要选择检验，如堆积密度、硫和氯含量等。

4.2.3　应建立原料检验制度，规定人员资质与职责、样品抽取与检验、检验结果判定、检验报告编制与审核等内容。

4.2.4　原料严禁人为故意增加原料水分及其他物质。

4.2.5　对含水率不符合技术要求、其他检验项目均符合技术要求的原料，可酌情准予进厂；但应采取烘干或晾晒等措施，使原料含水率达到技术要求后再储存。

4.3　原料转运、储存、备料

4.3.1　原料转运应制订详细的运输方案、防火防爆等事故应急预案，并配备应急设施。

4.3.2　转运车辆应配备运送路线图等，应在车辆前部、后部、车厢两侧设置安全标识，进入原料储存场地时，应对易产生火花部位加装防护装置，排气管需配备防火帽。

4.3.3　严禁转运车辆在储存场等存储原料区域加油、保养和维修等作业。

4.3.4　应防止原料散落，并配备防霉变、防自燃、防雨雪渗漏、防雷和防火等设施。

4.3.5　执行记录管理制度，应定期对转运、储存和备料设施设备进行检查和维护。

4.3.6　储存区应设有原料进出通道，同时设有 4 m～6 m 的消防通道。

4.3.7　原料堆垛方向应与当地常年主导风向平行，不同列的垛沿盛行风方向相互错开，垛与垛间距不应小于 1 m。

4.3.8　储存时，单垛占地面积不宜超过 100 m^2，堆垛时留有通风口或散热洞，堆垛底部设有排水沟，顶部覆盖防雨布，垛体应设置温度检测点并定期监测，严防自燃。

4.3.9　对储存期超过 6 个月的堆垛原料，应拆垛检验。对符合技术要求的原料经晾晒后再重新堆垛，并按照先进先出原则尽快使用;对不符合技术要求的原料应出厂并妥善处置。

4.3.10 原料与易燃、易爆等环境敏感点之间的安全距离应不小于 50 m。

5 检验

5.1 分析样品的采样和制备按照 NY/T 1879 和 NY/T 1880 的规定执行。

5.2 含水率的检测按照 NY/T 1881.2 的规定执行。

5.3 低位发热量的检测按照 GB/T 30727 的规定执行。

5.4 灰分的检测按照 NY/T 1881.5 的规定执行。

5.5 感官评定外观颜色是否异常,检查是否含有杂质,是否有霉变、腐烂、发热、异味、变质等现象。

6 安全卫生

6.1 结合生产特点制定相应安全防护措施、安全操作规程和消防应急预案,配备防护救生设施及用品,并应符合 GB/T 12801 的规定。

6.2 由专业人员定期对相关设备仪器进行检修与维护保养,发现异常情况应立即处理;长期不用的设备与仪表应妥善管理与保存;定期检查和更换安全、急救等防护设施和设备。

6.3 原料进厂、转运、储存区域应设置消防器材、配备安全警示标识,应采取有效防尘、降尘措施,并符合 GB 15562 设置标识和 GB 50016 消防要求规定。

6.4 应根据 GB/T 12801 的规定,制定相应安全防护措施、安全操作规程和消防应急预案,并配备防护救生设施及用品。

ICS 27.180
F 11

中华人民共和国农业行业标准

NY/T 3022—2016

离网型风力发电机组运行质量及安全检测规程

Specification for off-grid wind turbine performance and safety testing

2016-11-01 发布　　2017-04-01 实施

中华人民共和国农业部　发布

前　言

本标准按照 GB/T 1.1—2009 给出的规则起草。

请注意本文件的某些内容可能涉及专利。本文件的发布机构不承担识别这些专利的责任。

本标准由农业部科技教育司提出并归口。

本标准起草单位:中国农业机械工业协会风力机械分会、内蒙古工业大学、合肥为民电源有限公司、农业部农业生态与资源保护总站、深圳泰玛风光能源科技有限公司、广州红鹰能源科技有限公司、浙江华鹰风电设备有限公司、包头市天隆永磁电机制造有限责任公司、青岛安华新元风能股份有限公司、中科恒源科技股份有限公司。

本标准主要起草人:祁和生、刘志璋、张为民、李景明、杨仲义、李文艳、俞红鹰、徐学根、常东来、王菡、伍友刚、鲁中间、弓强、李德孚、姚修伟。

离网型风力发电机组运行质量及安全检测规程

1 范围

本标准规定了离网型风力发电机组运行环境条件、安全规范及测试等方面的要求。

本标准适用于风轮扫掠面积小于 200 m^2，产生的电压低于 1 000 V 交流电或 1 500 V 直流电且离网应用的风力发电机组。

2 规范性引用文件

下列文件对于本文件的应用是必不可少的。凡是注日期的引用文件，仅注日期的版本适用于本文件。凡是不注日期的引用文件，其最新版本(包括所有的修改单)适用于本文件。

GB/T 2423.1 电工电子产品环境试验 第 1 部分:试验方法 试验 B:低温

GB/T 2423.2 电工电子产品环境试验 第 2 部分:试验方法 试验 B:高温

GB/T 2423.17 电工电子产品盐雾试验标准

GB/T 2423.37 电工电子产品环境试验 第 2 部分:试验方法 试验 L:沙尘试验

GB/T 14522 机械工业产品用塑料、涂料、橡胶材料人工气候老化试验方法荧光紫外灯

GB/T 17646 小型风力发电机组

GB/T 18451.2 风力发电机组 功率特性测试

GB/T 19068.2 离网型风力发电机组 第 2 部分:试验方法

GB/T 19068.3 离网型风力发电机组 第 3 部分:风洞试验方法

GB/T 22516 风力发电机组 噪声测量方法

GB/T 29494 小型垂直轴风力发电机组

IEC 61400-24 Wind turbines—Part 24: Lightning protection(风力发电机组 第 24 部分 防雷击保护)

3 术语和定义

GB/T 17646、GB/T 18451.2 和 GB/T 22516 界定的以及下列术语和定义适用于本文件。

3.1

额定功率 rated power

风力发电机组在额定风速下的输出功率。

注:额定功率和额定风速由制造厂商自行给定。

3.2

标称功率 nominal power

依据本文件试验方法所测量的功率曲线，风速在轮毂中心高度 11 m/s 时的输出功率。

注:标称功率和标称风速由测试机构在测试报告中给定。

3.3

年发电量 annual power generation

假设风速分布按照瑞利分布，数据有效性 100%，在平均风速 5 m/s 的条件下，风力发电机组一年所产出的能量。功率曲线按照 GB/T 18451.2 规定的方法获取。

3.4

额定噪声水平 rated noise level

假设按照瑞利分布的年平均风速为 5 m/s，机组可利用率为 100%，测定点距离风力发电机轮毂中心距离为 60 m，这个噪声等级在 95%的时间不会被超过，并按照 GB/T 18451.2 规定的测试结果进行计算。

3.5

切入风速 cut-in wind speed

风力发电机组开始有电力输出的最小风速。

3.6

切出风速 cut-out wind speed

在大于标定风速的工况下，由于控制系统的作用，能使风力发电机不再有电力输出的风速（轮毂高度处）。

3.7

最大功率 maximum power

指在风力发电机控制器的作用下，机组可能产生的最大功率。

3.8

最高电压 ceiling voltage

风力发电机组在运行状态下产生的最大电压，包括开路运行状态。

3.9

最大电流 maximum current

风力发电机在系统控制侧或电力转换设备侧的最大电流。

3.10

过速控制 over speed control

控制系统或者是系统某部分的指令，在极限范围内，以防止风轮过速。

3.11

电力形式 power form

用来描述风力发电机组传递到负载上的电流形式的物理特征。

3.12

扫掠面积 swept area

垂直于风向的风轮旋转体的投影面积。聚风型风力发电机组应当按照最大入口面积计算。

4 运行环境条件

4.1 一般环境条件

系统在下列条件下应能维持正常运行：

a) 环境温度：−20℃～50℃；

b) 空气相对湿度：≤95%[(25±5)℃]；

c) 太阳辐射强度：≤1 000 W/m²；

d) 在风力发电机轮毂高度处的极端风速≤50 m/s；

e) 空气密度：1.225 kg/m³（不同海拔高度的空气密度不同，应以适用的公式进行转换）；

f) 海拔高度：≤2 000 m。

4.2 特殊环境条件

在特殊环境下运行时，应由制造商和用户共同商定如下安全要求：

a) 高温、高寒、高海拔；

b) 高湿度；

c) 高辐射；
d) 台风；
e) 雨、冰雹、雪和冰；
f) 雷电；
g) 地震；
h) 海洋环境；
i) 沙尘环境。

5 安全规范

为了保证风力发电机组整体运行安全，确保整机设计、安装及维护安全操作，正在执行的系统安装、操作和维护应遵守以下规定。

5.1 设计安全

5.1.1 设计要求应符合 GB/T 17646 的规定。

5.1.2 应设计独立的安全机构，当风力发电机组的某部件出现故障时，安全机构能够独立正常工作。

5.1.3 应至少有两套保护功能设计，当一套机构出现故障失灵时，另一套仍能保护风力发电机组不发生破坏。

5.1.4 应考虑共振对设备产生的损坏；沿海使用的风力发电机组还应考虑防台风、抗腐蚀设计；高寒、多风沙、高海拔地区使用的风力发电机组应考虑耐低温及防沙尘设计。

5.1.5 应考虑整套系统(包括塔架、线缆铺设)的综合雷电防护设计。防护等级应符合 IEC 61400-24 规定的要求。

5.1.6 应将塔架及安装基础纳入系统设计范畴。

5.2 安装和维护安全

5.2.1 安装人员、维修人员应经过专门机构的技术培训，并具备安装和维修资质证书。

5.2.2 在安装与维修过程中，安装人员应做到：

a) 对安装与维修场地进行风险评估，确认基础具备安装条件，确保施工安全；
b) 应穿戴安全防护服，使用专用的安全保护装备；
c) 对安装与维护的设备进行安全停机或锁定；
d) 高空作业时现场地面不允许停留任何人员，不允许向下抛掷物体；
e) 所有安装设备和专用工具都应保持完好状态，具备使用功能。起重机、卷扬机和提升设备需要由具备职业资质的专业人员操作。所有钩索、吊环和其他安装器具，应符合专业机构定期监测或鉴定的要求，并根据工具使用说明书要求正确使用；
f) 防护区周边应放置安全警示标志。

5.2.3 选择安装地点时，应考虑在恶劣环境下部件损坏可能对人员造成的伤害；在户外运行的部件应按极端气候条件进行结构强度的设计。

5.2.4 在室内的部件安装和维护应有明显的安全警示标志。

5.2.5 在下列恶劣自然环境条件下不得进行户外安装：

a) 雷、雨、冰雪天气；
b) 风速大于 5 m/s 时；
c) 2 级及以上扬沙天气；
d) 极端低温(－20℃以下)天气；
e) 自然灾害(如地震、泥石流等)。

6 测试

6.1 型式试验

型式试验方法应符合 GB/T 19068.2 及 GB/T 19068.3 的规定。

6.2 功率特性测试

6.2.1 运行性能测试与记录应符合 GB/T 18451.2 规定的同时，遵循如下规定：

a) 对蓄电池充电型离网系统，蓄电池组不作为风力发电机组的一部分。
b) 被检测的风力发电机组应与该类风力发电机组设计针对的电气负载相连接。
c) 功率的测量应在有负载的情况下进行，以获得完整风力发电机组的能量损耗。
d) 风力发电机安装高度：风力发电机应安装在制造商所规定的塔架上。如果制造商未对塔架高度做出规定，风力发电机轮毂中心的安装高度距地面不应低于 10 m。
e) 总的电缆长度：从塔架的基础位置开始测量，不超过 3 倍塔筒高度。
f) 切入风速：应取平均功率曲线为正值情况下的第一个风速区间(bin)的平均值。
g) 空气密度：空气温度传感器和大气压力传感器应安装在风力发电机轮毂中心高度以下 1.5 倍风轮直径的位置。
h) 风力发电机组的状态：在风力发电机组的控制器提示风力发电机故障时，应对小型风力发电机运行状态进行监测。
i) 数据采集：预处理周期为 1 min。
j) 数据库应包括：
   1) 从低于切入风速 1 m/s 至不低于 14 m/s 之间的数据；
   2) 整数倍风速为中心，风速间隔宽度±0.5 m/s；每个区间至少包含 10 min 的采样数据；
   3) 数据库应包含不少于 60 h 的采样数据。
k) 数据规格化。
l) 年发电量(AEP)。
m) 报告包含上述部分所列的内容之外，还应包括：
   1) 导线规格、导线材料、类型、长度和用于连接风力发电机和负载的连接器；
   2) 测量线阻值；
   3) 过电压和欠电压保护装置的电压设置值；
   4) 蓄电池组的公称电压；
   5) 蓄电池组的规格、类型和已使用年限；
   6) 保证蓄电池组工作在规定范围内的电压调整器的制造商、型号和性能参数。

6.2.2 性能测试报告应当包括每一组数据的湍流强度的信息(次序、无间断的、时间序列)，以便审阅者判断测试场是否合适。

6.3 噪声测试

噪声测试方法、测试内容以及所使用的设备及仪器应符合 GB/T 22516 的规定，同时应遵照下列附加规定：

a) 每一次测试所取的平均时间为 10 s。
b) 测试位置应按照 GB/T 22516 的规定，测量位置相对于风向的偏差应在±15°以内。风力发电机组风轮几何中心至各麦克风位置的水平距离(R_0)允许偏差为 20%，测量精度应为±2%。对于风力发电机组 R_0、H 和 D 的位置定义如图 1、图 2 所示。

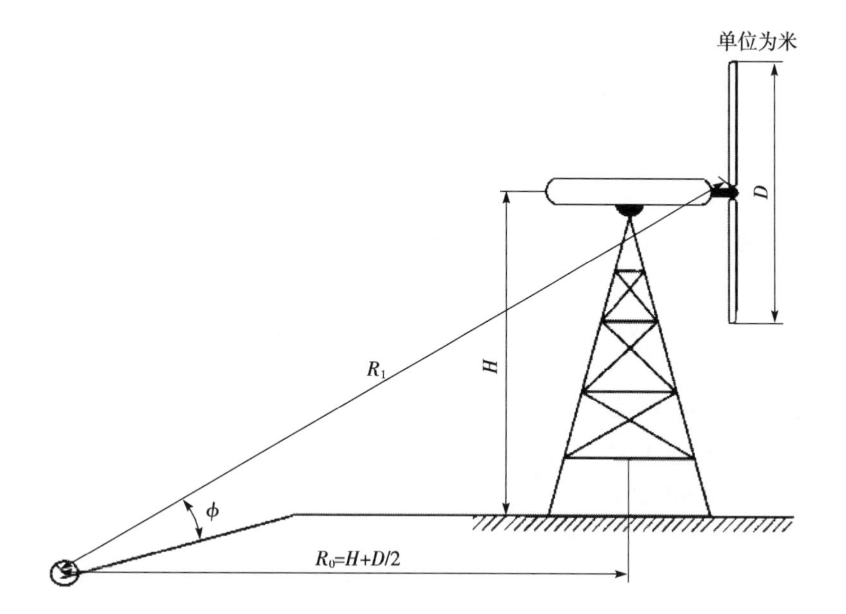

说明：

R_0——风力发电机组风轮几何中心至各麦克风位置的水平距离；

H——从地面到风轮中心的距离；

D——风轮直径。

图1　水平轴风力发电机组定义 R_0 和斜距 R_1 的示意图

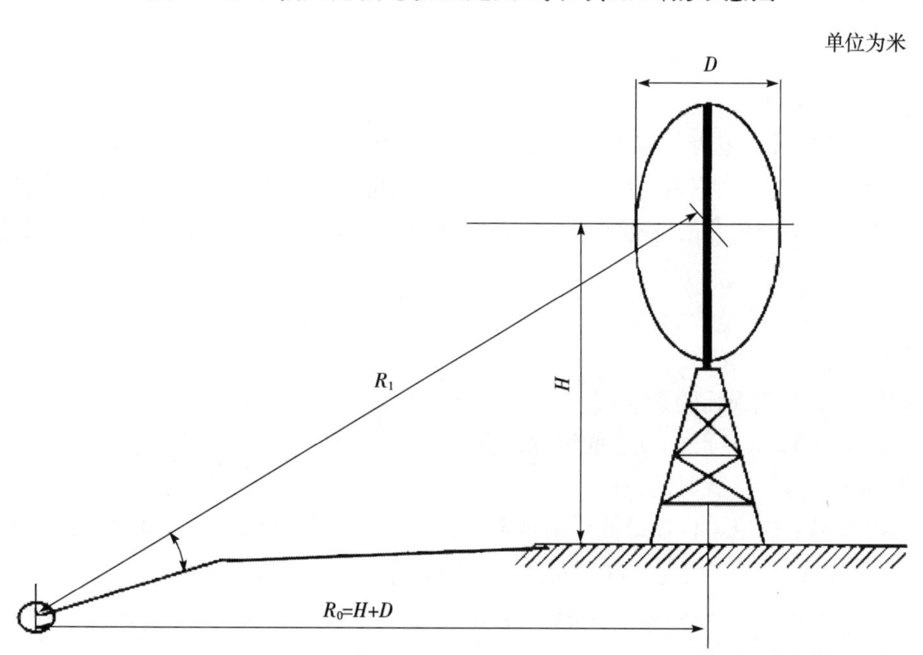

图2　垂直轴风力发电机组定义 R_0 和斜距 R_1 的示意图

c) 风速应以直接测量为主，不可使用依据功率及风速关系所推导出的风速值。

d) 应采用区间(bin)法以线性回归的数据组分析法，决定整数风速时的声压级，视在声功率级应按照 GB/T 22516 规定的要求计算。

e) 在麦克风使用防风罩仍有效的情况下，应尽量测量更宽的风速范围。

f) 应观察在高风速下过速保护装置启动时，风力发电机组噪声是否有明显变化。

g) 音值分析应按照 GB/T 22516 规定中附录 F 的定义要求进行。

h) 噪声测试应包含下列重要结果：

1） 风速、风向、大气条件及相关风力发电机组控制参数。
2） 视在声功率级，按照 GB/T 22516 规定的要求测量及计算，并修正背景声压级后，位于 6 m/s、7 m/s、8 m/s、9 m/s、10 m/s 风速下的声压级。
3） 风力发电机组的总声压级，考虑距离轮毂中心 60m，在年平均风速为 5 m/s，并排除背景噪声的影响，测量并计算出相较视在声压级 $L_{rsp,60}$。然而距离风力发电机组越远的噪声总量（风力发电机组噪声加上背景噪声），背景噪声的影响越大。计算风力发电机组噪声与测试点与风轮中心间距离的关系按式(1)计算。

$$L_{turbine-level} = L_{rsp,60} + 10\lg(4\pi \times 60^2) - 10\lg(4\pi R^2) \quad (1)$$

式中：
$L_{turbine-level}$——风力发电机组噪声，单位为分贝(dB)；
R ——观测点距离风轮中心的距离，单位为米(m)；
$L_{rsp,60}$ ——相较视在声压级(dB)。
风力发电机组噪声加入背景噪声而得到噪声总量按式(2)计算。

$$L_{turbine-total} = 10\lg(10^{\frac{L_{turbine-level}}{10}} + 10^{\frac{L_{background-level}}{10}}) \quad (2)$$

式中：
$L_{turbine-total}$ ——系统总声压级，单位为分贝(dB)；
$L_{background-level}$——背景声压级，单位为分贝(dB)。
不同观察位置的噪声水平与背景噪声水平的数值见附录 A。

6.4 强度与安全

6.4.1 风力发电机的机械强度应按照 GB/T 17646 规定的要求进行评估；垂直轴风力发电机应按照 GB/T 29494 规定的要求进行评估。

6.4.2 变速风力发电机组应避免与风力发电机塔架配合中一些动态变化所产生的危害。对于单速/双速风力发电机组，如使用一个或两个异步发电机的风力发电机组，为避免潜在的危害，风力发电机和塔架应标明。一个具有动态配合的变速风力发电机组，如果可以从它们的控制功能体现出它们的变速，也应标明。

6.4.3 其他方面的安全评估应包括：
a） 运行风力发电机组的相关控制程序；
b） 在高风速下避免损耗的条款；
c） 在风速超过 15 m/s 时的减速能够保障停机；
d） 在保养和零部件更换时的条款；
e） 规定风力发电机组运行在最低温度环境下，因控制功能的降低而产生的危害。

6.4.4 应按照 GB/T 17646 的规定进行安全和功能测试。
应按设计文件叙述的要求，对临界功能进行测试，包括：
a） 功率和速度的控制；
b） 偏航（对风向）系统的控制；
c） 脱载；
d） 在设计风速或设计风速以上的超速保护；
e） 在设计风速以上的启动和停机。
其他可适用的项目：
a） 过度振动的保护；
b） 电池过电压和欠电压保护；
c） 正常运行中的紧急停机；

d) 电缆缠绕。

任何可能由部件失效或其他临界事件或运行条件激活的额外的保护系统功能也应进行测试。这种测试可能包括对临界事件和运行条件的模拟。例如,对带有下垂电缆的小型风力发电机组,应设计成为当电缆过分缠绕时的自动解缆,能证实该功能运行正常。

6.5 耐久性测试

6.5.1 应按照 GB/T 17646 规定的要求进行测试,同时应按以下测试要求做补充测试:

a) 在合格试验场地进行运转测试,测试时间不应少于 6 个月;
b) 在各种风速下至少运转发电 2 500 h;
c) 必须在 1.2 倍年平均风速以上至少运转发电 250 h;
d) 必须在 1.8 倍年平均风速以上至少运转发电 25 h;
e) 必须在 2.2 倍年平均风速以上至少运转发电 10 min;
f) 系统持续运行时间比率应在 90%以上;
g) 在相较风速下,风力发电机组的输出功率不应明显的下降。

6.5.2 耐久性测试过程中的定期检查与维护应遵循以下原则:

a) 除发电机、叶片、控制器等主要零部件之外,系统允许小的维修,但在测试报告中应显示相关维修记录;
b) 测试期间,任意一个主要部件如风力发电机组的重要零部件(如叶片、主轴、塔架、控制器、逆变器、发电机等)被更换,测试应重新开始;
c) 在耐久测试过程中,需要观测风力发电机及塔架之间的振动情况。测试报告应包含测试期间的异常情况。

6.6 耐候性测试

6.6.1 耐沙尘测试

应按照 GB/T 2423.37 规定的方法进行测试;风力发电机组在沙尘环境条件下的测试,应在一个完整的测试阶段内进行。要求发电机的额定功率的降低幅度不大于原设计功率的 10%。

6.6.2 耐盐雾测试

应按照 GB/T 2423.17 规定的方法进行测试;风力发电机组外露件(塑料及金属件)、紧固件等关键部件也应进行耐盐雾测试,验收标准为:

a) 室内耐盐雾试验时间不低于 100 h;
b) 允许轻微变色;
c) 油漆无起泡、无脱落;
d) 金属件无生锈现象。

6.6.3 在户外运行的风力发电机组裸露的塑料、涂料、复合型材料及橡胶材料应按照 GB/T 14522 规定的人工加速法进行耐紫外线测试。

6.6.4 安装在高寒地区的风力发电机组应根据高寒地区的极限低温按照 GB/T 2423.1 规定的试验方法进行耐低温试验。

6.6.5 安装在高温地区的风力发电机组应根据高温地区的极限高温按照 GB/T 2423.2 规定的试验方法进行耐高温试验。

6.7 测试报告

测试报告应包含以下方面的信息:

a) 报告摘要:包括功率曲线图、年发电量及声压等级;
b) 性能测试报告;
c) 噪声测试报告;

d) 年发电量；

e) 额定声压等级；

f) 11 m/s 风速下的标称功率；

g) 强度和安全性报告；

h) 耐久性测试报告；

i) 耐候性测试报告。

附 录 A
（规范性附录）
不同观察位置的噪声水平和背景噪声水平

系统总声压级根据风力发电机不同的噪声值进行测试与计算，测试结果见表 A.1～表 A.4 的数值。

表 A.1　风力发电机噪声值为 40 dB 时，在不同位置测得总声压级(dB)

距离转子中心的距离，m	系统额定声压级：40 dB 背景噪声水平，dB				
	30	35	40	45	50
10	55.6	55.6	55.7	55.9	56.6
20	49.6	49.7	50.0	50.9	52.8
30	46.1	46.4	47.0	48.6	51.5
40	43.7	44.1	45.1	47.3	50.9
50	41.9	42.4	43.9	46.6	50.6
60	40.4	41.2	43.0	46.2	50.4
70	39.2	40.2	42.4	45.9	50.3
80	38.2	39.4	41.9	45.7	50.2
100	36.6	38.3	41.3	45.5	50.2
150	34.1	36.8	40.6	45.2	50.1
200	32.8	36.1	40.4	45.1	50.0

表 A.2　风力发电机噪声值为 45 dB 时，在不同位置测得总声压级(dB)

距离转子中心的距离，m	系统额定声压级：45 dB 背景噪声水平，dB				
	30	35	40	45	50
10	60.6	60.6	60.6	60.7	60.9
20	54.6	54.6	54.7	55.0	55.9
30	51.1	51.1	51.4	52.0	53.6
40	48.6	48.7	49.1	50.1	52.3
50	46.7	46.9	47.4	48.9	51.6
60	45.1	45.4	46.2	48.0	51.2
70	43.8	44.2	45.2	47.4	50.9
80	42.7	43.2	44.4	46.9	50.7
100	40.9	41.6	43.3	46.3	50.5
150	37.8	39.1	41.8	45.6	50.2
200	35.9	37.8	41.1	45.4	50.1

表 A.3 风力发电机噪声值为 50 dB 时,在不同位置测得总声压级(dB)

距离转子中心的距离,m	系统额定声压级:50 dB				
	背景噪声水平,dB				
	30	35	40	45	50
10	65.6	65.6	65.6	65.6	65.7
20	59.5	59.6	59.6	59.7	60.0
30	56.0	56.1	56.1	56.4	57.0
40	53.5	53.6	53.7	54.1	55.1
50	51.6	51.7	51.9	52.4	53.9
60	50.0	50.1	50.4	51.2	53.0
70	48.7	48.8	49.2	50.2	52.4
80	47.6	47.7	48.2	49.4	51.9
100	45.7	45.9	46.6	48.3	51.3
150	42.3	42.8	44.1	46.8	50.6
200	40.0	40.9	42.8	46.1	50.4

表 A.4 风力发电机噪声值为 55 dB 时,在不同位置测得总声压级(dB)

距离转子中心的距离,m	系统额定声压级:55 dB				
	背景噪声水平,dB				
	30	35	40	45	50
10	70.6	70.6	70.6	70.6	70.6
20	64.5	64.5	64.6	64.6	64.7
30	61.0	61.0	61.1	61.1	61.4
40	58.5	58.5	58.6	58.7	59.1
50	56.6	56.6	56.7	56.9	57.4
60	55.0	55.0	55.1	55.4	56.2
70	53.7	53.7	53.8	54.2	55.2
80	52.5	52.6	52.7	53.2	54.4
100	50.6	50.7	50.9	51.6	53.3
150	47.1	47.3	47.8	49.1	51.8
200	44.7	45.0	45.9	47.8	51.1

ICS 65.040.01
P 35

中华人民共和国农业行业标准

NY/T 3024—2016
代替 NYJ/T 07—2005

日光温室建设标准

Construction criterion for chinese solar greenhouse

2016-11-01 发布　　　　2017-04-01 实施

中华人民共和国农业部　发布

目　　次

前　　言

本建设标准根据农业部《关于下达2013年农业行业标准制定和修订(农产品质量安全和监管)项目资金的通知》(农财发〔2013〕91号)下达的任务，按照《农业工程项目建设标准编制规范》(NY/T 2081—2011)的要求，结合农业行业工程建设发展的需要而编制。

本建设标准是对NYJ/T 07—2005《日光温室建设标准》的修订。

本建设标准共分10章：总则、规范性引用文件、术语和定义、建设规模与项目构成、选址与建设条件、工艺与设备、建筑与结构、配套工程、节能节水与环境保护和主要技术经济指标。

本标准与NYJ/T 07—2005相比，除编辑性修改外，主要技术变化如下：

——更新了部分术语的定义，增加了一些新的术语，删除了其他标准中已定义的术语；

——更新了引用标准；

——更新了部分技术经济指标；

——增加了节能节水与环境保护章节。

本建设标准由农业部发展计划司负责管理，中国农业科学院农业环境与可持续发展研究所负责具体技术内容的解释。在标准执行过程中如发现有需要修改和补充之处，请将意见和有关资料寄送农业部工程建设服务中心(地址：北京市海淀区学院南路59号，邮政编码：100081)，以供修订时参考。

本标准管理部门：中华人民共和国农业部发展计划司。

本标准主持单位：农业部工程建设服务中心。

本标准起草单位：中国农业科学院农业环境与可持续发展研究所、农业部规划设计研究院。

本标准主要起草人：杨其长、周长吉、张义、方慧、程瑞锋、李琨、刘文科、仝宇欣、肖平。

本标准的历次版本发布情况为：

——NYJ/T 07—2005。

日光温室建设标准

1 总则

本标准是编制、评估、审批日光温室建设工程项目可行性研究报告的重要依据，也是有关部门审查日光温室工程项目初步设计和监督检查项目建设的参考尺度。

本标准适用于北纬32°～48°地区以生产果蔬和花卉为主的日光温室新建工程项目，改(扩)建工程项目可参照执行。

2 规范性引用文件

下列文件对于本文件的应用是必不可少的。凡是注日期的引用文件，仅注日期的版本适用于本文件。凡是不注日期的引用文件，其最新版本(包括所有的修改单)适用于本文件。

GB/T 18622 温室结构设计荷载

GB/T 29148 温室节能技术通则

GB 50011—2010 建筑抗震设计规范

3 术语和定义

下列术语和定义适用于本文件。

3.1

日光温室 Chinese solar greenhouse

东西延长，由山墙及后墙三面蓄热保温墙体、北向保温屋面(后屋面)和南向采光屋面(前屋面)构成，前屋面夜间用活动保温材料覆盖保温，以太阳能为主要能源并可进行作物越冬生产的温室。

3.2

前屋面 south roof

由骨架和透光材料覆盖构成的采光屋面。

3.3

前屋面角 tilt angle of the south roof

前屋面南沿端点与屋脊线间的垂直连线与地平面之间的夹角。

3.4

后屋面 north roof

又称后坡，连接前屋面与后墙的坡形保温防水围护结构。

3.5

后屋面角 tilt angle of the north roof

又称后坡仰角，后屋面内表面与水平面的夹角。

3.6

后墙 north wall

北侧具有承载、蓄热、保温功能的墙体。

3.7

后墙高度 height of the north wall

后屋面内表面与后墙内表面交线处至室外地面设计标高间的垂直距离。

3.8

山墙　gable

东、西两端的蓄热、保温墙体。

3.9

长度　length

东、西山墙外表面与室外地面交线之间的水平距离。

3.10

跨度　span

后墙内侧与室内地面交线至前屋面地脚线间的水平距离。

3.11

脊高　height of the ridge

室外地面设计标高至屋脊线间的垂直距离。

3.12

温室间距　net distance between the two neighbor greenhouses

南北相邻两栋温室间，南侧温室后墙外侧与室外地面交线至北侧温室前屋面地脚线间的水平距离。

3.13

建筑面积　construction area

日光温室墙体和前屋面在室外地面上的外轮廓线包围的面积。

3.14

室内面积　indoor area

日光温室墙体和前屋面在室内地面上的内轮廓线包围的面积。

4　建设规模与项目构成

4.1　日光温室群的建设规模，以多个单栋(单体)日光温室排列组成温室群的总占地面积表示。日光温室群的建设规模应根据建设地区的资源条件、投资环境和市场需求，结合建设单位的经济、技术条件和管理能力等因素确定。

4.2　日光温室建设项目构成包括日光温室、辅助生产设施、生产管理及生活设施、配套设施等。

a)　辅助生产设施包括灌溉系统、二氧化碳施肥系统、仓储、农机具等；

b)　生产管理及生活设施包括管理用房、食堂、宿舍、传达室等；

c)　配套设施包括厂区道路、给排水、供配电、消防设施等。

4.3　对新建的日光温室群，应充分利用当地提供的社会专业化协作条件进行建设；已有建设基础的单位新建日光温室或进行日光温室改(扩)建，均应充分利用现有设施和社会公用设施；辅助生产及配套设施可根据建设目标、生产性质以及工艺要求取舍或合并。

5　选址与建设条件

5.1　日光温室建设应符合建设地区土地利用的中长期规划。

5.2　日光温室建设宜选择在交通便利的地区，充分利用已有的交通条件。

5.3　日光温室建设场址应有满足生产需要的水源和电源。

5.4　日光温室建设场地应选择在光照条件好的地区，冬季的日照百分率宜大于50%。

5.5　日光温室群宜建在地势平坦、开阔采光条件好、无粉尘以及无有害气体污染源的地区，应远离高大建筑物或其他影响温室采光的物体。

5.6 日光温室建设场址宜选择在工程地质条件好、地下水位较低、排灌方便的区域，避开洪、涝、泥石流和多冰雹、雷击、风口等地段。

5.7 用于土壤栽培的日光温室宜选择土壤肥沃、有机质含量高、无盐渍化的地块。

6 工艺与设备

6.1 日光温室群生产工艺与配套设备应满足规模化生产的要求，符合优质、高产、低耗、节能、节约投资、高劳动生产率的要求。

6.2 日光温室配套设备应根据生产工艺要求、生产管理水平和当地的气候条件等因素配置。

6.3 日光温室应根据不同地区的气候条件和种植要求，增设辅助加温或降温设备。

6.4 日光温室灌溉系统宜根据种植品种和栽培方式合理选择滴灌、渗灌、微喷灌(可兼施肥、施药)等设备。

6.5 日光温室内应根据不同的栽培方式(土壤栽培、基质栽培、营养液栽培等)配置相应的设施。

6.6 日光温室前屋面冬季应采用保温材料覆盖保温，根据生产需要和经济条件，可选择草苫、纸被或耐候防水防霉复合保温被等保温覆盖物，保温材料的卷放宜采用电机驱动装置。

6.7 日光温室前屋面应设置通风构造，不宜在后墙或后屋面设置通风口(用于食用菌栽培的日光温室除外)。

6.8 夏季生产时，日光温室前屋面可根据作物生长需要增设遮阳降温设施。

6.9 日光温室可根据生产需要增设二氧化碳施肥装置、人工补光设备等。

7 建筑与结构

7.1 日光温室的跨度可因地制宜确定，通常以 8 m～12 m 为宜。

7.2 日光温室的脊高应按照合理采光时段原理设计，后墙和山墙厚度应根据当地 80%以上年份的最大冻土层厚度和墙体建筑材料与结构合理确定。日光温室的脊高宜为 2.6 m～5 m，后墙高度宜为 2 m～4 m，后墙和山墙厚度宜为 0.6 m～1.0 m。

7.3 前屋面角 α 宜按式(1)确定。

$$\alpha \geqslant \phi - (3^{\circ} \sim 6^{\circ}) \quad (1)$$

式中：

ϕ——地理纬度。

7.4 后屋面角比当地冬至日正午太阳高度角大 10°～15°为宜。

7.5 日光温室骨架间距以 0.8 m～1.2 m 为宜，具体间距视骨架材料、结构强度、覆盖材料性能及当地风雪荷载情况而定。

7.6 日光温室长度以 70 m～100 m 为宜，具体可视地块情况合理确定。

7.7 日光温室的缓冲间，通常应依东、西山墙而建。若温室较长，缓冲间可设在温室的中部，缓冲间面积宜为 6 m^2～9 m^2。

7.8 日光温室的方位，根据建设地所处地理纬度和气候条件可采用南偏东或南偏西方位，且偏角(日光温室屋脊延长线的垂线与真子午线之间的夹角)宜≤10°。

7.9 日光温室后墙及山墙基础宜采用条形基础，前屋面基础宜采用钢筋混凝土加预埋件的独立基础或条形基础。高寒地区的日光温室基础应采取选用高标号水泥、添加抗冻剂等抗冻融工艺技术构筑。

7.10 日光温室骨架结构宜采用钢管、圆钢、型钢等钢材制作，钢骨架宜采用装配式构建组装。

7.11 日光温室钢结构骨架表面应进行防腐处理，宜采用热浸镀锌或刷防锈漆防腐。

7.12 日光温室透光覆盖材料应根据当地的经济条件，并充分考虑其使用寿命、透光率和流滴消雾持效期合理选择。

7.13 日光温室采用塑料薄膜覆盖时，固膜装置可用卡槽、压膜线、卡具等。

7.14 日光温室后墙及山墙应采用内外墙异质复合结构，内墙蓄热，外墙隔热保温。

7.15 日光温室后屋面应具备保温、防水和承重功能。

7.16 日光温室的间距，以冬至日 10:00～14:00 时（当地时间）前排日光温室投影不遮挡后排日光温室为原则。宜按式(2)确定。

$$L=\frac{(G+D)\times\cos(\theta_{10})-(L_1+L_2)}{\mathrm{tg}(h_{10})} \quad \cdots\cdots (2)$$

式中：

G——脊高，单位为米(m)；

D——外保温覆盖材料收卷至屋脊处的直径，单位为米(m)；

h_{10}——冬至日 10:00 的太阳高度角；

θ_{10}——冬至日 10:00 的太阳方位角；

L_1——后墙厚度，单位为米(m)；

L_2——后屋面水平投影宽度。

7.17 日光温室结构设计荷载，应按 GB/T 18622 的规定进行计算。

7.18 日光温室的抗震能力应按 GB 50011—2010 中丁类建筑的要求设计。

8 配套工程

8.1 寒冷地区日光温室冬季需要加温的，可根据气候条件及生产要求配备供暖系统。

8.2 日光温室群供水系统的水压按水力设计确定。滴灌管（带）的工作压力在 100 kPa 左右，微喷头的工作压力在 200 kPa～2501 kPa。

8.3 日光温室供电电力负荷等级为三级。

8.4 根据生产需要，大规模日光温室生产可设置播种、催芽和育苗车间。

8.5 根据生产需要，大规模日光温室生产可设置果蔬、花卉等产品的预冷、分级、包装车间，以及储藏、保鲜等设施。

8.6 日光温室建设区应设置排水系统。

8.7 日光温室建设区道路应分主次，主干道宽以 5 m～6 m 为宜，次干道宽以 3 m～4 m 为宜，小区便道宽以 2 m～3 m 为宜，路面宜采用混凝土或沥青混凝土硬化。

9 节能节水与环境保护

9.1 节能

9.1.1 日光温室外围护基础应进行保温处理或设置防寒沟，减少温室能量损失。

9.1.2 日光温室前屋面透光覆盖材料应具有保温性能，外保温覆盖材料的传热系数宜小于 2W/(m·℃)。

9.1.3 寒冷地区日光温室加温宜用局部加温代替整体加温。

9.1.4 日光温室建筑和环境控制系统设计应按 GB/T 29148 的规定进行设计。

9.2 节水、节肥

9.2.1 日光温室灌溉应优先采用滴灌系统。

9.2.2 日光温室土壤栽培宜使用有机肥料，无土栽培营养液供给宜采用计算机精准控制。

9.3 环境保护

9.3.1 日光温室生产应配备粘虫板(带)、光诱杀灯和防虫网等物理防治设施设备。

9.3.2 日光温室应注重优化结构性能,充分利用太阳辐射能,寒冷地区供暖系统的热源应优先采用天然气、柴油、地源(水源)热泵等清洁能源。

9.3.3 日光温室无土栽培应设置营养液回收利用系统,废水须处理达标后排放。

10 主要技术经济指标

10.1 在提高蓄热保温性能的前提下,应尽可能控制和降低日光温室建设投资,以较少的投资,取得较高的经济效益,充分发挥投资效益。

10.2 日光温室生产配套设施、生产管理设施的建设内容和规模应与温室建设规模相匹配,相应的建设投资参照相关标准确定,并纳入日光温室工程项目的总投资。

10.3 日光温室工程项目建设投资包括温室单体工程投资直接费、项目预备费和其他费用三部分。温室单体工程投资为温室建设材料和设备的直接费和安装调试费的总和,其中,安装调试费按设备和材料直接费用的5%~10%计算。

10.4 日光温室单体工程的投资取决于温室用材及其配套设施,由日光温室主体工程投资估算指标和不同配套设施的投资估算指标确定。

10.5 日光温室主要材料消耗量按表1的规定确定。

表1 日光温室主要材料消耗量估算

项　目	单位(每平方米室内面积)	数 量	备　注
标准砖	块	140~160	480 mm墙体
水泥	kg	18~20	标号按425#计算
钢材	kg	6~9	
墙体及基础保温材料	m^3	0.06~0.10	聚苯板、珍珠岩或炉渣
前屋面采光覆盖材料	m^2	1.20~1.35	塑料薄膜
前屋面外保温覆盖材料	m^2	1.25~1.40	草苫、保温被
注:标准砖、水泥、钢材的用量,温室较高、跨度较大的取低值,温室较低、跨度较小的取高值。			

10.6 单体(栋)日光温室主体工程(含主体结构、构件加工)的投资估算指标按表2的规定确定。

表2 日光温室主体工程投资估算指标

项　目	说　明	价格(每平方米室内面积)元
基础	基础做法:山墙和后墙为条形基础,根据不同地区的气候特点、冻土深度,埋深0.3 m~0.8 m,由内到外为480 mm厚砖基础+保温层;前墙为240 mm条形砖基础,埋深0.8 m	35~40
墙体结构	墙体做法:由内到外为480 mm厚砖墙+保温层+保护层	65~75
基础与墙体保温层	100 mm厚聚苯板	8~15
	120 mm厚珍珠岩	5~10
	120 mm厚炉渣	3.5~5.5
后屋面	后屋面做法:由上到下为(SBS+沥青)+100 mm~200 mm厚炉渣或蛭石,找平2%+60 mm厚钢筋混凝土预制板	25~35
	后屋面做法:由上到下为(SBS+沥青)+100 mm厚聚苯板+60 mm厚钢筋混凝土预制板	25~35
钢骨架	有两种形式:焊接式与装配式。焊接式取下限,装配式取上限	35~55
塑料薄膜	进口材料取上限,国产材料取下限	4~7
注1:以上定额均按北京市2013年的预算价格计算,各地可参照当地的预算价格执行。 注2:保护层应保证保温层不裸露,不开裂。		

10.7 日光温室主体工程建设工期定额按表3的规定确定。

表3 日光温室主体结构建设工期定额

单位为天

日光温室类型	建设工期	其中	
		土建工程	现场安装
塑料薄膜日光温室 (面积667 m^2)	8～13	7～10	1～3

注1:温室建设工期按667 m^2 面积、墙体为“480 mm厚砖基础+保温层+保护层”计算,不同温室建设规模及形式可参照本表执行。

注2:表中建设工期系按5个技术安装工人、10个普通安装工人计算;土建工程按10名技工、5名普工计算。

10.8 日光温室工艺设备投资估算指标按表4的规定确定。

表4 日光温室工艺设备投资估算指标

项目	价格	备注
滴头滴灌系统,元/m^2 室内面积	6～10	价格可根据滴头数量不同浮动
滴灌带滴灌系统,元/m^2 室内面积	3～5	滴灌带为5年期取上限,普通取下限
二氧化碳施肥系统,元/m^2 室内面积	2～3	燃煤净化二氧化碳施肥
	10～15	液态二氧化碳钢瓶供气
	0.5～1	化学反应法
草苫保温,元/m^2	2～5	保温材料展开面积
复合保温被,元/m^2	15～22	保温被展开面积
电动卷被系统,元/套	4 500～5 500	卷铺长度为60 m
电动卷膜系统,元/套	1 500～2 200	卷铺长度为60 m
手动卷膜系统,元/套	800～1 500	卷铺长度为60 m

10.9 日光温室配套工程供暖系统投资估算指标按表5的规定确定。

表5 日光温室供暖系统投资估算指标

项目		价格,元/kW	备注
热风供暖系统	燃油炉加温系统	120～300	不含集中储油罐和外线供油系统
	燃煤炉加温系统	100～250	不含管道、烟囱及其他配件
集中热水供暖系统	圆翼型散热器散热	240～290	室内外设计温差在15℃～30℃范围内,温差大取高限,温差小取低限

10.10 根据国家和地方的有关规定,日光温室建设标准投资估算中各项其他费用应包括:

a) 建设项目(项目建议书、可行性研究报告)咨询费;

b) 勘察测量费(含地质勘测、地形勘测);

c) 工程设计费(含初步设计及施工图设计);

d) 标底编制及招标代理费;

e) 工程监理费;

f) 建设单位管理费;

g) 建设项目环境影响咨询服务费。

10.11 日光温室建设标准投资估算中,各项其他费用的总取费率定为总投资的5%～6%;一般大型工程取低值,中小型工程取高值。

10.12 项目基本预备费取总投资的5%～8%。一般大型工程取低值,中小型工程取高值。

10.13　日光温室的劳动定员按表6的规定确定。

表6　日光温室(667 m^2)栽培管理人员劳动定员指标

单位为人

温室类型	果菜类生产温室	叶菜类生产温室	花卉生产温室
劳动定员	1.0～1.5	0.5	1.0～1.5
注:本表劳动定员仅指生产工人,不含管理部门和其他技术人员。			

10.14　日光温室(群)耗水量与作物品种及灌溉方式有关,日光温室日最大用水量按表7的规定确定。

表7　日光温室日最大用水量

栽培作物	叶菜类蔬菜	果菜类蔬菜	地面栽培花卉	盆栽花卉
日最大用水量,L/m^2 室内面积	15～20	10～15	20～30	20～30

ICS 65.020.99
B 04

中华人民共和国农业行业标准

NY/T 3069—2016

农业野生植物自然保护区建设标准

Construction criterion of facilities for protected areas of agricultural wild plants

2016-12-23 发布　　2017-04-01 实施

中华人民共和国农业部　发布

目　　次

前　言

本建设标准根据农业部《关于下达2012年农业行业标准制定和修订(农产品质量安全监管)项目资金的通知》(农财发〔2012〕56号)下达的任务,按照《农业工程项目建设标准编制规范》(NY/T 2081—2011)的要求,结合农业行业工程建设发展的需要而编制。

本建设标准共分8章:范围、规范性引用文件、术语和定义、建设条件、建设规划、工程建设内容及规格、主要技术经济指标和附录与附件。

本建设标准由农业部发展计划司负责管理,农业部工程建设服务中心负责具体技术内容的解释。在标准执行过程中如发现有需要修改和补充之处,请将意见和有关资料寄送农业部工程建设服务中心(地址:北京市海淀区学院南路59号,邮政编码:100081),以供修订时参考。

本标准管理部门:农业部发展计划司。

本标准主持单位:农业部工程建设服务中心。

本标准起草单位:中国农业科学院作物科学研究所、农业部规划设计研究院。

本标准主要起草人:杨庆文、刘东生。

农业野生植物自然保护区建设标准

1 范围

本标准规定了农业野生植物自然保护区建设的术语和定义、建设条件、土地规划和工程建设内容及规格。

本标准适用于国家农业野生植物自然保护区建设。

2 规范性引用文件

下列文件对于本文件的应用是必不可少的。凡是注日期的引用文件，仅注日期的版本适用于本文件。凡是不注日期的引用文件，其最新版本(包括所有的修改单)适用于本文件。

GB 50011 建筑抗震设计规范

GB/T 50085 喷灌工程技术规范

GB/T 50485 微灌工程技术规范

NY/T 1668 农业野生植物调查技术规范

NY/T 1669 农业野生植物原生境保护点建设技术规范

NY/T 2216 农业野生植物原生境保护点监测预警技术规程

NYJ/T 07 日光温室建设标准

02S701 砖砌化粪池标准图集

3 术语和定义

NY/T 1669、NY/T 1668 和 NY/T 2216 界定的以及下列术语和定义适用于本文件。

3.1

自然保护区 protected area

对有代表性的自然生态系统、珍稀濒危野生动植物物种的天然集中分布区、有特殊意义的自然遗迹等保护对象所在的陆地、陆地水体或者海域，依法划出一定面积予以特殊保护和管理的区域。

3.2

农业野生植物自然保护区 protected area of agricultural wild plants

为保护珍稀、濒危农业野生植物资源及其自然栖息地而划出界限加以特殊保护的自然地域。

3.3

异位保存 *ex-situ* conservation

在珍稀、濒危野生动植物栖息地以外妥善保存这些野生动植物资源的保护方式。

3.4

农业野生植物异位保存圃 *ex-situ* conservation field for agricultural wild plants

在珍稀、濒危的农业野生植物栖息地以外妥善保护这些农业野生植物资源的人工田间种植园。

4 建设条件

4.1 选址原则

4.1.1 保护区所在地应具有被保护物种生存繁衍典型的生态环境和气候类型。

4.1.2 被保护的农业野生植物濒危状况严重且危害加剧。

4.1.3 保护区远离公路、矿区、工业设施、规模化养殖场、潜在淹没地、滑坡塌方地质区或规划中的建设用地等。

4.2 必备条件

4.2.1 被保护的农业野生植物物种应属于列入重点保护名录的野生植物，数量应不少于3个，实际分布面积不少于33.3 hm^2（约500亩）。

4.2.2 保护区应覆盖被保护的农业野生植物集中分布区域及其周边环境条件相似的自然地理区域，面积不少于133 hm^2（约2 000亩）。

4.2.3 保护区建设单位应具备县级以上（含）人民政府批准建立保护区的文件。

4.2.4 保护区建设单位应具备相应的土地产权或使用权证明。

4.2.5 保护区建设单位应具备相应主管部门批准的保护区建设与发展总体规划。

4.2.6 保护区建设单位应具有明确的管理机构、人员编制和经费来源。

5 建设规划

5.1 核心区

核心区应以被保护的农业野生植物集中分布状况而定，面积应不小于80 hm^2（1 200亩）。核心区内除应具有的科研监测、观察及保护性工程外，不应设置任何其他设施。

5.2 缓冲区

缓冲区应为核心区边界外围50 m～150 m的区域。缓冲区可布设科研、观察、保护等必要的工程设施。

5.3 异位保存圃

需要时，可设异位保存圃。

异位保存圃应设在缓冲区外。异位保存圃的面积应在3 000 m^2～5 000 m^2，用于种植从保护区周边采集的珍稀、濒危农业野生植物资源。异位保存圃内可按物种类别或生长习性划分不同的保存区。

5.4 试验区

需要时，可设试验区。

试验区应设在缓冲区外，主要用于开展必要的科学实验研究。试验区可根据实验目的进行分区。

6 工程建设内容及规格

6.1 田间工程

6.1.1 围栏

核心区、缓冲区、异位保存圃、实验区外围均应设围栏。

6.1.1.1 陆地围栏

应用铁丝网做围栏材料，围栏的立柱应为高2.3 m、宽15 cm方形的钢筋水泥柱，每根立柱中至少有4根直径为Φ12的螺纹钢或普通钢，外加Φ6箍筋，水泥保护层厚度应为1.5 cm～3.0 cm，铁丝网为Φ2.5～Φ3镀锌丝＋Φ2～Φ2.5刺。立柱埋入地下深度不小于50 cm，浇注直径不小于30 cm的混凝土基座，立柱间距为3 m；横向铁丝网间距应不大于20 cm，基部铁丝网距地面应不超过10 cm，顶部铁丝网距立柱顶不超过10 cm，两立柱之间呈交叉状斜拉2条铁丝网。

6.1.1.2 水面围栏

视水面的大小和深度而定，立柱直径应为不小于5 cm的钢管或直径不小于10 cm的木（竹）桩；立柱高度应为最高水位时的水面深度加1.5 m，立柱埋入地下深度应不少于0.5 m。铁丝网设置按6.1.1.1的规定执行，铁丝网高度为最低水位线至立柱顶端。

6.1.1.3 生物围栏

适用时,可利用当地带刺植物种植于围栏外围,用作辅助围栏。用于生物围栏的物种应不属于被保护物种的近缘植物,高度应不超过主围栏。

6.1.2 巡视道路

6.1.2.1 沿缓冲区外围可修建长度应不超过缓冲区围栏、宽度为 1.5 m～1.8 m、沙石路面的巡视道路。

6.1.2.2 适用时,核心区内可修建人行便道,但宽度不超过 1.0 m。

6.1.3 连接道路

适用时,可修建距离保护区最近的公路(含村村通道路)至保护区大门的连接道路。连接道路应为长度不超过 5 km、宽度不超过 3.5 m 的沙石路面。

6.1.4 排灌设施

6.1.4.1 水生或喜湿植物的保护区

可在缓冲区或缓冲区外修建拦水坝、蓄水池和灌溉渠。

6.1.4.2 旱生植物保护区

可在缓冲区或缓冲区外修建排水沟。排水沟宜布置在低洼地带,并尽量利用天然沟渠,根据当地常规降雨强度确定排水沟宽度和深度。

6.1.4.3 异位保存圃和试验区

可安装喷灌或滴灌设施。设计按 GB/T 50085 或 GB/T 50485 的规定执行。

6.1.5 防火带

适用时,可在缓冲区外围修建防火隔离带或生物防火林带。防火带长度应不大于缓冲区围栏,宽度为 15 m～20 m。

6.1.6 日光温室

适用时,可在试验区内建设面积不大于 400 m^2 的日光温室,用于野生植物研究。日光温室的设计与建设按 NYJ/T 07 的规定执行。

6.1.7 隔离网室

适用时,可在试验区内建设面积不大于 667 m^2 的隔离网室。隔离网室水泥立柱高度不超过 4 m,立柱规格按 6.1.1.1 的规定执行。立柱间隔为 3 m,外围立柱间安装网眼为 2 cm×2 cm 的钢丝网,上面覆盖网眼为 2 cm×2 cm 的聚乙烯单丝防鸟网。网室内可进行分隔,隔间安装网眼为 2 cm×2 cm 的钢丝网。

6.2 土建工程

6.2.1 看护房和工作间

6.2.1.1 看护房和工作间应建于缓冲区外或缓冲区内紧靠缓冲区围栏。

6.2.1.2 看护房(含厨房、卫生间等生活设施)和工作间为砖混结构,总建筑面积应不超过 150 m^2。设计按 GB 50011 的规定执行。

6.2.2 瞭望塔

依保护区面积和地形设置 1 个～2 个瞭望塔,瞭望塔应为面积 7 m^2～8 m^2、高度 8 m～10 m 的塔形砖混结构或塔形钢结构。瞭望塔设计和建设按 GB 50011 的规定执行。

6.2.3 标志碑

6.2.3.1 标志碑为 3.5 m×2.4 m×0.2 m 的混凝土预制板碑面,底座为钢混结构,埋入地下深度不低于 0.5 m,高度不低于 0.5 m。

6.2.3.2 标志碑正面应有保护区的全称、面积和被保护的物种名称、责任单位和责任人等标识,标志碑的背面应有保护区的管理细则等内容。

6.2.3.3 标志碑应立于主大门旁。

6.3 其他配套设施

6.3.1 警示牌

警示牌为60 cm×40 cm规格的不锈钢或铝合金板材。一般悬挂于缓冲区围栏上，间隔距离为50 m～100 m。

6.3.2 栅栏门

依保护区面积和地形，核心区和缓冲区可分别设置1个～4个栅栏门。其中，1个为主大门，应位于看护房附近。栅栏门的规格根据需要而定，宽度不超过3 m，但高度应与围栏高度一致。

6.3.3 电力设施

6.3.3.1 从距离保护区最近的输电线路引入至看护房和工作间，适用时，配备变压器或配电室。

6.3.3.2 输电线路距离远、成本高，可建设小型水电、风电或太阳能发电设施。

6.3.4 给排水设施

6.3.4.1 由距离保护区最近的村落引入自来水至看护房和工作间，适用时，可建饮用水蓄水池。

6.3.4.2 引入自来水距离远、成本高，可打机井和配制抽水泵，或引入山涧泉水。

6.3.4.3 建设生活污水排放系统、人畜粪便简易处理设施，设计按02S701的规定执行。

6.4 仪器设备

6.4.1 调查与监测设备

保护区应配备调查监测的基本设备，包括GPS仪、测距仪、枝剪、卷尺、采集桶、标本夹、自动气象仪、双筒望远镜、高倍望远镜、照相机、摄像机和便携式土壤测定仪。

6.4.2 实验设备

保护区实验室应配备基本实验设备，包括显微镜、解剖镜、分析天平、电子秤、冰箱、烘干箱、离心机、分光光度仪、pH计、标本架、消毒柜、实验台和实验柜。

6.4.3 办公和宣教设备

保护区应配备基本的办公设备，包括计算机(含笔记本电脑)、打印机、复印机、扫描仪、绘图仪、网络设备、网络服务器、投影仪、档案柜和办公桌椅。

6.4.4 巡护和防火设备

保护区应配备基本巡护防火设备，包括摩托车(或摩托艇)、灭火机、灭火器、消防栓、油锯机和夜视仪。

6.4.5 其他辅助设备

保护区应配备基本的辅助设备，包括喷雾机、喷雾器、割草机、电锯、小型农机具、小推车、太阳能热水器和厨卫设备。

7 主要经济技术指标

7.1 项目建设主要材料消耗量指标

7.1.1 陆地围栏

见表1。

表1 陆地围栏建设主要材料消耗量指标

项目	规格	单位	数量	备注
混凝土	C25	m^3/m围栏长	0.035	
钢筋	Φ12螺纹钢	m/m围栏长	4	
钢筋	Φ6圆钢	m/m围栏长	3	间距0.2 m
铁丝网	Φ2.5～Φ3镀锌丝+Φ2～Φ2.5刺	m/m围栏长	15	间距0.2 m

7.1.2 水面围栏

见表2。

表2 水面围栏建设主要材料消耗量指标

项目	规格	单位	数量	备注
立柱	直径应为不小于5 cm的钢管或直径不小于10 cm的木(竹)桩	m/m围栏长	2	以最高水位3 m,最低水位1.5 m为例
铁丝网	Φ2.5～Φ3镀锌丝+Φ2～Φ2.5刺	m/m围栏长	17	

7.1.3 巡视道路

见表3。

表3 巡视道路建设主要材料消耗量指标

项目	规格	单位	数量	备注
沙石	粒径小于4 cm	m^3/m道路长	0.42	宽1.8 m,厚15 cm沙石

7.1.4 连接道路

见表4。

表4 连接道路建设主要材料消耗指标

项目	规格	单位	数量	备注
沙石	粒径小于4 cm	m^3/m道路长	0.77	宽3.5 m,厚20 cm沙石

7.1.5 日光温室

见表5。

表5 日光温室建设主要材料消耗指标

项目	规格	单位	数量	备注
砖块	页岩砖	块/m^2室内面积	140～160	以240 mm墙厚
水泥	425#	kg/m^2室内面积	18～20	
钢材		kg/m^2室内面积	6～9	
墙体及基础保温材料	聚苯板、珍珠岩或炉渣	m^3/m^2室内面积	0.06～0.10	
屋顶采光覆盖材料	塑料薄膜	m^2/m^2室内面积	1.20～1.35	
屋面外保温覆盖材料	草帘保温被	m^3/m^2室内面积	1.25～1.40	

7.1.6 隔离网室

见表6。

表6 隔离网室建设主要材料消耗指标

项目	规格	单位	数量	备注
混凝土	C25	m^3/m^2室内面积	0.16	
钢筋	Φ12螺纹钢	m/m^2室内面积	2.2	
钢筋	Φ6圆钢	m/m^2室内面积	1.6	
边网	2 cm×2 cm的钢丝网	m^3/m^2室内面积	0.6	
顶网	2 cm×2 cm的聚乙烯单丝防鸟网	m^2/m^2室内面积	1.05	

7.1.7 看护房工作间

见表7。

表 7　看护房工作间建设主要材料消耗指标

项目	规格	单位	数量	备注
地基混凝土	C20	m^3/m^2 室内面积	0.17	
砖块	页岩砖	块/m^2 室内面积	420	以 240 mm 墙厚
屋顶混凝土	C25	m^3/m^2 室内面积	0.2	
钢筋	Φ10 圆钢	kg/m^2 室内面积	12	屋顶双层双向配筋

7.2　项目建设主要设备、仪器指标

见表 8。

表 8　项目建设主要设备、仪器指标

仪器设备名称	单位	控制数量	控制单价,元	主要技术指标	备注
GPS 仪	台	2	3 000	定位精度 5 m～10 m	
小型气象观测站	台	1	80 000	空气温度、空气湿度、土壤温度、土壤湿度、光照、蒸发量、降水量、风速、风向显示、屏幕显示、自动打印,单机累计存储一年与计算机连接数据信息资源网络共享 PC 电脑带数据线 100 m,太阳能电源＋笔记本电脑	
望远镜	部	2	1 000	放大倍率:12 倍～60 倍,物镜直径:70 mm,双筒	
数码摄像机	部	1	10 000	光学变焦:10 倍,存储容量:240 GB,最大像素:663 万,存储类型:硬盘式/闪存式	
数码相机	部	1	8 000	有效像素 1 000 万以上,高清,单反	
便携式土壤测定仪	台	1	13 000	实时记录土壤温度、土壤水分、大气温度、大气湿度、露点	备选
摄影生物显微镜	台	1	13 000	三目,倒置,总放大倍数 1 250 倍	备选
超低温冰箱	台	1	80 000	最低温度－80℃	备选
普通冰箱	台	2	4 000	最低温度－20℃	
超净工作台	台	1	7 000		备选
分析天平	台	2	4 500	0.1 mg	
烘干箱	台	1	3 800	温度范围:室温＋5～45℃;容积:300 L	
离心机	台	1	7 300	转速:4 000 r/min	
分光光度仪	台	1	1 300	波长范围:350 nm～1 000 nm	备选
计算机(含笔记本)	台	2	6 000	CPU:i5 及以上。硬盘:250 G 以上。内存:2 G 及以上,显卡:独显,512 M 及以上,显示器:LCD 19 寸及以上	
投影仪	套	1	20 000		
打印、复印、扫描一体机	台	1	6 000		
管护工具车	辆	1	80 000		
对讲机	部	4	1 000	产品类别:手台,频率范围:450 MHz～470 MHz	
风力灭火机	台	10	2 000	背负式,最大功率:4.5 kW/7 500 r/min	

7.3　项目建设工期

18 个月～24 个月。

8　附录及附件

8.1　被保护物种名称、数量、分布、面积、区域、位置图及地形图。

8.2　县级以上人民政府批准建设自然保护区的文件。

8.3　保护区建设单位土地产权证书或使用权证书。

8.4 保护区建设单位经上级主管部门批准的建设与发展总体规划。

8.5 保护区建设单位经上级主管部门批准的机构、人员和经费来源等。

ICS 65.040
P 35

中华人民共和国农业行业标准

NY/T 3070—2016

大豆良种繁育基地建设标准

Construction criterion for soybean seed producing bases

2016-12-23 发布 2017-04-01 实施

中华人民共和国农业部 发布

目　　次

附录 E(规范性附录) 主要工程建设规模一览表
附录 F(资料性附录) 田间工程项目投资估算指标一览表

前　言

根据建设部、国家发展和改革委员会《关于印发〈工程项目建设标准编制程序规定〉和〈工程项目建设标准编写规定〉的通知》(建标〔2007〕144号)和农业部《农业工程项目建设标准编制规范》(NY/T 2081—2011)的要求，结合农业行业工程建设实际情况和我国大豆种业发展的需要，制定本标准。

本标准共12章，主要内容包括范围、规范性引用文件、术语和定义、一般规定、建设规模与项目构成、选址与建设条件、工艺(农艺)与设备、功能分区与总体布局、田间工程、建筑工程及配套设施、环境保护与节能节水以及主要技术经济指标。

本标准由农业部发展计划司负责管理，农业部规划设计研究院负责具体技术内容的解释。在标准执行过程中如发现有需要修改和补充之处，请将意见和有关资料寄送农业部规划设计研究院(地址：北京市朝阳区麦子店街41号，邮政编码：100125)。

主编单位：农业部规划设计研究院。

参编单位：山东圣丰种业科技有限公司、中国农业科学院作物科学研究所、南京农业大学农业部大豆生物学与遗传育种重点实验室、河南省农业科学院经济作物研究所、黑龙江省农业科学院大豆研究所、黑龙江农垦勘测设计院。

主要起草人：李欣、李树君、赵跃龙、陈海军、何进、吴存祥、赵晋铭、卢为国、刘丽君、何艳秋、李海朝、崔永伟、李向岭、余铭。

大豆良种繁育基地建设标准

1 范围

1.1 本标准规定了大豆良种繁育基地的建设规模与项目构成、工艺(农艺)与设备、功能分区与总体布局、田间工程与农业建筑工程、环保与节能等方面的内容和要求。

1.2 本标准是开展大豆良种繁育基地建设工程项目规划、项目建议书、可行性研究、初步设计等前期工作的依据,也是项目建设管理、监督检查和竣工验收的依据。

2 规范性引用文件

下列文件对于本文件的应用是必不可少的。凡是注日期的引用文件,仅注日期的版本适用于本文件。凡是不注日期的引用文件,其最新版本(包括所有的修改单)适用于本文件。

GB/T 3543 农作物种子检验规程

GB 4404.2 粮食作物种子 第2部分:豆类

GB 5084 农田灌溉水质标准

GB 15618 土壤环境质量标准

GB/T 20203 农田低压管道输水灌溉工程技术规范

GB/T 21158 种子加工成套设备

GB/T 30600 高标准农田建设通则

GB 50011 建筑抗震设计规范

GB 50016 建筑设计防火规范

GB/T 50085 喷灌工程技术规范

GB 50288 灌溉与排水工程设计规范

GB/T 50363 节水灌溉工程技术规范

GB/T 50485 微灌工程技术规范

GB/T 50600 渠道防渗工程技术规范

NY/T 1716 农业建设项目投资估算内容与方法

NY/T 2148 高标准农田建设标准

NYJ/T 08 种子贮藏库建设标准

SL 482 灌溉与排水渠系建筑物设计规范

3 术语和定义

下列术语和定义适用于本文件。

3.1

大豆良种繁育基地 soybean seed producing bases

具备完善的标准化生产体系、质量控制体系,能够确保生产合格的大豆种子的基地。

3.2

大豆 soybean

大豆 *Glycine max* (L.) Merr,属豆科,一年生草本植物。

3.3

原种 basic seed

用育种家种子繁殖的第一代至第三代或按原种生产技术规程生产的达到原种质量标准的种子。

3.4

良种 quality seed

用常规种原种繁殖的第一代至第三代或杂交种达到良种质量标准、供大田生产的种子。

3.5

大豆良种种植区划分 division of the soybean seed producing area

根据我国不同地区的气候特点、种植制度及播种季节，将大豆良种种植划分为3个区域，东北春大豆区、黄淮海夏大豆区和南方多作大豆区。

4 一般规定

4.1 符合国家土地、农业、水利、环保等部门的有关规定。

4.2 适应当地的资源条件及投资水平。

4.3 满足建设场地所需的自然条件及技术要求。

4.4 统筹规划，节约用地。

5 建设规模与项目构成

5.1 建设规模

5.1.1 大豆良种繁育基地的建设规模由大豆制种田规模和加工厂生产规模共同确定，共分为3类，详见表1。

表1 大豆良种繁育基地建设规模分类

类 别	Ⅰ类	Ⅱ类	Ⅲ类
大豆制种田规模，hm^2	1 001～2 500	501～1 000	300～500
加工规模，t/a	2 250～5 625	1 125～2 249	675～1 124
注：加工规模(t/a)为每年的加工能力。			

5.2 项目构成

5.2.1 大豆良种繁育基地建设项目由生产设施、辅助生产设施、配套设施和管理及生活设施构成。

5.2.2 生产设施包括田间生产设施和加工设施。其中，田间生产设施包括大豆制种田、田间道路、田间灌排设施、农田防护林网及农业机械；加工设施包括种子加工所需生产用房及生产设备。

5.2.3 辅助生产设施包括晒场、计量室、检验检测室、种子仓库、农机具库以及储藏和检验检测所需各类仪器设备。

5.2.4 配套设施包括供配电、给排水、消防、供热、通信、场区道路、围墙及大门。

5.2.5 管理及生活设施包括管理用房、员工食堂和宿舍等。

6 选址与建设条件

6.1 选址原则

6.1.1 应符合国家大豆优势制种区域规划布局的相关规定。

6.1.2 应符合国家和地方土地利用、城乡规划、环境保护及资源节约的相关法律、法规，因地制宜、合理布局、提高土地利用率。

6.1.3 项目选址决策前应进行科学论证，多方案比选。

6.2 制种田选址与建设条件

6.2.1 地势平缓,积温充足。

6.2.2 土层深厚,地力均匀,土壤肥力中等以上,土质质量应符合 GB 15618 的有关规定,田块集中连片。

6.2.3 交通便利,灌溉、排水条件好,水资源充足、水质符合 GB 5084 的有关规定;农技服务体系比较完善。

6.2.4 宜避开自然灾害频发及污染严重的地区。

6.3 种子加工厂选址与建设条件

6.3.1 交通便利,水、电、通信等基础设施供应可靠。

6.3.2 场地工程及水文地质条件良好,且不受洪涝等自然灾害威胁。

6.3.3 场地防洪标准不应低于 50 年一遇。

6.3.4 与制种田的运输距离宜控制在 50 km 以内。

7 工艺(农艺)与设备

7.1 制种田农艺与农机具配置

7.1.1 农艺技术

7.1.1.1 种植流程:播前准备(选地、整地、底肥、种子处理)—播种—田间管理(中耕、除草、化控、追肥、病虫防治)—收获。

7.1.1.2 应根据不同品种确定最适宜的播期和密度,不同品种间设置 3 m~5 m 防混杂带。

7.1.2 农机具配置

7.1.2.1 大豆制种按耕整地、播种、灌溉、施肥、植保和收获 6 个阶段配置农机具,全过程所需主要农机具详见附录 A。

7.1.2.2 农机作业水平由机耕率、机播(栽植)率和机收率 3 项指标决定。机耕率应为 100%;东北、黄淮海地区的机播率≥95%(机播的漏播率≤5%)、机收率≥95%;南方地区的机播率≥85%(机播的漏播率≤15%),机收率≥85%。

7.1.2.3 农机作业指标应满足以下要求:

a) 耕翻作深度≥25 cm;

b) 耕整地表平整度≤±5 cm;

c) 收获破碎率≤1.5%。

7.2 种子加工工艺与设备

7.2.1 种子加工工艺

7.2.1.1 预清工艺流程如下:

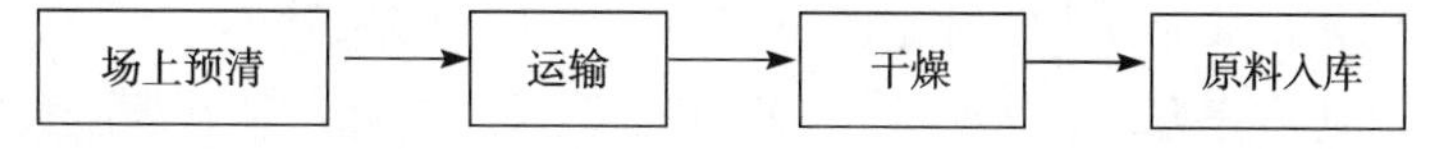

注:此阶段指田间收获到加工生产车间前应完成的过程,需要在田间配置相应规模的晒场及农机具库(棚)等。

7.2.1.2 加工工艺流程如下:

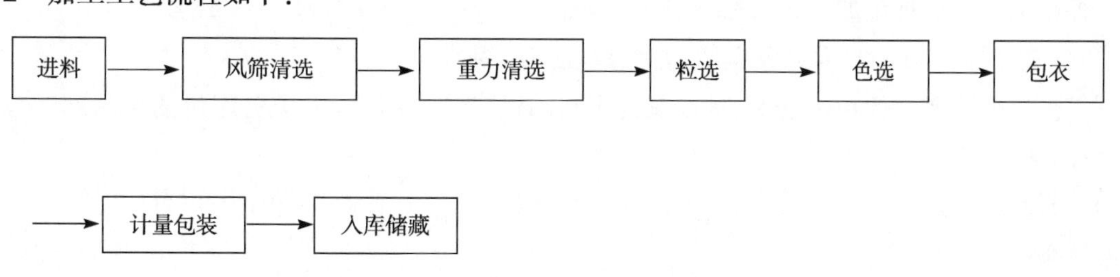

7.2.2 **种子质量评价指标**

7.2.2.1 加工后大豆原种应满足纯度不低于99.9%,净度不低于99.0%,发芽率不低于85.0%,水分不高于12.0%(长城以北和高寒地区的大豆种子水分允许高于12.0%,但不能高于13.5%)的质量要求。

7.2.2.2 加工后大豆良种应满足纯度不低于98.0%,净度不低于99.0%,发芽率不低于85.0%,水分不高于12.0%(长城以北和高寒地区的大豆种子水分允许高于12.0%,但不能高于13.5%)的质量要求。

7.2.3 **种子加工及设备配置**

7.2.3.1 根据当地实际及种子本身的特征特性,选配破损率低、损失率低、性能可靠的专用收获与脱粒机械。

7.2.3.2 宜采用全程机械化和重点工序自动化、智能化作业的种子加工成套设备,设备加工能力应与基地种子生产规模相匹配。

7.2.3.3 大豆种子加工成套设备技术指标应符合GB/T 21158的相关要求。

7.2.3.4 大豆种子预清阶段主要设备配置详见附录B。

7.2.3.5 大豆种子加工主要设备配置详见附录C。

7.2.4 **种子储藏**

7.2.4.1 储藏规模应与基地生产量及加工能力相匹配。

7.2.4.2 常温库内宜配备机械降温和除湿设备,以及移动式或固定式输送、电子控温、控湿、机械通风、熏蒸等设备及防虫、防鼠设施。

7.2.4.3 恒温库内温度控制指标为$T<15℃$,相对湿度控制指标为RH<65%。

7.2.5 **种子包装**

7.2.5.1 根据种植品种和播种规模选择适宜的包装袋,每袋种子重量宜为3 kg~25 kg。

7.2.6 **种子检验**

7.2.6.1 种子检验可分为扦样、室内检验和田间检验。室内检验包括净度分析、发芽试验、水分测定、真实性测定、品种纯度测定、转基因成分测定及种子健康测定。田间检验包括品种真实性检验和品种纯度鉴定两方面。

7.2.6.2 种子检验执行GB/T 3543中的相关规定。

7.2.6.3 种子检验主要仪器设备配置详见附录D。

8 功能分区与总体布局

8.1 功能分区

8.1.1 根据用地性质不同,基地分为制种生产田和种子加工厂两大类。

8.1.2 按照功能要求,基地分为种子生产区、种子加工区、种子仓储区和管理服务区四大部分。

8.1.3 种子生产区由制种田和相应的灌排设施、田间道路及晒场等组成。

8.1.4 种子加工厂由种子加工区、种子仓储区和管理服务区三部分组成。

8.1.4.1 种子加工区由种子加工车间、生产辅助性用房组成。

8.1.4.2 种子仓储区包括种子仓库、晒场及其之间的运输道路组成;种子仓库包括常温库、恒温库、辅料库和成品库。

8.1.4.3 管理服务区包括基地管理、种子检验检测、信息化及生活服务类用房和厂区道路等。

8.2 总体布局

8.2.1 制种田应满足大豆良种种植生产的各项要求，并结合田、水、路、林、村因地制宜，综合考虑。

8.2.2 种子加工厂应遵循节约用地、有利生产、方便管理的原则合理布局，各功能区之间既相互联系又相对独立，同一功能区内的建(构)筑物应相对集中布置。

9 田间工程

9.1 土地平整

9.1.1 田块布局应根据地形、降雨、大豆种植特点、灌水方式，并综合考虑土地权属等情况。

9.1.2 田块应相对集中，便于机械化管理。

9.1.3 田面平整度应满足田间管理、机械耕作的要求。

9.1.4 田块长度和宽度应根据地形地貌、机械作业效率、灌排效率、防止风害等因素确定。

9.1.5 田坎修筑、土体及耕作层各项指标应符合 GB/T 30600 和 NY/T 2148 的有关规定。

9.2 土壤培肥

9.2.1 大豆制种田应根据目标产量确定适宜的施肥量，测土配方覆盖率应达到 100%，并应保持土壤养分平衡。

9.2.2 东北春大豆区宜多施有机肥，结合整地施入；增施钾肥，适当补充镁肥及锌、硫等中微量元素，并应做到精确调整排肥量及均匀度。黄淮海夏大豆区宜多施有机肥，结合小麦播前整地施入。南方多作大豆区宜根据不同种植制度确定周年施肥方式。

9.3 灌溉与排水

9.3.1 大豆制种田应具备良好的灌溉及排水条件，灌、排设施应配套齐全。

9.3.2 灌溉设计保证率应符合表 2 的规定，灌溉水利用系数应符合 GB/T 50363 的有关规定。

表 2 灌溉设计保证率

灌水方法	地 区	灌溉设计保证率，%
地面灌溉	干旱地区或水资源紧缺地区	50～75
	半干旱、半湿润地区或水资源不稳定地区	70～80
	湿润地区或水资源丰富地区	75～85
喷灌　微灌	各类地区	85～95

9.3.3 渠系建筑物应配套完整，满足灌溉与排水系统要求，使用年限应与灌排系统总体工程相一致。

9.3.4 斗渠和农渠应根据防渗和节水要求进行衬砌，并满足 GB/T 50600 的相关规定。

9.3.5 喷灌、微灌区固定输水管道的埋深应在冻土层以下，且不小于 0.6 m。

9.3.6 排水设计暴雨重现期宜采用 5 年～10 年一遇，并保证 1 d～3 d 暴雨从作物受淹起 1 d～3 d 内排至田面无积水。

9.3.7 大豆制种田灌溉与排水工程除应符合本标准规定外，还应执行 GB 50288、GB/T 50085、GB/T 50485、GB/T 20203、SL482 以及 NY/T 2148 的相关规定。

9.4 田间道路

9.4.1 田间道路建设应能满足机械化作业、农产品和农用物资运输及生产人员通行要求。

9.4.2 平原区机耕路通达度宜为 100%，丘陵区宜为 90%。

9.4.3 机耕路面宽宜为 4 m～7 m，生产路面宽宜为 1 m～3 m。

9.4.4 机耕路和生产路建设应符合 GB/T 30600 和 NY/T 2148 的规定。

9.5 农田输配电

9.5.1 大豆制种田应配置田间输配电设施。

9.5.2 高压输电宜采用10 kV供电线路，低压配电宜采用380 V/220 V供电线路。

9.5.3 变配电装置应采用适合的变台、变压器和配电箱(屏)等装置。

9.6 农田信息化

9.6.1 大豆制种田宜配置土壤肥力、墒情和虫情等监测设施及现代化物联网监控设施，满足农田信息化管理要求。

9.7 农田防护林网

9.7.1 为了防止风灾、干旱等自然灾害对农田作物的影响，大豆制种田应根据当地主导风向，结合道路及田间沟渠分布，布置相应的农田防护林网。

10 建筑工程及配套设施

10.1 建筑工程建设要求

10.1.1 基地各类建筑应满足生产、储藏、检测和管理等要求，做到方便生产、经济合理、安全适用；建设标准应根据建设用途和建设地区条件合理确定。

10.1.2 建筑工程包括制种田间变配电用房、灌排设施用房、田间晒场、农机具库(棚)等，加工厂内加工车间、晒场、种子储藏库、种子检验检测室、管理生活用房及水、电、热等配套设施用房。

10.1.3 种子加工车间、农机具库宜采用单层轻钢结构建筑。

10.1.4 检验检测、管理生活类用房以及水、电、热等配套设施用房宜采用砖混结构建筑。

10.1.5 种子储藏库(常温和低温)设计应执行NYJ/T 08的相关规定。

10.1.6 各类建筑防火设计应执行GB 50016的相关规定。各类生产性用房及辅助生产性用房(除农机具库)的耐火等级不应低于二级。

10.1.7 农机具库的耐火等级不宜低于三级。

10.1.8 主要建筑物的结构设计使用年限应达到25年及以上。

10.1.9 各类建筑抗震标准应执行GB 50011的相关规定。主要建筑物的抗震设防类别应为丙类及以上。

10.1.10 晒场设计应满足运输机械荷载承重要求和排水要求。

10.2 配套设施建设要求

10.2.1 配套设施包括道路、给水、排水、消防、供热、通风、供配电、网络及通信等，并应与主体工程相配套，力求达到高效、节能、低噪声、少污染。

10.2.2 加工区道路应与外界保持便利通畅的联系，满足场内运输及工艺流程要求。

10.2.3 道路路面结构宜采用混凝土或沥青路面；路面宽度单车道应为3 m～3.5 m，双车道应为6 m～7 m。

10.2.4 加工区应具有可靠的供水水源和完善的供水设施。

10.2.5 加工区内排水系统应采用雨污分流制，并应以管道或暗沟方式进行排放。

10.2.6 加工区应设消防给水系统，并保证消防水源安全供给。

10.2.7 加工车间内应根据种子加工规模、建筑类型配备相应级别的消防系统。

10.2.8 根据种子加工工艺要求配备相应的供热设施；在寒冷地区还要考虑办公管理及生活类用房的冬季采暖，供热系统的设置应执行所在地区相关规范。

10.2.9 加工区应采用当地电网供电，电力负荷等级应不低于三级。

10.2.10 加工区通讯设施应与当地电信网设施相匹配，配备相应的电话、电视、监控及无限网络系统。

10.3 主要建筑工程建设规模指标

基地内主要建(构)筑物工程建设规模见附录E。

11 环境保护与节能节水

11.1 环境保护

基地建设应执行国家环境保护方面的相关规定。

11.2 节能节水

基地建设应执行国家节能节水方面的相关规定。

12 主要技术经济指标

12.1 根据基地建(构)筑物工程建设规模、生产方式等相关条件,确定基地总建设用地及各类设施建设面积,应符合表3的规定。

表3 基地建设用地及各类建设工程建筑面积指标表

项目名称	基地规模		
	Ⅰ类	Ⅱ类	Ⅲ类
	1 001 hm^2～2 500 hm^2	501 hm^2～1 000 hm^2	300 hm^2～500 hm^2
基地建筑用地总面积,hm^2	3.00～7.00	2.20～5.00	1.20～2.50
总建筑面积,m^2	7 740～16 100	4 360～7 740	2 900～4 360
其中:加工用房总建筑面积,m^2	1 200～2 000	800～1 200	700～800
辅助及配套设施用房总建筑面积,m^2	6 140～13 340	3 380～6 120	2 040～3 300
管理及服务用房总建筑面积,m^2	520～880	240～470	146～240
晒场总面积,m^2	8 000～16 000	4 000～8 000	2 000～4 000
注:晒场不全是建在加工区内,Ⅰ、Ⅱ、Ⅲ类基地加工区外需建晒场的要求详见7.2.1.1;Ⅰ、Ⅱ、Ⅲ类基地需建晒场个数参见附录E。			

12.2 基地生产、辅助生产、配套、管理及服务设施土建工程投资应符合表4的规定,基地加工设备、检验检测仪器及农机具投资应符合表4的规定。

表4 基地土建工程建设投资表

单位为万元

项目名称	基地规模			备 注
	Ⅰ类	Ⅱ类	Ⅲ类	
	1 001 hm^2～2 500 hm^2	501 hm^2～1 000 hm^2	300 hm^2～500 hm^2	
田间工程投资	2 250～9 375	1 125～3 750	675～2 250	Ⅰ类和Ⅱ类每亩投资1 500～2 500元;Ⅲ类每亩投资1 500～3 000元
加工车间投资	120～360	80～240	70～130	
辅助设施工程投资	760～1 800	450～1 100	270～370	包括各类仓储库、检验检测室、农机具库和晒场
配套设施工程投资	70～100	90～110	60～80	包括水、暖、电各类用房及场区道路
管理及服务设施工程投资	90～180	45～90	25～50	包括办公用房、职工宿舍、食堂、门卫用房
加工设备投资	130～300	65～130	50～65	
检验检测仪器投资	20～30	10～20	10	
农机具投资	450～900	220～450	90～220	
工程建设总投资	3 890～13 045	2 085～5 890	1 250～3 175	
注:田间各单项工程投资估算指标参见附录F。				

12.3 基地建设各类费用的投资估算应符合表5的规定。

表5 基地建设投资估算构成表

项目名称	基地规模		
	Ⅰ类	Ⅱ类	Ⅲ类
	1 001 hm^2～2 500 hm^2	501 hm^2～1 000 hm^2	300 hm^2～500 hm^2
项目总投资,万元	4 200～14 100	2 250～6 500	1 350～3 500
田间工程费,%	55～65	50～57	50～64
加工生产设施土建工程费,%	2.6～2.8	3.5～3.8	3.7～5.0
辅助生产设施土建工程费,%	13～18	17～20	16～20
配套设施土建工程费,%	0.7～1.5	1.7～3.3	2.2～4.0
管理及服务土建工程费,%	1.2～1.6	1.4～2.0	1.4～2.0
加工及检测检验设备购置及安装费,%	2.2～3.0	2.4～3.5	2.5～3.6
农机具费,%	6.5～10.0	6.5～10.0	6.5～10.0
工程建设其他费,%	5.0～7.0	5.0～7.0	5.0～7.0
基本预备费,%	3.0～5.0	3.0～5.0	3.0～5.0

附 录 A
(规范性附录)
大豆田间农机具配置表

大豆田间农机具配置情况见表 A. 1。

表 A. 1 大豆田间农机具配置表

序号	设备名称	单位	用途
1	拖拉机(150 HP)	台	动力输出
2	拖拉机(200 HP)	台	动力输出
3	联合整地机	套	翻整土地
4	精量播种机(6 行~8 行)	台	播种
5	精量播种机(12 行)	台	播种
6	中耕机(6 行~8 行)	台	翻耕土地
7	中耕机(12 行)	台	翻耕土地
8	喷药机	台	喷洒农药
9	施肥机	台	撒施化肥
10	喷灌设备	套	浇水
11	大豆联合收获机	台	种子收获

附　录　B
（规范性附录）
大豆种子收获后预清阶段设备配置表

大豆种子收获后预清阶段设备配置情况见表B.1。

表B.1　大豆种子收获后预清阶段设备配置表

序号	设备名称	单位	用途	备注
1	种子预清机	台	种子原料清理	
2	皮带输送机	台	原料输送	
3	斗式输送机	台	原料输送	
4	种子原料储仓	台	高水分原料暂储	
5	种子干燥机	台	种子脱水	
6	种子储仓	台	原料暂储	
7	计量包装机	台	原料包装	
8	电控系统	套	设备控制	
9	输种系统	套	物料接口及溜管	
10	辅助系统	套	平台、支架等	

附　录　C
（规范性附录）
大豆种子加工设备配置表

大豆种子加工设备配置情况见表C.1。

表C.1　大豆种子加工设备配置表

序号	设备名称	单位	用途
1	进料斗	台	原料暂储
2	给料装置	台	原料均匀给料
3	斗式输送机	台	种子输送
4	风筛清选机	台	清除种子中灰尘、大小杂质
5	重力式分选机	台	清除虫蛀霉变粒和石子等
6	色选机	台	清除与种子本身有差异的杂粒
7	带式分选机或螺旋分选机	台	清除破损粒及半粒
8	种子包衣机	台	实施种子包衣
9	计量包装机	台	种子计量包装
10	电控系统	套	成套设备控制
11	除杂系统	套	杂质收集
12	系统除尘系统	套	防止灰尘外溢
13	风筛清选除尘系统	套	风筛选风源与除尘
14	重力分选除尘系统	套	重力分选除尘
15	储料斗	台	对处于各种状态的种子暂储
16	平台	套	方便设备安装与维护
17	支架	套	支撑单台设备或部件
18	输种系统	套	物料接口及溜管

附 录 D
（规范性附录）
检验检测主要仪器设备配置表

检验检测主要仪器设备配置表见表D.1。

表D.1 检验检测主要仪器设备配置表

序号	仪器名称	用途
1	显微镜	种子净度分析
2	电子数粒仪	数种
3	电子天平	样品称重
4	人工气候箱	发芽试验
5	低温储藏箱	样品储藏
6	干燥箱	种子样品干燥
7	水分测定仪	水分测定
8	高压灭菌器	高压灭菌
9	冷冻离心机	DNA提取
10	分光光度计	DNA质量检测
11	PCR仪	基因扩增
12	电泳仪	凝胶电泳
13	数显电导仪	活力测定
14	分样器	分样
15	净度工作台	净度检验
16	电动筛选器	净度检验

附 录 E
(规范性附录)
主要工程建设规模一览表

主要工程建设规模一览表见表 E. 1。

表 E. 1 主要工程建设规模一览表

序号	建设内容	单位	基地建设规模			备注
			Ⅰ类 1 001 hm^2～2 500 hm^2	Ⅱ类 500 hm^2～1 000 hm^2	Ⅲ类 300 hm^2～500 hm^2	
1	加工生产设施	m^2				
1. 1	加工车间	m^2	1 200～2 000	800～1 200	700～800	
2	储藏设施					
2. 1	常温库原料库	m^2	3 000～7 500	1 500～3 000	800～1 500	
2. 2	恒温库	m^2	150～300	80～150	50～80	T<15℃，RH<65％
2. 3	辅料库	m^2	150～300	80～150	50～80	
2. 4	成品库	m^2	1 800～3 500	1 000～1 800	700～1 000	
3	辅助及配套设施					
3. 1	检验检测室	m^2	200～300	200	200	
3. 2	农机具库(棚)	m^2	600～1 200	300～600	150～300	农机具棚应与田间晒场结合建设
3. 3	晒场	m^2	8 000～16 000	4 000～8 000	2 000～4 000	Ⅰ类基地至少设 4 处 Ⅱ类基地至少设 2 处
3. 4	锅炉房	m^2	200	180	50～100	冬季寒冷地区配置
3. 5	加工区水泵房	座	1	1	1	
3. 6	配电(箱)室	座	1	1	1	
3. 7	场区道路	m^2	500～1 000	300～500	⩾200	
4	管理及生活设施					
4. 1	办公用房	m^2	150～300	80～150	50～80	
4. 2	职工宿舍	m^2	200～400	100～200	60～100	
4. 3	食堂	m^2	100～150	50～100	30～50	
4. 4	门卫用房	m^2	20～30	10～20	6～10	

附 录 F
（资料性附录）
田间工程项目投资估算指标一览表

田间工程项目投资估算指标见表 F.1。

表 F.1 田间工程项目投资估算指标一览表

序号	工程名称	计量单位	估算指标，元
1	土地平整		
1.1	土地平整	hm^2	2 000～4 000
1.2	耕作层改造	hm^2	3 000～5 000
1.3	田坎（埂）	m	30～150
2	土壤培肥	hm^2	2 000～3 000
3	灌溉工程		
3.1	蓄水池	m^3	250～450
3.2	机井	眼	30 000～100 000
3.3	泵站	kW	15 000～20 000
3.4	灌溉水渠	m	60～250
3.5	管道灌溉	hm^2	9 000～12 000
3.6	喷灌	hm^2	25 000～33 000
3.7	微灌	hm^2	30 000～45 000
4	排水工程		
4.1	防洪沟	m	180～300
4.2	田间排水沟	m	100～250
4.3	暗管排水	m	200～350
5	农用输配电		
5.1	高压线	m	150～250
5.2	低压线	m	70～120
5.3	变配电	座（台）	20 000～60 000
6	道路		
6.1	沙石路	m^2	30～50
6.2	混凝土（沥青混凝土）道路	m^2	100～180
7	防护林网		
7.1	防护林	株	4～6

第四部分

土壤肥料标准

ICS 65.080
B 05

中华人民共和国农业行业标准

NY/T 886—2016
代替 NY 886—2010

农林保水剂

Agro-forestry absorbent polymer

2016-12-23 发布 2017-04-01 实施

中华人民共和国农业部 发布

前　言

本标准按照GB/T 1.1—2009给出的规则起草。

本标准代替NY 886—2010《农林保水剂》。与NY 886—2010相比，除编辑性修改外，主要技术变化如下：

——修改标准为推荐性标准；

——规范性引用文件HG/T 3696代替HG/T 2843，增加NY 1980等；

——增加了土壤调理剂等术语和定义；

——增加吸水倍数指标范围要求；

——修改限量指标要求，增加毒性试验要求和原料可降解要求；

——附录A中增加吸水（盐水）倍数不同实验室的允许差。

本标准由中华人民共和国农业部提出并归口。

本标准起草单位：中国农业科学院农业资源与农业区划研究所、中国农学会、中国植物营养与肥料学会、土壤肥料产业联盟。

本标准主要起草人：刘红芳、王旭、范洪黎、刘蜜、崔勇、韩岩松。

本标准的历次版本发布情况为：

——NY 886—2004、NY 886—2010。

农林保水剂

1 范围

本标准规定了农林保水剂产品的技术要求、试验方法、检验规则、标识、包装、运输和储存要求。

本标准适用于中华人民共和国境内生产、销售、使用的农林保水剂。产品是以合成聚合型、淀粉接枝聚合型、纤维素接枝聚合型等吸水性树脂聚合物为主要原料加工而成的土壤调理剂，用于农林业土壤保水、种子包衣、苗木移栽或肥料添加剂等。

2 规范性引用文件

下列文件对于本文件的应用是必不可少的。凡是注日期的引用文件，仅注日期的版本适用于本文件。凡是不注日期的引用文件，其最新版本（包括所有的修改单）适用于本文件。

GB 190 危险货物包装标志

GB/T 191 包装储运图示标志

GB/T 6679 固体化工产品采样通则

GB/T 8170 数值修约规则与极限数值的表示和判定

GB 8569 固体化学肥料包装

HG/T 3696 无机化工产品 化学分析用标准溶液、制剂及制品的制备

JJF 1070 定量包装商品净含量计量检验规则

NY/T 1978 肥料 汞、砷、镉、铅、铬含量的测定

NY 1979 肥料和土壤调理剂 标签和标明值判定要求

NY 1980 肥料和土壤调理剂 急性经口毒性试验及评价要求

NY/T 3036 肥料和土壤调理剂 水分含量、粒度、细度的测定

国家质量技术监督局令第4号 产品质量仲裁检验和产品质量鉴定管理办法

3 术语和定义

下列术语和定义适用于本文件。

3.1

土壤调理剂 soil amendments/soil conditioners

指加入障碍土壤中以改善土壤物理、化学和/或生物性状的物料，适用于改良土壤结构、降低土壤盐碱危害、调节土壤酸碱度、改善土壤水分状况或修复污染土壤等。

3.1.1

农林保水剂 agro-forestry absorbent polymer

指用于改善植物根系或种子周围土壤水分性状的土壤调理剂。

3.2

土壤改良措施 measures of soil amelioration

指针对土壤障碍因素特性，基于自然和经济条件，所采取的改善土壤性状、提高土地生产能力的技术措施。

3.2.1

土壤保水 soil moisture preservation

指通过施用一定量的物料来保蓄水分，提高土壤含水量，以满足植物生理需要的技术措施。

4 要求

4.1 外观

均匀粉末或颗粒。

4.2 农林保水剂产品技术指标

应符合表1要求。

表1

项　目	指　标
吸水倍数[a]，g/g	100～700
吸盐水(0.9%NaCl)倍数，g/g	≥30
水分(H_2O)含量，%	≤8
pH(1：1 000倍稀释)	6.0～8.0
粒度(≤0.18 mm或0.18 mm～2.00 mm或2.00 mm～4.75 mm)，%	≥90
[a] 具体产品吸水倍数指标范围最高值和最低值之差应不大于200 g/g要求。	

4.3 限量要求

农林保水剂中汞、砷、镉、铅、铬元素限量应符合表2要求。

表2

单位为毫克每千克

项　目	指　标
汞(Hg)(以元素计)	≤5
砷(As)(以元素计)	≤5
镉(Cd)(以元素计)	≤5
铅(Pb)(以元素计)	≤25
铬(Cr)(以元素计)	≤25

4.4 毒性试验要求

农林保水剂毒性试验应符合NY 1980的要求。

4.5 原料要求

农林保水剂原料应符合农产品和环境安全要求。聚合物树脂类成分应具有可降解性，并经试验证明降解物具有土壤生态环境的安全性。

5 试验方法

5.1 外观

目视法测定。

5.2 吸水(盐水)倍数的测定

按照附录A的规定执行。

5.3 水分的测定

按照NY/T 3036中烘箱法的规定执行。

5.4 pH的测定

按照附录B的规定执行。

5.5 粒度的测定

按照NY/T 3036的规定执行。

5.6 汞含量的测定

按照 NY/T 1978 的规定执行。

5.7 砷含量的测定

按照 NY/T 1978 的规定执行。

5.8 镉含量的测定

按照 NY/T 1978 的规定执行。

5.9 铅含量的测定

按照 NY/T 1978 的规定执行。

5.10 铬含量的测定

按照 NY/T 1978 的规定执行。

5.11 毒性试验

按照 NY 1980 的规定执行。

6 检验规则

6.1 产品应由企业质量监督部门进行检验，生产企业应保证所有的销售产品均符合本标准要求。每批产品应附有质量证明书，其内容按标识规定执行。

6.2 产品按批检验，以一次配料为一批，最大批量为 50 t。

6.3 产品采样按照 GB/T 6679 的规定执行。

6.4 将所采样品置于洁净、干燥的容器中，迅速混匀，取样品 2 kg，分装于两个洁净、干燥的容器中，密封并贴上标签；注明生产企业名称、产品名称、批号或生产日期、采样日期、采样人姓名。其中，一部分用于产品质量分析；另一部分应保存至少两个月，以备复验。

6.5 按照产品试验要求进行试样的制备和储存。

6.6 生产企业进行出厂检验时，如果检验结果有一项或一项以上指标不符合本标准要求，应重新自加倍采样批中采样进行复验。复验结果有一项或一项以上指标不符合本标准要求，则整批产品不应被验收合格。

6.7 产品质量合格判定，采用 GB/T 8170 中"修约值比较法"。

6.8 用户有权按本标准规定的检验规则和检验方法对所收到的产品进行核验。

6.9 当供需双方对产品质量发生异议需仲裁时，应按照国家质量技术监督局令第 4 号的规定执行。

7 标识

7.1 产品质量证明书应载明：

7.1.1 企业名称、生产地址、联系方式、行政审批证号、产品通用名称、执行标准号、主要原料名称、剂型、包装规格、批号或生产日期。

7.1.2 吸水倍数的标明值范围；吸盐水倍数的最低标明值；粒度的最低标明值；pH 的标明值；水分含量的最高标明值；汞、砷、镉、铅、铬元素含量的最高标明值。

7.2 产品包装标签应载明：

7.2.1 吸水倍数的标明值范围。吸水倍数测定值应符合其指标范围值(标明值±100 g/g)要求。

7.2.2 吸盐水倍数的最低标明值。吸盐水倍数测定值应符合其最低标明值要求。

7.2.3 粒度的最低标明值。粒度测定值应符合其最低标明值要求。

7.2.4 pH 的标明值。pH 测定值应符合其标明值正负偏差 pH±1.0 要求。

7.2.5 水分含量的最高标明值。水分测定值应符合其标明值要求。

7.2.6 汞、砷、镉、铅、铬元素含量的最高标明值。

7.2.7 主要原料名称。

7.3 其余按照 NY 1979 的规定执行。

8 包装、运输和储存

8.1 产品包装采用袋装或桶装,其余按照 GB 8569 的规定执行。净含量按照 JJF 1070 的规定执行。

8.2 在销售包装容器中的物料应混合均匀,不应附加其他成分小包装物料。

8.3 产品运输和储存过程中应防潮、防晒、防破裂,警示说明按照 GB 190 和 GB/T 191 的规定执行。

附 录 A
(规范性附录)
农林保水剂 吸水(盐水)倍数测定 重量法

A.1 原理

试样吸水或吸收0.9%氯化钠溶液后的质量与原质量之比即为吸水(盐水)倍数。

A.2 试剂和溶液

所用试剂、水和溶液的配制,在未注明规格和配制方法时,均应按照HG/T 3696的规定执行。

0.9%氯化钠溶液:$\rho(NaCl)=9\ g/L$。

A.3 仪器

A.3.1 通常实验室用仪器。

A.3.2 标准试验筛:孔径0.18 mm。

A.3.3 天平:托盘面积不小于标准试验筛的筛底盘面积。

A.4 测定步骤

A.4.1 吸水倍数的测定

称取约1 g试样(精确至0.01 g),置于2 000 mL烧杯中,迅速加入1 000 mL水,搅拌5 min,静置至少30 min,使试样充分吸水膨胀。将凝胶状试样移入已知质量的标准试验筛(A.3.2)中,自然过滤10 min。将试验筛倾斜放置,再过滤10 min。称量试验筛和凝胶状试样的质量。

A.4.2 吸盐水(0.9%NaCl)倍数的测定

称取约1 g试样(精确至0.01 g),置于500 mL烧杯中,迅速加入200 mL 0.9%NaCl溶液(A.2),搅拌5 min,静置至少30 min,使试样充分吸0.9%NaCl溶液膨胀。将凝胶状试样移入已知质量的标准试验筛(A.3.2)中,自然过滤10 min。将试验筛倾斜放置,再过滤10 min。称量试验筛和凝胶状试料的质量。

A.5 结果表述

吸水(盐水)倍数v以(g/g)表示,按式(A.1)计算。

$$v=\frac{m_1-m_2}{m} \qquad \text{(A.1)}$$

式中:

m_1——试验筛与试样吸水(盐水)后的质量,单位为克(g);

m_2——试验筛的质量,单位为克(g);

m ——试料的质量,单位为克(g)。

取平行测定结果的算术平均值为测定结果,结果保留3位有效数字。

A.6 允许差

平行测定结果的相对相差不大于10%。

吸水倍数不同实验室测定结果的相对相差不大于 20%，吸盐水倍数不同实验室测定结果的相对相差不大于 30%。

注：相对相差为两次测量值相差与两次测量值均值之比。

附　录　B
（规范性附录）
农林保水剂　pH 测定　pH 计法

B.1　原理

当以 pH 计的玻璃电极为指示电极，甘汞电极为参比电极，插入试样溶液中时，两者之间产生一个电位差，该电位差的大小取决于试样溶液中的氢离子活度，氢离子活度的负对数即为 pH，由 pH 计直接读出。

B.2　试剂和溶液

所用试剂、水和溶液的配制，在未注明规格和配制方法时，均应按照 HG/T 3696 的规定执行。

B.2.1　pH 4.01 标准缓冲溶液

称取在 120℃烘 2 h 的苯二甲酸氢钾（$KHC_8H_4O_4$）10.21 g，用去二氧化碳水溶解后定容至 1 L。

B.2.2　pH 6.87 标准缓冲溶液

称取 120℃烘 2 h 的磷酸二氢钾（KH_2PO_4）3.40 g 和磷酸氢二钠（Na_2HPO_4）3.55 g，用去二氧化碳水溶解后定容至 1 L。

B.2.3　pH 9.18 标准缓冲溶液

称取 120℃烘 2 h 的 3.81 g 硼砂（$Na_2B_4O_7 \cdot 10H_2O$），用去二氧化碳水溶解后定容至 1 L。

B.3　仪器

B.3.1　通常实验室用仪器。

B.3.2　pH 计：灵敏度为 0.01 pH 单位。

B.4　分析步骤

B.4.1　试样的制备

样品缩分至约 100 g，将其迅速研磨至全部通过 0.50 mm 孔径试验筛（如样品潮湿，可通过 1.00 mm 孔径试验筛），混合均匀，置于洁净、干燥的容器中。

B.4.2　测定

称取约 1 g 试样（精确至 0.01 g），置于 2 000 mL 烧杯中，加 1 000 mL 去二氧化碳的水，搅拌 5 min，静置 30 min，测定上清液 pH。测定前，应使用 pH 标准缓冲溶液对 pH 计进行校准。

B.5　分析结果的表述

取平行测定结果的算术平均值为测定结果，结果保留到小数点后两位。

B.6　允许差

平行测定结果的绝对差值不大于 0.20 pH 单位。

ICS 65.080
B 08

中华人民共和国农业行业标准

NY/T 2267—2016
代替 NY 2267—2012

缓释肥料 通用要求

Slow-release fertilizers—General regulations

2016-12-23 发布 2017-04-01 实施

中华人民共和国农业部 发布

前　言

本标准按照 GB/T 1.1—2009 给出的规则起草。

本标准代替 NY 2267—2012《缓释肥料　登记要求》。与 NY 2267—2012 相比，除编辑性修改外，主要技术变化如下：

——将强制性标准改为推荐性标准；

——修改了标准名称；

——修订了范围、规范性引用文件；

——修订了命名要求、原料要求和指标要求，增加了缩二脲限量要求和降解试验要求；

——将原标准附录修订为独立标准。

本标准由中华人民共和国农业部提出并归口。

本标准起草单位：中国农业科学院农业资源与农业区划研究所、中国农学会、中国植物营养与肥料学会、土壤肥料产业联盟。

本标准主要起草人：王旭、刘红芳、保万魁、侯晓娜、孙又宁、范洪黎、刘蜜、孙蓟锋。

本标准的历次版本发布情况为：

——NY 2267—2012。

缓释肥料　通用要求

1　范围

本标准规定了缓释肥料相关术语和定义、通用要求试验方法、检验规则、标识、包装、运输和贮存。

本标准适用于中华人民共和国境内生产、销售、使用的，氮缓释肥料、复合养分(氮、磷、钾)缓释肥料及用作掺混肥料原料的缓释肥料。

本标准不适用于添加脲酶抑制剂或硝化抑制剂肥料及脲甲醛肥料。

2　规范性引用文件

下列文件对于本文件的应用是必不可少的。凡是注日期的引用文件，仅注日期的版本适用于本文件。凡是不注日期的引用文件，其最新版本(包括所有的修改单)适用于本文件。

GB 190　危险货物包装标志

GB/T 191　包装储运图示标志

GB/T 6679　固体化工产品采样通则

GB/T 8170　数值修约规则与极限数值的表示和判定

GB 8569　固体化学肥料包装

GB/T 19276.1　水性培养液中材料最终需氧生物分解能力的测定　采用测定密闭呼吸计中需氧量的方法

GB/T 19276.2　水性培养液中材料最终需氧生物分解能力的测定　采用测定释放的二氧化碳的方法

GB/T 19277.1　受控堆肥条件下材料最终需氧生物分解能力的测定　采用测定释放的二氧化碳的方法　第1部分:通用方法

GB/T 19277.2　受控堆肥条件下材料最终需氧生物分解能力的测定　采用测定释放的二氧化碳的方法　第2部分:用重量分析法测定实验室条件下二氧化碳的释放量

GB/T 22047　土壤中塑料材料最终需氧生物分解能力的测定　采用测定密闭呼吸计中需氧量或测定释放的二氧化碳的方法

JJF 1070　定量包装商品净含量计量检验规则

NY/T 1978　肥料　汞、砷、镉、铅、铬含量的测定

NY 1979　肥料和土壤调理剂　标签和标明值判定要求

NY 1980　肥料和土壤调理剂　急性经口毒性试验及评价要求

NY/T 2274　缓释肥料　效果试验和评价要求

NY/T 2540　肥料　钾含量的测定

NY/T 2541　肥料　磷含量的测定

NY/T 2542　肥料　总氮含量的测定

NY 2670—2015　尿素硝酸铵溶液

NY/T 3040　缓释肥料　养分释放率的测定

NY/T 3036　肥料和土壤调理剂　水分含量、粒度、细度的测定

国家质量技术监督局令第4号　产品质量仲裁检验和产品质量鉴定管理办法

3　术语和定义

下列术语和定义适用于本文件。

3.1

缓释肥料　slow-release fertilizers

指通过添加特殊材料和经特殊工艺制成的，使肥料氮、磷、钾养分在设定时间内缓慢释放的肥料。

3.2

养分释放量　nutrient release percentage

指缓释肥料经一定时间浸提后释放的氮、磷、钾中某单一养分的含量，以质量分数(%)表示。

3.3

养分释放率　nutrient release ratio

指一定时间内氮、磷、钾中某单一养分释放量占缓释肥料中该养分总含量的比率，以质量分数(%)表示。

3.3.1

初期释放率　initial release ratio

指采用连续浸提法或间歇浸提法，缓释肥料经浸提 24 h 后的养分释放率。

3.3.2

累积释放率　cumulative release ratio

指缓释肥料经一定时间浸提后，某单一养分释放率累加的养分释放率。

3.4

养分释放期　nutrient release period

指采用连续浸提法或间歇浸提法，氮的累积释放率达到 80%时所需浸提的天数(d)。

3.5

养分释放点　nutrient release points

指采用连续浸提法或间歇浸提法，在养分释放期内测定养分释放率所设置的养分浸提时间点。

3.6

脲酶抑制剂　urease inhibitors

指在尿素中添加的一定数量物料。通过降低土壤脲酶活性，抑制尿素水解过程，以减少酰胺态氮的氨挥发损失量，提高肥料利用率。

3.7

硝化抑制剂　nitrification inhibitors

指在铵态氮肥和/或尿素中添加的一定数量物料。通过降低土壤亚硝酸细菌活性，抑制铵态氮向硝态氮转化过程，以减少肥料氮的流失量，提高肥料利用率。

3.8

脲甲醛肥料　urea-formaldehyde fertilizers

指由尿素和甲醛缩合而成的氮缓释肥料。通过土壤微生物作用使氮缓慢释放，以减少肥料氮的流失量，提高肥料利用率。

4　要求

4.1　命名要求

将通过添加特殊材料和经特殊工艺制成的，使肥料氮、磷、钾养分在设定时间内缓慢释放的肥料统称为缓释肥料。

4.2　原料要求

4.2.1　应符合农产品和环境安全要求。聚合物树脂类成分应具有可降解性，并经试验证明降解物具有土壤生态环境的安全性。

4.2.2 应明确生产原料组成及含量,包括氮、磷、钾原料的化学肥料名称及含量;添加的缓释材料成分名称及含量;其他成分名称及含量。

4.3 指标要求

4.3.1 养分含量

4.3.1.1 氮缓释肥料指标应包含总氮含量,以质量分数(%)表示。总氮(N)含量应不低于30.0%。

4.3.1.2 复合养分缓释肥料应含氮,指标应包括总养分含量及单一养分含量,以质量分数(%)表示。总氮(N)含量应不低于12.0%,磷(P_2O_5)或钾(K_2O)含量应不低于6.0%。

4.3.2 养分释放率应明确所采用的养分释放率试验方法为连续浸提法或间歇浸提法,至少包含以下不同养分释放点的养分释放率:

——24 h 初期释放率≤15%;

——28 d 累积释放率≤60%;

——总氮的养分释放期。

4.3.3 粒度应包含粒径范围及符合粒径要求的比率,以质量分数(%)表示。

4.4 限量要求

4.4.1 有毒有害元素

缓释肥料汞、砷、镉、铅、铬元素限量应符合表1要求。

表1

单位为毫克每千克

项　　目	指　　标
汞(Hg)(以元素计)	≤5
砷(As)(以元素计)	≤5
镉(Cd)(以元素计)	≤5
铅(Pb)(以元素计)	≤25
铬(Cr)(以元素计)	≤25

4.4.2 缩二脲

缓释肥料缩二脲含量应不大于1.5%。

4.5 降解试验

缓释肥料聚合物树脂类包膜材料生物分解率应不小于15%,试验周期最长为180 d。

4.6 毒性试验

缓释肥料毒性试验结果应符合NY 1980的要求。

4.7 效果试验

缓释肥料效果试验应具有节肥、省工、增产等试验结果。

5 试验方法

5.1 总氮含量的测定

按照NY/T 2542的规定执行。

5.2 有效磷含量的测定

按照NY/T 2541中4.3.5和5.1(或5.2)的规定执行。

5.3 钾含量的测定

按照NY/T 2540中4.3.2和5.1(或5.3)的规定执行。

5.4 养分释放率的测定

按照 NY/T 3040 的规定执行。根据肥料释放特性，确定养分释放点，并根据 4.3.2 确定包含至少 3 个养分释放点和养分释放率的技术指标。进行质量判定时，应根据技术指标标明的养分释放点测定养分释放率。

5.5 粒度的测定

按照 NY/T 3036 的规定执行。

5.6 汞、砷、镉、铅、铬含量的测定

按照 NY/T 1978 的规定执行。

5.7 缩二脲含量的测定

按照 NY 2670—2015 附录 A 中高效液相色谱法的规定执行。将样品缩分至约 100 g，迅速研磨至全部通过 0.50 mm 孔径试验筛(如样品潮湿，可通过 1.00 mm 孔径试验筛)，混合均匀，置于洁净、干燥容器中，称取 0.2 g～2 g 试样。

5.8 毒性试验

按照 NY 1980 的规定执行。

5.9 降解试验

按照 GB/T 19277.1、GB/T 19277.2、GB/T 19276.1、GB/T 19276.2 或 GB/T 22047 的规定执行。

5.10 效果试验

按照 NY/T 2274 的规定执行。

6 检验规则

6.1 产品应由企业质量监督部门进行检验，生产企业应保证所有的销售产品均符合技术要求。每批产品应附有质量证明书，其内容按标识规定执行。

6.2 产品按批检验，以一次配料为一批，最大批量为 200 t。

6.3 产品采样按照 GB/T 6679 的规定执行。

6.4 将所采样品置于洁净、干燥的容器中，迅速混匀。取样品 4 kg，分装于两个洁净、干燥容器中，密封并贴上标签，注明生产企业名称、产品名称、批号或生产日期、采样日期、采样人姓名。其中，一部分用于产品质量分析；另一部分应保存至少两个月，以备复验。

6.5 按产品试验要求进行试样的制备和储存。

6.6 生产企业应按 4.3 和 4.4 要求进行出厂检验。如果检验结果有一项或一项以上指标不符合技术要求，应重新自加倍采样批中采样进行复验。复验结果有一项或一项以上指标不符合技术要求，则整批产品不应被验收合格。

6.7 产品质量合格判定，采用 GB/T 8170 中“修约值比较法”。

6.8 用户有权按本标准规定的检验规则和检验方法对所收到的产品进行核验。

6.9 当供需双方对产品质量发生异议需仲裁时，应按照国家质量技术监督局令第 4 号的规定执行。

7 标识

7.1 产品质量证明书应载明：

7.1.1 企业名称、生产地址、联系方式、行政审批证号、产品通用名称、执行标准号、主要原料名称、剂型、包装规格、批号或生产日期、有效期。

7.1.2 总氮含量的最低标明值，或总养分含量的最低标明值及单一养分含量；24 h 初期释放率的最高

标明值；28 d(或更多释放天数的)累积释放率的最高标明值；养分释放期标明值；粒度的最低标明值；汞、砷、镉、铅、铬元素含量的最高标明值。

7.2 产品包装标签应载明：

7.2.1 总氮含量的最低标明值或总养分含量的最低标明值及单一养分含量。总氮或总养分测定值应符合其最低标明值要求。

当单一大量元素标明值不大于4.0%或40 g/L时，各测定值与标明值负相对偏差的绝对值应不大于40%；当单一大量元素标明值大于4.0%或40 g/L时，各测定值与标明值负偏差的绝对值应不大于1.5%或15 g/L。

7.2.2 养分释放率试验方法及不同养分释放点的养分释放率或累积释放率。24 h初期释放率、28 d(或更多释放天数的)累积释放率的测定值应符合其最高标明值要求，养分释放期的累积释放率测定值应符合其标明值范围(标明值±5.0%)要求。

7.2.3 粒度的最低标明值。粒度测定值应符合其最低标明值要求。

7.2.4 汞、砷、镉、铅、铬元素测定值应符合其最高标明值要求。

7.2.5 主要原料名称。

7.2.6 有效期。

7.3 其余按照NY 1979的规定执行。

8 包装、运输和储存

8.1 产品销售包装应按照GB 8569的规定执行。净含量按照JJF 1070的规定执行。

8.2 产品运输和储存过程中应防潮、防晒、防破裂，警示说明按照GB 190和GB/T 191的规定执行。

ICS 65.080
B 08

中华人民共和国农业行业标准

NY/T 2271—2016
代替 NY/T 2271—2012

土壤调理剂　效果试验和评价要求

Soil amendments—
Regulations of efficiency experiment and assessment

2016-12-23 发布　　　　2017-04-01 实施

中华人民共和国农业部 发布

前　言

本标准按照GB/T 1.1—2009给出的规则起草。

本标准代替NY/T 2271—2012《土壤调理剂　效果试验和评价要求》。与NY/T 2271—2012相比,除编辑性修改外,主要技术变化如下:

——增加“污染土壤”的术语和定义,并对“障碍土壤”“污染土壤修复”进行了修订;

——修改了评价指标中污染特性指标要求;

——补充增加试验记录要求中“用于污染土壤修复的土壤调理剂试验”。

本标准由中华人民共和国农业部提出并归口。

本标准起草单位:中国农业科学院农业资源与农业区划研究所、中国农学会、中国植物营养与肥料学会、土壤肥料产业联盟。

本标准主要起草人:王旭、孙蓟锋、保万魁、刘红芳、张曦、侯晓娜、闫湘、李秀英、于兆国。

本标准的历次版本发布情况为:

——NY/T 2271—2012。

土壤调理剂　效果试验和评价要求

1　范围

本标准规定了土壤调理剂效果试验相关术语、试验要求和内容、效果评价、报告撰写等要求。

本标准适用于土壤调理剂试验效果评价。

2　术语和定义

下列术语和定义适用于本文件。

2.1

土壤调理剂　soil amendments/ soil conditioners

指加入障碍土壤中以改善土壤物理、化学和/或生物性状的物料，适用于改良土壤结构、降低土壤盐碱危害、调节土壤酸碱度、改善土壤水分状况或修复污染土壤等。

2.1.1

农林保水剂　agro-forestry absorbent polymer

指用于改善植物根系或种子周围土壤水分性状的土壤调理剂。

2.2

障碍土壤　obstacle soils

指由于受自然成土因素或人为因素影响，而使植物生长产生明显障碍或影响农产品质量安全的土壤。障碍因素主要包括质地不良、结构差或存在妨碍植物根系生长的不良土层、肥力低下或营养元素失衡、酸化、盐碱、土壤水分过多或不足、有毒物质污染等。

2.2.1

沙性土壤(沙质土壤)　sandy soil

指土壤质地偏沙、缺少黏粒、保水或保肥性差的障碍土壤，包括沙土和沙壤土等。

2.2.2

黏性土壤(黏质土壤)　clay soil

指土壤质地黏重、通气透水性差、耕性不良的障碍土壤，包括黏土和黏壤(重壤)土等。

2.2.3

结构障碍土壤　structural obstacle soil

指由于土壤有机质含量降低，团粒结构被破坏，通气透水性差而使土壤板结、潜育化，导致土壤生产力下降的障碍土壤。

2.2.4

酸性土壤　acid soil

指土壤呈酸性反应(pH 小于 5.5)，导致植物生长受到抑制的障碍土壤。

2.2.5

盐碱土壤/盐渍土壤　saline-alkaline soil

指由于土壤含有过多可溶性盐和/或交换性钠，导致植物生长受到抑制的障碍土壤。盐碱土壤可分为盐化土壤和碱化土壤。

2.2.5.1

盐化土壤　saline soil

指主要由于含有过多可溶性盐而使土壤溶液的渗透压增高，导致植物生长受到抑制的障碍土壤，包括盐土。

2.2.5.2

碱化土壤　alkaline soil

指主要由于含有过多交换性钠而使土壤物理性质不良、呈碱性反应，导致植物生长受到抑制的障碍土壤，包括碱土(pH 大于 8.5)。

2.2.6

污染土壤　contaminated soil

指由于污水灌溉、大气沉降、固体废弃物排放、过量肥料与农药施用等人为因素的影响，导致其有害物质增加、肥力下降，从而影响农作物的生长、危及农产品质量安全的土壤。

2.3

土壤改良措施　measures of soil amelioration

指针对土壤障碍因素特性，基于自然和经济条件，所采取的改善土壤性状、提高土壤生产能力的技术措施。

2.3.1

土壤结构改良　soil structure improvement

指通过加入土壤中一定量的物料并结合翻耕措施来改良沙性土壤、黏性土壤及板结或潜育化土壤结构特性，以提高土壤生产力的技术措施。

2.3.2

酸性土壤改良　reclamation of acid soil

指通过施用一定量的物料来调节土壤酸度(pH)，以减轻土壤酸性对植物危害的技术措施。

2.3.3

盐碱土壤改良　reclamation of saline-alkaline soil

指通过施用一定量的物料来降低土壤中可溶盐、交换性钠含量或 pH，以减轻盐分对植物危害的技术措施。

2.3.4

土壤保水　soil moisture preservation

指通过施用一定量的物料来保蓄水分，提高土壤含水量，以满足植物生理需要的技术措施。

2.3.5

污染土壤修复　contaminated soil remediation

指利用物理、化学、生物等方法，转移、吸收、降解或转化土壤污染物，即通过改变土壤污染物的存在形态或与土壤的结合方式，降低其在土壤环境中的可迁移性或生物可利用性等的修复技术，以使土壤污染物浓度降低到无害化水平，或将污染物转化为无害物质的技术措施。

注：本定义中土壤修复不包括改造农田土壤结构的工程修复技术。

3　一般要求

3.1　试验内容

3.1.1　基于土壤调理剂特性、施用量和施用方法，有针对性地选择适宜土壤(类型)或区域，对土壤障碍性状、试验作物的生物学性状进行试验效果分析评价。

3.1.2　一般应采用小区试验和示范试验方式进行效果评价。必要时，以盆栽试验(见附录 A)或条件培养试验(见附录 B)方式进行补充评价。

3.2　试验周期

每个效果试验应至少进行连续 2 个生长季(6 个月)的试验。若需要评价土壤调理剂后效,应延长试验时间或增加生长季。

3.3 试验处理

土壤调理剂按剂型分为固体和液体两类。固体类土壤调理剂主要用于拌土、撒施的土壤调理剂;液体类土壤调理剂主要用于地表喷洒、浇灌的土壤调理剂。

3.3.1 试验应至少设以下 2 个处理:

a) 空白对照(液体类应施用与处理等量的清水对照)。

b) 供试土壤调理剂推荐施用量。

3.3.2 必要时,可增设其他试验处理:

a) 供试土壤调理剂其他施用量(最佳施用量)。

b) 供试土壤调理剂与常规肥料最佳配合施用量。

c) 针对土壤调理剂所含主要养分所设的对照处理,如仅含主要养分的对照处理,或仅不含主要养分的对照处理等。

3.3.3 除空白对照外,其他试验处理均应明确施用量和施用方法。

3.3.4 小区试验各处理应采用随机区组排列方式,重复次数不少于 3 次。

3.4 试验准备

3.4.1 试验地选择

a) 应选择地势平坦、形状整齐、地力水平相对均匀的试验地。

b) 应满足供试作物生长发育所需的条件,如排灌系统等。

c) 应避开居民区、道路、堆肥场所和存在其他人为活动影响等特殊地块。

3.4.2 供试土壤和土壤调理剂分析

a) 试验地土壤基本性状分析应根据试验要求进行。

b) 供试土壤调理剂技术指标分析。

3.5 试验管理

除试验处理不同外,其他管理措施应一致且符合生产要求。

3.6 试验记录

应按照附录 C 的规定执行。

3.7 统计分析

试验结果统计学检验应根据试验设计选择执行 t 检验、F 检验、新复极差检验、LSR 检验、SSR 检验、LSD 检验或 PLSD 检验等。

4 小区试验

4.1 试验内容

小区试验是在多个均匀且等面积田块上通过设置差异处理及试验重复而进行的效果试验,以确定最佳施用量和施用方式。

4.2 小区设置要求

4.2.1 小区应设置保护行,小区划分尽可能降低试验误差。

4.2.2 小区沟渠设置应单灌单排,避免串灌串排。

4.3 小区面积要求

小区面积应一致,宜为 20 m^2～200 m^2。密植作物(如水稻、小麦、谷子等)小区面积宜为 20 m^2～30 m^2;中耕作物(如玉米、高粱、棉花、烟草等)小区面积宜为 40 m^2～50 m^2;果树小区面积宜为 50 m^2～

200 m^2。

注：处理较多，小区面积宜小些；处理较少，小区面积宜大些。在丘陵、山地、坡地，小区面积宜小些；而在平原、平畈田，小区面积宜大些。

4.4 小区形状要求

小区形状一般应为长方形。小区面积较大时，长宽比以(3～5)∶1为宜；小区面积较小时，长宽比以(2～3)∶1为宜。

4.5 试验结果要求

4.5.1 根据土壤调理剂的试验目的，确定土壤性状评价指标的变化情况。

4.5.2 各小区应进行单独收获，计算产量。

4.5.3 按小区统计节肥省工情况，计算纯收益和产投比。

4.5.4 分析作物品质时应按检验方法要求采样。

5 示范试验

5.1 试验内容

示范试验是在广泛代表性区域农田上进行的效果试验，以展示和验证小区试验效果的安全性、有效性和适用性，为推广应用提供依据。

5.2 示范面积要求

5.2.1 经济作物应不小于3 000 m^2，对照应不小于500 m^2。

5.2.2 大田作物应不小于10 000 m^2，对照应不小于1 000 m^2。

5.2.3 花卉、苗木、草坪等示范试验应考虑其特殊性，试验面积应不小于经济作物要求。

5.3 试验结果要求

应根据土壤调理剂的试验效果，划分等面积区域进行土壤性状、增产率和经济效益评价。

6 评价要求

6.1 评价内容

根据供试土壤调理剂特点和施用效果，应对不同处理土壤性状、试验作物产量及增产率等试验效果差异进行评价。必要时，还应对试验作物的其他生物学性状(生长性状、品质、抗逆性等)、经济效益、环境效益等进行评价。

6.2 评价指标

6.2.1 土壤性状：根据土壤调理剂特点和施用效果选择下列指标进行评价，黑体字项目为必选项。

a) 改良沙性土壤障碍特性：**田间持水量**、**容重**、**水稳性团聚体**、萎蔫系数、阳离子交换量等。

b) 改良黏性土壤障碍特性：**田间持水量**、**容重**、**水稳性团聚体**、萎蔫系数、阳离子交换量等。

c) 改良土壤结构障碍特性：**田间持水量**、**容重**、萎蔫系数、氧化还原电位等。

d) 改良酸性土壤障碍特性：**土壤pH**、**交换性铝**、有效锰、盐基饱和度等。

e) 改良盐化土壤障碍特性：**土壤pH**、**土壤全盐量及离子组成**、**脱盐率**、阳离子交换量等。

f) 改良碱化土壤障碍特性：**土壤pH**、**总碱度**、**碱化度**、阳离子交换量等。

g) 改良土壤水分障碍特性：**田间持水量**、**萎蔫系数**、氧化还原电位等。

h) 修复污染土壤障碍特性：汞、砷、镉、铅、铬、有机污染物的全量或有效态含量等。

i) 土壤养分指标：有机质、全氮、全磷、全钾、有效磷、速效钾、中量元素、微量元素等。

j) 土壤生物指标：脲酶、磷酸酶、蔗糖酶、过氧化氢酶、细菌、真菌、放线菌、蚯蚓数量等。

6.2.2 植物生物学性状：根据试验作物选择下列指标进行评价。

a) 生长性状指标：出苗率、株高、叶片数、地上(下)部鲜(干)重等。

b） 生物量指标:产量、果重、千粒重等。

c） 品质指标:糖分、总酸度、蛋白质、维生素 C、氨基酸、纤维素、硝酸盐、污染物吸收量等。

6.3 效果评价

土壤调理剂效果试验效果评价应基于试验周期内施用土壤调理剂对土壤障碍性状和生物学性状影响效果而得出,应包括试验处理中不同性状指标与对照比较试验效果的统计学检验结论(差异极显著、差异显著或差异不显著)。

7 试验报告

试验报告的撰写应采用科技论文格式,主要内容包括试验来源、试验目的和内容、试验地点和时间、试验材料和设计、试验条件和管理措施、试验数据统计与分析、试验效果评价、试验主持人签字及承担单位盖章等。其中,试验效果评价应涉及以下内容:

a） 不同处理对土壤物理、化学和生物学性状的影响效果评价。

b） 不同处理对作物产量及增产率的影响效果评价。

c） 必要时,应进行作物生长性状、品质或抗逆性影响效果评价。

d） 必要时,应进行纯收益、产投比、节肥、省工情况等经济效益评价。

e） 必要时,应进行保护和改善生态环境影响效果评价。

f） 其他效果评价分析。

附　录　A
（规范性附录）
土壤调理剂　盆栽试验要求

A.1　试验内容

盆栽试验适用于较小区试验更为精准地评价某些土壤障碍性状指标差异性的效果试验。

a)　通过人工控制试验处理和环境条件，使试验容器中土壤温度、水分、供试土壤调理剂均匀度、作物种植等试验管理一致性得到保障。

b)　盆栽试验供试土壤为非自然结构土壤，某些土壤性状会有所改变。

A.2　试验要求

试验应满足以下要求，其他按照第3章要求执行。

A.2.1　供试土壤采集和制备

A.2.1.1　土壤采集地点和取样点数的确定应考虑农作区的代表性，采样深度一般为0 cm～20 cm。土壤采集和制备过程应避免污染。

A.2.1.2　将所采集土壤过2 mm孔径的筛子，并充分混匀。

A.2.1.3　将制备好的供试土壤标明土壤名称、采集地点、采集时间及主要土壤性状。

A.2.2　盆钵选择

A.2.2.1　试验盆钵可选用玻璃盆、搪瓷盆、陶土盆和塑料盆等。

A.2.2.2　盆钵规格可选择20 cm×20 cm、25 cm×25 cm、30 cm×30 cm等。

A.2.3　各处理应随机排列，重复次数不少于3次。

A.2.4　试验记载

应记载盆栽试验取土、过筛、装盆等试验操作以及试验场所温度、湿度等试验情况。其他按照附录C要求执行。

A.2.5　试验结果要求

试验结果应按照4.5要求执行。

A.3　效果评价

应按照试验内容要求并按照第6章要求执行。

A.4　试验报告

应按照试验内容要求并按照第7章要求执行。

附 录 B
(规范性附录)
土壤调理剂 条件培养试验要求

B.1 试验内容

条件培养试验适用于对多个土壤调理剂产品差异性效果试验的综合评价。

a) 在人工培养箱恒温、恒湿条件下,试验容器中土壤性状试验效果更为精准,统计学结果更为可信。

b) 条件培养试验供试土壤为非自然结构土壤,某些土壤性状有所改变。

B.2 试验要求

试验应满足以下要求,其他按照第3章要求执行。

B.2.1 供试土壤采集与制备

应按照A.2.1的要求执行。

B.2.2 试验设备和容器

B.2.2.1 恒温培养箱:温度在0℃~50℃可调,具有换气功能。

B.2.2.2 培养盒:培养盒可选择玻璃盒、塑料盒等,规格可选择10 cm×20 cm或20 cm×30 cm等。

B.2.3 试验条件

B.2.3.1 温度条件:应控制在(25±2)℃范围内。

B.2.3.2 土壤水分含量:应保持在土壤最大田间持水量的40%~60%范围。

B.2.3.3 通气条件:培养盒盖应设置通气孔,一般应占盒盖面积3%~5%。

B.2.4 试验实施

B.2.4.1 各处理应随机排列,重复次数不少于3次。

B.2.4.2 保证试验物料均匀性:将供试土壤调理剂与土壤准确称量并充分混合均匀后装入培养盒。

B.2.4.3 控制土壤含水量:通过称重及时补充水分,保持土壤水分含量符合试验条件要求。

B.2.5 取样时间点选择

应至少设置7个取样点。一般应分别于培养前以及培养后的7 d、14 d、21 d、35 d、63 d、91 d等时间点进行取样。必要时,可根据供试土壤调理剂特性调整取样时间点。

a) 对于作用效果周期短的土壤调理剂,应设置7个取样点,但时间可缩短。

b) 对于作用效果周期长的土壤调理剂,应增加取样点,以完整验证其试验效果。

B.2.6 试验结果获取

试验结果应按照4.5的要求执行。

B.3 效果评价

应按照试验内容要求并按照第6章的要求执行。

B.4 试验报告

应按照试验内容要求并按照第7章的要求执行。

附 录 C
（规范性附录）
土壤调理剂 试验记录要求

C.1 试验时间及地点

应记录信息包括：试验起止时间（年月日）、试验地点（省、县、乡、村、地块等）、试验期间气候及灌排水情况、试验地前茬农作情况等农田管理信息等。其中，试验地前茬农作情况应包括前茬作物名称、前茬作物产量、前茬作物施肥量、有机肥施用量、氮（N）肥施用量、磷（P_2O_5）肥施用量、钾（K_2O）肥施用量等。

C.2 供试土壤

应记录信息包括：试验地地形、土壤类型（土类名称）、土壤质地、肥力等级、代表面积（hm^2）、供试土壤分析结果（土壤机械组成、土壤容重、土壤水分、有机质、全氮、有效磷、速效钾、pH）等。

用于污染土壤修复的土壤调理剂试验，应记录土壤的污染状况。

C.3 供试土壤调理剂和作物

应记录信息包括：土壤调理剂技术指标、作物及品种名称等。

C.4 试验设计

应记录信息包括：试验处理、重复次数、试验方法设计、小区长（m）、小区宽（m）、小区面积（m^2）、小区排列图示等。

C.5 试验管理

应记录信息包括：播种期和播种量、施肥时间和数量（基肥、追肥）、灌溉时间和数量、土壤性状、植物学性状、试验环境条件及灾害天气、病虫害防治、其他农事活动、所用工时等。

C.6 试验结果

应记录信息包括：不同处理及重复间的土壤性状结果、产量（kg/hm^2）和增产率（%）结果、其他效果试验结果等。其中产量记录应按照下列要求执行。

a） 对于一般谷物，应晒干脱粒扬净后再计重。在天气不良情况下，可脱粒扬净后计重，混匀取1 kg烘干后计重，计算烘干率。

b） 对于甘薯、马铃薯等根茎作物，应去土随收随计重。若土地潮湿，可晾晒后去土计重。

c） 对于棉花、番茄、黄瓜、西瓜等作物，应分次收获，每次收获时各小区的产量都要单独记录并注明收获时间，最后将产量累加。

C.7 分析样品采集和制备

试验应按下列要求进行土壤或植物样品采集与制备，并记录样品采集和制备信息。

C.7.1 土壤样品采集和制备：采集深度一般为 0 cm～20 cm。测定土壤盐分时应分层采至底土；测定土壤碱化度时应采集心土的碱化层。采集次数和采集点数量应能满足评价障碍土壤性状指标变化的评价要求。一般应在作物收获同时采集；必要时，根据土壤调理剂特性增加采集次数和采集点数量。样品制备应符合土壤分析和性状评价要求，避免混淆或污染。

C.7.2 植物样品采集和制备：根据试验目的和内容，选定具有代表性的植株及取样部位或组织器官。样品制备应符合植物分析和性状评价要求，避免混淆或污染。

用于污染土壤修复的土壤调理剂试验，应采集根与地上植株结合部进行样品中污染物吸收增减量的评价。必要时，可分别采集根、秸秆、叶片、籽粒或果实等部位样品，应确保采样部位的可比性。

注：用于硝态氮、氨基态氮、无机磷、水溶性糖、维生素等分析的植株在采集后即时保鲜冷藏。

ICS 65.080
B 10

中华人民共和国农业行业标准

NY/T 2911—2016

测土配方施肥技术规程

Regulations for soil testing and formulated fertilization

2016-10-26 发布 2017-04-01 实施

中华人民共和国农业部 发布

目　次

前　言

本标准按照 GB/T 1.1—2009 给出的规则起草。

本标准由农业部种植业管理司提出并归口。

本标准起草单位:全国农业技术推广服务中心、中国农业大学、河北农业大学、河南农业大学、西南大学、吉林农业大学、内蒙古自治区土壤肥料与节水农业工作站、广西壮族自治区土壤肥料工作站、湖南省土壤肥料工作站、成都土壤肥料测试中心、吉林省土壤肥料总站、扬州市土壤肥料站、浙江大学。

本标准主要起草人:张福锁、杨帆、江荣风、马文奇、崔勇、叶优良、石孝均、高强、孟远夺、郑海春、宾士友、黄铁平、李昆、王剑峰、李荣、董燕、孙钊、徐洋、张月平、唐启义。

测土配方施肥技术规程

1 范围

本标准规定了测土配方施肥肥料效应田间试验、土壤和植株样品的采集制备与测试、肥料用量确定与肥料配方设计、配方肥料合理施用等内容的基本方法和操作规程。

本标准适用于测土配方施肥。

2 规范性引用文件

下列文件对于本文件的应用是必不可少的。凡是注日期的引用文件,仅注日期的版本适用于本文件。凡是不注日期的引用文件,其最新版本(包括所有的修改单)适用于本文件。

GB 6195 水果、蔬菜维生素C含量测定

GB/T 6682 分析实验室用水规格和试验方法

GB 12293 水果、蔬菜制品可滴定酸度的测定

HJ 634 土壤 氨氮、亚硝酸盐氮、硝酸盐氮的测定 氯化钾溶液提取—分光光度法

HJ 649 土壤 可交换酸度的测定 氯化钾提取—滴定法

HJ 746 土壤 氧化还原电位的测定 电位法

LY/T 1229 森林土壤水解性氮的测定

LY/T 1233 森林土壤有效磷的测定

LY/T 1242 森林土壤石灰施用量的测定

LY/T 1243 森林土壤阳离子交换量的测定

LY/T 1251 森林土壤水溶性盐分分析

NY/T 52 土壤水分测定法

NY/T 53 土壤全氮测定法(半微量开氏法)

NY/T 295 中性土壤阳离子交换量和交换性盐基的测定

NY/T 497 肥料效应鉴定田间试验技术规程

NY/T 889 土壤速效钾和缓效钾含量的测定

NY/T 890 土壤有效态锌、锰、铁、铜含量的测定 二乙三胺五乙酸(DTPA)浸提法

NY/T 1121.1 土壤检测 第1部分:土壤样品的采集、处理和贮存

NY/T 1121.2 土壤检测 第2部分:土壤pH的测定

NY/T 1121.3 土壤检测 第3部分:土壤机械组成的测定

NY/T 1121.4 土壤检测 第4部分:土壤容重的测定

NY/T 1121.5 土壤检测 第5部分:石灰性土壤阳离子交换量的测定

NY/T 1121.6 土壤检测 第6部分:土壤有机质的测定

NY/T 1121.7 土壤检测 第7部分:酸性土壤有效磷的测定

NY/T 1121.8 土壤检测 第8部分:土壤有效硼的测定

NY/T 1121.9 土壤检测 第9部分:土壤有效钼的测定

NY/T 1121.13 土壤检测 第13部分:土壤交换性钙和镁的测定

NY/T 1121.14 土壤检测 第14部分:土壤有效硫的测定

NY/T 1121.15 土壤检测 第15部分:土壤有效硅的测定

NY/T 1121.16 土壤检测 第16部分:土壤水溶性盐总量的测定

NY/T 1121.17　土壤检测　第17部分:土壤氯离子含量的测定
NY/T 1121.18　土壤检测　第18部分:土壤硫酸根离子含量的测定
NY/T 1121.22　土壤检测　第22部分:土壤田间持水量的测定　环刀法
NY/T 1278　蔬菜及其制品中可溶性糖的测定　铜还原碘量法
NY/T 2419　植株全氮含量测定　自动定氮仪法
NY/T 2420　植株全钾含量测定　火焰光度计法
NY/T 2421　植株全磷含量测定　钼锑抗比色法
NY/T 2742　水果及制品可溶性糖的测定　3,5-二硝基水杨酸比色法

3　术语和定义

下列术语和定义适用于本文件。

3.1

测土配方施肥　soil testing and formulated fertilization

以土壤测试和肥料田间试验为基础,根据作物需肥规律、土壤供肥性能和肥料效应,在合理施用有机肥料的基础上,提出氮、磷、钾及中量、微量元素等肥料的施用品种、数量、施肥时期和施用方法。

3.2

肥料效应　fertilizer response

肥料对作物产量或品质的作用效果,通常以肥料单位养分的施用量所能获得的作物增产量、品质提升和效益增值表示。

3.3

配方肥料　formula fertilizer

以土壤测试、肥料田间试验为基础,根据作物需肥规律、土壤供肥性能和肥料效应设计配方,由此生产或配制成的适合于特定区域、特定作物的肥料。

3.4

施肥量　fertilizer application rate

施于单位播种面积或单位质量生长介质中的肥料数量。

3.5

常规施肥　conventional fertilization

当地有代表性的农户前3年平均施肥量(主要指氮、磷、钾肥)、施肥品种、施肥方法和施肥时期,可通过农户调查确定,亦称习惯施肥。

3.6

优化施肥　optimized fertilization

针对某一区域的土壤肥力水平和作物需肥特点、肥料利用效率和配套栽培技术而建立的最佳施肥模式。

4　肥料效应田间试验

4.1　大田作物

4.1.1　试验设计

4.1.1.1　试验设计原则

推荐采用"3414"方案设计。在具体实施过程中,可根据研究目的,选用"3414"完全试验方案、部分试验方案或单因素多水平等其他试验方案。

4.1.1.2　"3414"完全试验方案

"3414"完全试验方案见表1。

表 1 “3414”完全试验方案

试验编号	处理	N	P	K
1	$N_0P_0K_0$	0	0	0
2	$N_0P_2K_2$	0	2	2
3	$N_1P_2K_2$	1	2	2
4	$N_2P_0K_2$	2	0	2
5	$N_2P_1K_2$	2	1	2
6	$N_2P_2K_2$	2	2	2
7	$N_2P_3K_2$	2	3	2
8	$N_2P_2K_0$	2	2	0
9	$N_2P_2K_1$	2	2	1
10	$N_2P_2K_3$	2	2	3
11	$N_3P_2K_2$	3	2	2
12	$N_1P_1K_2$	1	1	2
13	$N_1P_2K_1$	1	2	1
14	$N_2P_1K_1$	2	1	1
注:表中的“0”代表不施肥,“2”代表当地推荐施肥量,“1”代表“2”施肥量的50%,“3”代表“2”施肥量的150%。				

4.1.1.3 “3414”部分试验方案

a) 若试验仅研究氮、磷、钾中某两个养分效应,可采用“3414”部分试验方案。其中,非研究养分选取2水平,试验应设置3次重复。

如研究氮、磷养分效应的“3414”部分试验方案见表2。

表 2 氮磷养分研究的“3414”部分试验方案

处理编号	“3414”方案处理编号	处理	N	P	K
1	1	$N_0P_0K_0$	0	0	0
2	2	$N_0P_2K_2$	0	2	2
3	3	$N_1P_2K_2$	1	2	2
4	4	$N_2P_0K_2$	2	0	2
5	5	$N_2P_1K_2$	2	1	2
6	6	$N_2P_2K_2$	2	2	2
7	7	$N_2P_3K_2$	2	3	2
8	11	$N_3P_2K_2$	3	2	2
9	12	$N_1P_1K_2$	1	1	2
注:表中的“0”代表不施肥,“2”代表当地推荐施肥量,“1”代表“2”施肥量的50%,“3”代表“2”施肥量的150%。					

b) 若为了取得土壤养分供应量、作物吸收养分量、土壤养分丰缺指标等参数,推荐采用表3中的5个处理“3414”部分试验方案。5个处理包括:空白对照(CK)、无氮区(PK)、无磷区(NK)、无钾区(NP)和氮、磷、钾区(NPK),其分别对应“3414”完全试验方案中的处理1、处理2、处理4、处理8和处理6。

表 3 5处理“3414”部分试验方案

处理编号	“3414”方案处理编号	处理	N	P	K
空白对照(CK)	1	$N_0P_0K_0$	0	0	0
无氮区(PK)	2	$N_0P_2K_2$	0	2	2
无磷区(NK)	4	$N_2P_0K_2$	2	0	2
无钾区(NP)	8	$N_2P_2K_0$	2	2	0
氮磷钾区(NPK)	6	$N_2P_2K_2$	2	2	2

c) 若研究有机肥料效应，可在表 3 所示试验设计的基础上增加一个有机肥处理区。该区有机肥用量的确定依据：以有机肥中氮当量为研究目的，以氮磷钾区中氮的用量为依据确定；以磷或钾为研究目的，则以氮磷钾区中磷或钾为依据确定。

d) 若研究中（微）量元素效应，可在表 3 所示试验设计的基础上增加一个中（微）量元素处理区。该区的氮磷钾用量与氮磷钾区相同，仅增加中（微）量元素用量。

4.1.2 试验实施

4.1.2.1 试验地选择

a) 宜选择平坦、齐整、肥力均匀，具有代表性的不同肥力水平的地块。试验地为坡地时，应尽量选择坡度平缓、肥力差异较小的地块。

b) 试验地应避开道路、有土传病害、堆肥场所或前期施用大量有机肥、秸秆集中还田的地块及院、林遮阳阳光不充足等特殊地块。

c) 除长期定位试验外，同一地块不应连续布置试验。

4.1.2.2 试验作物品种选择

应选择当地主栽或拟推广的品种。

4.1.2.3 试验准备

整地，设置保护行，根据试验设计方案进行试验小区区划。如水稻试验，小区之间应做小埂，小埂高度不低于 20 cm、宽度不小于 30 cm，小埂应用塑料膜包覆，深度不少于 30 cm；对玉米、棉花等试验，在雨水较多的种植区，试验小区之间应采取开沟、筑埂的方法，避免雨水径流影响。

小区应单灌单排，避免串灌串排。

4.1.2.4 试验小区

各小区面积应一致。密植作物，如水稻、小麦、谷子等，小区面积应为 20 m^2～30 m^2；中耕作物，如玉米、高粱、棉花等，小区面积应为 40 m^2～50 m^2。

小区形状一般为长方形。面积较大时，长宽比以（3～5）∶1 为宜；面积较小时，长宽比以（2～3）∶1 为宜。

4.1.2.5 试验重复

对“3414”完全试验方案时，若同一生长季、同一作物、同一试验内容在不同地方布置 10 个以上试验，则每个试验可不设重复。否则，每个试验至少设 3 次重复。采用随机区组排列，区组内土壤、地形等条件应相对一致。

4.1.2.6 田间管理与观察记载

按照 NY/T 497 的规定进行田间管理和观察记载。田间试验结果应适时记载，试验结果汇总表见附录 A。

4.1.3 试验统计分析

按照 NY/T 497 的规定执行。

4.2 蔬菜

4.2.1 试验设计原则

推荐采用“2+X”试验设计。“2”代表常规施肥和优化施肥 2 个处理，“X”代表如氮肥总量控制、氮肥分区调控、有机肥当量、肥水优化管理、氮营养规律等拟研究内容的试验设计。“2”为必做试验，“X”为选做内容。

4.2.2 “X”动态优化施肥试验设计

4.2.2.1 氮肥总量控制(X1)试验

X1 试验方案见表 4。

表4　X1试验方案

试验编号	试验内容	处理	N	P	K
1	不施化学氮肥区	$N_0P_2K_2$	0	2	2
2	70%的优化氮区	$N_1P_2K_2$	1	2	2
3	优化氮区	$N_2P_2K_2$	2	2	2
4	130%的优化氮区	$N_3P_2K_2$	3	2	2

注：表中"0"代表不施化学氮肥，"2"代表当地生产条件下的推荐值，"1"代表"2"施氮量的70%，"3"代表"2"施氮量的130%。

4.2.2.2　氮肥分期调控(X2)试验

设置3个处理：

a)　农民习惯施肥；

b)　基追比3∶7的分次优化施肥；

c)　氮肥全部追施。追肥应根据蔬菜营养规律分次施用，每次追施氮量控制在2 kg/667m^2～7 kg/667m^2。不同蔬菜及灌溉模式下推荐追肥次数见表5。

表5　不同蔬菜及灌溉模式下推荐追肥次数

蔬菜种类	栽培方式		追肥次数	
			畦灌	滴灌
叶菜类	露地		2～4	5～8
	设施		3～4	6～9
果类蔬菜	露地		5～6	8～10
	设施	一年两茬	5～8	8～12
		一年一茬	10～12	15～18

4.2.2.3　有机肥当量(X3)试验

试验设6个处理，分别为有机氮和化学氮的不同配比，X3试验方案见表6。所有处理的磷、钾养分投入一致，全做底肥施用。施用的有机肥选用当地有代表性并完全腐熟的种类。

表6　X3试验方案

试验编号	处理	有机肥提供氮占总氮投入量比例	化肥提供氮占总氮投入量比例
1	M_0N_0	—	—
2	M_4N_0	1	0
3	M_3N_1	3/4	1/4
4	M_2N_2	1/2	1/2
5	M_1N_3	1/4	3/4
6	M_0N_4	0	1

注1：M代表有机肥，氮量以总氮计。

注2：有机肥为基施，化学氮肥采用追施方式。

4.2.2.4　肥水优化管理(X4)试验

设置3个处理：

a)　当地传统肥水管理模式；

b)　优化肥水管理模式(在当地传统肥水管理模式下，依据作物水分需求规律调控节水灌溉量)；

c)　微灌技术管理模式。其中处理2和处理3，施肥量和施肥次数要与灌溉模式相匹配。

4.2.2.5　氮营养规律研究(X5)试验

根据蔬菜生长和营养规律特点，采用表7所示的试验方案。其中，磷、钾肥用量应采用推荐用量；有机肥根据各地情况选择施用或者不施，如选择施用，按照当地习惯，但所有处理应保持一致。

表7 X5试验方案

试验编号	处理	M	N	P	K
1	$MN_0P_2K_2/N_0P_2K_2$	+/-	0	2	2
2	$MN_1P_2K_2/N_1P_2K_2$	+/-	1	2	2
3	$MN_2P_2K_2/N_2P_2K_2$	+/-	2	2	2
4	$MN_3P_2K_2/N_3P_2K_2$	+/-	3	2	2

注1：表中的“+”代表施用有机肥，“-”代表不施有机肥。

注2：表中的“0”代表不施氮肥，“2”代表适合于当地生产条件下的推荐施肥量，“1”代表“2”施氮量的50%，“3”代表“2”施氮量的150%。

4.2.3 试验实施

4.2.3.1 试验地选择

按4.1.2.1规定的执行。

4.2.3.2 试验作物品种选择

宜选择当地主栽种类的代表性品种。

4.2.3.3 试验准备

蔬菜田需要在小区之间采用塑料膜或塑料板隔开，埋深至少50 cm，避免小区间肥水相互渗透。其他内容按照4.1.2.3规定的执行。

4.2.3.4 试验小区

露地蔬菜和设施蔬菜的小区面积应分别大于20 m²和15 m²，并至少5行或者3畦，各小区面积应一致。小区形状一般为长方形。

4.2.3.5 试验重复

“2”试验可不设重复，但小区面积应大于4.2.3.4的规定。“X”试验应至少设3次重复，且定位试验不少于3年。采用随机区组排列，区组内土壤、地形等条件应相对一致。“X”试验可与“2”试验在同一试验条件下进行，也可单独布置。

4.2.3.6 田间管理与观察记载

按照NY/T 497的规定进行田间管理和观察记载。必要时，在蔬菜生长期间进行植株样品的采集和分析。

4.2.3.7 试验统计分析

按照NY/T 497的规定执行。

4.3 果树

4.3.1 试验设计原则

推荐采用“2+X”试验设计。“2”代表常规施肥和优化施肥2个处理，“X”代表氮肥总量控制、氮肥分期调控、果树配方肥料、中微量元素试验等拟研究内容的试验设计。“2”为必做试验，“X”为选做内容。

4.3.2 “X”动态优化施肥试验设计

4.3.2.1 氮肥总量控制(X1)试验

X1试验方案见表8。

表 8　X1 试验方案

试验编号	试验内容	处理	M	N	P	K
1	不施化学氮区	$MN_0P_2K_2$	＋	0	2	2
2	70％的优化氮区	$MN_1P_2K_2$	＋	1	2	2
3	优化氮区	$MN_2P_2K_2$	＋	2	2	2
4	130％的优化氮区	$MN_3P_2K_2$	＋	3	2	2
注 1：表中“M”代表有机肥料；“＋”代表施用有机肥，其种类在当地应该有代表性，有机肥的氮、磷、钾养分含量需要测定，施用数量在当地为中等偏下水平，一般宜为 $1\ m^3/667m^2$～$3\ m^3/667m^2$。 注 2：表中“0”代表不施化学氮肥，“2”代表适合于当地生产条件下的推荐施肥量，“1”代表“2”施氮量的 70％，“3”代表“2”施氮量的 130％。						

4.3.2.2　氮肥分期调控(X2)试验

设置 3 个处理：

a）一次性施氮肥，根据当地农民的习惯一次性施氮肥的时期(如苹果在 3 月上中旬)；

b）分次施氮肥，根据果树营养规律分次施用(如苹果分春、夏、秋 3 次施用)；

c）分次简化施氮肥，根据果树营养规律及土壤特性在处理 2 的基础上进行简化(如苹果可简化为夏、秋 2 次施肥)。在采用优化施氮肥量的基础上，磷、钾肥根据果树需肥规律与氮肥按优化比例投入。

4.3.2.3　果树配方肥料(X3)试验

设置 4 个处理：

a）农民常规施肥；

b）区域大配方施肥处理(大区域氮、磷、钾配比，包括基肥型和追肥型)；

c）局部小调整施肥处理(根据当地土壤养分含量进行适当调整)；

d）新型肥料处理(选择在当地有推广价值且养分配比适合供试果树的新型肥料如有机—无机复混肥、缓控释肥料等)。

4.3.2.4　中微量元素(X4)试验

果树中微量元素主要包括 Ca、Mg、S、Fe、Zn、Mn、B 等，按照因缺补缺的原则，在氮、磷、钾肥优化的基础上，试验以叶面喷施为主。在果树关键生长时期施用，喷施次数相同，喷施浓度根据肥料种类和养分含量换算成适宜的百分比浓度。

设置 3 个处理：

a）不施肥处理，即不施中微量元素肥料；

b）全施肥处理，根据区域及土壤背景设置施入可能缺乏的一种或多种中微量元素肥料；

c）减素施肥处理，在处理 2 的基础上，减去某一个中微量元素肥料。

4.3.3　试验实施

4.3.3.1　试验地选择

按照 4.1.2.1 规定的执行。其他要调查了解果园如土层厚度、障碍层、碳酸钙含量、土壤酸碱度限制性因素，选择做试验的地块宜具有土地利用的历史记录，选择农户科技意识较强的地块布置试验。

4.3.3.2　试验作物品种选择

田间试验应选择当地主栽果树树种或拟推广树种：北方应选苹果、梨、桃、葡萄和樱桃，南方应选柑橘、香蕉、菠萝和荔枝。树龄应以不同树种及品种盛果期树龄为主，乔砧果树推荐以 10 年～20 年生盛果期大树为宜，矮化密植果树推荐以 8 年～15 年生盛果期大树为宜。树种及品种的选择从供试品种中选择一种果树种类，此外，应选择以当地栽培面积较大且有代表性的主栽品种。

4.3.3.3　试验准备

试验应选择树龄、树势和产量相对一致的果树。一般选择同行相邻不少于 4 株果树做一个重复。

试验前采集土壤样品，按照测试要求制备土样。

4.3.3.4 试验小区

小区面积应不少于 4 棵同树龄果树，以供试果树栽培规格为基础，每个处理实际株数的树冠垂直投影区加行间面积计算小区面积。

4.3.3.5 试验重复

按照 4.2.3.5 规定的执行。

4.3.3.6 施肥方法

以放射沟和条沟法为主，或采用试验验证的高产施肥方法。

4.3.3.7 施肥时期

“X”动态优化施肥试验根据不同试验目的设计施肥时期，“2”试验根据果树年生长周期特点和高产栽培经验进行不同时期的肥料种类和数量(即肥料养分量比)分配。一般北方落叶果树按照萌芽期(3月上旬)、幼果期(6 月中旬)、果实膨大期(7 月～8 月)和采收后(秋冬季)分 3 个～4 个时期进行；常绿果树根据栽培目标分促梢肥、促花肥、膨果肥、采果肥等进行。

4.3.3.8 田间管理与观察记载

按照 NY/T 497 的规定，进行田间管理和观察记载。试验前采集基础土样进行测定，在果树营养性春梢停长、秋梢尚未萌发(叶片养分相对稳定期)采集叶片样品，收获期采集果实样品，分别进行叶片养分与果实品质测试。

4.3.3.9 试验统计分析

按照 4.2.3.7 规定的执行。

5 土壤样品采集、制备与测试

5.1 土壤样品采集与田间基本情况调查

土壤样品采集应具有代表性和可比性，并根据不同分析项目采取相应的采样和处理方法。

5.1.1 采样单元

根据土壤类型、土地利用方式和行政区划，将采样区域划分为若干个采样单元，每个采样单元的土壤性状要尽可能均匀一致。在确定采样点位时，形成采样点位图。实际采样时严禁随意变更采样点，若有变更应注明理由。

在采样之前进行农户调查，选择有代表性的地块。大田作物平均每个采样单元为 66 700 m^2～133 400 m^2(即 100 亩～200 亩)，平原区每 66 700 m^2～133 400 m^2(即 100 亩～200 亩)采 1 个样，丘陵区 20 010 m^2～53 360 m^2(即 30 亩～80 亩)采 1 个样。采样集中在位于每个采样单元相对中心位置的有代表性地块(同一农户的地块)，采样地块面积为 667 m^2～6 670 m^2(即 1 亩～10 亩)。

蔬菜平均每个采样单元为 6 670 m^2～13 340 m^2(即 10 亩～20 亩)，温室大棚作物每 20 个～30 个棚室或 6 670 m^2～10 005 m^2(即 10 亩～15 亩)采 1 个样。采样集中在位于每个采样单元相对中心位置的有代表性地块(同一农户的地块)，采样地块面积为 667 m^2～6 670 m^2(即 1 亩～10 亩)。

果树平均每个采样单元为 13 340 m^2～26 680 m^2(即 20 亩～40 亩)，地势平坦果园取高限，丘陵区果园取低限。采样集中在位于每个采样单元相对中心位置的有代表性地块(同一农户的地块)，采样地块面积为 667 m^2～3 335 m^2(即 1 亩～5 亩)。

有条件的地区，以农户地块为土壤采样单元。采用 GPS 定位仪定位，记录采样地块中心点的经纬度，精确到 0.1″。

5.1.2 采样时间

大田作物一般在秋季作物收获后、整地施基肥前采集；蔬菜一般在秋后收获后或播种施肥前采集，设施蔬菜在凉棚期采集；果树在上一个生育期果实采摘后下一个生育期开始之前，连续 1 个月未进行施肥后的任意时间采集土壤样品。

5.1.3　**采样周期**

同一采样单元，无机氮每季或每年采集1次；土壤有效磷、速效钾等一般2年～3年采集1次；中、微量元素一般3年～5年采集1次。肥料效应田间试验每季采样1次。尽量进行周期性原位取样。

5.1.4　**采样深度**

大田作物采样深度为0 cm～20 cm；蔬菜采样深度为0 cm～30 cm；果树采样深度为0 cm～60 cm，分为0 cm～30 cm、30 cm～60 cm采集基础土壤样品。如果果园土层薄(<60 cm)，则按照土层实际深度采集，或只采集0 cm～30 cm土层；用于土壤无机氮含量测定的采样深度应根据不同作物、不同生育期的主要根系分布深度来确定。

5.1.5　**采样点数量**

采样应多点混合，每个样点由15个～20个分点混合而成。

5.1.6　**采样路线**

采样时应沿着一定的线路，按照"随机"、"等量"和"多点混合"的原则进行采样。一般采用"S"形布点采样。在地形变化小、地力较均匀、采样单元面积较小的情况下，也可采用"梅花"形布点采样(见图1)。要避开路边、田埂、沟边、肥堆等特殊部位。混合样点的样品采集要根据沟、垄面积的比例确定沟、垄采样点数量。

图1　采样线路示意图

5.1.7　**采样方法**

每个采样分点的取土深度及采样量应保持一致，土样上层与下层的比例要相同。取样器应垂直于地面入土。用取土铲取样应先铲出一个耕层断面，再平行于断面取上。所有样品在采集过程中应防止各种污染。果树要在树冠滴水线附近或以树干为圆点向外延伸到树冠边缘的2/3处采集，距施肥沟(穴)10 cm左右，避开施肥沟(穴)，每株对角采2点。有滴灌设施的要避开滴灌头湿润区。

5.1.8　**样品量**

混合土样以取土1 kg左右为宜(用于田间试验和耕地地力评价的土样取土在2 kg以上，长期保存备用)，可用"四分法"将多余的土壤弃去。方法是将采集的土壤样品放在盘子里或塑料布上，粉碎、混匀，弃去石块、植物残体等杂物，铺成正方形，画对角线将土样分成4份，把对角的2份分别合并成1份，保留1份，弃去1份。如果所得的样品依然很多，可再用"四分法"处理，直至所需数量为止(见图2)。

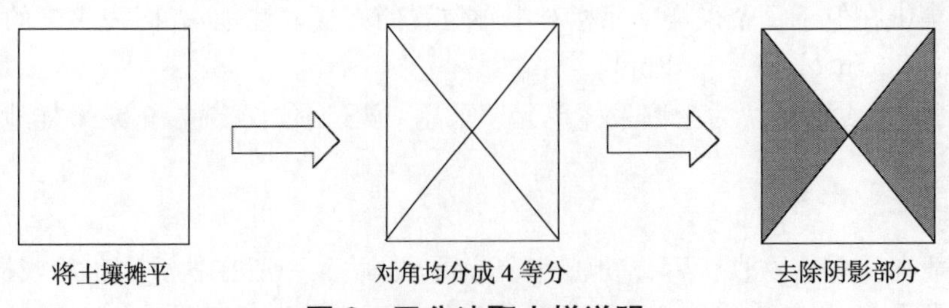

图2　四分法取土样说明

5.1.9 样品标记

采集的样品放入统一的塑料袋或牛皮纸样品袋，用铅笔写好标签，内外各具1张。采样标签样式见附录B。

5.1.10 田间基本情况调查

在土壤取样的同时，调查取样点田间基本情况，填写测土配方施肥采样地块基本情况调查表，见附录C。

5.2 土壤样品制备

5.2.1 新鲜样品

某些土壤成分如二价铁、硝态氮、铵态氮等在风干过程中会发生显著变化，应用新鲜样品进行分析。采集新鲜样品后应用保温箱保存，并及时送实验室，用粗玻璃棒或塑料棒将样品混匀后迅速称量测定。

新鲜样品一般不宜储存，如需要暂时储存，可将新鲜样品装入塑料袋，扎紧袋口，放在冰箱冷藏室或进行速冻保存。

5.2.2 风干样品

从野外采回的土壤样品要及时放在土壤风干盘上自然风干，也可放在样品盘上，摊成薄薄一层，置于干净整洁的室内通风处自然风干。严禁暴晒，并注意防止酸碱等气体及灰尘的污染。风干过程中要经常翻动土样并将大土块捏碎以加速干燥，同时剔除侵入体。

风干后的土样按照不同的分析要求研磨过筛，充分混匀后，装入样品瓶中备用。瓶内外各放标签1张，写明编号、采样地点、土壤名称、采样深度、细度、采样日期、采样人及制样时间、制样人等项目。制备好的样品要妥善储存，避免日晒、高温、潮湿和酸碱等气体的污染。全部分析工作结束、分析数据核实无误后，样品一般还要保存12月～18月，以备查询。对于试验价值大、需要长期保存的样品，应保存于棕色广口瓶中，用蜡封好瓶口。

5.2.2.1 一般化学分析试样

将风干后的样品平铺在制样板上，用木棍或塑料棍碾压，并将植物残体、石块等侵入体和新生体剔除干净。细小已断的植物须根，可采用静电吸附的方法清除。也可将土壤中侵入体和植株残体剔除后采用不锈钢土壤粉碎机制样。压碎的土样用2 mm孔径筛过筛，未通过的土粒重新碾压，直至全部样品通过2 mm孔径筛为止。将通过2 mm孔径筛的土样用四分法取出约100 g继续研磨，余下的通过2 mm孔径筛的土样用四分法取500 g装瓶，用于pH、盐分、交换性能及有效养分等项目的测定。取出约100 g通过2 mm孔径筛的土样继续研磨，使之全部通过0.25 mm孔径筛，装瓶用于有机质、全氮、碳酸钙等项目的测定。

5.2.2.2 微量元素分析试样

用于微量元素分析的土样，其处理方法同一般化学分析样品，但在采样、风干、研磨、过筛、运输、储存等环节，不要接触容易造成样品污染的铁、铜等金属器具。采样、制样推荐使用不锈钢、木、竹或塑料工具，过筛使用尼龙网筛等。通过2 mm孔径尼龙筛的样品可用于测定土壤有效态微量元素。

5.2.2.3 颗粒分析试样

将风干土样反复碾碎，用2 mm孔径筛过筛。留在筛上的碎石称量后保存，同时将过筛的土壤称重，计算石砾质量的百分数。将通过2 mm孔径筛的土样混匀后盛于广口瓶内，用于颗粒分析及其他物理性状测定。

若风干土样中有铁锰结核、石灰结核或半风化体，不能用木棍碾碎，应首先将其细心拣出称量保存，然后再进行碾碎。

5.3 土壤样品测试

5.3.1 土壤质地

按NY/T 1121.3的规定执行。

5.3.2 土壤容重

按 NY/T 1121.4 的规定执行。

5.3.3 土壤水分

5.3.3.1 土壤含水量

按 NY/T 52 的规定执行。

5.3.3.2 土壤田间持水量

按 NY/T 1121.22 的规定执行。

5.3.4 土壤酸碱度和石灰需要量

5.3.4.1 土壤 pH

按 NY/T 1121.2 的规定执行。

5.3.4.2 土壤交换酸

按 HJ 649 的规定执行。

5.3.4.3 石灰需要量

按照 LY/T 1242 的规定执行。

5.3.5 土壤阳离子交换量

石灰性土壤按 NY/T 1121.5 的规定执行;中性土壤按 NY/T 295 的规定执行;酸性土壤按 LY/T 1243 的规定执行。

5.3.6 土壤水溶性盐分

5.3.6.1 土壤水溶性盐总量

按 NY/T 1121.16 的规定执行。

5.3.6.2 碳酸盐和重碳酸盐

按 LY/T 1251 的规定执行。

5.3.6.3 氯离子

按 NY/T 1121.17 的规定执行。

5.3.6.4 硫酸根离子

按 NY/T 1121.18 的规定执行。

5.3.6.5 水溶性钙、镁离子

按 LY/T 1251 的规定执行。

5.3.6.6 水溶性钾、钠离子

按 LY/T 1251 的规定执行。

5.3.7 土壤氧化还原电位

按 HJ 746 的规定执行。

5.3.8 土壤有机质

按 NY/T 1121.6 的规定执行。

5.3.9 土壤氮

5.3.9.1 土壤全氮

按 NY/T 53 的规定执行。

5.3.9.2 土壤水解性氮

按 LY/T 1229 的规定执行。

5.3.9.3 土壤铵态氮

按 HJ 634 的规定执行。

5.3.9.4 **土壤硝态氮**

按 HJ 634 的规定执行。

5.3.10 **土壤有效磷**

酸性土壤按 NY/T 1121.7 的规定执行,中性和石灰性土壤按 LY/T 1233 的规定执行。

5.3.11 **土壤钾**

5.3.11.1 **土壤缓效钾**

按 NY/T 889 的规定执行。

5.3.11.2 **土壤速效钾**

按 NY/T 889 的规定执行。

5.3.12 **土壤交换性钙镁**

按 NY/T 1121.13 的规定执行。

5.3.13 **土壤有效硫**

按 NY/T 1121.14 的规定执行。

5.3.14 **土壤有效硅**

按 NY/T 1121.15 的规定执行。

5.3.15 **土壤有效铜、锌、铁、锰**

按 NY/T 890 的规定执行。

5.3.16 **土壤有效硼**

按 NY/T 1121.8 的规定执行。

5.3.17 **土壤有效钼**

按 NY/T 1121.9 的规定执行。

测土配方施肥土壤样品测试项目汇总表见表 9。

表 9 测土配方施肥土壤样品测试项目汇总表

测试项目		大田作物测土施肥	蔬菜测土施肥	果树测土施肥
1	土壤质地指测法	必测		
2	土壤质地,比重计法	选测		
3	土壤容重	选测		
4	土壤含水量	选测		
5	土壤田间持水量	选测		
6	土壤 pH	必测	必测	必测
7	土壤交换酸	选测		
8	石灰需要量	pH<6 的样品必测	pH<6 的样品必测	pH<6 的样品必测
9	土壤阳离子交换量	选测		选测
10	土壤水溶性盐分	选测	必测	必测
11	土壤氧化还原电位	选测		
12	土壤有机质	必测	必测	必测
13	土壤全氮	必测		
14	土壤水解性氮	至少测试 1 项	至少测试 1 项	必测
15	土壤铵态氮			
16	土壤硝态氮			
17	土壤有效磷	必测	必测	必测
18	土壤缓效钾	必测		
19	土壤速效钾	必测	必测	必测
20	土壤交换性钙镁	pH<6.5 的样品必测	选测	必测

表 9（续）

测试项目		大田作物测土施肥	蔬菜测土施肥	果树测土施肥
21	土壤有效硫	必测		
22	土壤有效硅	选测		
23	土壤有效铁、锰、铜、锌、硼	必测	选测	选测
24	土壤有效钼	选测，豆科作物产区必测	选测	

6 植株样品采集、制备与测试

6.1 植物样品的采集

6.1.1 采样要求

采样应具有代表性、典型性和适时性。

代表性：采集样品能符合群体情况。

典型性：采样的部位能反映所要了解的情况。

适时性：根据研究目的，在不同生长发育阶段，定期采样。

6.1.2 样品采集

6.1.2.1 粮食作物

粮食作物一般采用多点取样，避开田边 1 m，按“梅花”形（适用于采样单元面积小的情况）或“S”形采样法采样。采集作物籽粒、秸秆和叶片部位样品，在采样区内采取不少于 10 个样点的样品组成一个混合样。采样量根据检测项目而定，籽实样品一般为 1 kg 左右，装入纸袋或布袋；秸秆及叶片为 2 kg，用塑料纸包扎好。

6.1.2.2 棉花样品

棉花样品包括茎秆、空桃壳、叶片、籽棉、脱落物等部分。样株选择和采样方法参照粮食作物。按样区采集籽棉，第一次采摘后将籽棉放在通透性较好的网袋中晾干（或晒干），以后每次收获时均装入网袋中。各次采摘结束后，将同一取样袋中的籽棉作为该采样区籽棉混合样。脱落物包括生长期间掉落的叶片和蕾铃。收集要在开花后，即多次在定点观察植株上进行，并合并各次收集的脱落物。

6.1.2.3 油菜样品

油菜样品包括籽粒、角壳、茎秆、叶片等部分。样株选择和采样方法参照粮食作物。鉴于油菜在开花后期开始落叶，至收获期植株上叶片基本全部掉落，叶片的取样应在开花后期，每区采样点不应少于 10 个（每点至少 1 株），采集油菜植株全部叶片。

6.1.2.4 蔬菜样品

蔬菜品种繁多，可大致分为叶菜、根菜、瓜果 3 类，按需要确定采样对象。菜地采样可按对角线或“S”形法布点，采样点不应少于 10 个，采样量根据样本个体大小确定，一般每个点的采样量不少于 1 kg。

6.1.2.4.1 叶类蔬菜样品

从多个样点采集的叶类蔬菜样品。

对于个体较小的样本，如油菜、小白菜等，采样量应不少于 30 株；对于个体较大的样本，如大白菜等，采样量应不少于 5 株。分别装入塑料袋，粘贴标签，扎紧袋口。如需用新鲜样本进行测定，采样时最好连根带土一起挖出，用湿布或塑料袋装，防止萎蔫。采集根部样品时，在抖落泥土或洗净泥土的过程中应尽量保持根系的完整。

6.1.2.4.2 瓜果类蔬菜样品

果菜类植株采样量应不少于 10 株，果实与茎叶分别采取。设施蔬菜地植株取样时应统一在每行中间取植物样，以保证样品的代表性。对于经常打掉老叶的设施果类蔬菜试验，需要记录老叶的干物质重量；多次采收计产的蔬菜需要计算经济产量及最后收获时茎叶重量包括打掉老叶的重量。

6.1.2.5 果树样品

6.1.2.5.1 果实样品

进行"X"动态优化施肥试验的果园，要求每个处理都应采样。基础施肥试验面积较大时，在平坦果园可采用对角线法布点采样，由采样区的一角向另一角引一对角线，在此线上等距离布设采样点；山地果园应按等高线均匀布点，采样点一般不应少于10个。对于树型较大的果树，采样时应在果树的上、中、下、内、外部的果实着生方位（东南西北）均匀采摘果实。将各点采摘的果品进行充分混合，按四分法缩分，根据检验项目要求，最后分取所需份数，每份20个～30个果实，分别装入袋内，粘贴标签，扎紧袋口。

6.1.2.5.2 叶片样品

一般分为落叶果树和常绿果树采集叶片样品。落叶果树，在6月中下旬至7月初营养性春梢停长、秋梢尚未萌发即叶片养分相对稳定期，采集新梢中部第7片～9片成熟正常叶片（完整无病虫叶），分树冠中部外侧的4个方位进行；常绿果树，在8月～10月（即在当年生营养春梢抽出后4个月～6个月）采集叶片，应在树冠中部外侧的4个方位采集生长中等的当年生营养春梢顶部向下第3叶（完整无病虫叶）。采样时间一般以8:00～10:00采叶为宜。一个样品采10株，样品数量根据叶片大小确定，苹果等大叶一般50片～100片；杏、柑橘等一般100片～200片；葡萄要分叶柄和叶肉两部分，用叶柄进行养分测定。

6.1.3 标签内容

包括采样序号、采样地点、样品名称、采样人、采集时间和样品处理号等。

6.1.4 采样点调查内容

包括作物品种、土壤名称（或当地俗称）、成土母质、地形地势、耕作制度、前茬作物及产量、化肥农药施用情况、灌溉水源、采样点地理位置简图和坐标。

6.2 植株样品处理与保存

6.2.1 大田作物

粮食籽实样品应及时晒干脱粒，充分混匀后用四分法缩分至所需量。需要洗涤时，注意时间不宜过长并及时烘干。为了防止样品变质、虫咬，需要定期进行风干处理。使用不污染样品的工具将籽实粉碎，用0.5 mm筛子过筛制成待测样品。带壳类粮食如稻谷应去壳制成糙米，再进行粉碎过筛。测定微量元素含量时，不要使用能造成污染的器械。

完整的植株样品先洗干净，用不污染待测元素的工具粉碎样品，充分混匀用四分法缩分至所需的量，制成鲜样或于60℃烘箱中烘干后粉碎备用。

6.2.2 蔬菜

完整的植株样品先洗干净，根据作物生物学特性差异，采用能反映特征的植株部位，用不污染待测元素的工具粉碎样品，充分混匀用四分法缩分至所需的数量，制成鲜样或于85℃烘箱中杀酶10 min后，保持65℃～70℃恒温烘干后粉碎备用。田间所采集的新鲜蔬菜样品若不能马上进行分析测定，应将新鲜样品装入塑料袋，扎紧袋口，放在冰箱冷藏室或进行速冻保存。

6.2.3 果树

完整的植株叶片样品先洗干净，洗涤方法是先将中性洗涤剂配成1 g/L的水溶液，再将叶片置于其中洗涤30 s，取出后尽快用清水冲掉洗涤剂，再用2 g/L盐酸溶液洗涤约30 s，然后用二级水洗净。整个操作应在2 min内完成。叶片洗净后应尽快烘干，一般是将洗净的叶片用滤纸吸去水分，先置于105℃鼓风干燥箱中杀酶15 min～20 min，然后保持在75℃～80℃条件下恒温烘干。烘干的样品从烘箱取出冷却后随即放入塑料袋里，用手在袋外轻轻搓碎，然后在玛瑙研钵或玛瑙球磨机或不锈钢粉碎机中磨细（若仅测定大量元素的样品可使用瓷研钵或一般植物粉碎机磨细），用直径0.25 mm（60目）尼龙筛过筛。干燥磨细的叶片样品，可用磨口玻璃瓶或塑料瓶储存。若需长期保存，则应将密封瓶置于－5℃以下冷藏。

果实样品测定品质(糖酸比等)时,应及时将果皮洗净并尽快进行,若不能马上进行分析测定,应暂时放入冰箱保存。需测定养分的果实样品,洗净果皮后将果实切成小块,充分混匀用四分法缩分至所需的数量后制成匀浆,或仿叶片干燥、磨细、储存方法进行处理。

6.3 植物样品测试

6.3.1 全氮、全磷、全钾

全氮按照 NY/T 2419 的规定执行;全磷按照 NY/T 2420 的规定执行;全钾按照 NY/T 2421 的规定执行。

6.3.2 水分

常压恒温干燥法或减压干燥法测定,参见 D.1。

6.3.3 粗灰分

干灰化法测定,参见 D.2。

6.3.4 全钙、全镁、全硫、全钼、全硼和全量铜、锌、铁、锰

全钙、全镁参见 D.3。全硫参见 D.4。全钼参见 D.5。全硼参见 D.6。全量铜、锌、铁、锰参见 D.7。

6.4 植株营养诊断

6.4.1 硝态氮田间快速诊断

水浸提,硝酸盐反射仪法测定。

6.4.2 冬小麦/夏玉米植株氮营养田间诊断

小麦茎基部、夏玉米最新展开叶叶脉中部榨汁,硝酸盐反射仪法测定。

6.4.3 水稻氮营养快速诊断

叶绿素仪或叶色卡法测定。

6.4.4 蔬菜叶片营养诊断

取幼嫩成熟叶片的叶柄,剪碎加三级水或 2%的醋酸溶液研磨成浆状,稀释定容,提取液用紫外分光光度法或反射仪法测定硝态氮,钼锑抗显色分光光度法测无机磷(应在 2 h 内完成),火焰光度法或原子吸收分光光度计法测定全钾。

6.4.5 果树叶片营养诊断

按照 6.1.2.5.2 和 6.2.3 规定的方法采集和制备叶片样品,用硫酸—过氧化氢消煮,蒸馏滴定法测定全氮,钒钼黄显色分光光度法测定全磷,火焰光度法或原子吸收分光光度计法测定全钾。

6.4.6 叶片金属营养元素快速测试

盐酸溶液浸提快速法:称取样品 1 g(称准至 0.1 mg)置于锥形瓶中,加入 1 mol/L 盐酸溶液 50 mL,置于振荡机上振荡 1.5 h,振荡频率为 180 次/min~250 次/min,过滤。滤液供原子吸收分光光度法或电感耦合等离子体发射光谱法测定钾、钙、镁、铁、锰、铜和锌等元素。

6.5 品质测定

6.5.1 维生素 C

按照 GB 6195 的规定执行。

6.5.2 硝酸盐

水提取—硝酸盐反射仪法测定。

6.5.3 可溶性固形物

手持式糖量计测定法或阿贝折射仪测定法(测定方法详见相应仪器说明书)。

6.5.4 可溶性糖

蔬菜等含糖量较低的样品,按照 NY/T 1278 的规定执行。瓜果等含糖量较高样品按照 NY/T

2742 的规定执行。

6.5.5 可滴定酸

按照 GB 12293 的规定执行。

测土配方施肥植株样品测试项目汇总表见表 10。

表 10 测土配方施肥植株样品测试项目汇总表

测试项目		大田作物测土配方施肥	蔬菜测土配方施肥	果树测土配方施肥
1	全氮、全磷、全钾	必测	必测	必测
2	水分	必测	必测	必测
3	粗灰分	选测	选测	选测
4	全钙、全镁	选测	选测	选测
5	全硫	选测	选测	选测
6	全硼、全钼	选测	选测	选测
7	全量铜、锌、铁、锰	选测	选测	选测
8	硝态氮田间快速诊断	选测	选测	选测
9	冬小麦/夏玉米植株氮营养田间诊断	选测		
10	水稻氮营养快速诊断	选测		
11	蔬菜叶片营养诊断		必测	
12	果树叶片营养诊断			必测
11	叶片金属营养元素快速测试		选测	选测
12	维生素 C		选测	选测
13	硝酸盐		选测	选测
14	可溶性固形物			选测
15	可溶性糖			选测
16	可滴定酸			选测

7 肥料用量确定与肥料配方设计

7.1 肥料用量确定

7.1.1 土壤与植物测试推荐方法

7.1.1.1 氮素实时监控

a) 小麦、玉米等旱地作物，根据不同土壤、不同作物、同一作物的不同品种、不同目标产量确定作物需氮量。一般以需氮量的 30%～60%作为基肥用量，具体基施比例根据土壤全氮含量，同时参照当地丰缺指标来确定。在全氮含量偏低时，宜采用需氮量的 50%～60%作为基肥；在全氮含量居中时，宜采用需氮量的 40%～50%作为基肥；在全氮含量偏高时，宜采用需氮量的 30%～40%作为基肥；

b) 有条件的地区可在播种前对 0 cm～20 cm 土壤无机氮(或硝态氮)进行监测，调节基肥用量。按式(1)计算；

$$X_1 = \frac{(Y - N) \times F_1}{x_1} \quad (1)$$

式中：

X_1 ——基肥用量，单位为千克每 667 平方米(kg/667 m^2)；

Y ——目标产量需氮量，单位为千克每 667 平方米(kg/667 m^2)；

N ——土壤无机氮，单位为千克每 667 平方米(kg/667 m^2)；

F_1 ——基肥比例，范围为 30%～60%；

x_1 ——肥料中养分含量；

计算结果保留 4 位有效数字。

c) 氮肥追肥用量推荐以作物关键生育期的营养状况诊断或土壤硝态氮的测试为依据，测试项目主要是土壤全氮含量、土壤硝态氮含量或小麦拔节期茎基部硝酸盐含量、玉米最新展开叶叶脉中部硝酸盐含量，水稻采用叶色卡或叶绿素仪进行叶色诊断，见 6.4。

7.1.1.2 磷钾养分恒量监控

a) 磷肥根据土壤有效磷测试结果和养分丰缺指标确定。当有效磷水平处在中等偏上时，磷肥用量为目标产量需要量的 100%～110%；随着有效磷含量的增加，应减少磷肥用量，直至不施；随着有效磷的降低，应适当增加磷肥用量；在极缺磷的土壤上，施用量为需要量的 150%～200%。在 2 年～3 年后再次测土时，根据土壤有效磷和产量的变化再对磷肥用量进行调整；

b) 钾肥应首先需要确定施用钾肥是否有效，再参照磷肥用量确定方法确定钾肥用量，但要扣除有机肥和秸秆还田带入的钾量；

c) 一般大田作物磷、钾肥料全部用作基肥。

7.1.1.3 中微量元素养分矫正施肥

通过土壤测试和田间试验，评价土壤中、微量元素养分的丰缺状况，进行有针对性的因缺补缺施肥。

7.1.2 肥料效应函数法

根据“3414”试验结果建立当地主要作物的肥料效应函数，直接获得某一区域、某种作物的氮、磷、钾肥料的最佳施用量。

7.1.3 土壤养分丰缺指标法

根据土壤养分测试和田间肥效试验结果，建立大田作物不同区域的土壤养分丰缺指标。

土壤养分丰缺指标田间试验可采用“3414”部分实施方案，详见 4.1.1.2。其中，处理 2、处理 4、处理 8 为缺素区(即 PK、NK 和 NP)，处理 6 为全肥区(NPK)，用缺素区产量占全肥区产量百分数(相对产量)作为土壤养分丰缺指标确定依据，见表 11。进而确定适用于某一区域、某种作物的土壤养分及对应的肥料施用数量。

表 11 土壤养分丰缺指标确定依据

土壤养分丰缺状况	缺素区产量占全肥区产量百分数，%
低	低于 60(不含)
较低	60～75(不含)
中	75～90(不含)
较高	90～95(不含)
高	95(含)以上

7.1.4 养分平衡法

7.1.4.1 地力差减法

根据作物目标产量与基础产量之差来计算施肥量的一种方法，该方法主要用于氮素用量的确定。按式(2)计算。

$$X_2 = \frac{Y_t \times A_1 - Y_0 \times A_0}{x_1 \times R} \quad \cdots\cdots (2)$$

式中：

X_2 ——施肥量，单位为千克每 667 平方米(kg/667 m²)；

Y_t ——目标产量，单位为千克每 667 平方米(kg/667 m²)；

A_1 ——全肥区单位经济产量的养分吸收量；

Y_0 ——缺素区产量，单位为千克每 667 平方米(kg/667 m²)；

A_0 ——缺素区单位经济产量的养分吸收量；

R ——肥料利用率。

计算结果保留 4 位有效数字。

7.1.4.2 目标产量法

根据作物目标产量需肥量与土壤供肥量之差估算施肥量，按式(3)计算。

$$X_2 = \frac{N_t - N_0}{x_1 \times R} \quad \cdots\cdots (3)$$

式中：

N_t——目标产量所需养分总量，单位为千克每 667 平方米(kg/667 m^2)；

N_0——土壤供肥量，单位为千克每 667 平方米(kg/667 m^2)。

计算结果保留 4 位有效数字。

7.1.4.3 有关参数的确定

a) 目标产量可利用施肥区前 3 年平均单产和年递增率为基础确定，按式(4)计算。

$$Y_t = (1 + a) \times y_m \quad \cdots\cdots (4)$$

式中：

a ——递增率，粮食作物的递增率为 10%～15%；

y_m——前 3 年平均单产，单位为千克每 667 平方米(kg/667 m^2)。

计算结果保留 4 位有效数字。

b) 作物需肥量通过对正常成熟作物全株养分分析，测定作物百千克经济产量所需养分量，乘以目标产量确定。按式(5)计算。

$$D_t = Y_t \times U/100 \quad \cdots\cdots (5)$$

式中：

D_t——作物需肥量，单位为千克每 667 平方米(kg/667 m^2)；

U ——百千克产量所需养分量，单位为千克(kg)。

计算结果保留 4 位有效数字。

c) 土壤供肥量可根据不施肥区作物所吸收的养分量确定。按式(6)计算。

$$N_0 = Y'_0 \times U/100 \quad \cdots\cdots (6)$$

式中：

Y'_0——不施该养分区作物产量，单位为千克每 667 平方米(kg/667 m^2)。

计算结果保留 4 位有效数字。

d) 肥料利用率采用差减法计算：施肥区作物吸收的养分量与缺素区作物吸收养分量的差值，除以所用肥料养分量。按式(7)计算。

$$R = \frac{U_1 - U_0}{F_2 \times x_2} \times 100 \quad \cdots\cdots (7)$$

式中：

U_1——施肥区作物吸收该养分量，单位为千克每 667 平方米(kg/667 m^2)；

U_0——缺素区作物吸收该养分量，单位为千克每 667 平方米(kg/667 m^2)；

F_2——肥料施用量，单位为千克每 667 平方米(kg/667 m^2)；

x_2——肥料中该养分含量。

计算结果保留 3 位有效数字。

7.2 肥料配方设计

7.2.1 基于地块的肥料配方设计

基于地块的肥料配方设计首先确定氮、磷、钾养分用量，然后确定相应的肥料组合。具体氮、磷、钾肥用量见 7.1。

7.2.2 施肥单元确定与肥料配方设计

7.2.2.1 施肥单元确定

以县域土壤类型（土种）、土地利用方式和行政区划（村）的结合作为施肥单元，具体工作中可应用土壤图、土地利用现状图和行政区划图叠加生成施肥单元。

7.2.2.2 肥料配方设计

a) 根据每个施肥单元的作物产量和氮、磷、钾及微量元素肥料的需要量设计肥料配方，设计配方时可只考虑氮、磷、钾的比例，暂不考虑微量元素肥料。在氮、磷、钾三元素中，可优先考虑磷、钾的配比设计肥料配方，在此基础上以不过量施用为原则设计氮的含量；

b) 区域肥料配方一般包括基肥配方和追肥配方，以县为单位分别设计。区域肥料配方设计以施肥单元肥料配方为基础，应用相应的数学方法（如聚类分析、线性规划等）将大量的配方综合，形成配方科学、工艺可行、性状稳定的区域主推肥料配方。

7.2.3 制作县域施肥分区图

区域肥料配方设计完成后，按照既经济又节肥的原则为每一个施肥单元推荐肥料配方。具有相同肥料配方的施肥指导单元即为同一个施肥分区，将施肥单元图根据肥料配方进行渲染后形成县域施肥分区图。

7.2.4 肥料配方校验

在肥料配方应用的作物和区域，开展肥料配方验证试验。

8 配方肥料合理施用

8.1 施肥原则

在养分需求与供应平衡的基础上，坚持有机肥料与无机肥料相结合，坚持大量元素与中微量元素相结合，坚持基肥与追肥相结合，坚持施肥与其他措施相结合。在确定肥料配方和用量后，选择适宜肥料种类、确定施肥时期和施肥方法等。

8.2 肥料种类

根据肥料配方和种植作物，选择配方相同或相近的复混肥料，也可选用单质或复混肥料自行配制。

8.3 施肥时期

根据作物阶段性养分需求特性、灌溉条件和肥料性质，确定施肥时期。配方肥料主要作为基肥施用。

8.4 施肥方法

应根据作物种类、栽培方式、灌溉方式、肥料性质、施肥设备等确定适宜的施肥方法。常用的施肥方式有撒施后耕翻、条施、穴施等。有条件的地区推荐采用水肥一体化、机械深施、种肥同播等先进施肥方式。

附　录　A
（规范性附录）
测土配方施肥“3414”（作物名）田间试验结果汇总表

A.1　土壤测试结果

见表 A.1。

表 A.1　土壤测试结果*

编号：________________

地点：______省______地（市）______县________（乡村农户地块名），邮编：______；东经：___度___分___秒，北纬：___度___分___秒；海拔______m

土名：______土类______亚类______土属______土种；地下水位$_{通常}$__m$_{最高}$__m$_{最低}$__m；灌溉能力________；障碍因素________；耕层厚度______cm

土体构型：__________；地形部位及农田建设：__________；侵蚀程度______；肥力等级______；代表面积_____亩；取土时期_____年_____月_____日

取样层次 cm	有机质 g/kg	全氮 g/kg	碱解氮 mg/kg	全磷 g/kg	有效磷 mg/kg	全钾 g/kg	缓效钾 mg/kg	速效钾 mg/kg	交换量 cmol(+)/kg	碳酸钙 g/kg	pH	国际制质地	容重 g/cm^3	土壤结构	有效微量元素 mg/kg						其他 mg/kg			
															Fe	Mn	Cu	Zn	B	Mo	Ca	Mg	S	Si
0～																								
～																								

* 土壤测试需注明具体测试方法（测试方法参照本规范），养分以单质表示。注意编号与附录 C 一致。

A.2　试验目的、原理和方法

A.3　供试作物品种、名称及特征描述（田间生长期：______年______月______日—______年______月______日）

A.4　田间操作、天气及灾害情况表

见表 A.2。

表 A.2 田间操作、天气及灾害情况表

灌溉	日期						合计	生长季降水量	日期						合计	年降水总量
	m^3/亩								mm							
其他农事活动及灾害	月、日														无霜期	≥10℃积温
	活动现象													生长季		℃
														全年		℃

A.5 试验设计与结果

见表 A.3。

表 A.3 试验设计与结果

处理	序号	1	2	3	4	5	6	7	8	9	10	11	12	13	14	15	16	17	18
	代码	$N_0P_0K_0$	$N_0P_2K_2$	$N_1P_2K_2$	$N_2P_0K_2$	$N_2P_1K_2$	$N_2P_2K_2$	$N_2P_3K_2$	$N_2P_2K_0$	$N_2P_2K_1$	$N_2P_2K_3$	$N_3P_2K_2$	$N_1P_1K_2$	$N_1P_2K_1$	$N_2P_1K_1$				
亩产 kg	重复Ⅰ																		
	重复Ⅱ																		
	重复Ⅲ																		

注 1:处理序号须与方案中的编号一致

注 2:本次试验是否代表常年情况:

注 3:前季作物:名称: 品种: 产量(kg): 施肥量($kg/667m^2$):N: P_2O_5: K_2O: 是否代表常年:

注 4:试验 2 水平处理的施肥量($kg/667m^2$):N: P_2O_5: K_2O: 其他(注明元素及用量):

填报单位:______ 邮编:______ 电话:______ 传真:______ 联系人:______ 填报时间:______

附 录 B
(规范性附录)
土壤采样标签(式样)

统一编号:____________________________

邮编:____________________________

采样时间:__________年________月________日__________时

采样地点:__________省__________地市__________县(区)__________乡(镇)

__________村__________(农户地块名)

地块在村的(中部、东部、南部、西部、北部、东南、西南、东北、西北)

采样深度:①0 cm~20 cm ②__________ cm(不是①的,在②填写),该土样由点混合(规范要求15点~20点)

经度:________度________分________秒　　　纬度:________度________分________秒

采样人:______________________

联系电话:______________________

附　录　C
（规范性附录）
测土配方施肥采样地块基本情况调查表

测土配方施肥采样地块基本情况调查见表 C.1。

表 C.1　测土配方施肥采样地块基本情况调查表

统一编号：　　　　调查组号：　　　　采样序号：

采样目的：　　　　采样日期：　　　　上次采样日期：

地理位置	省(市)名称		地(市)名称		县(旗)名称	
	乡(镇)名称		村组名称		邮政编码	
	农户名称		地块名称		电话号码	
	地块位置		距村部距离,m		/	/
	纬度(度:分:秒)		经度(度:分:秒)		海拔高度,m	
自然条件	地貌类型		地形部位		/	/
	地面坡度,°		田面坡度,°		坡向	
	通常地下水位,m		最高地下水位,m		最深地下水位,m	
	常年降水量,mm		常年有效积温,℃		常年无霜期,d	
生产条件	农田基础设施		排水能力		灌溉能力	
	水源条件		输水方式		灌溉方式	
	熟制		典型种植制度		常年产量水平,kg/亩	作物 1
						作物 2
						作物 3
土壤情况	土类		亚类		土属	
	土种		俗名		/	/
	成土母质		剖面构型		土壤质地(手测)	
	土壤结构		障碍因素		侵蚀程度	
	耕层厚度,cm		采样深度,cm		/	/
	田块面积,亩		代表面积,亩		/	/
来年种植意向	茬口	第一季	第二季	第三季	第四季	第五季
	作物名称					
	品种名称					
	目标产量					
采样调查单位	单位名称				联系人	
	地址				邮政编码	
	电话		传真		采样调查人	
	E-mail					

注：每一取样地块一张表。

附 录 D
(资料性附录)
植物样品测定方法

D.1 水分(常压恒温干燥法)

D.1.1 范围

本方法适用于不含易热解和易挥发成分的植物样品中的水分测定。

D.1.2 测定原理

将植物样品放置于100℃～105℃烘箱中进行烘干,通过样品的烘干失重(即水分质量)计算出样品中的水分含量。

D.1.3 仪器设备

D.1.3.1 植物样品粉碎机。

D.1.3.2 电热恒温鼓风烘干箱,能自动控制温度±2℃。

D.1.3.3 铝盒:高2 cm、直径4.6 cm。

D.1.3.4 干燥器及硅胶。

D.1.3.5 分析天平:感量0.001 g。

D.1.4 分析步骤

D.1.4.1 风干植物样品水分的测定

取洁净铝盒,打开盒盖,放入100℃～105℃烘箱中烘30 min,取出,盖好,移入盛有硅胶的干燥器中冷至室温(约需30 min),立即迅速称量。再烘30 mim,称量,2次称量之差小于1 mg可算作达恒重(m_0)。将粉碎(1 mm)、混匀的风干植物试样约3 g,平铺在已达恒重的铝盒中,准确称量后(m_1),将盖子放在盒底下,移入已预热至约115℃的烘箱中,关好箱门,调整温度在100℃～105℃,烘干4 h～5 h取出,盖好盒盖,移入干燥器中冷却至室温后称量。再同法烘干约2 h,再称量(m_2),直到前后两次质量之差小于2 mg为止。

D.1.4.2 新鲜植物样品水分的测定

取一小烧杯,放入约5 g干净的纯沙和一支小玻棒(水分不多可不加),移入100℃～105℃烘箱中烘至恒重(m'_0)。将剪碎、混匀的新鲜植物样品约5 g于小烧杯中,与沙拌匀后再称重(m'_1)。将杯和样品先在50℃～60℃鼓风烘干箱中鼓风烘3 h～4 h,样品烘脆后用玻棒轻轻压碎,然后再在100℃～105℃不鼓风烘3 h～4 h,冷却、称重。再同法烘约2 h,再称重,至恒重为止(m'_2)。

D.1.5 结果计算

D.1.5.1 风干植物样品的水分ω,以质量分数表示,单位为百分率(%),按式(D.1)计算。

$$\omega = \frac{m_1 - m_2}{m_1 - m_0} \times 100 \quad \text{(D.1)}$$

式中:

m_0——空铝盒质量,单位为克(g);

m_1——风干植物试样及铝盒质量,单位为克(g);

m_2——烘干植物试样及铝盒质量,单位为克(g)。

平行测定结果,用算术平均值表示,保留到小数点后2位。

D.1.5.2　新鲜植物样品的水分 ω_1，以质量分数表示，单位为百分率(%)，按式(D.2)计算。

$$\omega_1 = \frac{m'_1 - m'_2}{m'_1 - m'_0} \times 100 \quad \cdots\cdots (D.2)$$

式中：

m'_0——小烧杯和沙、玻棒质量，单位为克(g)；

m'_1——新鲜植物试样及烧杯和海沙、玻棒质量，单位为克(g)；

m'_2——烘干植物试样及烧杯和海沙、玻棒质量，单位为克(g)。

平行测定结果，用算术平均值表示，保留到小数点后2位。

D.1.6　精密度

两次平行测定结果的允许误差：风干样小于0.2%，新鲜样小于0.5%。

D.1.7　注释

新鲜植物组织水分较多，不宜直接在100℃烘干，因为高温下外部组织容易形成干壳，以致内部组织中的水分不易逐出。因此，须先在较低温度下初步烘干，再升温至100℃～150℃烘干。

D.2　粗灰分(干灰化法)

D.2.1　范围

本方法适用于植株样品粗灰分的测定。

D.2.2　测定原理

植株样品经低温炭化和高温灼烧，除尽水分和有机质，剩下不可燃部分为灰分元素的氧化物等，称量后即可计算粗灰分质量分数。

D.2.3　仪器设备

D.2.3.1　瓷坩埚。

D.2.3.2　长柄坩埚钳。

D.2.3.3　附有调压器的电炉。

D.2.3.4　附有温度控制器的高温电炉。

D.2.4　试剂

乙醇溶液(95%)，分析纯。

D.2.5　分析步骤

D.2.5.1　粗灰分测定

将标有号码的瓷坩埚在600℃高温电炉中灼烧15 min～30 min，移至炉门口稍冷，置于干燥器中冷却至室温(20 min～30 min)，称量，再次灼烧、冷却、称量，至恒重为止。

在已知质量的坩埚中，称取2.000 g～3.000 g研碎(1 mm)的风干植物试样，加1 mL～2 mL乙醇溶液(D.2.4)，使样品湿润。然后把坩埚放在调压电炉上，坩埚盖斜放，调节电炉温度使缓缓加热炭化，烧至烟冒尽时，移入高温电炉中，加热至525℃，保持约1 h，烧至灰分近于白色为止。将坩埚移到炉门口，待冷至200℃以下，再移入干燥器中冷却至室温(约30 min)，立即称量。随后再次灼烧30 min，冷却、称量。直至前后两次重量相差不超过0.5 mg。

在测定植物粗灰分的同时，按照D.1.4.1步骤测定风干植物试样中水分含量(ω_1)。

D.2.6　结果计算

风干植物样品的粗灰分 ω_2，以质量分数表示，单位为百分率(%)，按式(D.3)计算。

$$\omega_2 = \frac{M_1 - M_0}{M \cdot k} \times 100 \quad \cdots\cdots (D.3)$$

式中：

M_1——坩埚及粗灰分质量，单位为克(g)；
M_0——坩埚质量，单位为克(g)；
M——试样质量，单位为克(g)；
k——水分系数($1-\omega_1$)；
ω_1——风干植物水分含量，单位为百分率(%)。

D.2.7 注释

D.2.7.1 含磷较高的样品(种子)，可先加入 3 mL 乙酸镁乙醇溶液(15 g/L)润湿全部样品，然后炭化和灰化，温度高达 800℃也不致引起磷的损失。含硫、氯较高的样品则可用碳酸钠或石灰溶液浸透后再灰化。为防止灰化时硼的挥失，植物样品须先加 NaOH 溶液后再行灰化。加入量都要做空白校正。

D.2.7.2 坩埚和盖可用三氯化铁溶液(5 g/L)与蓝黑墨水混合液编写号码，置于 600℃高温电炉灼烧 30 min，即留有不易脱落的红色氧化铁痕迹号码。新坩埚须在稀盐酸中煮沸 1 h，而后用自来水和蒸馏水冲洗洁净，烘干，在 525℃灼烧至恒重。

D.2.7.3 植物样品不宜磨得太细，以免高温灼烧时微粒飞失。样品应疏松地放置在坩埚中，使其容易氧化完全。

D.2.7.4 样品经高温灼烧后，灰分中可能仍有炭粒遗留，其原因是钠、钾的硅酸盐或磷酸盐等熔融包裹炭粒表面，使其与氧隔绝，妨碍了炭的完全氧化。可在冷却后滴加几滴热蒸馏水，溶解盐膜，使炭粒浮在上面，然后用水浴蒸干，重新灼烧。

D.3 全钙、全镁

D.3.1 范围

本方法适用于各类植株样品中全量钙、镁含量的测定。

D.3.2 测定原理

采用干灰化或湿灰化将植物样品中的有机物氧化成二氧化碳和水等挥失，钙、镁等灰分元素进入待测溶液，用原子吸收分光光度计或电感耦合等离子发生光谱仪测定待测液中钙、镁的含量。

D.3.3 仪器设备

D.3.3.1 分析天平：感量为 0.000 1 g。

D.3.3.2 石英坩埚或瓷坩埚(30 mL)。

D.3.3.3 锥形瓶(150 mL)

D.3.3.4 弯颈漏斗。

D.3.3.5 高温电炉。

D.3.3.6 电热板(温度可调节)。

D.3.3.7 电炉。

D.3.3.8 原子吸收分光光度计(AAS)。

D.3.3.9 电感耦合等离子发生光谱仪。

D.3.4 试剂

D.3.4.1 盐酸：优级纯。

D.3.4.2 硝酸：优级纯。

D.3.4.3 高氯酸：优级纯。

D.3.4.4 盐酸溶液(1+1)：取 50 mL 盐酸(D.3.4.1)慢慢加入 50 mL 水中。

D.3.4.5 硝酸溶液(1+1)：取 50 mL 硝酸(D.3.4.2)慢慢加入 50 mL 水中。

D.3.4.6 氯化镧溶液(50 g/L)：称 13.40 g 氯化镧($LaCl_3 \cdot 7H_2O$)，以水溶解稀释至 100 mL。

D.3.4.7 钙标准储备液(1 000 mg/L):称取碳酸钙($CaCO_3$,105℃～110℃干燥6h,高纯试剂)2.497 g于200 mL高型烧杯内,盖上表面皿,小心加入0.6 mol/L盐酸溶液20 mL使之溶解。煮沸赶去二氧化碳,冷却后转移至1 L容量瓶中,定容,储存于聚乙烯瓶中;或购买有证标准溶液。

D.3.4.8 钙标准溶液(100 mg/L):吸取10 mL钙标准储备液(D.3.4.7)于100 mL容量瓶中,用0.6 mol/L盐酸溶液定容。

D.3.4.9 镁标准储备液(1 000 mg/L):准确称取1.000 g金属镁(光谱纯)溶于少量6 mol/L盐酸溶液溶液中,用水洗入1 000 mL容量瓶中,定容;或称取经1 000℃灼烧1 h的氧化镁(优级纯)1.658 2 g于200 mL高型烧杯内,盖上表面皿,加入0.6 mol/L盐酸溶液20 mL,加热使之全部溶解,冷却后转移至1 L容量瓶中,定容,储存于聚乙烯瓶中;或购买有证标准溶液。

D.3.4.10 镁标准溶液(10 mg/L):吸取5 mL镁标准储备液(D.3.4.9)于500 mL容量瓶中,用0.6 mol/L盐酸溶液定容。

D.3.5 分析步骤

D.3.5.1 样品前处理

D.3.5.1.1 干灰化法

称取烘干磨细(0.5 mm)的植物试样0.500 0 g～1.000 0 g于石英坩埚(或瓷坩埚)中,先在电炉上进行低温炭化至无烟,再移入高温电炉中于500℃灰化2 h～6 h,若此时灰化不完全,炭粒较多,可待冷却后,滴加硝酸(D.3.4.5)润湿灰分,蒸发至干后,置高温电炉中继续完成灰化,反复多次直至近白色,冷却,用2 mL盐酸溶液(D.3.4.4)溶解灰分,将试样消化液转入25 mL具塞比色管(或容量瓶)中,冷却,定容,静置备用;同时做试剂空白。

D.3.5.1.2 湿灰化法

称取烘干磨细(0.5 mm)的植物试样0.500 0 g～1.000 0 g于锥形瓶中,加10 mL硝酸(D.3.4.2),加弯颈漏斗,放置过夜,于电热板上消解至溶液呈淡黄色,若溶液混浊或有碳化,补加硝酸继续消解至溶液呈淡黄色,取下锥形瓶稍冷,加2 mL高氯酸(D.3.4.3)继续消解,直至白烟下沉,用少许水冲洗弯颈漏斗并取下,继续消解至高氯酸白烟基本冒尽,消化液呈白色或清亮,用2 mL盐酸溶液(D.3.4.4)溶解灰分,将试样消化液转入25 mL具塞比色管(或容量瓶)中,冷却,定容,静置备用;同时作试剂空白。

D.3.5.2 试液中钙、镁的测定

D.3.5.2.1 原子吸收分光光度计法

D.3.5.2.1.1 标准工作曲线绘制

分别吸取0 mL、2 mL、4 mL、6 mL、8 mL、10 mL钙、镁标准溶液(4.8、4.10)于一组100 mL容量瓶中,分别加入2 mL氯化镧溶液(D.3.4.6),用水定容,即为0 mg/L、2.0 mg/L、4.0 mg/L、6.0 mg/L、8.0 mg/L和10.0 mg/L的钙和0 mg/L、0.2 mg/L、0.4 mg/L、0.6 mg/L、0.8 mg/L和1.0 mg/L的镁混合标准系列溶液。标准工作曲线的浓度可根据试液中待测元素的含量和仪器的灵敏度适当调整。

测定前,根据元素性质,参照仪器说明书,对波长、灯电流、狭缝、燃烧头高度等仪器工作条件进行优化。以标准空白校正仪器零点,分别测得标准溶液的吸光值,建立吸光值与浓度关系的一元线性回归方程。

D.3.5.2.1.2 试液的测定

吸取试液(D.3.5.1)2.00 mL～5.00 mL(含Ca 0.2 mg～0.8 mg,Mg 0.02 mg～0.08 mg)于50 mL容量瓶中,加入1 mL氯化镧溶液(D.3.4.6),用水定容。在与标准工作曲线绘制相同仪器条件下,分别测得试剂空白和样品样液溶液的吸光值,代入标准工作曲线的一元线性回归方程中求得样液中钙、镁含量。

D.3.5.2.2 电感耦合等离子发射发射光谱法

D.3.5.2.2.1 标准工作曲线绘制

分别吸取 0 mL、1 mL、5 mL、20 mL 和 50 mL 钙标准储备液(D. 3. 4. 7)和 0 mL、0. 5 mL、2 mL、5 mL 和 10 mL 镁标准储备液(D. 3. 4. 9)于一组 100 mL 容量瓶中，分别加入 8 mL 盐酸溶液(D. 3. 4. 4)，定容，即钙浓度为 0 mg/L、10. 0 mg/L、50. 0 mg/L、200. 0 mg/L 和 500. 0 mg/L；镁浓度为 0 mg/L、5. 0 mg/L、20. 0 mg/L、50. 0 mg/L 和 100. 0 mg/L 的混合标准系列溶液。

测定前，根据元素性质，参照仪器说明书，对波长、功率、工作气体流量、积分时间等仪器工作条件进行优化。分别测得标准溶液的发射强度，建立发射强度与浓度关系的一元线性回归方程。

D. 3. 5. 2. 2. 2 试液的测定

在与标准工作曲线绘制相同仪器条件下，分别测得试剂空白和样品试液的发射强度，代入标准工作曲线的一元线性回归方程中求得样液中钙、镁含量。

D. 3. 6 结果计算

植株全量钙、镁含量(ω)，以质量分数表示，单位为毫克每千克(mg/kg)，按式(D. 4)计算。

$$\omega(Ca、Mg)=\frac{(\rho_1-\rho_0)\times V_1\times D_1\times 1000}{m_3\times 1000} \quad \text{(D. 4)}$$

式中：

ρ_1 ——测定试液中钙、镁的含量，单位为毫克每升(mg/L)；

ρ_0 ——空白液中钙、镁的含量，单位为毫克每升(mg/L)；

V_1——试液总体积，单位为毫升(mL)；

D_1——稀释倍数；

m_3——试样质量，单位为克(g)。

平行测定结果，用算术平均值表示，结果保留整数。

D. 3. 7 精密度

在重复性条件下获得的两次独立测定结果的绝对差值，不得超过算术平均值的 10%。

D. 3. 8 注释

D. 3. 8. 1 不同植株样品干灰化时间差异较大。一般幼嫩植株和叶片需 1. 5 h～2 h，木质化程度高的茎秆及含脂肪高的种子样品较难灰化，需 4 h～6 h。

D. 3. 8. 2 湿灰化时，高氯酸易爆炸，应先用硝酸充分浸泡样品后再加入高氯酸，切忌先加高氯酸进行消煮。

D. 3. 8. 3 为避免样品中的沉淀等杂质堵塞仪器进样管，必要时可将试液过滤后再进行上机测定。

D. 3. 8. 4 在进行大批量样品测试时应注意仪器的漂移，应定期用空白调节仪器零点或用标准工作曲线对仪器进行校正。

D. 3. 8. 5 当试液中的浓度超过标准工作曲线最高浓度时，应稀释后再上机测定。若采用原子吸收分光光度法测定，稀释时要加入氯化镧溶液，以保持标准溶液与样品中的氯化镧浓度一致。

D. 3. 8. 6 镧溶液做掩蔽剂，可用锶盐代替。方法为每 50 mL 待测液中加入 5 mL 锶盐溶液(60. 9 g/L)，标准溶液与样品中的加入量需一致。

D. 4 全硫

D. 4. 1 范围

本方法适用于各类植株样品中全量硫含量的测定。

D. 4. 2 测定原理

植株样品经硝酸—高氯酸样品充分分解，使有机硫氧化成硫酸根；或将植物样品与硝酸镁反应，固定其中的硫，然后把样品高温氧化分解有机物，用 HCl 溶解残渣中的硫酸盐。待测液中硫酸根在酸性条件下与氯化钡反应生成硫酸钡沉淀，于 440 nm 处采用比浊法测定，或采用电感耦合等离子发生光谱仪直接测定待测液中硫含量。

D.4.3 仪器设备

D.4.3.1 分析天平：感量为 0.000 1 g。

D.4.3.2 瓷坩埚(30 mL)。

D.4.3.3 玻璃珠。

D.4.3.4 高温电炉。

D.4.3.5 电热板(温度可调节)。

D.4.3.6 磁力搅拌器。

D.4.3.7 分光光度计。

D.4.3.8 电感耦合等离子发生光谱仪。

D.4.4 试剂

D.4.4.1 硝酸：分析纯。

D.4.4.2 高氯酸：分析纯。

D.4.4.3 盐酸溶液(20%)：将 200 mL 盐酸加入 500 mL 水中，定容至 1 L。

D.4.4.4 缓冲溶液：将 40 g 氯化镁($MgCl_2 \cdot 6H_2O$)、4.1 g 乙酸钠(NaAc)、0.83 g 硝酸钾(KNO_3)和 28 mL 95%乙醇，用水溶解后稀释至 1 L。

D.4.4.5 硝酸镁溶液(950 g/L)：将 950 g 六水硝酸镁[$Mg(NO_3)_2 \cdot 6H_2O$]溶于水，定容到 1 L。

D.4.4.6 氯化钡晶粒：将氯化钡($BaCl_2 \cdot 2H_2O$)磨细过筛，取粒度为 0.25 mm～0.5 mm 的晶粒备用。

D.4.4.7 硫标准储备液(1 000 mg/L)：称取 5.436 g 硫酸钾(K_2SO_4，优级纯)溶于水，用水稀释至 1 L；或购买有证标准溶液。

D.4.4.8 硫标准溶液(100 mg/L)：吸取硫标准储备液(D.4.4.7)10 mL 于 100 mL 容量瓶中，定容。

D.4.5 分析步骤

D.4.5.1 样品前处理

D.4.5.1.1 硝酸—高氯酸消煮法

称取烘干磨细(0.5 mm)的植物试样 0.500 0 g～1.000 0 g 于 150 mL 锥形瓶中，加入玻璃珠 2 个和 10 mL 硝酸(D.4.4.1)，加盖弯颈漏斗，放置过夜。于电热板上消解至溶液呈淡黄色，若溶液混浊或有碳化，补加少许硝酸继续消解至溶液呈淡黄色，取下锥形瓶稍冷，加 2 mL 高氯酸(D.4.4.2)继续消解，直至消化液呈白色或清亮。将锥形瓶取下稍冷，用少许水冲洗弯颈漏斗并取下，加 4 mL 盐酸溶液(D.4.4.3)，在 150℃下加热 20 min。取下锥形瓶，冷却，过滤并充分洗涤至 100 mL 具塞比色管(或容量瓶)中，定容，摇匀。同时做试剂空白。

D.4.5.1.2 干灰化法

称取烘干磨细(0.5 mm)的植物试样 0.500 0 g～1.000 0 g 于 30 mL 瓷坩埚中，加入 7.5 mL 硝酸镁溶液(D.4.4.5)，使溶液与样品充分接触，混合均匀。放到电热板(180℃)上小心加热碳化后，趁热移入马福炉。在不大于 500℃温度下灰化 2 h～3 h，直到样品完全氧化，灰分中没有黑色颗粒，取出坩埚。冷却后加约 10 mL 水、4 mL 盐酸溶液(D.4.4.3)煮沸，过滤并充分洗涤至 100 mL 具塞比色管(或容量瓶)中，定容，摇匀。同时做试剂空白。

D.4.5.2 试液中硫的测定

D.4.5.2.1 比浊法

D.4.5.2.1.1 标准工作曲线绘制

分别吸取 100 mg/L 硫标准液(D.4.4.8)0 mL、2 mL、4 mL、8 mL、12 mL、16 mL、20 mL 于 50 mL

容量瓶，加水至约 30 mL，加 10 mL 缓冲盐溶液(D.4.4.4)和 2 mL 盐酸溶液(D.4.4.3)，定容至 50 mL，得到 0 mg/L、4 mg/L、8 mg/L、16 mg/L、24 mg/L、32 mg/L、40 mg/L 的标准系列。倒入 150 mL 烧杯中，加 1.0 g $BaCl_2 \cdot 2H_2O$ 晶粒(D.4.4.6)，于电磁搅拌器上搅拌 1 min，取下，静置 1 min 后，在分光光度计上用波长 440nm，1cm 比色槽比浊，分别测得标准溶液的吸光值，建立吸光值与浓度关系的一元线性回归方程。

D.4.5.2.1.2 试液的测定

准确吸取制备的试液(D.4.5.1)40 mL 于 150 mL 烧杯中，加 10 mL 缓冲盐溶液(D.4.4.4)，加 1.0 g $BaCl_2 \cdot 2H_2O$ 晶粒(D.4.4.6)，于电磁搅拌器上搅拌 1 min。取下，静置 1 min 后，在分光光度计上用波长 440 nm，1 cm 比色槽比浊。分别测得试剂空白和样品试液的吸光值，代入标准工作曲线的一元线性回归方程中求得试液中硫的含量。

D.4.5.2.2 电感耦合等离子发射发射光谱法

D.4.5.2.2.1 标准工作曲线绘制

分别吸取硫标准储备液(D.4.4.7)0 mL、0.50 mL、1.00 mL、5.00 mL、10.00 mL 于一组 100 mL 容量瓶中，加 4 mL 盐酸溶液(D.4.4.3)，用水定容，即得含硫量分别为 0 mg/L、5 mg/L、10 mg/L、50 mg/L、100 mg/L 的标准系列溶液。

测定前，根据元素性质，参照仪器说明书，对波长、功率、工作气体流量、积分时间等仪器工作条件进行优化。分别测得标准溶液的发射强度，建立发射强度与浓度关系的一元线性回归方程。

D.4.5.2.2.2 试液的测定

在与标准工作曲线绘制相同仪器条件下，分别测得试剂空白和样品试液的发射强度，代入标准工作曲线的一元线性回归方程中求得试液中硫含量。

D.4.6 结果计算

植株全量硫含量(ω)，以质量分数表示，单位为毫克每千克(mg/kg)，按式(D.5)计算。

$$\omega(S) = \frac{(\rho_2 - \rho_{02}) \times V_2 \times D_2 \times 1000}{m_4 \times 1000} \quad \cdots\cdots\cdots\cdots (D.5)$$

式中：

ρ_2 ——测定试液中硫的含量，单位为毫克每升(mg/L)；

ρ_{02} ——空白液中硫的含量，单位为毫克每升(mg/L)；

V_2 ——试液总体积，单位为毫升(mL)；

D_2 ——稀释倍数；

m_4 ——试样质量，单位为克(g)。

平行测定结果，用算术平均值表示，结果保留 3 位有效数字。

D.4.7 精密度

在重复性条件下获得的两次独立测定结果的相对相差不超过 10%。

D.4.8 注释

D.4.8.1 湿灰化时，高氯酸易爆炸，应先用硝酸充分浸泡样品后再加入高氯酸，切忌先加高氯酸进行消煮。

D.4.8.2 用 $Mg(NO_3)_2$ 灰化样品时，如果样品含硫高时，要适当增加 $Mg(NO_3)_2$ 溶液的加入量，以确保植物中硫完全氧化和固定。

D.4.8.3 比浊法测定待测液中的硫，搅拌器的转速需预先调节好，以搅拌时溶液不溅出，并能使氯化钡晶体在 10 s～30 s 内溶解为宜。每批样品和标准溶液的搅拌速度必须一致，搅拌时间误差不超过 5s。搅拌时一次批量不宜太大，保证搅拌后的样品尽可能在相同的静置时间内比浊，并在 30 min 内比浊完毕。

D.4.8.4　为尽量保持基体一致,用电感耦合等离子发射发射光谱法测定待测液中硫时,如果待测液是用 $Mg(NO_3)_2$ 灰化法(D.4.5.1.2)制备,标准系列溶液配制时,每个标准系列溶液中可加入 7.5 mL $Mg(NO_3)_2$ 溶液。

D.4.8.5　在进行大批量样品测试时应注意仪器的漂移,应定期用空白调节仪器零点或用标准工作曲线对仪器进行校正。

D.5　全钼

D.5.1　硫氰酸钾比色法

D.5.1.1　范围

本方法适用于植株中全钼含量的测定。

D.5.1.2　原理

植物样品经干灰化法分解,用盐酸溶解灰分。在酸性溶液中,六价钼被还原剂氯化亚锡还原成五价钼,与硫氰根离子形成橙黄色的络合物,颜色深度与钼含量成正比,用有机溶剂萃取后浓缩,进行比色测定。

D.5.1.3　仪器和设备

D.5.1.3.1　电阻炉。

D.5.1.3.2　分光光度计。

D.5.1.3.3　石英或瓷蒸发皿:体积为 100 mL。

D.5.1.3.4　一般实验室常用仪器和设备。

D.5.1.4　试剂和溶液

本标准中所用试剂和水,除特殊注明外,均指分析纯试剂和 GB/T 6682 中规定的二级水。所述溶液如未指明溶剂,均系水溶液。

D.5.1.4.1　盐酸(HCl,$\rho \approx 1.19$ g/cm³):优级纯。

D.5.1.4.2　盐酸溶液[$c(HCl)=6$ mol/L]:盐酸(D.5.1.4.1)与水等体积混合。

D.5.1.4.3　硫氰酸钾溶液($\rho=200$ g/L):称取硫氰酸钾(KCNS,分析纯)20 g,溶于水,稀释至 100 mL。

D.5.1.4.4　三氯化铁溶液($\rho=0.5$ g/L):称取氯化铁($FeCl_3$,分析纯)0.5 g,溶于 1 L 6 mol/L 盐酸溶液(D.5.1.4.2)中。

D.5.1.4.5　钼标准储备溶液($\rho=100$ mg/L):准确称取 0.252 2 g 钼酸钠($NaMoO_4 \cdot 2H_2O$,分析纯)溶于少量水中,加入 1 mL 盐酸(D.5.1.4.1),用水稀释定容至 1 L。

D.5.1.4.6　钼标准溶液($\rho=1$ mg/L):吸取 5 mL 钼标准储备溶液(D.5.1.4.5),定容至 500 mL。也可购买有证钼标准溶液稀释配制。

D.5.1.4.7　柠檬酸($C_6H_8O_7 \cdot H_2O$,分析纯)

D.5.1.4.8　二氯化锡溶液:称取 10 g 二氯化锡($SnCl_2 \cdot 2H_2O$,分析纯)溶解在 50 mL 浓盐酸(D.5.1.4.1)中,加水稀释至 100 mL,二氯化锡不稳定,应当天配制使用。

D.5.1.4.9　异戊醇—四氯化碳混合液:异戊醇[$(CH_3)_2CHCH_2CH_2OH$,分析纯]加等体积四氯化碳(CCl_4,分析纯)作为增重剂,使密度大于 1 g/mL,加少许硫氰酸钾(D.5.1.4.3)和二氯化锡溶液(D.5.1.4.8),振荡几分钟,静置分层后弃去水相。

D.5.1.5　分析步骤

D.5.1.5.1　**试样制备**

称取烘干磨碎(过 0.5 mm 孔径标准筛)植物试样 5.000 g～10.000 g(依据植物含钼量而定此处应

写明试样中含钼量)，置于石英或瓷蒸发皿(D.5.1.3.3)，在电炉上缓缓加热炭化，至不冒烟时，移入电阻炉(D.5.1.3.1)中，逐渐升温至500℃，灰化3 h。冷却后，滴加少量水润湿灰分，加盖表面皿，小心地分次加入30 mL盐酸溶液(D.5.1.4.2)溶解灰分，加20 mL水，加热煮沸5 min促使其溶解。用定量滤纸过滤至100 mL容量瓶中，用热水洗涤蒸发皿和滤纸上残渣，冷却后用水定容。如灰化不完全，可将残渣和滤纸烘干，重新灰化，经盐酸溶液(D.5.1.4.2)溶解后一并测定，或不定容，全部试液均用于测定。

D.5.1.5.2 KCNS显色

吸取50.0 mL试液(含Mo 1 μg～3 μg)于125 mL分液漏斗中，加10 mL三氯化铁溶液(D.5.1.4.4)，摇匀。加入1 g柠檬酸(D.5.1.4.7)和2 mL～3 mL异戊醇—四氯化碳混合液(D.5.1.4.9)，摇动2 min。静置分层后弃去异戊醇—四氯化碳层。加入3 mL硫氰酸钾溶液(4.3)，混合均匀，溶液呈现硫氰化铁的血红色。加2 mL二氯化锡溶液(D.5.1.4.8)，混合均匀，红色逐渐消失。

D.5.1.5.3 测定

准确加入10.0 mL异戊醇—四氯化碳混合液(D.5.1.4.9)，振动2 min～3 min，静置分层后，用干滤纸将异戊醇—四氯化碳层过滤到比色槽中，在波长470 nm处比色测定。

D.5.1.5.4 标准曲线的绘制

分别吸取钼标准溶液(D.5.1.4.6)0 mL、0.1 mL、0.3 mL、0.5 mL、1.0 mL、2.0 mL、4.0 mL和6.0 mL，分别放入125 mL分液漏斗中，各加10 mL三氯化铁溶液(D.5.1.4.4)，按照D.5.1.5.2进行显色，按D.5.1.5.3进行测定，绘制标准曲线。

D.5.1.6 分析结果的表述

植株中全钼含量用ω表示，单位为毫克每千克(mg/kg)。按式(D.6)进行计算。

$$\omega=\frac{\rho_3\times V_3\times ts_1}{m_5} \quad \cdots\cdots \text{(D.6)}$$

式中：

ρ_3——测得显色液中钼的质量浓度，单位为毫克每升(mg/L)；

V_3——定容体积，单位为毫升(mL)；

ts_1——分取倍数$\frac{100}{50}$；

m_5——试样质量，单位为克(g)。

取平行测定结果的算数平均值为测定结果，结果保留到小数点后2位。

D.5.1.7 精密度

在重复性条件下获得的两次测定结果的绝对差值不得超过算术平均值的15%。

D.5.2 极谱(催化波)法

D.5.2.1 适用范围

本方法适用于植株中全钼含量的测定。

D.5.2.2 测定原理

植物样品经干灰化法分解，用盐酸溶解灰分。蒸干后，加支持电解质苯羟乙酸—氯酸盐—硫酸溶液，采用极谱仪测定试液波峰电流值、钼含量与波峰电流值的标准曲线计算试液中钼的含量。

D.5.2.3 主要仪器设备

D.5.2.3.1 极谱仪。

D.5.2.3.2 石英或瓷坩埚：30 mL。

D.5.2.3.3 分液漏斗：125 mL。

D.5.2.3.4 电阻炉。

D.5.2.3.5 电砂浴。

D.5.2.3.6 一般实验室常用仪器和设备。

D.5.2.4 试剂和溶液

本标准中所用试剂和水,除特殊注明外,均指分析纯试剂和 GB/T 6682 中规定的二级水。所述溶液如未指明溶剂,均系水溶液。

D.5.2.4.1 盐酸(HCl,$\rho \approx 1.19$ g/mL,优级纯)。

D.5.2.4.2 盐酸溶液(1+5):1 体积盐酸(D.5.2.4.1)与 4 体积水混合。

D.5.2.4.3 硫酸(H_2SO_4,$\rho \approx 1.84$g/mL,优级纯)。

D.5.2.4.4 硫酸溶液(c=2.5 mol/L):量取 140 mL 硫酸(D.5.2.4.3)缓缓注入水中,置于 1 L 容量瓶中,用水定容。

D.5.2.4.5 苯羟乙酸溶液(c=0.5 mol/L):用苯羟乙酸($C_8H_8O_3$,分析纯)和水配制,新配制的可连续使用一周。

D.5.2.4.6 饱和氯酸钠溶液($NaClO_3$):称取 6.7 g 氯酸钠用少量水溶解,置于 100 mL 容量瓶中,用水定容。

D.5.2.4.7 氢氧化钠溶液(c=1 mol/L):称取 4 g 氢氧化钠(NaOH,分析纯),用少量水溶解,冷却后,置于 100 mL 容量瓶中,用水定容。

D.5.2.4.8 钼标准储备溶液(ρ=100 mg/L):准确称取 0.150 0 g 三氧化钼(MoO_3,光谱纯)溶于 10 mL 氢氧化钠溶液(D.5.2.4.7)中,加 HCl(D.5.2.4.2)酸化,置于 1 L 容量瓶中,用水定容。

D.5.2.4.9 钼标准溶液(ρ=1 mg/L):吸取钼标准储备溶液(D.5.2.4.9)5 mL 于 500 mL 容量瓶中,用水定容。

D.5.2.5 分析步骤

D.5.2.5.1 试液制备

称取烘干磨碎(过 0.5 mm 孔径标准筛)植物试样 1.000 g,置于石英或瓷坩埚(D.5.2.3.2),在电炉上缓缓加热炭化,至不冒烟时,移入电阻炉(D.5.2.3.4)中,于 525℃灰化 2 h,若有黑色炭粒,可将坩埚取出冷却,滴加硝酸铵溶液(300 g/L),湿润后,先于低温蒸干,再灼烧 1 h。冷却后,用水湿润,加入 10 mL盐酸溶液(D.5.2.4.2)溶解灰分,用少量水洗涤残渣及坩埚,溶解液和洗涤液过滤于 100 mL 容量瓶,用水定容。

D.5.2.5.2 测定

吸取 1.00 mL 定容试液于 25 mL 烧杯中,在电砂浴上小心蒸干。冷却后,加入 1 mL 硫酸溶液(D.5.2.4.4),1 mL 苯羟乙酸(D.5.2.4.6),10 mL 饱和氯酸钠溶液(D.5.2.4.6),摇匀,静置 0.5 h 后,用极谱仪(D.5.2.3.1)测定。

D.5.2.5.3 空白试验

除不加试样外,其他步骤同 D.5.2.5.1 和 D.5.2.5.2。

D.5.2.5.4 标准曲线绘制

分别吸取钼标准溶液(D.5.2.4.9)0 mL、0.40 mL、0.80 mL、1.20 mL、1.60 mL、2.00 mL 于 100 mL 容量瓶中,用水定容。即含钼为(Mo)0 mg/L、0.004 mg/L、0.008 mg/L、0.012 mg/L、0.016 mg/L 和 0.020 mg/L 的标准系列溶液。

分别吸取含钼(Mo)0 mg/L、0.004 mg/L、0.008 mg/L、0.012 mg/L、0.016 mg/L 和 0.020 mg/L 的标准系列溶液各 1.00 mL 于 25 mL 烧杯,各加 1.00 mL 空白液,在电砂浴(D.5.2.3.5)上小心蒸干后进行测试,按照 D.5.2.5.2 步骤测定。以测得的峰电流值与对应的钼浓度作标准曲线或计算回归直线方程。

D.5.2.6 分析结果的表述

植株全钼(Mo)含量(ω)以质量分数(mg/kg)表示,按式(D.7)计算。

$$\omega = \frac{\rho_4 \times V_4 \times ts_2}{m_6} \cdots\cdots (D.7)$$

式中:

ρ_4 ——测得显色液中钼的质量浓度,单位为毫克每升(mg/L);

V_4——定容体积,单位为毫升(mL);

ts_2——分取倍数$\frac{100}{50}$;

m_6——试样质量,单位为克(g)。

取平行测定结果的算数平均值为测定结果,结果保留到小数点后2位。

D.5.2.7 精密度

在重复性条件下获得的两次测定结果的绝对差值不得超过算术平均值的15%。

D.6 全硼

D.6.1 姜黄素比色法

D.6.1.1 范围

本方法适用于植株中全硼含量的测定。

D.6.1.2 原理

植物样品经干灰化法分解,用盐酸溶解灰分。在酸性溶液中,姜黄素与硼结合成玫瑰红色的络合物,脱水蒸干后,进行显色,颜色深度与硼含量成正比,进行比色测定。

D.6.1.3 仪器和设备

D.6.1.3.1 电阻炉。

D.6.1.3.2 分光光度计。

D.6.1.3.3 恒温水浴。

D.6.1.3.4 离心机。配10 mL离心管(应标明离心机转速范围或低速高速离心机)。

D.6.1.3.5 石英或瓷坩埚:体积为30 mL。

D.6.1.3.6 一般实验室常用仪器和设备。

D.6.1.4 试剂和溶液

本标准中所用试剂和水,除特殊注明外,均指分析纯试剂和GB/T 6682中规定的二级水。所述溶液如未指明溶剂,均系水溶液。

D.6.1.4.1 盐酸溶液(c=0.1 mol/L):量取盐酸(HCl,ρ≈1.19 g/mL,分析纯)8.3 mL,稀释至1 L。

D.6.1.4.2 盐酸溶液(c=6 mol/L):盐酸(HCl,ρ≈1.19 g/mL,分析纯)与水等体积混合。

D.6.1.4.3 氢氧化钙[$Ca(OH)_2$]饱和溶液。

D.6.1.4.4 无水乙醇(C_2H_6O,分析纯)。

D.6.1.4.5 姜黄素—草酸溶液:称取0.04 g姜黄素($C_{21}H_{20}O_6$)和5 g草酸($H_2C_2O_4 \cdot 2H_2O$)溶于无水乙醇(D.6.1.4.3)中,加入4.2 mL盐酸溶液(D.6.1.4.2),移入100 mL容量瓶中,用无水乙醇(D.6.1.4.4)定容。储存在冰箱中可使用5 d~7 d。

D.6.1.4.6 硼标准储备溶液(ρ=100 mg/L):将0.571 6 g干燥的硼酸(H_3BO_3,优级纯)溶于水中,置于1 L容量瓶中,用水定容,储存于塑料瓶中备用。

D.6.1.4.7 硼标准溶液(ρ=10 mg/L):吸取10 mL硼标准储备溶液(D.6.1.4.6)至100 mL容量瓶中,用水定容。此标准溶液宜现配现用。

D. 6. 1. 5　分析步骤

D. 6. 1. 5. 1　试样制备

称取烘干磨碎(过 0.5 mm 孔径标准筛)的植物试样 0.500 0 g,置于石英或瓷坩埚(D. 6. 1. 3. 5)中[籽粒样品应加少量氢氧化钙饱和溶液(D. 6. 1. 4. 3)防止硼逸失],在电炉上低温加热炭化,至不冒烟时,移入电阻炉(D. 6. 1. 3. 1)中,逐渐升温至 500℃,灰化 2 h~3 h。冷却后,用 10 mL~20 mL 盐酸溶液(D. 6. 1. 4. 1)溶解灰分,置于 20 mL 容量瓶中,用盐酸溶液(D. 6. 1. 4. 1)定容。摇匀,采用静置、过滤、离心方法使滤液澄清。

注:灰化温度不宜超过 500℃,灰化时间不宜过长,防止样品污染或挥发损失。

D. 6. 1. 5. 2　姜黄素显色

吸取 1.00 mL 试液(含 B 小于 1 μg),放入瓷蒸发皿中,加入 4 mL 姜黄素溶液(D. 6. 1. 4. 5),在 55℃±3℃水浴上蒸发至干,并且继续在水浴上烘干 15 min,去除残存水分,在蒸发和烘干的过程中显红色。加 20.00 mL 乙醇(95%)溶解,烘干过滤后,用 1 cm 比色管,于 550 nm 波长比色,以乙醇调节光度计零点。

注:显色测定过程中,不宜中途停止;显色后不应将蒸发皿长时间暴露在空气中,以免玫瑰花青苷水解。乙醇溶解后应尽快比色,防止挥发影响吸收值。

D. 6. 1. 5. 3　标准曲线的绘制

分别吸取硼标准溶液(D. 6. 1. 4. 7)1 mL、2 mL、3 mL、4 mL 和 5 mL 于 50 mL 容量瓶中,用水定容,配成浓度为 0.2 mg/L、0.4 mg/L、0.6 mg/L、0.8 mg/L 和 1.0 mg/L 的硼标准系列溶液。再分别吸取上述硼标准系列溶液各 1 mL,放入瓷蒸发皿中,加 4 mL 姜黄素溶液(D. 6. 1. 4. 5),按 D. 6. 1. 5. 2 步骤进行显色、比色。以硼标准系列溶液的浓度对吸收值绘制工作曲线。

D. 6. 1. 6　分析结果的表述

植株中全硼含量用 ω 表示,单位为毫克每千克(mg/kg)。按式(D. 8)计算。

$$\omega = \frac{\rho_5 \times ts_3}{m_7} \quad \text{(D. 8)}$$

式中:

ρ_5 ——测得显色液中硼的质量浓度,单位为毫克每升(mg/L);

ts_3——分取倍数$\frac{25}{1}$;

m_7——烘干试样质量,单位为克(g)。

取平行测定结果的算数平均值为测定结果,结果保留到小数点后 2 位。

D. 6. 1. 7　精密度

在重复性条件下获得的两次测定结果的绝对差值不得超过算术平均值的 15%。

D. 6. 2　甲亚胺比色法

D. 6. 2. 1　范围

本方法适用于植株中全硼含量的测定。

D. 6. 2. 2　原理

植物样品经干灰化法分解,用盐酸溶解灰分,去除干扰离子后。滤液中硼用甲亚胺显色后,显色深度和硼含量成正比,用比色法测定。

D. 6. 2. 3　仪器和设备

D. 6. 2. 3. 1　电阻炉。

D. 6. 2. 3. 2　分光光度计。

D. 6. 2. 3. 3　恒温水浴。

D.6.2.3.4 离心机(应标明离心机转速范围或低速高速离心机)。配 10 mL 离心管。

D.6.2.3.5 石英或瓷坩埚:体积为 30 mL。

D.6.2.3.6 一般实验室常用仪器和设备。

D.6.2.4 试剂和溶液

本标准中所用试剂和水,除特殊注明外,均指分析纯试剂和 GB/T 6682 中规定的二级水。所述溶液如未指明溶剂,均系水溶液。

D.6.2.4.1 盐酸溶液(1+1):同体积盐酸(HCl,$\rho \approx 1.19$ g/mL)和水混匀。

D.6.2.4.2 碳酸钡($BaCO_3$)饱和溶液。

D.6.2.4.3 甲亚胺显色溶液:称取 0.9 g 甲亚胺($C_{17}H_{12}NNaO_8S_2$)和 2 g 抗坏血酸($C_6H_8O_6$),加入 100 mL 水,微热溶解,使用当日配制。

D.6.2.4.4 硼标准储备溶液(100 mg/L):将 0.571 6 g 干燥的硼酸(H_3BO_3,优级纯)溶于水中,置于 1 L容量瓶中,用水定容,储存于塑料瓶中备用。

D.6.2.4.5 硼标准溶液(10 mg/L):吸取 10 mL 硼标准储备溶液(D.6.2.4.4),置于 100 mL 容量瓶中,用水定容。此标准溶液宜现配现用。

D.6.2.5 分析步骤

D.6.2.5.1 试样制备

称取烘干磨碎(过 0.5 mm 孔径标准筛)的植物试样 0.500 0 g~1.000 0 g,置于石英或瓷坩埚(D.6.2.3.5)中,在电炉上加热炭化,至不冒烟时,移入电阻炉(D.6.2.3.1)中,于 500℃灰化 2 h。冷却后,用 5 mL 盐酸溶液(D.6.2.4.1)溶解灰分,加水 20 mL,小心加入碳酸钡饱和溶液(D.6.2.4.2)至沉淀产生,再多加 1 滴~2 滴,移入 50 mL 容量瓶,用水定容,用干滤纸过滤于干燥塑料瓶中。

注:试液中 Fe、Al、Si 等会影响甲亚胺与 B 的显色,用碳酸钡饱和溶液中和,使之沉淀,硅酸与钡形成沉淀而去除。

D.6.2.5.2 甲亚胺显色

吸取滤液 5.00 mL~10.00 mL 于 25 mL 容量瓶中,加 1 mL 甲亚胺溶液,摇匀,用水定容。于避光处放置 2 h,完成显色反应。

注:甲亚胺试剂见光易分解,应在暗处保存。加显色剂后可将溶液置于 23℃恒温箱中,显色达稳定需 2 h。

D.6.2.5.3 测定

用试剂空白液调节分光光度计吸收值到零,在 420 nm~430 nm 波长处对显色液进行比色测试。

D.6.2.5.4 标准曲线的绘制

分别吸取硼标准溶液(D.6.2.4.5)1 mL、2 mL、3 mL、4 mL 和 5 mL 于 50 mL 容量瓶中,用水定容,配成浓度为 0.2 mg/L、0.4 mg/L、0.6 mg/L、0.8 mg/L 和 1.0 mg/L 的硼标准系列溶液。再分别吸取上述硼标准系列溶液各 4 mL,于不同试管中,按 D.6.2.5.2、D.6.2.5.3 进行显色和测试吸收值,以吸收值为纵坐标,以硼标准系列溶液含量为横坐标,绘制工作曲线。

D.6.2.6 分析结果的表述

植株中全硼含量用 ω 表示,单位为毫克每千克(mg/kg)。按式(D.9)计算。

$$\omega = \frac{\rho_6 \times ts_4}{m_8} \quad \cdots\cdots (D.9)$$

式中:

ρ_6 ——测得显色液中硼的质量浓度,单位为毫克每升(mg/L);

ts_4——分取倍数;

m_8——烘干试样质量,单位为克(g)。

取平行测定结果的算数平均值为测定结果,结果保留到小数点后 2 位。

D.6.2.7 精密度

在重复性条件下获得的两次测定结果的绝对差值不得超过算术平均值的15%。

D.6.2.8 注释

甲亚胺制备：将H酸—钠盐[$C_{10}H_4NH_2OH(SO_3HNa)_2$，1氨基-8萘酚-3，6-二磺酸氢钠]18 g溶于1 000 mL水中，稍加热使溶解完全，必要时过滤。在酸度计上边搅拌边用100 g/L氢氧化钾(KOH)溶液中和至pH为7，然后边搅拌边滴加盐酸溶液(1+1)，使酸碱度为pH 1.5(用标准pH试纸测试)。小心加热至60℃，然后边激烈搅拌边徐徐加入水杨醛($C_6H_4OH \cdot CHO$)20 mL，继续保温搅拌1 h，取出置于冷暗处放置24 h以上。用大号布氏漏斗过滤，收集橙红色沉淀，用无水乙醇洗涤沉淀5次～6次，收集合成的甲亚胺在100℃干燥3 h，冷却后，在玛瑙研钵中磨细，放在塑料器皿中，储存于干燥器中保存。

D.7 全量铜、锌、铁、锰

D.7.1 适用范围

本方法适用于各类植株样品中全量铜、锌、铁、锰含量的测定。

D.7.2 测定原理

采用干灰化或湿灰化将植物样品中的有机物氧化成二氧化碳和水等挥失，铜、锌、铁、锰等灰分元素进入待测溶液，用原子吸收分光光度计或电感耦合等离子发生光谱仪测定待测液中铜、锌、铁、锰的含量。

D.7.3 主要仪器设备

D.7.3.1 分析天平：感量为0.000 1 g。

D.7.3.2 石英坩埚或瓷坩埚(30 mL)。

D.7.3.3 锥形瓶(150 mL)。

D.7.3.4 弯颈漏斗。

D.7.3.5 高温电炉。

D.7.3.6 电热板(温度可调节)。

D.7.3.7 电炉。

D.7.3.8 原子吸收分光光度计(AAS)。

D.7.3.9 电感耦合等离子发生光谱仪。

D.7.4 试剂

D.7.4.1 盐酸：优级纯。

D.7.4.2 硝酸：优级纯。

D.7.4.3 高氯酸：优级纯。

D.7.4.4 盐酸溶液(1+1)：取50 mL盐酸(D.7.4.1)慢慢加入50 mL水中。

D.7.4.5 硝酸溶液(1+1)：取50 mL硝酸(D.7.4.2)慢慢加入50 mL水中。

D.7.4.6 铜标准储备液(1 000 mg/L)：称取1.000 g金属铜(99.9%以上)于烧杯中，用20 mL硝酸(1+1)加热溶解，冷却后，转移至1L容量瓶中，定容，储存于聚乙烯瓶中；或称取3.928 g硫酸铜($CuSO_4 \cdot 5H_2O$，优级纯，未风化的)溶于水中，转移至1 L容量瓶中，定容，储存于聚乙烯瓶中；或购买有证标准溶液。

D.7.4.7 铜标准溶液(50 mg/L)：吸取铜标准储备液(D.7.4.6)5 mL于100 mL容量瓶中，定容。

D.7.4.8 锌标准储备液(1 000 mg/L)：称取1.000 g金属锌(99.9%以上)于烧杯中，用30 mL盐酸溶液(1+1)加热溶解，冷却后，转移至1 L容量瓶中，用水定容，储存于聚乙烯瓶中；或称取4.398 g硫酸锌($ZnSO_4 \cdot 7H_2O$，优级纯，未风化的)溶于水中，转移至1 L容量瓶中，用水定容，储存于聚乙烯瓶中；或购买有证标准溶液。

D.7.4.9 锌标准溶液(50 mg/L):吸取锌标准储备液(D.7.4.8)5 mL 于 100 mL 容量瓶中,用水定容。

D.7.4.10 铁标准储备液(1 000 mg/L):称取 1.000 g 金属铁(99.9%以上)于烧杯中,用 30 mL 盐酸(1+1)加热溶解,冷却后,转移至 1 L 容量瓶中,用水定容,储存于聚乙烯瓶中;或称取 8.634 g 硫酸铁铵[$NH_4Fe(SO_4)_2 \cdot 12H_2O$,优级纯,未风化的]溶于水中,转移至 1 L 容量瓶中,用水定容,储存于聚乙烯瓶中;或购买有证标准溶液。

D.7.4.11 铁标准溶液(100 mg/L):吸取铁标准储备液(D.7.4.10)10 mL 于 100 mL 容量瓶中,用水定容。

D.7.4.12 锰标准储备液(1 000 mg/L):称取 1.000 g 金属锰(99.9%以上)于烧杯中,用 20 mL 硝酸溶液(1+1)加热溶解,冷却后,转移至 1 L 容量瓶中,用水定容,储存于聚乙烯瓶中;或称取 2.749 g 已于 400℃~500℃灼烧至恒重的无水硫酸锰($MnSO_4$,优级纯)溶于水中,转移至 1 L 容量瓶中,用水定容,储存于聚乙烯瓶中;或购买有证标准溶液。

D.7.4.13 锰标准溶液(100 mg/L):吸取锰标准储备液(D.7.4.12)10 mL 于 100 mL 容量瓶中,用水定容。

D.7.5 分析步骤

D.7.5.1 样品前处理

D.7.5.1.1 干灰化法

称取烘干磨细(0.5 mm)的植物试样 0.500 0 g~1.000 0 g 于石英坩埚(或瓷坩埚)中,先在电炉上进行低温炭化至无烟,再移入高温电炉中于 500℃灰化 2 h~6 h。若此时灰化不完全,炭粒较多,可待冷却后,滴加硝酸(D.7.4.5)润湿灰分,蒸发至干后,置高温电炉中继续完成灰化,反复多次直至近白色,冷却,用 2 mL 盐酸溶液(D.7.4.4)溶解灰分,将试样消化液转入 25 mL 具塞比色管(或容量瓶)中,冷却,定容,静置备用;同时做试剂空白。

D.7.5.1.2 湿灰化法

称取烘干磨细(0.5 mm)的植物试样 0.500 0 g~1.000 0 g 于锥形瓶中,加 10 mL 硝酸(4.2),加弯颈漏斗,放置过夜,于电热板上消解至溶液呈淡黄色,若溶液混浊或有碳化,补加硝酸继续消解至溶液呈淡黄色,取下锥形瓶稍冷,加 2 mL 高氯酸(D.7.4.3)继续消解,直至冒白烟,用少许水冲洗弯颈漏斗并取下,继续消解至高氯酸白烟基本冒尽,消化液呈白色或清亮,用 2 mL 盐酸溶液(D.7.4.4)溶解灰分,将试样消化液转入 25 mL 具塞比色管(或容量瓶)中,冷却,定容,静置备用;同时做试剂空白。

D.7.5.2 试液中铜、锌、铁、锰的测定

D.7.5.2.1 原子吸收分光光度计法

D.7.5.2.1.1 标准工作曲线绘制

分别吸取 0 mL、1 mL、2 mL、3 mL、4 mL 和 5 mL 铜、锌、铁和锰标准溶液(D.7.4.7、D.7.4.9、D.7.4.11、D.7.4.13)于一组 100 mL 容量瓶中,再分别加入 8 mL HCl(D.7.4.4),定容,即为 0 mg/L、0.5 mg/L、1.0 mg/L、1.5 mg/L、2.0 mg/L 和 2.5 mg/L 的铜、锌和 0.0 mg/L、1.0 mg/L、2.0 mg/L、3.0 mg/L、4.0 mg/L、5.0 mg/L 的铁、锰混合标准系列溶液。标准工作曲线的浓度可根据试液中待测元素的含量和仪器的灵敏度适当调整。

测定前,根据元素性质,参照仪器说明书,对波长、灯电流、狭缝、燃烧头高度等仪器工作条件进行优化。以标准空白校正仪器零点,分别测得标准溶液的吸光值,建立吸光值与浓度关系的一元线性回归方程。

D.7.5.2.1.2 试液的测定

在与标准工作曲线绘制相同仪器条件下,分别测得试剂空白和样品试液的吸光值,代入标准工作曲线的一元线性回归方程中求得样液中铜、锌、铁和锰的含量。

D.7.5.2.2 电感耦合等离子发射发射光谱法

D.7.5.2.2.1 标准工作曲线绘制

分别吸取 0 mL、0.5 mL、1 mL、2 mL、5 mL、10 mL 铜、锌标准溶液(D.7.4.7、D.7.4.9)和铁、锰标准储备液(D.7.4.10、D.7.4.12)于一组 100 mL 容量瓶中,再分别加入 8 mL 盐酸溶液(D.7.4.4),定容,即铜、锌浓度为 0 mg/L、0.5 mg/L、1.0 mg/L、2.0 mg/L、5.0 mg/L、10.0 mg/L 和铁、锰浓度为 0 mg/L、5.0 mg/L、10.0 mg/L、20.0 mg/L、50.0 mg/L 和 100.0 mg/L 的混合标准系列溶液。

测定前,根据元素性质,参照仪器说明书,对波长、功率、工作气体流量、积分时间等仪器工作条件进行优化。分别测得标准溶液的发射强度,建立发射强度与浓度关系的一元线性回归方程。

D.7.5.2.2.2 试液的测定

在与标准工作曲线绘制相同仪器条件下,分别测得试剂空白和样品试液的发射强度,代入标准工作曲线的一元线性回归方程中求得样液中铜、锌、铁和锰的含量。

D.7.6 结果计算

植株全量铜、锌、铁和锰含量(ω),以质量分数表示,单位为毫克每千克(mg/kg),按式(D.10)计算。

$$\omega(\mathrm{Cu、Zn、Fe、Mn}) = \frac{(\rho_7 - \rho_{02}) \times V_5 \times D_3 \times 1000}{m_9 \times 1000} \quad \cdots\cdots\cdots\cdots (D.10)$$

式中:

ρ_7 ——测定试液中铜、锌、铁、锰的含量,单位为毫克每升(mg/L);

ρ_{02} ——空白液中铜、锌、铁、锰的含量,单位为毫克每升(mg/L);

V_5 ——试液总体积,单位为毫升(mL);

D_3 ——稀释倍数;

m_9 ——试样质量,单位为克(g)。

平行测定结果,用算术平均值表示。铜和锌的计算结果保留小数点后 2 位,铁和锰的计算结果保留小数点后 1 位,但有效位数最多不超过 3 位。

D.7.7 精密度

在重复性条件下获得的两次独立测定结果的绝对差值不得超过算术平均值的 10%。

D.7.8 注释

D.7.8.1 不同植株样品干灰化时间差异较大。一般幼嫩植株和叶片需 1.5 h~2 h,木质化程度高的茎秆及含脂肪高的种子样品较难灰化,需 4 h~6 h。

D.7.8.2 湿灰化时,高氯酸易爆炸,应先用硝酸充分浸泡样品后再加入高氯酸,切忌先加高氯酸进行消煮。

D.7.8.3 为避免样品中的沉淀等杂质堵塞仪器进样管,必要时可将试样消化液过滤后再进行上机测定。

D.7.8.4 在进行大批量样品测试时应注意仪器的漂移,应定期用空白调节仪器零点或用标准工作曲线对仪器进行校正。

D.7.8.5 当试液中的浓度超过标准工作曲线最高浓度时,应稀释后再上机测定。

ICS 65.080
B 08

中华人民共和国农业行业标准

NY/T 3034—2016

土壤调理剂　通用要求

Soil amendments—General regulations

2016-12-23 发布　　2017-04-01 实施

中华人民共和国农业部 发布

前　言

本标准按照GB/T 1.1—2009给出的规则起草。

本标准由中华人民共和国农业部提出并归口。

本标准起草单位：中国农业科学院农业资源与农业区划研究所、中国农学会、中国植物营养与肥料学会、土壤肥料产业联盟。

本标准主要起草人：王旭、孙蓟锋、刘红芳、范洪黎、保万魁、张曦、侯晓娜。

引　　言

土壤的障碍特性是影响土壤肥力和植物生长的关键因素，而土壤调理剂是改良障碍土壤的重要生产资料。

土壤调理剂产业发展反映了矿产资源开发、废弃物循环利用、耕地质量保护、农产品质量安全等多领域综合技术水准。本标准是对近年来我国土壤调理剂产业发展的规范性总结，是不同类型土壤调理剂产品的总则性标准。

土壤调理剂　通用要求

1 范围

本标准规定了土壤调理剂通用要求、试验方法、检验规则、标识、包装、运输和储存。

本标准适用于中华人民共和国境内生产、销售、使用的，用于调理障碍土壤并使其物理、化学和/或生物性状得以改良的，以矿物原料、有机原料、化学原料等为组成成分并经标准化加工工艺生产的土壤调理剂。

本标准不适用于未经标准化生产或无害化技术处理的、存在食品安全风险和/或土壤生态环境风险的物料或废料为原料生产的土壤调理剂。

2 规范性引用文件

下列文件对于本文件的应用是必不可少的。凡是注日期的引用文件，仅注日期的版本适用于本文件。凡是不注日期的引用文件，其最新版本（包括所有的修改单）适用于本文件。

GB 190　危险货物包装标志
GB/T 191　包装储运图示标志
GB/T 6679　固体化工产品采样通则
GB/T 6680　液体化工产品采样通则
GB/T 8170　数值修约规则与极限数值的表示和判定
GB 8569　固体化学肥料包装
JJF 1070　定量包装商品净含量计量检验规则
NY/T 887　液体肥料　密度的测定
NY/T 1973　水溶肥料　水不溶物含量和 pH 的测定
NY/T 1978　肥料　汞、砷、镉、铅、铬含量的测定
NY 1979　肥料和土壤调理剂　标签及标明值判定要求
NY 1980　肥料和土壤调理剂　急性经口毒性试验及评价要求
NY/T 2271　土壤调理剂　效果试验和评价要求
NY/T 2272　土壤调理剂　钙、镁、硅含量的测定
NY/T 2273　土壤调理剂　磷、钾含量的测定
NY/T 2542　肥料　总氮含量的测定
NY/T 2876　肥料和土壤调理剂　有机质分级测定
NY/T 3035　土壤调理剂　铝、镍含量的测定
NY/T 3036　肥料和土壤调理剂　水分含量、粒度、细度的测定
国家质量技术监督局令第 4 号　产品质量仲裁检验和产品质量鉴定管理办法

3 术语和定义

下列术语和定义适用于本文件。

3.1

土壤调理剂　soil amendments/ soil conditioners

指加入障碍土壤中以改善土壤物理、化学和/或生物性状的物料，适用于改良土壤结构、降低土壤盐碱危害、调节土壤酸碱度、改善土壤水分状况或修复污染土壤等。

3.1.1

农林保水剂　agro-forestry absorbent polymer

指用于改善植物根系或种子周围土壤水分性状的土壤调理剂。

3.2

障碍土壤　obstacle soils

指由于受自然成土因素或人为因素的影响，而使植物生长产生明显障碍或影响农产品质量安全的土壤。障碍因素主要包括质地不良、结构差或存在妨碍植物根系生长的不良土层、肥力低下或营养元素失衡、酸化、盐碱、土壤水分过多或不足、有毒物质污染等。

3.2.1

沙性土壤(沙质土壤)　sandy soil

指土壤质地偏沙、缺少黏粒、保水或保肥性差的障碍土壤，包括沙土和沙壤土等。

3.2.2

黏性土壤(黏质土壤)　clay soil

指土壤质地黏重、通气透水性差、耕性不良的障碍土壤，包括黏土和黏壤(重壤)土等。

3.2.3

结构障碍土壤　structural obstacle soil

指由于土壤有机质含量降低、团粒结构被破坏、通气透水性差而使土壤板结、潜育化，导致土壤生产力下降的障碍土壤。

3.2.4

酸性土壤　acid soil

指土壤呈酸性反应(pH 小于 5.5)，导致植物生长受到抑制的障碍土壤。

3.2.5

盐碱土壤/盐渍土壤　saline-alkaline soil

指由于土壤含有过多可溶性盐和/或交换性钠，导致植物生长受到抑制的障碍土壤。盐碱土壤可分为盐化土壤和碱化土壤。

3.2.5.1　**盐化土壤　saline soil**

指主要由于含有过多可溶性盐而使土壤溶液的渗透压增高，导致植物生长受到抑制的障碍土壤，包括盐土。

3.2.5.2　**碱化土壤　alkaline soil**

指主要由于含有过多交换性钠而使土壤物理性质不良、呈碱性反应，导致植物生长受到抑制的障碍土壤，包括碱土(pH 大于 8.5)。

3.2.6

污染土壤　contaminated soil

指由于污水灌溉、大气沉降、固体废弃物排放、过量肥料与农药施用等人为因素的影响，导致其有害物质增加、肥力下降，从而影响农作物的生长、危及农产品质量安全的土壤。

3.3

土壤改良措施　measures of soil amelioration

指针对土壤障碍因素特性，基于自然和经济条件，所采取的改善土壤性状、提高土地生产能力的技术措施。

3.3.1

土壤结构改良　soil structure improvement

指通过加入土壤中一定量物料并结合翻耕措施来改良沙性土壤、黏性土壤及板结或潜育化土壤结构特性,以提高土壤生产力的技术措施。

3.3.2

酸性土壤改良　reclamation of acid soil

指通过施用一定量的物料来调节土壤酸度(pH),以减轻土壤酸性对植物危害的技术措施。

3.3.3

盐碱土壤改良　reclamation of saline - alkaline soil

指通过施用一定量的物料来降低土壤中可溶盐、交换性钠含量或 pH,以减轻盐分对植物危害的技术措施。

3.3.4

土壤保水　soil moisture preservation

指通过施用一定量的物料来保蓄水分,提高土壤含水量,以满足植物生理需要的技术措施。

3.3.5

污染土壤修复　contaminated soil remediation

指利用物理、化学、生物等方法,转移、吸收、降解或转化土壤污染物,即通过改变土壤污染物的存在形态或与土壤的结合方式,降低其在土壤环境中的可迁移性或生物可利用性等的修复技术,以使土壤污染物浓度降低到无害化水平,或将污染物转化为无害物质的技术措施。

注:本定义中土壤修复不包括改造农田土壤结构的工程修复技术。

4　要求

4.1　分类及命名要求

土壤调理剂分为矿物源土壤调理剂、有机源土壤调理剂、化学源土壤调理剂和农林保水剂 4 类,一般将其统称为土壤调理剂。其中,矿物源土壤调理剂、有机源土壤调理剂和化学源土壤调理剂则依主要原料组成来源不同冠以所属的前缀,而农林保水剂则依其保水性能而命名。

注:对于改善土壤生物性状的微生物菌剂,按现行技术法规执行。

4.2　原料要求

4.2.1　矿物源土壤调理剂一般由富含钙、镁、硅、磷、钾等矿物经标准化工艺或无害化处理加工而成的,用于增加矿质养料以改善土壤物理、化学、生物性状。

4.2.2　有机源土壤调理剂一般由无害化有机物料为原料经标准化工艺加工而成的,用于为土壤微生物提供所需养料以改善土壤生物肥力。

4.2.3　化学源土壤调理剂是由化学制剂或由化学制剂经标准化工艺加工而成的,同时改善土壤物理或化学障碍性状。

4.2.4　农林保水剂一般由合成聚合型、淀粉接枝聚合型、纤维素接枝聚合型等吸水性树脂聚合物加工而成的,用于农林业土壤保水、种子包衣、苗木移栽或肥料添加剂等。

4.3　指标要求

4.3.1　矿物源土壤调理剂:至少应标明其所含钙、镁、硅、磷、钾等主要成分及含量、pH、粒度或细度、有毒有害成分限量等。

4.3.2　有机源土壤调理剂:至少应标明其所含有机成分含量、pH、粒度或细度、有毒有害成分限量等。所明示出的成分应有明确界定,不应重复叠加。

4.3.3　化学源土壤调理剂:至少应标明其所含主要成分含量、pH、粒度或细度、有毒有害成分限量等。

注:农林保水剂按其标准规定执行。

4.4　限量要求

土壤调理剂汞、砷、镉、铅、铬元素限量应符合不同原料的产品限量要求。

4.5 毒性试验

土壤调理剂毒性试验结果应符合 NY 1980 的要求。

4.6 效果试验

土壤调理剂效果试验应具有显著且持续改良土壤障碍特性的试验结果。

5 试验方法

5.1 范围

规定了土壤调理剂中钙、镁、硅、磷、钾、总氮、有机质、铝、镍、汞、砷、镉、铅、铬等成分含量、pH、水分(固体)含量、密度(液体)、粒度或细度等的检验方法,以及毒性试验、效果试验方法。

注:具有水溶特性的土壤调理剂中未涵盖的成分含量的检验方法可按水溶肥料标准执行;农林保水剂按其标准规定执行。

5.2 测定方法

5.2.1 钙、镁、硅含量的测定

按照 NY/T 2272 的规定执行。

5.2.2 磷、钾含量的测定

按照 NY/T 2273 的规定执行。

5.2.3 总氮含量的测定

按照 NY/T 2542 的规定执行。

5.2.4 有机质分级测定

按照 NY/T 2876 的规定执行。

5.2.5 铝、镍含量的测定

按照 NY/T 3035 的规定执行。

5.2.6 汞、砷、镉、铅、铬含量的测定

按照 NY/T 1978 的规定执行。

5.2.7 pH 的测定

按照 NY/T 1973 的规定执行。

5.2.8 水分含量的测定

按照 NY/T 3036 的规定执行。

5.2.9 密度的测定

按照 NY/T 887 的规定执行。

5.2.10 粒度、细度的测定

按照 NY/T 3036 的规定执行。

5.2.11 毒性试验

按照 NY 1980 的规定执行。

5.2.12 效果试验

按照 NY/T 2271 的规定执行。

6 检验规则

6.1 产品应由企业质量监督部门进行检验,生产企业应保证所有的销售产品均符合技术要求。每批产品应附有质量证明书,其内容按标识规定执行。

6.2 产品按批检验,以一次配料为一批,最大批量为 500 t。

6.3 固体或散装产品采样按照GB/T 6679的规定执行。液体产品采样按照GB/T 6680的规定执行。

6.4 将所采样品置于洁净、干燥的容器中，迅速混匀。取液体样品1 L、固体粉剂样品1 kg、颗粒样品2 kg，分装于两个洁净、干燥的容器中，密封并贴上标签，注明生产企业名称、产品名称、批号或生产日期、采样日期、采样人姓名。其中，一部分用于产品质量分析；另一部分应保存至少两个月，以备复验。

6.5 按产品试验要求进行试样的制备和储存。

6.6 生产企业应按4.3和4.4要求进行出厂检验。如果检验结果有一项或一项以上指标不符合技术要求，应重新自加倍采样批中采样进行复验。复验结果有一项或一项以上指标不符合技术要求，则整批产品不应被验收合格。

6.7 产品质量合格判定，采用GB/T 8170中“修约值比较法”。

6.8 用户有权按本标准规定的检验规则和检验方法对所收到的产品进行核验。

6.9 当供需双方对产品质量发生异议需仲裁时，应按照国家质量技术监督局令第4号的规定执行。

7 标识

7.1 产品质量证明书应载明：

7.1.1 企业名称、生产地址、联系方式、行政审批证号、产品通用名称、执行标准号、主要原料名称、剂型、包装规格、批号或生产日期。

7.1.2 钙(CaO)、镁(MgO)、硅(SiO_2)、磷(P_2O_5)、钾(K_2O)、总氮、有机质等含量的最低标明值；铝、镍含量的标明值或标明值范围；其他需载明的有效成分及含量的标明值或标明值范围；pH、密度(液体)的标明值或标明值范围；水分(固体)含量的最高标明值、粒度或细度的最低标明值；汞、砷、镉、铅、铬元素含量的最高标明值。

7.2 产品包装标签应载明：

7.2.1 钙(CaO)、镁(MgO)、硅(SiO_2)、磷(P_2O_5)、钾(K_2O)、总氮、有机质含量的最低标明值，其测定值应符合其标明值要求。

7.2.2 铝、镍含量的标明值或标明值范围，其测定值应符合其标明值或标明值范围要求。

7.2.3 其他需载明的有效成分及含量的标明值或标明值范围，其测定值应符合其标明值或标明值范围要求。

7.2.4 pH、密度(液体)的标明值或标明值范围，其测定值应符合其标明值或标明值范围要求。

7.2.5 水分(固体)含量的最高标明值、粒度或细度的最低标明值，其测定值应符合其标明值要求。

7.2.6 汞、砷、镉、铅、铬元素含量的最高标明值，其测定值应符合其标明值要求。

7.2.7 主要原料名称。

7.3 其余按照NY 1979的规定执行。

8 包装、运输和储存

8.1 产品的销售包装应按照GB 8569的规定执行。净含量按照JJF 1070的规定执行。

8.2 在产品运输和储存过程中应防潮、防晒、防破裂，警示说明按照GB 190和GB/T 191的规定执行。

ICS 65.080
G 20

中华人民共和国农业行业标准

NY/T 3035—2016

土壤调理剂　铝、镍含量的测定

**Soil amendments—
Determination of aluminium and nickel content**

2016-12-23 发布　　2017-04-01 实施

中华人民共和国农业部　发布

前　　言

本标准按照 GB/T 1.1—2009 给出的规则起草。

本标准由中华人民共和国农业部提出并归口。

本标准起草单位:中国农业科学院农业资源与农业区划研究所、中国农学会、中国植物营养与肥料学会、土壤肥料产业联盟。

本标准主要起草人:范洪黎、刘蜜、韩岩松、黄均明。

土壤调理剂　铝、镍含量的测定

1　范围

本标准规定了土壤调理剂铝、镍含量测定的等离子体发射光谱法试验方法。

本标准适用于固体土壤调理剂，也适用于土壤和畜禽粪便。

2　规范性引用文件

下列文件对于本文件的应用是必不可少的。凡是注日期的引用文件，仅注日期的版本适用于本文件。凡是不注日期的引用文件，其最新版本(包括所有的修改单)适用于本文件。

HG/T 3696　无机化工产品　化学分析用标准溶液、制剂及制品的制备

3　铝含量的测定　等离子体发射光谱法

3.1　原理

试样溶液中的铝在 ICP 光源中原子化并激发至高能态，处于高能态的原子跃迁至基态时产生具有特征波长的电磁辐射，发射强度与铝原子浓度成正比。

3.2　试剂和材料

所用试剂、水和溶液的配制，在未注明规格和配制方法时，均应按照 HG/T 3696 的规定执行。

3.2.1　盐酸溶液：1+1。

3.2.2　铝标准溶液：$\rho(Al)=1\,000\ \mu g/mL$。

3.2.3　盐酸溶液：$c(HCl)=0.5\ mol/L$。

3.2.4　高纯氩气。

3.3　仪器

3.3.1　通常实验室仪器。

3.3.2　恒温振荡器：温度可控制在(25±5)℃，振荡频率可控制在(180±20) r/min。

3.3.3　等离子体发射光谱仪。

3.4　分析步骤

3.4.1　试样的制备

样品经多次缩分后，取出约 100 g，将其迅速研磨至全部通过不含金属材质 0.50 mm 孔径试验筛(如样品潮湿，可通过 1.00 mm 孔经试验筛)，混合均匀，置于洁净、干燥的容器中。

3.4.2　试样溶液的制备

称取 0.2 g～3 g 试样(精确至 0.000 1 g)，置于 250 mL 容量瓶中，加入 150 mL 盐酸溶液(3.2.3)，塞紧瓶塞；摇动容量瓶使试料分散于溶液中，置于(25±5)℃振荡器内，在(180±20) r/min 的振荡频率下振荡 30 min，取出后用水定容；干过滤，弃去最初几毫升滤液，待测。

3.4.3　标准曲线的绘制

分别吸取铝标准溶液(3.2.2)0 mL、0.50 mL、1.00 mL、2.00 mL、4.00 mL 和 5.00 mL，于 6 个 100 mL容量瓶中，加入 4 mL 盐酸溶液(3.2.1)，用水定容。此标准系列溶液铝的质量浓度分别为 0 μg/mL、5.00 μg/mL、10.0 μg/mL、20.0 μg/mL、40.0 μg/mL 和 50.0 μg/mL。

测定前，根据待测元素性质和仪器性能，进行氩气流量、观测高度、射频发生器功率、积分时间等测量条件优化。然后，用等离子体发射光谱仪在波长 396.152 nm 处测定各标准溶液的发射强度。以标准

系列溶液铝的质量浓度(μg/mL)为横坐标,相应的发射强度为纵坐标,绘制标准曲线。

注:可根据不同仪器灵敏度调整标准系列溶液的质量浓度。

3.4.4 试样溶液的测定

将试样溶液直接或适当稀释后,在与测定标准系列溶液相同的条件下,测得铝的发射强度,在标准曲线上查出相应铝的质量浓度(μg/mL)。

3.4.5 空白试验

除不加试样外,其他步骤同试样溶液的测定。

3.5 分析结果的表述

铝(Al)含量以质量分数 ω_1 计,数值以百分率表示,按式(1)计算。

$$\omega_1 = \frac{(\rho_1 - \rho_2) D_1 \times 250}{m_1 \times 10^6} \times 100\% \quad \cdots\cdots (1)$$

式中:

ρ_1 ——由标准曲线查出的试样溶液铝的质量浓度,单位为微克每毫升(μg/mL);

ρ_2 ——由标准曲线查出的空白溶液中铝的质量浓度,单位为微克每毫升(μg/mL);

D_1 ——测定时试样溶液的稀释倍数;

250——试样溶液的体积,单位为毫升(mL);

m_1 ——试料的质量,单位为克(g);

10^6 ——将克换算成微克的系数,以微克每克(μg /g)表示。

取两次平行测定结果的算术平均值为测定结果,结果保留到小数点后两位。

3.6 允许差

平行测定结果的相对相差不大于10%;

不同实验室测定结果的相对相差不大于30%。

注:相对相差为两次测量值相差与两次测量值均值之比。

4 镍含量的测定 等离子体发射光谱法

4.1 原理

试样溶液中的镍在ICP光源中原子化并激发至高能态,处于高能态的原子跃迁至基态时产生具有特征波长的电磁辐射,发射强度与镍原子浓度成正比。

4.2 试剂和材料

所用试剂、水和溶液的配制,在未注明规格和配制方法时,均应按照HG/T 3696的规定执行。

4.2.1 盐酸溶液:1+1。

4.2.2 镍标准储备溶液:$\rho(Ni) = 1\,000$ μg/mL。

4.2.3 镍标准溶液:$\rho(Ni) = 50$ μg/mL。吸取镍标准储备液(4.2.2)5.00 mL于100 mL容量瓶中,加入盐酸溶液(4.2.1)10 mL,用水定容,混匀。

4.2.4 盐酸溶液:$c(HCl) = 0.5$ mol/L。

4.2.5 高纯氩气。

4.3 仪器

4.3.1 通常实验室仪器。

4.3.2 恒温振荡器:温度可控制在(25±5)℃,振荡频率可控制在(180±20) r/min。

4.3.3 等离子体发射光谱仪。

4.4 分析步骤

4.4.1 试样的制备

样品经多次缩分后，取出约 100 g，将其迅速研磨至全部通过不含金属材质 0.50 mm 孔径试验筛（如样品潮湿，可通过 1.00 mm 孔径试验筛），混合均匀，置于洁净、干燥的容器中。

4.4.2 试样溶液的制备

称取 5.00 g 试样（精确至 0.01 g），置于 150 mL 具塞三角瓶中，加入 50 mL 盐酸溶液（4.2.4），塞紧瓶塞；摇动三角瓶使试料分散于溶液中，置于(25±5)℃振荡器内，在(180±20) r/min 的振荡频率下振荡 30 min，取出；干过滤，弃去最初几毫升滤液，尽快上机测定。

注：如果测定需要的试样溶液数量较大，可多称取试样，但应保证样液比为 1∶10，同时浸提使用的容器应足够大，以保证浸提充分。

4.4.3 标准曲线的绘制

分别吸取镍标准溶液（4.2.3）0 mL、0.40 mL、1.00 mL、2.00 mL、5.00 mL 和 10.00 mL，于 6 个 100 mL容量瓶中，加入盐酸溶液（4.2.1）4 mL，用水定容。此标准系列溶液镍的质量浓度分别为 0 μg/mL、0.20 μg/mL、0.50 μg/mL、1.00 μg/mL、2.50 μg/mL 和 5.00 μg/mL。

测定前，根据待测元素性质和仪器性能，进行氩气流量、观测高度、射频发生器功率、积分时间等测量条件优化。然后，用等离子体发射光谱仪在波长 231.604 nm 处测定各标准溶液的发射强度。以标准系列溶液镍的质量浓度（μg/mL）为横坐标，相应的发射强度为纵坐标，绘制标准曲线。

注：可根据不同仪器灵敏度调整标准系列溶液的质量浓度。

4.4.4 试样溶液的测定

将试样溶液直接或适当稀释后，在与测定标准系列溶液相同的条件下，测得镍的发射强度，在标准曲线上查出相应镍的质量浓度（μg/mL）。

4.4.5 空白试验

除不加试样外，其他步骤同试样溶液的测定。

4.5 分析结果的表述

镍（Ni）含量以质量分数 ω_2 计，数值以毫克每千克（mg/kg）表示，按式（2）计算。

$$\omega_2 = \frac{(\rho_3 - \rho_4) D_2 \times V}{m_2} \qquad (2)$$

式中：

ρ_3 ——由标准曲线查出的试样溶液镍的质量浓度，单位为微克每毫升（μg/mL）；

ρ_4 ——由标准曲线查出的空白溶液中镍的质量浓度，单位为微克每毫升（μg/mL）；

D_2——测定时试样溶液的稀释倍数；

V ——试样溶液的体积，单位为毫升（mL）；

m_2——试料的质量，单位为克（g）。

取两次平行测定结果的算术平均值为测定结果，结果保留到小数点后两位，最多不超过 3 位有效数字。

4.6 允许差

平行测定结果的相对相差不大于 20%。

不同实验室测定结果的相对相差不大于 40%。

注：相对相差为两次测量值相差与两次测量值均值之比。

ICS 65.080
B 08

中华人民共和国农业行业标准

NY/T 3036—2016

肥料和土壤调理剂 水分含量、粒度、细度的测定

Fertilizers and soil amendments—Determination of moisture content and particle sizes

2016-12-23 发布　　2017-04-01 实施

中华人民共和国农业部　发布

前　言

本标准按照 GB/T 1.1—2009 给出的规则起草。

本标准由中华人民共和国农业部提出并归口。

本标准起草单位：中国农业科学院农业资源与农业区划研究所、中国农学会、中国植物营养与肥料学会、土壤肥料产业联盟。

本标准主要起草人：孙蓟锋、刘蜜、保万魁、韩岩松、林茵。

肥料和土壤调理剂　水分含量、粒度、细度的测定

1　范围

本标准规定了肥料和土壤调理剂真空烘箱法、烘箱法、卡尔·费休法测定水分(游离水)含量的试验方法,以及试验筛重量法测定固体肥料和土壤调理剂粒度、细度的试验方法。

真空烘箱法适用于测定固体肥料和土壤调理剂水分含量;烘箱法适用于测定农林保水剂水分含量;卡尔·费休法适用于用二氧六环萃取后采用卡尔·费休试剂滴定测定肥料和土壤调理剂水分含量。真空烘箱法和烘箱法不适用于在干燥过程中能产生非水分挥发性物质的肥料和土壤调理剂水分含量的测定。

2　规范性引用文件

下列文件对于本文件的应用是必不可少的。凡是注日期的引用文件,仅注日期的版本适用于本文件。凡是不注日期的引用文件,其最新版本(包括所有的修改单)适用于本文件。

GB/T 6003.1　试验筛 技术要求和检验　第1部分:金属丝编织网试验筛

GB/T 6283　化工产品中水分含量的测定　卡尔·费休法(通用方法)(ISO 760,NEQ)

HG/T 3696　无机化工产品　化学分析用标准溶液、制剂及制品的制备

3　水分含量的测定

3.1　真空烘箱法

3.1.1　仪器

3.1.1.1　通常实验室仪器。

3.1.1.2　电热恒温真空干燥箱(真空烘箱):温度可控制在(50±2)℃,真空度可控制在 6.4×10^4 Pa～7.1×10^4 Pa。

3.1.1.3　带磨口塞称量瓶:直径 50 mm,高 30 mm。

3.1.2　分析步骤

3.1.2.1　试样的制备

样品缩分至约 100 g,将其迅速研磨至全部通过 0.50 mm 孔径试验筛(如样品潮湿,可通过1.00 mm 孔径试验筛),混合均匀,置于洁净、干燥的容器中。

3.1.2.2　测定

称取约 2 g(精确至 0.000 1 g)试样于预先干燥至恒重的称量瓶中,置于(50±2)℃,通干燥空气调节真空度为 6.4×10^4 Pa～7.1×10^4 Pa 的电热恒温真空干燥箱中干燥 2 h±10 min,取出,在干燥器中冷却至室温,称量。

3.1.3　分析结果的表述

水分(游离水)含量以质量分数 ω_1 计,数值以百分率表示,按式(1)计算。

$$\omega_1 = \frac{m - m_1}{m} \times 100\% \quad \cdots\cdots (1)$$

式中:

m ——试料的质量,单位为克(g);

m_1——干燥后试料的质量,单位为克(g)。

取平行测定结果的算术平均值为测定结果，结果保留到小数点后两位。

3.1.4 允许差

游离水的质量分数 ω_1≤2.0%时，平行测定结果的绝对差值应≤0.20%。

游离水的质量分数 ω_1>2.0%时，平行测定结果的绝对差值应≤0.30%。

3.2 烘箱法

3.2.1 仪器

3.2.1.1 通常实验室仪器。

3.2.1.2 恒温干燥箱：温度控制在(105±2)℃。

3.2.1.3 带磨口塞称量瓶：直径 50 mm，高 30 mm。

3.2.2 分析步骤

3.2.2.1 试样的制备

样品缩分至约 100 g，将其迅速研磨至全部通过 0.50 mm 孔径试验筛(如样品潮湿，可通过1.00 mm 孔径试验筛)，混合均匀，置于洁净、干燥容器中。

3.2.2.2 测定

称取约 2 g(精确至 0.001 g)试样于预先干燥至恒重的称量瓶中，置于(105±2)℃恒温干燥箱中干燥 2 h±10 min，取出，在干燥器中冷却至室温，称量。

3.2.3 结果表述

水分(游离水)含量以质量分数 ω_1 计，数值以百分率表示，按式(1)计算。

取平行测定结果的算术平均值为测定结果，结果保留到小数点后两位。

3.2.4 允许差

游离水的质量分数 ω_1≤2.0%时，平行测定结果的绝对差值应≤0.20%。

游离水的质量分数 ω_1>2.0%时，平行测定结果的绝对差值应≤0.30%。

3.3 卡尔·费休法

3.3.1 原理

试样中的游离水与已知水的滴定度的卡尔·费休试剂进行定量反应，从而求出游离水的含量。反应式如下：

$$H_2O + I_2 + SO_2 + 3C_5H_5N = 2C_5H_5N \cdot HI + C_5H_5N \cdot SO_3$$

$$C_5H_5N \cdot SO_3 + CH_3OH = C_5H_5NH \cdot OSO_2OCH_3$$

3.3.2 试剂和材料

本方法中所用试剂、水和溶液的配制，在未注明规格和配制方法时，均应按照 HG/T 3696 的规定执行。

3.3.2.1 5A 分子筛：直径 3 mm～5 mm 颗粒，用做干燥剂。使用前，于 500℃下焙烧 2 h 并在内装分子筛的干燥器中冷却。

3.3.2.2 甲醇：水含量的质量分数≤0.05%，如试剂含水量的质量分数>0.05%，于 500 mL 甲醇中加入 5A 分子筛(3.3.2.1)约 50 g，塞上瓶塞，放置过夜，吸取上层清夜使用。

3.3.2.3 二氧六环：经脱水处理，方法同 3.3.2.2。

3.3.2.4 无水乙醇：经脱水处理，方法同 3.3.2.2。

3.3.2.5 卡尔·费休试剂：按照 GB/T 6283 的规定配制。

3.3.3 仪器

3.3.3.1 通常实验室仪器。

3.3.3.2 卡尔·费休直接电量滴定仪器，按照 GB/T 6283 的规定配备。

3.3.3.3 离心机:转速 0 r/min～4 000 r/min。

3.3.4 **分析步骤**

3.3.4.1 **卡尔·费休试剂的标定**

按照 GB/T 6283 规定进行,用二水合酒石酸钠(或水)标定。

3.3.4.2 **试样的制备**

样品缩分至约 100 g,将其迅速研磨至全部通过 0.50 mm 孔径试验筛(如样品潮湿,可通过1.00 mm 孔径试验筛),混合均匀,置于洁净、干燥容器中。

3.3.4.3 **测定**

称取 1.5 g～2.5 g(精确至 0.002 g)游离水含量不大于 150 mg 的试样于 125 mL 带盐水瓶橡皮塞的锥形瓶中,盖上瓶塞,用移液管注入 50.0 mL 二氧六环(除仲裁必须使用外,一般情况下,可用无水乙醇或甲醇代替),摇动或振荡数分钟,静置 15 min,再摇动或振荡数分钟,待试样稍微沉降后,取部分溶液于带盐水瓶橡皮塞的离心管中离心。

通过排泄嘴将滴定容器中残液放完,加 50 mL 甲醇于滴定容器中,甲醇用量须足以淹没电极,接通电源,打开电磁搅拌器,与标定卡尔·费休试剂一样,用卡尔·费休试剂滴定至电流计产生与标定时相同的偏斜,并保持稳定 1 min。

用移液管从离心管中取出 5.0 mL 二氧六环萃取液,经加料口注入滴定容器中,用卡尔·费休试剂滴定至终点,记录所消耗的卡尔·费休试剂的体积(V_1)。

用二氧六环作萃取剂时,应在三次滴定后将滴定容器中残液放完,重新加入甲醇,用卡尔·费休试剂滴定至同样终点。然后进行下一次测定。

以同样方法进行空白试验,测定 5.0 mL 二氧六环所消耗的卡尔·费休试剂的体积(V_2)。

3.3.4.4 **结果表述**

水分(游离水)含量以质量分数 ω_1 计,数值以百分率表示,按式(2)计算。

$$\omega_1 = \frac{T(V_1 - V_2)}{m \times \frac{5}{50} \times 1000} \times 100\% = \frac{(V_1 - V_2)T}{m} \quad \cdots\cdots (2)$$

式中:

V_1——滴定 5.0 mL 二氧六环萃取溶液所消耗的卡尔·费休试剂的体积的数值,单位为毫升(mL);

V_2——滴定 5.0 mL 二氧六环所消耗的卡尔·费休试剂的体积的数值,单位为毫升(mL);

T ——卡尔·费休试剂对水的滴定度的数值,单位为毫克每毫升(mg/mL)。

取平行测定结果的算术平均值为测定结果,结果保留到小数点后两位。

3.3.4.5 **允许差**

游离水的质量分数 $\omega_1 \leqslant 2.0\%$时,平行测定结果的绝对差值应$\leqslant 0.30\%$。

游离水的质量分数 $\omega_1 > 2.0\%$时,平行测定结果的绝对差值应$\leqslant 0.40\%$。

4 粒度、细度的测定

4.1 仪器

4.1.1 通常实验室仪器。

4.1.2 所要求孔径的试验筛(GB/T 6003.1 中 R40/3 系列),附筛盖和底盘。

4.1.3 电动振筛机。

4.2 分析步骤

粒度一般可由 ω(区间粒径)、ω($\geqslant$粒径)两种形式表示,细度由 ω($\leqslant$粒径)形式表示,分别按以下方式测定：

a) 粒度 ω(区间粒径)分析：选取两种所要求孔径的试验筛，将试验筛按孔径由小到大、由下到上依次装到底盘上，称取约 200 g 试样(精确至 0.1 g)，置于最上层试验筛上，盖好筛盖，置于振筛机上夹紧，振荡 5 min，或进行人工筛分。取下筛盖，称量通过较大孔径试验筛而未通过较小孔径试验筛的试料(精确至 0.1 g)，夹在筛孔中的试料做不通过此筛处理。

b) 粒度 ω(≥粒径)分析：选取一种所要求孔径的试验筛，将试验筛装到底盘上，称取约 200 g 试样(精确至 0.1 g)，置于试验筛上，盖好筛盖，置于振筛机上夹紧，振荡 5 min，或进行人工筛分。取下筛盖，称量未通过试验筛的试料(精确至 0.1 g)，夹在筛孔中的试料做不通过此筛处理。

c) 细度 ω(≤粒径)分析：测定前，先称量底盘质量。选取一种所要求孔径的试验筛，将试验筛装到底盘上，称取约 100 g 试样(精确至 0.1 g)，置于试验筛上，盖好筛盖，置于振筛机上夹紧，振荡 10 min，或进行人工筛分。取下筛盖，称量底盘中的试料(精确至 0.1 g)。

4.3 分析结果的表述

粒度或细度以质量分数 ω_2 计，数值以百分率表示，按式(3)计算。

$$\omega_2 = \frac{m_2}{m} \times 100\% \tag{3}$$

式中：

m_2——测定粒度 ω(区间粒径)时，通过较大孔径试验筛而未通过较小孔径试验筛试料的质量，单位为克(g)；或测定粒度 ω(≥粒径)时，未通过试验筛的试料质量，单位为克(g)；或测定细度 ω(≤粒径)时，底盘中的试料质量，单位为克(g)。

结果保留到小数点后一位。

ICS 65.080
G 20

中华人民共和国农业行业标准

NY/T 3037—2016

肥料增效剂　2-氯-6-三氯甲基吡啶含量的测定

Fertilizer synergists—Determination of nitrapyrin content

2016-12-23 发布　　2017-04-01 实施

中华人民共和国农业部　发布

前 言

本标准按照 GB/T 1.1—2009 给出的规则起草。

本标准由中华人民共和国农业部提出并归口。

本标准起草单位:中国农业科学院农业资源与农业区划研究所、中国农学会、中国植物营养与肥料学会、土壤肥料产业联盟。

本标准主要起草人:刘蜜、保万魁、黄均明。

肥料增效剂　2-氯-6-三氯甲基吡啶含量的测定

1　范围

本标准规定了肥料增效剂 2-氯-6-三氯甲基吡啶($C_6H_3Cl_4N$)含量测定的高效液相色谱法试验方法。

本标准适用于固体或液体 2-氯-6-三氯甲基吡啶肥料增效剂及添加 2-氯-6-三氯甲基吡啶的肥料。

2　规范性引用文件

下列文件对于本文件的应用是必不可少的。凡是注日期的引用文件,仅注日期的版本适用于本文件。凡是不注日期的引用文件,其最新版本(包括所有的修改单)适用于本文件。

GB/T 6682　分析实验室用水规格和试验方法

NY/T 887　液体肥料　密度的测定

3　原理

试样中的 2-氯-6-三氯甲基吡啶用流动相提取,经液相色谱分离后,用紫外检测器检测,外标法定量。

4　试剂和材料

除另有说明外,本标准中所用试剂为色谱纯,水符合 GB/T 6682 中一级水的要求。

4.1　甲醇。

4.2　2-氯-6-三氯甲基吡啶标准品。

4.3　2-氯-6-三氯甲基吡啶标准溶液:$\rho(C_6H_3Cl_4N)$=1 000 mg/L。准确称取 0.1 g(精确至 0.000 1 g)2-氯-6-三氯甲基吡啶(4.2),用流动相(甲醇+水=70+30)溶解并转移至 100 mL 容量瓶中,定容。

5　仪器

5.1　通常实验室仪器。

5.2　高效液相色谱仪:配紫外检测器。

5.3　恒温振荡器:温度可控制在(25±5)℃,振荡频率可控制在(180±20) r/min。

5.4　微孔滤膜:0.45 μm,有机系。

6　分析步骤

6.1　试样的制备

固体样品缩分至约 100 g,将其迅速研磨至全部通过 0.50 mm 孔径试验筛(如样品潮湿,可通过 1.00 mm 孔径试验筛),混合均匀,置于洁净、干燥的容器中;液体样品经摇动均匀后,迅速取出约 100 mL,置于洁净、干燥的容器中。

6.2　试样溶液的制备

称取 0.1 g~3 g(精确至 0.000 1 g)混合均匀的试样于 250 mL 容量瓶中,加约 200 mL 流动相,塞紧瓶塞,摇动容量瓶使试料分散,置于(25±5)℃振荡器内,在(180±20) r/min 频率下振荡 30 min,取出;

用流动相定容，过微孔滤膜后，待测。

6.3 仪器参考条件

色谱柱：C18，5 μm，(4.6×150) mm，或相当者。

流动相：甲醇＋水＝70＋30。

流速：1.0 mL / min。

柱温：室温。

进样量：10 μL。

检测波长：230 nm。

2-氯-6-三氯甲基吡啶标准品谱图参见附录A。

6.4 标准曲线的绘制

分别吸取2-氯-6-三氯甲基吡啶标准溶液(4.3)0.50 mL、1.00 mL、2.00 mL、5.00 mL和10.00 mL，于5个10 mL容量瓶中，用流动相定容并摇匀。该标准系列溶液质量浓度分别为50 mg/L、100 mg/L、200 mg/L、500 mg/L和1 000 mg/L。过微孔滤膜后，按浓度由低至高进样检测，以标准系列溶液质量浓度(mg/L)为横坐标，以峰面积为纵坐标，绘制标准曲线。

注：可根据不同仪器灵敏度或样品含量调整标准系列溶液的质量浓度。

6.5 试样溶液的测定

将试样溶液或经稀释一定倍数后在与测定标准系列溶液相同的条件下测定，在标准曲线上查出相应的质量浓度(mg/L)。

7 分析结果的表述

2-氯-6-三氯甲基吡啶含量以质量分数 ω 计，数值以百分率表示，按式 (1) 计算。

$$\omega = \frac{\rho_1 VD \times 10^{-3}}{m \times 10^3} \times 100\% \quad \cdots\cdots (1)$$

式中：

ρ_1 ——由标准曲线查出的试样溶液2-氯-6-三氯甲基吡啶质量浓度，单位为毫克每升(mg/L)；

V ——试样溶液总体积，单位为毫升(mL)；

D ——测定时试样溶液的稀释倍数；

10^{-3} ——将毫升换算成升的系数，以升每毫升(L/mL)表示；

m ——试料的质量，单位为克(g)；

10^3 ——将克换算成毫克的系数，以毫克每克(mg/g)表示。

取两次平行测定结果的算术平均值为测定结果，结果保留到小数点后两位，最多不超过3位有效数字。

8 允许差

平行测定结果和不同实验室测定结果允许差应符合表1要求。

表1

2-氯-6-三氯甲基吡啶质量分数(ω)，%	平行测定结果的绝对差值，%	不同实验室结果的绝对差值，%
ω＜1.00	≤0.20	≤0.40
1.00≤ω＜10.0	≤0.30	≤0.50
10.0≤ω＜50.0	≤1.0	≤2.0
ω≥50.0	≤2.0	≤3.0

9 质量浓度的换算

液体试样2-氯-6-三氯甲基吡啶含量以质量浓度 ρ_2 计，单位为克每升(g/L)，按式(2)计算。

$$\rho_2 = 1000\omega\rho \quad (2)$$

式中：

1 000——将克每毫升换算为克每升的系数，以毫升每升(mL/L)表示；

ω ——试样中 2-氯-6-三氯甲基吡啶的质量分数；

ρ ——液体试样的密度，单位为克每毫升(g/mL)。

结果保留到小数点后一位，最多不超过 3 位有效数字。

液体试样密度的测定按照 NY/T 887 的规定执行。

附 录 A
(资料性附录)
2-氯-6-三氯甲基吡啶标准品谱图

2-氯-6-三氯甲基吡啶标准品谱图见图 A.1。

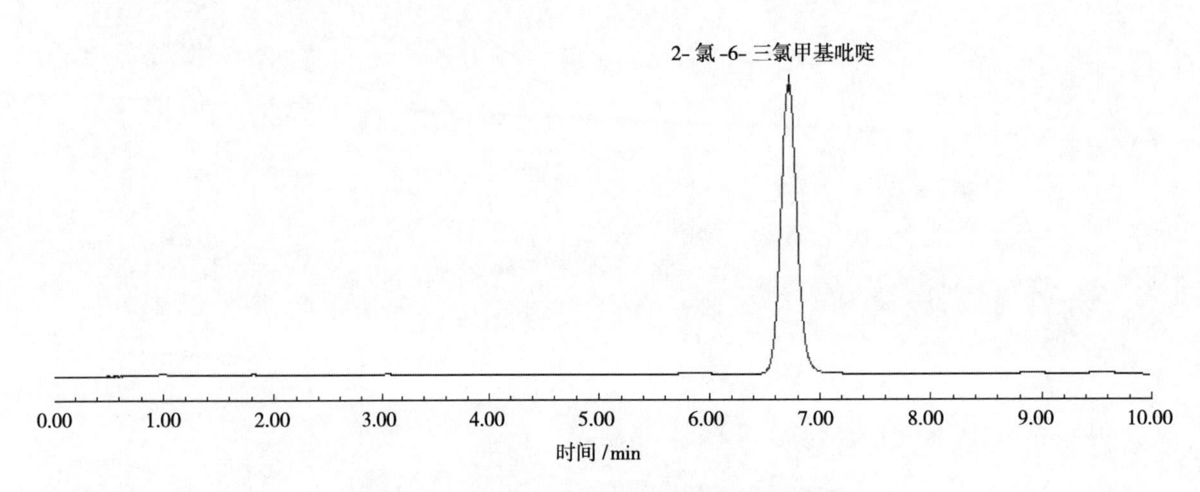

图 A.1 2-氯-6-三氯甲基吡啶标准品谱图

ICS 65.080
G 20

中华人民共和国农业行业标准

NY/T 3038—2016

肥料增效剂　正丁基硫代磷酰三胺(NBPT)和正丙基硫代磷酰三胺(NPPT)含量的测定

Fertilizer synergists—Determination of N-(n-Butyl)thiophosphoric acid triamide (NBPT) and N-(n-Propyl)thiophosphoric acid triamide(NPPT) content

2016-12-23 发布　　　　2017-04-01 实施

中华人民共和国农业部　发布

前　言

本标准按照 GB/T 1.1—2009 给出的规则起草。

本标准由中华人民共和国农业部提出并归口。

本标准起草单位:中国农业科学院农业资源与农业区划研究所、中国农学会、中国植物营养与肥料学会、土壤肥料产业联盟。

本标准主要起草人:保万魁、刘蜜、黄均明、侯晓娜。

肥料增效剂　正丁基硫代磷酰三胺(NBPT)和正丙基硫代磷酰三胺(NPPT)含量的测定

1　范围

本标准规定了肥料增效剂正丁基硫代磷酰三胺(NBPT)和正丙基硫代磷酰三胺(NPPT)含量测定的高效液相色谱法试验方法。

本标准适用于固体或液体 NBPT 和 NPPT 肥料增效剂及添加 NBPT 和 NPPT 的肥料。

2　规范性引用文件

下列文件对于本文件的应用是必不可少的。凡是注日期的引用文件，仅注日期的版本适用于本文件。凡是不注日期的引用文件，其最新版本(包括所有的修改单)适用于本文件。

GB/T 6682　分析实验室用水规格和试验方法

NY/T 887　液体肥料　密度的测定

3　原理

试样中的正丁基硫代磷酰三胺和正丙基硫代磷酰三胺用水提取，经液相色谱分离后，用紫外检测器检测，外标法定量。

4　试剂和材料

除另有说明外，本标准中所用试剂为色谱纯，水符合 GB/T 6682 中一级水要求。

4.1　乙腈。

4.2　正丁基硫代磷酰三胺标准品：在－20℃条件下储存。

4.3　正丙基硫代磷酰三胺标准品：在－20℃条件下储存。

4.4　正丁基硫代磷酰三胺和正丙基硫代磷酰三胺混合标准溶液：ρ(NBPT) = 100 mg/L，ρ(NPPT) = 100 mg/L。准确称取 100 mg 正丁基硫代磷酰三胺标准品和 100 mg 正丙基硫代磷酰三胺标准品，置于 1 000 mL 容量瓶中，加入 500 mL 水并振荡至完全溶解后，用水定容。现配现用。

5　仪器

5.1　通常实验室仪器。

5.2　高效液相色谱仪：配紫外检测器。

5.3　恒温振荡器：温度可控制在(25±5)℃，振荡频率可控制在(180±20)r/min。

5.4　微孔滤膜：0.45 μm，水系。

6　分析步骤

6.1　试样的制备

固体样品缩分至约 100 g，将其迅速研磨至全部通过 0.50 mm 孔径试验筛(如样品潮湿，可通过 1.00 mm 孔径试验筛)，混合均匀，置于洁净、干燥的容器中；液体样品经摇动均匀后，迅速取出约 100 mL，置于洁净、干燥的容器中。

6.2 试样溶液的制备

称取 0.1 g～3 g(精确至 0.000 1 g)混合均匀的试样于 250 mL 容量瓶中,加约 200 mL 水,塞紧瓶塞;摇动容量瓶使试料分散,置于(25±5)℃振荡器内,在(180±20) r/min 频率下振荡 30 min,取出,用水定容并摇匀,过微孔滤膜后待测。

6.3 仪器参考条件

色谱柱:RP-8,5 μm,(4×250) mm,或相当者。

流动相:乙腈+水= 25+75。

流速:1.0 mL/min。

柱温:室温。

进样量:20 μL。

正丁基硫代磷酰三胺和正丙基硫代磷酰三胺标准品谱图参见附录 A。

6.4 标准曲线的绘制

吸取正丁基硫代磷酰三胺和正丙基硫代磷酰三胺混合标准溶液(4.4)0 mL、1.00 mL、2.50 mL、5.00 mL、7.50 mL 和 10.00 mL,于 6 个 10 mL 容量瓶中,用水定容。该标准系列溶液正丁基硫代磷酰三胺和正丙基硫代磷酰三胺质量浓度均分别为 0 mg/L、10.0 mg/L、25.0 mg/L、50.0 mg/L、75.0 mg/L 和 100.0 mg/L。过微孔滤膜后,按浓度由低到高进样检测,以标准系列溶液质量浓度(mg/L)为横坐标,以峰面积为纵坐标,绘制标准曲线。

注:可根据不同仪器灵敏度和样品含量调整标准系列溶液的质量浓度。

6.5 试样溶液的测定

将试样溶液或经稀释一定倍数后在与测定标准系列溶液相同的条件下测定,在标准曲线上查出相应的质量浓度(mg/L)。

7 分析结果的表述

7.1 正丁基硫代磷酰三胺含量以质量分数 ω_1 计,数值以百分率表示,按式 (1) 计算。

$$\omega_1 = \frac{\rho_1 VD \times 10^{-3}}{m \times 10^3} \times 100\% \quad \cdots\cdots (1)$$

式中:

ρ_1 ——由标准曲线查出的试样溶液正丁基硫代磷酰三胺的质量浓度,单位为毫克每升(mg/L);

V ——试样溶液总体积,单位为毫升(mL);

D ——测定时试样溶液的稀释倍数;

10^{-3} ——将毫升换算成升的系数,以升每毫升(L/mL)表示;

m ——试料的质量,单位为克(g);

10^3 ——将克换算成毫克的系数,以毫克每克(mg/g)表示。

取两次平行测定结果的算术平均值为测定结果,结果保留到小数点后两位,最多不超过 3 位有效数字。

7.2 正丙基硫代磷酰三胺含量以质量分数 ω_2 计,数值以百分率表示,按式 (2) 计算。

$$\omega_2 = \frac{\rho_2 VD \times 10^{-3}}{m \times 10^3} \times 100\% \quad \cdots\cdots (2)$$

式中:

ρ_2——由标准曲线查出的试样溶液正丙基硫代磷酰三胺的质量浓度,单位为毫克每升(mg/L)。

取两次平行测定结果的算术平均值为测定结果,结果保留到小数点后两位,最多不超过 3 位有效数字。

8 允许差

平行测定结果和不同实验室测定结果允许差应符合表 1 要求。

表 1

正丁基硫代磷酰三胺或正丙基硫代磷酰三胺质量分数(ω),%	平行测定结果的绝对差值,%	不同实验室结果的绝对差值,%
$\omega<1.00$	$\leqslant 0.20$	$\leqslant 0.30$
$1.00 \leqslant \omega < 10.0$	$\leqslant 0.30$	$\leqslant 0.50$
$10.0 \leqslant \omega < 50.0$	$\leqslant 1.0$	$\leqslant 2.0$
$\omega \geqslant 50.0$	$\leqslant 1.5$	$\leqslant 3.0$

9 质量浓度的换算

9.1 液体试样正丁基硫代磷酰三胺含量以质量浓度 ρ_3 计,单位为克每升(g/L),按式(3)计算。

$$\rho_3 = 1000\omega_1\rho \tag{3}$$

式中:

1 000 ——将克每毫升换算为克每升的系数,以毫升每升(mL/L)表示;

ω_1 ——试样中正丁基硫代磷酰三胺的质量分数;

ρ ——液体试样的密度,单位为克每毫升(g/mL)。

结果保留到小数点后一位,最多不超过 3 位有效数字。

液体试样密度的测定按照 NY/T 887 的规定执行。

9.2 液体试样正丙基硫代磷酰三胺含量以质量浓度 ρ_4 计,单位为克每升(g/L),按式(4)计算。

$$\rho_4 = 1000\omega_2\rho \tag{4}$$

式中:

ω_2——试样中正丙基硫代磷酰三胺的质量分数。

结果保留到小数点后一位,最多不超过 3 位有效数字。

液体试样密度的测定按照 NY/T 887 的规定执行。

附　录　A
（资料性附录）
正丁基硫代磷酰三胺和正丙基硫代磷酰三胺标准品谱图

正丁基硫代磷酰三胺和正丙基硫代磷酰三胺标准品谱图见图 A.1。

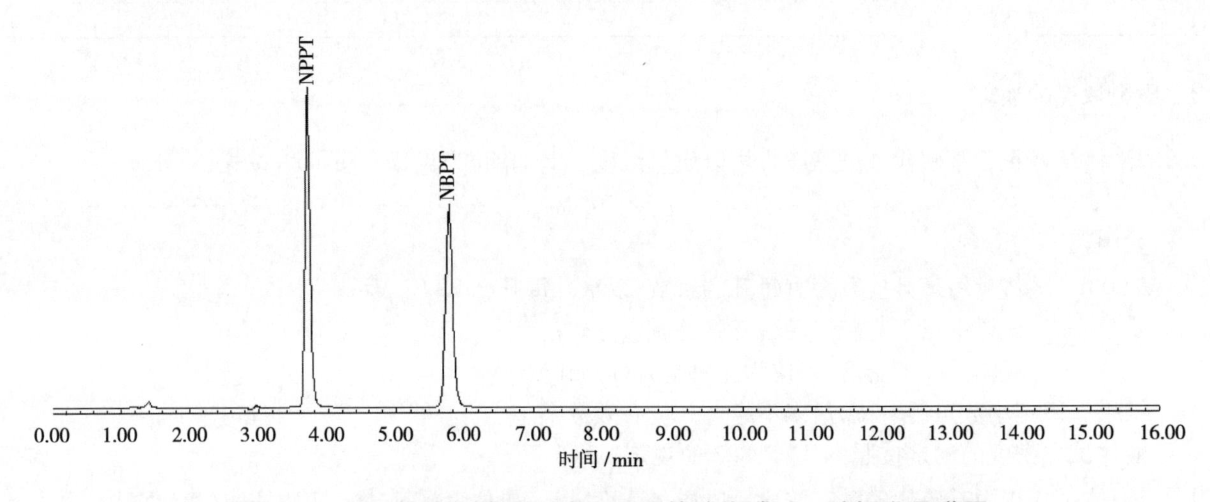

图 A.1　正丁基硫代磷酰三胺和正丙基硫代磷酰三胺标准品谱图

ICS 65.080
G 20

中华人民共和国农业行业标准

NY/T 3039—2016

水溶肥料　聚谷氨酸含量的测定

Water-soluble fertilizers—Determination of poly-glutamic acid content

2016-12-23 发布　　2017-04-01 实施

中华人民共和国农业部　发布

前　　言

本标准按照 GB/T 1.1—2009 给出的规则起草。

本标准由中华人民共和国农业部提出并归口。

本标准起草单位：中国农业科学院农业资源与农业区划研究所、中国农学会、中国植物营养与肥料学会、土壤肥料产业联盟。

本标准主要起草人：刘蜜、韩岩松、黄均明、侯晓娜。

水溶肥料　聚谷氨酸含量的测定

1　范围

本标准规定了水溶肥料聚谷氨酸含量测定的氨基酸自动分析仪法试验方法。

本标准适用于微生物发酵而成的液体或固体聚谷氨酸水溶肥料；也适用于添加聚谷氨酸，不含硝酸根和其他有机成分的肥料。

2　规范性引用文件

下列文件对于本文件的应用是必不可少的。凡是注日期的引用文件，仅注日期的版本适用于本文件。凡是不注日期的引用文件，其最新版本（包括所有的修改单）适用于本文件。

NY/T 887　液体肥料　密度的测定

NY/T 1975　水溶肥料　游离氨基酸含量的测定

3　原理

分别测定试样中经盐酸溶液水解后的和未经水解的游离谷氨酸的含量，两者之差即为聚谷氨酸含量。

4　试剂和材料

所用试剂、水和溶液的配制，在未注明规格和配制方法时，均应符合氨基酸自动分析仪设备的要求。

4.1　浓盐酸。

4.2　盐酸溶液：1+1。

4.3　氢氧化钠溶液：$\rho(NaOH) = 40$ g/L。

4.4　柠檬酸钠缓冲液：pH＝2.2。称取 19.6 g 柠檬酸钠（$Na_3C_6H_5O_7 \cdot 2H_2O$），用水溶解并转移至 1 000 mL容量瓶中，加入 16.5 mL 浓盐酸（4.1），混匀，用水定容，必要时可用盐酸溶液（4.2）和氢氧化钠溶液（4.3）调节 pH 至 2.2。过孔径 0.45 μm 水系微孔滤膜后备用。

4.5　乙二胺四乙酸二钠溶液：$\rho(EDTA-2Na) = 10$ g/L。

4.6　谷氨酸标准溶液。

5　仪器

5.1　通常实验室仪器。

5.2　氨基酸自动分析仪。

5.3　恒温振荡器：温度可控制在（25±5）℃，振荡频率可控制在（180±20）r/min。

5.4　水解管及封管装置：体积为 15 mL～20 mL 的硬质玻璃管及喷灯、真空泵或充氮气装置，或其他相同功能的装置。

5.5　恒温干燥箱：温度可控制在（110±2）℃。

5.6　离心机（10 000 r/min 以上），或水系微孔滤膜（孔径 0.45 μm）及过滤器、注射器。

5.7　蒸干装置：试管浓缩仪或其他相同功能的装置。

6　分析步骤

6.1　试样的制备

固体样品缩分至约 100 g，将其迅速研磨至全部通过 0.50 mm 孔径试验筛(如样品潮湿，可通过 1.00 mm 试验筛)，混合均匀，置于洁净、干燥容器中；液体样品经摇动均匀后，迅速取出约 100 mL，置于洁净、干燥容器中。

6.2 试样溶液的制备

称取 0.5 g～50 g(精确到 0.000 1 g)混合均匀的试样(以含谷氨酸 37 mg～184 mg 为佳)，置于 250 mL 容量瓶中。液体试料直接加水定容；固体试料加水约 150 mL，置于(25±5)℃振荡器内，在(180±20) r/min 的振荡频率下振荡 30 min，取出后用水定容。放置至澄清后吸取上清液(或过滤后吸取滤液) 1.00 mL 于水解管中，加入 1.00 mL 浓盐酸(4.1)和 8.00 mL 盐酸溶液(4.2)。封管后置于(110±2)℃的恒温干燥箱中，水解 22 h～24 h 后，取出冷却，打开水解管，将水解液于 10 000 r/min 以上离心 15 min 或用微孔滤膜过滤。吸取上清液(或滤液)1.00 mL，用蒸干装置蒸干。加入 1.00 mL～5.00 mL 的柠檬酸钠缓冲液(4.4)溶解，使谷氨酸浓度处于仪器测定的最佳浓度范围内。

注：当试样中含有金属元素影响测定时，则在“打开水解管”后吸取水解液 2.00 mL，加入乙二胺四乙酸二钠溶液(4.5)2.00 mL，混匀，然后按“于 10 000 r/min 以上离心 15 min 或用微孔滤膜过滤……使谷氨酸浓度处于仪器测定的最佳浓度范围内。”进行操作。

6.3 标准曲线的绘制

将谷氨酸标准溶液(4.6)稀释至 100 nmol/mL，上机测定。以仪器进样体积中谷氨酸的物质的量(nmol)为横坐标，相应的峰面积为纵坐标，采用单点校准法绘制标准曲线。

注：谷氨酸标准溶液的最佳上机浓度通常为 100 nmol/mL，可根据仪器要求调整。

6.4 试样溶液的测定

将试样溶液在与测定标准溶液相同的条件下测定，在标准曲线上查出相应仪器进样体积中谷氨酸的物质的量(nmol)。

7 游离谷氨酸含量的测定

按照 NY/T 1975 的规定测定未经水解的试样中游离谷氨酸的含量。

8 分析结果的表述

8.1 水解后游离谷氨酸的总含量以质量分数 ω_1 计，数值以百分率表示，按式(1)计算。

$$\omega_1 = \frac{nMDV_1 \times 10^3}{mV \times 10^9} \times 100\% \quad \cdots\cdots (1)$$

式中：

n ——仪器进样体积 V 中谷氨酸的物质的量，单位为纳摩尔(nmol)；

M ——谷氨酸的摩尔质量数值(147.1)，单位为克每摩尔(g/mol)；

D ——稀释倍数；

V_1 ——定容体积，单位为毫升(mL)；

10^3 ——将毫升换算成微升的系数，以微升每毫升(μL/mL)表示；

m ——试料的质量，单位为克(g)；

V ——仪器进样体积，单位为微升(μL)；

10^9 ——将克换算成纳克的系数，以纳克每克(ng/g)表示。

取两次平行测定结果的算术平均值为测定结果，结果保留到小数点后一位。

8.2 聚谷氨酸含量以质量分数 ω 计，数值以百分率表示，按式(2)计算。

$$\omega = \omega_1 - \omega_2 \quad \cdots\cdots (2)$$

式中：

ω_1 ——试样中水解后游离谷氨酸的总含量；

ω_2——试样中游离谷氨酸的质量分数。

结果保留到小数点后一位。

9 允许差

9.1 平行测定结果的允许差

水解后游离谷氨酸的总含量平行测定结果的绝对差值应符合表 1 要求。

表 1

水解后游离谷氨酸的总含量(ω_1),%	绝对差值,%
$\omega_1 \leqslant 2.0$	$\leqslant 0.2$
$2.0 < \omega_1 \leqslant 5.0$	$\leqslant 0.5$
$5.0 < \omega_1 \leqslant 10.0$	$\leqslant 1.0$
$\omega_1 > 10.0$	$\leqslant 2.0$

游离谷氨酸含量平行测定结果的允许差按照 NY/T 1975 的规定执行。

9.2 不同实验室测定结果的允许差

聚谷氨酸含量不同实验室测定结果的绝对差值应符合表 2 要求。

表 2

聚谷氨酸的含量(ω),%	绝对差值,%
$\omega \leqslant 2.0$	$\leqslant 0.4$
$2.0 < \omega \leqslant 5.0$	$\leqslant 1.0$
$5.0 < \omega \leqslant 10.0$	$\leqslant 2.0$
$\omega > 10.0$	$\leqslant 4.0$

10 质量浓度的换算

液体试样聚谷氨酸含量以质量浓度 ρ_1 计,单位为克每升(g/L),按式(3)计算。

$$\rho_1 = 1000\omega\rho \quad (3)$$

式中:

1 000 ——将克每毫升换算为克每升的系数,以毫升每升(mL/L)表示;

ω ——试样中聚谷氨酸的质量分数;

ρ ——液体试样的密度,单位为克每毫升(g/mL)。

结果保留至整数。

密度的测定按照 NY/T 887 的规定执行。

ICS 65.080
B 08

中华人民共和国农业行业标准

NY/T 3040—2016

缓释肥料　养分释放率的测定

Slow-release fertilizers—Determination of nutrient release ratios

2016-12-23 发布　　2017-04-01 实施

中华人民共和国农业部　发布

前　　言

本标准按照 GB/T 1.1—2009 给出的规则起草。

本标准是对 NY 2267—2012《缓释肥料　登记要求》附录的修订。

本标准与 NY 2267—2012 附录的主要差异是：

——将原标准附录修订为独立标准；

——增加了对三种方法适用范围的说明；

——增加了间歇浸提法和快速浸提法的允许差。

连续浸提法和间歇浸提法作为模拟评价缓释肥料养分释放率的试验方法，其试验结果应被用于产品技术指标的确定和/或质量判定。连续浸提法适用于水田或多降雨期间施用的缓释肥料，间歇浸提法适用于旱地施用的缓释肥料。

本标准由中华人民共和国农业部提出并归口。

本标准起草单位：中国农业科学院农业资源与农业区划研究所、中国农学会、中国植物营养与肥料学会、土壤肥料产业联盟。

本标准主要起草人：王旭、保万魁、刘红芳、侯晓娜、孙又宁、黄均明、范洪黎、刘蜜、孙蓟锋。

缓释肥料　养分释放率的测定

1　范围

本标准规定了采用连续浸提法、间歇浸提法、快速浸提法测定缓释肥料养分释放率的试验方法。

连续浸提法和间歇浸提法作为模拟评价缓释肥料养分释放率的试验方法，其试验结果应被用于产品技术指标的确定和/或质量判定。连续浸提法适用于水田或多降雨期间施用的缓释肥料，间歇浸提法适用于旱地施用的缓释肥料。

快速浸提法作为快速评价缓释肥料养分释放率的试验方法，其结果可用于企业质量控制检验。

2　规范性引用文件

下列文件对于本文件的应用是必不可少的。凡是注日期的引用文件，仅注日期的版本适用于本文件。凡是不注日期的引用文件，其最新版本(包括所有的修改单)适用于本文件。

HG/T 3696　无机化工产品　化学分析用标准溶液、制剂及制品的制备

NY/T 2540　肥料　钾含量的测定

NY/T 2541　肥料　磷含量的测定

NY/T 2542　肥料　总氮含量的测定

3　原理

通过对缓释肥料进行连续浸提、间歇浸提或快速浸提，获得不同养分释放点(设定时间点)的浸提液，测定浸提液中总氮、磷、钾释放量，同时测定肥料总氮、有效磷、钾含量，计算养分释放率。

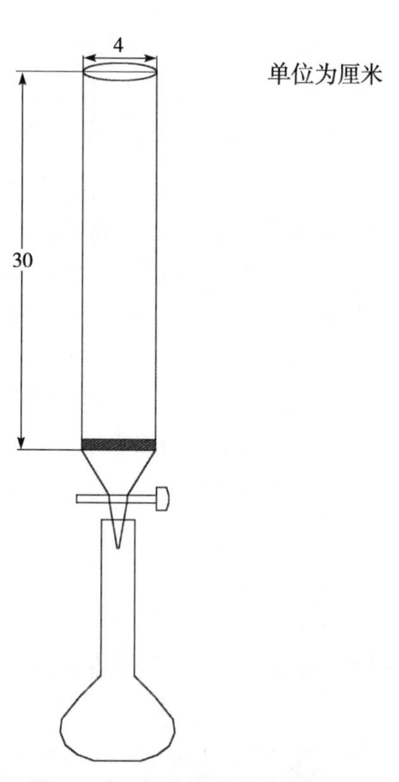

图 1　间歇浸提装置示意图

4 试剂和材料

本标准中所用试剂、水和溶液的配制，在未注明规格和配制方法时，均应按照 HG/T 3696 的规定执行。

4.1 硼酸溶液：$\varphi(H_3BO_3) = 3\%$。

4.2 玻璃珠或聚乙烯球：粒径 3 mm～5 mm。

4.3 总氮、磷、钾测定所需试剂分别按照 NY/T 2542、NY/T 2541 和 NY/T 2540 的规定执行。

5 仪器

5.1 通常实验室仪器。

5.2 恒温干燥箱。

5.3 间歇浸提装置(见图 1)：由固定架、浸提管和容量瓶组成。其中，淋溶管直径为 4 cm，高为 30 cm，底部带砂芯滤板(孔径不大于 0.25 mm，厚度不小于 5 mm)及开关阀门；或具有相同功效的其他装置。

5.4 总氮、磷、钾测定所需仪器分别按照 NY/T 2542、NY/T 2541 和 NY/T 2540 的规定执行。

6 分析步骤

6.1 试样制备

6.1.1 肥料养分释放量试样

样品缩分至约 600 g，混合均匀，置于洁净、干燥容器中，待测。

6.1.2 肥料养分含量试样

分取约 100 g 肥料养分释放量试样(6.1.1)，将其迅速研磨至全部通过 0.50 mm 孔径试验筛(如样品潮湿，可通过 1.00 mm 孔径试验筛)，混合均匀，置于洁净、干燥容器中，待测。

6.2 浸提液制备

6.2.1 连续浸提法

6.2.1.1 方法提要

在(25±3)℃环境条件下，连续浸提肥料养分释放量试样，测定不同养分释放点释放率的方法。

6.2.1.2 确定养分释放点

根据肥料释放特性，确定养分浸提的养分释放点。一般应设定 24 h、7 d、14 d、28 d、42 d、56 d、84 d 等养分释放点，或根据需要增减养分释放点。当肥料总氮的累积释放率达到(79±3)%时，即可终止浸提，该时间点为总氮的养分释放期(即养分释放率达到 80 %的养分释放点)。

6.2.1.3 浸提

称取约 10 g(精确至 0.001 g)肥料养分释放量试样(6.1.1)若干份(根据养分释放点数确定称取份数)，分别置于 300 mL 具塞三角瓶或带盖塑料瓶中，准确加入 200 mL 水，轻轻摇动，使试样全部浸入水底，盖紧瓶塞。将三角瓶置于(25±3)℃环境条件下。按确定的养分释放点，取出三角瓶，过滤，摇匀待测。

6.2.2 间歇浸提法

6.2.2.1 方法提要

在(25±5)℃环境条件下，模拟肥料在土壤中干湿交替的环境，测定不同养分释放点释放率的方法。

6.2.2.2 确定养分释放点

根据肥料释放特性，确定养分浸提的养分释放点。一般应按 7 d 为周期设定连续养分释放点，即 24 h、7 d、14 d、21 d、28 d、35 d、42 d 等。当肥料总氮的累积释放率达到(79±3)%时，即可终止浸提，该时间点为总氮的养分释放期(即养分释放率达到80%的养分释放点)。

6.2.2.3 浸提

称取约10 g(精确至0.001 g)肥料养分释放量试样(6.1.1),与200 g玻璃珠(4.2)混合均匀后,置于(25±5)℃环境条件下的浸提管(5.3)中。准确加水200 mL,开始计时,密封好浸提管,至24 h时,迅速打开密封及阀门,用200 mL容量瓶完全接收浸提液,定容,摇匀待测。

关闭阀门并密封好浸提管。按确定的养分释放点,重复"准确加水200 mL"及其后的操作。

6.2.3 快速浸提法

6.2.3.1 方法提要

在(80±2)℃环境条件下,测定不同养分释放点由热溶液浸提出的养分释放率方法。总氮释放量的测定用热硼酸浸提,磷、钾释放量的测定用热水浸提。

6.2.3.2 确定养分浸提时间点

根据肥料释放特性,确定养分浸提时间点。一般应设定2 h、4 h、8 h、16 h、24 h、48 h等养分浸提时间点,或根据需要增减养分浸提时间点。当肥料总氮的累积释放率达到(79±3)%时,即可终止浸提,该时间点为总氮的养分释放期(即养分释放率达到80%的养分释放点)。

6.2.3.3 热硼酸浸提

称取约10 g(精确至0.001 g)肥料养分释放量试样(6.1.1),置于300 mL具塞三角瓶中,准确加入200 mL硼酸溶液(4.1),轻轻摇动,使试样全部浸入硼酸溶液底部。盖紧瓶塞,放入已升温至(80±2)℃恒温干燥箱(5.2)中,按照设定的养分浸提时间点取出过滤、冷却,混匀待测。

滤出的试样再放入三角瓶中,重复"准确加入200 mL硼酸溶液"及其后的操作。

注:为防止浸提过程中瓶塞崩开,可事先用密封带密封。另外,过滤时可用纱布或尼龙网快速完成。

6.2.3.4 热水浸提

称取约10 g(精确至0.001 g)肥料养分释放量试样(6.1.1),置于300 mL具塞三角瓶中,准确加入200 mL水,轻轻摇动,使试样全部浸入水底。盖紧瓶塞,放入已升温至(80±2)℃恒温干燥箱(5.2)中,按照确定的养分浸提时间点取出过滤、冷却,混匀待测。

滤出的试样再放入三角瓶中,重复"准确加入200 mL水"及其后的操作。

注:过滤时可用纱布或尼龙网快速完成。

6.3 测定

6.3.1 总氮释放量的测定

按照NY/T 2542的规定测定浸提液中总氮含量。对于连续浸提法,得到初期释放量或累积释放量;对于间歇浸提法或快速浸提法,得到当次释放量,当次释放量之和即为累积释放量。

6.3.2 磷释放量的测定

按照NY/T 2541中5.1或5.2的规定测定浸提液中磷含量。对于连续浸提法,得到初期释放量或累积释放量;对于间歇浸提法或快速浸提法,得到当次释放量,当次释放量之和即为累积释放量。

6.3.3 钾释放量的测定

按照NY/T 2540中5的规定测定浸提液中钾含量。对于连续浸提法,得到初期释放量或累积释放量;对于间歇浸提法或快速浸提法,得到当次释放量,当次释放量之和即为累积释放量。

6.3.4 肥料总氮、有效磷、钾含量的测定

称取肥料养分含量试样(6.1.2),按照NY/T 2542、NY/T 2541中4.3.6和5.1(或5.2)、NY/T 2540中4.3.2和5.1(或5.3)的规定分别测定试样总氮、有效磷、钾的含量。

7 分析结果的表述

总氮、磷、钾初期释放率、累积释放率以质量分数X计,数值以百分率(%)表示,按式(1)计算。

$$X = \frac{\omega_1}{\omega_2} \times 100\% \quad (1)$$

式中：

ω_1——肥料总氮、磷、钾初期或累积释放量，以质量分数（%）表示；

ω_2——肥料总氮、有效磷、钾含量，以质量分数（%）表示。

取平行测定结果的算术平均值为测定结果，结果保留到小数点后一位。

8 允许差

8.1 连续浸提法和间歇浸提法

连续浸提法和间歇浸提法平行测定结果和不同实验室测定结果的相对相差应符合表1要求。

表1

总氮的养分释放率，%	平行测定结果的相对相差，%	不同实验室测定结果的相对相差，%
10.0～50.0	≤20	≤30
＞50.0	≤10	≤20
注：当测定结果小于10.0%时，平行测定结果及不同实验室测定结果相对相差不做要求。		

8.2 快速浸提法

快速浸提法平行测定结果和不同实验室测定结果的相对相差应符合表2要求。

表2

总氮的养分释放率，%	平行测定结果的相对相差，%	不同实验室测定结果的相对相差，%
10.0～50.0	≤30	≤50
＞50.0	≤10	≤20
注：当测定结果小于10.0%时，平行测定结果及不同实验室测定结果相对相差不做要求。		

ICS 65.080
G 21

中华人民共和国农业行业标准

NY/T 3041—2016

生物炭基肥料

Biochar based fertilizer

2016-12-23 发布　　　　2017-04-01 实施

中华人民共和国农业部　发布

前　言

本标准按照 GB/T 1.1—2009 给出的规则起草。

本标准由农业部种植业管理司提出并归口。

本标准起草单位:沈阳农业大学、农业部肥料质量监督检验测试中心(沈阳)。

本标准参与起草单位:农业部肥料质量监督检验测试中心(郑州)、南京林业大学、河南农业大学、辽宁金和福农业科技股份有限公司、承德避暑山庄农业发展有限公司、云南威鑫农业科技股份有限公司、山东丰本生物科技股份有限公司。

本标准主要起草人:孟军、韩晓日、于立宏、史国宏、兰宇、鄂洋、张伟明、陈温福、刘国顺、周建斌、马振海、张立军、刘金、蔡志远、梁永健。

生物炭基肥料

1 范围

本标准规定了生物炭基肥料的术语、定义、要求、试验方法、检验规则、标识、包装、运输和储存。

本标准适用于中华人民共和国境内生产和销售的，以作物秸秆等农林植物废弃生物质生产的生物炭为基质，添加氮、磷、钾等养分中的一种或几种，采用化学方法和(或)物理方法混合制成的生物炭基肥料。

本标准不适用于生物炭与其他有机物料混合和(或)发酵制成的肥料。

2 规范性引用文件

下列文件对本文件的应用是必不可少的。凡是注日期的引用文件，仅注日期的版本适用于本文件。凡是不注日期的引用文件，其最新版本(包括所有修改单)适用于本文件。

GB/T 6679 固体化工产品采样通则

GB/T 8170 数值修约规则与极限数值的表示和判定

GB 8569 固体化学肥料包装

GB/T 8573 复混肥料中有效磷含量的测定

GB/T 8576 复混肥料中游离水含量的测定 真空烘箱法

GB/T 8577 复混肥料中游离水含量的测定 卡尔·费休法

GB/T 17767.1 有机-无机复混肥料的测定方法 第1部分:总氮含量

GB/T 17767.3 有机-无机复混肥料的测定方法 第3部分:总钾含量

GB 18382 肥料标识 内容和要求

GB 18877 有机-无机复混肥料

GB/T 23349 肥料中砷、镉、铅、铬、汞生态指标

GB/T 24890 复混肥料中氯离子含量的测定

GB/T 24891 复混肥料粒度的测定

HG/T 2843 化肥产品 化学分析常用标准滴定溶液、标准溶液、试剂溶液和指示剂溶液

国家质量技术监督局令第4号 产品质量仲裁检验和产品质量鉴定管理办法

3 术语和定义

下列术语和定义适用于本文件。

3.1

生物炭 biochar

以作物秸秆等农林植物废弃生物质为原料，在绝氧或有限氧气供应条件下、400℃～700℃热裂解得到的稳定的固体富碳产物。

3.2

生物炭基肥料 biochar based fertilizer

以生物炭为基质，添加氮、磷、钾等养分中的一种或几种，采用化学方法和(或)物理方法混合制成的肥料。

3.3

总养分 total primary nutrient

总氮、有效五氧化二磷和总氧化钾含量之和,以质量分数计。

4 要求

4.1 外观

黑色或黑灰色颗粒、条状或片状产品,无肉眼可见机械杂质。

4.2 生物炭基肥料各项技术指标

应符合表1的要求。

表1 生物炭基肥料产品技术指标要求

项目	指标	
	Ⅰ型	Ⅱ型
总养分($N+P_2O_5+K_2O$)的质量分数[a],%	≥20.0	≥30.0
水分(H_2O)的质量分数[b],%	≤10.0	≤5.0
生物炭(以C计),%	≥9.0	≥6.0
粒度(1.00 mm~4.75 mm或3.35 mm~5.60 mm)[c],%	≥80.0	
氯离子(Cl)的质量分数[d],%	≤3.0	
酸碱度(pH)	6.0~8.5	
砷及其化合物的质量分数(以As计),%	≤0.005 0	
镉及其化合物的质量分数(以Cd计),%	≤0.001 0	
铅及其化合物的质量分数(以Pb计),%	≤0.015 0	
铬及其化合物的质量分数(以Cr计),%	≤0.050 0	
汞及其化合物的质量分数(以Hg计),%	≤0.0005	

[a] 标明的单一养分含量不应小于4.0%,且单一养分测定值与标明值负偏差的绝对值不应大于1.5%。

[b] 水分以出厂检验数据为准。

[c] 特殊形状或更大颗粒产品的粒度可由供需双方协议商定。

[d] 氯离子的质量分数大于3.0%的产品,应在包装容器上标明"含氯",该项目可不做要求。

5 试验方法

本标准中所用试剂、水和溶液的配制,在未注明规格和配制方法时,均应按HG/T 2843的规定执行。

警告:试剂中采用的强酸强碱及其他腐蚀性药品,相关操作应在通风橱内进行。本标准未指出所有可能的安全问题,使用者有责任采取适当的安全和健康措施,并保证符合国家有关法规规定的条件。

5.1 外观

目视法测定。

5.2 总氮含量的测定

按照GB/T 17767.1的规定执行。

5.3 有效五氧化二磷含量的测定

按照GB/T 8573的规定执行。

5.4 总氧化钾含量的测定

按照GB/T 17767.3的规定执行。

5.5 水分含量的测定

按照GB/T 8577或GB/T 8576的规定执行,以GB/T 8577中的方法为仲裁法。

5.6 汞、砷、镉、铅、铬含量的测定

按照GB/T 23349的规定执行。

5.7 氯离子含量的测定

按照 GB/T 24890 的规定执行。

5.8 粒度的测定

按照 GB/T 24891 的规定执行。

5.9 酸碱度的测定

按照 GB 18877 中 5.9 的规定执行。

5.10 生物炭含量(以碳计)的测定

按照附录 A 的规定执行。

5.11 生物炭的鉴别

按照附录 B 的规定执行。

6 检验规则

6.1 检验类别及检验项目

产品检验包括出厂检验和型式检验，表 1 中砷、镉、铅、铬、汞含量为型式检验项目，其余为出厂检验项目。型式检验项目在下列情况时，应进行测定：

——正式生产时，原料、工艺及设备发生变化；

——正式生产时，定期或积累到一定量后，应周期性进行一次检验；

——国家质量监督机构提出型式检验的要求时。

生物炭的鉴别在国家质量监督机构提出要求或需要仲裁时进行。

6.2 组批

产品按批检验，以 1 d 或 2 d 的产量为一批，最大批量为 500 t。

6.3 采样方案

6.3.1 袋装产品

不超过 512 袋时，按表 2 确定采样袋数；超过 512 袋时，按式(1)计算结果确定采样袋数。

$$n = 3 \times \sqrt[3]{N} \tag{1}$$

式中：

n ——采样袋数，单位为袋；

N——每批产品总袋数，单位为袋。

计算结果如遇小数，则四舍五入为整数。

表 2 采样袋数的确定

总袋数，袋	最少采样袋数，袋	总袋数，袋	最少采样袋数，袋
1～10	全部	182～216	18
11～49	11	217～254	19
50～64	12	255～296	20
65～81	13	297～343	21
82～101	14	344～394	22
102～125	15	395～450	23
126～151	16	451～512	24
152～181	17		

按表 2 或式(1)计算结果随机抽取一定袋数，用采样器沿每袋最长对角线插入至袋的 3/4 处，每袋取出不少于 100 g 样品，每批采取总样品量不少于 2 kg。

6.3.2 散装产品

按照 GB/T 6679 的规定执行。

6.4 样品缩分和试样制备

6.4.1 样品缩分

将采取的样品迅速混匀，用缩分器或四分法将样品缩分至不少于1 kg，再缩分成两份，分装于两个洁净、干燥的500 mL具有磨口塞的玻璃瓶或塑料瓶中，密封并贴上标签，注明生产企业名称、产品名称、产品类别、批号或生产日期、取样日期和取样人姓名。一瓶做产品质量分析，另一瓶保存两个月，以备查用。

6.4.2 试样制备

由6.4.1中取一瓶样品，经多次缩分后取出约100 g，迅速研磨至全部通过0.50 mm孔径试验筛(如样品潮湿或很难粉碎，可研磨至全部通过1.00 mm孔径试验筛)，混匀收集到干燥瓶中，作成分分析用。余下样品供粒度测定。

6.5 结果判定

6.5.1 本标准中产品质量指标合格判定，采用GB/T 8170中的“修约值比较法”。

6.5.2 检验项目的检验结果全部符合本标准要求时，判该批产品合格。

6.5.3 出厂检验时，如果检验结果中有一项指标不符合本标准要求时，应重新自2倍量的包装袋中采取样品进行检验。重新检验结果中，即使有一项指标不符合本标准要求，判该批产品不合格。

6.5.4 每批检验合格的出厂产品应附有质量证明书，其内容包括：生产企业名称、地址、产品名称、产品类别、批号或生产日期、产品净含量、总养分、配合式、生物炭含量(以碳计)、本标准编号。

7 标识

7.1 应在产品包装容器正面标明产品类别(如Ⅰ型、Ⅱ型)、配合式、生物炭含量(以碳计)。

7.2 产品如含有硝态氮，应在包装容器正面标明“含硝态氮”。

7.3 标称硫酸钾(型)、硝酸钾(型)、硫基等容易导致用户误认为不含氯的产品，不应同时标明“含氯”。含氯的产品应用汉字在正面明确标注“含氯”，而不是“氯”、“含Cl”或“Cl”等。标明“含氯”的产品包装容器上不应有忌氯作物的图片。

7.4 产品外包装袋上应有使用说明，内容包括：警示语(如“氯含量较高，使用不当会对作物造成伤害”等)、使用方法、适宜作物及不适宜作物、建议使用量等。

7.5 每袋净含量应标明单一数值，如50 kg。

7.6 包装容器上应标明生物炭的生物质来源。

7.7 其余应符合GB 18382的要求。

8 包装、运输和储存

8.1 产品用塑料编织袋内衬聚乙烯薄膜袋或涂膜聚丙烯编织袋包装，在符合GB 8569要求的条件下宜使用经济实用型包装。产品每袋净含量(50±0.5) kg、(40±0.4) kg、(25±0.25) kg和(10±0.1) kg，平均每袋净含量分别不应低于50.0 kg、40.0 kg、25.0 kg和10.0 kg。当用户对每袋净含量有特殊要求时，可由供需双方协商解决，以双方合同规定为准。

8.2 在标明的每袋净含量范围内的产品中有添加物时，应与原物料混合均匀，不得以小包装形式放入包装袋中。

8.3 产品应储存于阴凉干燥处，在运输过程中应防雨、防潮、防晒和防破裂。

附　录　A
(规范性附录)
生物炭含量测定　元素分析仪法

A.1　方法提要

试样经水洗后用元素分析仪测定。

A.2　仪器

通常实验室用仪器和以下仪器。

A.2.1　砂芯过滤装置:容积为 500 mL。

A.2.2　微孔滤膜:80 μm。

A.2.3　恒温干燥箱:具有温度调节装置,能维持(105±2)℃的温度。

A.2.4　元素分析仪。

A.2.5　天平:感量为 0.01 mg。

A.2.6　抽滤设备。

A.3　试剂

本方法中所用试剂、溶液和水,在未注明规格和配制方法时,均应符合 HG/T 2843 的要求。

A.4　测定

A.4.1　试样处理

做两份试料的平行测定。

称取 10 g 试样(精确至 0.001 g),置于烧杯中,分 3 次～5 次共加入 2 500 mL 水,充分搅拌 5 min 后分次移入过滤装置中抽滤,用尽量少的水将烧杯中残留的残渣全部移入过滤装置中。抽滤后的残渣置于(105±2)℃干燥箱内,待温度达到 105 ℃后,干燥 2 h,取出,在干燥器中冷却至室温后称量残渣质量。

A.4.2　生物炭含量测定

做两份试料的平行测定。

取干燥后的残渣 1 g,将其迅速研磨至全部通过 0.15 mm 孔径筛,混合均匀后,称取试样 0.1 g(精确至 0.000 01 g),用元素分析仪测定残渣中的碳含量。

A.5　分析结果的表述

生物炭基肥料样品中生物炭含量(以碳计)$C_{biochar}$,数值以%表示,按式(A.1)计算。

$$C_{biochar} = C \times \frac{R}{W} \times 100 \quad \cdots\cdots (A.1)$$

$C_{biochar}$——样品中生物炭含量(以碳计),单位为百分率(%);

C　——水洗残渣碳含量,单位为百分率(%);

R　——水洗残渣质量,单位为克(g);

W ——样品质量，单位为克(g)；

计算结果表示到小数点后两位。取平行测定结果的算数平均值作为测定结果。

A.6 允许差

水洗残渣碳含量平行测定结果的相对相差应<20%。

不同实验室测定结果的相对相差应<30%。

相对相差为两次测量值相差与两次测量值均值之比。

附 录 B
(规范性附录)
生物炭的鉴别 扫描电子显微镜法

B.1 方法提要

根据微观结构特征鉴别生物炭。

B.2 仪器及工具

通常实验室用仪器和以下仪器。

B.2.1 扫描电子显微镜。

B.2.2 天平:感量为0.5 g。

B.3 材料

导电胶。

B.4 实验条件

B.4.1 图像方式:二次电子图像。

B.4.2 二次电子图像分辨率:优于20 nm。

B.4.3 放大倍数:30倍~10 000倍。

B.5 试样处理

B.5.1 取样

称取水洗后的试样1 g,将样品均匀平铺在实验台上,用镊子在不同部位等量镊取约10 mg(不少于20点)。混合均匀并平分成两个试样样品,一份为测试的代表样品,另一份为备样。

B.5.2 移样

将导电胶贴在样品座上,用剪刀剪去多余导电胶。取少量样品,均匀洒落在贴有导电胶的样品座上,用洗耳球吹去未粘牢的试样。

B.5.3 测试

将贴有试样的样品座放入仪器的样品室内,使用扫描电子显微镜观察试样的二次电子图像。在显示屏上观察时,先在较低的放大倍数下确定所观测样品位置,然后切换至较高的放大倍数,获取清晰的图像保存。

B.6 生物炭样品鉴别

如在电镜图像中能够观察到断面平齐、规律性聚集存在的植物细胞分室结构,参照生物炭图谱(图B.1),则判断该样品含有生物炭。否则,判断该样品中不含有生物炭。典型的生物炭类似物见图B.2。

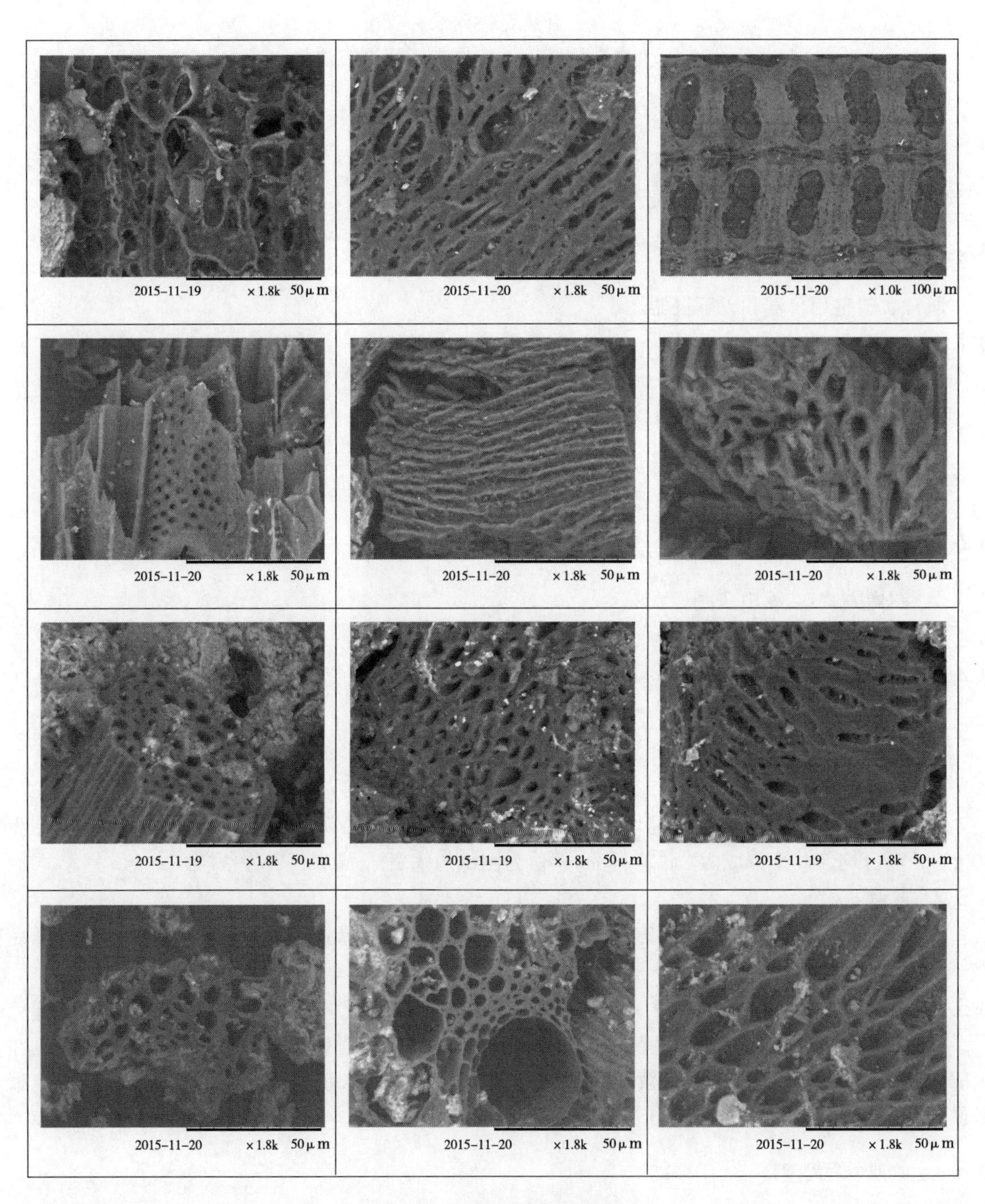

图 B.1 代表性生物炭图谱

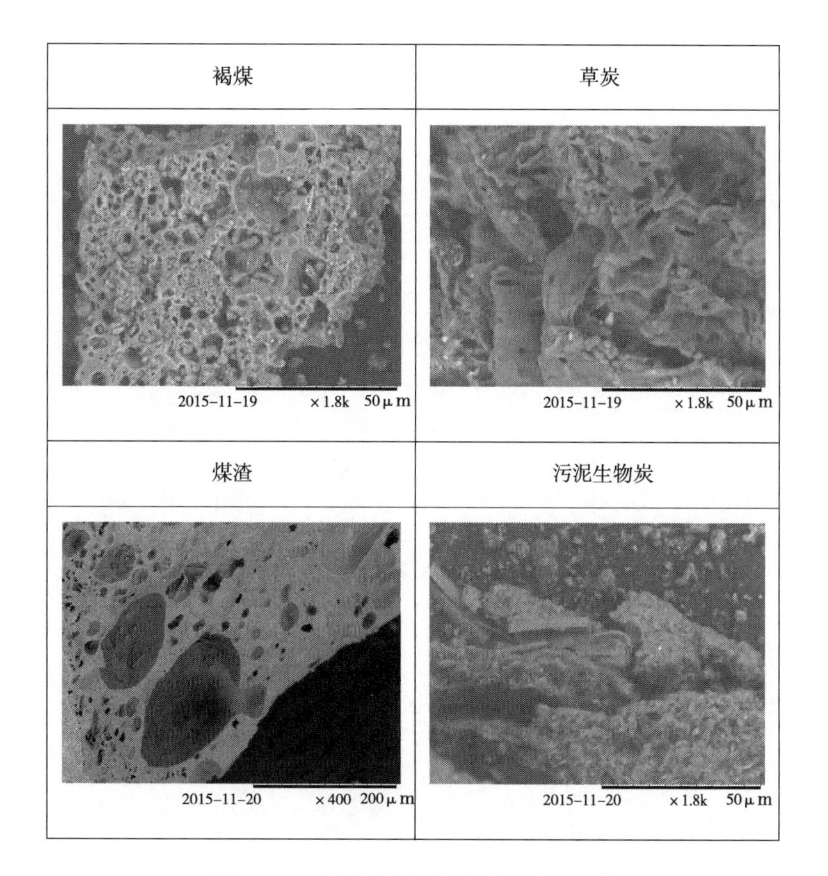

图 B.2 代表性生物炭类似物图谱

第五部分

农产品加工标准

ICS 59.060.10
W 31

中华人民共和国农业行业标准

NY/T 245—2016
代替 NY/T 245—1995

剑麻纤维制品 含油率的测定

Sisal fibre products—Determination of lubricant content

2016-11-01 发布 2017-04-01 实施

中华人民共和国农业部 发布

前　言

本标准按照 GB/T 1.1—2009 给出的规则起草。

本标准代替 NY/T 245—1995《剑麻纤维制品　含油率的测定》。与 NY/T 245—1995 相比,除编辑性修改外,主要技术变化如下:

——增加了“精密度”(见 10);

——修改了规范性引用文件(见 2,1995 年版的 2);

——将“试剂”和“试验仪器及设备”合并修改为“试剂材料及仪器设备”(见 5,1995 年版的 5 和 6)。

本标准由农业部农垦局提出。

本标准由农业部热带作物及制品标准化技术委员会归口。

本标准起草单位:农业部剑麻及制品质量监督检验测试中心。

本标准主要起草人:张光辉、陶进转、陈伟南、郑润里。

本标准的历次版本发布情况为:

——NY/T 245—1995。

剑麻纤维制品　含油率的测定

1　范围

本标准规定了剑麻纤维制品含油率的测定方法。

本标准适用于剑麻纤维制品中含油率的测定。

2　规范性引用文件

下列文件对于本文件的应用是必不可少的。凡是注日期的引用文件，仅注日期的版本适用于本文件。凡是不注日期的引用文件，其最新版本(包括所有的修改单)适用于本文件。

NY/T 243　剑麻纤维及制品回潮率的测定

3　术语和定义

下列术语和定义适用于本文件。

3.1

含油率　lubricant content

剑麻纤维制品中吸附的油剂对干纤维制品(去除油剂)的质量分数。

4　原理

用石油醚等溶剂抽提试样所含的油剂，去除溶剂干燥后，称量残留的油剂，计算含油率。

5　试剂材料及仪器设备

5.1　石油醚(C_5H_{12})，分析纯，沸程30℃～60℃。

5.2　球形索氏抽提器，烧瓶500 mL。

5.3　电子天平，感量为0.01 g。

5.4　电热恒温鼓风干燥箱，温度可控制在(105±5)℃。

5.5　电热恒温水浴锅，温度可控制在(60±2)℃。

5.6　干燥器。

5.7　定量滤纸。

6　试验环境条件

试验在通风装置中进行。

7　试样制备

抽取质量约100 g的样品，剪切长度约5 cm，拆散、混匀，从中称取质量(20±2) g，精确至0.01 g，作为试样1(m_1)，用滤纸包好，用于测定试样的含油率；称取质量(50±2) g，精确至0.01 g，作为试样2(m_2)，用滤纸包好，用于测定试样的水分质量。

8　试验步骤

8.1　含油率的测定

8.1.1 把烧瓶放入电热恒温鼓风干燥箱中，在105℃下烘2 h，置于干燥器中冷却至室温后称重。

8.1.2 将石油醚注入烧瓶中，注入量至少为烧瓶容积的一半。然后将试样1放入抽提管中后，与烧瓶和冷凝管连接。

8.1.3 将整套抽提装置固定于水浴锅上，设定水浴温度60℃，接通冷凝水，加热、反复回流，直至抽提管中回流介质无色。

8.1.4 回收抽提管中的石油醚后，停止加热，用水浴继续蒸干烧瓶中石油醚。

8.1.5 将烧瓶外壁清洗干净，勿使洗水溅入瓶中，置于105℃烘箱内烘2 h，然后将烧瓶置于干燥器中冷却至室温后称重。再将烧瓶置于105℃烘箱内烘0.5 h，置于干燥器中冷却至室温后称重；反复进行，直至前后两次质量之差不超过0.05 g为止。最后一次质量与烧瓶净质量之差为油剂质量(m_3)。

8.2 水分质量的测定

试样2水分质量的测定按照NY/T 243的规定进行，水分质量记作m_4。

8.3 空白试验

不添加试样，油剂质量的测定和水分质量的测定分别按8.1和8.2的规定进行。

9 结果计算

9.1 试样1水分质量按式(1)计算。

$$m_5=\frac{m_1}{m_2}\times m_4 \qquad (1)$$

式中：

m_5——试样1中水分质量，单位为克(g)；

m_1——试样1质量，单位为克(g)；

m_2——试样2质量，单位为克(g)；

m_4——试样2中水分质量，单位为克(g)。

计算结果保留至小数点后两位。

9.2 样品含油率按式(2)计算。

$$M=\frac{m_3}{m_1-m_3-m_5}\times 100 \qquad (2)$$

式中：

M——试样1含油率，单位为百分率(%)；

m_3——试样1中油剂质量，单位为克(g)。

计算结果保留至小数点后两位。

10 精密度

在重复性条件下获得的两次独立测试结果的绝对差值不得超过算数平均值的10%。

ICS 67.180
X 11

中华人民共和国农业行业标准

NY/T 708—2016
代替 NY/T 708—2003

甘 薯 干

Dried sweet potato

2016-10-26 发布 2017-04-01 实施

中华人民共和国农业部 发布

前　言

本标准按照 GB/T 1.1—2009 给出的规则起草。

本标准代替 NY/T 708—2003《甘薯干》。与 NY/T 708—2003 相比，除编辑性修改外，主要技术变化如下：

——范围中增加了产品分类，并将该标准适用范围扩大至甘薯干系列产品；

——增加了最新相关标准，对原标准中引用的已废止、修订或名称更改的标准进行替换，如 GB 2716、GB 2760、GB 2762、GB 2763、GB 5009.3、GB 7718、GB 9683、GB 14884、GB/T 15549、GB/T 16860、GB/T 21172、GB/T 21302、GB 28050、GB/T 29605、GB 29921 等；

——删除了规范性引用文件 GB 2761、GB/T 4789.2、GB/T 4789.3、GB/T 4789.4、GB/T 4789.5、GB/T 4789.10、GB/T 4789.11、GB/T 5009.7、GB/T 5009.10、GB/T 5009.11、GB/T 5009.12、GB/T 5009.22、GB/T 5009.29、GB/T 5009.34、GB 9687、GB/T 10111、GB/T 11860 等；

——增加了甘薯、甘薯干、切分型甘薯干和复合型甘薯干等术语和定义，删除苦丝、斑点、糖霜面等术语；

——增加了甘薯干加工原辅料要求，删除感官要求中对产品分级的要求；

——修改了不同工艺生产的甘薯干产品水分的要求；

——删除了理化指标中粗纤维的规定，增加了脂肪、酸价和过氧化值的规定；

——删除了卫生指标的要求；

——修改了微生物指标的要求；

——删除了检验方法中理化指标中粗纤维和卫生指标的测定方法，增加了脂肪、酸价和过氧化值的测定方法；

——删除了判定规则中容许度的要求。

本标准由农业部农产品加工局提出。

本标准由农业部农产品加工标准化技术委员会归口。

本标准起草单位：中国农业科学院农产品加工研究所、福建省农业厅农产品加工推广总站、福建省连城县农业局、福建省连城县红心地瓜干(集团)有限公司、福建省连城县农业局红心地瓜研究所、福建省连城县红心地瓜干协会。

本标准主要起草人：毕金峰、周林燕、木泰华、易建勇、陈芹芹、刘璇、陈井旺、吴昕烨、周沫、黄河、张仁雨、江仁福、张盛銮、杨永林、石小琼。

本标准的历次版本发布情况为：

——NY/T 708—2003。

甘 薯 干

1 范围

本标准规定甘薯干的术语和定义、分类、要求、试验方法、检验规则、标志、标签、包装、运输和储存。

本标准适用于切分型甘薯干和复合型甘薯干。

2 规范性引用文件

下列文件对于本文件的应用是必不可少的。凡是注日期的引用文件，仅注日期的版本适用于本文件。凡是不注日期的引用文件，其最新版本(包括所有的修改单)适用于本文件。

GB/T 191 包装储运图示标志
GB 317 白砂糖
GB 2716 食用植物油卫生标准
GB 2760 食品安全国家标准 食品添加剂使用标准
GB 2762 食品安全国家标准 食品中污染物限量
GB 2763 食品安全国家标准 食品中农药最大残留限量
GB 5009.3 食品安全国家标准 食品中水分的测定
GB/T 5009.6 食品中脂肪的测定
GB/T 5009.37—2003 食用植物油卫生标准的分析方法
GB/T 5009.56—2003 糕点卫生标准的分析方法
GB 7718 食品安全国家标准 预包装食品标签通则
GB 9683 复合食品包装袋卫生标准
GB/T 10782—2006 蜜饯通则
GB 14884 蜜饯卫生标准
GB/T 15549 感官分析 方法学 检测和识别气味方面评价员的入门和培训
GB/T 16860 感官分析方法 质地剖面检测
GB/T 21172 感官分析 食品颜色评价的总则和检验方法
GB/T 21302 包装用复合膜、袋通则
GB 28050 食品安全国家标准 预包装食品营养标签通则
GB/T 29605 感官分析 食品感官质量控制导则
GB 29921 食品安全国家标准 食品中致病菌限量
JJF 1070 定量包装商品净含量计量检验规则

3 术语和定义

下列术语和定义适用于本文件。

3.1

甘薯 sweet potato

旋花科甘薯属栽培种，学名 *Ipomoea batatas*(L.)Lam.，又称番薯、山芋、红薯、白薯、地瓜等，属短日性作物。根据其生态类型和种植季节的不同，在中国栽培区域可分为南方秋冬薯区、南方夏秋薯区、长江流域夏薯区、黄淮流域春夏薯区和北方春薯区。薯肉的颜色主要有红色、紫色、黄色和白

色等。

3.2

甘薯干　dried sweet potato

以甘薯或其全粉为主要原料，在加工过程中添加或不添加食用糖、食用淀粉及其他辅料和食品添加剂，甘薯经过切分或打浆或全粉经混合调制，再进行蒸煮或不蒸煮、干制、表面拌料调味或不调味制成的产品。

注：干制方式包括晾晒、烘烤、真空冷冻干燥、真空干燥、膨化干燥、真空油炸等。

3.3

切分型甘薯干　sliced dried sweet potato

甘薯经清洗、去皮或不去皮、切分，添加或不添加食用糖及其他辅料和食品添加剂，经蒸煮或不蒸煮、糖渍或不糖渍、干制、表面拌料调味或不调味而制成的甘薯干。

3.4

复合型甘薯干　fabricated dried sweet potato

以经过清洗、去皮或不去皮、蒸煮或不蒸煮后的甘薯打成的浆或甘薯全粉为主要原料，添加或不添加食用淀粉、谷粉、食用糖等辅料和食品添加剂，经调制、成型、蒸煮或不蒸煮、干制、表面拌料调味或不调味制成的各种形状的甘薯干。

4　分类

按加工方式分为切分型甘薯干和复合型甘薯干。

5　要求

5.1　原辅料要求

5.1.1　甘薯

无虫蛀，无霉烂，污染物和农药残留限量应符合 GB 2762 和 GB 2763 的规定。

5.1.2　食用植物油、白砂糖及其他辅料

应符合 GB 2716、GB 317 等相关标准的规定。

5.2　感官要求

应符合表 1 规定。

表 1　感官要求

项目	切分型甘薯干	复合型甘薯干
形态	呈原薯状或条、丝、片、块等各种形状	呈枣形、梅花形、薯条形、薯片形、纺锤形等各种形状
色泽	呈原品种色泽，保质期内允许返砂，在产品表面出现白色糖霜	呈原品种色泽或调配的相应色泽，保质期内允许色泽稍许变暗
滋、气味	具有本产品固有的滋、气味，无生淀粉味，无异味	具有本产品固有的滋味、气味，或各种调配风味，无生淀粉味，无异味
质地	柔韧适中或酥脆，具有良好的适口性	
杂质	无肉眼可见外来杂质	

5.3　理化要求

应符合表 2 规定。

表2 理化要求

项目	要求
水分,%	≤35[a]
	≤5[b]
总糖(以葡萄糖计),%	≤70
脂肪,%	≤5[c]
	≤40[d]
酸价(以脂肪计)(KOH),mg/g	≤3[d]
过氧化值(以脂肪计),g/100 g	≤0.25[d]

[a] 限干制工艺采用烘烤、日晒的产品;
[b] 限干制工艺采用油炸、膨化、冻干的产品;
[c] 限加工工艺中采用非油炸工艺的产品;
[d] 限辅料中有植物油或加工工艺中采用油炸工艺的产品。

5.4 微生物要求

5.4.1 菌落总数、大肠菌群及霉菌指标符合 GB 14884 的规定。

5.4.2 致病菌指标符合 GB 29921 的规定。

5.5 污染物要求

应符合 GB 2762 的规定。

5.6 农药残留要求

应符合 GB 2763 的规定。

5.7 食品添加剂要求

应符合 GB 2760 的规定。

5.8 净含量要求

净含量应符合 JJF 1070 的规定。

6 试验方法

6.1 感官检验

按 GB/T 29605、GB/T 21172、GB/T 15549 和 GB/T 16860 规定的方法测定。

6.2 理化指标检验

6.2.1 水分

按 GB 5009.3 规定的方法测定。

6.2.2 总糖

按 GB/T 10782—2006 中 6.5 规定的方法测定。

6.2.3 脂肪

按 GB/T 5009.6 规定的方法测定。

6.2.4 酸价、过氧化值

按 GB/T 5009.56—2003 中 4.2.2 的方法提取脂肪,酸价按 GB/T 5009.37—2003 中 4.1 规定的方法测定;过氧化值按 GB/T 5009.37—2003 中 4.2 规定的方法测定。

6.3 净含量

按 JJF 1070 规定的方法测定。

7 检验规则

7.1 组批

以同一批原料、同一生产线、同一生产批次、同一加工方式的产品为一组批。

7.2 抽样

从同一组批的产品中随机抽取样品，抽取样品总量不低于 2 kg。样品分成 2 份，1 份检验，1 份备查。

7.3 型式检验

7.3.1 型式检验的项目包括本标准中规定全部项目。

7.3.2 正常生产时每半年进行 1 次，有下列情况之一时必须进行：

——新产品定型投产时；

——更换设备、主要原辅材料或更改关键工艺可能影响产品质量时；

——停产 3 个月及以上，再恢复生产时；

——出厂检验与上次检验型式检验有差异较大时；

——国家质量监督机构或主管部门提出型式检验要求时。

7.4 出厂检验

每批次产品出厂前，生产单位都应进行出厂检验，检验内容包括感官要求、理化要求、微生物要求、净含量。

7.5 判定规则

7.5.1 按标准进行检验，全部项目均符合要求的，判该批次产品合格。

7.5.2 对微生物指标、感官指标中有一项达不到本标准要求的，判该批次产品不合格，且不复检。

7.5.3 对理化指标、污染物指标达不到本标准要求的，可以加倍抽样复验，复验后指标仍达不到要求的，则判该批次产品不合格。

7.5.4 标签、包装不符合要求规定的产品，则判该批次产品为不合格。

8 标志、标签、包装、运输和储存

8.1 标志

产品运输包装上应有标志，标志的内容包括标签上标注的主要内容，还应符合 GB/T 191 的规定。

8.2 标签

产品标签应符合 GB 7718 和 GB 28050 的规定。

8.3 包装

包装分为外包装和内包装。外包装采用纸箱，应有防雨、防晒警示图案或文字；内包装封口严密，不漏气，应符合 GB 9683、GB/T 21302 的规定。

8.4 运输

8.4.1 运输工具要清洁、干燥，不应与有毒、异味物品混运。

8.4.2 运输时要防雨、防晒。

8.5 储存

8.5.1 仓库应干燥、通风、防潮，防蝇、防鼠、防污染。夏季库温不超过 27℃，相对湿度不超过 75%。

8.5.2 成品堆放不应与地面及墙体直接接触。地面应用垫板架空，高 20 cm 以上，与墙壁间隔 20 cm 堆放，高度以包装物受压不变形为宜。

ICS 83.040.10
B 72

中华人民共和国农业行业标准

NY/T 1037—2016
代替 NY/T 1037—2006

天然胶乳　表观黏度的测定　旋转黏度计法

Natural rubber latex—Determination of apparent viscosity by the Brookfield test method

(ISO 1652:2011 Rubber latex—Determination of apparent viscosity by the Brookfield test method, MOD)

2016-11-01 发布　　2017-04-01 实施

中华人民共和国农业部　发布

前　言

本标准按照 GB/T 1.1—2009 给出的规则起草。

本标准代替 NY/T 1037—2006《天然胶乳　表观黏度的测定　旋转黏度计法》。与 NY/T 1037—2006 相比，除编辑性修改外，主要技术变化如下：

——增加了附录 A“黏度测定方法”和附录 B“精密度说明”；

——将 2006 版的第 10 章“允许误差”改为本版的第 10 章“精密度”。

本标准采用重新起草法修改采用 ISO 1652:2011《胶乳　表观黏度的测定　旋转黏度计法》(英文版)。与 ISO 1652:2011 相比，除编辑性修改外，主要技术变化如下：

——本标准适用于浓缩天然胶乳表观黏度的测定，也适用于巴西橡胶树之外的其他天然胶乳以及配合胶乳的测定；

——本标准仅规定了 L 型旋转黏度计一种型号的测量仪器；

——删去 ISO 1652:2011 的目录；

——删去 ISO 1652:2011 的前言部分；

——关于规范性引用文件，本标准做了具有技术差异的调整，以适应我国的技术条件。调整的情况集中反映在第 2 章“规范性引用文件”中，具体调整如下：

· 用修改采用国际标准的 GB/T 8290 代替 ISO 123:2001(见 3.1、第 6 章)；

· 用修改采用国际标准的 GB/T 8298 代替 ISO 124:1997(见第 7 章)。

本标准由农业部农垦局提出。

本标准由农业部热带作物及制品标准化技术委员会归口。

本标准由中国热带农业科学院农产品加工研究所、农业部食品质量监督检验测试中心(湛江)、国家橡胶及乳胶制品质量监督检验中心起草。

本标准主要起草人：张北龙、黄红海、周慧莲、郑向前、丁丽。

本标准的历次版本发布情况为：

——NY/T 1037—2006。

天然胶乳　表观黏度的测定　旋转黏度计法

警告:使用本标准的人员应有正规实验室的实践经验。本标准并未指出所有可能的安全问题。使用者有责任采取适当的安全和健康措施,并保证符合国家有关法规规定的条件。

1　范围

本标准规定了用L型旋转黏度计测定天然胶乳表观黏度的方法。

本标准适用于浓缩天然胶乳表观黏度的测定,也适用于巴西橡胶树之外的其他天然胶乳以及配合胶乳的测定。表观黏度测定的其他方法参见附录A。

2　规范性引用文件

下列文件对于本文件的应用是必不可少的。凡是注日期的引用文件,仅注日期的版本适用于本文件。凡是不注日期的引用文件,其最新版本(包括所有的修改单)适用于本文件。

GB/T 8290　浓缩天然胶乳　取样(GB/T 8290—2008,ISO 123:2001,MOD)

GB/T 8298　浓缩天然胶乳　总固体含量的测定(GB/T 8298—2008,ISO 124:1997,MOD)

ISO/TR 9272　Rubber and rubber products—Determination of precision for test method standards

3　术语和定义

下列术语和定义适用于本文件。

3.1

试样　test sample

按照GB/T 8290的规定取适量的试验胶乳,搅拌均匀作为实验室样品。

4　原理

用旋转黏度计测定黏度,即将一个特定的转子浸入胶乳至规定的深度,以恒定的转数和可控制的剪切速率下旋转,测定转子产生的扭矩,扭矩值乘以系数即为胶乳的表观黏度,系数取决于旋转频率和转子大小。可直接测定未稀释胶乳的黏度,也可稀释至所需总固体含量后再进行测定。

本标准主要涉及手动操作型黏度计而非目前生产的数显型黏度计。必要时,也可与数显型黏度计对比。

注:测定胶乳和乳液的黏度也有其他方法(参见附录A)。

5　仪器

5.1　黏度计

黏度计由一台同步电动机、转轴以及可固定于转轴且具有不同形状和尺寸的转子组成。电动机以恒定的旋数带动转轴。能够从转速数值表选择转速数值。本标准只是规定了一个转速,但实际上也可采用其他转速。将转子浸入胶乳至规定的深度,使转子在胶乳中转动,这时,对转子的阻力会使转轴产生一个力矩。由此产生的平衡力矩由指针表示在刻有0个～100个单位的刻度盘上[1)]。

L型黏度计在满刻度偏转时的弹簧力矩为(67.37±0.07) μN·m[即(673.7±0.7) dyn·cm]。

转子应按图1精密加工,其尺寸见表1。转子上应有一个凹槽或其他标记,指示转子需要浸入胶乳的深度。

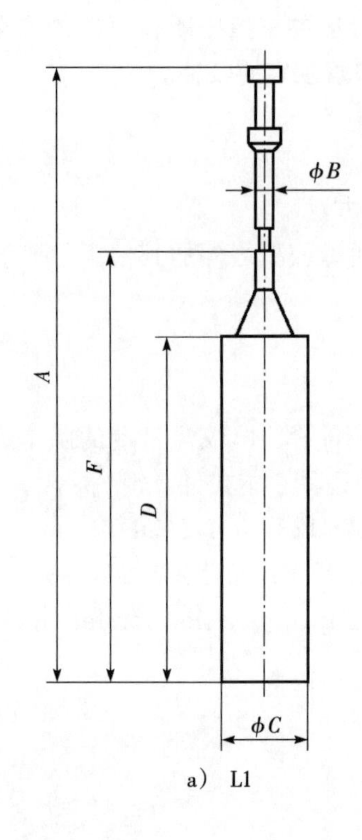

a) L1

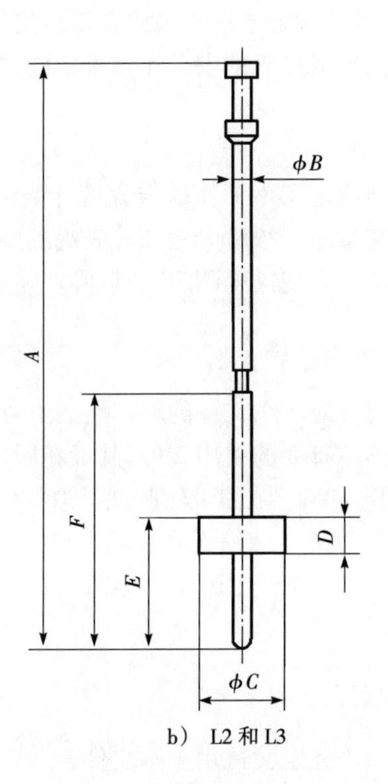

b) L2和L3

图1 转子

表1 转子尺寸

单位为毫米

转子号数	转子尺寸					
	A ±1.3	*B* ±0.03	*C* ±0.03	*D* ±0.06	*E* ±1.3	*F* ±0.15
L1	115.1	3.18	18.84	65.10	—	81.0
L2	115.1	3.18	18.72	6.86	25.4	50.0
L3	115.1	3.18	12.70	1.65	25.4	50.0

电动机机壳上应安装水平仪,以指示连接在电动机轴上的转子是否垂直。

为了在操作过程中保护转子,应使用防护装置,防护装置由弯成U形的矩形条钢制成,截面约为9.5 mm×3 mm,棱角锉圆。

防护装置垂直部分的上端应牢牢地接在电动机机壳上,但可拆卸,以便清洗。防护装置的水平部分则通过内半径约为6 mm的圆弧与垂直部分相接。

注:虽然防护装置的首要功能是保护,但它是仪器不可缺少的部分,如果它不准确就位,测定的黏度很可能变化。

当防护装置牢接在电动机机壳上时,防护装置两个垂直部分的内表面之间的直线距离应为(31.8±0.8) mm。当防护装置接牢在电动机机壳上而转子又装在电动机轴上时,防护装置水平部分的上表面

1) 合适的仪器可以从下列几个地方得到:如Brookfield Engineering Laboratorie, Inc., Stoughton, Mass. 02072, USA(LVF型和LVT型符合L型仪器的要求);Gebruder Haake GmbH,Dieselstr. 4,D-76227 Karlsruhe,Germany。这信息是为本标准的使用者提供便利,并不是本标准对该产品的认定,本标准可不选定这个产品。

与转轴底部之间的垂直距离不得小于 10 mm。

5.2 玻璃烧杯

内径至少 85 mm,容量至少 600 mL。

烧杯的大小影响测定黏度的实际值,因此应注意确保使用容器大小的前后一致。

5.3 水浴

一般能保持(23±2)℃,在热带气候下允许(27±2)℃。

6 取样

按照 GB/T 8290 规定的方法取样,并按照 GB/T 8290 的规定制备样本。

7 试样制备

如果需要测定某一特定总固体含量下的黏度,按照 GB/T 8298 的规定测定样品的总固体含量,必要时用蒸馏水或纯度与之相当的水将总固体含量精确地调节到需要的数值。把水慢慢地加入样品中,再将此混合物轻轻地搅拌 5 min,小心避免混入空气。

如果样品混入空气且其黏度小于 200 mPa·s,则可将样品在常温下静置 24 h 以除去空气。

如果样品只夹带空气而没有其他的挥发组分,且其黏度又大于 200 mPa·s,则可将样品在真空下脱气,直至不再有气泡逸出。

8 操作步骤

将试样(见第 7 章)倒入烧杯(5.2),然后将烧杯放在(23±2)℃或(27±2)℃的水浴(5.3)中,慢慢搅拌试样直至其恒温。记下准确温度,立即将转子牢固地连接在电动机轴上,并将防护装置牢固连接在黏度计(5.1)的电动机机壳上。将转子和防护装置小心缓慢地插入样品中,直到试样表面位于转子轴上凹槽的中间刻线处,应避免带入空气。转子应垂直放入试样中(通过电动机机壳上的酒精水准仪调节),并处于烧杯的中心。

选择黏度计转子的转速为:(60±0.2) r·min^{-1}[(1±0.003) r·s^{-1}]。

按照仪器的操作说明书启动黏度计的电动机并读取最靠近分刻度单位的平衡读数。在达到平衡读数之前,可能要经过 20 s~30 s。

应使用能测定黏度的最适宜号数的转子。

在 10 刻度单位~90 刻度单位之间的读数是可信的。如果读数小于 10 刻度单位或大于 90 刻度单位,那么应分别使用更大或更小的转子进一步测定。使用数字式黏度计实际上不需要如此测定。

如果方法被使用做监控或质量控制目的,应注意确保转子大小和转速是恒定的。

对于特定目的,例如评价流变特性,可能需要测定一个以上旋转频率时的黏度(参见附录 A)。这时,在重新开始另一个转速之前,应将黏度计电源断开,试样至少停放 30 s。如果使用一个以上旋转频率或高于以上规定的转速进行测定,应写在试验报告中。

9 结果表述

测得读数后,使用表 2 中所列相应的因子来计算胶乳的黏度,以 mPa·s 来表示。

表 2 将刻度盘上 0~100 的读数换算成 mPa·s 所需的因子

转子号数	因　子
L1	×1
L2	×5
L3	×20

10 精密度

参见附录B。

11 试验报告

试验报告应包括下列内容：

a） 本标准的编号；

b） 样品的详细信息；

c） 试验结果和表述方法；

d） 使用仪器；

e） 转子号数；

f） 胶乳的总固体含量和胶乳是否被稀释；

g） 试验温度；

h） 试验过程中注意到的任何不正常现象；

i） 不包括在本标准或引用标准中的任何操作以及认为是非强制性的任何操作；

j） 试验日期。

附　录　A
(资料性附录)
黏度测定方法

A.1 胶乳一般为非牛顿行为的流体,即其抗剪力不直接取决于剪切速率。有鉴于此,测量的黏度称为"表观的"黏度。

A.2 使用同一转子于两个不同的转速所测的表观黏度之比,能反映出触变程度(触变指数),这在比较不同增稠剂对胶乳或配合胶乳的增稠效果时是特别有用的。

A.3 乳液的表观黏度测定还有其他许多方法,例如:

a) ISO 2555　塑料—液态或乳液或分散体状树脂　表观黏度的测定　旋转黏度计法(使用类似的设备,不同的转子)。

b) ISO 3219　塑料—液态或乳状态或分散体状聚合物/树脂　使用规定剪切速率的旋转黏度计测定黏度。

c) 也有采用溢流式黏度计的方法,它们通常不适用于胶乳。然而,由于这类仪器简便,将其用于监测生产上用的配合胶乳则很方便。

附　录　B
（资料性附录）
精密度说明

B.1　总则

试验方法的精密度根据 ISO/TR 9272 确定。术语和其他统计学细节参见该文件。

表 B.1 为精密度数据。本精密度参数不宜作为评判任何一组的材料接受或拒收的依据，除非有证明文件说明这些参数确实适用于这些特定材料及本试验方法的特定试验方案。精密度以基于 95%置信水平所确定的重复性 r 和再现性 R 之值表示。

表 B.1　精密度数据

平均值	实验室内		实验室间	
	S_r	r	S_R	R
60.08	0.05	0.15	0.09	0.25
S_r 为实验室内标准差（以测定单位表示）；r 为重复性（以测量单位表示）；S_R 为实验室间标准差（以测定单位表示）；R 为再现性（以测定单位表示）。				

表 B.1 中的结果为平均值并给出了精密度估计值。这些数值是根据 2007 年开展的一项实验室间试验方案（ITP）确定的。12 个实验室参加了本次 ITP，对用高氨胶乳制备的 A 和 B 两个样品进行了重复测定。在对待测胶乳进行两次取样并装入标识为 A 和 B 瓶子之前，先将其过滤，再充分搅拌使其均匀化。因此，样品 A 和样品 B 本质上是相同的，并且在统计计算时将两者视作相同处理。要求每个参与实验室在给定的日期，使用这两个样品进行测定。

根据本次 ITP 所使用的取样方法确定了 1 型精密度。

精密度数据使用数显型黏度计获得，因为模拟式黏度计不适用于测定黏度的差异。

B.2　重复性

本试验方法的重复性 r（以测定单位表示）已被确定为表 B.1 所示的适当值。在使用正常的试验步骤下，同一实验室所获得的两个独立的试验结果之差大于表列的 r 值（对于任一水平），宜视为来自不同（即非同一的）的样品群。

B.3　再现性

本试验方法的再现性 R（以测定单位表示）已被确定为表 B.1 所示的适当值。在使用正常的试验步骤下，不同实验室所获得的两个独立的试验结果之差大于表列的 R 值（对于任一水平），宜视为来自不同（即非同一的）的样品群。

B.4　偏倚

在测试方法术语中，偏倚是指试验结果平均值与参照值即真值之差。本试验方法不存在参照值，因为所测定的性能值只能由本试验方法得出。因此，不能确定本试验方法的偏倚。

参 考 文 献

[1]ISO 2555 Plastics—Resins in the liquid state or as emulsions or dispersions—Determination of apparent viscosity by the Brookfield Test method

[2]ISO 3219 Plastics—Polymers/resins in the liquid state or as emulsions or dispersions—Determination of viscosity using a rotational viscometer with defined shear rate

ICS 67.050
B 20

中华人民共和国农业行业标准

NY/T 2890—2016

稻米中γ-氨基丁酸的测定 高效液相色谱法

Determination of γ-aminobutyric acid in rice—HPLC

2016-05-23 发布　　　　2016-10-01 实施

中华人民共和国农业部 发布

前　　言

本标准按照 GB/T 1.1—2009 给出的规则起草。

本标准由农业部种植业管理司提出并归口。

本标准起草单位：云南省农业科学院质量标准与检测技术研究所、农业部农产品质量监督检验测试中心(昆明)。

本标准主要起草人：汪禄祥、黎其万、邵金良、刘兴勇、王丽、刘宏程、杨东顺、樊建麟。

稻米中 γ-氨基丁酸的测定 高效液相色谱法

1 范围

本标准规定了稻米中 γ-氨基丁酸含量的高效液相色谱测定方法。

本标准适用于稻米中 γ-氨基丁酸含量的测定。

本方法检出限为 0.10 mg/kg,定量限为 0.20 mg/kg。

2 规范性引用文件

下列文件对于本文件的应用是必不可少的。凡是注日期的引用文件,仅注日期的版本适用于本文件。凡是不注日期的引用文件,其最新版本(包括所有的修改单)适用于本文件。

GB/T 6682 分析实验室用水规格和试验方法

3 原理

试样经乙醇—水溶液提取,经 4-二甲基胺基偶氮苯-4-磺酰氯(DABS-Cl)衍生,用高效液相色谱法测定,以保留时间定性,外标法定量。

4 试剂与材料

除非另有规定,使用试剂均为分析纯。水为 GB/T 6682 中规定的一级水。

4.1 无水乙醇(C_2H_5OH):优级纯。

4.2 乙腈(CH_3CN):色谱纯。

4.3 提取溶液:无水乙醇+水=4+1(V+V),取 400 mL 无水乙醇和 100 mL 水混匀。

4.4 碳酸氢钠溶液:称取 0.40 g 碳酸氢钠,用水溶解并稀释至 10 mL,现配现用。

4.5 4-二甲基胺基偶氮苯-4-磺酰氯溶液:称取 4-二甲基胺基偶氮苯-4-磺酰氯 20.0 mg,用乙腈溶解并稀释至 10 mL,现配现用。

4.6 三水合乙酸钠溶液:称取 3.40 g 三水合乙酸钠,用水溶解并稀释至 500 mL,经微孔滤膜(4.10)过滤。

4.7 γ-氨基丁酸(γ-aminobutyric acid, GABA):CAS 号 56-12-2,纯度≥99.9%。

4.8 标准储备溶液:精确称取 γ-氨基丁酸标准品 10.0 mg,用乙腈溶液溶解并定容至 10 mL,即为 1 000 mg/L的标准储备液,于-18 ℃下,贮存于密闭的棕色玻璃瓶中,保存有效期为 3 个月。

4.9 标准使用液:在使用中将标准储备溶液逐级稀释成 2.0 mg/L、5.0 mg/L、10.0 mg/L、50.0 mg/L 和 100.0 mg/L 或其他浓度的 γ-氨基丁酸标准使用液,现配现用。

4.10 滤膜:0.45 μm,水相滤膜。

5 仪器与设备

5.1 高效液相色谱仪带紫外检测器或二极管阵列检测器。

5.2 组织捣碎机:转速 1 000 r/min。

5.3 分析天平:感量为 0.01 mg,0.01 g。

5.4 振荡水浴锅。

5.5 超声波清洗器。

5.6 旋涡混匀器。

5.7 离心机:最大转速 10 000 r/min。

6 分析步骤

6.1 试样制备

样品经混匀后,缩分至约 50 g,经研磨至全部通过孔径 0.25 mm(60 目)筛的试样,混匀,装入密闭容器中,室温下保存。

6.2 提取

称取 1.0 g 样品于 50 mL 离心管中,加入 10 mL 提取溶液(4.3),超声提取 30 min 后,在旋涡混匀器上振荡 2 min,静置 5 min,于 5 000 r/min 离心 5 min,将上清液转入 25 mL 容量瓶中,样品残渣再用 10 mL提取溶液(4.3)提取 1 次,合并 2 次提取液,用提取液(4.3)定容至 25 mL,摇匀,待衍生化。

6.3 衍生化

准确吸取 1 mL 试样溶液或标准工作溶液于具塞试管中,加入 0.20 mL 碳酸氢钠溶液(4.4)和 0.40 mL 4-二甲基胺基偶氮苯-4-磺酰氯衍生试剂(4.5),混匀后在 70℃水浴中衍生反应 20 min,用微孔滤膜(4.10)过滤,待测。

6.4 测定

6.4.1 色谱参考条件

色谱柱:C_{18}柱,250 mm×4.6 mm,5 μm;或与之性能相当者;

检测波长:436 nm;

柱温:30℃;

进样量:10 μL;

流动相:乙腈(4.2)+三水合乙酸钠溶液(4.6)(35+65);

流速:1.0 mL/min。

6.4.2 色谱分析

分别将标准溶液和试样溶液,注入液相色谱仪中,以保留时间定性,以样品溶液峰面积与标准溶液峰面积比较定量。色谱图参见附录 A。

7 结果计算

试样中 γ-氨基丁酸含量按式(1)计算。

$$\omega = \frac{\rho \times V}{m} \qquad (1)$$

式中:

ω——试样中 γ-氨基丁酸含量,单位为毫克/千克(mg/kg);

ρ——样液中 γ-氨基丁酸测定质量浓度,单位为毫克每升(mg/L);

V——定容体积,单位为毫升(mL);

m——试样质量,单位为克(g);

测定结果取两次测定的算术平均值,计算结果保留三位有效数字。

8 精密度

在重复性条件下,获得的两次独立测定结果的绝对差值不超过算术平均值的 10%。在再现性条件下,获得的两次独立测定结果的绝对差值不得超过算术平均值的 20%。

附　录　A
（资料性附录）
γ-氨基丁酸标准溶液色谱图

10 mg/Lγ-氨基丁酸标准溶液色谱图见图 A.1。

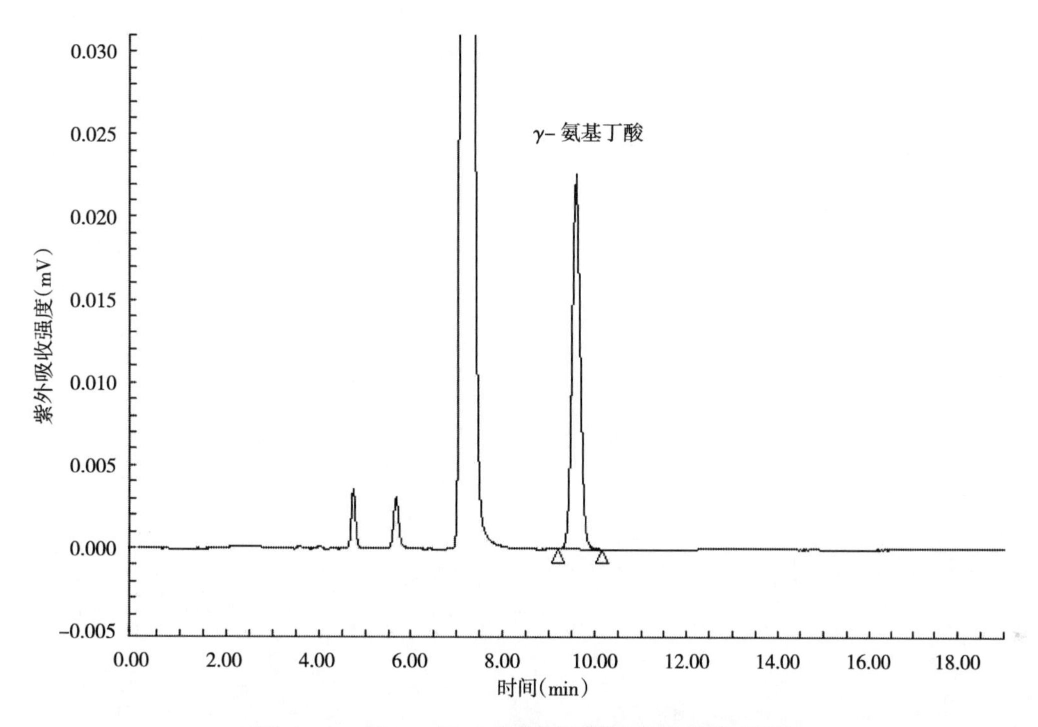

图 A.1　10 mg/Lγ-氨基丁酸标准溶液色谱图

ICS 65.020.01
B 04

中华人民共和国农业行业标准

NY/T 2947—2016

枸杞中甜菜碱含量的测定 高效液相色谱法

Determination of betain in wolfberry—HPLC method

2016-10-26 发布 2017-04-01 实施

中华人民共和国农业部 发布

前　言

本标准按照 GB/T 1.1—2009 给出的规则起草。

本标准由农业部种植业管理司提出并归口。

本标准起草单位:农业部枸杞产品质量监督检验测试中心。

本标准主要起草人:王晓菁、牛艳、吴燕、姜瑞、张锋锋。

枸杞中甜菜碱含量的测定　高效液相色谱法

1　范围

本标准规定了枸杞中甜菜碱的测定方法。

本标准适用于枸杞中甜菜碱含量的测定。

本方法检出限为 0.001 g/100 g。

2　规范性引用文件

下列文件对于本文件的应用是必不可少的。凡是注日期的引用文件，仅注日期的版本适用于本文件。凡是不注日期的引用文件，其最新版本(包括所有的修改单)适用于本文件。

GB/T 6682　分析实验室用水规格和试验方法

3　原理

枸杞样品中甜菜碱组分经甲醇溶液[$\psi(CH_3OH-H_2O)=2.5+7.5$]提取后，用混合型阳离子交换固相萃取柱净化，再用乙腈溶液[$\psi(CH_3CN-H_2O)=7.5+2.5$]定容，最后用配有紫外检测器的高效液相色谱仪在波长 205nm 处测定，根据色谱峰的保留时间定性，外标法定量。

4　试剂与材料

除非另有说明，在分析中仅使用确认为分析纯的试剂和 GB/T 6682 中规定的一级水。

4.1　氨水：含量为 25%～28%，优级纯。

4.2　盐酸：含量为 36%～38%，优级纯。

4.3　甲醇(CH_3OH)：色谱纯。

4.4　乙腈(CH_3CN)：色谱纯。

4.5　盐酸溶液 $c(HCl)=0.1$ mol/L：准确吸取 9 mL 盐酸，加适量水并稀释定容至 1 000 mL。

4.6　甲醇溶液[$\psi(CH_3OH-H_2O)=2.5+7.5$]：取 25 mL 甲醇慢慢加入 75 mL 水中。

4.7　甲醇溶液[$\psi(CH_3OH-H_2O)=8.5+1.5$]：取 85 mL 甲醇慢慢加入 15 mL 水中。

4.8　氨化甲醇溶液[$\psi(NH_3\cdot H_2O-CH_3OH)=0.5+9.5$]：取 5 mL 浓氨水慢慢加入 95 mL 水中。

4.9　乙腈溶液[$\psi(CH_3CN-H_2O)=7.5+2.5$]：取 75 mL 乙腈慢慢加入 25 mL 水中。

4.10　甜菜碱标准品：≥纯度 98%。

4.11　甜菜碱标准储备液溶液：准确称取甜菜碱标准物质 100 mg(精确到 0.000 1 g)用乙腈溶液(4.9)溶解并定容至 10.0 mL，配制成 10.0 mg/mL 标准储备液，0℃～4℃贮存。

4.12　阳离子交换固相萃取小柱：混合型阳离子交换固相萃取柱，基质为聚苯乙烯—二乙烯基苯高聚物，150 mg/6 mL，或相当者。

5　仪器与设备

5.1　液相色谱仪：配有紫外检测器。

5.2　分析天平：感量±0.000 1 g。

5.3　离心机：4 000 r/min。

5.4　涡旋混合器。

5.5　组织捣碎机:12 000 r/min。

5.6　均质器:24 000 r/min。

5.7　高速万能粉碎机:10 000 r/min。

5.8　旋转蒸发仪。

5.9　微孔滤膜:0.45 μm,有机相。

6　试样制备

干样(枸杞):实验时将－18℃冷冻保存的样品取出,立即用高速万能粉碎机(可加少量液氮)粉碎(30 g 样品粉碎时间约为 20 s),置于样品瓶中,－18℃冷冻备用。

鲜样(枸杞):样品用组织捣碎机制成匀浆(200 g 样品匀浆时间约为 30 s),置于样品瓶中,－18℃冷冻备用。

7　分析步骤

7.1　提取

称取枸杞干样 0.2 g 或鲜样 1 g(精确到 0.001 g)于 50 mL 离心管中。加入 25.0 mL 甲醇溶液(4.6),涡旋混匀 1 min,再均质提取 2 min,以 3 500 r/min 离心 5 min,取出备用。

7.2　净化

吸取上清液 5.00 mL 转入已活化平衡的混合型阳离子交换固相萃取柱中,控制 1 滴/s 的流速,待样液进入萃取小柱的吸附层后,依次用 5 mL 甲醇溶液(4.7)、5 mL 甲醇进行淋洗,弃去淋洗液。最后用 5 mL 氨化甲醇(4.8)进行洗脱并收集、重复洗脱 1 次。将洗脱液旋转浓缩近干,用 2.00 mL 乙腈溶液(4.9)溶解定容,经 0.45 μm 滤膜过滤,待测。

混合型阳离子交换固相萃取柱使用前依次用 5 mL 甲醇、5 mL 0.1 mol/L 盐酸溶液活化平衡。

7.3　色谱参考条件

色谱柱:亲水作用多孔硅胶色谱柱,150 mm×4.6 mm(i.d),5 μm,或相当者;

流动相:乙腈—水,梯度洗脱;

流速:1.0 mL/min;

柱温:30℃;

波长:205 nm;

进样量:10.0 μL;

流动相梯度洗脱程序见表 1。

表 1　流动相梯度洗脱程序

时间,min	水,%	乙腈,%
0	5	95
2	10	90
3	30	70
4	50	50
9	50	50
10	5	95
15	5	95

7.4　标准曲线的绘制

用乙腈溶液(4.9)将甜菜碱标准贮备液溶液逐级稀释得到浓度为 0 g/100 mL、0.002 g/100 mL、

0.005 g/100 mL、0.01 g/100 mL、0.02 g/100 mL、0.05 g/100 mL、0.1 g/100 mL、0.2 g/100 mL 的标准工作液，依次由低到高进样检测，质量浓度 X(g/100 mL)为横坐标，以相应的峰面积 Y 为纵坐标进行线性回归，得到标准曲线回归方程。

7.5 测定

取标准工作溶液和样品定容液(7.2)进样测定，以色谱峰保留时间定性，以标样色谱峰峰面积和样品溶液峰峰面积比较定量。同时做空白实验。

8 结果计算

试样中甜菜碱含量按式(1)计算。

$$X=\frac{c\times V\times V_1}{m\times V_2} \qquad (1)$$

式中：

X ——试样中甜菜碱的含量，单位为克每百克(g/100 g)；

c ——从标准曲线上得到的待测液中甜菜碱的质量浓度，单位为克每百毫升(g/100 mL)；

V ——试样中加入的提取溶液体积，单位为毫升(mL)；

V_1——试样的最终定容体积，单位为毫升(mL)；

m ——试样的质量，单位为克(g)；

V_2——提取液分取体积，单位为毫升(mL)。

计算结果保留 3 位有效数字。

9 色谱图

甜菜碱标准溶液及枸杞样品中甜菜碱组分谱图见图 A.1、图 A.2。

10 精密度

在重复性条件下获得的 2 次独立测试结果的绝对差值不大于这 2 个测定值的算术平均值的 10%，以大于这 2 个测定值的算术平均值的 10%情况不超过 5%；在再现性条件下获得的 2 次独立测试结果的绝对差值不大于这 2 个测定值的算术平均值的 10%，以大于这 2 个测定值的算术平均值的 10%情况不超过 5%。

附 录 A
（资料性附录）
甜菜碱标准溶液色谱图和样品色谱图

A.1 甜菜碱标准溶液色谱图

见图A.1。

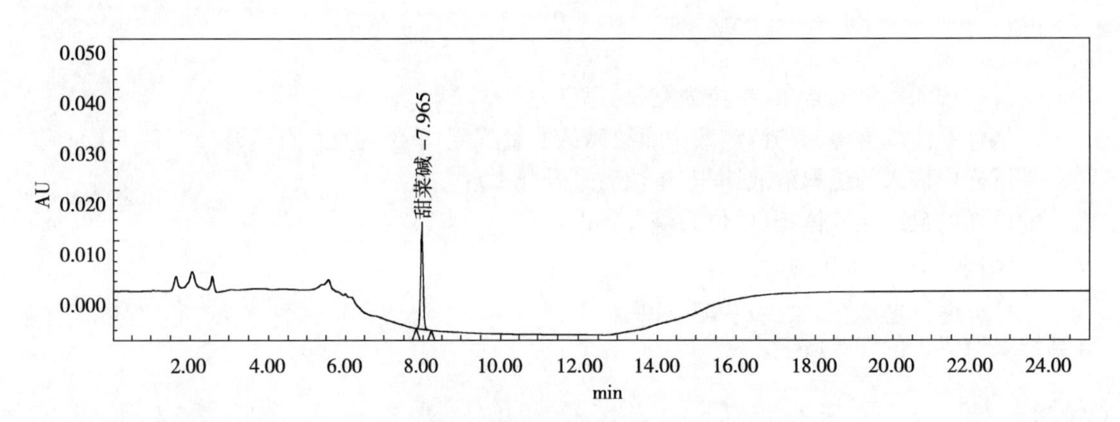

图A.1 甜菜碱标准溶液色谱图(0.02 g/100 g)

A.2 枸杞样品中甜菜碱组分色谱图

见图A.2。

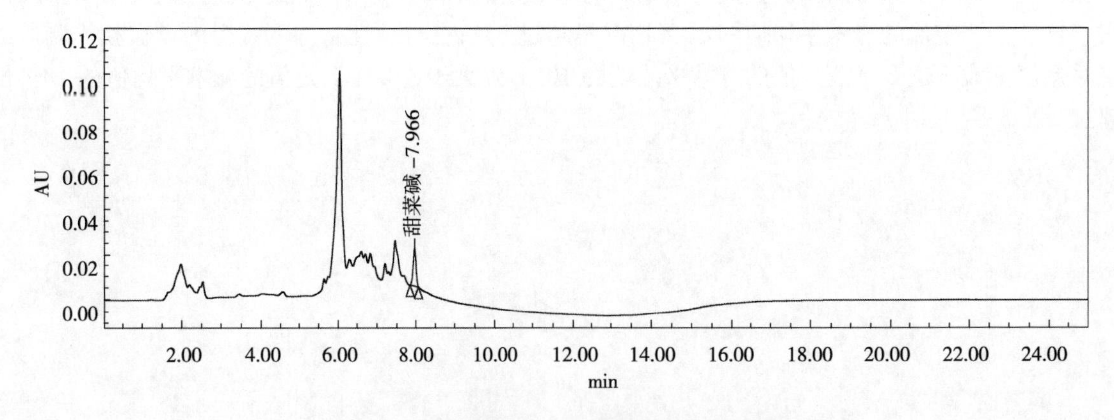

图A.2 枸杞样品中甜菜碱组分色谱图

ICS 67.060
B 23

中华人民共和国农业行业标准

NY/T 2963—2016

薯类及薯制品名词术语

Terminology of root and tuber crops and their products

2016-10-26 发布 2017-04-01 实施

中华人民共和国农业部 发布

前　　言

本标准按照GB/T 1.1—2009给出的规则起草。

本标准由农业部农产品加工局提出。

本标准由农业部农产品加工标准化技术委员会归口。

本标准起草单位：中国农业科学院农产品加工研究所、郑州精华实业有限公司、湖北三杰农业产业化有限公司、河南龙丰实业股份有限公司、河南天豫薯业股份有限公司。

本标准主要起草人：木泰华、陈井旺、孙红男、张苗、王彦波、孙云杰、姬利强、赵天学。

薯类及薯制品名词术语

1 范围

本标准规定了薯类加工原料及薯类加工产品的术语。

本标准适用于薯类及相关行业生产、加工、流通和管理领域。

2 术语和定义

2.1 原料术语

2.1.1

薯类 root and tuber crops

具有可供食用地下块根或块茎一类陆生作物的统称,食用部分含有大量淀粉,可作为蔬菜、粮食、饲料和制作淀粉、酒精等的原料。主要包括甘薯、马铃薯、木薯、薯蓣(山药)、芋头、芭蕉芋等。

2.1.2

甘薯 sweet potato

旋花科甘薯属栽培种,学名 *Ipomoea batatas*(L.)Lam. ,又称番薯、山芋、红薯、白薯、地瓜等,属短日照作物。根据其生态类型和种植季节的不同,在中国栽培区域可分为南方秋冬薯区、南方夏秋薯区、长江流域夏薯区、黄淮流域春夏薯区和北方春薯区。薯肉的颜色主要有红色、紫色、黄色和白色等。

注:改写 NY/T 1961—2010,术语 2.4.2。

2.1.3

马铃薯 potato

茄科茄属栽培种,学名 *Solanum tuberosum* L. ,又称土豆、洋芋、地蛋、荷兰薯、爪哇薯等。根据其生态类型和种植季节的不同,在中国栽培区域可分为北方一季作区、中原春秋二季作区、南方秋冬或冬春二季作区、西南单双季混作区。薯肉的颜色主要有白色、黄色和紫色等。

注:改写 NY/T 1961—2010,术语 2.4.1。

2.1.4

木薯 cassava(tapioca)

大戟科木薯属栽培种,学名 *Manihot esculenta* Crantz,又称木番薯、树薯,喜高温,属短日照作物。在中国主要分布于华南地区。

注:改写 NY/T 1961—2010,术语 2.4.3。

2.2 产品术语

2.2.1

薯类淀粉 starch from root and tuber crops

从薯类块根或块茎中提取的淀粉。

注:根据加工原料不同,分为甘薯淀粉、马铃薯淀粉和木薯淀粉等。

2.2.2

甘薯淀粉 sweet potato starch

从甘薯块根或甘薯片中提取的淀粉。

注 1:根据生产工艺不同,常分为酸浆法甘薯淀粉和旋流法甘薯淀粉。

注 2:改写 GB/T 12104—2009,术语 5.1.15。

2.2.3

酸浆法甘薯淀粉　sweet potato starch made from sour liquid processing

采用向甘薯浆液中添加自然发酵的甘薯酸浆而使淀粉沉淀，并通过清洗、精制、脱水和干燥制成的甘薯淀粉。

2.2.4

旋流法甘薯淀粉　sweet potato starch made from centrifugation

采用离心的物理方式直接将淀粉从破碎的甘薯浆液中分离出，并通过清洗、精制、脱水和干燥制成的甘薯淀粉。

2.2.5

马铃薯淀粉　potato starch

从马铃薯块茎中提取的淀粉。

[GB/T 12104—2009，术语 5.1.13]

2.2.6

蜡质马铃薯淀粉　waxy potato starch

从蜡质马铃薯块茎中提取的淀粉。

[GB/T 12104—2009，术语 5.1.14]

2.2.7

木薯淀粉　cassava starch

从木薯块根或木薯干中提取的淀粉。

注：改写 GB/T 12104—2009，术语 5.1.12。

2.2.8

紫甘薯淀粉　purple sweet potato starch

从紫甘薯块根中提取的淀粉。

2.2.9

紫甘薯花青素　purple sweet potato anthocyanins

从紫甘薯块根中提取的花青素。

2.2.10

甘薯β-淀粉酶　sweet potato β-amylase

从甘薯块根中提取的一种淀粉酶。

2.2.11

马铃薯蛋白　potato protein

从马铃薯块茎中提取的蛋白质。

2.2.12

甘薯蛋白　sweet potato protein

从甘薯块根中提取的蛋白质。

2.2.13

甘薯果胶　sweet potato pectin

从甘薯块根中提取的果胶。

2.2.14

马铃薯果胶　potato pectin

从马铃薯块茎中提取的果胶。

2.2.15

甘薯膳食纤维　sweet potato dietary fibre

从甘薯块根中提取的膳食纤维。

2.2.16

马铃薯膳食纤维　potato dietary fibre

从马铃薯块茎中提取的膳食纤维。

2.2.17

薯类粉条　vermicelli of root and tuber crops

薯类粉丝

以一种或几种薯类淀粉为原料加工制成的条状或丝状产品。

注:改写 GB/T 23587—2009,术语 3.1。

2.2.18

纯甘薯粉条　pure sweet potato vermicelli

纯甘薯粉丝

以甘薯淀粉为原料制成的粉条(粉丝)。

2.2.19

纯马铃薯粉条　pure potato vermicelli

纯马铃薯粉丝

以马铃薯淀粉为原料制成的粉条(粉丝)。

2.2.20

薯类粉皮　sheet jelly of root and tuber crops

以一种或几种薯类淀粉为原料,经热加工制成的片状食品。

2.2.21

薯块/薯丁　diced potato or diced sweet potato

以马铃薯或甘薯为原料分切后加工制成的块状或丁状产品。

注:有脱水薯块/薯丁和速冻薯块/薯丁两种产品形式。

2.2.22

薯泥　mashed potato or mashed sweet potato

以马铃薯或甘薯为原料经加工熟化后制成的一种泥状产品。

2.2.23

甘薯片　sweet potato slices

甘薯切成片状或条状,干燥至适宜储存的制品。

[GB/T 8609—2008,术语 3.1]

2.2.24

甘薯粉　sweet potato powder

将脱水后甘薯片破碎得到的粉状制品。

2.2.25

甘薯干　dried sweet potato

以甘薯或其全粉为原料,在加工过程中添加或不添加食用糖、食用淀粉及其他辅料和食品添加剂,经过切分或打浆(甘薯)或混合调制(全粉),再进行蒸煮或不蒸煮、干制、表面拌料调味或不调味制成的产品。

注:干制方式包括晾晒、烘烤、真空冷冻干燥、真空干燥、膨化干燥和真空油炸等。

2.2.26

烤甘薯　roasted sweet potato

将甘薯焙烤制成的产品。

2.2.27

紫甘薯汁　purple sweet potato juice

以紫甘薯为原料,经过破碎、液化、糖化、过滤和杀菌等工艺制成的饮料。

2.2.28

马铃薯罐头　potato can

以马铃薯为原料制成的罐头产品。

2.2.29

甘薯罐头　sweet potato can

以甘薯为原料制成的罐头产品。

2.2.30

甘薯浓缩汁　sweet potato juice concentrate

以甘薯为原料,经过破碎、液化、糖化、过滤、浓缩和杀菌等工艺制成的浓缩饮料。

2.2.31

薯类全粉　powder of root and tuber crops

以马铃薯、甘薯或木薯为原料经脱水干燥加工制成的粉状或片状薯类脱水制品。

注 1:根据原料中淀粉是否糊化分生粉和熟粉。

注 2:根据原料不同分为马铃薯全粉、甘薯全粉和木薯全粉等。

2.2.32

甘薯颗粒全粉　sweet potato granules

以甘薯为原料采用回填干燥等工艺加工制成的颗粒状脱水制品。

2.2.33

马铃薯颗粒全粉　potato granules

以马铃薯为原料经回填干燥等工艺加工制成的颗粒状脱水制品。

2.2.34

甘薯雪花全粉　sweet potato flakes

以甘薯为原料经滚筒干燥等工艺加工制成片状或粉状熟化脱水制品。

注:改写 SB/T 10752—2012,术语 3.1。

2.2.35

马铃薯雪花全粉　potato flakes

以马铃薯为原料经滚筒干燥等工艺加工制成的片状或粉状熟化脱水制品。

注:改写 SB/T 10752—2012,术语 3.1。

2.2.36

木薯干/片　dried cassava(slice)

木薯切成片状或条状,干燥至适宜储存的脱水制品。

2.2.37

木薯粉　cassava powder

木薯干/片经过粉碎后制成的粉状产品。

2.2.38

马铃薯复合粉　composite potato flour

以马铃薯全粉等为原料,复配食品添加剂制成的不需添加其他辅料即可直接制作食品的制品。

2.2.39

甘薯复合粉　composite sweet potato flour

以甘薯全粉等为原料,复配食品添加剂制成的不需添加其他辅料即可直接制作食品的制品。

2.2.40

马铃薯馒头　potato steamed bread

以马铃薯等为原料制成的馒头状制品。

2.2.41

甘薯馒头　sweet potato steamed bread

以甘薯等为原料制成的馒头状制品。

2.2.42

紫薯馒头　purple sweet potato steamed bread

以紫甘薯等为原料制成的馒头状制品。

2.2.43

马铃薯面条　potato noodle

以马铃薯等为原料制成的面条状制品。

2.2.44

甘薯面条　sweet potato noodle

以甘薯等为原料制成的面条状制品。

2.2.45

马铃薯面包　potato bread

以马铃薯等为原料制成的面包状制品。

2.2.46

甘薯面包　sweet potato bread

以甘薯等为原料制成的面包状制品。

2.2.47

马铃薯米　potato rice

以马铃薯等为原料制成的大米状制品。

2.2.48

甘薯米　sweet potato rice

以甘薯等为原料制成的大米状制品。

2.2.49

薯饼　potato cake or sweet potato cake

以马铃薯或甘薯等为原料加工制成的饼状食品。

2.2.50

薯片　potato or sweet potato chip

以马铃薯或甘薯为原料,通过油炸或烘烤、调味或不调味等工艺制成的片状食品。

注:根据原料和工艺不同分为包括切片型薯片和复合型薯片。

2.2.51

切片型薯片　sliced potato or sweet potato chip

马铃薯或甘薯经清洗、去皮、切片、油炸或烘烤、调味或不调味等工艺制成的片状食品。

注 1:根据原料不同分为切片型马铃薯片、切片型甘薯片。

注 2:改写 QB/T 2886—2005,术语 3.5。

2.2.52

复合型薯片　fabricated potato or sweet potato chip

以马铃薯全粉或甘薯全粉等为原料，经混合、蒸煮、成型、油炸或烘烤、调味或不调味等工艺制成的片状食品。

注1：根据原料不同分为复合型马铃薯片、复合型甘薯片。

注2：改写QB/T 2886—2005，术语3.6。

2.2.53

薯条　potato or sweet potato fry

以马铃薯或甘薯为原料，经清洗、去皮、切条和浸泡后沥干水分，添加或不添加食盐等调味料，速冻或不速冻之后通过油炸或烘烤制成的条状食品。

2.2.54

马铃薯冷冻薯条　frozen potato french fries

马铃薯经清洗、去皮、切条、漂烫、干燥和油炸，再经预冷、冷冻和低温储存，在冻结条件下运输及销售，食用时需再次加热的制品。

[SB/T 10631—2011，术语3.1]

2.2.55

甘薯冷冻薯条　frozen sweet potato french fries

甘薯经清洗、去皮、切条、漂烫、干燥和油炸，再经预冷、冷冻和低温储存，在冻结条件下运输及销售，食用时需再次加热的制品。

注：改写SB/T 10631—2011，术语3.1。

2.2.56

速冻甘薯茎叶　quick-frozen sweet potato leaves

甘薯茎叶通过清洗、漂烫、速冻等加工处理后得到的速冻产品。

2.2.57

甘薯茎叶青粉　sweet potato leaf powder

以甘薯茎叶为原料，经清洗、沥干、干燥和粉碎等工艺制成的绿色粉状产品。

2.2.58

马铃薯酒　potato wine

以马铃薯为原料，经过发酵等工艺酿制而成的酒。

2.2.59

甘薯酒　sweet potato wine

以甘薯或甘薯片为原料，经过发酵等工艺酿制而成的酒。

2.2.60

紫甘薯酒　purple sweet potato wine

以紫甘薯为原料，经过发酵等工艺酿制而成的酒。

2.2.61

甘薯醋　sweet potato vinegar

以甘薯或甘薯片为原料，经过发酵等工艺酿制而成的饮料醋。

2.2.62

紫薯醋　purple sweet potato vinegar

以紫甘薯为原料，经过发酵等工艺酿制而成的饮料醋。

索　引

汉语拼音索引

C

F

G

K

L

M

Q

S

X

英文对应词索引

ICS 67.180
X 11

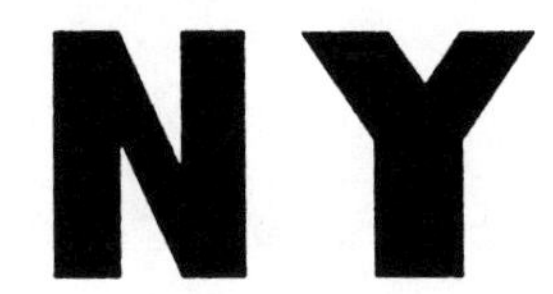

中华人民共和国农业行业标准

NY/T 2964—2016

鲜湿发酵米粉加工技术规范

Technical specification for processing of fresh fermented rice noodles

2016-10-26 发布　　2017-04-01 实施

中华人民共和国农业部　发布

前　言

本标准按照 GB/T 1.1—2009 给出的规则起草。

本标准由农业部农产品加工局提出。

本标准由农业部农产品加工标准化技术委员会归口。

本标准起草单位:中国农业科学院农产品加工研究所、湖南金健米业股份有限公司、中南林业科技大学。

本标准主要起草人:周素梅、佟立涛、林利忠、林亲录、刘也嘉、钟葵、刘丽娅、周闲容。

鲜湿发酵米粉加工技术规范

1 范围

本标准规定了鲜湿发酵米粉的术语和定义、分类、加工厂安全卫生管理要求、原辅料要求、主要工艺加工技术要求及标志、包装、运输、储存。

本标准适用于以籼米为主要原料，经发酵、磨浆、熟化等加工过程生产出来的高水分含量米粉产品。

2 规范性引用文件

下列文件对于本文件的应用是必不可少的。凡是注日期的引用文件，仅注日期的版本适用于本文件。凡是不注日期的引用文件，其最新版本(包括所有的修改单)适用于本文件。

GB/T 191　包装储运图示标志

GB 1354　大米

GB 2760　食品安全国家标准　食品添加剂使用标准

GB 5083　生产设备安全卫生设计总则

GB 5749　生活饮用水卫生标准

GB/T 6543　运输包装用单瓦楞纸箱和双瓦楞纸箱

GB 7718　食品安全国家标准　预包装食品标签通则

GB 9681　食品包装用聚氯乙烯成型品卫生标准

GB 9687　食品包装用聚乙烯成型品卫生标准

GB 9688　食品包装用聚丙烯成型品卫生标准

GB 9689　食品包装用聚苯乙烯成型品卫生标准

GB 14881—2013　食品安全国家标准　食品生产通用卫生规范

GB 14930.1　食品工具、设备用洗涤剂卫生标准

GB 14930.2　食品安全国家标准　消毒剂

GB 28050　食品安全国家标准　预包装食品营养标签通则

JJF 1070　定量包装商品净含量计量检验规则

国家质量监督检验检疫总局令 2007 年第 102 号　食品标识管理规定

国家质量监督检验检疫总局令 2009 年第 123 号　关于修改《食品标识管理规定》的决定

3 术语和定义

下列术语和定义适用于本文件。

3.1

鲜湿发酵米粉　fresh fermented rice noodles

以籼米为主要原料，添加或不添加其他辅料(淀粉、果蔬、杂粮等)，经发酵、磨浆、熟化等主要工序制成、水分含量不低于 50%的米粉产品。

4 分类

4.1 按产品保质期

分为短货架期与长货架期两类产品，其中短货架期指货架期在 5 d 以内，长货架期指货架期在 180 d 以上。

5 加工厂安全卫生管理要求

5.1 加工企业卫生条件应符合 GB 14881—2013 的规定。

5.2 生产设备与器具安全卫生设计应符合 GB 5083 的规定。

5.3 生产设备所用洗涤剂应符合 GB 14930.1 的规定。

5.4 生产设备所用消毒剂应符合 GB 14930.2 的规定。

5.5 建立生产过程质量安全管理标准文件,文件中应包括生产设备的清洁。

6 原辅料要求

6.1 籼米

应符合 GB 1354 的规定。

6.2 生产用水

应符合 GB 5749 的规定。

6.3 食品添加剂

应符合 GB 2760 的规定。

6.4 其他辅料

应符合相应的食品标准和有关规定。

7 主要工艺加工技术要求

7.1 发酵

若采用室温下自然发酵,一般控制夏天发酵 2 d～3 d,冬天 3 d～6 d;若采用夹层发酵罐控温发酵,发酵温度 26℃～40℃、发酵时间 8 h～48 h。发酵前可加入前次发酵液以促进发酵。

7.2 清洗、去石

对发酵后的籼米用清水冲洗至水澄清;另在物料输送过程中设置除砂槽用以去除砂石。

7.3 磨浆

将发酵好的籼米加水磨制成米浆,保证米浆能通过 80 目筛。

7.4 熟化

7.4.1 生产挤压成型的产品需将米浆加热糊化,形成具有一定黏性和可塑性的淀粉凝胶块,淀粉的糊化度控制在 90%以上。

7.4.2 生产切片成型的产品则需要将米浆在蒸片机上布浆熟化,熟化浆片厚度应控制在 2 mm 以内。

7.5 成型

7.5.1 挤压成型产品是将熟化后的淀粉凝胶块用挤压机制成所需形状。

7.5.2 切片成型产品将熟化后的淀粉凝胶直接切片即可成型。

7.6 水煮

7.6.1 挤压成型的米粉需进一步水煮熟化,水温控制在 95℃以上,时间 10 s～20 s。

7.6.2 切片成型的产品则不需要此步。

7.7 蒸粉

通过蒸粉工艺确保产品完全糊化,蒸粉温度应控制在 100℃以上,时间 100 s～200 s。

7.8 冷却

可采用风冷或者水冷,冷却后应保证米粉中心温度降至 30℃以下。

7.9 酸浸

可采用有机酸或者酸性电解水浸泡处理达到表面杀菌的要求。

7.10 包装、封口

对于预包装米粉，可根据市场需求包装成不同规格产品。定量包装产品计量应符合 JJF 1070 的规定。

7.11 杀菌

7.11.1 对于短货架期产品，可不经过杀菌处理。

7.11.2 对于长货架期产品，采用热杀菌的方式使产品达到货架期内的质量安全要求。

8 标志、包装、运输、储存

8.1 标志

8.1.1 产品的预包装标志应符合 GB 7718、GB 28050、国家质量监督检验检疫总局令 2007 年第 102 号和国家质量监督检验检疫总局令 2009 年第 123 号的规定。

8.1.2 外包装储运图示标志应符合 GB/T 191 的规定。

8.2 包装

包装材料必须无毒、无害、无异味、清洁卫生，内外包装应符合 GB/T 6543、GB 9681、GB 9687、GB 9688 和 GB 9689 规定要求。

8.3 运输

运输设施应保持清洁卫生、无异味。产品不得与有毒、有害、有异味的物质一起运输。

8.4 储存

8.4.1 储存应符合 GB 14881—2013 中 8.1 中对于产品污染风险控制的规定。

8.4.2 仓库中产品应遵循先进先出原则。

8.4.3 储存于阴凉干燥处，严禁日光直射。

8.4.4 库房应有专人负责，并备有专门的产品出入库记录。

8.5 保质期

根据产品生产的季节、工艺不同，在产品包装或其他标识上标明保质期。

ICS 67.120.10
X 22

中华人民共和国农业行业标准

NY/T 2965—2016

骨粉加工技术规程

Technical specification for processing of bone powder

2016-10-26 发布　　2017-04-01 实施

中华人民共和国农业部 发布

前　言

本标准按照 GB/T 1.1—2009 给出的规则起草。

本标准由农业部农产品加工局提出。

本标准由农业部农产品加工标准化技术委员会归口。

本标准起草单位：中国农业科学院农产品加工研究所、甘肃农业大学、陕西科技大学、白象食品股份有限公司、山东悦一生物科技有限公司。

本标准主要起草人：张春晖、王金枝、贾伟、张德权、李侠、余群力、陈雪峰、白跃宇、刘真理、金凤。

骨粉加工技术规程

1 范围

本标准规定了骨粉(糊)的定义、分类、加工厂卫生要求、原辅料要求及加工技术要求、包装与标签、标识、运输及储存等工序的加工技术要求。

本标准适用于以畜禽骨和鱼骨为原料生产的骨粉(糊)产品。

2 规范性引用文件

下列文件对于本文件的应用是必不可少的。凡是注日期的引用文件,仅注日期的版本适用于本文件。凡是不注日期的引用文件,其最新版本(包括所有的修改单)适用于本文件。

GB/T 191 包装储运图示标志

GB 2760 食品安全国家标准 食品添加剂使用标准

GB 2762 食品安全国家标准 食品中污染物限量

GB 2763 食品安全国家标准 食品中农药最大残留限量

GB 2707 鲜(冻)畜肉卫生标准

GB 2733 鲜、冻动物性水产品卫生标准

GB 5749 生活饮用水卫生标准

GB 7718 食品安全国家标准 预包装食品标签通则

GB 9683 复合食品包装袋卫生标准

GB 9687 食品包装用聚乙烯成型品卫生标准

GB 9688 食品包装用聚丙烯成型品卫生标准

GB 9959.1 鲜、冻片猪肉

GB 9961 鲜、冻胴体羊肉

GB 10133 食品安全国家标准 水产调味品

GB 12694 肉类加工厂卫生规范

GB 14881 食品安全国家标准 食品生产通用卫生规范

GB 16869 鲜、冻禽产品

GB/T 17238 鲜、冻分割牛肉

GB/T 20799 鲜、冻肉运输条件

GB/T 24617 冷冻食品物流包装、标志、运输和储存

GB/T 27304 食品安全管理体系 水产品加工企业要求

GB 28050 食品安全国家标准 预包装食品营养标签通则

GB 29921 食品安全国家标准 食品中致病菌限量

国家质量监督检验检疫总局令 2005 年第 75 号 定量包装商品计量监督管理办法

中华人民共和国农业部公告 2002 年第 176 号 禁止在饲料和动物饮水中使用的药物品种目录

中华人民共和国农业部公告 2002 年第 193 号 食品动物禁用的兽药及其它化合物清单

中华人民共和国农业部公告 2002 年第 235 号 动物性食品中兽药最高残留限量

中华人民共和国农业部公告 2010 年第 1519 号 禁止在饲料和动物饮水中使用的物质

国家质量监督检验检疫总局令 2006 年第 1101 号 速冻食品生产许可证审查细则

3 术语和定义

下列术语和定义适用于本文件。

3.1

骨粉(糊) Bone meal(powder)

指以畜禽骨、鱼骨为原料，采用分离、破碎等技术处理获取蛋白质、矿物质和脂肪等成分，经干燥或不干燥处理得到的可食性粉(糊)状制品。

4 分类

4.1 按原料来源

分为畜、禽、水产骨粉(糊)。

4.2 按产品形态

分为骨粉和骨糊。

5 加工厂卫生要求

骨粉(糊)加工厂卫生要求应符合 GB 12694、GB 14881、GB/T 27304 的规定。

6 原辅料要求

6.1 原料来源

必须来自非疫区、健康无病的活体，禁止在养殖、加工、收购、运输、储藏中使用违禁药物或其他可能危害人体健康的物质。鱼骨类产品要求来自无污染的海洋、湖泊、河流等水系。

6.2 卫生指标、污染物与农兽药残留

6.2.1 卫生指标

畜骨、禽骨、水产骨的卫生指标应符合 GB 2707、GB 2733、GB 9959.1、GB 9961、GB 16869、GB/T 17238 的要求。

6.2.2 污染物限量

应符合 GB 2762 及国家有关规定。

6.2.3 农药残留量

应符合 GB 2763 及国家有关规定。

6.2.4 兽药残留量

兽药残留量应符合中华人民共和国农业部公告 2002 年第 235 号公告的规定，同时不得含有国家明确公告禁用兽药或其他化合物，其公告包括中华人民共和国农业部公告 2002 年第 176 号公告、中华人民共和国农业部公告 2002 年第 193 号公告、中华人民共和国农业部公告 2010 年第 1519 号公告等。

6.3 微生物指标

应符合 GB 9959.1、GB 9961、GB 10133、GB/T 17238 的规定，其他致病菌限量应符合 GB 29921 规定。

6.4 加工用水

应符合 GB 5749 的规定。

6.5 添加剂

骨粉(糊)中所用添加剂应符合 GB 2760 的规定。

7 加工技术要求

骨粉(糊)的加工工艺流程如图 1 所示。

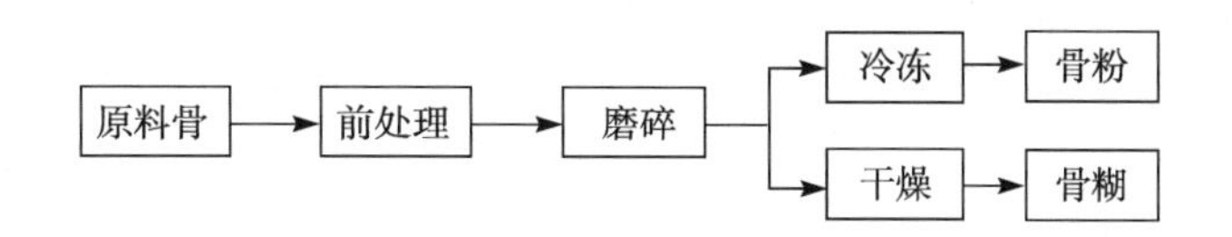

图 1 骨粉(糊)加工工艺流程图

7.1 前处理

7.1.1 禽、骨、水产骨

对骨原料进行杂质的挑拣，除去杂质的原料需骨肉分离的，先经骨肉分离，所得骨渣根据需求去血水后投料；不经骨肉分离的，可进行破碎或不破碎处理，根据需求采用清水去除血水后投料。

7.1.2 畜骨

大块畜骨经挑拣去除杂质后去血水，破碎后投料；不经破碎的直接除杂质、去血水后投料。

7.2 磨碎

经前处理的原料骨，经胶体磨、骨泥磨等设备在不高于 12℃ 环境中进行低温磨碎处理。骨糊的最大颗粒不大于 0.5 mm。

7.3 制品加工

7.3.1 骨粉

磨碎处理后所得骨糊，经干燥处理，使骨糊脱去大部分水分成为骨粉。干燥过程添加抗氧化剂等应符合 GB 2760 的有关规定。

7.3.2 骨糊

磨碎后的骨糊装于塑料袋内，均匀置于托盘内；需储存和运输的骨糊应符合国家质量监督检验检疫总局令 2006 年第 1101 号令的要求。

8 包装与标签、标识

8.1 包装

8.1.1 内包装

材料应符合 GB 9683、GB 9687、GB 9688 的规定。

8.1.2 外包装

可采用纸箱、铁桶、塑料桶等；定量包装符合国家质量监督检验检疫总局令 2005 年第 75 号的规定。

8.2 标签、标识

8.2.1 产品标签

应符合 GB 7718 和 GB 28050 的规定。

8.2.2 产品标识

应符合 GB/T 191 的规定。

9 运输及储存

9.1 运输

骨糊的运输应符合 GB/T 20799 和 GB/T 24617 的有关规定；骨粉应有防潮措施。

9.2 储存

骨粉和骨糊的储存条件应符合 GB 14881 的要求。

骨糊的储存应执行 GB/T 24617 的有关规定。

骨粉产品应于5℃～30℃条件下常温储存、避光、通风、干燥储存；离墙20 cm、离地10 cm以上，中间留通道，远离水源、热源，不得与有毒、有害、有异味、易挥发、易腐蚀物品同库储存。

ICS 65.020.01
B 04

中华人民共和国农业行业标准

NY/T 2966—2016

枸杞干燥技术规范

Technical specification for wolfberry drying

2016-10-26 发布

2017-04-01 实施

中华人民共和国农业部 发布

前　言

本标准按照 GB/T 1.1—2009 给出的规则起草。

本标准由农业部农产品加工局提出并归口。

本标准起草单位:农业部规划设计研究院、宁夏枸杞工程技术研究中心。

本标准主要起草人:刘清、师建芳、娄正、曹有龙、李笑光、赵玉强、史少然、何晓鹏、谢奇珍。

枸杞干燥技术规范

1 范围

本标准规定了枸杞干燥的术语和定义、基本要求、干燥技术要求、干燥成品质量及包装、运输和储存等。

本标准适用于采用热风烘房或隧道式干燥机等类型干燥设备(设施)干燥新鲜枸杞。

2 规范性引用文件

下列文件对于本文件的应用是必不可少的。凡是注日期的引用文件,仅注日期的版本适用于本文件。凡是不注日期的引用文件,其最新版本(包括所有的修改单)适用于本文件。

GB 3095—2012 环境空气质量标准

GB 5749—2006 生活饮用水卫生标准

GB/T 13306 标牌

GB/T 14048.1 低压开关设备和控制设备 总则

GB/T 14095—2007 农产品干燥技术 术语

GB 14881 食品企业通用卫生规范

GB/T 18525.4 枸杞干、葡萄干辐照杀虫工艺

GB/T 18672—2014 枸杞

国家质量监督检验检疫总局令 2005 年第 75 号 定量包装商品计量监督管理办法

3 术语和定义

GB/T 14095—2007、GB/T 18672—2014 界定的以及下列术语和定义适用于本文件。

3.1

新鲜枸杞 fresh fruit of wolfberry

成熟期采收后未经处理、暂存于产地附近通风良好处且不超过 12 h 的枸杞果实。

3.2

不完善粒 imperfect dried berry

尚有使用价值的枸杞破碎粒、未成熟粒和油果。

[GB/T 18672—2014,定义 3.3]

3.3

无使用价值颗粒 non-consumable berry

被虫蛀、粒面病斑面积达 2 mm^2 以上、发霉、黑变、变质的颗粒。

[GB/T 18672—2014,定义 3.4]

3.4

热风烘房 hot-air drying machine

主要由干燥室、加热室、烘车及烘盘(或其他物料承载装置)和控温控湿系统四部分组成,将农产品原料按照一定厚度放置在烘车及烘盘(或其他物料承载装置)上,置于干燥室进行干燥作业的设备(设施)。

3.5

隧道式干燥机　tunnel dryer

采用较长通道式的干燥室进行干燥作业的设备。

[GB/T 14095—2007,定义3.10]

4　基本要求

4.1　原料

4.1.1　原料为新鲜枸杞。

4.1.2　原料应呈现果色鲜红、果面明亮、果蒂疏松和果肉软化等成熟期特征。

4.1.3　不同品种、不同采摘批次的原料应分别暂存于产地附近通风良好处,依次及时干燥。

4.2　干燥设备(设施)

4.2.1　干燥设备及配套装置应按照制造企业标准要求经检验合格,并于生产前调试至正常工作状态。

4.2.2　干燥设备热源提供的热风应为经过间接换热的洁净热空气,进风口处可增加过滤装置。

4.2.3　干燥设备应配备温度和湿度在线检测装置,并根据设备类型配备控制装置。

4.2.4　干燥设备应在明显位置安装永久性标牌,标牌应符合GB/T 13306的规定。

4.2.5　与枸杞接触的器具,其材质应符合GB 14881的规定。盛料盘以竹篦为宜,亦可采用食品级耐温塑料。烘车、盛料盘不得变形和遗漏。

4.2.6　干燥设备应配备干燥超温报警装置和安全保护装置,在危险区域应有醒目警示标识。严禁拆除报警装置、安全保护装置和警示标识。

4.2.7　干燥设备控制器的安装、操作和管理应符合GB/T 14048.1的规定。

4.2.8　干燥设备的气体排放应符合GB 3095—2012中规定的二级标准。

4.2.9　干燥设备长期不使用或停用后再次使用前,应进行安全检查、检修和清理,保证设备洁净和正常使用。

4.2.10　干燥设备出现故障应立即采取如下措施:

——紧急停机、取出枸杞通风晾干等措施以保证枸杞产品质量安全;

——更换备用十燥设备;

——分析故障原因,消除故障及隐患后方可再次启用。

5　干燥技术要求

5.1　采收

采收过程尽量保持果实完整,不宜掺杂树叶、碎屑、青果等杂质。采果筐不宜过大,以能装3 kg～5 kg果实为宜,以免压烂下层果实。

5.2　清洗

采后的新鲜枸杞用清水清洗,去除表面灰尘、树叶等杂质至表面无异物。清洗过程新鲜枸杞应表面无破损。清洗用水应符合GB 5749—2006中生活饮用水水质卫生要求。

5.3　脱蜡

可采用不大于2%的食品级碳酸钠或碳酸氢钠水溶液等浸渍新鲜枸杞5 s～10 s后破蜡,提高干燥速率。

5.4　沥干

将清洗后的新鲜枸杞采用自然沥干或机械风干,直至无水珠滴出。

5.5　装料

将沥干后的新鲜枸杞均匀平铺在烘盘上，厚度 2 cm～3 cm，平稳装料避免大幅度振动。

5.6 干燥

采用热风烘房或隧道式干燥机等设备对新鲜枸杞进行干燥，按 GB/T 18672—2014 的规定将水分降至湿基含水率 13%，未达到规定水分的应复烘。

5.6.1 热风烘房干燥新鲜枸杞的参考工艺参数参见表 A.1。

5.6.2 隧道式干燥机干燥新鲜枸杞的参考工艺参数参见表 A.2。

5.7 冷却

将完成干燥的枸杞置于洁净室内，通过自然或机械通风冷却至室温。

5.8 卸料

将冷却后的枸杞从烘盘中卸下，保证烘盘内无干果残留，且应保持烘盘清洁，有残留时应清洗。

5.9 去杂

将卸料后的枸杞进行去杂，使用去杂机械或人工去除叶片、果柄、粉尘等杂质。

5.10 分级

将去杂后的枸杞按照 GB/T 18672—2014 的规定进行分级，使不完善粒、无使用价值颗粒达到 GB/T 18672—2014 中乙级的规定，同时可用色选机械或人工拣选出色泽不符合要求的颗粒。

5.11 杀虫

杀虫处理应符合 GB/T 18525.4 的规定，产品中应无活虫及活虫卵。

6 干燥成品质量

6.1 感官指标

应符合 GB/T 18672—2014 中 4.1 和表 1 的规定。

表 1 感官指标

项　目	要　求
形状	类纺锤形，稍扁，稍皱缩
杂质	不得检出
色泽	果皮鲜红、紫红色或枣红色
滋味、气味	具有枸杞应有的滋味、气味
不完善粒质量分数，%	≤3.0%
无使用价值颗粒	不允许有

6.2 理化指标

应符合 GB/T 18672—2014 中 4.2 和表 2 的规定。

表 2 理化指标

项　目	要　求
粒度，粒/50 g	≤900
枸杞多糖，g/100 g	≥3.0
水分，g/100 g	≤13.0
总糖(以葡萄糖计)，g/100 g	≥24.8
蛋白质，g/100 g	≥0.0
脂肪，g/100 g	≤5.0
灰分，g/100 g	≤6.0
百粒重，g/100 粒	≥5.6

7 包装、运输和储存

包装、运输和储存应按照GB/T 18672—2014的规定执行。

7.1 包装

7.1.1 包装容器(袋)应用干燥、清洁、无异味并符合国家食品卫生要求的包装材料。

7.1.2 包装要牢固、防潮、整洁、美观、无异味,能保护枸杞的品质,便于装卸、仓储和运输。

7.1.3 预包装产品净含量允差应符合国家质量监督检验检疫总局令2005年第75号的规定。

7.2 运输

运输工具应清洁、干燥、无异味、无污染。运输时应防雨防潮,严禁与有毒、有害、有异味、易污染的物品混装、混运。

7.3 储存

产品应储存于清洁、阴凉、干燥、无异味的仓库中。不得与有毒、有害、有异味及易污染的物品共同存放。

附 录 A
(资料性附录)
枸杞干燥参考工艺参数

A.1 热风烘房干燥新鲜枸杞的参考工艺参数

见表A.1。

表A.1 热风烘房干燥新鲜枸杞的参考工艺参数

干燥阶段	热风温度设定		对应热风相对湿度,%	阶段时间,h
	干球温度,℃	湿球温度,℃		
第一阶段	45	33	45	3
第二阶段	50	33.5	33	3
第三阶段	58	34	20	10
第四阶段	60	32	15	8*

注1:此工艺适合按照湿球温度或者相对湿度控制排湿的热风烘房使用。

注2:根据实际情况对有关参数进行调节,使枸杞在合理工艺条件下完成干燥过程。

* 干燥时间可根据具体情况进行调整。

A.2 隧道式干燥机干燥新鲜枸杞的参考工艺参数

见表A.2。

表A.2 隧道式干燥机干燥新鲜枸杞的参考工艺参数

进口处热风温度,℃	热风温度设定(干球温度),℃	阶段时间,h
≤65	65	20*

注1:持续循环,烘干一车推出一车,再推入一车鲜果。

注2:正常生产中,隧道式干燥设备(设施)进口处热风温度的干球温度不超过65℃。

* 干燥时间可根据具体情况进行调整。

ICS 83.040.10
B 72

中华人民共和国农业行业标准

NY/T 3009—2016

天然生胶　航空轮胎橡胶加工技术规程

Raw natural rubber—Aviation tire rubber—Technical rules for processing

2016-11-01 发布　　2017-04-01 实施

中华人民共和国农业部 发布

前言

本标准按照GB/T 1.1—2009给出的规则起草。

本标准由中华人民共和国农业部提出。

本标准由农业部热带作物及制品标准化技术委员会归口。

本标准主要起草单位:海南省农垦中心测试站。

本标准主要起草人:邓辉、戴建辉、唐群峰、谭杰、倪燕、宋钧、杨莉、梁晓莉。

天然生胶　航空轮胎橡胶加工技术规程

1　范围

本标准规定了航空轮胎橡胶在生产过程中的基本工艺及技术要求。

本标准适用于鲜胶乳为原料生产航空轮胎橡胶的加工工艺。

2　规范性引用文件

下列文件对于本文件的应用是必不可少的。凡是注日期的引用文件，仅注日期的版本适用于本文件。凡是不注日期的引用文件，其最新版本(包括所有的修改单)适用于本文件。

GB/T 528—2009　硫化橡胶或热塑性橡胶　拉伸应力应变性能的测定

GB/T 601—2002　化学试剂　标准滴定溶液的制备

GB/T 1232.1　未硫化橡胶　用圆盘剪切黏度计进行测定　第1部分:门尼黏度的测定

GB/T 3510　未硫化胶　塑性的测定　快速塑性计法

GB/T 3517　天然生胶　塑性保持率(PRI)的测定

GB/T 4498.1　橡胶　灰分的测定　第1部分:马弗炉法

GB/T 8082　天然生胶　标准橡胶　包装、标志、贮存和运输

GB/T 8086　天然生胶　杂质含量的测定

GB/T 8088　天然生胶和天然胶乳　氮含量的测定

GB/T 15340　天然、合成生胶取样及其制样方法

GB/T 24131—2009　生橡胶　挥发分含量的测定

NY/T 733　天然生胶　航空轮胎标准橡胶

3　生产工艺流程及设备

3.1　生产工艺流程

生产工艺流程如图1所示。

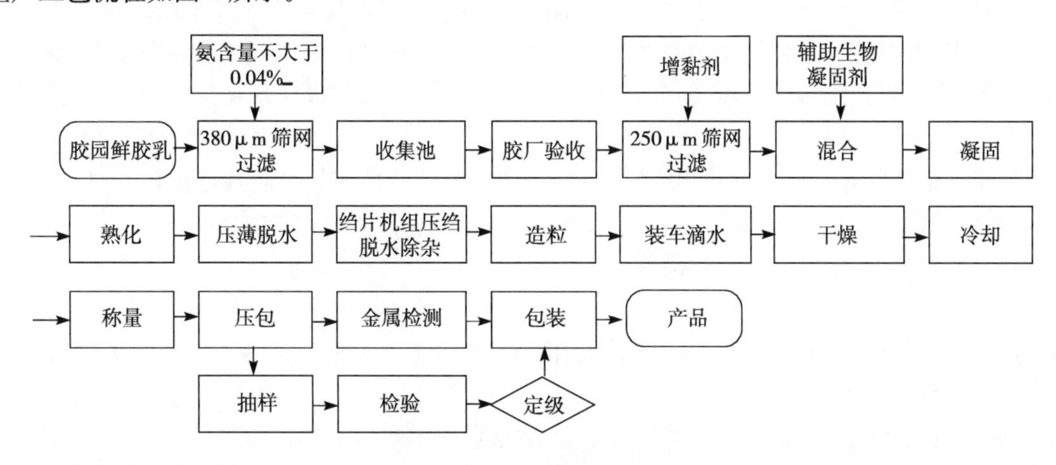

图1　生产工艺流程

3.2　生产设备及设施

250 μm不锈钢筛网、380 μm不锈钢筛网(或胶乳离心过滤机)、胶乳收集池、胶乳搅拌器、胶乳混合池、胶乳凝固槽、压薄机、凝块过渡池、绉片机组、造粒机、输送带(或胶粒泵及震动下料筛)。干燥车、渡

车(或转盘)、推进器、干燥柜及进风排气辅助设施、供热设备(包括燃油炉或煤热风炉或电炉、燃油器、风机及输送风辅助设备)、打包机、金属检测仪、切包机、包装车间防湿地板。

4 生产操作技术要求与质量控制要求

4.1 鲜胶乳的收集与运输

4.1.1 鲜胶乳收集前,应清洗干净过滤筛网、流槽及鲜胶乳收集池等所有与胶乳接触的用具和容器。

4.1.2 鲜胶乳从胶园送到收胶站,经公称孔径为 380 μm 的不锈钢筛网过滤后直接放入收集池。洗桶水另外收集,不应混入已过滤的鲜胶乳中。雨冲胶、增稠、变质胶乳等应单独存放、装运。

4.1.3 鲜胶乳收集时,用当天使用氨水量的 1/3 润湿过滤筛网及收集池,氨水在使用前配成 5%～10%(质量分数)的氨水溶液;鲜胶乳收集的中期与后期各补加氨水用量的 1/3。鲜胶乳收集完毕,其氨含量要求不大于 0.04%(质量分数,按胶乳计)。

4.1.4 鲜胶乳收集完毕,应马上运送到制胶厂。

4.2 鲜胶乳的混合、凝固

4.2.1 从收胶站送来的鲜胶乳,经称量、胶乳离心过滤机离心沉降(或 250 μm 不锈钢筛网过滤)后直接放入混合池中,鲜胶乳要求达到最大限度的混合,搅拌均匀后,按附录 A 取样快速测定干胶含量,按附录 B 取样测定胶乳氨含量。洗罐水另外收集,不允许混入原胶乳中。

4.2.2 混合池中的鲜胶乳,在搅拌的状态下分散加入用量为干胶质量的 0.005%～0.015%的水合肼溶液,并搅拌均匀。水合肼在加入胶乳前应配成 2%～5%(质量分数)的稀溶液。

4.2.3 胶乳凝固采用辅助生物凝固法。辅助生物凝固剂可用白糖和十二烷基苯磺酸钠,其用量控制范围:白糖用量为干胶质量的 0.6%～0.8%,十二烷基苯磺酸钠用量为干胶质量的 0.1%～0.2%。辅助生物凝固剂应先完全溶解后方可进行凝固操作,并采用并流下槽法进行混合凝固。

4.2.4 胶乳凝固过程中,不允许往混合池中喷水。当混合池中剩下少量胶乳时,可适量喷水清洗混合池的周边及底部,凝块单独加工,其产品不作为本标准规定的产品。

4.2.5 完成凝固操作后,应及时将混合池、流胶槽及其他用具、场地清洗干净。

4.2.6 凝块熟化时间一般在 16 h 以上。

4.3 凝块的压薄、压绉、造粒

4.3.1 在进行凝块压薄操作前,往凝固槽中注水使厚凝块浮起(如凝块膨胀太大,只往需要加工的这槽凝块注水,相邻的两槽排水,以便相邻两槽凝块分离);同时应认真检查和调试好各种设备,保证所有设备处于良好状态。设备运转正常后,调节好设备的喷水量,随即进行凝块压薄操作,应确保压薄后的凝块厚度在 5 cm～8 cm。

4.3.2 压薄后的凝块经 3 台绉片机压绉脱水除杂工序,要求造粒前的绉胶片厚度不超过 5 mm。绉片机组辊筒辊距控制:1＃绉片机辊距一般为 0.1 mm～0.3 mm,其他两台绉片机在保证最终绉胶片厚度与保证本机组同步运行的基础上进行调节。

4.3.3 绉胶片经造粒机造粒后,湿胶粒含水量(以干基计)不应超过 35%(按附录 C 进行测定),且要求湿胶粒能全部接触到(或浸入)隔离剂,以确保湿胶粒在装车时保持松散不黏结为宜。隔离剂可用低浓度石灰水(氢氧化钙悬浮液)。

4.3.4 造粒完毕,应继续用水冲洗设备 2 min～3 min,然后停机清洗场地。

4.3.5 在使用干燥箱前应除净箱中的残留胶粒和杂物,然后用清水再冲洗。如果干燥箱中黏附较多的发黏橡胶,建议将干燥箱(组装式)拆开将其隔板和底隔板置于溶液浓度为 5%(质量分数)的氢氧化钠溶液中浸泡 12 h 后再刷洗干净。

4.3.6 湿胶粒装箱时,装箱应均匀一致,装胶高度根据实际情况自定,装车完毕后可适当喷水清除箱体外部碎胶。

4.4 橡胶干燥

4.4.1 装箱后的湿胶粒可适当放置让其滴水(一般不应超过 30 min),即送入干燥设备进行干燥。

4.4.2 橡胶干燥过程中,要严格控制干燥温度,干燥最高温度不超过 120℃。

4.4.3 干燥炉停火后,应继续抽风至少 0.5 h,待炉温低于 70℃方可停止抽风。

4.4.4 干燥后的橡胶应冷却至 60℃以下方可进行压包。

4.5 压包

4.5.1 压包前应进行外观检查,若发现夹生、发黏等胶块,应另行处理。

4.5.2 已压好的胶块应通过金属检测仪检测。

4.6 质量控制与要求

干燥后的橡胶按附录 D 进行生产检验,产品质量应符合 NY/T 733 的要求。

5 包装、标志

按 GB/T 8082 的规定进行产品的包装、标志。

附 录 A
（规范性附录）
鲜胶乳干胶含量的测定 快速测定法

A.1 原理

鲜胶乳干胶含量的测定方法——快速测定法是将试样置于铝盘加热，使鲜胶乳的水分和挥发物逸出，然后通过计算加热前后试样的质量变化，再乘以胶乳干总比来快速测定鲜胶乳的干胶含量。

A.2 仪器

A.2.1 普通的实验室仪器。

A.2.2 内径约为 7 cm 的铝盘。

A.3 测定步骤

A.3.1 取样

搅拌混合池中鲜胶乳约 5 min，然后分别在混合池中不同的 4 个点各取鲜胶乳 50 mL，将其混合作为本次测定样品。

A.3.2 测定

将内径约为 7 cm 的铝盘洗净、烘干，将其称量，精确至 0.01 g。往铝盘中倒入(2.0±0.5) g 的鲜胶乳，精确至 0.01 g，加入质量分数为 5%的乙酸溶液 3 滴，转动铝盘使试样与乙酸溶液混合均匀。将铝盘置于酒精灯或电炉的石棉网上加热，同时用平头玻璃棒按压以助干燥，直至试样呈黄色透明为止（主要控制温度，防止烧焦胶膜）。用镊子将铝盘取下，置于干燥器中冷却 5 min，然后小心将铝盘中的所有胶膜卷取剥离，将剥下的胶膜称量，精确至 0.01 g。

A.4 结果计算

按式(A.1)计算鲜胶乳的干胶含量(DRC)，以质量分数(%)表示。

$$DRC=\frac{m_1}{m_0}\times G\times 100 \qquad (A.1)$$

式中：

m_1 ——干燥后试样的质量，单位为克(g)；

m_0 ——试样的质量，单位为克(g)；

G ——胶乳干总比，一般采用 0.93，也可根据生产实际测定的结果。

同时进行双份测定，双份测定结果之差不应大于质量分数 0.5%，然后取算术平均值，计算结果精确到 0.01。

鲜胶乳干胶含量还可用微波法测定。

附 录 B
(规范性附录)
鲜胶乳氨含量的测定

B.1 原理

根据中和反应,采用酸碱滴定方式测定鲜胶乳中氨的含量。

$$NH_3 \cdot H_2O + HCl = NH_4Cl + H_2O$$

B.2 试剂

B.2.1 通则

仅使用确认的分析纯试剂,蒸馏水或纯度与之相等的水。

B.2.2 盐酸

分子式:HCl,分子量:36.46,密度:1.18,含量为36%~38%(质量分数)。

B.2.3 乙醇

分子式:C_2H_5OH,分子量:46.07,密度:0.816(15.56℃),含量不低于95%(质量分数)。

B.2.4 甲基红

分子式:$C_{15}H_{15}N_3O_2$,分子量:269.29,pH变色范围4.2(红)~6.2(黄)。

B.3 仪器

实验室常规仪器以及半微量滴定管(容量为5 mL或10 mL,分度为0.02 mL)。

B.4 测定步骤

B.4.1 试验溶液的制备

B.4.1.1 盐酸标准储备溶液,c(HCl)=0.1 mol/L

按GB/T 601—2002中4.2的要求制备。

B.4.1.2 盐酸标准溶液,c(HCl)=0.01 mol/L

用50 mL移液管吸取50.00 mL c(HCl)=0.1 mol/L的盐酸标准贮备溶液(B.4.1.1)放于500 mL容量瓶中,用蒸馏水定容至刻度,摇匀。

B.4.1.3 1 g/L的甲基红乙醇指示溶液

称取0.1 g甲基红,溶于100 mL体积分数为95%乙醇的滴瓶中,摇匀即可。

B.4.2 取样

搅拌混合池中鲜胶乳5 min,然后分别在混合池中不同的4个点各取鲜胶乳50 mL,将其混合作为本次测定样品。

B.4.3 测定

用1 mL的吸管准确吸取1 mL鲜胶乳(用滤纸把吸管口外的胶乳擦干净),放入已装有约50 mL蒸馏水的锥形瓶中,吸管中黏附着的胶乳用蒸馏水洗入锥形瓶内。然后加入2滴~3滴1 g/L的甲基红乙醇指示溶液(B.4.1.3),用0.01 mol/L盐酸标准溶液(B.4.1.2)进行滴定,当颜色由淡黄色变成粉红色时即为终点,记下消耗盐酸标准溶液的毫升数。

B.5 结果计算

以 100 mL 胶乳中含氨(NH_3)的克数表示胶乳的氨含量(A),以质量分数(%)表示,按式(B.1)计算。

$$A=\frac{1.7cV}{V_0} \quad \text{(B.1)}$$

式中:

c ——盐酸标准滴定溶液的摩尔浓度,单位为摩尔每升(mol/L);

V ——消耗盐酸标准滴定溶液的量,单位为毫升(mL);

V_0——胶乳样品的量,单位为毫升(mL)。

进行双份测定,双份测定结果之差不应大于质量分数 0.5%,然后取算术平均值,计算结果精确到 0.01。

附 录 C
(规范性附录)
湿胶粒含水量的测定方法

C.1 仪器

分度值为 0.1 mg 的分析天平,恒温干燥箱,不锈钢筛网等。

C.2 测定步骤

C.2.1 取样方法与放置滴水:从造粒机后端的送粒输送机上每隔约 1 min 取 20 g~30 g 湿胶粒,连取 3 次,共 60 g~90 g 作为试料,将试料置于孔径为 1 mm 的不锈钢筛网上,胶粒层高约 2 cm,室内自然滴水 30 min。

C.2.2 称取滴水后的试料,精确至 0.01 g,然后将试料放回不锈钢筛网上,摊平试料,高度约 1 cm;放入电热鼓风干燥箱内以(115±5)℃烘至胶粒不夹生透明为止,取出试料自然冷却至室温后称量,精确至 0.01 g。

C.3 结果计算

湿胶粒含水量以湿胶粒干基质量分数 $\omega(H_2O)$计,以质量分数(%)表示,按式(C.1)计算。

$$\omega(H_2O)=\frac{m_2-m_3}{m_3}\times100 \qquad (C.1)$$

式中:

m_2 ——湿胶粒的质量,单位为克(g);

m_3 ——干燥后试样的质量,单位为克(g)。

附 录 D
(规范性附录)
生产检验与要求

D.1 生产检验步骤与要求

D.1.1 抽样频率

每一生产批的批量为10 t,抽样频率为10%。即每10个胶包抽取1个胶包,从抽取的胶包中每包取1个样品。

D.1.2 取样和制样方法

按GB/T 15340的规定进行操作。

D.1.3 检验

D.1.3.1 样品按表D.1所列方法分别进行杂质含量、灰分、挥发分含量、氮含量、塑性初值、塑性保持率、门尼黏度以及硫化胶的拉伸强度、拉断伸长率的测定。

D.1.3.2 样本中的每个样品均进行杂质含量、塑性初值、塑性保持率、门尼黏度测定。每隔3个样品取1个样品进行灰分测定,每隔6个样品取1个样品进行挥发分含量、氮含量测定(但如果发现灰分、挥发分含量、氮含量超标,则样本中的每一个样品均应进行该项测定),硫化胶拉伸强度的测定则取实验室混合样品进行测定。

表D.1 航空轮胎橡胶和航空轮胎橡胶硫化胶理化性能

性能项目		试验方法
航空轮胎橡胶	杂质含量(质量分数),%	GB/T 8086
	灰分(质量分数),%	GB/T 4498.1
	挥发分含量(质量分数),%	GB/T 24131—2009(烘箱法A)
	氮含量(质量分数),%	GB/T 8088
	塑性初值	GB/T 3510
	塑性保持率	GB/T 3517
	门尼黏度/ML(1+4)100℃	GB/T 1232.1
航空轮胎橡胶硫化胶	拉伸强度,MPa	GB/T 528—2009(1型裁刀)
	拉断伸长率,%	GB/T 528—2009(1型裁刀)

ICS 67.140.20
B 35

中华人民共和国农业行业标准

NY/T 3012—2016

咖啡及制品中葫芦巴碱的测定 高效液相色谱法

Determination of trigonelline in coffee and its products—High performance liquid chromatography

2016-11-01 发布　　　　2017-04-01 实施

中华人民共和国农业部　发布

前　言

本标准按照GB/T 1.1—2009给出的规则起草。

本标准由农业部农垦局提出。

本标准由农业部热带作物及制品标准化技术委员会归口。

本标准起草单位:云南省农业科学院质量标准与检测技术研究所、农业部农产品质量监督检验测试中心(昆明)、农业部农产品质量安全风险评估实验室(昆明)。

本标准主要起草人:刘宏程、黎其万、邵金良、林涛、汪禄祥、邹艳虹。

咖啡及制品中葫芦巴碱的测定
高效液相色谱法

1 范围

本标准规定了咖啡及制品中葫芦巴碱含量的高效液相色谱测定方法。

本标准适用于生咖啡、烘焙咖啡、速溶咖啡中葫芦巴碱的测定。

本方法的定量测定范围为 0.002 g/100 g～1 g/100 g，方法的检出限为 0.001 g/100 g，方法的定量限为 0.002 g/100 g。

2 规范性引用文件

下列文件对于本文件的应用是必不可少的。凡是注日期的引用文件，仅注日期的版本适用于本文件。凡是不注日期的引用文件，其最新版本(包括所有的修改单)适用于本文件。

GB/T 6682 分析实验室用水规格和试验方法

NY/T 1518 袋装咖啡取样

3 原理

试样中葫芦巴碱用沸水提取，沉淀蛋白，过滤，用配有紫外检测器的高效液相色谱仪测定，外标法定量。

4 试剂和材料

除另有说明外，水为 GB/T 6682 规定的一级水。

4.1 试剂

4.1.1 甲醇(CH_3OH，CAS：67-56-1)：色谱纯。

4.1.2 乙腈(CH_3CN，CAS：75-05-8)：色谱纯。

4.1.3 磺基水杨酸($C_7H_6O_6S \cdot 2H_2O$，CAS：5965-83-3)：分析纯。

4.1.4 标准品：葫芦巴碱标准品($C_7H_7O_2N$，CAS：535-83-1)：纯度≥98%。

4.2 标准溶液配制

4.2.1 磺基水杨酸溶液：称取磺基水杨酸 5.00 g，水溶解后定容至 100 mL。

4.2.2 葫芦巴碱标准储备溶液：称取葫芦巴碱 50 mg(精确至 0.1 mg)，置于 10 mL 烧杯中，水溶解后转移到 25 mL 容量瓶中定容至刻度，配制成质量浓度为 2 000 mg/L 标准储备液。该储备液在 4℃冰箱避光条件下，有效期 6 个月。

4.2.3 葫芦巴碱标准工作溶液：分别吸取适量的标准储备溶液，用水稀释质量浓度分别为 1.0 mg/L、2.0 mg/L、5.0 mg/L、10.0 mg/L、20.0 mg/L 和 50.0 mg/L 的混合标准工作溶液。该标准工作溶液 4℃冰箱避光条件下，有效期 1 个月。

5 仪器设备和器具

5.1 高效液相色谱仪：带紫外检测器。

5.2 分析天平：感量 0.1 mg 和 0.01 g。

5.3　超声波清洗器。

5.4　容量瓶：25 mL，100 mL。

5.5　针头过滤器：孔径为 0.45 μm，水相的滤膜。

5.6　咖啡磨。

5.7　嵌齿轮磨。

5.8　样品筛，孔径为 630 μm。

6　试样制备与保存

6.1　试样制备

取样按照 NY/T 1518 的规定执行，用 5.6 或 5.7 所规定的设备研磨，直至试样通过 630 μm 的样品筛为止，混匀，装入密闭容器中。

6.2　试样保存

样品于室温下保存。

7　试验步骤

7.1　提取

称取试样 0.5 g(其中生咖啡为 0.2 g，精确到 0.01 g)于 100 mL 烧杯中，加入 80 mL 沸水。盖表面皿，置于电热板上煮沸提取 30 min，冷却至室温，转移到 100 mL 容量瓶中，加入 1 mL 磺基水杨酸溶液，摇匀，水定容至刻度。上清液用水相 0.45 μm 滤膜过滤，收集滤液上机测定。

7.2　测定

7.2.1　色谱参考条件

色谱柱：氨基柱(长度 250 mm×宽度 4.6 mm，粒径 5 μm)或与之性能相当者；检测波长：260 nm；柱温：30℃；进样量：10 μL；流动相：甲醇＋水(88＋12)，等度洗脱；流速：0.80 mL/min。

7.2.2　色谱分析

分别取标准工作溶液和试样提取溶液注入高效液相色谱仪，以标准工作溶液的峰面积对质量浓度绘制标准工作曲线，以试样提取溶液的峰面积与标准工作曲线比较定量或以单点校正比较定量。

7.2.3　空白试验

除不加待测样品外，均按上述步骤(7.1 和 7.2)进行操作。

8　结果计算

试样中葫芦巴碱含量以质量分数 ω 计，按式(1)计算。

$$\omega=\frac{C_1\times V_1\times V_2\times A_2}{m\times V_3\times A_1\times 10000} \quad \cdots\cdots (1)$$

式中：

ω ——试样中葫芦巴碱的含量，单位为克每百克(g/100 g)；

C_1 ——标准溶液浓度，单位为毫克每升(mg/L)；

V_1 ——试样溶液定容体积，单位为毫升(mL)；

V_2 ——标准溶液进样体积，单位为微升(μL)；

V_3 ——试样进样体积，单位为微升(μL)；

A_1 ——标准溶液峰面积；

A_2 ——试样溶液峰面积；

m ——试样质量，单位为克(g)；

10 000——换算系数。

计算结果保留 3 位有效数字。

9 精密度

在重复条件下同一样品获得的测定结果的绝对差值不得超过算术平均值的 15%。

10 参考色谱图

葫芦巴碱的参考色谱图见图 1。

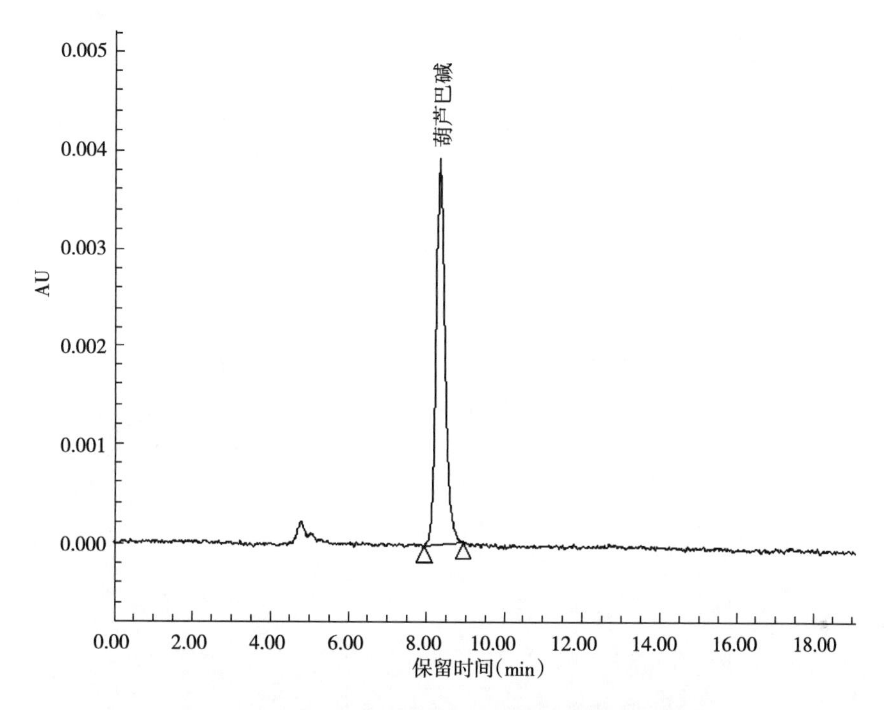

图 1 2 mg/L 葫芦巴碱标准溶液参考色谱图

ICS 67.080.10
B 31

中华人民共和国农业行业标准

NY/T 3026—2016
代替 NY/T 1199—2006

鲜食浆果类水果采后预冷保鲜技术规程

Technical code for pre-cooling and storage of postharvest fresh berry fruits

2016-12-23 发布　　　　2017-04-01 实施

中华人民共和国农业部　发布

前　言

本标准按照 GB/T 1.1—2009 给出的规则起草。

本标准代替 NY/T 1199—2006《葡萄保鲜技术规范》。与 NY/T 1199—2006 相比，除编辑性修改外，主要技术变化如下：

——修订了标准范围，将范围扩大到鲜食浆果类果品；
——修订了标准规范性引用文件引导语和引用文件；
——增加了术语和定义部分；
——删除了保鲜葡萄的栽培技术要求部分；
——增加了预冷用冷库要求条款；修订了冷库的消毒、冷库的降温等条款位置；
——将采收时期和采收要求两部分修订为采收要求；
——修订葡萄果实的质量要求条款为质量要求条款，修订条款位置；
——修订采后的分级、包装、运输章为分级、包装两个条款，修订条款位置；
——删除果实的预处理条款，增加了预冷章节；
——修改温度条款的内容；修订病害防治条款的位置，修改病害防治条款的内容；
——修改湿度条款的内容；
——增加气体调节条款；
——删除二氧化硫处理条款，增加保鲜处理条款；
——增加储藏管理条款；
——修订出库果实的检测、质量标准和注意事项章节为出库章节，并修改章节内容；
——增加了附录 A“常见浆果预冷条件”；
——增加了附录 B“常见浆果储藏保鲜条件”。

本标准由农业部种植业管理司提出并归口。

本标准起草单位：农业部规划设计研究院。

本标准主要起草人：孙静、孙洁、王希卓、程勤阳、刘晓军、王萍、陈全、孙海亭、程方、沈瑾、叶俊松、庞中伟、高逢敬、郭淑珍。

本标准的历次版本发布情况为：

——NY/T 1199—2006。

鲜食浆果类水果采后预冷保鲜技术规程

1 范围

本标准规定了鲜食浆果类果品的术语和定义、基本要求、预冷和储藏。

本标准适用于葡萄、猕猴桃、草莓、蓝莓、树莓、蔓越莓、无花果、石榴、番石榴、醋栗、穗醋栗、杨桃、番木瓜、人心果等鲜食浆果类果品的采后预冷和储藏保鲜。

2 规范性引用文件

下列文件对于本文件的应用是必不可少的。凡是注日期的引用文件，仅注日期的版本适用于本文件。凡是不注日期的引用文件，其最新版本(包括所有的修改单)适用于本文件。

GB 2762 食品安全国家标准 食品中污染物限量

GB 2763 食品安全国家标准 食品中农药最大残留限量

GB/T 8559 苹果冷藏技术

GB 50072 冷库设计规范

NY/T 658 绿色食品 包装通用准则

NY/T 1394—2007 浆果贮运技术条件

3 术语和定义

下列术语和定义适用于本文件。

3.1

浆果 berry

由子房或子房与其他花器共同发育而成的柔软多汁的肉质果。

3.2

预冷 pre-cooling

新鲜采收的浆果，在长途运输销售或储藏之前，通过必要的装置或设施，迅速除去田间热和呼吸热，使果心温度尽快降低到适宜温度范围的操作过程。

3.3

预冷终止温度 final temperature of pre-cooling

预冷终止时，浆果果实的果心温度。

3.4

普通冷库预冷 cold room pre-cooling

利用普通高温库降温的预冷方式。

3.5

预冷库预冷 special cold room pre-cooling

利用在普通冷库隔热防潮设计的基础上，通过加大制冷量和库内风速而设计的专门冷库降温的预冷方式。

3.6

差压预冷库预冷 forced-air pre-cooling

利用专门的压差通风装置强制通风降温的预冷方式。

3.7

自发气调储藏　modified atmosphere storage

在塑料薄膜帐或袋中，通过果实自身的呼吸代谢和塑料膜选择透气性双相调节储藏环境中的氧气和二氧化碳浓度的储藏方式。

3.8

人工气调储藏　controlled atmosphere storage

在冷藏的基础上，把果品放置在密闭的气调室中，利用产品自身的呼吸作用，通过专用设备调节储藏环境中氧气和二氧化碳浓度的储藏方式。

4　基本要求

4.1　冷库要求

4.1.1　预冷用冷库设计要求

4.1.1.1　普通冷库

应满足 GB 50072 的基本要求，风速不低于 0.5 m/s，浆果类果品入库量为库容 20%时，应在 24 h 内将果心温度降至适宜的温度范围。

4.1.1.2　预冷库

应满足 GB 50072 的要求，风速不低于 1 m/s，浆果类果品入库量为库容 80%时，应在 24 h 内将果心温度降至适宜的温度范围。

4.1.1.3　差压预冷库

应满足 GB 50072 的要求，风速 0.9 m/s～1.5 m/s，空气流量不少于 0.06 m^3/(kg·min)，应在 6 h～8 h 内将入库浆果类果品的果心温度降至适宜的温度范围。

4.1.2　入库前准备

4.1.2.1　预冷或储藏前对制冷设备检修并调试正常。选择食品卫生法规定允许使用的消毒剂对库房、包装容器、工具等进行消毒灭菌，并及时通风换气。

4.1.2.2　入库前应提前进行空库降温，在入库前 1 d 将库温降至适宜温度。

4.2　果实要求

4.2.1　采收要求

4.2.1.1　跃变型浆果应在适宜储藏、运输的成熟期适时采收，非跃变型浆果应在适宜储藏、运输的成熟期适时晚采收，浆果类水果采收成熟度判断依据应按照 NY/T 1394—2007 的规定执行。

4.2.1.2　采收前应至少 15 d 严格控制浇水，至少 30 d 严格控制施药。

4.2.1.3　采收应在早晨露水干后或下午气温凉爽时进行。不宜雾天、雨天、烈日暴晒下采收。

4.2.1.4　采收过程中做到轻拿轻放，尽量避免碰伤果实。如需剪采时，应采用圆头型采果剪。

4.2.1.5　对机械伤果、病虫果、落地果、残次果、腐烂果、沾地果进行单独存放、处理。

4.2.1.6　采后果实应放置阴凉处，避免受太阳光直射。

4.2.2　质量要求

用于预冷保鲜的浆果类果品应有该果品固有的色泽、形状、大小等特征。卫生指标应符合 GB 2762 和 GB 2763 的规定。

4.2.3　分级

果实采收、修整后，按产品大小、质量进行分级，相同等级集中堆放。

4.2.4　包装

4.2.4.1　根据要求，采用果盘、盒、箱、筐等进行包装。

4.2.4.2 包装材料应符合 NY/T 658 的卫生要求。

4.2.4.3 同批次预冷果实外包装箱规格应一致。

4.2.4.4 包装箱要牢固、有良好通风性能，内壁应光滑。包装内衬应有防震、减伤、调湿、调气等功能。

4.2.4.5 果实如需使用内包装，应在内包装材料上打孔，内包装的开孔需与外包装的开孔相配合；如因储藏要求内包装不能打孔，预冷时必须将内包装袋口打开。

5 预冷

5.1 入库

5.1.1 入库时间

浆果类果品采收后应及时入库预冷，采收到入库时间不宜超过 12 h。

5.1.2 堆码

5.1.2.1 基本要求

小心装卸，合理安排货位及堆码方式，包装件的堆码方式应保证库内空气正常流通。货垛应按产地、品种、等级分别堆码并悬挂标牌。

5.1.2.2 普通冷库预冷和预冷库预冷堆码要求

码垛要松散，普通冷库预冷堆码密度不宜超过 125 kg/m^3；预冷库预冷堆码密度不宜超过 200 kg/m^3。货垛排列方式、走向应与库内空气环流方向一致。

普通冷库预冷和预冷库预冷货位堆码要求：

a) 距墙≥0.2 m；

b) 距顶≥1.0 m；

c) 距冷风机≥1.5 m；

d) 垛间距离≥0.3 m；

e) 库内通道宽≥1.2 m；

f) 垛底垫木(石)高度≥0.15 m。

5.1.2.3 差压预冷库预冷堆码要求

果品包装箱置于差压预冷设备前，码垛要紧密，使包装箱有孔侧面垂直于进风风道，堆垛后包装箱开孔应对齐。包装箱应对称摆放在风道两侧、高度相同，用油布或帆布平铺覆盖中央风道上面及末端，包装箱高度不应高于油布或帆布高度。

5.2 预冷

5.2.1 预冷温度控制

5.2.1.1 预冷时库温

不同种类浆果类果品采用普通冷库预冷、预冷库预冷和差压预冷库预冷时的库温参见附录 A。

5.2.1.2 预冷终止温度

不同种类浆果类果品冰点和预冷终止温度参见附录 A。

5.2.1.3 温度测定与记录

测量温度的仪器，误差≤0.2℃。测温点的选择符合 GB/T 8559 的要求。

5.2.2 预冷湿度控制

5.2.2.1 相对湿度值

普通冷库预冷和预冷库预冷时库内相对湿度 85%～90%。差压预冷库预冷时库内相对湿度 90%～95%。当库房内湿度低于预冷浆果的适宜湿度下限，应采取加湿措施。

5.2.2.2 湿度测定与记录

测量湿度的仪器要求误差≤5%。测湿点的选择与测温点相同。

5.3 出预冷冷库

5.3.1 果品温度降至预冷终止温度后,及时出库。

5.3.2 普通冷库和预冷库预冷果品,预冷终止后可就库储藏;差压预冷库预冷果品,预冷终止后应移入普通冷库储藏,移动过程中应保持低温状态。

6 储藏

6.1 入库堆码

6.1.1 按产地、品种分库、分垛、分等级堆码,垛位不宜过大,以 200 kg/m^3～300 kg/m^3 的密度堆码,大木箱包装、托盘堆码时,堆码密度可增加 10%～20%。

6.1.2 在冷库不同部位摆放 1 箱～2 箱观察果,以便随时观察箱内变化。

6.1.3 入库后应及时填写货位标签和平面货位图。

6.1.4 货位堆码按照 GB/T 8559 中相关规定执行。

6.2 储藏方式

根据浆果类果品的储藏特性、对气调储藏的反应和拟储藏的时间长短,决定采取冷藏、自发气调储藏或人工气调储藏方式。

6.3 保鲜技术条件

6.3.1 温度

入满库房后要求 24 h 内库温达到所储产品要求的储藏温度,不同种类浆果类果品储藏温度参见附录 B。应尽量避免库温波动,如有波动,波动范围不超过±0.5℃。

6.3.2 湿度

不同种类浆果类果品储藏适宜的相对湿度参见附录 B,储藏过程中应防止外界热空气进入而造成库内大的湿度变化,当库房内湿度低于储藏浆果的适宜湿度下限时,应采取加湿措施。

6.3.3 气体调节

6.3.3.1 冷藏时,如有大量腐烂或熏药等特殊情况,应利用夜间或早上气温较低时对冷库进行通风换气,但应注意避免发生冻害。

6.3.3.2 不同种类浆果类果品储藏时适宜的氧气和二氧化碳浓度参见附录 B。

6.3.4 保鲜处理

浆果类储藏期间,按照其储藏特性要求,选择适宜的保鲜处理方式和处理工艺,并严格遵守食品安全的相关规定。

6.4 储藏管理

6.4.1 定期检查浆果类果品储藏期间的质量变化情况,并及时处理腐烂变质果实。

6.4.2 浆果在储藏过程中主要病害的防治措施按照 NY/T 1394—2007 附录 B 执行。

6.5 出库

6.5.1 果实出库时,可一次出库或按市场需要分批出库。储藏温度在 0℃左右的果品,一次全部出库上市时,应提前停止制冷机运行,使库温缓慢回升至 5℃～8℃后再出库;分批出库时,应先将果实移至温度为 5℃～8℃的干净场所,当果温和环境温度相近时上市。

6.5.2 气调储藏结束时,应先打开储藏间,开动风机 1 h～2 h,待排除过高的二氧化碳、氧气含量接近大气水平时,工作人员方可不戴安全防护面具进入库内进行出库操作。

附 录 A
(资料性附录)
常见浆果预冷条件

常见浆果预冷方式和预冷时库温见表 A.1。

表 A.1 常见浆果预冷方式和预冷时库温

名称	冰点温度 ℃	预冷时库温 ℃			预冷终止温度 ℃
		普通冷库预冷	预冷库预冷	差压预冷库预冷	
葡萄	−2.1	−1～0	−1～0	0～2	3～5
猕猴桃	−1.5	0～2	0～2	1～3	3～5
草莓	−0.8	3～5	3～5	4～6	7～9
蓝莓	−1.3	2～4	2～4	3～5	5～7
树莓	−0.9	0～2	0～2	1～3	3～5
蔓越莓	−0.9	0～2	0～2	1～3	3～5
无花果	−2.4	0～2	0～2	1～3	3～5
石榴	−3.0	5～7	5～7	6～8	10～12
番石榴	−2.4	5～10	5～10	6～11	10～15
醋栗	−1.1	0～2	0～2	1～3	3～5
穗醋栗	−1.1	0～2	0～2	1～3	3～5
杨桃	−1.2	5～7	5～7	6～8	9～10
番木瓜	−0.9	5～7	5～7	6～8	10～13
人心果	−1.1	15～18	15～18	16～19	15～18

附 录 B
(资料性附录)
常见浆果储藏保鲜条件

常见浆果储藏保鲜条件见表B.1。

表B.1 常见浆果储藏保鲜条件

名称	适宜储藏温度 ℃	适宜储藏湿度 %	乙烯敏感性	推荐储藏时间 d	适宜储藏气体条件	
					O_2 %	CO_2 %
葡萄	−1～0	90～95	L	30～90	2～5	1～5
猕猴桃	0～1	90～95	H	90～150	2～3	3～5
草莓	2～4	85～95	L	3～5	5～10	15～20
蓝莓	0～2	85～95	L	20～40	2～5	15～20
树莓	0±0.5	90～95	L	3～6	5～10	15～20
蔓越莓	0±0.5	90～95	L	8～16	1～2	0～5
无花果	−1～0	90～95	L	7～14	5～10	5～10
石榴	5～7	90～95	L	60～90	3～5	5～6
番石榴	5～10	90～95	M	10～20	8～10	5～6
醋栗	0±0.5	90～95	L	14～30	5～10	15～20
穗醋栗	−1～0	90	L	7～15	1～5	7～15
杨桃	5～7	85～90	M	20～30	3～6	4～6
番木瓜	7～13	85～90	M	10～20	2～5	5～8
人心果	15～18	85～90	H	30～50	2～5	5～10
注:L代表低敏感性;M代表中敏感性;H代表高敏感性。						

ICS 65.020
B 32

中华人民共和国农业行业标准

NY/T 3030—2016

棉花中水溶性总糖含量的测定 蒽酮比色法

Determination of total water-soluble sugars in cotton—anthrone colorimetry

2016-12-23 发布　　　　2017-04-01 实施

中华人民共和国农业部 发布

前　言

本标准按照 GB/T 1.1—2009 给出的规则起草。

本标准由农业部种植业管理司提出并归口。

本标准起草单位:中国农业科学院棉花研究所、安徽中棉种业长江有限责任公司、新疆图木舒克质量技术监督局。

本标准主要起草人:王延琴、杨伟华、唐淑荣、周大云、匡猛、马磊、蔡忠民、王星军、孟俊婷、方丹、韦京艳、徐双娇、周关印。

棉花中水溶性总糖含量的测定　蒽酮比色法

1　范围

本标准规定了棉花中水溶性总糖含量测定的蒽酮比色法。

本标准适用于棉花中水溶性总糖含量的测定。

本标准方法的线性范围为 0 mg/mL～0.1 mg/mL。

本标准方法的定量限为 0.003 mg/mL。

2　规范性引用文件

下列文件对于本文件的应用是必不可少的。凡是注日期的引用文件，仅注日期的版本适用于本文件。凡是不注日期的引用文件，其最新版本（包括所有的修改单）适用于本文件。

GB/T 6097　棉纤维试验取样方法

GB/T 6682　分析实验室用水规格和试验方法

3　原理

棉花中的水溶性糖在浓硫酸存在下与蒽酮发生显色反应，产生蓝绿色化合物，在波长 575 nm 处测定吸光度，吸光度值与总糖含量成正比，根据标准工作曲线所得的回归方程，计算出糖含量。

4　试剂和材料

除非另有说明，仅使用分析纯试剂，水为 GB/T 6682 规定的三级水。

4.1　硫酸（H_2SO_4）：密度 1.84 g/mL。

4.2　葡萄糖标准品（$C_6H_{12}O_6$）：含量大于 99.5%。

4.3　葡萄糖标准溶液[$\rho(C_6H_{12}O_6)=1$ mg/mL]：称取葡萄糖标准品 0.01 g（精确到 0.1 mg），加少量水溶解并稀释定容至 100 mL。

4.4　硫酸—蒽酮指示剂：称取 0.2 g 蒽酮（精确到 1 mg），加 100 mL 浓硫酸溶解，现用现配。

5　仪器

5.1　分光光度计。

5.2　分析天平：感量±0.000 1 g、感量±0.001 g

5.3　恒温水浴振荡器。

6　取样

6.1　取样步骤

6.1.1　按 GB/T 6097 的规定抽取实验室样品，风干，放入聚乙烯塑料包装袋内密封。

6.1.2　从实验室样品中随机抽取不少于 150 g 的试验样品，将其中的非棉纤维去除，充分混匀。

7　试样的制备

称取 1 g 试样（精确到 0.001 g）3 份，分别置于 100 mL 具塞容器中，加水 50 mL，用玻璃棒反复挤压至棉纤维完全浸湿，盖紧容器盖，沸水浴中震荡加热 60 min，取出冷却后加 0.1 g 活性炭，摇匀，脱色

30 min后过滤,加水定容至 50 mL 备用。

8 分析步骤

8.1 标准曲线的制订

分别吸取 0 mL、0.5 mL、1.0 mL、2.0 mL、3.0 mL、4.0 mL、5.0 mL 葡萄糖标准溶液(4.3)至 50 mL 容量瓶中用水定容至刻度,摇匀。浓度分别为 0 μg/mL、10 μg/mL、20 μg/mL、40 μg/mL、60 μg/mL、80 μg/mL、100 μg/mL。准确吸取上述标准葡萄糖溶液 1 mL 加入 10 mL 具塞比色管中,每一试管加入 5 mL 硫酸—蒽酮指试剂(4.4),盖盖震荡,使之完全混合。在沸水中震荡加热 10 min,取出后于自来水中冷却。20 min 后,在分光光度计上,以含葡萄糖 0 mL 的试管作对照,在波长 575 nm 处测定吸光度值。以葡萄糖含量为横坐标、吸光度值为纵坐标绘制标准曲线,或计算回归方程。

可溶性总糖以葡萄糖($C_6H_{12}O_6$)的体积分数 C 计,按式(1)计算。

$$C = aA + b \qquad (1)$$

式中:

C——可溶性总糖浓度,单位为毫克每毫升(mg/mL);

A——吸光度值。

8.2 测定

准确吸取 1 mL 试样(7)于 10 mL 具塞试管中,加入 5 mL 硫酸—蒽酮指试剂,盖盖震荡,使之完全混合。在沸水浴中加热 10 min,在自来水中冷却至室温。20 min 后,在波长 575 nm 处测定溶液的吸光度。根据标准曲线或回归方程计算相应的糖浓度。

9 结果计算

含糖量按式(2)计算。

$$W = \frac{50 \times C}{m} \times 100 \qquad (2)$$

式中:

W——试样含糖量,单位为毫克每克(mg/g);

m——试样质量,单位为克(g)。

取 3 次测定结果的算术平均值为测定结果,计算结果保留小数点后 2 位。

10 精密度

本标准方法的重复性标准偏差(s)为 0.04。

第六部分

数据库规范及鉴定技术导则标准

ICS 65.020.99
B 04

中华人民共和国农业行业标准

NY/T 2539—2016
代替 NY/T 2539—2014

农村土地承包经营权确权登记数据库规范

Specification for registration database of the right to rural land contractual management

2016-12-23 发布 2017-04-01 实施

中华人民共和国农业部 发布

目　次

前　　言

本标准按照 GB/T 1.1—2009 给出的规则起草。

本标准代替 NY/T 2539—2014《农村土地承包经营权确权登记数据库规范》。与 NY/T 2539—2014 相比，除编辑性修改外，主要技术变化如下：

——补充完善了空间坐标、界址点类型等指标，将承包方编码、发包方编码、地块编码、合同编码等系列名词中的“编码”统一修改为“代码”“字段代码”保持不变，以保证与农业部 2015 年 12 月 14 日颁布的《农村土地承包经营权登记簿证样式》(中华人民共和国农业部公告第 2330 号)的要求一致；

——修正和完善了在试点中发现的个别不符合应用实际的指标内容；

——统一规定了界址线号、界址点号等扩展内容和指标，满足地方护展确权登记数据库内容和指标的需要。

请注意本文件的某些内容可能涉及专利。本文件的发布机构不承担识别这些专利的责任。

本标准由农业部农村经济体制与经营管理司提出并归口。

本标准起草单位：农业部农村经济体制与经营管理司、农业部农村合作经济经营管理总站、农业部规划设计研究院。

本标准主要起草人：孙中华、潘显政、赵鲲、刘涛、胡华浪、李伟方、裴志远、郭琳、赵虎、易湘生、孙冠楠、张寅、赵春梅。

本标准的历次版本发布情况为：

——NY/T 2539—2014。

农村土地承包经营权确权登记数据库规范

1 范围

本标准规定了农村土地(耕地等)承包经营权确权登记数据库(以下简称确权登记数据库)的内容、数据组织与管理、数据文件命名、数据交换格式和元数据等。

本标准适用于农村土地承包经营权确权登记颁证过程中的确权登记数据库建设与数据交换。

2 规范性引用文件

下列文件对于本文件的应用是必不可少的。凡是注日期的引用文件,仅注日期的版本适用于本文件。凡是不注日期的引用文件,其最新版本(包括所有的修改单)适用于本文件。

GB/T 2260 中华人民共和国行政区划代码

GB/T 2261.1 个人基本信息分类与代码 第1部分:人的性别代码

GB/T 4761 家庭关系代码

GB/T 4880 语种名称代码

GB/T 13923 基础地理信息要素分类与代码

GB/T 17798 地理空间数据交换格式

GB/T 19710 地理信息元数据

GB/T 21010 土地利用现状分类

NY/T 2537 农村土地承包经营权调查规程

NY/T 2538 农村土地承包经营权要素编码规则

TD/T 1015 城镇地籍数据库标准

TD/T 1019 基本农田数据库标准

3 术语和定义

NY/T 2537 和 NY/T 2538 界定的以及下列术语和定义适用于本文件。

3.1

要素 feature

现实世界现象的抽象。

3.2

类 class

具有共同特性和关系的一组要素的集合。

3.3

层 layer

具有相同空间特征和属性的实体及其属性的集合。

3.4

标识码 identification code

对某一要素个体进行唯一标识的代码。

3.5

矢量数据 vector data

以坐标或有序坐标串表示的空间点、线、面等图形数据及与其相联系的有关属性数据的总称。

3.6

栅格数据 raster data

将地理空间划分为行、列规则排列的单元，且各单元带有不同“值”的数据集。

3.7

图形数据 graphic data

表示地理物体的位置、形态、大小和分布特征以及几何类型的数据。

3.8

属性数据 attribute data

描述地理实体质量和数量特征的数据。

3.9

元数据 metadata

关于数据的内容、质量、状况和其他特性的描述性数据。

4 数据库内容

确权登记数据库主要包括用于农村土地承包经营权调查、确权登记的地理信息数据和权属数据。

a) 地理信息数据包括基础地理信息要素、农村土地权属要素和栅格数据。基础地理信息要素包括定位基础、境界与管辖区域以及对承包地块四至描述有重要意义的其他地物信息。农村土地权属要素指用于描述承包地块空间位置、四至、面积、编码和毗邻关系的矢量信息。栅格数据指用于描述承包地块及其空间分布、方位、毗邻关系等信息的栅格图件。

b) 权属数据包括发包方、承包方、承包地块信息、权属来源、承包经营权登记簿、承包经营权证等。

5 地理信息数据组织与管理

5.1 分类与编码

地理信息数据分为 3 个大类，并依次细分为小类、一级和二级。要素代码由 6 位数字码构成，其结构如下：

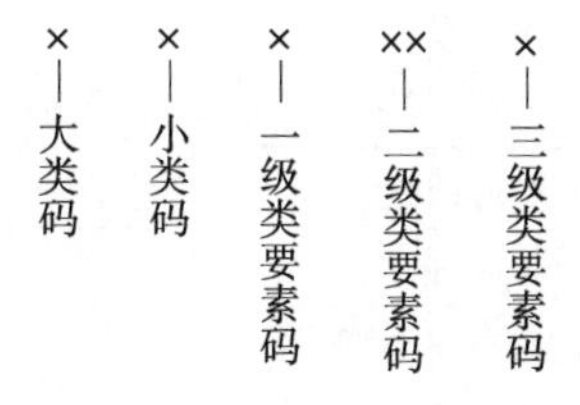

其中：

a) 大类码为专业代码，设定为 1 位数字码。其中，基础地理信息要素专业代码为 1，农村土地权要素专业代码为 2，栅格数据专业代码为 3。

b) 小类码为业务代码，设定为 1 位数字码。基础地理信息要素的业务代码按照 GB/T 13923 的大类码执行；农村土地权属要素中承包地块要素业务代码为 1，基本农田要素业务代码为 5；栅格数据中数字正射影像图业务代码为 1，数字栅格地图业务代码为 2，其他栅格数据业务代码为 9。

c) 一级至三级类码为要素分类代码。其中，一级类码为 1 位数字码、二级类码为 2 位数字码、三级类码为 1 位数字码，空位以 0 补齐。

d) 各类中如含有“其他”类，则该类代码直接设为“9”或“99”。

5.2 要素代码与描述

地理信息数据中各要素代码与名称描述见表 1。

表 1 要素代码与名称描述表

要素代码	要素名称
100000	基础地理信息要素[a]
110000	定位基础
111000	控制点
112000	控制点注记
160000	境界与管辖区域[b]
161000	管辖区域划界
161051	区域界线
161052	区域注记
162000	管辖区域
162010	县级行政区
162020	乡级区域
162030	村级区域
162040	组级区域
190000	其他地物[c]
196011	点状地物
196012	点状地物注记
196021	线状地物
196022	线状地物注记
196031	面状地物
196032	面状地物注记
200000	农村土地权属要素
210000	承包地块要素
211011	地块
211012	地块注记
211021	界址点
211022	界址点注记
211031	界址线
211032	界址线注记
250000	基本农田要素
251000	基本农田保护区域
251100	基本农田保护区
300000	栅格数据
310000	数字正射影像图
320000	数字栅格地图
390000	其他栅格数据

[a] 基础地理信息要素第 2 位至第 6 位代码按照 GB/T 13923 的结构进行扩充。

[b] 县级行政区界线应采用全国陆地行政区域勘界成果确定的界线；乡、村、组级区域应根据农村集体所有权确权登记颁证成果确定界线与范围。

[c] 应存储有明显方位意义，对地块四至描述起关键作用的地物信息，如沟渠、田间道路、独立地物等。

5.3 数据组织管理

地理信息数据采用分层的方法进行组织管理，层名称、层要素、几何特征及属性表名称的描述见表 2。

表 2　层名称及各层要素

序号	层名称	层要素	几何特征	属性表名称	约束条件[a]	说明
1	定位基础	控制点	Point	KZD	M	见表 A. 1
		控制点注记	Annotation	ZJ	O	见表 A. 14
2	境界与管辖区域	县级行政区	Polygon	XJXZQ	M	见表 A. 2
		乡级区域	Polygon	XJQY	O	见表 A. 3
		村级区域	Polygon	CJQY	O	见表 A. 4
		组级区域	Polygon	ZJQY	O	见表 A. 5
		区域界线	Line	QYJX	M	见表 A. 6
		区域注记	Annotation	ZJ	O	见表 A. 14
3	其他地物	点状地物	Point	DZDW	O	见表 A. 7
		点状地物注记	Annotation	ZJ	O	见表 A. 14
		线状地物	Line	XZDW	O	见表 A. 8
		线状地物注记	Annotation	ZJ	O	见表 A. 14
		面状地物	Polygon	MZDW	O	见表 A. 9
		面状地物注记	Annotation	ZJ	O	见表 A. 14
4	承包地块	地块	Polygon	DK	M	见表 A. 10
		地块注记	Annotation	ZJ	O	见表 A. 14
		界址点	Point	JZD	M	见表 A. 11
		界址点注记	Annotation	ZJ	O	见表 A. 14
		界址线	Line	JZX	M	见表 A. 12
		界址线注记	Annotation	ZJ	O	见表 A. 14
5	基本农田	基本农田保护区	Polygon	JBNTBHQ	M	见表 A. 13
6	栅格数据	数字正射影像图	Image	SGSJ	O	见表 A. 15
		数字栅格地图	Image	SGSJ	O	见表 A. 15
		其他栅格数据	Image	SGSJ	O	见表 A. 15

[a] 约束条件取值:M(必选),O(可选)。

6　权属数据组织与管理

权属数据主要指表格信息,采用二维关系表的方式进行组织管理,见表 3。

表 3　权属数据表格信息关联表

序号	权属数据	属性名称	表格名称	约束条件[b]	说明
1	发包方	发包方	FBF	M	见表 B. 2
2	承包方	承包方	CBF	M	见表 B. 3
		家庭成员	CBF_JTCY	C/承包方类型为“农户”?	见表 B. 4
3	承包地块	承包地块信息	CBDKXX	M	见表 B. 1
4	权属来源[a]	承包合同	CBHT	M	见表 B. 5
		流转合同	LZHT	C/流转合同作为权属来源资料?	见表 B. 6
		权属来源资料附件	QSLYZLFJ	M	见表 B. 7
5	承包经营权登记簿	承包经营权登记簿	CBJYQZDJB	M	见表 B. 8
6	承包经营权证	承包经营权证	CBJYQZ	M	见表 B. 9
		权证补发	CBJYQZ_QZBF	O	见表 B. 10
		权证换发	CBJYQZ_QZHF	O	见表 B. 11
		权证注销	CBJYQZ_QZZX	O	见表 B. 12

[a] 填写作为农村土地承包经营权确权登记颁证申请提供的权属来源资料的承包合同、流转合同中记录的信息。
[b] 约束条件取值:M(必选),O(可选),C(条件必选)。

7 数据交换内容与格式

7.1 数据交换内容

确权登记数据库需要交换的数据内容包括 3 种：

a) 地理信息数据包括基础地理信息要素、农村土地权属要素和栅格数据等；

b) 权属数据包括发包方、承包方、承包合同、流转合同、承包经营权登记簿、承包经营权证等；

c) 元数据。

数据交换时以县级行政区为交换单元，数据文件采用目录方式存储，一个交换单元一个目录。

7.2 地理信息数据

地理信息数据包括矢量数据和栅格数据 2 种类型。

a) 矢量数据采用标准 shapefile 格式(.shp)。同一个县级行政区内的矢量文件按照 NY/T 2537 进行拼接后，存放在“矢量数据”目录中。矢量数据文件命名为地理信息数据属性表名＋6 位县级区划代码＋4 位年份代码。

b) 栅格数据采用国际工业标准无压缩的 TIFF 格式(.tif)，但需将大地坐标在栅格影像上的定位信息以及像素的地面分辨率等信息添加到 TIFF 文件上。内容和格式符合 GB/T 17798 的规定。

栅格数据采用标准图幅形式进行组织，图幅编号按照 NY/T 2537 的规定执行。存放在“栅格数据”目录中，分别建立“数字正射影像图”“数字栅格地图”和“其他栅格数据”目录管理。

7.3 权属数据

权属数据包括表格数据和文档资料 2 种类型，统一存放到“权属数据”目录中。表格信息采用 MDB 格式保存，文件命名采用 10 位数字型代码，即 6 位县级区划代码＋4 位年份代码。文档材料按照文件夹分类管理。

7.4 元数据

元数据采用 XML 格式存放到“元数据”目录中。

8 元数据

元数据采用 XML 格式描述。

栅格数据的元数据的内容和格式符合 GB/T 19710 的技术要求；矢量数据的元数据主要包括数据标识、空间参照系统、数据内容、数据质量 4 个部分(见表 D.1～表 D.4)。

附 录 A
(规范性附录)
地理信息数据属性结构

表 A.1～表 A.15 给出了条款中表述的地理信息数据的属性结构。

表 A.1 控制点属性结构描述表(属性表名:KZD)

序号	字段名称	字段代码	字段类型	字段长度	小数位数	值域	约束条件[c]
1	标识码	BSM	Int	10		>0	M
2	要素代码	YSDM	Char	6		见表 1	M
3	控制点名称	KZDMC	Char	50		非空	O
4	控制点点号	KZDDH	Char	10		非空	O
5	控制点类型	KZDLX	Char	6		见表 C.1	M
6	控制点等级	KZDDJ	Char	20		见表 C.1	M
7	标石类型	BSLX	Char	1		见表 C.2	M
8	标志类型	BZLX	Char	1		见表 C.3	M
9	控制点状态	KZDZT	Char	100		非空	O
10	点之记[a]	DZJ	Char	254		非空	M
11	X_2000[b]	X2000	Float	10	3	≥0	M
12	Y_2000[b]	Y2000	Float	10	3	≥0	M
13	X(E)_XA80[a]	X80	Float	10	3	≥0	C
14	Y(E)_XA80[a]	Y80	Float	10	3	≥0	C

[a] 点之记填写相对路径,即“其他资料\点之记\控制点点号.jpg”。

[b] 按照测量控制网的现状填写。CGCS2000 坐标系的坐标必须填写;如有 1980 西安坐标系的控制网,须填写 1980 西安坐标系的坐标;如两者都有,则两者都填。X 坐标、Y 坐标对应为投影坐标中的纵坐标、横坐标。

[c] 约束条件取值:M(必选),O(可选),C(条件必选)。

表 A.2 县级行政区属性结构描述表(属性表名:XJXZQ)

序号	字段名称	字段代码	字段类型	字段长度	小数位数	值域	约束条件[b]
1	标识码	BSM	Int	10		>0	M
2	要素代码	YSDM	Char	6		见表 1	M
3	行政区代码[a]	XZQDM	Char	6		非空	M
4	行政区名称	XZQMC	Char	100		非空	M

[a] 填写 GB/T 2260 的 6 位数字码。

[b] 约束条件取值:M(必选)。

表 A.3 乡级区域属性结构描述表(属性表名:XJQY)

序号	字段名称	字段代码	字段类型	字段长度	小数位数	值域	约束条件[b]
1	标识码	BSM	Int	10		>0	M
2	要素代码	YSDM	Char	6		见表 1	M
3	乡级区域代码[a]	XJQYDM	Char	9		非空	M
4	乡级区域名称	XJQYMC	Char	100		非空	M

[a] 在现有县级行政区代码的基础上扩展到乡级,即县级行政区代码+乡级代码,乡镇级代码为 3 位数字码。

[b] 约束条件取值:M(必选)。

表 A.4　村级区域属性结构描述表(属性表名:CJQY)

序号	字段名称	字段代码	字段类型	字段长度	小数位数	值域	约束条件[b]
1	标识码	BSM	Int	10		>0	M
2	要素代码	YSDM	Char	6		见表1	M
3	村级区域代码[a]	CJQYDM	Char	12		非空	M
4	村级区域名称	CJQYMC	Char	100		非空	M

[a] 在乡级区域代码的基础上扩展到村级,即乡级区域代码+村级代码,村级代码为3位数字码。

[b] 约束条件取值:M(必选)。

表 A.5　组级区域属性结构描述表(属性表名:ZJQY)

序号	字段名称	字段代码	字段类型	字段长度	小数位数	值域	约束条件[b]
1	标识码	BSM	Int	10		>0	M
2	要素代码	YSDM	Char	6		见表1	M
3	组级区域代码[a]	ZJQYDM	Char	14		非空	M
4	组级区域名称	ZJQYMC	Char	100		非空	M

[a] 在村级区域代码的基础上扩展到组级,即村级区域代码+组级代码,组级代码为2位数字码。

[b] 约束条件取值:M(必选)。

表 A.6　区域界线属性结构描述表(属性表名:QYJX)

序号	字段名称	字段代码	字段类型	字段长度	小数位数	值域	约束条件[a]
1	标识码	BSM	Int	10		>0	M
2	要素代码	YSDM	Char	6		见表1	M
3	界线类型	JXLX	Char	6		见表C.4	M
4	界线性质	JXXZ	Char	6		见表C.5	M

[a] 约束条件取值:M(必选)。

表 A.7　点状地物属性结构描述表(属性表名:DZDW)

序号	字段名称	字段代码	字段类型	字段长度	小数位数	值域	约束条件[a]
1	标识码	BSM	Int	10		>0	M
2	要素代码	YSDM	Char	6		见表1	M
3	地物名称	DWMC	Char	10		非空	M
4	备注	BZ	Char	50		非空	O

[a] 约束条件取值:M(必选),O(可选)。

表 A.8　线状地物属性结构描述表(属性表名:XZDW)

序号	字段名称	字段代码	字段类型	字段长度	小数位数	值域	约束条件[a]	说明
1	标识码	BSM	Int	10		>0	M	
2	要素代码	YSDM	Char	6		见表1	M	
3	地物名称	DWMC	Char	10		非空	M	
4	长度	CD	Float	10	2	>0	O	单位:m
5	宽度	KD	Float	10	2	>0	O	单位:m
6	备注	BZ	Char	50		非空	O	

[a] 约束条件取值:M(必选),O(可选)。

表 A.9　面状地物属性结构描述表（属性表名:MZDW）

序号	字段名称	字段代码	字段类型	字段长度	小数位数	值域	约束条件[a]	说明
1	标识码	BSM	Int	10		>0	M	
2	要素代码	YSDM	Char	6		见表 1	M	
3	地物名称	DWMC	Char	10		非空	M	
4	面积	MJ	Float	15	2	>0	O	单位:m^2
5	备注	BZ	Char	50		非空	O	
6	面积(亩)	MJM	Float	15	2	>0	O	单位:亩

[a] 约束条件取值:M(必选),O(可选)。

表 A.10　地块属性结构描述表（属性表名:DK）

序号	字段名称	字段代码	字段类型	字段长度	小数位数	值域	约束条件[g]	备注
1	标识码	BSM	Int	10		>0	M	
2	要素代码	YSDM	Char	6		见表 1	M	
3	地块代码[a]	DKBM	Char	19		非空	M	
4	地块名称[b]	DKMC	Char	50		非空	M	
5	所有权性质	SYQXZ	Char	2		见表 C.6	O	
6	地块类别	DKLB	Char	2		见表 C.7	M	
7	土地利用类型[c]	TDLYLX	Char	3		非空	O	
8	地力等级	DLDJ	Char	2		见表 C.8	M	
9	土地用途	TDYT	Char	1		见表 C.9	M	
10	是否基本农田	SFJBNT	Char	1		见表 C.19	M	
11	实测面积	SCMJ	Float	15	2	>0	M	单位:m^2
12	地块东至[d]	DKDZ	Char	50		非空	C	
13	地块西至[d]	DKXZ	Char	50		非空	C	
14	地块南至[d]	DKNZ	Char	50		非空	C	
15	地块北至[d]	DKBZ	Char	50		非空	C	
16	地块备注信息	DKBZXX	Char	254		非空	O	
17	指界人姓名[e]	ZJRXM	Char	100		非空	C/承包地块?	
18	空间坐标[f]	KJZB	Char	254		非空	M	
19	实测面积(亩)	SCMJM	Float	15	2	>0	O	单位:亩

[a] 地块代码按照 NY/T 2538 的规定执行。

[b] 填写地块名称(小地名)或所在的相对位置,以当地习惯方式简明表达。

[c] 依据 GB/T 21010 填写至二级类编码。

[d] 填写所调查地块四至毗邻地块(或地物)的承包方(代表)(或权利人)姓名(或名称);毗邻道路、水渠、林带等地物或场所时,填写具体地物或场所名称。四至信息中应至少填写 3 个方向的信息;不规则地块四至信息选择主要方向填写。

[e] 填写承包地块的指界人姓名,如有多个指界人,应填写所有指界人姓名,以逗号隔开。

[f] 按照顺时针顺序,填写对地块界址走向和毗邻关系描述起关键作用的界址点号。多个界址点号之间用"/"作为分割符。

[g] 约束条件取值:M(必选),O(可选),C(条件必选)。

表 A.11　界址点属性结构描述表（属性表名:JZD）

序号	字段名称	字段代码	字段类型	字段长度	小数位数	值域	约束条件[c]
1	标识码	BSM	Int	10		>0	M
2	要素代码	YSDM	Char	6		见表 1	M
3	界址点号	JZDH	Char	10		非空	M
4	界址点类型	JZDLX	Char	1		见表 C.11	M
5	界标类型	JBLX	Char	1		见表 C.12	O
6	地块代码[a]	DKBM	Char	254		非空	M
7	X 坐标值[b]	XZBZ	Float	10	3	>0	M
8	Y 坐标值[b]	YZBZ	Float	10	3	>0	M

[a] 涉及多个地块的用"/"作为分割符。

[b] X 坐标、Y 坐标对应为投影坐标中的纵坐标、横坐标。

[c] 约束条件取值:M(必选),O(可选),C(条件必选)。

表 A.12　界址线属性结构描述表（属性表名:JZX）

序号	字段名称	字段代码	字段类型	字段长度	小数位数	值域	约束条件[b]	备注
1	标识码	BSM	Int	10		>0	M	
2	要素代码	YSDM	Char	6		见表 1	M	
3	界线性质	JXXZ	Char	6		见表 C.5	O	
4	界址线类别	JZXLB	Char	2		见表 C.13	O	
5	界址线位置	JZXWZ	Char	1		见表 C.14	M	
6	界址线说明	JZXSM	Char	254		非空	M	
7	毗邻地物权利人	PLDWQLR	Char	100		非空	M	
8	毗邻地物指界人	PLDWZJR	Char	100		非空	M	
9	界址线号	JZXH	Char	10		非空	O	
10	起界址点号	QJZDH	Char	10		非空	O	
11	止界址点号	ZJZDH	Char	10		非空	O	
12	地块代码[a]	DKBM	Char	254		非空	M	

[a] 填写“界址线位置”时，填写该界址线相对于“地块代码”字段中第一个地块的位置；填写“毗邻地物权利人”和“毗邻地物指界人”时，应按照“地块代码”的顺序分别填写毗邻地物权利人和毗邻地物指界人信息，用“/”作为分割符。

[b] 约束条件取值：M(必选)，O(可选)。

表 A.13　基本农田保护区属性结构描述表（属性表名:JBNTBHQ）

序号	字段名称	字段代码	字段类型	字段长度	小数位数	值域	约束条件[b]	备注
1	标识码	BSM	Int	10		>0	M	
2	要素代码	YSDM	Char	6		见表 1	M	
3	保护区编号[a]	BHQBH	Char	13		非空	O	
4	基本农田面积	JBNTMJ	Float	15	2	>0	O	单位：m^2
5	基本农田面积(亩)	JBNTMJM	Float	15	2	>0	O	单位：亩

[a] 按照 TD/T 1019 的规定执行。

[b] 约束条件取值：M(必选)，O(可选)。

表 A.14　注记属性结构描述表（属性表名:ZJ）

序号	字段名称	字段代码	字段类型	字段长度	小数位数	值域	约束条件[b]	备注
1	标识码	BSM	Int	10		>0	M	
2	要素代码	YSDM	Char	6		见表 1	M	
3	注记内容	ZJNR	Char	100		非空	M	
4	字体	ZT	Char	20		非空	M	
5	颜色	YS	Char	12		非空	M	
6	磅数	BS	Int	4		>0	O	单位：lbf
7	形状	XZ	Char	1		非空	O	
8	下划线	XHX	Char	1		非空	O	
9	宽度	KD	Float	15	1	>0	O	
10	高度	GD	Float	15	1	>0	O	
11	间隔	JG	Float	6	2	>0	O	
12	注记点左下角 X 坐标[a]	ZJDZXJXZB	Float	10	3	>0	M	
13	注记点左下角 Y 坐标[a]	ZJDZXJYZB	Float	10	3	>0	M	
14	注记方向	ZJFX	Float	10	6	$[0,2\pi)$	M	单位：rad

[a] X 坐标、Y 坐标对应为投影坐标中的纵坐标、横坐标。

[b] 约束条件取值：M(必选)，O(可选)。

表 A.15　栅格数据属性结构描述表（属性表名:SGSJ）

序号	字段名称	字段代码	字段类型	字段长度	小数位数	值域	约束条件[a]
1	标识码	BSM	Int	10		>0	M
2	要素代码	YSDM	Char	6		见表 1	M
3	数据文件	SJWJ	Varbin			非空	M
4	头文件	TWJ	Varbin			非空	O
5	元数据文件	YSJWJ	Varbin			非空	M

[a] 约束条件取值:M(必选),O(可选)。

附 录 B
（规范性附录）
权属数据表结构

表B.1～表B.12给出了条款中表述的权属数据的表结构。

表B.1 承包地块信息表结构（属性表名:CBDKXX）

序号	字段名称	字段代码	字段类型	字段长度	小数位数	值域	约束条件[f]	说明
1	地块代码	DKBM	Char	19		非空	M	
2	发包方代码[a]	FBFBM	Char	14		非空	M	
3	承包方代码[a]	CBFBM	Char	18		非空	M	
4	承包经营权取得方式	CBJYQQDFS	Char	3		见表C.10	M	
5	确权(合同)面积[b]	HTMJ	Float	15	2	>0	M	单位:m^2
6	承包合同代码[a]	CBHTBM	Char	19		非空	M	
7	流转合同代码[c]	LZHTBM	Char	18		非空	O	
8	承包经营权证(登记簿)代码[a]	CBJYQZBM	Char	19		非空	M	
9	原合同面积[d]	YHTMJ	Float	15	2	>0	约束条件C/有原承包合同?	单位:m^2
10	确权(合同)面积(亩)	HTMJM	Float	15	2	>0	O	单位:亩
11	原合同面积(亩)	YHTMJM	Float	15	2	>0	约束条件C/有原承包合同?	单位:亩
12	是否确权确股[e]	SFQQQG	Char	1		见表C.19	O	

[a] 按照NY/T 2538的规定执行。

[b] 确权(合同)面积填写农村土地承包经营权确权登记颁证申请提供的权属来源资料中记录的相应地块的面积，应与开展土地承包经营权确权登记颁证重新签订、补签或完善的土地承包合同记载的相应地块“合同面积”一致。

[c] 流转合同作为农村土地承包经营权确权登记颁证申请提供的权属来源资料时填写。采用18位数字码:14位发包方编码+4位合同顺序码。

[d] 原合同面积填写开展本次确权登记颁证之前，本集体经济组织农户认可的承包合同或者土地台账上记载的合同面积。

[e] 填写是否是确权确股不确地的地块，如果是确权确股不确地的地块，确权(合同)面积字段填写该农户按其股份计算占有的确权(合同)面积。

[f] 约束条件取值:M(必选)，O(可选)，C(条件必选)。

表B.2 发包方表结构（表名:FBF）

序号	字段名称	字段代码	字段类型	字段长度	小数位数	值域	约束条件[d]
1	发包方代码	FBFBM	Char	14		非空	M
2	发包方名称	FBFMC	Char	50		非空	M
3	发包方负责人姓名	FBFFZRXM	Char	50		非空	M
4	负责人证件类型	FZRZJLX	Char	1		见表C.15	M
5	负责人证件号码	FZRZJHM	Char	30		非空	M
6	联系电话	LXDH	Char	15		非空	O
7	发包方地址	FBFDZ	Char	100		非空	M
8	邮政编码	YZBM	Char	6		非空	M
9	发包方调查员	FBFDCY	Char	254		非空	M
10	发包方调查日期	FBFDCRQ	Date	8		YYYYMMDD	M
11	发包方调查记事	FBFDCJS	Char	254		非空	C

表 B.3 承包方表结构（表名:CBF）

序号	字段名称	字段代码	字段类型	字段长度	小数位数	值域	约束条件[d]
1	承包方代码	CBFBM	Char	18		非空	M
2	承包方类型	CBFLX	Char	1		见表 C.16	M
3	承包方(代表)名称[a]	CBFMC	Char	50		非空	M
4	承包方(代表)证件类型[a]	CBFZJLX	Char	1		见表 C.15	M
5	承包方(代表)证件号码[a]	CBFZJHM	Char	20		非空	M
6	承包方地址[a]	CBFDZ	Char	100		非空	M
7	邮政编码[a]	YZBM	Char	6		非空	M
8	联系电话[a]	LXDH	Char	20		非空	O
9	承包方成员数量[b]	CBFCYSL	Int	2		>0	M
10	承包方调查日期	CBFDCRQ	Date	8		YYYYMMDD	M
11	承包方调查员	CBFDCY	Char	50		非空	M
12	承包方调查记事	CBFDCJS	Char	254		非空	C/有调查记事?
13	公示记事[c]	GSJS	Char	254		非空	C/有公示记事?
14	公示记事人[c]	GSJSR	Char	50		非空	M
15	公示审核日期[c]	GSSHRQ	Date	8		YYYYMMDD	M
16	公示审核人[c]	GSSHR	Char	50		非空	M

注:表 B.4 作为本表的扩展属性表描述。

[a] 如承包方类型为“农户”,应填写户主信息,并填写表 B.4;如承包方类型为“个人”,应填写承包方本人信息;如承包方类型为“单位”,应填写单位法人代表信息。

[b] 如承包方类型为“个人”或“单位”,填写“1”;如承包方类型为“农户”时,应填写家庭成员数量。

[c] 应填写最终公示无异议的公示信息。

[d] 约束条件取值:M(必选),O(可选),C(条件必选)。

表 B.4 家庭成员表结构（表名:CBF_JTCY）

序号	字段名称	字段代码	字段类型	字段长度	小数位数	值域	约束条件[d]
1	承包方代码	CBFBM	Char	18		非空	M
2	成员姓名	CYXM	Char	50		非空	M
3	成员性别	CYXB	Char	1		见表 C.17	M
4	成员证件类型	CYZJLX	Char	1		见表 C.15	M
5	成员证件号码	CYZJHM	Char	20		非空	M
6	与户主关系	YHZGX	Char	2		非空[a]	M
7	成员备注	CYBZ	Char	1		见表 C.18	O
8	是否共有人[b]	SFGYR	Char	1		见表 C.19	O
9	成员备注说明[c]	CYBZSM	Char	254		非空	O

[a] 按照 GB/T 4761 填写 2 位数字码。

[b] 通过合法权属证明资料获取。

[c] 视需要填写成员备注相应的详细说明,如“××××年外嫁”“××××年入赘”“××××年入学的在校学生”“××××年新生儿”“××××年去世”等。

[d] 约束条件取值:M(必选),O(可选)。

表 B.5 承包合同表结构（表名:CBHT）

序号	字段名称	字段代码	字段类型	字段长度	小数位数	值域	约束条件[a]	说明
1	承包合同代码	CBHTBM	Char	19		非空	M	
2	原承包合同代码	YCBHTBM	Char	19		非空	C/有原始承包合同?	
3	发包方代码	FBFBM	Char	14		非空	M	
4	承包方代码	CBFBM	Char	18		非空	M	

表 B.5（续）

序号	字段名称	字段代码	字段类型	字段长度	小数位数	值域	约束条件[a]	说明
5	承包方式	CBFS	Char	3		见表 C.10	M	
6	承包期限起	CBQXQ	Date	8		YYYYMMDD	M	
7	承包期限止	CBQXZ	Date	8		YYYYMMDD	M	
8	确权(合同)总面积	HTZMJ	Float	15	2	>0	M	单位:m^2
9	承包地块总数	CBDKZS	Int	3		>0	M	
10	签订时间	QDSJ	Date	8		YYYYMMDD	M	
11	确权(合同)总面积(亩)	HTZMJM	Float	15	2	>0	O	单位:亩
12	原合同总面积	YHTZMJ	Float	15	2	>0	约束条件 C/有原承包合同?	单位:m^2
13	原合同总面积(亩)	YHTZMJM	Float	15	2	>0	约束条件 C/有原承包合同?	单位:亩

注 1:原始承包合同作为权属来源资料时,“原承包合同代码”填写该合同原始编码,同时按照 NY/T 2538 对合同进行重新编码,填入“承包合同代码”中。

注 2:完善后的承包合同作为权属来源资料时,“承包合同代码”填写完善后的合同代码,“原承包合同代码”记录原始承包合同的代码。

注 3:流转合同作为权属来源资料时,填写表 B.6。

注 4:确权(合同)总面积填写农村土地承包经营权确权登记颁证申请提供的权属来源资料中记录的地块总面积。

注 5:原合同总面积填写开展本次确权登记颁证之前,本集体经济组织农户认可的承包合同或土地台账上记载的地块总面积。

[a] 约束条件取值:M(必选),O(可选),C(条件必选)。

表 B.6 流转合同表结构(表名:LZHT)

序号	字段名称	字段代码	字段类型	字段长度	小数位数	值域	约束条件[d]	备注
1	承包合同代码[a]	CBHTBM	Char	19		非空	M	
2	流转合同代码	LZHTBM	Char	18		非空	M	
3	承包方代码	CBFBM	Char	18		非空	M	
4	受让方代码[b]	SRFBM	Char	18		非空	M	
5	流转方式	LZFS	Char	3		见表 C.10	M	
6	流转期限	LZQX	Char	10		非空	M	
7	流转期限开始日期	LZQXKSRQ	Date	8		YYYYMMDD	M	
8	流转期限结束日期	LZQXJSRQ	Date	8		YYYYMMDD	M	
9	流转面积	LZMJ	Float	15	2	>0	M	单位:m^2
10	流转地块数	LZDKS	Int	3		>0	M	
11	流转前土地用途	LZQTDYT	Char	1		见表 C.9	O	
12	流转后土地用途	LZHTDYT	Char	1		见表 C.9	O	
13	流转费用说明[c]	LZJGSM	Char	100		非空	M	
14	合同签订日期	HTQDRQ	Date	8		YYYYMMDD	M	
15	流转面积(亩)	LZMJM	Float	15	2	>0	O	单位:亩

[a] 填写与流转合同共同作为权属来源资料的承包合同代码。

[b] 按照 NY/T 2538 承包方代码执行。

[c] 应填写流转价款及支付方式等信息。

[d] 约束条件取值:M(必选),O(可选)。

表 B.7 权属来源资料附件表结构（属性表名:QSLYZLFJ）

序号	字段名称	字段代码	字段类型	字段长度	小数位数	值域	约束条件[b]	备注
1	承包经营权证(登记簿)代码	CBJYQZBM	Char	19		非空	M	
2	资料附件编号	ZLFJBH	Char	20		非空	M	
3	资料附件名称	ZLFJMC	Char	100		非空	M	
4	资料附件日期	ZLFJRQ	Date	8		YYYYMMDD	M	
5	附件[a]	FJ	Char	254		非空	M	影像文件

[a] 存储依照 NY/T 2537 及其他相关文件要求提供的权属来源资料的扫描件信息，包括承包合同、流转合同、纠纷仲裁结果等。附件采用 pdf 或 jpg 格式存储，字段填写文件的相对路径。

示例 1:pdf 格式，“其他资料\权属来源附件\资料附件编号 . pdf”，多个附件整合到一个 pdf 文件。

示例 2:jpg 格式，“其他资料\权属来源附件\资料附件编号 . jpg”，多个附件用“/”作为分割符。

[b] 约束条件取值:M(必选)。

表 B.8 承包经营权登记簿表结构（表名:CBJYQZDJB）

序号	字段名称	字段代码	字段类型	字段长度	小数位数	值域	约束条件[d]
1	承包经营权证(登记簿)代码	CBJYQZBM	Char	19		非空	M
2	发包方代码	FBFBM	Char	14		非空	M
3	承包方代码	CBFBM	Char	18		非空	M
4	承包方式	CBFS	Char	3		见表 C.10	M
5	承包期限	CBQX	Char	30		非空	M
6	承包期限起	CBQXQ	Date	8		YYYYMMDD	M
7	承包期限止[a]	CBQXZ	Date	8		YYYYMMDD	M
8	地块示意图[b]	DKSYT	Char	254		非空	M
9	承包经营权证流水号[c]	CBJYQZLSH	Char	254		非空	M
10	登记簿附记	DJBFJ	Char	254		非空	O
11	原承包经营权证编号	YCBJYQZBH	Char	100		非空	O
12	登簿人	DBR	Char	50		非空	M
13	登记时间	DJSJ	Date	8		非空	M

[a] “承包期限止”字段，当承包期为长久不变时填写“9999 - 01 - 01”。

[b] 承包地块示意图文件采用 pdf 或 jpg 格式存储，图片分辨率应不小于 300 dpi。字段填写文件的相对路径。

示例 1:pdf 格式，“图件\发包方编码\DKSYT＋19 位承包经营权证编码 . pdf”，多个承包地块示意图整合到一个 pdf 文件。

示例 2:jpg 格式，“图件\发包方编码\DKSYT＋19 位承包经营权证编码＋顺序码 . jpg”，多个承包地块示意图用“/”作为分割符。

[c] 填写承包经营权登记簿和权证上的农村土地承包经营权证流水号，如苏(2015)涟水县农村土地承包经营权证第 000001 号。

[d] 约束条件取值:M(必选)，O(可选)。

表 B.9 承包经营权证表结构（表名:CBJYQZ）

序号	字段名称	字段代码	字段类型	字段长度	小数位数	值域	约束条件[a]
1	承包经营权证(登记簿)代码	CBJYQZBM	Char	19		非空	M
2	发证机关	FZJG	Char	50		非空	M
3	发证日期	FZRQ	Date	8		YYYYMMDD	M
4	权证是否领取	QZSFLQ	Char	1		见表 C.19	M
5	权证领取日期	QZLQRQ	Date	8		YYYYMMDD	C
6	权证领取人姓名	QZLQRXM	Char	50		非空	C
7	权证领取人证件类型	QZLQRZJLX	Char	1		见表 C.15	C
8	权证领取人证件号码	QZLQRZJHM	Char	20		非空	C

注:表 B.10、表 B.11、表 B.12 作为本表的扩展属性表描述。

[a] 约束条件取值:M(必选)，C(条件必选)。

表 B.10　权证补发表结构（表名:CBJYQZ_QZBF）

序号	字段名称	字段代码	字段类型	字段长度	小数位数	值域	约束条件[a]
1	承包经营权证(登记簿)代码	CBJYQZBM	Char	19		非空	M
2	权证补发原因	QZBFYY	Char	200		非空	M
3	补发日期	BFRQ	Date	8		YYYYMMDD	M
4	权证补发领取日期	QZBFLQRQ	Date	8		YYYYMMDD	M
5	权证补发领取人姓名	QZBFLQRXM	Char	50		非空	M
6	权证补发领取人证件类型	BFLQRZJLX	Char	1		见表 C.15	M
7	权证补发领取人证件号码	BFLQRZJHM	Char	20		非空	M

[a] 约束条件取值:M(必选)。

表 B.11　权证换发表结构（表名:CBJYQZ_QZHF）

序号	字段名称	字段代码	字段类型	字段长度	小数位数	值域	约束条件[a]
1	承包经营权证(登记簿)代码	CBJYQZBM	Char	19		非空	M
2	权证换发原因	QZHFYY	Char	200		非空	M
3	换发日期	HFRQ	Date	8		YYYYMMDD	M
4	权证换发领取日期	QZHFLQRQ	Date	8		YYYYMMDD	M
5	权证换发领取人姓名	QZHFLQRXM	Char	50		非空	M
6	权证换发领取人证件类型	HFLQRZJLX	Char	1		见表 C.15	M
7	权证换发领取人证件号码	HFLQRZJHM	Char	20		非空	M

[a] 约束条件取值:M(必选)。

表 B.12　权证注销表结构(表名:CBJYQZ_QZZX)

序号	字段名称	字段代码	字段类型	字段长度	小数位数	值域	约束条件[a]
1	承包经营权证(登记簿)代码	CBJYQZBM	Char	19		非空	M
2	注销原因	ZXYY	Char	200		非空	M
3	注销日期	ZXRQ	Date	8		YYYYMMDD	M

[a] 约束条件取值:M(必选)。

附　录　C
(规范性附录)
属性值代码

表 C.1～表 C.19 给出了条款及附录 A、附录 B 中表述的属性值代码。

表 C.1　控制点类型及等级代码表

代码	控制点类型	控制点等级
110100	平面控制点	
110101	大地原点	大地原点
110102	三角点	一等,二等,三等,四等,5 秒,10 秒
110103	图根点	一级,二级,三级
110104	导线点	一级,二级
110200	高程控制点	
110201	水准原点	水准原点
110202	水准点	一等,二等,三等,四等,图根水准
110300	卫星定位控制点	
110302	卫星定位等级点	A,B,C,D,E

注 1:控制点等级描述了各类控制点的等级值域。

注 2:导线点指点位精度为 5 秒、10 秒的一级导线和二级导线。

注 3:图根导线使用图根点描述。

表 C.2　标石类型代码表

代　码	标石类型
1	基岩标石
2	混凝土标石
3	普通标石
9	其他标石类型

表 C.3　标志类型代码表

代　码	标志类型
1	铜标志
2	钢标志
3	刻十字标志
9	其他标志类型

表 C.4　界线类型代码表

代　码	界线类型
250200	海岸线
250201	大潮平均高潮线
250202	零米等深线
250203	江河入海口陆海分界线
620200	国界

表 C.4（续）

代　码	界线类型
630200	省、自治区、直辖市界
640200	地区、自治州、地级市界
650200	县、区、旗、县级市界
660200	乡、街道、镇界
670402	开发区、保税区界
670500	街坊、村界
670900	组界
注:代码按照 GB/T 13923 的编码原则进行扩充。	

表 C.5　界线性质代码表

代　码	界线性质
600001	已定界
600002	未定界
600003	争议界
600004	工作界
600009	其他界线
注:根据 GB/T 13923 的编码原则进行扩充。	

表 C.6　所有权性质代码表

代　码	所有权性质
10	国有土地所有权
30	集体土地所有权
31	村民小组
32	村级集体经济组织
33	乡级集体经济组织
34	其他农民集体经济组织
注:代码引自 TD/T 1015。	

表 C.7　地块类别代码表

代　码	地块性质
10	承包地块
21	自留地
22	机动地
23	开荒地
99	其他集体土地

表 C.8　地力等级代码表

代　码	地力等级
01	一等地
02	二等地
03	三等地
04	四等地
05	五等地
06	六等地

表 C.8 (续)

代　码	地力等级
07	七等地
08	八等地
09	九等地
10	十等地

表 C.9　土地用途代码表

代　码	土地用途
1	种植业
2	林业
3	畜牧业
4	渔业
5	非农业用途

表 C.10　承包经营权取得方式代码表

代　码	取得方式
100	承包
110	家庭承包
120	其他方式承包
121	招标
122	拍卖
123	公开协商
129	其他方式
200	转让
300	互换
900	其他方式

表 C.11　界址点类型代码表

代　码	界址点类型
1	实测法界址点
2	航测法界址点
3	图解法界址点

表 C.12　界标类型

代　码	类　　型
1	钢钉
2	水泥桩
3	石灰桩
4	喷涂
5	瓷标志
6	无标志
7	木桩
8	埋石
9	其他界标

表 C.13　界址线类别代码表

代　码	界址线类别
01	田埂(埂)
02	沟渠
03	道路
04	行树
05	围墙
06	墙壁
07	栅栏
08	两点连线
09	其他界线

表 C.14　界址线位置

代　码	界址线位置
1	内
2	中
3	外

表 C.15　证件类型代码表

代　码	证件类型
1	居民身份证
2	军官证
3	行政、企事业单位机构代码证或法人代码证
4	户口簿
5	护照
9	其他证件

表 C.16　承包方类型代码表

代　码	承包方类型
1	农户
2	个人
3	单位

表 C.17　性别代码表

代　码	性　别
1	男
2	女
注:按照 GB/T 2261.1 的规定执行。	

表 C.18　成员备注代码表

代　码	成员备注
1	外嫁女
2	入赘男
3	在校大学生
4	国家公职人员

表 C.18（续）

代　码	成员备注
5	军人(军官、士兵)
6	新生儿
7	去世
9	其他备注

表 C.19　是否代码表

代　码	是　　否
1	是
2	否

附　录　D
（规范性附录）
矢量数据元数据

表 D.1～表 D.4 给出了条款中表述的矢量数据的元数据结构。

表 D.1　数据标识（表名：dataIdInfo）

序号	中文名称	缩写名	定义	约束条件[a]	最多出现次数	数据类型	值域
1	名称	title	数据集名称	M	1	字符型	自由文本
2	日期	date	数据集发布或最近更新日期	M	1	日期型	YYYYMMDD
3	行政区代码	geoID	定位名称的唯一标识	M	1	字符型	按照 GB/T 2260 的 6 位数字码
4	版本	dataEdition	数据集的版本	C/数据集有新版本?	1	字符型	自由文本
5	语种	dataLang	数据集使用的语种	M	N	字符型	按照 GB/T 4880，用两位小写字母表示
6	摘要	idAbs	数据集内容的概要说明	M	1	字符型（300 字左右）	自由文本
7	现状	status	数据集的现状	M	1	字符型	001. 完成；002. 作废；003. 连续更新；004. 正在建设中
8	终止时间	ending	数据集原始数据生成或采集的终止时间	M	1	日期型	YYYYMMDD
9	负责单位名称	rpOrgName	数据集负责单位名称	M	1	字符型	自由文本
10	联系人	rpCnt	数据集负责单位联系人姓名	M	1	字符型	自由文本
11	电话	voiceNum	数据集负责单位或联系人的电话号码	M	N	字符型	自由文本
12	传真	faxNum	数据集负责单位或联系人的传真号码	O	N	字符型	自由文本
13	通信地址	cntAddress	数据集负责单位或联系人的通信地址	M	1	字符型	自由文本
14	邮政编码	cntCode	数据集负责单位邮政编码	M	1	字符型	自由文本
15	电子信箱地址	cntEmail	数据集负责单位或联系人的电子信箱地址	O	N	字符型	自由文本
16	安全等级代码	classCode	出于国家安全、保密或其他考虑，对数据集安全限制的等级名称	M	1	字符型	001. 绝密；002. 机密；003. 秘密；004. 限制；005. 内部；006. 无限制

[a] 约束条件取值：M(必选)，O(可选)，C(条件可选)。

表 D.2　空间参照系统(表名:refSysInfo)

序号	中文名称	缩写名	定义	约束条件[a]	最多出现次数	数据类型	值域
1	大地坐标参照系统名称	coorRSID	大地坐标参照系统名称	M	1	字符型	001. 2000国家大地坐标系;002. 1980西安坐标系
2	中央子午线	centralMer	中央子午线参数信息	M	1	数值型	单位:度
3	东偏移	eastFAL	东偏移参数信息	M	1	数值型	单位:km
4	北偏移	northFAL	北偏移参数信息	M	1	数值型	单位:km
5	分带方式	coorFDKD	说明分带宽度	M	1	字符型	001. 1.5°;002. 3°

[a] 约束条件取值:M(必选)。

表 D.3　数据内容(表名:contInfo)

序号	中文名称	缩写名	定义	约束条件[a]	最多出现次数	数据类型	值域
1	图层名称	layName	数据集所包含的图层名称	M	N	字符型	自由文本
2	数据集要素类型名称	catFetTyps	具有同类属性的要素类名称	M	N	字符型	自由文本
3	与数据集要素类名称对应的主要属性列表	attrTypList	要素类主要属性内容的文字表述	M	N	字符型	自由文本
4	数据量	capacity	数据集所占存储空间的大小	O	1	字符型	自由文本

[a] 约束条件取值:M(必选),O(可选)。

表 D.4　数据质量(表名:dqInfo)

序号	中文名称	缩写名	定义	约束条件[a]	最多出现次数	数据类型	值域
1	数据质量概述	dqStatement	数据集质量的定性和定量的概括说明	M	1	字符型	自由文本
2	数据志	dqLineage	数据生产过程中数据源、处理过程(算法与参数)等的说明信息	M	1	字符型	自由文本

[a] 约束条件取值:M(必选)。

ICS 65.020.99
B 04

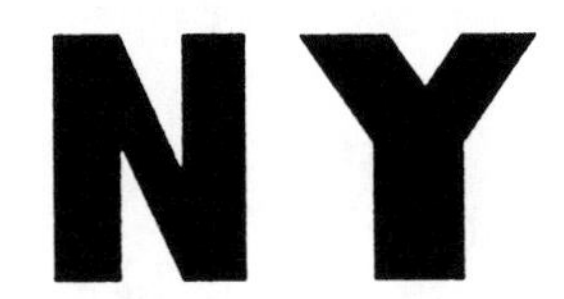

中华人民共和国农业行业标准

NY/T 3025—2016

农业环境污染损害鉴定技术导则

Technical guidelines for identification of agricultural environmental pollution damage

2016-12-23 发布　　　　2017-04-01 实施

中华人民共和国农业部　发布

目　　次

前　　言

本标准按照 GB/T 1.1—2009 给出的规则起草。

本标准由农业部科技教育司提出并归口。

本标准起草单位:农业部环境保护科研监测所、农业生态环境及农产品质量安全司法鉴定中心。

本标准主要起草人:王伟、沈跃、朱岩、郑向群、董如茵、强沥文。

农业环境污染损害鉴定技术导则

1 范围

本标准规定了农业环境污染损害鉴定的原则、程序、资料收集、现场调查、因果关系鉴定及损失评估。

本标准适用于农业环境污染事故或农业环境污染突发事件引起的因果关系鉴定和损失评估;本标准不适用于农业环境污染事故或农业环境污染突发事件引起的人体健康伤害鉴定。

2 规范性引用文件

下列文件对于本文件的应用是必不可少的。凡是注日期的引用文件,仅注日期的版本适用于本文件。凡是不注日期的引用文件,其最新版本(包括所有的修改单)适用于本文件。

GB 2762 食品安全国家标准 食品中的污染物限量
GB 3095 环境空气质量标准
GB 3838 地表水环境质量标准
GB 4284 农用污泥中污染物控制标准
GB 5084 农田灌溉水质标准
GB 11607 渔业水质标准
GB 15618 土壤环境质量标准
GB 16297 大气污染物综合排放标准
GB 18596 畜禽养殖业污染物排放标准
GB/T 21678 渔业污染事故经济损失计算方法
NY/T 395 农田土壤环境质量监测技术规范
NY/T 396 农用水源环境质量监测技术规范
NY/T 397 农区环境空气质量监测技术规范
NY/T 398 农畜水产品污染监测技术规范
NY/T 1263 农业环境污染事故损失评价技术准则
SF/Z JD0601001 农业环境污染事故司法鉴定经济损失估算实施规范
司发通〔2007〕71 号 司法鉴定文书规范

3 术语和定义

下列术语和定义适用于本文件。

3.1

农业生物 agricultural biont

具有生命特征且有一定经济价值的农业动植物,包括种植业、林业、畜禽养殖业、渔业生物及其产品。

3.2

农业环境 agricultural environment

农业生物繁衍生息所需的各种自然的或经人工改造的半自然因素的综合体,主要包括农作物、林草、畜禽、鱼类等农业生物生长、繁育所需的土壤、水体、空气等要素。

3.3

农业环境污染损害　agricultural environmental pollution damage

农业环境污染事故或者农业环境污染突发事件致使有害物质或能量进入农业环境的数量超过了环境自身的净化能力和特定的环境容量，对农业环境的正常状态和功能造成破坏，使农业生物及其产品遭受损失的现象。

3.4

因果关系鉴定　identification of causation

由具有鉴定资质的机构和人员就农业环境污染事故或者农业环境污染突发事件与农业生物及农业环境损失之间是否存在因果关系做出技术判断。

3.5

损失评估　loss assessment

由具有鉴定资质的机构和人员就农业环境污染事故或者农业环境污染突发事件造成的农业生物及农业环境损失的程度、范围等做出的定量化判断。

3.6

对照区　control area

鉴定中所选定的、能够与污染区进行对比分析、与受害区域距离较近、环境条件基本一致，没有受到污染且种养殖相同农业生物、采用同种生产技术的农业生产区域。

4　农业环境污染损害鉴定原则

4.1　科学客观原则

鉴定应从农业生物和农业环境的受害事实出发，通过症状辨认、现场调查、现场监测、实验检测等过程，科学分析受害原因和受害程度，既要使鉴定意见符合科学规律，也要与客观事实相符。

4.2　公正原则

鉴定人员应当遵守工作纪律、坚持原则，按照程序和有关规定开展工作。不受来自各个方面的干扰和影响，不偏袒任何一方，独立公正地做出判断。

4.3　时效性和适用性相统一原则

鉴定应当遵循法定的时限要求，一般应当在法定时限内完成；形成的鉴定意见要有助于解决行政执法和环境司法中的农业环境问题。

4.4　程序规范与可追溯性原则

鉴定应当依据科学规范的鉴定程序开展，鉴定的每个环节都应留有痕迹，实验应当具有可重复性，检测数据应当具有重现性。

5　鉴定范围

根据委托方的鉴定要求，结合污染物扩散规律和农业生物受害表征变化，综合确定鉴定的时间和空间范围。

a）以大气扩散为主的污染，要结合污染源存续时间、当地常年主导风向、排放点最大落地浓度、农业生物受害表征及存续时间等综合确定；

b）以水体流动为主的污染，要结合污染源存续时间、排污口位置与口径、水体流向、灌溉或养殖时间、农业生物受害表征及存续时间等综合确定；

c）以农用土壤为主的污染，要结合污染源存续时间、土壤中污染物含量及其迁移方式、农业生物受害表征及存续时间等，采取加密监测等方法综合确定。

6　鉴定程序与鉴定方法

6.1　鉴定程序

农业环境污染损害鉴定应按以下步骤展开:资料收集、现场调查、监测采样、实验检测、因果关系判定、损失评估、编制鉴定意见书。详见图1。

污染源确定,受害情况比较清楚,可不进行监测采样和实验检测。

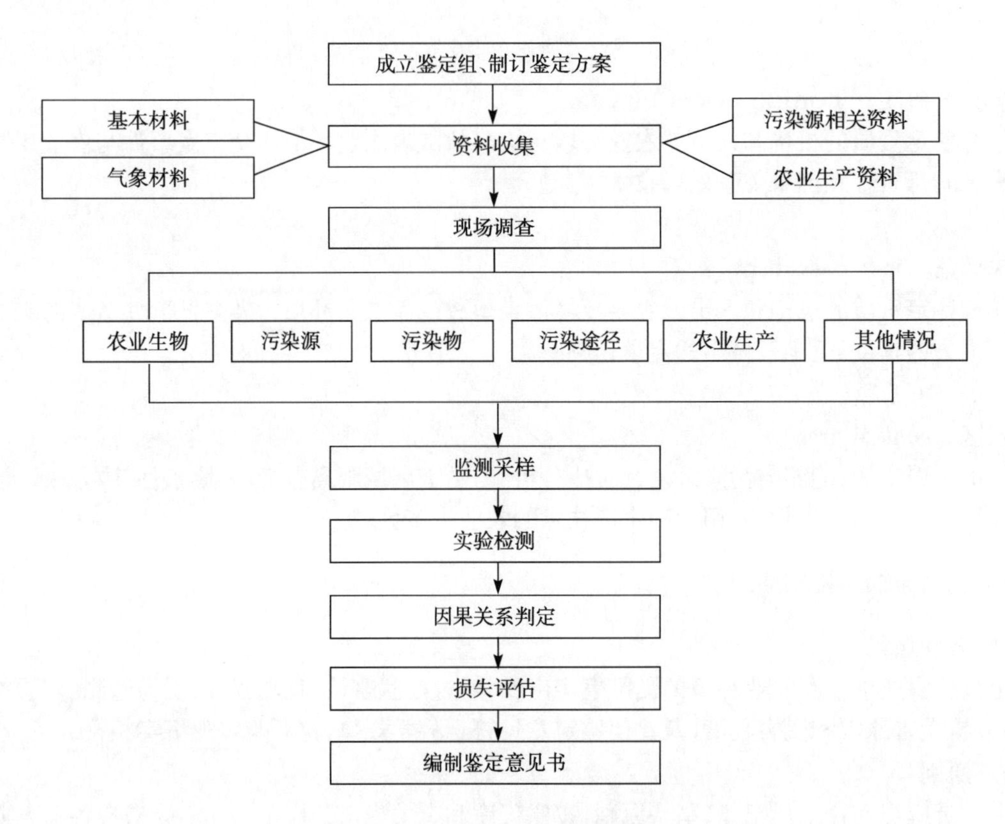

图1　农业环境污染损害鉴定流程图

6.2　鉴定方法

6.2.1　文献研究法

搜集、鉴别、分析、整理相关文献和鉴定案件资料,获取鉴定相关领域研究成果、历史数据与技术方法等相关信息,形成鉴定所需科学知识的方法。

6.2.2　统计分析法

运用数学方式,建立数学模型,结合鉴定案件具体情况,对鉴定相关领域的统计资料及各种数据进行数理统计和分析,在诉讼双方没有相反证据的情况下,评测受损农业生物正常年份的产量、品级、市场价格、环境本底状况等,获取定量结论的方法。

6.2.3　现场调查法

对鉴定范围内的农业生物和农业环境、污染源、污染路径、对照区域等进行实地考察和现场勘查,获取鉴定资料,形成初步判断的方法。

6.2.4　对照比对法

在标准缺失或技术依据不足的情况下,运用污染区与对照区对比的方式,识别污染物性质、类别,获取农业生物受损程度、减产量等鉴定信息的方法。

6.2.5　监测分析法

运用监测检测仪器设备对鉴定现场情况及采集的样品进行分析测试,获取监测检测数据的方法。

6.2.6　模拟推理法

受某些方面条件的限制,鉴定现场和受鉴对象部分缺失或不可再现,可采用模拟实验或遵循科学规律，进行逻辑推理，形成鉴定意见的方法。

6.2.7 专家评估法

稀有农业生物或农业环境受损，无法通过常规方法获取鉴定信息时，遴选本领域专家，由不少于5人的单数组成专家组，根据历史文献资料、已有研究结果和与鉴定案件相关的资料等进行综合分析，形成鉴定意见的方法。

7 资料收集

7.1 收集途径

7.1.1 委托收集

由委托方收集鉴定所需的有效材料。涉诉鉴定由司法机关通过司法途径收集后提供给鉴定单位；政府委托鉴定由政府相关职能部门收集后提供。需要通过现场调查补充的，根据鉴定需要现场补充。

7.1.2 自行收集

对于需要通过专业手段、动用专业设备收集的鉴定材料，由鉴定人员通过专业工具现场收集，比如受害农作物叶片、受害畜禽毛发等。

7.2 收集原则

7.2.1 充分性

与鉴定事项有关的音像资料、文件资料、证明资料、说明材料、检测报告等都要收集。

7.2.2 完整性

鉴定资料应当未被偶然或蓄意地删除、修改、伪造、乱序、重放等行为破坏或篡改。

7.2.3 真实性

鉴定资料应当符合客观事实，来源明确、可靠，不存在虚假成分。

7.2.4 针对性

鉴定人员要根据鉴定事项的特点和要求，拟定资料清单和收集方案，既要考虑鉴定过程的需要，也要考虑鉴定资料的实际情况、收集难易程度等，采取针对性措施。

7.2.5 可靠性

鉴定资料要有权威性出处，或得到政府相关职能部门确认，或经过公证机关公证，或经过法庭质证，或经过其他权威途径确证。

7.3 收集内容

7.3.1 基本材料

7.3.1.1 自然地理资料

记载鉴定区域地形、地貌、生态、植被等自然地理情况的资料。

7.3.1.2 土壤资料

土壤类型、土壤肥力水平和污染状况等资料。主要包括土壤污染源普查资料、土壤类型资料、土壤背景值、土壤肥力水平及土壤耕作管理制度等情况。

7.3.1.3 水体资料

鉴定区域灌溉或养殖水资源的数量和水环境质量，包括地表水年径流量、主要河流走向、水质、沿岸污染源分布、工农业利用情况等；地下水储量、水位、水质、工农业利用情况等。

7.3.1.4 农业生物资料

农业生物的生产规模、品种、数量、商品率等；农业生物受害后的表征、生长发育、产量、品质、受害范围等资料。

7.3.2 气象资料

农业生物受损前后的气象资料，包括降水频率与降水量、风力风向、温度、湿度、日照等。

7.3.3 与污染源有关的资料

环境影响评价资料、环境监察记录、监督性监测报告、排污单位被投诉、处罚的记录；政府相关部门现场检查笔录、视频、照片等。

7.3.4 农业生产资料

鉴定区域种养殖农业生物类型、耕作或养殖习惯、土地利用情况、灌溉或养殖水体情况、耕地或养殖水体质量现状和变化情况等，近三年自然灾害、病虫害、污染事故或突发事件发生情况等。

7.3.5 其他资料

与鉴定事项相关的其他信息、资料、物品。

7.4 收集方式

不同类型的农业环境污染事故或者农业环境污染突发事件，可由鉴定人员根据鉴定需要选择收集，资料收集也可以与现场调查交叉进行。

8 现场调查

8.1 调查方法

现场调查应充分利用便携式仪器设备，采取走访座谈、实地勘察、遥感调查、现场抽样等方法，全面了解鉴定区域和受鉴对象的真实情况。

8.2 调查内容

8.2.1 农业生物

8.2.1.1 农业生物受害症状

选择受害重、症状典型的区域，随机选取受害生物样品若干，观察和辨别受害部位和症状。植物类要重点观察根、茎、叶、花、果等部位及农产品形状、大小、质量、颜色等；畜禽类主要观察其牙齿、蹄脚、毛皮等外表特征、习性变化、五官和内脏，重点关注其部位的异常情况以及日常的不正常行为，后代健康情况等；水产品重点察看是否有异常行为、器官是否畸变等。

8.2.1.2 农业生物产量和质量

包括受损农业生物种养殖面积、产量、品质，农业生物受损前三年的平均产量及品质、对照区相同农业生物平均产量及品质等。

8.2.2 污染源

8.2.2.1 基本情况：污染企业性质、投产年代、产品、产量、生产水平及企业所属环境功能区。

8.2.2.2 生产工艺：工艺原理、工艺流程、工艺水平、设备水平。

8.2.2.3 能源、水源及原辅材料：能源构成、成分，水源类型、供水方式、供水量，循环水量、循环利用率原辅材料种类、成分及含量。

8.2.2.4 生产布局：原料、燃料堆放场、车间、办公室、堆渣场等位置。

8.2.2.5 管理情况：环保设施管理制度及专业技术人员水平等，环保竣工验收情况，环保设施运转情况，污染物排放常规监测情况。

8.2.2.6 排放情况：污染排放方式、途径、浓度、数量，排放口位置、数量，历史排放及事故性排放情况。

8.2.2.7 污染处理情况：治理方法、工艺、效果，副产品处置等。

8.2.3 污染物

8.2.3.1 污染物质的种类，物理、化学和生物性质，环境行为，毒性数据等。

8.2.3.2 污染物释放速率、数量、频率、周期、位置，污染物存在形态，污染物进入的环境介质、特性，周围环境生物的类型、种类、空间分布、生态环境特性等。

8.2.4 **污染途径**

选择受害较重区域,用目测法和询问法进行调查,仔细观察周围地区的地形、地貌、河流、水文、气象等环境特征,观察污染物质进入鉴定区域的途径和方式。查明污染物迁移、扩散、转化规律、受害区域自然规律、受害生物的生活习性。查明企业排污设备的性能、数量及排污速率等,明确所排污染物的浓度或剂量、排放至外环境的持续时间。明确污染物转化后的可能物质、污染物累积程度、主要扩散去向等。

8.2.5 **农业生产**

8.2.5.1 农兽药品种,施用方式、时间、剂量,有效成分含量、稳定性、残效期等,是否按规范施用等。

8.2.5.2 施用的肥料品种、数量、方式、时间、单位面积平均施用量等。

8.2.5.3 土壤类型、土壤质量、沙化程度等。

8.2.5.4 农作物秸秆、牲畜粪便、农用机油渣、养殖污水、农用薄膜、农业垃圾等的产生量及处理方式,农药化肥种子等的外包装物处理方式等。

8.2.6 **其他情况**

受损农业生物种养殖习惯、种养殖方式、是否受到人为破坏等。鉴定区域的地貌和致害时的气象特征。

9 监测采样

9.1 监测要素、监测项目及监测分析方法的确定

9.1.1 **监测要素和监测项目**

根据委托方要求以及国家、行业、地方标准的有关规定,结合资料收集和现场调查情况,确定相应的监测要素和监测项目。

在资料收集和现场调查阶段可以明确排除的环境要素和污染物项目,可不予监测。

9.1.2 **监测分析方法及适用标准的选择原则**

按国家标准、农业行业标准、环境保护行业标准、司法鉴定技术规范、地方标准的顺序选择;在相关标准缺失的情况下,可选用国际标准或典型国家相关标准;国际标准或典型国家标准缺失时,则遵循行业较为认可或权威著作推荐的方法;上述依据均缺失的情况下,鉴定单位有自定方法的,在征得委托方、政府职能部门或司法机关认可的情况下,可予采用。

9.2 **现场监测与样品采集**

9.2.1 根据污染源、污染物、排放路径、受害对象及其分布,制订现场监测方案,布设监测采样点位,采集空气、水体、土壤及农业生物等样品,并进行现场监测。

9.2.2 样品采集应符合监测方案和有关技术要求,特殊情况下(如点位设置困难)可由样品的可获取性来决定,但应当做出说明。对可以保存的样品,应同时采集正样和副样,副样的数量应能满足至少两次检测需要。

9.2.3 农区环境空气、农用水源、农田土壤、农畜水产品的现场监测及布点采样,按照NY/T 395、NY/T 396、NY/T 397和NY/T 398的规定执行。

9.3 **实验检测**

9.3.1 将采集的大气、水体、土壤及农业生物样品,依照相关要求,送达实验室。根据鉴定人确定的待检指标,依照相关检测方法标准、仪器设备使用规范,进行前处理和上机检测,依照检测规范和污染物限量标准分析检测数据。通过添加标准物质控制检测质量。检测应符合仲裁检测的相关要求,包括备样、平行样、结果表述等。

9.3.2 农区环境空气、农用水源、农田土壤、农畜水产品样品检测、数据分析、结果评价,按照GB 2762、GB 3095、GB 3838、GB 4284、GB 5084、GB 11607、GB 15618、GB 16297、GB 18596、NY/T 395、NY/

T 396、NY/T 397、NY/T 398 的规定执行。

10 因果关系鉴定

10.1 判定依据

在判定因果关系时，如果同时具备下列条件，可认定污染排放行为与农业生物或农业环境损害之间具有因果关系：

——污染源存在向农业生物或农业环境排放污染物的事实；

——农业生物或农业环境受到污染物的影响，且影响程度可检测；

——农业生物或农业环境中检测出污染物，且含量超出国家、行业、地方标准或对照；

——受害农业生物或农业环境受影响范围内可排除其他污染源或者其他可疑污染源；

——受害农业生物或农业环境受影响可排除污染物总量、数量及其相互间关系的时间矛盾；

——受害农业生物或农业环境在受影响期间可排除自然灾害、病虫害、人为破坏等非污染因素。

10.2 因果关系判断

在资料翔实、证据充分的基础上，进行科学分析，做出因果关系判断。包括污染物的真实性和危害性认定、环境特征和传输污染物的可能性认定、受害生物分布和受害症状的专一性认定、污染物排放与生物伤害后果在时间和空间尺度上的同一性认定。

因果关系鉴定意见应当明确，形成肯定性或否定性意见。

10.3 其他规定

在确定因果关系时，要注意区分受害农业生物的毒理与病理效应，考虑污染物进入农业生物体后的分布、生物降解与积累、活性增减，考虑多种污染物间的毒性独立、协同、拮抗作用的变化情况。

对于慢性农业环境污染事故，分析因果关系时，要注重分析生物和环境的自然可变性；污染物的组成、强度、速率和持续时间的可变性；污染物在环境中的时空分布和生物受体规模间的一致性；污染物在传输过程中的数量、形态变化等情况。

11 损失评估

农业环境污染事故或者农业环境污染突发事件造成的农业生物及农业环境损失的估算，按照 GB/T 21678、NY/T 1263 和 SF/Z JD0601001 的规定执行。

12 鉴定意见书编写

鉴定意见书按照司发通〔2007〕71 号的格式书写。

鉴定意见书编写要求详见附录 A。

附 录 A
(规范性附录)
农业环境污染损害鉴定意见书

农业环境污染损害鉴定意见书式样见图 A.1。

××农业环境污染损害
鉴定意见书

声　　明

1．委托人应当向鉴定单位提供真实、完整、充分的鉴定材料，并对鉴定材料的真实性、合法性负责。

2．鉴定人按照法律、法规和规章规定的方式、方法和步骤，遵守和采用相关技术标准和技术规范进行鉴定。

3．鉴定实行鉴定人负责制度。鉴定人依法独立、客观、公正地进行鉴定，不受任何个人和组织的非法干预。

4．使用本鉴定文书应当保持其完整性和严肃性。

鉴定单位地址：

联系电话：

标题

[20××]农环鉴意字第×号

一、基本情况

委 托 方：

鉴定事项：

受理日期：

鉴定材料：

鉴定对象：

二、案情摘要

三、现场调查

1. 调查方法

2. 调查范围

3. 调查内容

四、监测采样

1. 监测项目

2. 监测依据

3. 监测点位布设

4. 样品采集

五、实验检测

1. 检测项目

2. 检测依据

3. 检测结果

六、分析说明

七、因果关系判定

八、损失估算

九、限定性条件说明

制约鉴定工作开展，并影响鉴定意见形成的不利条件。比如鉴定现场发生部分变化、鉴定材料部分缺失、鉴定标准缺失等。

十、鉴定意见

十一、专家建议

根据致害原因和危害程度，提出的减轻、消除、杜绝损害再次发生及后期修复治理的科学建议。

鉴定人签名或者盖章

鉴定人签名或者盖章

（鉴定单位公章）

二〇××年×月×日

附件：

1.检测数据报告单。

2.监测点位布设图。

3.农业生物和农业环境受害照片或其他资料。

4.鉴定意见书中引用的鉴定资料，包括但不限于风向玫瑰图、主管部门监测报告、现场勘查记录、询问笔录。

5.鉴定标准或其他鉴定依据。

图 A.1　农业环境污染损害鉴定意见书式样

附录

中华人民共和国农业部公告
第 2377 号

《巴氏杀菌乳和 UHT 灭菌乳中复原乳的鉴定》标准业经专家审定通过，现批准发布为中华人民共和国农业行业标准，标准号为 NY/T 939—2016，代替农业行业标准 NY/T 939—2005，自 2016 年 4 月 1 日起实施。

特此公告。

农业部

2016 年 3 月 23 日

中华人民共和国农业部公告
第 2405 号

《农药登记用卫生杀虫剂室内药效试验及评价　第 6 部分:服装面料用驱避剂》等 97 项标准业经专家审定通过,现批准发布为中华人民共和国农业行业标准,自 2016 年 10 月 1 日起实施。

特此公告。

附件:《农药登记用卫生杀虫剂室内药效试验及评价　第 6 部分:服装面料用驱避剂》等 97 项农业行业标准目录

农业部

2016 年 5 月 23 日

附件：

《农药登记用卫生杀虫剂室内药效试验及评价 第6部分：服装面料用驱避剂》等97项农业行业标准目录

序号	标准号	标准名称	代替标准号
1	NY/T 1151.6—2016	农药登记用卫生杀虫剂室内药效试验及评价　第6部分：服装面料用驱避剂	
2	NY/T 1153.7—2016	农药登记用白蚁防治剂药效试验方法及评价　第7部分：农药喷粉处理防治白蚁	
3	NY/T 1464.59—2016	农药田间药效试验准则　第59部分：杀虫剂防治茭白螟虫	
4	NY/T 1464.60—2016	农药田间药效试验准则　第60部分：杀虫剂防治姜(储藏期)异型眼蕈蚊幼虫	
5	NY/T 1464.61—2016	农药田间药效试验准则　第61部分：除草剂防治高粱田杂草	
6	NY/T 1464.62—2016	农药田间药效试验准则　第62部分：植物生长调节剂促进西瓜生长	
7	NY/T 1859.8—2016	农药抗性风险评估　第8部分：霜霉病菌对杀菌剂抗药性风险评估	
8	NY/T 1860.1—2016	农药理化性质测定试验导则　第1部分：pH	NY/T 1860.1—2010
9	NY/T 1860.2—2016	农药理化性质测定试验导则　第2部分：酸(碱)度	NY/T 1860.2—2010
10	NY/T 1860.3—2016	农药理化性质测定试验导则　第3部分：外观	NY/T 1860.3—2010
11	NY/T 1860.4—2016	农药理化性质测定试验导则　第4部分：热稳定性	NY/T 1860.4—2010
12	NY/T 1860.5—2016	农药理化性质测定试验导则　第5部分：紫外/可见光吸收	NY/T 1860.5—2010
13	NY/T 1860.6—2016	农药理化性质测定试验导则　第6部分：爆炸性	NY/T 1860.6—2010
14	NY/T 1860.7—2016	农药理化性质测定试验导则　第7部分：水中光解	NY/T 1860.7—2010
15	NY/T 1860.8—2016	农药理化性质测定试验导则　第8部分：正辛醇/水分配系数	NY/T 1860.8—2010
16	NY/T 1860.9—2016	农药理化性质测定试验导则　第9部分：水解	NY/T 1860.9—2010
17	NY/T 1860.10—2016	农药理化性质测定试验导则　第10部分：氧化/还原：化学不相容性	NY/T 1860.10—2010
18	NY/T 1860.11—2016	农药理化性质测定试验导则　第11部分：闪点	NY/T 1860.11—2010
19	NY/T 1860.12—2016	农药理化性质测定试验导则　第12部分：燃点	NY/T 1860.12—2010
20	NY/T 1860.13—2016	农药理化性质测定试验导则　第13部分：与非极性有机溶剂混溶性	NY/T 1860.13—2010
21	NY/T 1860.14—2016	农药理化性质测定试验导则　第14部分：饱和蒸气压	NY/T 1860.14—2010
22	NY/T 1860.15—2016	农药理化性质测定试验导则　第15部分：固体可燃性	NY/T 1860.15—2010
23	NY/T 1860.16—2016	农药理化性质测定试验导则　第16部分：对包装材料腐蚀性	NY/T 1860.16—2010
24	NY/T 1860.17—2016	农药理化性质测定试验导则　第17部分：密度	NY/T 1860.17—2010
25	NY/T 1860.18—2016	农药理化性质测定试验导则　第18部分：比旋光度	NY/T 1860.18—2010
26	NY/T 1860.19—2016	农药理化性质测定试验导则　第19部分：沸点	NY/T 1860.19—2010
27	NY/T 1860.20—2016	农药理化性质测定试验导则　第20部分：熔点/熔程	NY/T 1860.20—2010
28	NY/T 1860.21—2016	农药理化性质测定试验导则　第21部分：黏度	NY/T 1860.21—2010
29	NY/T 1860.22—2016	农药理化性质测定试验导则　第22部分：有机溶剂中溶解度	NY/T 1860.22—2010
30	NY/T 1860.23—2016	农药理化性质测定试验导则　第23部分：水中溶解度	
31	NY/T 1860.24—2016	农药理化性质测定试验导则　第24部分：固体的相对自燃温度	
32	NY/T 1860.25—2016	农药理化性质测定试验导则　第25部分：气体可燃性	

(续)

序号	标准号	标准名称	代替标准号
33	NY/T 1860.26—2016	农药理化性质测定试验导则　第26部分:自燃温度(液体与气体)	
34	NY/T 1860.27—2016	农药理化性质测定试验导则　第27部分:气雾剂的可燃性	
35	NY/T 1860.28—2016	农药理化性质测定试验导则　第28部分:氧化性	
36	NY/T 1860.29—2016	农药理化性质测定试验导则　第29部分:遇水可燃性	
37	NY/T 1860.30—2016	农药理化性质测定试验导则　第30部分:水中解离常数	
38	NY/T 1860.31—2016	农药理化性质测定试验导则　第31部分:水溶液表面张力	
39	NY/T 1860.32—2016	农药理化性质测定试验导则　第32部分:粒径分布	
40	NY/T 1860.33—2016	农药理化性质测定试验导则　第33部分:吸附/解吸附	
41	NY/T 1860.34—2016	农药理化性质测定试验导则　第34部分:水中形成络合物的能力	
42	NY/T 1860.35—2016	农药理化性质测定试验导则　第35部分:聚合物分子量和分子量分布测定(凝胶渗透色谱法)	
43	NY/T 1860.36—2016	农药理化性质测定试验导则　第36部分:聚合物低分子量组分含量测定(凝胶渗透色谱法)	
44	NY/T 1860.37—2016	农药理化性质测定试验导则　第37部分:自热物质试验	
45	NY/T 1860.38—2016	农药理化性质测定试验导则　第38部分:对金属和金属离子的稳定性	
46	NY/T 2061.5—2016	农药室内生物测定试验准则　植物生长调节剂　第5部分:混配的联合作用测定	
47	NY/T 2062.4—2016	天敌防治靶标生物田间药效试验准则　第4部分:七星瓢虫防治保护地蔬菜蚜虫	
48	NY/T 2063.4—2016	天敌昆虫室内饲养方法准则　第4部分:七星瓢虫室内饲养方法	
49	NY/T 2882.1—2016	农药登记　环境风险评估指南　第1部分:总则	
50	NY/T 2882.2—2016	农药登记　环境风险评估指南　第2部分:水生生态系统	
51	NY/T 2882.3—2016	农药登记　环境风险评估指南　第3部分:鸟类	
52	NY/T 2882.4—2016	农药登记　环境风险评估指南　第4部分:蜜蜂	
53	NY/T 2882.5—2016	农药登记　环境风险评估指南　第5部分:家蚕	
54	NY/T 2882.6—2016	农药登记　环境风险评估指南　第6部分:地下水	
55	NY/T 2882.7—2016	农药登记　环境风险评估指南　第7部分:非靶标节肢动物	
56	NY/T 2883—2016	农药登记用日本血吸虫尾蚴防护剂药效试验方法及评价	
57	NY/T 2884.1—2016	农药登记用仓储害虫防治剂药效试验方法和评价　第1部分:防护剂	
58	NY/T 2885—2016	农药登记田间药效试验质量管理规范	
59	NY/T 2886—2016	农药登记原药全组分分析试验指南	
60	NY/T 2887—2016	农药产品质量分析方法确认指南	
61	NY/T 2888.1—2016	真菌微生物农药　木霉菌　第1部分:木霉菌母药	
62	NY/T 2888.2—2016	真菌微生物农药　木霉菌　第2部分:木霉菌可湿性粉剂	
63	NY/T 2889.1—2016	氨基寡糖素　第1部分:氨基寡糖素母药	
64	NY/T 2889.2—2016	氨基寡糖素　第2部分:氨基寡糖素水剂	
65	NY/T 2890—2016	稻米中γ-氨基丁酸的测定　高效液相色谱法	
66	NY/T 2594—2016	植物品种鉴定　DNA分子标记法　总则	NY/T 2594—2014
67	NY/T 638—2016	蜂王浆生产技术规范	NY/T 638—2002
68	NY/T 2891—2016	禾本科草种子生产技术规程　老芒麦和披碱草	
69	NY/T 2892—2016	禾本科草种子生产技术规程　多花黑麦草	
70	NY/T 2893—2016	绒山羊饲养管理技术规范	

（续）

序号	标准号	标准名称	代替标准号
71	NY/T 2894—2016	猪活体背膘厚和眼肌面积的测定　B型超声波法	
72	NY/T 2895—2016	饲料中叶酸的测定　高效液相色谱法	
73	NY/T 2896—2016	饲料中斑蝥黄的测定　高效液相色谱法	
74	NY/T 2897—2016	饲料中β-阿朴-8′-胡萝卜素醛的测定　高效液相色谱法	
75	NY/T 2898—2016	饲料中串珠镰刀菌素的测定　高效液相色谱法	
76	NY/T 502—2016	花生收获机　作业质量	NY/T 502—2002
77	NY/T 1138.1—2016	农业机械维修业开业技术条件　第1部分:农业机械综合维修点	NY/T 1138.1—2006
78	NY/T 1138.2—2016	农业机械维修业开业技术条件　第2部分:农业机械专项维修点	NY/T 1138.2—2006
79	NY/T 1408.6—2016	农业机械化水平评价　第6部分:设施农业	
80	NY/T 2899—2016	农业机械生产企业维修服务能力评价规范	
81	NY/T 2900—2016	报废农业机械回收拆解技术规范	
82	NY/T 2901—2016	温室工程　机械设备安装工程施工及验收通用规范	
83	NY/T 2902—2016	甘蔗联合收获机　作业质量	
84	NY/T 2903—2016	甘蔗收获机　质量评价技术规范	
85	NY/T 2904—2016	葡萄埋藤机　质量评价技术规范	
86	NY/T 2905—2016	方草捆打捆机　质量评价技术规范	
87	NY/T 2906—2016	水稻插秧机可靠性评价方法	
88	NY/T 443—2016	生物制气化供气系统技术条件及验收规范	NY/T 443—2001
89	NY/T 1699—2016	玻璃纤维增强塑料户用沼气池技术条件	NY/T 1699—2009
90	NY/T 2907—2016	生物质常压固定床气化炉技术条件	
91	NY/T 2908—2016	生物质气化集中供气运行与管理规范	
92	NY/T 2909—2016	生物质固体成型燃料质量分级	
93	NY/T 2910—2016	硬质塑料户用沼气池	
94	NY/T 5010—2016	无公害农产品　种植业产地环境条件	NY 5020—2001、NY 5010—2002、NY 5023—2002、NY 5087—2002、NY 5104—2002、NY 5107—2002、NY 5110—2002、NY 5116—2002、NY 5120—2002、NY 5123—2002、NY 5181—2002、NY 5294—2004、NY 5013—2006、NY 5331—2006、NY 5332—2006、NY 5358—2007、NY 5359—2010、NY 5360—2010
95	NY/T 5030—2016	无公害农产品　兽药使用准则	NY 5138—2002、NY 5030—2006
96	NY/T 5361—2016	无公害农产品　淡水养殖产地环境条件	NY 5361—2010
97	SC/T 3033—2016	养殖暗纹东方鲀鲜、冻品加工操作规范	

中华人民共和国农业部公告
第 2406 号

根据《中华人民共和国农业转基因生物安全管理条例》规定，《农业转基因生物安全管理通用要求　实验室》等 10 项标准业经专家审定通过和我部审查批准，现发布为中华人民共和国国家标准，自 2016 年 10 月 1 日起实施。

特此公告。

附件：《农业转基因生物安全管理通用要求　实验室》等 10 项标准目录

农业部

2016 年 5 月 23 日

附件：

《农业转基因生物安全管理通用要求　实验室》等 10 项标准目录

序号	标准名称	标准号	代替标准号
1	农业转基因生物安全管理通用要求　实验室	农业部 2406 号公告—1—2016	
2	农业转基因生物安全管理通用要求　温室	农业部 2406 号公告—2—2016	
3	农业转基因生物安全管理通用要求　试验基地	农业部 2406 号公告—3—2016	
4	转基因生物及其产品食用安全检测　蛋白质 7 天经口毒性试验	农业部 2406 号公告—4—2016	
5	转基因生物及其产品食用安全检测　外源蛋白质致敏性人血清酶联免疫试验	农业部 2406 号公告—5—2016	
6	转基因生物及其产品食用安全检测　营养素大鼠表观消化率试验	农业部 2406 号公告—6—2016	
7	转基因动物及其产品成分检测　DNA 提取和纯化	农业部 2406 号公告—7—2016	
8	转基因动物及其产品成分检测　人乳铁蛋白基因(hLTF)定性 PCR 方法	农业部 2406 号公告—8—2016	
9	转基因动物及其产品成分检测　人 α-乳清蛋白基因(hLALBA)定性 PCR 方法	农业部 2406 号公告—9—2016	
10	转基因生物及其产品食用安全检测　蛋白质急性经口毒性试验	农业部 2406 号公告—10—2016	农业部 2031 号公告—16—2013

中华人民共和国农业部公告
第 2461 号

《测土配方施肥技术规程》等 110 项标准业经专家审定通过，现批准发布为中华人民共和国农业行业标准，自 2017 年 4 月 1 日起实施。

特此公告。

附件：《测土配方施肥技术规程》等 110 项农业行业标准目录

农业部

2016 年 10 月 26 日

附件：

《测土配方施肥技术规程》等 110 项农业行业标准目录

序号	标准号	标准名称	代替标准号
1	NY/T 2911—2016	测土配方施肥技术规程	
2	NY/T 2912—2016	北方旱寒区白菜型冬油菜品种试验记载规范	
3	NY/T 2913—2016	北方旱寒区冬油菜栽培技术规程	
4	NY/T 2914—2016	黄淮冬麦区小麦栽培技术规程	
5	NY/T 2915—2016	水稻高温热害鉴定与分级	
6	NY/T 2916—2016	棉铃虫抗药性监测技术规程	
7	NY/T 2917—2016	小地老虎防治技术规程	
8	NY/T 2918—2016	南方水稻黑条矮缩病防治技术规程	
9	NY/T 2919—2016	瓜类果斑病防控技术规程	
10	NY/T 2920—2016	柑橘黄龙病防控技术规程	
11	NY/T 2921—2016	苹果种质资源描述规范	
12	NY/T 2922—2016	梨种质资源描述规范	
13	NY/T 2923—2016	桃种质资源描述规范	
14	NY/T 2924—2016	李种质资源描述规范	
15	NY/T 2925—2016	杏种质资源描述规范	
16	NY/T 2926—2016	柿种质资源描述规范	
17	NY/T 2927—2016	枣种质资源描述规范	
18	NY/T 2928—2016	山楂种质资源描述规范	
19	NY/T 2929—2016	枇杷种质资源描述规范	
20	NY/T 2930—2016	柑橘种质资源描述规范	
21	NY/T 2931—2016	草莓种质资源描述规范	
22	NY/T 2932—2016	葡萄种质资源描述规范	
23	NY/T 2933—2016	猕猴桃种质资源描述规范	
24	NY/T 2934—2016	板栗种质资源描述规范	
25	NY/T 2935—2016	核桃种质资源描述规范	
26	NY/T 2936—2016	甘蔗种质资源描述规范	
27	NY/T 2937—2016	莲种质资源描述规范	
28	NY/T 2938—2016	芋种质资源描述规范	
29	NY/T 2939—2016	甘薯种质资源描述规范	
30	NY/T 2940—2016	马铃薯种质资源描述规范	
31	NY/T 2941—2016	茭白种质资源描述规范	
32	NY/T 2942—2016	苎麻种质资源描述规范	
33	NY/T 2943—2016	茶树种质资源描述规范	
34	NY/T 2944—2016	橡胶树种质资源描述规范	
35	NY/T 2945—2016	野生稻种质资源描述规范	
36	NY/T 2946—2016	豆科牧草种质资源描述规范	
37	NY/T 2947—2016	枸杞中甜菜碱含量的测定　高效液相色谱法	
38	NY/T 2948—2016	农药再评价技术规范	
39	NY/T 2949—2016	高标准农田建设技术规范	
40	NY/T 2950—2016	烟粉虱测报技术规范　棉花	
41	NY/T 2163.1—2016	盲蝽测报技术规范　第 1 部分:棉花	NY/T 2163—2012
42	NY/T 2163.2—2016	盲蝽测报技术规范　第 2 部分:果树	
43	NY/T 2163.3—2016	盲蝽测报技术规范　第 3 部分:茶树	

（续）

序号	标准号	标准名称	代替标准号
44	NY/T 2163.4—2016	盲蝽测报技术规范　第4部分:苜蓿	
45	NY/T 2951.1—2016	盲蝽综合防治技术规范　第1部分:棉花	
46	NY/T 2951.2—2016	盲蝽综合防治技术规范　第2部分:果树	
47	NY/T 2951.3—2016	盲蝽综合防治技术规范　第3部分:茶树	
48	NY/T 2951.4—2016	盲蝽综合防治技术规范　第4部分:苜蓿	
49	NY/T 1248.6—2016	玉米抗病虫性鉴定技术规范　第6部分:腐霉茎腐病	
50	NY/T 1248.7—2016	玉米抗病虫性鉴定技术规范　第7部分:镰孢茎腐病	
51	NY/T 1248.8—2016	玉米抗病虫性鉴定技术规范　第8部分:镰孢穗腐病	
52	NY/T 1248.9—2016	玉米抗病虫性鉴定技术规范　第9部分:纹枯病	
53	NY/T 1248.10—2016	玉米抗病虫性鉴定技术规范　第10部分:弯孢叶斑病	
54	NY/T 1248.11—2016	玉米抗病虫性鉴定技术规范　第11部分:灰斑病	
55	NY/T 1248.12—2016	玉米抗病虫性鉴定技术规范　第12部分:瘤黑粉病	
56	NY/T 1248.13—2016	玉米抗病虫性鉴定技术规范　第13部分:粗缩病	
57	NY/T 2952—2016	棉花黄萎病抗性鉴定技术规程	
58	NY/T 2953—2016	小麦区域试验品种抗条锈病鉴定技术规程	
59	NY/T 2954—2016	小麦区域试验品种抗赤霉病鉴定技术规程	
60	NY/T 2955—2016	水稻品种试验水稻黑条矮缩病抗性鉴定与评价技术规程	
61	NY/T 2956—2016	民猪	
62	NY/T 541—2016	兽医诊断样品采集、保存与运输技术规范	NY/T 541—2002
63	NY/T 563—2016	禽霍乱(禽巴氏杆菌病)诊断技术	NY/T 563—2002
64	NY/T 564—2016	猪巴氏杆菌病诊断技术	NY/T 564—2002
65	NY/T 572—2016	兔病毒性出血病血凝和血凝抑制试验方法	NY/T 572—2002
66	NY/T 1620—2016	种鸡场动物卫生规范	NY/T 1620—2008
67	NY/T 2957—2016	畜禽批发市场兽医卫生规范	
68	NY/T 2958—2016	生猪及产品追溯关键指标规范	
69	NY/T 2959—2016	兔波氏杆菌病诊断技术	
70	NY/T 2960—2016	兔病毒性出血病病毒 RT-PCR 检测方法	
71	NY/T 2961—2016	兽医实验室　质量和技术要求	
72	NY/T 2962—2016	奶牛乳房炎乳汁中金黄色葡萄球菌、凝固酶阴性葡萄球菌、无乳链球菌分离鉴定方法	
73	NY/T 708—2016	甘薯干	NY/T 708—2003
74	NY/T 2963—2016	薯类及薯制品名词术语	
75	NY/T 2964—2016	鲜湿发酵米粉加工技术规范	
76	NY/T 2965—2016	骨粉加工技术规程	
77	NY/T 2966—2016	枸杞干燥技术规范	
78	NY/T 2967—2016	种牛场建设标准	NYJ/T 01—2005
79	NY/T 2968—2016	种猪场建设标准	NYJ/T 03—2005
80	NY/T 2969—2016	集约化养鸡场建设标准	NYJ/T 05—2005
81	NY/T 2970—2016	连栋温室建设标准	NYJ/T 06—2005
82	NY/T 2971—2016	家畜资源保护区建设标准	
83	NY/T 2972—2016	县级农村土地承包经营纠纷仲裁基础设施建设标准	
84	NY/T 422—2016	绿色食品　食用糖	NY/T 422—2006
85	NY/T 427—2016	绿色食品　西甜瓜	NY/T 427—2007
86	NY/T 434—2016	绿色食品　果蔬汁饮料	NY/T 434—2007
87	NY/T 473—2016	绿色食品　畜禽卫生防疫准则	NY/T 473—2001、NY/T 1892—2010

（续）

序号	标准号	标准名称	代替标准号
88	NY/T 898—2016	绿色食品　含乳饮料	NY/T 898—2004
89	NY/T 899—2016	绿色食品　冷冻饮品	NY/T 899—2004
90	NY/T 900—2016	绿色食品　发酵调味品	NY/T 900—2007
91	NY/T 1043—2016	绿色食品　人参和西洋参	NY/T 1043—2006
92	NY/T 1046—2016	绿色食品　焙烤食品	NY/T 1046—2006
93	NY/T 1507—2016	绿色食品　山野菜	NY/T 1507—2007
94	NY/T 1510—2016	绿色食品　麦类制品	NY/T 1510—2007
95	NY/T 2973—2016	绿色食品　啤酒花及其制品	
96	NY/T 2974—2016	绿色食品　杂粮米	
97	NY/T 2975—2016	绿色食品　头足类水产品	
98	NY/T 2976—2016	绿色食品　冷藏、速冻调制水产品	
99	NY/T 2977—2016	绿色食品　薏仁及薏仁粉	
100	NY/T 2978—2016	绿色食品　稻谷	
101	NY/T 2979—2016	绿色食品　天然矿泉水	
102	NY/T 2980—2016	绿色食品　包装饮用水	
103	NY/T 2981—2016	绿色食品　魔芋及其制品	
104	NY/T 2982—2016	绿色食品　油菜籽	
105	NY/T 2983—2016	绿色食品　速冻水果	
106	NY/T 2984—2016	绿色食品　淀粉类蔬菜粉	
107	NY/T 2985—2016	绿色食品　低聚糖	
108	NY/T 2986—2016	绿色食品　糖果	
109	NY/T 2987—2016	绿色食品　果醋饮料	
110	NY/T 2988—2016	绿色食品　湘式挤压糕点	

中华人民共和国农业部公告
第 2466 号

《农药常温储存稳定性试验通则》等 83 项标准业经专家审定通过，现批准发布为中华人民共和国农业行业标准，自 2017 年 4 月 1 日起实施。

特此公告。

附件：《农药常温储存稳定性试验通则》等 83 项农业行业标准目录

农业部

2016 年 11 月 1 日

附件：

《农药常温储存稳定性试验通则》等83项农业行业标准目录

序号	标准号	标准名称	代替标准号
1	NY/T 1427—2016	农药常温储存稳定性试验通则	NY/T 1427—2007
2	NY/T 2989—2016	农药登记产品规格制定规范	
3	NY/T 2990—2016	禁限用农药定性定量分析方法	
4	NY/T 2991—2016	农机农艺结合生产技术规程甘蔗	
5	NY/T 2992—2016	甘薯茎线虫病综合防治技术规程	
6	NY/T 402—2016	脱毒甘薯种薯(苗)病毒检测技术规程	NY/T 402—2000
7	NY/T 2993—2016	陆川猪	
8	NY/T 2994—2016	苜蓿草田主要虫害防治技术规程	
9	NY/T 2995—2016	家畜遗传资源濒危等级评定	
10	NY/T 2996—2016	家禽遗传资源濒危等级评定	
11	NY/T 2997—2016	草地分类	
12	NY/T 2998—2016	草地资源调查技术规程	
13	NY/T 2999—2016	羔羊代乳料	
14	NY/T 3000—2016	黄颡鱼配合饲料	
15	NY/T 3001—2016	饲料中氨基酸的测定　毛细管电泳法	
16	NY/T 3002—2016	饲料中动物源性成分检测　显微镜法	
17	NY/T 221—2016	橡胶树栽培技术规程	NY/T 221—2006
18	NY/T 245—2016	剑麻纤维制品含油率的测定	NY/T 245—1995
19	NY/T 362—2016	香荚兰　种苗	NY/T 362—1999
20	NY/T 1037—2016	天然胶乳　表观黏度的测定　旋转黏度计法	NY/T 1037—2006
21	NY/T 1476—2016	热带作物主要病虫害防治技术规程　芒果	NY/T 1476—2007
22	NY/T 2667.5—2016	热带作物品种审定规范　第5部分:咖啡	
23	NY/T 2667.6—2016	热带作物品种审定规范　第6部分:芒果	
24	NY/T 2667.7—2016	热带作物品种审定规范　第7部分:澳洲坚果	
25	NY/T 2668.5—2016	热带作物品种试验技术规程　第5部分:咖啡	
26	NY/T 2668.6—2016	热带作物品种试验技术规程　第6部分:芒果	
27	NY/T 2668.7—2016	热带作物品种试验技术规程　第7部分:澳洲坚果	
28	NY/T 3003—2016	热带作物种质资源描述及评价规范　胡椒	
29	NY/T 3004—2016	热带作物种质资源描述及评价规范　咖啡	
30	NY/T 3005—2016	热带作物病虫害监测技术规程　木薯细菌性枯萎病	
31	NY/T 3006—2016	橡胶树棒孢霉落叶病诊断与防治技术规程	
32	NY/T 3007—2016	瓜实蝇防治技术规程	
33	NY/T 3008—2016	木菠萝栽培技术规程	
34	NY/T 3009—2016	天然生胶　航空轮胎橡胶加工技术规程	
35	NY/T 3010—2016	天然橡胶初加工机械　打包机安全技术要求	
36	NY/T 3011—2016	芒果等级规格	
37	NY/T 3012—2016	咖啡及制品中葫芦巴碱的测定　高效液相色谱法	
38	NY/T 368—2016	种子提升机　质量评价技术规范	NY/T 368—1999
39	NY/T 370—2016	种子干燥机　质量评价技术规范	NY/T 370—1999
40	NY/T 377—2016	柴油添加剂发动机台架试验方法	NY/T 377—1999
41	NY/T 501—2016	水田耕整机　作业质量	NY/T 501—2002
42	NY/T 504—2016	秸秆粉碎还田机　修理质量	NY/T 504—2002
43	NY/T 510—2016	葵花籽剥壳机械　质量评价技术规范	NY/T 510—2002

（续）

序号	标准号	标准名称	代替标准号
44	NY/T 610—2016	日光温室　质量评价技术规范	NY/T 610—2002
45	NY/T 3013—2016	水稻钵苗栽植机　质量评价技术规范	
46	NY/T 3014—2016	甜菜全程机械化生产技术规程	
47	NY/T 3015—2016	机动植保机械　安全操作规程	
48	NY/T 3016—2016	玉米收获机　安全操作规程	
49	NY/T 3017—2016	外来入侵植物监测技术规程　银胶菊	
50	NY/T 3018—2016	飞机草综合防治技术规程	
51	NY/T 3019—2016	水葫芦综合防治技术规程	
52	NY/T 3020—2016	农作物秸秆综合利用技术通则	
53	NY/T 3021—2016	生物质成型燃料原料技术条件	
54	NY/T 3022—2016	离网型风力发电机组运行质量及安全检测规程	
55	NY/T 3023—2016	畜禽粪污处理场建设标准	
56	NY/T 3024—2016	日光温室建设标准	NYJ/T 07—2005
57	SC/T 1121—2016	尼罗罗非鱼　亲鱼	
58	SC/T 1122—2016	黄鳝　亲鱼和苗种	
59	SC/T 1125—2016	泥鳅　亲鱼和苗种	
60	SC/T 1126—2016	斑鳢	
61	SC/T 1127—2016	刀鲚	
62	SC/T 2028—2016	紫贻贝	
63	SC/T 2028—2016	大菱鲆　亲鱼和苗种	
64	SC/T 2069—2016	泥蚶	
65	SC/T 2073—2016	真鲷　亲鱼和苗种	
66	SC/T 4008—2016	刺网最小网目尺寸　银鲳	SC/T 4008—1983
67	SC/T 4025—2016	养殖网箱浮架　高密度聚乙烯管	
68	SC/T 4026—2016	刺网最小网目尺寸　小黄鱼	
69	SC/T 4027—2016	渔用聚乙烯编织线	
70	SC/T 4028—2016	渔网　网线直径和线密度的测定	
71	SC/T 4029—2016	东海区虾拖网网囊最小网目尺寸	
72	SC/T 4030—2016	高密度聚乙烯框架铜合金网衣网箱通用技术条件	
73	SC/T 5017—2016	聚丙烯裂膜夹钢丝绳	SC/T 5017—1997
74	SC/T 5061—2016	金龙鱼	
75	SC/T 5704—2016	金鱼分级　蝶尾	
76	SC/T 5705—2016	金鱼分级　龙睛	
77	SC/T 8148—2016	渔业船舶气胀式救生筏存放筒技术条件	
78	SC/T 9424—2016	水生生物增殖放流技术规范　许氏平鲉	
79	SC/T 9425—2016	海水滩涂贝类增养殖环境特征污染物筛选技术规范	
80	SC/T 9426.1—2016	重要渔业资源品种可捕规格　第1部分:海洋经济鱼类	
81	SC/T 9427—2016	河流漂流性鱼卵和仔鱼资源评估方法	
82	SC/T 9428—2016	水产种质资源保护区划定与评审规范	
83	SC/T 0006—2016	渔业统计调查规范	

国家卫生和计划生育委员会
中华人民共和国农业部
国家食品药品监督管理总局
公　　告
2016年第16号

根据《中华人民共和国食品安全法》规定，经食品安全国家标准审评委员会审查通过，现发布《食品安全国家标准食品中农药最大残留限量》(GB 2763—2016)等107项食品安全国家标准。其编号和名称如下：

GB 2763—2016(代替GB 2763—2014)　食品安全国家标准　食品中农药最大残留限量

GB 23200.1—2016　食品安全国家标准　除草剂残留量检测方法　第1部分：气相色谱—质谱法测定粮谷及油籽中酰胺类除草剂残留量

GB 23200.2—2016　食品安全国家标准　除草剂残留量检测方法　第2部分：气相色谱—质谱法测定粮谷及油籽中二苯醚类除草剂残留量

GB 23200.3—2016　食品安全国家标准　除草剂残留量检测方法　第3部分：液相色谱—质谱/质谱法测定食品中环己烯酮类除草剂残留量

GB 23200.4—2016　食品安全国家标准　除草剂残留量检测方法　第4部分：气相色谱—质谱/质谱法测定食品中芳氧苯氧丙酸酯类除草剂残留量

GB 23200.5—2016　食品安全国家标准　除草剂残留量检测方法　第5部分：液相色谱—质谱/质谱法测定食品中硫代氨基甲酸酯类除草剂残留量

GB 23200.6—2016　食品安全国家标准　除草剂残留量检测方法　第6部分：液相色谱—质谱/质谱法测定食品中杀草强残留量

GB 23200.7—2016　食品安全国家标准　蜂蜜、果汁和果酒中497种农药及相关化学品残留量的测定　气相色谱—质谱法

GB 23200.8—2016　食品安全国家标准　水果和蔬菜中500种农药及相关化学品残留量的测定　气相色谱—质谱法

GB 23200.9—2016　食品安全国家标准　粮谷中475种农药及相关化学品残留量的测定　气相色谱—质谱法

GB 23200.10—2016　食品安全国家标准　桑枝、金银花、枸杞子和荷叶中488种农药及相关化学品残留量的测定　气相色谱—质谱法

GB 23200.11—2016　食品安全国家标准　桑枝、金银花、枸杞子和荷叶中413种农药及相关化学品残留量的测定　液相色谱—质谱法

GB 23200.12—2016　食品安全国家标准　食用菌中440种农药及相关化学品残留量的测定　液相色谱—质谱法

GB 23200.13—2016　食品安全国家标准　茶叶中448种农药及相关化学品残留量的测定　液相色谱—质谱法

GB 23200.14—2016　食品安全国家标准　果蔬汁和果酒中512种农药及相关化学品残留量的测定　液相色谱—质谱法

GB 23200.15—2016　食品安全国家标准　食用菌中503种农药及相关化学品残留量的测定　气相色谱—质谱法

附　录

GB 23200.16—2016　食品安全国家标准　水果和蔬菜中乙烯利残留量的测定　液相色谱法

GB 23200.17—2016　食品安全国家标准　水果和蔬菜中噻菌灵残留量的测定　液相色谱法

GB 23200.18—2016　食品安全国家标准　蔬菜中非草隆等15种取代脲类除草剂残留量的测定　液相色谱法

GB 23200.19—2016　食品安全国家标准　水果和蔬菜中阿维菌素残留量的测定　液相色谱法

GB 23200.20—2016　食品安全国家标准　食品中阿维菌素残留量的测定　液相色谱—质谱/质谱法

GB 23200.21—2016　食品安全国家标准　水果中赤霉酸残留量的测定　液相色谱—质谱/质谱法

GB 23200.22—2016　食品安全国家标准　坚果及坚果制品中抑芽丹残留量的测定　液相色谱法

GB 23200.23—2016　食品安全国家标准　食品中地乐酚残留量的测定　液相色谱—质谱/质谱法

GB 23200.24—2016　食品安全国家标准　粮谷和大豆中11种除草剂残留量的测定　气相色谱—质谱法

GB 23200.25—2016　食品安全国家标准　水果中噁草酮残留量的检测方法

GB 23200.26—2016　食品安全国家标准　茶叶中9种有机杂环类农药残留量的检测方法

GB 23200.27—2016　食品安全国家标准　水果中4,6-二硝基邻甲酚残留量的测定　气相色谱—质谱法

GB 23200.28—2016　食品安全国家标准　食品中多种醚类除草剂残留量的测定　气相色谱—质谱法

GB 23200.29—2016　食品安全国家标准　水果和蔬菜中唑螨酯残留量的测定　液相色谱法

GB 23200.30—2016　食品安全国家标准　食品中环氟菌胺残留量的测定　气相色谱—质谱法

GB 23200.31—2016　食品安全国家标准　食品中丙炔氟草胺残留量的测定　气相色谱—质谱法

GB 23200.32—2016　食品安全国家标准　食品中丁酰肼残留量的测定　气相色谱—质谱法

GB 23200.33—2016　食品安全国家标准　食品中解草嗪、莎稗磷、二丙烯草胺等110种农药残留量的测定　气相色谱—质谱法

GB 23200.34—2016　食品安全国家标准　食品中涕灭砜威、吡唑醚菌酯、嘧菌酯等65种农药残留量的测定　液相色谱—质谱/质谱法

GB 23200.35—2016　食品安全国家标准　植物源性食品中取代脲类农药残留量的测定　液相色谱—质谱法

GB 23200.36—2016　食品安全国家标准　植物源性食品中氯氟吡氧乙酸、氟硫草定、氟吡草腙和噻唑烟酸除草剂残留量的测定　液相色谱—质谱/质谱法

GB 23200.37—2016　食品安全国家标准　食品中烯啶虫胺、呋虫胺等20种农药残留量的测定　液相色谱—质谱/质谱法

GB 23200.38—2016　食品安全国家标准　植物源性食品中环己烯酮类除草剂残留量的测定　液相色谱—质谱/质谱法

GB 23200.39—2016　食品安全国家标准　食品中噻虫嗪及其代谢物噻虫胺残留量的测定　液相色谱—质谱/质谱法

GB 23200.40—2016　食品安全国家标准　可乐饮料中有机磷、有机氯农药残留量的测定　气相色谱法

GB 23200.41—2016　食品安全国家标准　食品中噻节因残留量的检测方法

GB 23200.42—2016　食品安全国家标准　粮谷中氟吡禾灵残留量的检测方法

GB 23200.43—2016　食品安全国家标准　粮谷及油籽中二氯喹磷酸残留量的测定　气相色谱法

GB 23200.44—2016　食品安全国家标准　粮谷中二硫化碳、四氯化碳、二溴乙烷残留量的检测方法

GB 23200.45—2016　食品安全国家标准　食品中除虫脲残留量的测定　液相色谱—质谱法

GB 23200.46—2016　食品安全国家标准　食品中嘧霉胺、嘧菌胺、腈菌唑、嘧菌酯残留量的测定　气相色谱—质谱法

GB 23200.47—2016　食品安全国家标准　食品中四螨嗪残留量的测定　气相色谱—质谱法

GB 23200.48—2016　食品安全国家标准　食品中野燕枯残留量的测定　气相色谱—质谱法

GB 23200.49—2016　食品安全国家标准　食品中苯醚甲环唑残留量的测定　气相色谱—质谱法

GB 23200.50—2016　食品安全国家标准　食品中吡啶类农药残留量的测定　液相色谱—质谱/质谱法

GB 23200.51—2016　食品安全国家标准　食品中呋虫胺残留量的测定　液相色谱—质谱/质谱法

GB 23200.52—2016　食品安全国家标准　食品中嘧菌环胺残留量的测定　气相色谱—质谱法

GB 23200.53—2016　食品安全国家标准　食品中氟硅唑残留量的测定　气相色谱—质谱法

GB 23200.54—2016　食品安全国家标准　食品中甲氧基丙烯酸酯类杀菌剂残留量的测定　气相色谱—质谱法

GB 23200.55—2016　食品安全国家标准　食品中 21 种熏蒸剂残留量的测定　顶空气相色谱法

GB 23200.56—2016　食品安全国家标准　食品中喹氧灵残留量的检测方法

GB 23200.57—2016　食品安全国家标准　食品中乙草胺残留量的检测方法

GB 23200.58—2016　食品安全国家标准　食品中氯酯磺草胺残留量的测定　液相色谱—质谱/质谱法

GB 23200.59—2016　食品安全国家标准　食品中敌草腈残留量的测定　气相色谱—质谱法

GB 23200.60—2016　食品安全国家标准　食品中炔草酯残留量的检测方法

GB 23200.61—2016　食品安全国家标准　食品中苯胺灵残留量的测定　气相色谱—质谱法

GB 23200.62—2016　食品安全国家标准　食品中氟烯草酸残留量的测定　气相色谱—质谱法

GB 23200.63—2016　食品安全国家标准　食品中噻酰菌胺残留量的测定　液相色谱—质谱/质谱法

GB 23200.64—2016　食品安全国家标准　食品中吡丙醚残留量的测定　液相色谱—质谱/质谱法

GB 23200.65—2016　食品安全国家标准　食品中四氟醚唑残留量的检测方法

GB 23200.66—2016　食品安全国家标准　食品中吡螨胺残留量的测定　气相色谱—质谱法

GB 23200.67—2016　食品安全国家标准　食品中炔苯酰草胺残留量的测定　气相色谱—质谱法

GB 23200.68—2016　食品安全国家标准　食品中啶酰菌胺残留量的测定　气相色谱—质谱法

GB 23200.69—2016　食品安全国家标准　食品中二硝基苯胺类农药残留量的测定　液相色谱—质谱/质谱法

GB 23200.70—2016　食品安全国家标准　食品中三氟羧草醚残留量的测定　液相色谱—质谱/质谱法

GB 23200.71—2016　食品安全国家标准　食品中二缩甲酰亚胺类农药残留量的测定　气相色谱—质谱法

GB 23200.72—2016　食品安全国家标准　食品中苯酰胺类农药残留量的测定　气相色谱—质谱法

GB 23200.73—2016　食品安全国家标准　食品中鱼藤酮和印楝素残留量的测定　液相色谱—质谱/质谱法

附　录

GB 23200.74—2016　食品安全国家标准　食品中井冈霉素残留量的测定　液相色谱—质谱/质谱法

GB 23200.75—2016　食品安全国家标准　食品中氟啶虫酰胺残留量的检测方法

GB 23200.76—2016　食品安全国家标准　食品中氟苯虫酰胺残留量的测定　液相色谱—质谱/质谱法

GB 23200.77—2016　食品安全国家标准　食品中苄螨醚残留量的检测方法

GB 23200.78—2016　食品安全国家标准　肉及肉制品中巴毒磷残留量的测定　气相色谱法

GB 23200.79—2016　食品安全国家标准　肉及肉制品中吡菌磷残留量的测定　气相色谱法

GB 23200.80—2016　食品安全国家标准　肉及肉制品中双硫磷残留量的检测方法

GB 23200.81—2016　食品安全国家标准　肉及肉制品中西玛津残留量的检测方法

GB 23200.82—2016　食品安全国家标准　肉及肉制品中乙烯利残留量的检测方法

GB 23200.83—2016　食品安全国家标准　食品中异稻瘟净残留量的检测方法

GB 23200.84—2016　食品安全国家标准　肉品中甲氧滴滴涕残留量的测定　气相色谱—质谱法

GB 23200.85—2016　食品安全国家标准　乳及乳制品中多种拟除虫菊酯农药残留量的测定　气相色谱—质谱法

GB 23200.86—2016　食品安全国家标准　乳及乳制品中多种有机氯农药残留量的测定　气相色谱—质谱/质谱法

GB 23200.87—2016　食品安全国家标准　乳及乳制品中噻菌灵残留量的测定　荧光分光光度法

GB 23200.88—2016　食品安全国家标准　水产品中多种有机氯农药残留量的检测方法

GB 23200.89—2016　食品安全国家标准　动物源性食品中乙氧喹啉残留量的测定　液相色谱法

GB 23200.90—2016　食品安全国家标准　乳及乳制品中多种氨基甲酸酯类农药残留量的测定　液相色谱—质谱法

GB 23200.91—2016　食品安全国家标准　动物源性食品中9种有机磷农药残留量的测定　气相色谱法

GB 23200.92—2016　食品安全国家标准　动物源性食品中五氯酚残留量的测定　液相色谱—质谱法

GB 23200.93—2016　食品安全国家标准　食品中有机磷农药残留量的测定　气相色谱—质谱法

GB 23200.94—2016　食品安全国家标准　动物源性食品中敌百虫、敌敌畏、蝇毒磷残留量的测定　液相色谱—质谱/质谱法

GB 23200.95—2016　食品安全国家标准　蜂产品中氟胺氰菊酯残留量的检测方法

GB 23200.96—2016　食品安全国家标准　蜂蜜中杀虫脒及其代谢产物残留量的测定　液相色谱—质谱/质谱法

GB 23200.97—2016　食品安全国家标准　蜂蜜中5种有机磷农药残留量的测定　气相色谱法

GB 23200.98—2016　食品安全国家标准　蜂王浆中11种有机磷农药残留量的测定　气相色谱法

GB 23200.99—2016　食品安全国家标准　蜂王浆中多种氨基甲酸酯类农药残留量的测定　液相色谱—质谱/质谱法

GB 23200.100—2016　食品安全国家标准　蜂王浆中多种菊酯类农药残留量的测定　气相色谱法

GB 23200.101—2016　食品安全国家标准　蜂王浆中多种杀螨剂残留量的测定　气相色谱—质谱法

GB 23200.102—2016　食品安全国家标准　蜂王浆中杀虫脒及其代谢产物残留量的测定　气相色谱—质谱法

GB 23200.103—2016 食品安全国家标准 蜂王浆中双甲脒及其代谢产物残留量的测定 气相色谱—质谱法

GB 23200.104—2016 食品安全国家标准 肉及肉制品中2甲4氯及2甲4氯丁酸残留量的测定 液相色谱—质谱法

GB 23200.105—2016 食品安全国家标准 肉及肉制品中甲萘威残留量的测定 液相色谱—柱后衍生荧光检测法

GB 23200.106—2016 食品安全国家标准 肉及肉制品中残杀威残留量的测定 气相色谱法

特此公告。

国家卫生和计划生育委员会 农业部 国家食品药品监督管理总局

2016年12月18日

中华人民共和国农业部公告
第 2482 号

《农村土地承包经营权确权登记数据库规范》等 82 项标准业经专家审定通过，现批准发布为中华人民共和国农业行业标准，自 2017 年 4 月 1 日起实施。

特此公告。

附件:《农村土地承包经营权确权登记数据库规范》等 82 项农业行业标准目录

农业部

2016 年 12 月 23 日

附件:

《农村土地承包经营权确权登记数据库规范》等 82 项农业行业标准目录

序号	标准号	标准名称	代替标准号
1	NY/T 2539—2016	农村土地承包经营权确权登记数据库规范	NY/T 2539—2014
2	NY/T 3025—2016	农业环境污染损害鉴定技术导则	
3	NY/T 3026—2016	鲜食浆果类水果采后预冷保鲜技术规程	
4	NY/T 3027—2016	甜菜纸筒育苗生产技术规程	
5	NY/T 3028—2016	梨高接换种技术规程	
6	NY/T 3029—2016	大蒜良好农业操作规程	
7	NY/T 3030—2016	棉花中水溶性总糖含量的测定　蒽酮比色法	
8	NY/T 3031—2016	棉花小麦套种技术规程	
9	NY/T 3032—2016	草莓脱毒种苗生产技术规程	
10	NY/T 3033—2016	农产品等级规格　蓝莓	
11	NY/T 886—2016	农林保水剂	NY/T 886—2010
12	NY/T 3034—2016	土壤调理剂　通用要求	
13	NY/T 2271—2016	土壤调理剂　效果试验和评价要求	NY/T 2271—2012
14	NY/T 3035—2016	土壤调理剂　铝、镍含量的测定	
15	NY/T 3036—2016	肥料和土壤调理剂　水分含量、粒度、细度的测定	
16	NY/T 3037—2016	肥料增效剂　2-氯-6-三氯甲基吡啶含量的测定	
17	NY/T 3038—2016	肥料增效剂　正丁基硫代磷酰三胺(NBPT)和正丙基硫代磷酰三胺(NPPT)含量的测定	
18	NY/T 3039—2016	水溶肥料　聚谷氨酸含量的测定	
19	NY/T 2267—2016	缓释肥料　通用要求	NY/T 2267—2012
20	NY/T 3040—2016	缓释肥料　养分释放率的测定	
21	NY/T 3041—2016	生物炭基肥料	
22	NY/T 3042—2016	国(境)外引进种苗疫情监测规范	
23	NY/T 3043—2016	南方水稻季节性干旱灾害田间调查及分级技术规程	
24	NY/T 3044—2016	蜜蜂授粉技术规程　油菜	
25	NY/T 3045—2016	设施番茄熊蜂授粉技术规程	
26	NY/T 3046—2016	设施桃蜂授粉技术规程	
27	NY/T 3047—2016	北极狐皮、水貂皮、貉皮、獭兔皮鉴别　显微镜法	
28	NY/T 3048—2016	发酵床养猪技术规程	
29	NY/T 3049—2016	奶牛全混合日粮生产技术规程	
30	NY/T 3050—2016	羊奶真实性鉴定技术规程	
31	NY/T 3051—2016	生乳安全指标监测前样品处理规范	
32	NY/T 3052—2016	舍饲肉羊饲养管理技术规范	
33	NY/T 3053—2016	天府肉猪	
34	NY/T 3054—2016	植物品种特异性、一致性和稳定性测试指南　冬瓜	
35	NY/T 3055—2016	植物品种特异性、一致性和稳定性测试指南　木薯	
36	NY/T 3056—2016	植物品种特异性、一致性和稳定性测试指南　樱桃	
37	NY/T 3057—2016	植物品种特异性、一致性和稳定性测试指南　黄秋葵(咖啡黄葵)	
38	NY/T 3058—2016	油菜抗旱性鉴定技术规程	
39	NY/T 3059—2016	大豆抗孢囊线虫鉴定技术规程	
40	NY/T 3060.1—2016	大麦品种抗病性鉴定技术规程　第1部分:抗条纹病	
41	NY/T 3060.2—2016	大麦品种抗病性鉴定技术规程　第2部分:抗白粉病	
42	NY/T 3060.3—2016	大麦品种抗病性鉴定技术规程　第3部分:抗赤霉病	

（续）

序号	标准号	标准名称	代替标准号
43	NY/T 3060.4—2016	大麦品种抗病性鉴定技术规程　第4部分:抗黄花叶病	
44	NY/T 3060.5—2016	大麦品种抗病性鉴定技术规程　第5部分:抗根腐病	
45	NY/T 3060.6—2016	大麦品种抗病性鉴定技术规程　第6部分:抗黄矮病	
46	NY/T 3060.7—2016	大麦品种抗病性鉴定技术规程　第7部分:抗网斑病	
47	NY/T 3060.8—2016	大麦品种抗病性鉴定技术规程　第8部分:抗条锈病	
48	NY/T 3061—2016	花生耐盐性鉴定技术规程	
49	NY/T 3062—2016	花生种质资源抗青枯病鉴定技术规程	
50	NY/T 3063—2016	马铃薯抗晚疫病室内鉴定技术规程	
51	NY/T 3064—2016	苹果品种轮纹病抗性鉴定技术规程	
52	NY/T 3065—2016	西瓜抗南方根结线虫室内鉴定技术规程	
53	NY/T 3066—2016	油菜抗裂角性鉴定技术规程	
54	NY/T 3067—2016	油菜耐渍性鉴定技术规程	
55	NY/T 3068—2016	油菜品种菌核病抗性鉴定技术规程	
56	NY/T 3069—2016	农业野生植物自然保护区建设标准	
57	NY/T 3070—2016	大豆良种繁育基地建设标准	
58	NY/T 3071—2016	家禽性能测定中心建设标准　鸡	
59	SC/T 3205—2016	虾皮	SC/T 3205—2000
60	SC/T 3216—2016	盐制大黄鱼	SC/T 3216—2006
61	SC/T 3220—2016	干制对虾	
62	SC/T 3309—2016	调味烤酥鱼	
63	SC/T 3502—2016	鱼油	SC/T 3502—2000
64	SC/T 3602—2016	虾酱	SC/T 3602—2002
65	SC/T 6091—2016	海洋渔船管理数据软件接口技术规范	
66	SC/T 6092—2016	涌浪式增氧机	
67	SC/T 7002.2—2016	渔船用电子设备环境试验条件和方法　高温	SC/T 7002.2—1992
68	SC/T 7002.3—2016	渔船用电子设备环境试验条件和方法　低温	SC/T 7002.3—1992
69	SC/T 7002.4—2016	渔船用电子设备环境试验条件和方法　交变湿热(Db)	SC/T 7002.4—1992
70	SC/T 7002.5—2016	渔船用电子设备环境试验条件和方法　恒定湿热(Ca)	SC/T 7002.5—1992
71	SC/T 7020—2016	水产养殖动植物疾病测报规范	
72	SC/T 7221—2016	蛙病毒检测方法	
73	SC/T 8162—2016	渔业船舶用救生衣(100N)	
74	SC/T 1027—2016	尼罗罗非鱼	SC 1027—1998
75	SC/T 1042—2016	奥利亚罗非鱼	SC 1042—2000
76	SC/T 1128—2016	黄尾鲴	
77	SC/T 1129—2016	乌龟	
78	SC/T 1131—2016	黄喉拟水龟　亲龟和苗种	
79	SC/T 1132—2016	渔药使用规范	
80	SC/T 1133—2016	细鳞鱼	
81	SC/T 1134—2016	广东鲂　亲鱼和苗种	
82	SC/T 2048—2016	大菱鲆　亲鱼和苗种	

中华人民共和国农业部公告
第 2483 号

根据《中华人民共和国兽药管理条例》和《中华人民共和国饲料和饲料添加剂管理条例》规定，《饲料中炔雌醚的测定　高效液相色谱法》等 8 项标准业经专家审定和我部审查通过，现批准发布为中华人民共和国国家标准，自 2017 年 4 月 1 日起实施。

特此公告。

附件：《饲料中炔雌醚的测定　高效液相色谱法》等 8 项标准目录

农业部

2016 年 12 月 23 日

附　录

附件：

《饲料中炔雌醚的测定　高效液相色谱法》等8项标准目录

序号	标准名称	标准号
1	饲料中炔雌醚的测定　高效液相色谱法	农业部2483号公告—1—2016
2	饲料中苯巴比妥钠的测定　高效液相色谱法	农业部2483号公告—2—2016
3	饲料中炔雌醚的测定　液相色谱—串联质谱法	农业部2483号公告—3—2016
4	饲料中苯巴比妥钠的测定　液相色谱—串联质谱法	农业部2483号公告—4—2016
5	饲料中牛磺酸的测定　高效液相色谱法	农业部2483号公告—5—2016
6	饲料中金刚烷胺和金刚乙胺的测定　液相色谱—串联质谱法	农业部2483号公告—6—2016
7	饲料中甲硝唑、地美硝唑和异丙硝唑的测定　高效液相色谱法	农业部2483号公告—7—2016
8	饲料中氯霉素、甲砜霉素和氟苯尼考的测定　液相色谱—串联质谱法	农业部2483号公告—8—2016

图书在版编目（CIP）数据

中国农业行业标准汇编.2018. 综合分册 / 农业标准出版分社编.—北京：中国农业出版社，2018.1
（中国农业标准经典收藏系列）
ISBN 978-7-109-23667-7

Ⅰ.①中… Ⅱ.①农… Ⅲ.①农业—行业标准—汇编—中国 Ⅳ.①S-65

中国版本图书馆 CIP 数据核字（2017）第 307878 号

中国农业出版社出版
（北京市朝阳区麦子店街 18 号楼）
（邮政编码 100125）
责任编辑 诸复祈 冀 刚

北京印刷一厂印刷 新华书店北京发行所发行
2018 年 1 月第 1 版 2018 年 1 月北京第 1 次印刷

开本：880mm×1230mm 1/16 印张：45.75
字数：1 600 千字
定价：410.00 元